Messungen an elektrischen Maschinen

Apparate, Instrumente, Methoden, Schaltungen

Von

Dipl.-Ing. Georg Jahn
Oberingenieur

Fünfte, gänzlich umgearbeitete Auflage
des von **R. Krause** begründeten
gleichnamigen Buches

Mit 407 Abbildungen im Text
und auf einer Tafel

Berlin
Verlag von Julius Springer
1925

ISBN 978-3-642-98531-7 ISBN 978-3-642-99345-9 (eBook)
DOI 10.1007/978-3-642-99345-9

Softcover reprint of the hardcover 1st edition 1925

Alle Rechte, insbesondere das der Übersetzung
in fremde Sprachen, vorbehalten.
Copyright 1925 by Julius Springer in Berlin.

Vorwort zur vierten Auflage.

Bei der Neuausgabe des vorliegenden Buches behielt ich den Grundgedanken bei, der den verstorbenen Verfasser ehedem geleitet hatte (nämlich „Studierenden und jüngeren Ingenieuren ein Hilfsmittel zur Ausführung von Versuchen im Laboratorium und im Prüffeld zu geben"). Ich war mir der schwierigen Aufgabe, das so große Gebiet auf beschränktem, vorgeschriebenem Umfange behandeln zu müssen, wohl bewußt. Die Abschnitte des Werkchens wurden fast durchgehends umgearbeitet, insbesondere legte ich dabei Wert auch auf eine übersichtliche Einteilung des Stoffes.

Bezüglich einiger Abschnitte möchte ich noch das Folgende erwähnen. Den Teil „Elektrische Meßinstrumente" gedachte ich ursprünglich wegzulassen, behielt ihn aber bei mit Rücksicht darauf, daß das Buch in erster Linie für Studierende und jüngere Ingenieure bestimmt ist. Gerade für letztere dürfte es erwünscht sein, in einer Einführung in die Prüffeldtechnik nicht nur die Messungen, sondern auch die zu der Ausführung derselben verwendeten Hilfsmittel, Instrumente usw. behandelt zu finden.

An die Stelle des 7. Abschnittes der dritten Auflage sind in vollkommen neuer Gestalt die Abschnitte 7÷13 getreten, welche nunmehr in breiterer Form die Messungen an elektrischen Maschinen selbst erläutern. Von der Behandlung einiger Maschinengattungen (Wechselstromkommutatormotoren usw.) mußte mit Rücksicht auf den begrenzten Umfang des Buches abgesehen werden. Aus dem gleichen Grunde konnte zu meinem Bedauern ein Kapitel über Transformatoren nicht eingefügt werden. Nötig erschien es mir, einen Abschnitt über Einankerumformer zu bringen, da gerade diese von den mittleren technischen Lehranstalten etwas stiefmütterlich behandelt werden, sowie einen Abriß über Theorie und experimentelle Untersuchung der Kommutierung von Gleichstrommaschinen. Im Vergleich mit der früheren Auflage ist ferner das Kreisdiagramm des Drehstrommotors nach Heyland durch das Ossannadiagramm ersetzt, das in der angegebenen, in der Praxis viel gebräuchlichen Form den Vorzug großer Einfachheit hat.

Für die freundliche Überlassung von Druckstöcken möchte ich den Firmen an dieser Stelle meinen verbindlichsten Dank aussprechen.

Berlin, Januar 1920.

Georg Jahn.

Vorwort zur fünften Auflage.

Zu meiner Freude fand die vierte Auflage eine so günstige Aufnahme, daß sie schon nach sehr kurzer Zeit vergriffen war. Leider verhinderten mich andere Arbeiten, die Neuausgabe eher fertigzustellen.

Auch bei der vorliegenden Bearbeitung ist der Leitgedanke der früheren Auflagen beibehalten worden (s. Vorwort zur vierten Auflage). Sie unterscheidet sich jedoch dadurch von ihren Vorgängerinnen, daß sie neben den einfachen, in der Praxis allgemein angewendeten Verfahren auch schwierigere Methoden enthält. Bei diesen war es manchmal erforderlich, auf die Theorie etwas einzugehen. Diese Erläuterungen gehen natürlich nur so weit, wie es für das Verständnis des betreffenden Stoffes unbedingt nötig ist.

Fast sämtliche Abschnitte der letzten Auflage haben eine durchgreifende Umgestaltung und Erweiterung erfahren. Zwecks Erzielung einer guten Übersichtlichkeit ist jede Maschinengattung für sich in einem besonderen Abschnitt behandelt. Neu eingefügt sind u. a. die Messungen an Hochfrequenzmaschinen, Transformatoren und Wechselstromkommutatormotoren. Bei den Letzgenannten konnte aus Raummangel nur das Wichtigste hinsichtlich der Hauptschaltungen und Eigenschaften gesagt werden.

Zu besonderem Dank bin ich den Herren Dipl.-Ing. Mollath und Dipl.-Ing. Walter verpflichtet, welche die Liebenswürdigkeit besaßen, die Korrekturen zu lesen. Auch Herrn Dipl.-Ing. Koncar möchte ich für einige freundliche Hinweise danken.

Berlin, Januar 1925.

Georg Jahn.

Inhaltsverzeichnis.

Erster Abschnitt.

Elektrische Meßinstrumente.

Zweiter Abschnitt.

Leistungsmessungen.

Dritter Abschnitt.

Die Messung des Ohmschen, induktiven und kapazitiven Widerstandes.

Vierter Abschnitt.
Widerstandsmessungen an elektrischen Maschinen.

Fünfter Abschnitt.
Messung von Dreh- und Periodenzahlen.

Sechster Abschnitt.
Messungen an Gleichstrommaschinen.

Siebenter Abschnitt.
Messungen an Synchronmaschinen.

Achter Abschnitt.
Messungen an Asynchronmotoren.

Neunter Abschnitt.

Messungen an Wechselstromkommutatormotoren und Einankerumformern.

Zehnter Abschnitt.

Messungen an Transformatoren.

Elfter Abschnitt.

Prüfung der Erwärmung und Isolierung.

Zwölfter Abschnitt.

Untersuchung des zeitlichen Verlaufes von Wechselströmen.

Erster Abschnitt.

Elektrische Meßinstrumente.

1. Einteilung.

Nach dem Meßprinzip. Zur Messung der elektrischen Einheiten: Ampere, Volt und Watt, sowie des Leistungsfaktors werden die Wirkungen der dynamischen und statischen Elektrizität benützt, also:

a) Die Ablenkung einer im Felde eines kräftigen Dauermagneten drehbar gelagerten Spule bei Stromdurchgang — Drehspulinstrumente;

b) die Anziehung eines beweglichen Eisenkörpers von einer festen stromdurchflossenen Spule bzw. die Abstoßung eines festen und eines beweglichen Eisenkörpers, wenn beide von einer stromdurchflossenen Spule gleichpolig magnetisiert werden — Dreheiseninstrumente, auch Weicheiseninstrumente oder elektromagnetische Instrumente genannt;

c) die Anziehung bzw. Abstoßung zweier stromdurchflossener Spulen, von denen die eine fest, die andere beweglich angeordnet ist und denen der Strom durch feste, bzw. bewegliche Leitungen zugeführt wird — elektrodynamische Instrumente, Elektrodynamometer (oder kurz Dynamometer);

d) die Ausdehnung (Längenänderung), die ein stromdurchflossener Draht infolge der Wärmewirkung des Stromes erfährt — Hitzdrahtinstrumente;

e) die Ablenkung, welche eine Scheibe oder Trommel aus Kupfer oder Aluminium infolge der in ihr induzierten Wirbelströme in einem Drehfeld erleidet — Ferraris- oder Drehfeldmeßgeräte — oder auch die Ablenkung einer kurzgeschlossenen beweglichen Spule im Felde einer stromdurchflossenen festen Spule — Induktionsinstrumente;

f) die Kraftwirkung zwischen elektrisch geladenen Körpern — elektrostatische Instrumente oder Elektrometer (nur für Spannungsmessungen).

Instrumente, welche auf der chemischen Wirkung des Stromes in einem Elektrolyten beruhen, kommen für die Zwecke dieses Buches nicht in Frage und werden deshalb nicht betrachtet. Meßgeräte für andere Aufgaben, wie z. B. für die Messung der Stromwechselzahl oder für das Parallelschalten von Maschinen werden später in den betreffenden Abschnitten beschrieben.

Nach der Verwendung für Gleich- oder Wechselstrom. Hiefür gilt folgende Einteilung:

a) Nur für Gleichstrom verwendbar sind die Drehspulinstrumente;

b) für Gleich- und Wechselstrom geeignet sind die Dreheiseninstrumente, Dynamometer, Hitzdrahtinstrumente und Elektrometer;

c) nur für Wechselstrom benützbar sind die Drehfeld- und Induktionsmeßgeräte.

2. Der Aufbau der elektrischen Instrumente.

Die Lagerung des beweglichen Organes. Bei allen auf S. 1 unter a÷f angeführten Instrumenten wird die zu messende Größe durch den Winkelausschlag eines beweglichen Systems bestimmt. Die Achse desselben besteht aus Stahldraht von 0,3÷2 mm Durchmesser und ist bei der meist gebräuchlichen Spitzenlagerung mit hochglanzpolierten Spitzen versehen, die in Edel- oder Halbedelsteinen gelagert sind. Je nach der Güte der Ausführung verwendet man für die Lagerung Saphir, natürlichen oder künstlichen Rubin, für wohlfeile Instrumente Granat und selbst den verhältnismäßig weichen Achat. In Abb. 1, welche eine solche Lagerung zeigt, ist *a* die kegelförmig unter einem Winkel von 60÷90° angeschliffene Achse, *b* der Lagerstein, der in die Schraube *c* eingelegt ist und durch deren umgebördelten Rand festgehalten wird. Die Schraube *c* wird gegen Verdrehung durch eine kleine seitliche Schraube *d* gesichert, welche auf ein Kupferstückchen *e* drückt. Das Gewicht des beweglichen Systems muß möglichst klein sein. Schon ganz geringe Beschädigungen der Lagerung bewirken eine Vergrößerung der Reibung (rufen sogenannte Spitzenreibung hervor). Um solche Beschädigungen, welche auch durch Erschütterungen beim Transport entstehen können, zu vermeiden, haben viele Instrumente eine Feststellvorrichtung für das bewegliche System.

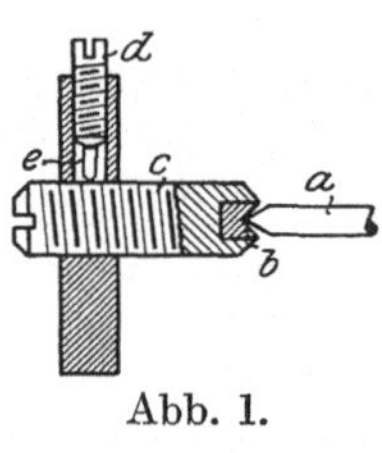

Abb. 1.

Vorzuziehen ist besonders für Meßgeräte mit schweren Systemen, die dauernd Stößen ausgesetzt sind (Instrumente auf Fahrzeugen), die weniger empfindliche Zapfenlagerung, bei der die Achse statt Spitzen Zapfen von 0,15—0,30 mm Durchmesser trägt. Im Meßinstrumentenbau hat diese Lagerung wenig, im Zählerbau dagegen allgemein Eingang gefunden.

Die Erzeugung des Gegendrehmomentes. Bei jedem elektrischen Meßgerät übt die zu messende Größe eine Kraft, die sogenannte Richtkraft, aus. Unter dem Einfluß derselben erfährt das bewegliche System ein Drehmoment. Gemessen wird dessen Größe in cmg. Normale Werte bei Zeigerinstrumenten sind 0,1÷1 cmg, kleinste Werte etwa 0,001 cmg. Die größten Drehmomente bis 20 cmg weisen Registrierapparate auf. Dem erzeugten Drehmoment muß Gleichgewicht gehalten werden durch ein Gegendrehmoment, welches hervorgerufen werden kann durch eine Federkraft, durch die Schwerkraft oder durch elektrodynamische Kräfte.

a) Die Gegenkraft ist eine Feder. Am häufigsten finden Verwendung ebene Spiralfedern, es kommen aber auch vor Blattfedern

(z. B. in Hitzdrahtinstrumenten zum Spannen des Fadens — s. Abb. 49) und Schraubenfedern (als Stromzuführungen bei Spiegelgalvanometern). Richtige Dimensionierung und sorgfältige Anfertigung der Federn, sowie Verwendung von bestem, von elastischer Nachwirkung freiem Material ist für die Genauigkeit und Zuverlässigkeit der Instrumente von höchster Bedeutung. Stahl hat wohl vorzügliche elastische Eigenschaften, als Nachteile haften ihm jedoch die Rostgefahr und die Magnetisierbarkeit an. Seine Verwendung für Instrumentfedern ist deshalb sehr beschränkt. Als Material bevorzugt man Phosphorbronze, die ebenfalls sehr gute elastische Eigenschaften hat; ferner wird Neusilber, Kupfer und Silber, welch beiden letzteren man einen härtenden Zusatz (z. B. Silizium) gibt, verwendet.

Die erwähnte elastische Nachwirkung hängt nicht nur vom Material, sondern auch von dessen Behandlung (Härten, Anlassen, Altern) ab. In einem Instrument, dessen Federn mit dieser Eigenschaft behaftet sind, macht sie sich dadurch bemerkbar, daß, wenn nach längerer Einschaltung der Strom unterbrochen wird, der Zeiger nicht sofort auf Null zurückgeht, sondern erst eine positive Abweichung zeigt, die langsam verschwindet.

b) Die Gegenkraft ist die Schwerkraft. Die Achse des beweglichen Systems trägt gemäß Abb. 2 außer dem Zeiger noch zwei mit Gewinde versehene Stifte, auf denen sich die Muttern *a* und *b* befinden. Die Nullage des Zeigers wird lediglich durch Verstellung von *a* geändert, während ein größeres oder kleineres Gegendrehmoment nur durch eine Verschiebung von *b* erzielt wird. Der Winkel, den die beiden Stifte einschließen, kann $\gtreqless 90^\circ$ sein.

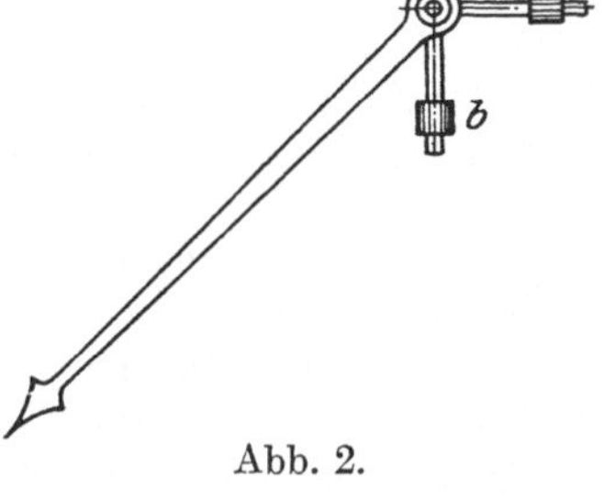

Abb. 2.

Die Erzeugung des Gegendrehmomentes nach dieser Methode hat neben der wohlfeilen Herstellung der Anordnung den Vorteil, daß das Gegendrehmoment praktisch unveränderlich ist. Eine Abhängigkeit ist in engen Grenzen nur vorhanden von der Erdbeschleunigung, die ja an verschiedenen Stellen der Erdoberfläche verschieden ist. Zu beachten ist: 1. Die Instrumente müssen stets genau senkrecht aufgehängt werden. 2. Die Meßwerke können nur für einen Ausschlag von 90 Winkelgraden benützt werden. Für größere Ausschläge würde das Gegendrehmoment wieder kleiner und es würde ein Überkippen des Systems erfolgen.

c) Die Gegenkraft ist eine elektrodynamische. Auf diesen Fall soll hier nicht weiter eingegangen werden. Verwendung finden solche Gegenkräfte, welche durch entsprechend angeordnete, bewegliche, stromdurchflossene Spulen erzeugt werden können, insbesondere bei Instrumenten, die das Verhältnis oder die Differenz zweier elektrischer Größen anzeigen.

Die Ablesung des Winkelausschlages (Zeiger und Skala). Die Bestimmung des Winkelausschlages geschieht bei den hier behandelten Instrumenten mit Hilfe eines Zeigers, der über einer Skala spielt. Über die Form des Zeigers und die Ausführung der Skala werde erwähnt:

a) Schalttafelinstrumente erhalten meist eine herz- oder pfeilförmige Zeigerspitze.

b) Für Präzisionsinstrumente verwendet man durchgehends Messerzeiger, die zur Vermeidung von parallaktischen Ablesefehlern eine spiegelunterlegte Skala erhalten (Abb. 3). Die Ablesung ist dann richtig, wenn Zeiger und Spiegelbild sich decken. Abb. 4 zeigt eine sehr sorgfältige Ausführung bei einem Drehspulpräzisionsinstrument von Hartmann & Braun: An Stelle des Messerzeigers ist ein Faden gespannt. Dieser trägt noch ein Beleuchtungsschirmchen und die Ablesung kann überdies mittels einer über die ganze Skala verschiebbaren Lupe erfolgen.

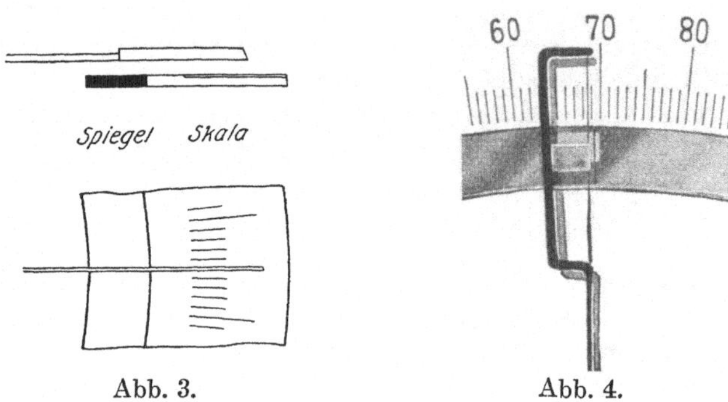

Abb. 3. Abb. 4.

c) Die Skala kann entweder gleichmäßig (z. B. bei Drehspulinstrumenten) oder ungleichmäßig (z. B. bei Hitzdrahtinstrumenten) unterteilt sein. Die Feinheit der Unterteilung richtet sich naturgemäß nach dem Verwendungszweck: Präzisionsinstrumente erhalten eine feiner unterteilte Skala als Schalttafelinstrumente. Die Herstellung der Skala geschieht auf empirischem Wege durch Eichung. Die Teilstriche dürfen nicht zu dick sein.

Seltener als die „Zeigerablesung“ kommt bei technischen Messungen die „Spiegelablesung“ zur Anwendung (vgl. Abb. 250). Mit dem beweglichen System des Instrumentes G ist ein kleiner Spiegel fest verbunden. Deckt sich mit dem Fadenkreuz im Fernrohr F, dessen Achse senkrecht zur Ruhelage des Spiegels G steht, irgendein Punkt a der Skala S, so ist der Winkel FGa gleich dem doppelten Ablenkungswinkel des Systems (subjektive Methode). Es kann auch die Ablenkung eines Lichtstrahles, der durch einen an Stelle von F befindlichen Spalt auf den Spiegel fällt, gemessen werden (objektive Methode).

Die Dämpfung des Zeigerausschlages. Wenn ein Instrument ohne Dämpfung in einen Stromkreis eingeschaltet oder wenn der Zustand des Kreises geändert wird, so führt das bewegliche System mit seinem Zeiger erst Schwingungen mit abklingenden Amplituden um die neue Gleichgewichtslage aus. Um ein rasches Einschwingen des Systems und damit ein schnelles Ablesen der zu beobachtenden Größen zu ermöglichen, versieht man die Instrumente mit einer Dämpfung. Eine solche ist auch für die Haltbarkeit der Lager von Bedeutung. Besonders bei Meßgeräten mit ungedämpften Systemen ist streng darauf zu achten, daß dieselben für den Transport arretiert werden, da sonst leicht eine Beschädigung von Spitzen und Zeiger eintreten kann. Die Dämpfung soll aber auch nicht zu stark sein. Bei der geringsten Spitzenreibung liegt in diesem Falle die Gefahr vor, daß sich der Zeiger unsicher oder, wie man sagt, „kriechend" einstellt.

Im Gegensatz dazu besitzen „ballistische" Galvanometer allgemein ein möglichst gering gedämpft schwingendes System. Die einfache Schwingungsdauer T, also die Zeit, welche zwischen zwei Umkehrpunkten liegt, ist verhältnismäßig groß. Man benutzt sie hauptsächlich zur Messung von Elektrizitätsmengen, die in so kurzer Zeit durch das Instrument fließen, daß das bewegliche System sich erst zu bewegen beginnt, wenn die Elektrizitätsmenge bereits abgeflossen ist.

Als Dämpfung verwendet man:

a) Magnetische Dämpfung. Die Bewegungsenergie des Systems wird durch Wirbelströme (also durch Stromwärme), welche durch ein kräftiges Magnetfeld in einer zusammenhängenden Metallmasse des beweglichen Systems induziert werden, rasch aufgezehrt. Bei Gleichstrominstrumenten mit Dauermagneten wird das Hauptfeld als Dämpfungsfeld, als Strombahn für die Wirbelströme der Spulenrahmen aus Aluminium benützt. Andere Instrumente haben einen besonderen Dämpfungsmagneten, vor welchem eine auf der Achse sitzende Aluminiumscheibe schwingt.

b) Luftdämpfung. Bei dieser unterscheidet man zwischen Flügel- und Kolbenluftdämpfung, je nachdem ein oder mehrere leichte Flügel bzw. Kolben, welche mit der Achse des beweglichen Systems verbunden sind, mit möglichst geringem Spielraum in einer Luftkammer bzw. in einem Luftzylinder schwingen. Der Luftwiderstand, der sich einer Bewegung entgegensetzt, sorgt für ein rasches Abklingen der Schwingungen. Anwendung findet diese Methode besonders bei Weicheiseninstrumenten und Dynamometern.

c) Flüssigkeitsdämpfung. Diese Dämpfung ist zwar die wirksamste von allen, sie hat aber eine Anzahl von Nachteilen. Statt in Luft bewegen sich Flügel oder Kolben in einer Flüssigkeit, wie Öl oder Glyzerin. Von den Nachteilen ist insbesondere die große Abhängigkeit von der Temperatur zu erwähnen. Man verwendet diese Dämpfung nur bei Registrierapparaten und sonstigen Instrumenten mit sehr hoher Richtkraft, wo alle anderen Dämpfungen zu schwach wären.

Die Ausführung der Gehäuse. Was die Form der Gehäuse anbelangt, so ist für dieselbe der Verwendungszweck des Instrumentes maßgebend. Sieht man von Sonderausführungen ab, so kann man einteilen in:

a) Schalttafelinstrumente, für welche die runde Dosenform mit Gehäusedurchmessern von $60 \div 700$ mm bevorzugt wird; sie werden aber auch vielfach als Profilinstrumente gebaut. Der Vorzug der letzteren, möge dabei nun eine Kreis- oder eine Flachprofilform verwendet werden, besteht darin, daß auf der Schalttafel nur der Platz für die Skala vorhanden sein muß, während der übrige Teil des Meßgerätes nach hinten verlegt ist.

b) Montageinstrumente (tragbare Instrumente), die meist in einen Holzkasten mit Tragriemen eingebaut sind. Bei solchen Instrumenten wird großer Wert auf möglichst vielseitige Verwendbarkeit gelegt und sie werden deshalb stets mit mehreren Meßbereichen ausgerüstet. Man bevorzugt für Montageinstrumente jene Gattungen, die gleichzeitig für Gleich- und Wechselstrom gebraucht werden können. Einige Ausführungen sind stehend und liegend zu gebrauchen, die meisten nur liegend.

c) Präzisions- oder Laboratoriumsinstrumente. Ähnlich wie die unter b) besprochenen Meßgeräte werden auch diese meist in einen viereckigen Holzkasten eingebaut. Mit Rücksicht auf die Empfindlichkeit dieser Typen müssen die Instrumente besonders beim Transport sehr vorsichtig behandelt werden.

Isolierung der stromführenden Teile gegen das Gehäuse. Es ist wohl selbstverständlich, daß bei Verwendung von Meßinstrumenten in Starkstromanlagen eine ausreichende Isolation aller stromführenden Teile gegen das der Berührung zugängliche Gehäuse Voraussetzung ist. Früher baute man Instrumente für höhere Spannungen als 1000 V in Isoliergehäuse aus Stabilit oder Hartgummi ein. Mit Rücksicht auf den hohen Preis solcher Gehäuse und auf den Umstand, daß ein vollkommener Schutz auch bei ihnen nicht garantiert werden kann, ist es besser, Metallgehäuse zu verwenden. Diese werden entweder entsprechend geerdet, oder die Montage des Instrumentes erfolgt so, daß eine Berührung ausgeschlossen ist. Die Instrumente werden einer Durchschlagsprobe — stromführende Teile gegen Gehäuse — mit erhöhter Prüfspannung unterzogen.

Nach den Sicherheitsvorschriften des VDE muß die Erdung ausgeführt werden in Anlagen mit Spannungen über 250 V an den Gehäusen von Meßinstrumenten und Zählern, sofern sie nicht isoliert montiert und durch besondere Maßnahmen gegen zufällige Berührung geschützt sind; ferner sind zu erden die Niederspannungswicklungen aller Strom- und Spannungswandler.

3. Allgemeines über Strom- und Spannungsmessung, sowie über die Erweiterung des Meßbereiches.

Strommessung. Abgesehen von den elektrostatischen Instrumenten beruhen alle anderen Typen auf der Wirkung des Stromes, sind also ihrem Wesen nach Strommesser. Wird ein solcher, dessen Eigenwiderstand r_g betrage, in einen Stromkreis geschaltet, so herrscht, wenn ein Strom J durch das Instrument fließt, an seinen Klemmen eine Spannungsdifferenz $E_g = J \cdot r_g$. Der Leistungsverbrauch N_g (Eigenverbrauch) des Instrumentes ist:

$$N_g = E_g \cdot J = J^2 \cdot r_g.$$

Aus diesen Beziehungen folgt:

a) Strommesser sind so auszuführen, daß der stromdurchflossene Teil die entwickelte Stromwärme $J^2 \cdot r_g$ verträgt.

b) Der Widerstand r_g muß möglichst klein gehalten werden, damit der Spannungsverlust E_g und der Leistungsverbrauch N_g, der durch das Instrument in dem zu messenden Kreise verursacht wird, gering ist.

Spannungsmessung. Zwecks Lösung der Aufgabe: Es ist die Spannung E an den Klemmen eines vom Strome J_1 durchflossenen Stromverbrauchers vom Widerstande R zu messen, wird an diese Klemmen nach Abb. 5 ein Strommesser gelegt. Der Ausschlag desselben entspricht einem Strome $J_2 = E/r_g$. Damit ist aber auch die gesuchte Spannung E bestimmt. Es ist nur der jeweils angezeigte Wert J_2 mit dem bekannten Eigenwiderstande r_g des Instrumentes, also mit einer Konstanten zu multiplizieren, bzw. die Skala umzuändern. Durch den Stromverbraucher fließt jetzt $J_1 = J - J_2$, der Eigenverbrauch (Stromwärmeverlust) des Instrumentes beträgt $N_g = E \cdot J_2 = E^2/r_g$. Daraus folgt: Spannungsmesser sind mit hohem Widerstande auszuführen, um den Instrumentstrom $J_2 = E/r_g$ und die durch diesen im Instrumente verursachten Verluste möglichst gering zu machen. Wir führen also gemäß den entwickelten Gesichtspunkten eine Spannungsmessung auf eine Strommessung im Nebenschlusse zum Hauptstromkreise zurück.

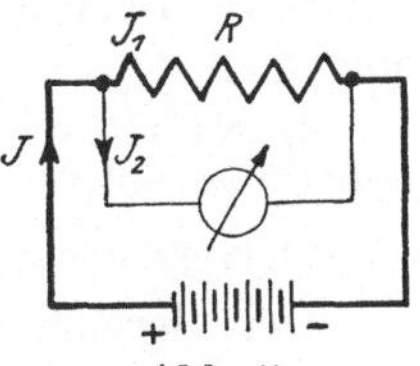

Abb. 5.

Art der Instrumente	Instrumente werden ausgeführt als	Die Erweiterung der Strommeßbereiche ist möglich durch	Die Erweiterung der Spannungsmeßbereiche ist möglich durch
Drehspulinstrumente	Strommesser Spannungsmesser	Nebenwiderstände	Vorwiderstände
Weicheiseninstrumente	Strommesser Spannungsmesser	für Gleichstrom werden die Instrumente meist für direkte Einschaltung gebaut; für Wechselstrom: Stromwandler	Vorwiderstände und Spannungswandler
Dynamometrische Instrumente	Strommesser Spannungsmesser Leistungsmesser Leistungsfaktormesser	Nebenwiderstände Stromwandler	Vorwiderstände Spannungswandler
Hitzdrahtinstrumente	Strommesser Spannungsmesser	Nebenwiderstände Stromwandler	Vorwiderstände Spannungswandler
Drehfeld-(Ferraris-)Instrumente	Strommesser Spannungsmesser Leistungsmesser	Stromwandler	Spannungswandler
Elektrostatische Instrumente	Spannungsmesser	—	Kondensatoren

Die Erweiterung des Meßbereiches. In den meisten Fällen kann nicht der ganze zu messende Strom bzw. die volle zu messende Spannung an ein Instrument gelegt werden. Für die Messung eines hohen Stromes müßte z. B. bei einem Drehspulinstrument für die Spule Draht von großem Querschnitt benützt, für die Messung einer hohen Spannung müßten zwecks Erzielung eines hohen Widerstandes viele Windungen vorgesehen werden. Beides würde zu großen und schweren Meßwerken führen.

Zur Erweiterung des Meßbereiches von Strommessern verwendet man:

a) Nebenwiderstände (Nebenschlüsse) und zwar bei Gleich- und Wechselstrominstrumenten,

b) Stromwandler nur bei Wechselstrominstrumenten.

Der Bereich von Spannungsmessern wird erweitert mit:

a) Vorwiderständen (Vorschaltwiderständen), anwendbar bei Gleich- und Wechselstrominstrumenten,

b) Spannungswandlern, anwendbar nur für Wechselstrominstrumente.

Der Bereich von elektrostatischen Voltmetern kann, wenn sie für Wechselspannung benützt werden, mit Kondensatoren erweitert werden. (Hierüber siehe Kap. 14).

Wie diese Hilfsmittel bei den verschiedenen Instrumentgattungen gebraucht werden, ergibt sich aus der Tabelle auf S. 7.

4. Nebenwiderstände.

Meßprinzip. Nach Abb. 6 schaltet man in die Leitung, deren Strom J gemessen werden soll, einen Neben- oder Meßwiderstand r_n und verbindet mit seinen Endpunkten den Strommesser, dessen Widerstand r_g sei, durch die Leitungen L. Das Instrument liegt also im Nebenschlusse zum Widerstande r_n (man kann natürlich auch das Umgekehrte sagen). Der Strom J_1, der durch das Instrument fließt, ist aber dem Spannungsabfall $J_2 \cdot r_n$ an r_n proportional, den der Strom J_2 hervorruft. Soll ein für einen bestimmten Höchststrom J_1 gebautes Instrument zum Messen des Stromes J verwendet werden, so folgt die erforderliche Größe von r_n aus Gl. (1a). Um den jeweiligen Leitungsstrom J zu erhalten, ist der vom Instrumente angezeigte Wert J_1 gemäß Gl. (1) mit der Konstanten $\frac{r_n + r_g}{r_n}$ zu multiplizieren, oder es ist die Skala dementsprechend abzuändern. Es gelten die Beziehungen:

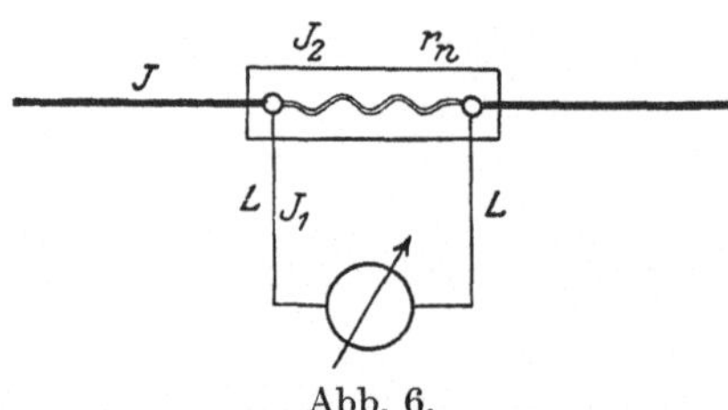

Abb. 6.

$$J = J_1 + J_2 \qquad J_2 \cdot r_n = J_1 \cdot r_g \qquad J_2 = \frac{J_1 \cdot r_g}{r_n}$$

$$J = J_1 \left(1 + \frac{r_g}{r_n}\right) = J_1 \cdot \frac{r_n + r_g}{r_n} \qquad (1)$$

$$r_n = r_g \cdot \frac{J_1}{J - J_1} \qquad (1a)$$

Beispiel: Ein Drehspulinstrument habe einen Eigenwiderstand $r_g = 1\,\Omega$; bei direkter Einschaltung in den Stromkreis kann ein Höchststrom von 0,150 A gemessen werden. Will man mit diesem Instrument jedoch Ströme bis zu 150 A messen, so ergibt sich unter Berücksichtigung des Umstandes, daß am Instrument, also auch am erforderlichen Nebenwiderstand höchstens eine Spannung von 0,150 V liegen darf, die Größe desselben nach Gl. (1a) zu:

$$r_n = 1 \cdot \frac{0{,}150}{150 - 0{,}150} = \frac{1}{999}\,\Omega .$$

Verwendung von Nebenwiderständen bei Wechselstrom. Hier ist der Gebrauch von Nebenwiderständen im allgemeinen nicht üblich, da die Stromverteilung in den beiden Zweigen (Instrument- und Nebenwiderstandszweig) nicht von dem umgekehrten Verhältnis der Ohmschen Widerstände, sondern von dem umgekehrten Verhältnis der Scheinwiderstände (Impedanzen) abhängt.

Der Ausdruck für den Scheinwiderstand ist allgemein:

$$\sqrt{r^2 + \left(2\pi f \cdot L - \frac{1}{2\pi f \cdot C}\right)^2} .$$

Die Stromverteilung ist somit auch abhängig von der Selbstinduktion L und der Serienkapazität C des betreffenden Stromzweiges, sowie von der Periodenzahl f des Wechselstromes.

Die Anwendung von Nebenschlüssen ist daher nur bei Hitzdrahtinstrumenten, bei denen der Selbstinduktionskoeffizient des Hitzdrahtes (als gerade gespannten Drahtes) gleich Null zu setzen ist, gebräuchlich. Auch hier beschränkt man sich auf die technischen Frequenzen. Bei höheren Periodenzahlen und größeren Strömen tritt eine ungleiche Stromverteilung und eine Erhöhung des Widerstandes auf. Vorsicht ist geboten auch bei technischen Frequenzen, wenn es sich um die Messung von Strömen über 1000 A handelt.

Ausführung der Nebenwiderstände. a) Spannungsabfall und Eigenverbrauch. Die Nebenwiderstände werden dimensioniert meist für einen Spannungsabfall von 30÷150 mV bei vollem Strom. Nebenwiderstände für 150÷300 mV, welche bei Hitzdrahtinstrumenten Verwendung finden, sind als groß zu bezeichnen.

Für die Einhaltung dieser Grenzen ist weniger der Eigenverbrauch der Schaltung maßgebend, als die Schwierigkeit der Abführung der entstehenden Stromwärme bei möglichst geringer Steigerung des Widerstandes r_n. Bei einem Meßwiderstand für 60 mV und 1000 A ist der Eigenverbrauch 60 W, bei einem Widerstand jedoch für 150 mV und 25000 A ist er 3750 W, also recht beträchtlich. Der Eigenverbrauch N_n des Nebenwiderstandes berechnet sich zu:

$$N_n = J_2^2 \cdot r_n .$$

b) Material. Grundbedingung für Messungen mit Nebenwiderständen ist, wenn Gl. (1) ihre Gültigkeit für alle Stromstärken beibehalten soll, Unabhängigkeit des Widerstandes r_n von der Temperatur, also von der in ihm entwickelten Stromwärme. Es kommen somit nur Materialien mit vernachlässigbar kleinen Temperaturkoeffizienten in Betracht, also z. B. Manganin oder Konstantan. Der Widerstand selbst soll nicht über 100° warm werden.

c) Ausführungen. Die Widerstände werden entweder direkt in die Instrumente eingebaut oder zum Anstecken an dieselben nach Abb. 7 und 8, oder auf eigenen Sockeln gemäß Abb. 9 und 10 geliefert. Die mit Aussparungen versehenen Laschen werden nach Abb. 7 unter die Klemmen K des Instrumentes geschoben. Nebenwiderstände für schwächere Ströme haben vielfach mehrere Abteilungen. Abb. 7 zeigt die innere Schaltung eines solchen: a und b sind die Anschlüsse der Leitung, deren Strom gemessen werden soll; b liegt dauernd an Klemme 4, a je nach der zu messenden Stromstärke entweder an 3, 2 oder 1. Liegt a an Klemme 3, so würde der stärkste Strom, für den der Meßwiderstand bestimmt ist, gemessen werden, weil r_n zwischen 3 und 4 den geringsten Wert hat. Bei der Berechnung solcher mehrfacher

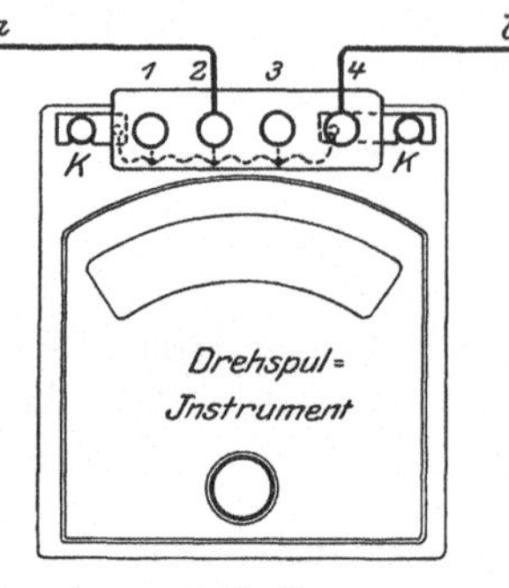

Abb. 7.

Abb. 8.

Widerstände ist darauf zu achten, daß mit dem Widerstande r_g des Instrumentes noch jener zwischen der Anschlußklemme von a und der jeweils freien Instrumentklemme K in Serie liegt.

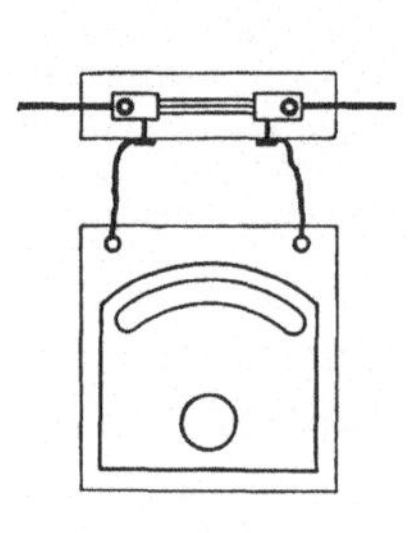
Abb. 9.

Abb. 10.

Ansteckbare Nebenwiderstände baut Siemens & Halske bis 150 A, für stärkere Ströme bis zu 3000 A werden sie, wie Abb. 10 zeigt, auf Holzsockeln ausgeführt. Bei solchen Widerständen müssen stets die von der Firma gelieferten Zuleitungen zum Instrument benutzt werden, da deren Widerstand bei der Berechnung und Eichung berücksichtigt wurde.

Die größten Typen, die von Siemens & Halske hergestellt werden, gehen bis zu 25000 A. Für große Ströme müssen die Starkstromleitungen genügend Anschlußflächen erhalten, daher sind auch, wie die Abbildungen zeigen, mehrere Anschlußschrauben vorgesehen. Bei schlechtem Kontakt ergeben sich leicht Fehler bis zu 0,2%. Die Verbindungsleitungen zum Instrument werden an den in Abb. 10 sichtbaren kleinen Schrauben angeschlossen.

5. Vorwiderstände.

Meßprinzip. Die Schaltung eines Spannungsmessers V — Eigenwiderstand r_g — mit Vorwiderstand r_v zeigt Abb. 11. Fließt ein Strom i durch Voltmeter und Vorwiderstand, so gelten die Gleichungen:

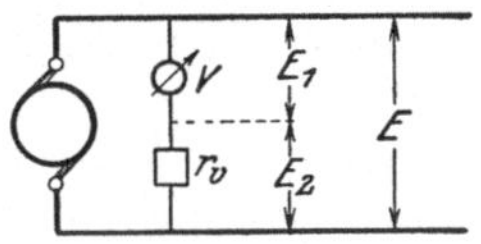

$$E_1 = i \cdot r_g \qquad E_2 = i \cdot r_v$$

$$\frac{E_2}{E_1} = \frac{r_v}{r_g} \qquad E_2 = E_1 \cdot \frac{r_v}{r_g}$$

Abb. 11.

Daraus:

$$\boldsymbol{E = E_1 \cdot \frac{r_v + r_g}{r_g}} \quad \text{. . . . . (2)}$$

$$\boldsymbol{r_v = r_g \cdot \frac{E - E_1}{E_1}} \quad \text{. . . . . (2a)}$$

Beispiel: $r_g = 1000\ \Omega$, Endausschlag bei $i = 0{,}003$ A. Dieses Instrument ist folglich ohne Vorschaltwiderstand für Messungen bis zu $E_1 = 3$ V geeignet. Sollen Spannungen bis $E = 150$ V gemessen werden, so folgt die Größe des Vorschaltwiderstandes r_v aus Gl. (2a) zu:

$$r_v = 1000 \cdot \frac{150-3}{3} = 49000\ \Omega.$$

Verwendung von Vorwiderständen bei Wechselstrom. Hier handelt es sich darum, inwiefern die Selbstinduktion und die Kapazität des Vorwiderstandes Meßfehler bedingen. Letztere ist fast stets zu vernachlässigen. Der Selbstinduktionskoeffizient des Vorschaltwiderstandes stört am meisten im Spannungskreis elektrodynamischer Leistungsmesser (s. S. 71). Für Spannungsmesser können Vorwiderstände gewöhnlicher Ausführung zu Messungen bei Frequenzen bis zu 100 per benützt werden.

Der Strom im Voltmeterzweig hängt ab von der Größe des Scheinwiderstandes desselben. Derselbe hat, wenn nur die Ohmschen und induktiven Widerstände berücksichtigt werden, den Wert:

$$\sqrt{(r_v + r_g)^2 + (2\pi f \cdot L_v + 2\pi f \cdot L_g)^2}.$$

Bei technischen Frequenzen sind die mit L behafteten Glieder zu vernachlässigen gegenüber $(r_v + r_g)$.

Die Größe des Selbstinduktionskoeffizienten L_v vom Vorwiderstand ist abhängig von der Konstruktion und Anordnung der Windungen. Runde Spulen sind infolge des großen Querschnittes naturgemäß am ungünstigsten. Besondere

Wicklungsarten (bifilare Wicklung, Chaperonwicklung) verteuern wiederum die Herstellung.

Auf Schieferplatten oder Glimmer gewickelte Vorschaltwiderstände, wie sie z. B. die Firma S. & H. auf den Markt bringt, können dagegen für Hitzdrahtspannungsmesser bis zu 10000 per mit normaler Wicklung, bis zu 50000 per mit besonders dünner Wicklung benützt werden. S. & H. gibt an für einen solchen Vorschaltwiderstand von 4000 Ω eine Selbstinduktion von 2,25 mH und eine Erhöhung des Scheinwiderstandes gegenüber dem Gleichstromwert um 0,01 % bei 50 per, um 0,26 % bei 20000 per. Ist der Vorschaltwiderstand dagegen normal gewickelt, so sind die entsprechenden Werte: Selbstinduktionskoeffizient 0,5 mH, Widerstandszunahme bei 20000 per 0,02 % und bei 50000 per 0,1 %.

Ausführung der Vorwiderstände. a) Größe der Widerstände hinsichtlich der Ohmzahl und des Eigenverbrauches. Es ist klar, daß zur Messung einer gegebenen Spannung der Vorwiderstand um so größer sein muß, je kleiner der zulässige Instrumentstrom ist. Bei den sehr wenig Strom verbrauchenden Drehspulspannungsmessern beträgt der Widerstand für jedes Volt bis zu mehreren hundert Ohm. Für andere Spannungsmesser, wie z. B. für elektrodynamische Instrumente, welche bedeutend mehr Strom benötigen, sind die Widerstände kleiner. Ein gebräuchlicher Wert für die Spannungskreise elektrodynamischer Leistungsmesser ist 1000 Ohm für je 30 V.

Aus den Werten E_2, i und r_v (s. Abb. 11) errechnet sich der Leistungsverbrauch des Vorschaltwiderstandes zu:

$$N_v = E_2 \cdot i = \frac{E_2^2}{r_v} = i^2 \cdot r_v.$$

b) Material. Aus gleichen Gründen, wie bei der Besprechung der Nebenwiderstände ausgeführt wurde, verwendet man auch hier Material mit geringem Temperaturkoeffizienten, also vor allem Manganin. Präzisionsvorschaltwiderstände sollen im Betrieb nicht über 100° warm werden; bei solchen für Schalttafelmeßgeräte können höhere Temperaturen zugelassen werden.

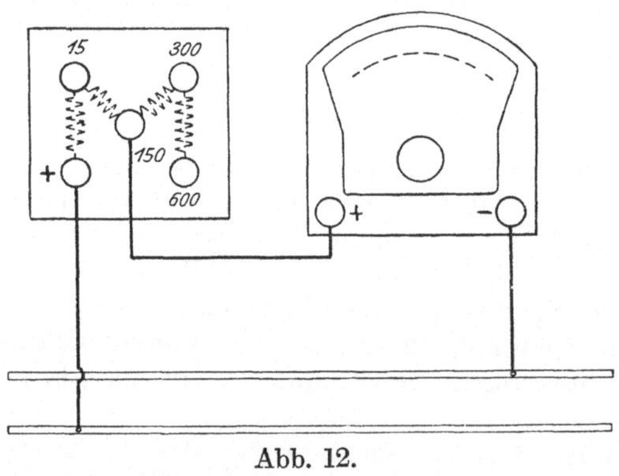

Abb. 12.

Abb. 13.

c) Ausführung der Vorwiderstände. Die technische Ausführung wurde schon oben hinsichtlich ihrer Verwendbarkeit für Wechselstrom gestreift. Hier soll nur erwähnt werden, daß sie ähnlich wie die Nebenwiderstände vielfach in die Instrumente selbst eingebaut werden, oder man verwendet sie getrennt von diesen mit einem oder mit mehreren Meßbereichen, was aus den Abb. 12 und 13 hervorgeht.

Für den Einbau in ein Instrument ist der Eigenverbrauch N_v bzw. die durch diesen bedingte Stromwärme maßgebend. Bei Präzisionsinstrumenten trennt man die Widerstände vom Instrument bei 10÷15 W Eigenverbrauch.

6. Meßwandler (Strom- und Spannungswandler).

a) Allgemeines.

Verwendungsgebiet. Die Meßwandler sind für ihre Zwecke besonders ausgeführte kleine Transformatoren, auf deren Sekundärseite die Meßinstrumente angeschlossen werden. Dabei haben die Stromwandler sekundär eine größere Windungszahl als primär, da der Strom erniedrigt werden soll. Das Umgekehrte ist bei den Spannungswandlern der Fall; diese haben sekundär die kleinere Windungszahl, weil auf dieser Seite eine niedrigere Spannung gewünscht wird. Durch die Anwendung von Meßwandlern ergibt sich eine Reihe von Vorteilen:

1. Die Umwandlung der Meßgröße — sei es Strom oder Spannung — auf einen bequemen, der unmittelbaren Messung zugänglichen Wert.

2. Die Fernhaltung der Hochspannung vom Beobachter und damit der Fortfall aller bei direkten Hochspannungsmessungen auftretenden meßtechnischen Schwierigkeiten. Die Sekundärspannung der Spannungswandler beträgt meist nur 100 Volt.

3. Die Vermeidung von größeren Stromstärken in der Meßschaltung. Gebräuchliche Werte für den Sekundärstrom der Stromwandler sind 5 A oder 10 A.

Ein und dasselbe Instrument kann durch Verwendung von verschiedenen Meßwandlern also für eine Reihe von Meßbereichen benützt werden.

Schaltregeln. 1. Jede Berührung der Meßwandler ist zu vermeiden, wenn der Primärkreis Hochspannung führt.

Sollen Wandler, die an Spannung liegen, auf einen anderen Bereich umgeschaltet werden, so sind sie vorher allpolig vom Netz abzuschalten und zu erden.

2. Die Sekundärwicklung von Stromwandlern muß, sobald die Primärwicklung eingeschaltet ist, entweder durch die Meßinstrumente oder durch eine Kurzschlußverbindung geschlossen sein.

Ist die Sekundärwicklung offen, so entstehen einerseits hohe, unter Umständen lebensgefährliche Spannungen (da ja die Windungszahl sekundär ein Vielfaches der primären ist), andererseits tritt, weil infolge des Wegfalles der Gegenamperewindungen des Sekundärstromes der gesamte Primärstrom magnetisierend wirkt, eine sehr starke Liniendichte im Eisen auf. Diese bedingt hohe Eisenverluste und damit eine unzulässige Erhitzung, welche, wenn das für den Wandler verwendete Gehäuse mit isolierender Füllmasse ausgegossen ist, letztere zum Schmelzen bringt. Findet die Masse dann keinen Ausweg, so kann das Gehäuse dadurch zerrissen werden. Besonders schädlich wirkt eine Öffnung der Sekundärwicklung aber noch dadurch, daß die erwähnte hohe Sättigung stets eine mehr oder weniger große Restmagnetisierung zurückläßt, durch welche die magnetischen Verhältnisse (Permeabilität und Leerlaufstrom) vollkommen geändert werden. Die Folge ist eine Vergrößerung des Phasen- und Übersetzungsfehlers (s. später), welcher nur durch sorgfältiges Entmagnetisieren des Eisenkernes wieder zu beseitigen ist.

3. Spannungswandler dürfen, sobald sie unter Spannung gesetzt sind, sekundär nur über den hohen Widerstand des Voltmeters geschlossen werden; sie können aber ebensogut offen bleiben.

4. Die Spannungswandler sind auf der Hochspannungsseite allpolig zu sichern, auf der Niederspannungsseite hat gleiches zu erfolgen für alle nicht geerdeten Leitungen.

Erstere Maßnahme dient dazu, die Anlage gegen Beschädigung durch Kurzschlüsse in der Meßschaltung zu schützen, letztere zur Sicherung des Spannungswandlers gegen Überlastungen.

5. Bei Verwendung von Strom- und Spannungswandlern in einer Meßschaltung sind die Sekundärwicklungen und die Gehäuse aller Meßwandler einpolig zu erden; (kleinster zulässiger Querschnitt für Erdleitungen aus Kupfer 16 mm^2).

Hoch- und Niederspannungsseite sind in einer solchen Schaltung elektrisch vollkommen getrennt. Die erwähnte Erdung soll verhindern, daß Teile der Niederspannungsseite der Schaltung Spannungen annehmen, welche für den Beobachter gefährlich sind; ferner fallen die Beeinflussungen der Meßinstrumente weg, welche durch Potentialdifferenzen zwischen Strom- und Spannungsspule entstehen können (bei Leistungsmessern).

6. Nicht geerdet darf dagegen werden, wenn bei Leistungsmessern Stromwandler für die Stromspule, Vorwiderstände für die Spannungsspule benützt werden. Dann muß aber die Sekundärwicklung des Stromwandlers mit einem geeigneten Punkt des Netzes so verbunden werden, daß die innerhalb des Leistungsmessers auftretenden Potentialdifferenzen möglichst klein werden.

Bei Leistungsmessern für Einphasenstrom verbindet man die Sekundärwicklung des Stromwandlers einpolig mit der Primärwicklung und schließt an diesen Punkt gleichfalls die eine Klemme der Spannungsspule an (s. auch Abb. 67), während die andere Klemme derselben mit dem Vorschaltwiderstand verbunden wird.

b) Stromwandler.

Bedingungen für Stromwandler, Meßfehler, Einfluß von Frequenz und Kurvenform.

1. Bedingungen. Von den Wandlern verlangt man vor allem möglichste Proportionalität, sowie möglichst 180° Phasenverschiebung zwischen primärer und sekundärer Größe. Ist dies nicht der Fall, so entstehen Übersetzungs- und Phasenfehler. Herabgedrückt werden diese Fehler dadurch, daß einerseits die Verluste, insbesondere die Eisenverluste niedrig gehalten werden — Verwendung von legierten Blechen bei geringer Sättigung — und daß man andererseits die magnetische Streuung auf ein Minimum bringt, was ebenfalls durch geringe Kraftliniendichte, also durch reichliche Dimensionierung des Eisenquerschnittes erreicht und durch geringe Stoßfugen im Eisenkern angestrebt wird. Am besten sind geschlossene Blechringe, die aber den Nachteil haben, daß die Wicklung von Hand aufgebracht werden muß.

Siemens & Halske geben für ihre Präzisionsstromwandler an:

Die Übersetzung ist bei 5 A und einer Klemmenspannung von etwa 5 V auf mindestens 0,5% genau abgeglichen und bleibt von 100% bis herab auf 10% der normalen Strombelastung konstant.

Die Phasenverschiebung zwischen dem Primärstrom und dem um 180° herumgeklappten Vektor des Sekundärstromes beträgt bei 50 Perioden für Volllast nur etwa 15 Minuten und bei 20% der Strombelastung nicht mehr als etwa 36 Minuten.

2. Einfluß der Frequenz. Die erwähnten Fehlergrößen ändern sich in geringem Maße mit der Frequenz.

3. Einfluß der Kurvenform. Für genaue Messungen ist Voraussetzung, daß sich die Form des sekundären Stromes nicht wesentlich von der des primären Stromes unterscheidet. Diese Bedingung wird fast immer, selbst bei stark verzerrten Kurvenformen, eingehalten.

Erhebliche Störungen können dagegen eintreten durch eine Gleichstromkomponente im Wechselstrom oder durch eine Restmagnetisierung des Eisenkernes — s. S. 13.

Überlastbarkeit. Eine dauernde Überlastung der Stromwandler wird in der Regel nur für 10÷20% Überstrom zugelassen.

Eine wesentlich stärkere Überlastung kann bei Wandlern mit Massefüllung gefährlich werden, da bei diesen dann die Füllmasse unter erheblicher Ausdehnung schmelzen und unter Umständen das Gefäß zur Explosion bringen kann. Bei Wandlern mit Luftisolation oder Ölfüllung ist eine Überschreitung der Belastungsgrenzen weniger gefährlich.

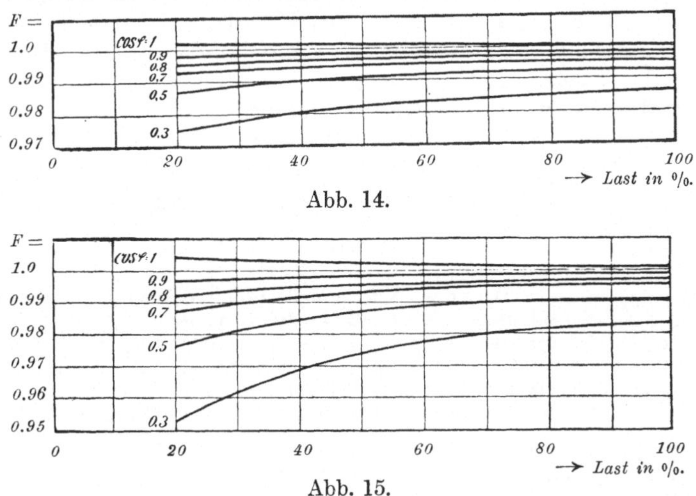

Abb. 14.

Abb. 15.

Korrektion der Fehler. Bei den meisten praktisch vorkommenden Messungen ist eine Korrektion der durch den Stromwandler verursachten Meßfehler nicht erforderlich, da diese innerhalb der Ablesefehler des Meßinstrumentes liegen. Für besonders genaue Messungen ermittelt man deren tatsächlichen Wert mit Hilfe von Korrektionskurven, welche von den Firmen guten Wandlern beigegeben werden. Multipliziert man den gemessenen Strom (die gemessene Leistung) mit dem aus diesen Kuven entnommenen Faktor F, so erhält man die wirklichen Werte.

Abb. 14 und 15 geben für 50 bzw. 25 per die Korrektionskurven von Präzisionsstromwandlern der Firma S. & H. Bei ihrer Anwendung sind zwei Fälle zu unterscheiden:

1. Bei Strommessungen ist, da an einem Strommesser Strom und Spannung phasengleich sind, die Korrektionskurve für $\cos\varphi = 1$ zu benützen, welche im wesentlichen nur den Übersetzungsfehler enthält.

2. Bei Leistungsmessungen ist der Korrektionsfaktor F, entsprechend dem zwischen dem Strom J und der Spannung E vorhandenen Phasenverschiebungswinkel φ ($\cos\varphi$ = Netzleistungsfaktor), aus den Kurven zu ermitteln. Hinsichtlich der Korrektion der Phasenfehler von Stromwandlern bei Drehstromleistungsmessungen nach der Zweiwattmetermethode s. S. 87.

Beispiel. Zu einer Messung wird verwendet ein Stromwandler mit einem Übersetzungsverhältnis 100 : 5 in Verbindung mit einem Amperemeter für 5 A Endausschlag. Es werden beobachtet bei $f = 50$ per ein Strom von $J = 80$ A (entsprechend einem Ausschlag des Strommessers von 4 A), eine Spannung von $E = 100$ V, eine Leistung $N' = 6400$ W. Der Leistungsfaktor beträgt demnach $\cos\varphi = N'/EJ = 0{,}8$. Die Kurve Abb. 14 liefert für diesen $\cos\varphi$ einen Korrektionsfaktor $F = 0{,}997$. Die genaue Leistung N beträgt somit:

$$N = N' \cdot F = 6380{,}8 \text{ W}.$$

Bei Leistungsmessungen ist der durch den Stromwandler verursachte Fehler sowohl abhängig von dem äußeren Phasenwinkel φ, wie von dem inneren Phasenwinkel δ des Wandlers zwischen Primärstrom und dem um 180° gedrehten Vektor des Sekundärstromes. Der Fehler ist, um die tatsächliche Leistung zu erhalten, von der gemessenen zu subtrahieren, wenn es sich um induktive, dagegen zu addieren, wenn es sich um kapazitive Netzlast handelt. Der prozentuale Fehler p kann nach folgender Formel, in welcher δ in Graden einzusetzen ist, berechnet werden.

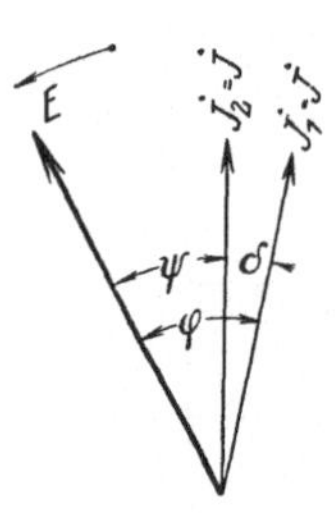

Abb. 16.

$$p = \frac{\pi \cdot \delta}{1{,}8} \cdot \operatorname{tg}\varphi \quad \ldots\ldots\ldots \quad (3)$$

Beweis. Verwendet werde ein Wandler mit dem Übersetzungsverhältnis 1 : 1; folglich: $J_1 = J_2 = J$. Ferner ist $\psi = \varphi - \delta$ bzw. $\psi = \varphi + \delta$, je nachdem die Belastung induktiv oder kapazitiv ist. (Abb. 16 gilt für induktive Last, ebenso die weitere Rechnung. Der Vektor des Sekundärstromes ist in Abb. 16 bereits um 180° gedreht.) Dann ist:

Die gesuchte Leistung . . . . $N = E \cdot J_1 \cdot \cos\varphi = E \cdot J \cdot \cos\varphi$,

die gemessene Leistung . . . $N' = E \cdot J_2 \cos\psi = E \cdot J \cdot \cos(\varphi - \delta)$,

der prozentuale Fehler . . . $p = \dfrac{N' - N}{N} \cdot 100$

$$p = \frac{E \cdot J \cdot [\cos(\varphi - \delta) - \cos\varphi]}{E \cdot J \cos\varphi} \cdot 100$$

$$p = [\cos\delta + \sin\delta \operatorname{tg}\varphi - 1] \cdot 100$$

Da δ ein sehr kleiner Winkel ist, so kann gesetzt werden $\cos\delta = 1$, $\sin\delta = \delta$. Es wird dann

$$p = \delta \cdot \operatorname{tg}\varphi \cdot 100.$$

Darin ist δ im Bogenmaß enthalten. Führt man δ im Winkelmaß ein, so ist die rechte Seite noch mit dem Faktor $2\pi/360$ zu multiplizieren, wodurch man die Gl. (3) erhält.

Ausführungen.

Stromwandler werden gebaut für alle Stromstärken bis zu 50000 A und Betriebsspannungen bis zu 150 kV. Wie bereits erwähnt, beträgt die sekundäre Stromstärke meist 5 A. Einige Haupttypen seien kurz erläutert.

Präzisionsstromwandler von Siemens & Halske. 1. Aufbau. Zur Erzielung guter elektrischer Eigenschaften haben diese Wandler einen vollkommen stoßfugenfreien Eisenkern. Die Sekundärwicklung liegt innen; über ihr befindet sich die zur Erzielung mehrerer Meßbereiche mehrfach unterteilte Primärwicklung. Die Enden der einzelnen Abteilungen sind zu einem Schaltkopf geführt. Zur Herstellung des gewünschten Bereiches wird in diesen ein bestimmtes Schaltstück gesteckt. Die Sekundäranschlüsse, welche durch einen Stöpsel kurzgeschlossen werden können, sowie eine Erdungsschraube, befinden sich auf dem Gehäusedeckel — vgl. Abb. 17. Die Isolation, welche als Masseisolation ausgeführt ist, reicht bei einigen Typen für 30000 V Betriebsspannung aus.

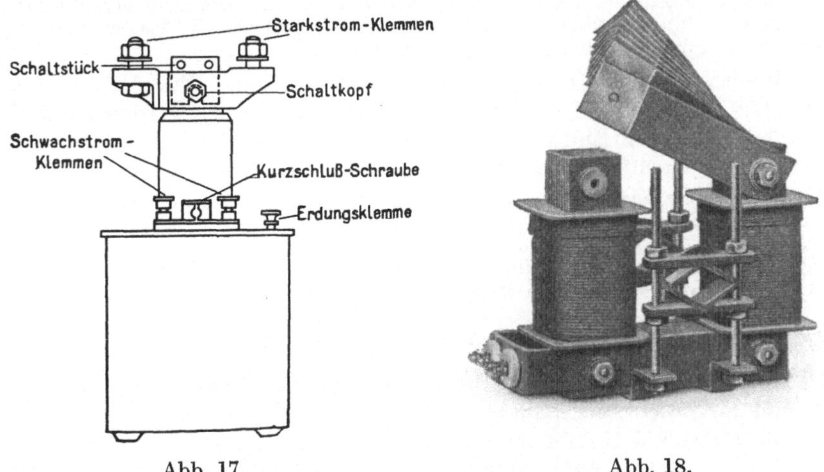

Abb. 17. Abb. 18.

2. Zulässige Belastung. Die zulässige sekundäre Belastung beträgt bei 50 Perioden und vollem Strom 20 Voltampere, also 4 V Klemmenspannung bei 5 A. Sie ändert sich nahezu proportional mit der Frequenz. Entsprechend dieser verhältnismäßig hohen zulässigen Sekundärbelastung kann gleichzeitig ein Strommesser und ein Leistungsmesser in Serie geschaltet werden.

3. Eigenverbrauch. Derselbe besteht, da infolge der geringen Sättigung des Eisens die Eisenverluste zu vernachlässigen sind, in der Hauptsache aus Kupferverlusten in den beiden Wicklungen und ändert sich demgemäß mit dem Quadrate der Stromstärke. Er ist gering und beträgt bei Vollast etwa 25 W.

Einleiterstromwandler (Schienenstromwandler). Bei Stromstärken über 1500 A gestaltet man den Eisenkern so, daß er über die Leitungsschiene geschoben werden kann, ohne daß diese unterbrochen werden muß. Die Schiene wirkt dann als Primärwicklung. Abb. 18 zeigt, daß zu diesem Zwecke eine Seite des Wandlers zum Herausklappen eingerichtet ist. Erkennbar ist auch die Art der Befestigung.

Solche Wandler werden von verschiedenen Firmen, wie S. & H. und AEG für Stromstärken bis zu 20000 A ausgeführt. Bei diesen hohen Stromstärken müssen benachbarte Schienen, insbesondere die Rückleitung, in einem gewissen Abstande gehalten werden, um eine Beeinflussung der Angaben zu vermeiden (bei 10000 A ist ein Abstand von mindestens 1 m erforderlich). Auch müssen die Verbindungsleitungen zwischen Sekundärwicklung und Instrument zwecks Vermeidung von Fehlweisungen durch Induktion sehr eng nebeneinander, am besten verdrillt, geführt werden.

Besondere Bedeutung haben diese Stromwandler als sogenannte „kurzschlußsichere Stromwandler" erlangt. Bei heftigen Kurzschlüssen in einem Netz treten in Leitungsschleifen, also auch in der Primärwicklung normaler Wandler, starke elektrodynamische Kräfte auf, welche die Schleifen auseinanderzutreiben versuchen. Diese Möglichkeit ist bei Wandlern mit geraden Primärleitern ausgeschlossen. Aus diesem Grunde baut man solche Wandler auch für kleinere Stromstärken. Man führt sie vielfach so aus, daß über einen isolierten Primärleiter, der mit Anschlußbolzen zum Einsetzen in eine Leitung versehen ist, ein Eisenkern aus Kreisringblechen, welcher die fast gleichmäßig verteilte Sekundärwicklung trägt, geschoben wird.

Stromwandler für Mittel- und Hochfrequenz. Für Mittel- (500 bis 2500 per) und Hochfrequenz (über 2500 per) werden Spezialwandler, zu deren Eisenkernen besonders dünnes Blech benutzt wird, gebaut. Bei Hochfrequenz sind die Abmessungen naturgemäß sehr klein.

Bei der Ausführung eines solchen Wandlers von S. & H. für primär 1200 A, sekundär 10 A besteht der Primärleiter aus Kupferrohr von 58/62 mm Durchmesser. Die Sekundärwicklung sitzt auf hochlegierten, dünnen Eisenblechringen, welche über den Primärleiter geschoben werden. Der Wandler zeigt genau innerhalb eines großen Frequenzbereiches.

c) Spannungswandler.

Meßfehler, Einfluß von Frequenz und Kurvenform. Im allgemeinen gilt auch hier das bei den Stromwandlern Gesagte.

Die Firma S. & H. gibt für ihre Präzisionsspannungswandler folgendes an: Das Übersetzungsverhältnis wird bei einer sekundären Belastung von 10 Voltampere bei $\cos\varphi = 1$ auf mindestens 0,5% genau abgeglichen. Es bleibt von 100% bis 20% des Meßbereiches praktisch konstant. Vorausgesetzt ist dabei, daß nicht etwa die Meßinstrumente bei halber Spannung auf einen kleineren, halb so großen Meßbereich umgeschaltet werden. Hierdurch würde der Spannungswandler zweimal so stark belastet werden, so daß die durch Vergrößerung des Zeigerausschlages erhöhte Ablesegenauigkeit durch den größeren Spannungsabfall des Spannungswandlers aufgehoben wird.

Die Phasenverschiebungsfehler können praktisch vernachlässigt werden; sie betragen im allgemeinen weniger als 10 Minuten.

Überlastbarkeit. Eine Überschreitung der Primärspannung ist bei normalen Wandlern dauernd nur um 10% zulässig, vorübergehend darf die Spannung um 20% gesteigert werden.

Andernfalls treten infolge zu hoher Sättigung zu große Eisenverluste und ein zu großer Leerlaufstrom auf, was beides den Eisenkern und die Füllmasse sehr stark erhitzt.

Ausführungen.

In der Konstruktion von Spannungswandlern besteht keine so große Mannigfaltigkeit wie bei den Stromwandlern. Die Fabrikate der verschiedenen Firmen unterscheiden sich wesentlicher erst bei ganz hohen Spannungen, vor allem in der Anordnung der Isolation.

Bei niedrigen Spannungen ist meist trockene Masseisolation gebräuchlich, während bei hohen Spannungen nur Öltransformatoren verwendet werden, da ja an der Primärwicklung die volle Netzspannung liegt.

Präzisionsspannungswandler von Siemens & Halske. 1. Aufbau. Hier kann auf das bei den Stromwandlern der gleichen Firma Erwähnte verwiesen werden. Zur Erzielung mehrerer Meßbereiche sind auch hier die Wicklungen unterteilt und umschaltbar eingerichtet. Solche Umschaltungen können entweder auf der Primär- oder auf der Sekundärseite vorgesehen werden.

2. Zulässige Belastung. Selbst bei Anschluß mehrerer Meßinstrumente ist der an den Sekundärklemmen auftretende Spannungsabfall kaum merkbar. Für Messungen zulässig ist ein Spannungsabfall des Wandlers bis zu 1%; die Grenzerwärmung wird erst bei einer viel höheren Energieentnahme erreicht.

3. Eigenverbrauch. In der Hauptsache besteht derselbe aus den Eisenverlusten (Leerlaufwatt), und er bleibt für die verschiedenen Meßbereiche bei den primär umschaltbaren Spannungswandlern konstant. Bei Leerlauf beträgt der Eigenverbrauch je nach der Type 4÷25 W.

Spannungswandler für Hochfrequenz. S. & H. stellt Wandler für Frequenzen bis zu 50000 per her. Die Genauigkeit ist etwas geringer als bei Niederfrequenz. Man kann mit Fehlern von 1÷2% rechnen.

7. Einige Bemerkungen für den praktischen Gebrauch der Instrumente.

a) Die Genauigkeit der Instrumente.

Als Meßgenauigkeit eines Instrumentes gilt das Verhältnis der Größe des möglichen Meßfehlers zu der Größe des zu messenden Wertes. Entweder bezieht man sie auf den Sollwert — unter welchem man den augenblicklich vorhandenen Wert der Meßgröße versteht — oder, wie dies meist geschieht, auf den Höchstwert, den ein Instrument anzeigen kann. Die Angabe der Genauigkeit in Prozenten des Skalenendwertes ist günstiger für die Beurteilung eines Instrumentes. Bezieht man sie nämlich auf den Sollwert, so erscheint die Genauigkeit des Instrumentes um so geringer, je kleiner der Zeigerausschlag ist.

Beispiel. Bei einem Strommesser, der max. 50 A anzeigt, beträgt der Meßfehler 0,2 A bei einem Zeigerausschlag von 20 A. Die Genauigkeit ist also 1% des Sollwertes (20 A), dagegen 0,4% des Höchstwertes (50 A).

Die Genauigkeit eines Zeigerinstrumentes wird bedingt durch die elektrischen und durch die mechanischen Eigenschaften des Meßsystems. Die in den ersteren begründeten Fehler sind eine Funktion des Meßprinzips, also abhängig von der inneren Schaltung und den elektrischen Widerständen. Diese Fehler wachsen proportional mit der Meßgröße; sie sind demnach in Prozenten des Sollwertes ausdrückbar. Eine Ausnahme bildet der Phasenfehler der Leistungsmesser, der bei kleinem Leistungsfaktor ($\cos\varphi \sim 0$) die Ursache von oft recht erheblichen Fälschungen des Resultates wird. Die Fehler, welche durch die mechanischen Eigenschaften hervorgerufen werden, setzen sich im wesentlichen zusammen aus der Reibung der beweglichen Teile in den Lagern und der Ungenauigkeit der Skalenstriche, welche auch bei sorgfältigster Ausführung der Skala niemals absolut vermieden werden kann. Der Reibungsfehler ist daran kenntlich, daß das System langsamen Stromänderungen nicht vollständig folgt, sondern etwas entfernt von der richtigen Lage stehen bleibt und sich erst bei leisem Klopfen in diese bewegt. Bei Präzisionsausführungen ist dieser Fehler mit bloßem Auge nicht wahrnehmbar. Reibungs- und Skalenfehler sind über dem ganzen Meßbereich in angenähert gleicher Größe vorhanden und werden daher in Prozenten des Skalenendwertes ausgedrückt.

Gemäß den vorstehenden Ausführungen ist es am richtigsten, die Genauigkeit p eines Instrumentes nach der folgenden Formel darzustellen, welche beide Fehlerquellen berücksichtigt:

$$p\% = a\% \text{ vom Sollwert} + b\% \text{ vom Höchstwert.}$$

Was die Genauigkeit der einzelnen Instrumenttypen anbelangt, so stehen die Drehspulinstrumente obenan, die aber leider nur für Gleichstrom verwendet werden können. Bei Wechselstrom spielen die gleiche Rolle die eisenlosen dynamometrischen Meßgeräte. Beide Instrumentarten eignen sich deshalb für genaue Messungen. Weniger genau sind die Dreheisen-, Drehfeld- und Hitzdrahtinstrumente, von denen jedoch den beiden erstgenannten eine besondere Bedeutung als Betriebsmeßgeräte infolge ihrer kräftigen Bauart zukommt, während die letzteren wiederum den Vorzug haben, daß sie für die Messung hochfrequenter Ströme und Spannungen bei richtiger Ausführung am geeignetsten sind. Verhältnismäßig unzuverlässig sind die statischen Voltmeter.

In der folgenden Tabelle sind die heute erreichbaren Genauigkeiten verschiedener Instrumente zusammengestellt[1]).

Instrument	Genauigkeit
Gleichstrom-Präz.-Instrumente I. Kl.	0,10÷0,15 % v. Hw.
gute Ausführungen noch	0,15÷0,20 % „ „
Eisenlose Präz.-Wattmeter für Wechselstrom	0,20÷0,30 % „ „
Gleichstrom-Präz.-Instrumente II. Kl. Eisenlose dynam. Strom- und Spannungsmesser	0,3 % v. Sw. + 0,3 % v. Hw.
Gleichstrom-Drehspul-Instr. Montagetyp	0,4 % „ „ + 0,4 % „ „
Strom-, Spannungs- und Leistungsmesser für Wechselstrom, Montagetyp	0,5 % „ „ + 0,5 % „ „
Gute Schalttafelinstrumente für Gleich- und Wechselstrom, 130÷300 mm Φ	0,7 % „ „ + 0,7 % „ „
Dgl. 75÷120 mm Φ	1,0 % „ „ + 1,0 % „ „
Instrumente in Uhrgröße	2,0 % „ „ + 2,0 % „ „
Registrierapparate mit Papier von mindestens 100 mm Nutzbreite	1,0 % „ „ + 1,0 % „ „

[1]) Nach „Keinath, Die Technik der elektrischen Meßgeräte“.

b) Die Beeinflussung der Angaben von Instrumenten.

1. Durch fremde Magnetfelder. Es braucht wohl nicht betont zu werden, daß man versuchen wird, starke Magnetfelder oder auch stromdurchflossene Leitungen, welche solche erzeugen können, von den Meßgeräten fernzuhalten. Von diesen werden nur statische Voltmeter durch Magnetfelder nicht beeinflußt; desgleichen ist die Wirkung der letzteren auf Hitzdrahtinstrumente praktisch nicht merklich.

Es ist jedoch ein Irrtum, zu glauben, daß Hitzdrahtinstrumente durch Magnetfelder gar nicht beeinflußt werden. Einmal erfährt schon der stromdurchflossene Hitzdraht in einem Magnetfelde einen Bewegungsantrieb, dann aber induzieren hochfrequente Felder, welche sich in der Nachbarschaft eines Instrumentes mit unterteilten Hitzdraht oder eines Hitzbandinstrumentes befinden, in deren Systemen Wirbelströme, auch wenn diese Instrumente gar nicht angeschlossen sind.

Alle jene Meßgeräte, welche auf elektromagnetischen Wirkungen beruhen, sind dagegen mehr oder weniger gegen Fremdfelder empfindlich. Am meisten macht sich deren Wirkung bei eisenlosen dynamometrischen Instrumenten bemerkbar. Schon auf das schwache Erdfeld ist — wenn es sich um Gleichstrommessungen handelt — Rücksicht zu nehmen. Dreheisen- und Drehspulinstrumente sind gleichfalls durch Fremdfelder beeinflußbar. Weit weniger empfindlich sind Drehfeldmeßgeräte und vor allem eisengeschlossene Dynamometer.

Eine Panzerung der Instrumente mit Eisenblech gewährt einen guten Schutz, da dann die fremden Kraftlinien nicht mehr in die Meßsysteme dringen können. Bei Gleichstrom hat aber ein Eisengehäuse den Nachteil, daß sich in ihm Pole ausbilden können, welche ihrerseits auf das System wirken. Präzisionsinstrumente für Gleichstrom werden deshalb fast nie mit solchen Schutzgehäusen versehen.

Auch auf die gegenseitige Aufstellung ist bei manchen Typen Rücksicht zu nehmen. So sollen Drehspulpräzisionsinstrumente in Abständen von mindestens 40 cm (Mitte zu Mitte gerechnet) aufgestellt werden, da sie sich sonst durch die Streulinien der permanenten Magnete beeinflussen können.

2. Durch elektrostatische Felder. Von diesen werden besonders die Angaben der statischen Voltmeter gefälscht. Man schützt letztere durch Einbau in ein möglichst geerdetes Metallgehäuse. Von elektrostatischen Kraftwirkungen sind auch die anderen Instrumente abhängig. Eine häufige Ursache solcher Wirkungen ist das Abreiben der Deckgläser mit einem trockenen Tuche, wodurch unter Umständen ganz bedeutende elektrostatische Ladungen erzeugt werden können, welche den Zeigerausschlag beeinflussen. Man beseitigt diese Ladungen, indem man die Glasscheibe leicht anhaucht. Jedenfalls vermeide man das Abreiben der Deckgläser kurz vor einer Messung.

3. Durch die Temperatur. Da sich bei allen Instrumenten mit Kupferwicklungen der Widerstand derselben mit der Temperatur ändert, so sind von letzterer mehr oder weniger die Angaben abhängig. Besondere Kunstschaltungen (eine sog. „temperaturfreie" Schaltung ist auf S. 28 erläutert) ermöglichen jedoch die Beseitigung dieses Einflusses innerhalb gewisser Grenzen. Zu solchen Schaltungen wird meist Material mit verschwindend kleinem Temperaturkoeffizienten benützt, welches dem System vor- oder parallelgeschaltet wird, so daß der Temperaturkoeffizient der ganzen Anordnung auf einen zulässigen Wert herabgedrückt wird. Werden Federn zur Stromzuführung zum System benützt, so ändert sich die Kraft derselben ebenfalls mit der Temperatur (mit steigender Erwärmung läßt die Federkraft nach, so daß ein kleineres Gegendrehmoment erzielt wird).

Auch die Angaben solcher Instrumente, die keine Wicklungen tragen, wie Hitzdrahtinstrumente, sind dem Einfluß der Temperatur unterworfen (s. S. 48).

Bei Drehfeld- und Ferrarisinstrumenten werden Temperaturfehler dadurch hervorgerufen, daß sich mit der Temperatur der Widerstand der Kurzschlußbahn in der Aluminiumtrommel oder -scheibe ändert.

4. Durch die Frequenz. Bei den meisten Wechselstrominstrumenten ist der Einfluß einer Änderung der Frequenz auf die Angaben innerhalb eines verhältnismäßig großen Bereiches belanglos. Eine größere Frequenzabhängigkeit haben ihrem Meßprinzip gemäß Drehfeld- und Ferrarisinstrumente. Aus diesem Grunde sollten sie lediglich für Messungen bei unveränderlicher Frequenz Verwendung finden (als Schalttafelinstrumente in Zentralen). Für Versuche wird man dagegen jene Meßgeräte bevorzugen, die ihrem Prinzip nach weniger von Frequenzschwankungen beeinflußt werden.

Elektrodynamische Leistungsfaktormesser sind gleichfalls von der Frequenz abhängig, wenn eine Kunstschaltung zur Erzeugung einer bestimmten Phasenverschiebung nötig ist.

c) Die Berechnung der Instrumentkonstanten.

Strommesser. Als Instrumentkonstante c werde bei Strom- und Spannungsmessern die Zahl bezeichnet, mit der die Angaben dieser Instrumente multipliziert werden müssen, wenn sie in Verbindung mit Hilfsmitteln zur Erweiterung des Meßbereiches (also zusammen mit Nebenwiderständen, Vorwiderständen, Meßwandlern) gebraucht werden.

1. Nebenwiderstände. Sind J_1 und J die Höchstwerte der Ströme, die mit einem Amperemeter ohne und mit Nebenwiderstand gemessen werden können, so ist

$$c = \frac{J}{J_1} \quad \ldots \ldots \ldots \ldots \quad (4)$$

J ist meist auf den zu einem Instrumente gehörigen Nebenwiderständen vermerkt. Ist die Größe des Neben- und Instrumentwiderstandes r_n bzw. r_g bekannt, so kann J auch nach der Gl. (1) berechnet werden.

Beispiel. Ein Drehspulinstrument sei maximal für 0,150 A, mit einem Nebenschluß dagegen bis zu 7,5 A zu verwenden. Demnach beträgt $c = 7{,}5 : 0{,}150 = 50$. Steht der Zeiger bei Verwendung des Nebenwiderstandes beispielsweise auf 0,03 A, so ist der wahre Wert des Stromes $50 \cdot 0{,}03 = 1{,}5$ A.

2. Stromwandler. Die Instrumentkonstante c ist hier gleich dem Übersetzungsverhältnis des Wandlers.

Spannungsmesser. 1. Vorwiderstände. Sind E_1 und E die Höchstwerte der Spannungen, die mit einem Voltmeter ohne und mit Vorwiderstand gemessen werden können, so ergibt sich:

$$c = \frac{E}{E_1} \quad \text{(4a)}$$

E ist meist auf den Vorwiderständen angegeben; es kann aber auch aus den Größen des Vor- und Instrumentwiderstandes r_v und r_g nach der Gl. (2) berechnet werden.

2. Spannungswandler. Die Instrumentkonstante c ist hier wiederum gleich dem Übersetzungsverhältnis des Wandlers.

Werden für ein Voltmeter gleichzeitig Vorwiderstände und Spannungswandler zur Erweiterung des Meßbereiches verwendet, so ergibt sich $c = c_2 \cdot c_3$, worin c_2 bzw. c_3 jene Konstanten sind, die in Betracht kämen, wenn das Instrument mit dem einen oder dem anderen Hilfsmittel allein gebraucht würde.

Leistungsmesser. Kennt man für $\cos\varphi = 1$ den Ausschlag α eines Wattmeters, den Strom J in der Stromspule, die Spannung E am Spannungskreis, so berechnet sich die Instrumentkonstante c_1, als welche wir hier den Wert eines Skalenteiles bezeichnen wollen, zu:

$$c_1 = \frac{J \cdot E}{\alpha} \quad \text{(5)}$$

Meistens sind die Leistungsmesser so geeicht, daß sie den vollen Zeigerausschlag bei vollem Strom, voller Spannung und bei $\cos\varphi = 1$ geben. Bei Verwendung von Stromwandlern für den Stromkreis, von Spannungswandlern oder Vorwiderständen für den Spannungskreis berechnet sich die Konstante c der Anordnung aus der Konstanten c_1 des Instrumentes allein und den Konstanten der einzelnen Hilfsmittel (c_2 = Konstante des Spannungskreises bei Verwendung von Vorwiderständen, c_3 bzw. c_4 sind die Übersetzungsverhältnisse der Spannungs- bzw. Stromwandler). Somit ergibt sich:

Konstante des Leistungsmessers allein	$c = c_1 = \frac{J \cdot E}{\alpha}$	(5)
Desgl. bei Verwendung von Vorwiderständen	$c = c_1 \cdot c_2$	(5a)
Desgl. bei Verwendung von Stromwandlern und Vorwiderständen	$c = c_1 \cdot c_2 \cdot c_4$	(5b)
Desgl. bei Verwendung von Strom- und Spannungswandlern	$c = c_1 \cdot c_3 \cdot c_4$	(5c)
Desgl. bei Verwendung von Strom- und Spannungswandlern und Vorwiderständen (die beiden letzten im Spannungskreis)	$c = c_1 \cdot c_2 \cdot c_3 \cdot c_4$	(5d)

Beispiel. 1. Die Konstante c eines Präzisionsleistungsmessers der Laboratoriumstype von Firma Siemens & Halske beträgt, wenn der Meßbereich der Stromspule für 200 A, jener der Spannungsspule für $E_1 = 30$ V und die Skala 150teilig ausgeführt ist:

$$c = c_1 = \frac{200 \cdot 30}{150} = 40.$$

Mit äußeren Vorwiderständen wird der Spannungsbereich auf $E = 600$ V erweitert. Man findet dann die neue Konstante c durch Multiplikation von c_1 mit dem Verhältnis

$$c_2 = \frac{E}{E_1}.$$

Demnach beträgt: $c = c_1 \cdot \frac{E}{E_1} = 40 \cdot \frac{600}{30} = 800.$

Zeigt das Wattmeter bei einer beliebigen Messung einen Ausschlag von $\alpha = 100$ Teilstrichen, so würde dieser Ausschlag einer Leistung entsprechen von

$$N = c_1 \cdot \alpha = \ \ 40 \cdot 100 = 4000 \text{ W},$$
$$N = c \ \cdot \alpha = 800 \cdot 100 = 80000 \text{ W}$$

im ersten, bzw. im zweiten Falle.

2. Ein Leistungsmesser mit 150teiliger Skala für 5 A und 90 V wird in einer Meßschaltung, in Verbindung mit einem Stromwandler vom Übersetzungsverhältnis $c_4 = 25/5$ und einem Spannungswandler vom Übersetzungsverhältnis $c_3 = 6000/100$ gebraucht. Es ist dann:

Die Konstante des Instrumentes allein . . $c_1 = \frac{5 \cdot 90}{150} = 3.$

Desgl. in Verbindung mit den Wandlern . $c = c_1 \cdot c_3 \cdot c_4 = 900.$

Ein Ausschlag $\alpha = 50$ Teilstriche würde also eine Leistung anzeigen von:

$$N = c \cdot \alpha = 900 \cdot 50 = 45000 \text{ W}.$$

d) Nacheichung von Strom- und Spannungsmessern.

Nach längerem Gebrauche zeigen die Angaben der Instrumente Abweichungen von den richtigen Werten. Man kann die Instrumente jedoch auch dann noch benützen, wenn man für die einzelnen Zeigerstellungen die Abweichungen kennt. Man vergleicht deshalb ihre Angaben mit denen eines Normalinstrumentes, das zweckmäßigerweise nur zu Eichzwecken verwendet wird.

Abb. 19 gibt die Schaltung für Strommesser, Abb.. 20 jene für Spannungsmesser. N ist das Vergleichsinstrument, A bzw. V das zu eichende Instrument. Amperemeter sind natürlich in Serie zu schalten, Voltmeter dagegen parallel an die gleiche Klemmenspannung zu legen. Die Aufnahme verschiedener Werte erfolgt durch entsprechende Einstellung des Regulierwiderstandes r in Abb. 19 oder durch Verwendung einer variablen Spannung bei der Schaltung nach Abb. 20.

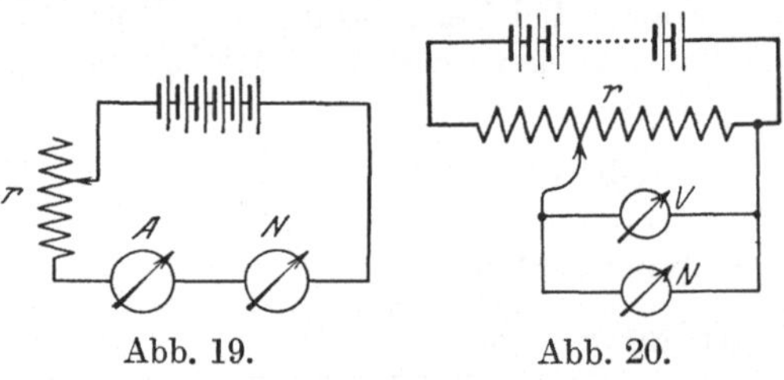

Abb. 19. Abb. 20.

Für die Erzielung der variablen Spannung wird in Abb. 20 die sog. Potentiometerschaltung benützt. Dabei liegt die konstante Spannung der Batterie an den Enden des Widerstandes r. Mit diesem ist auch fest verbunden der eine Voltmeteranschluß, während der andere längs des Widerstandes verschiebbar angeordnet ist, so daß eine beliebige Teilspannung leicht abgegriffen werden kann.

Die aufgenommenen Werte trägt man graphisch auf und zwar die richtigen Angaben des Normalinstrumentes in Abhängigkeit von jenen des zu eichenden Instrumentes. Abb. 21 zeigt die Eichkurve eines Amperemeters. J_N sind die Angaben des Normal-, J_A jene des zu eichenden Instrumentes. Gibt letzteres bei einer beliebigen Aufnahme den Wert 0÷1 an, so entnimmt man aus der Kurve zu dieser Abszisse die Ordinate 1÷2 als richtigen Wert. — Man kann auch den Unterschied der Angaben des Vergleichs- und des zu eichenden Instrumentes in Abhängigkeit von den Angaben des letzteren auftragen. Man erhält so eine Korrektionskurve, deren Ordinaten, je nachdem sie positiv oder negativ sind, zu den Angaben des fehlerhaften Instrumentes addiert oder von ihnen subtrahiert werden müssen, um die richtigen Werte zu erhalten. In Abb. 21 ist die Korrektionskurve $J_N - J_A$ in Abhängigkeit von J_A eingetragen.

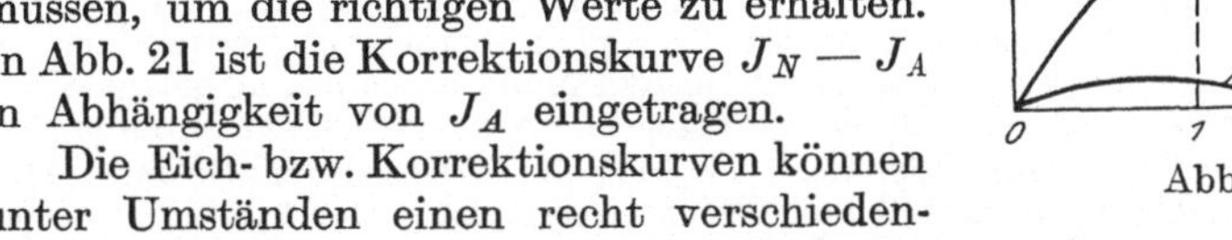

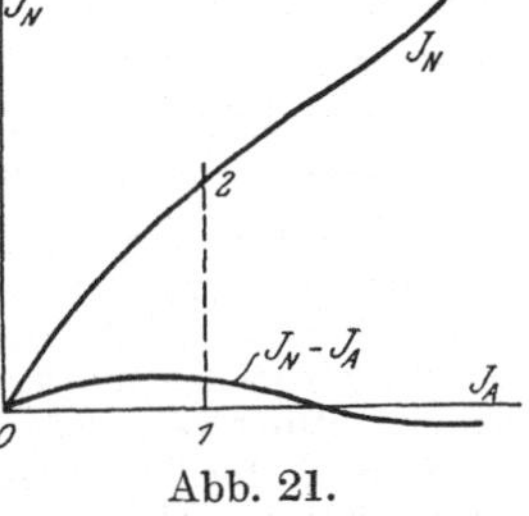

Abb. 21.

Die Eich- bzw. Korrektionskurven können unter Umständen einen recht verschiedenartigen Verlauf nehmen. Das zu eichende Instrument kann auf seiner Skala teilweise mehr, teilweise weniger als das Vergleichsinstrument anzeigen.

8. Drehspulinstrumente.

Allgemeines. a) Meßprinzip. Den Aufbau der Drehspulinstrumente (nach Deprez, welcher das Prinzip angab, noch vielfach Deprezinstrumente genannt) zeigen die Abb. 22 und 23 (Inneres

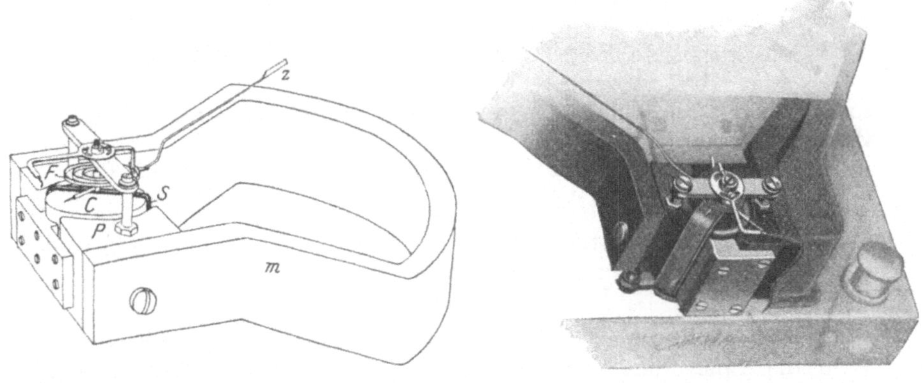

Abb. 22. Abb. 23.

eines Drehspulgalvanometers der Firma Weston & Co.). Über einem Weicheisenkerne C dreht sich die Spule S, deren wenige Windungen auf einen Kupfer- oder Aluminiumrahmen gewickelt sind, bei Stromschluß im Felde des kräftigen Dauermagneten m. Zwei Federn F, von denen die eine über dem Kerne C, die andere unter demselben angebracht ist, dienen zur Stromzu- und -abführung und liefern das der ablenkenden Kraft (stromdurchflossene Spule im Feld!) entgegenwirkende Drehmoment dadurch, daß das eine Ende mit der Spulenachse verbunden ist und an der Drehung derselben mit teilnimmt, während das andere Ende festgespannt ist. Aus den magnetischen und elektrischen Verhältnissen folgt:

b) Das Verhalten bei Gleich- und Wechselstrom. Die Spulendrehung hängt bei diesen Instrumenten, da das Magnetfeld stets gleiche Richtung besitzt, nur von der Stromrichtung in der Spule ab. Es ist deshalb auch gewöhnlich an einer Klemme ein + angebracht. Der Strom soll von dieser Klemme durch die Instrumentspule zur anderen Klemme fließen. Eine falsche Stromrichtung hat einen falschen Zeigerausschlag zur Folge. Man muß dann einfach die Zuleitungen zu den Klemmen vertauschen.

Eine Bezeichnung einer Klemme mit + ist natürlich nicht nötig, wenn ein solches Instrument seine Nullstellung in der Skalenmitte hat. Solche Meßgeräte (sogenannte polarisierte Instrumente) finden überall dort Verwendung, wo sich die Stromrichtung ändern kann, z. B. in Akkumulatorenanlagen, bei denen die Stromrichtung während der Ladung die entgegengesetzte wie bei der Entladung ist.

Gemäß der Gleichung (6) ist der Ausschlag proportional dem Strome. Dies gilt natürlich auch, wenn derselbe ein Wechselstrom ist. Der Ausschlag nimmt mit dem Strome zu und ab, wird wie dieser positiv oder negativ, und der Zeiger schwingt dauernd um die Nullage. Infolge der Trägheit des beweglichen Systems folgt aber der Zeiger nur Wechselströmen ganz niedriger Periodenzahl (Verwendung der Instrumente zur Schlupfbestimmung von Asynchronmotoren); bei den technischen Frequenzen, z. B. bei 50 per, erfolgt kein Ausschlag.

c) Skalenteilung. Bedeutet:

c_1 eine Konstante, abhängig von der Windungszahl und den Maßen der Drehspule,

c_2 den bei guten Federn konstanten Verdrehungskoeffizienten derselben,

$\mathfrak{H}$ die konstante Feldstärke im Luftspalt zwischen Magnet m und dem Kern C,

so gilt bei Stromschluß für einen Gleichgewichtszustand bei einem Zeigerausschlag α:

Drehmoment der Spule = Drehmoment, erzeugt von den Federn, oder:

$$c_1 \cdot J \cdot \mathfrak{H} = c_2 \cdot \alpha.$$

Faßt man die konstanten Größen c_1, c_2 und $\mathfrak{H}$ zu einer einzigen Konstanten c zusammen, so erhält man:

$$J = c \cdot \alpha \qquad (6)$$

Der Zeigerausschlag α ist demgemäß proportional der Stromstärke J in der Spule und die Teilung eines guten Drehspulinstrumentes wird vollkommen gleichmäßig.

Hinsichtlich der Ausführung der einzelnen Teile ist zu bemerken:

1. Der Stahlmagnet m, der meist hufeisenförmig gebaut wird, besteht aus bestem Material (Wolfram- oder Chromstahl). Der Magnet wird künstlich gealtert, damit er seinen Magnetismus im Laufe der Zeit nicht ändert. Die Polschuhe P sind zylindrisch ausgehöhlt und ebenso wie der Kern C aus weichem Flußeisen hergestellt. Der Luftspalt muß zur Erreichung eines gleichmäßigen Feldes zwischen den Polen P und dem Kerne C und zwecks möglichster Herabsetzung der Streuung an den Polkanten sehr klein sein. (Ausführungen mit 1 mm sind üblich.)

Um die Eichung der Instrumente zu vereinfachen, versieht man sie vielfach mit einem verstellbaren magnetischen Nebenschluß, der den Luftraum zwischen den beiden Polschuhen überbrückt. Derselbe bewirkt, daß, je nach seiner Stellung, ein kleinerer oder größerer Teil der Kraftlinien vom innersten Polkern abgesaugt wird. Er wird jedoch nicht bei allen Drehspulinstrumenten angebracht, da die Empfindlichkeit nicht unbeträchtlich durch ihn verringert wird.

d) Das bewegliche System. Abb. 24 zeigt dasselbe von einem Westoninstrument. Die Federn werden aus nicht magnetischem Material (Bronze) hergestellt. Die Spule besitzt wenige Windungen dünnen Drahtes aus Kupfer oder Aluminium, die auf einen Rahmen aus gleichem Material gewickelt sind. In letzterem entstehen bei der Drehung der Spule im Magnetfelde Wirbelströme, welche eine vorzügliche Dämpfung bewirken. Gewöhnlich erhält die Drehspule keine durchgehende Achse, sondern nur oben und unten Spitzen, wodurch die Spule etwas federn kann, so daß das Instrument weniger empfindlich gegen Stöße ist. Die Lagerung der Achsspitzen erfolgt in Steinen. Das Gewicht des beweglichen Systems beträgt nur 1,0 bis 2,5 g.

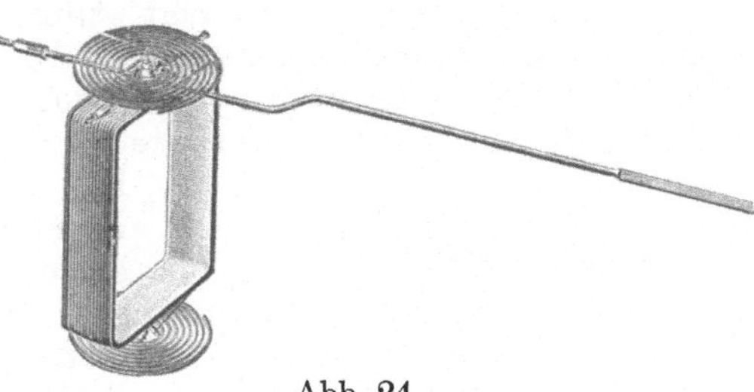

Abb. 24.

Zur etwaigen Berichtigung der Zeigernullstellung bei stromloser Spule dient eine Korrektionsschraube.

Ausführungen.

Einohm-Instrument von Siemens & Halske. Da der Widerstand 1 Ω beträgt, sind Strom und Spannung zahlenmäßig gleich groß und betragen für den Endausschlag von 150 Skalenteilen 150 mA bzw. 150 mV.

a) Strommessung. Bis zu 150 mA wird das Instrument direkt in den Stromkreis eingeschaltet. Für größere Ströme werden Nebenwiderstände für 150 mV Spannungsabfall verwendet. Diese Widerstände sind für Stromstärken bis 30 A mit Laschen versehen, so daß sie direkt an das Instrument angesteckt werden können. Für höhere Stromstärken werden sie durch besondere Zuleitungen mit dem Instrument verbunden.

Bemerkungen. 1. Der Widerstand der normalen Zuleitungen, welcher etwa 0,0015 Ohm beträgt, wird bei der Berechnung der Nebenwiderstände berücksichtigt. Die Zuleitungen können nicht durch beliebige andere Leitungen ersetzt werden, sondern sind stets unverändert beizubehalten.

2. Zur Vermeidung von Fehlern durch Übergangswiderstände achte man auf eine sorgfältige Verbindung zwischen Nebenschluß und Instrument.

3. Für die verschiedenen Strommeßbereiche ergeben sich folgende Nebenwiderstände:

Meßbereich bis	Nebenwiderstand	Meßbereich bis	Nebenwiderstand	Meßbereich bis	Nebenwiderstand
0,75 A	$^1/_4$ Ω	15 A	$^1/_{99}$ Ω	300 A	$^1/_{1999}$ Ω
1,5 „	$^1/_9$ „	30 „	$^1/_{199}$ „	750 „	$^1/_{4999}$ „
3 „	$^1/_{19}$ „	150 „	$^1/_{999}$ „	1500 „	$^1/_{9999}$ „

b) Spannungsmessung. Bei Verwendung des Einohm-Instrumentes als Spannungsmesser hat man zu bedenken, daß der Stromverbrauch bei vollem Ausschlag 150 mA beträgt, also für einen Spannungsmesser ein recht großer ist. Bis 150 mV ist das Instrument unmittelbar verwendbar, für höhere Spannungen sind Vorwiderstände erforderlich. Für je 3 V beträgt dann der Widerstand des Instrumentes nebst Vorschaltwiderstand 20 Ω.

c) Die innere Schaltung der Einohm-Instrumente, welche Abb. 25 verdeutlicht, ist eine sogenannte „temperaturfreie" Schaltung; ihr Zweck ist, den Einfluß der Widerstandszunahme, welche die Kupferdrehspule bei Belastung erfährt, möglichst klein zu halten. Der Widerstand R_2 aus Manganin liegt in Serie mit der Drehspule vom Widerstand R_1, und parallel zur Reihenschaltung $R_1 + R_2$ befindet sich der Justierwiderstand R_3, der ebenfalls aus Manganin, also aus einem Material von sehr kleinem Temperaturkoeffizienten, besteht. Die Größe von $R_1 + R_2$ ist durch die Bedingung gegeben, daß der maximale Spannungsabfall im Instrument 150 mV betragen darf (der Widerstand der Gesamtanordnung beträgt natürlich 1 Ω). Tatsächlich hat der Temperaturkoeffizient der ganzen Schaltung einen sehr kleinen Wert. Er beträgt: 1. Bei Verwendung des Instrumentes zu direkten Spannungsmessungen (bis 150 mV) und zu Strommessungen über 150 mA in Verbindung mit Nebenwiderständen 0,02% für 1° C; 2. bei Spannungsmessungen mit Vorschaltwiderständen (Spannungen über 150 mV) und bei direkten Strommessungen bis 150 mA 0,006% für 1° C.

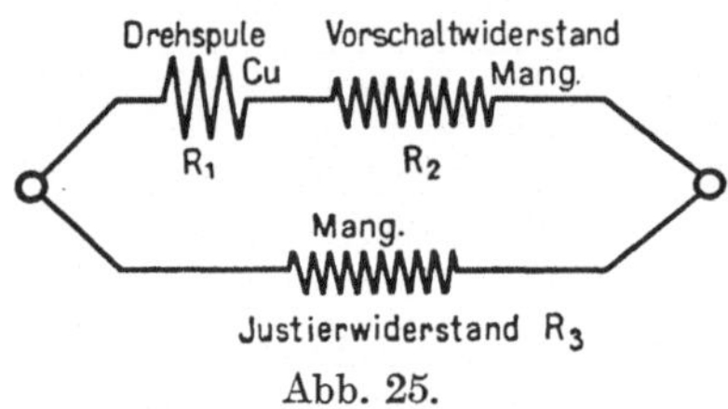

Abb. 25.

Die unter 1. genannten Fälle sind einander gleich, da die Spannung am Instrument eine gegebene ist (sie ist entweder die direkt zu messende Spannung oder die Spannung am Nebenschlußwiderstand). Für den Temperaturkoeffizienten der Anordnung ist allein maßgebend die Größe des Verhältnisses der Widerstände $R_2 : R_1$. Je größer dasselbe ist, umso geringer wird der Einfluß des Temperaturkoeffizienten des Kupfers auf den der Anordnung.

Auch die unter 2. genannten Fälle entsprechen einander. Hier ist jedoch die Klemmenspannung am Instrument nicht eine von vornherein gegebene, sondern wird durch den dasselbe durchfließenden Strom bedingt, dessen Größe hier von dem Verhalten der beiden parallel geschalteten Zweige abhängig ist. Die Widerstandszunahme von R_1 im Zweige $R_1 + R_2$ hat zur Folge, daß der Strom in diesem Zweig geringer wird, in R_3 aber steigt. Der Spannungsabfall in R_3 wird dadurch erhöht. Dieser Spannungsabfall bedingt aber wieder einen höheren Strom im anderen Zweige. Die Wechselwirkung der beiden Zweige bewirkt, daß der Strom im $(R_1 + R_2)$-Zweig nicht im gleichen Maße abfällt, wie bei den unter 1. genannten Fällen, bei welchen der Drehspulzweig an einer konstanten Spannung liegt.

Zehnohm-Instrument von Siemens & Halske. Der Widerstand beträgt 10 Ω.

1. Spannungsmessungen. Direkter Spannungsmeßbereich 45 mV. Für Spannungen von 45 mV bis zu 3 V hat das Instrument eine besondere Anschlußklemme und die Innenschaltung hat einen Wider-

stand von 1000 Ω. Für höhere Spannungen als 3 V werden an diese Klemme (vgl. Abb. 26) äußere Vorschaltwiderstände angeschlossen, deren Größe für je 3 V 1000 Ω beträgt.

2. Strommessungen. Direkter Strommeßbereich 4,5 mA; darüber hinaus wird das Instrument an Nebenwiderstände gelegt, die für einen Spannungsabfall von 45 mV dimensioniert und die bis zu Stromstärken von 150 A zum Anstecken eingerichtet sind; von 150 bis 3000 A werden sie auf eigenen Holzsockeln geliefert.

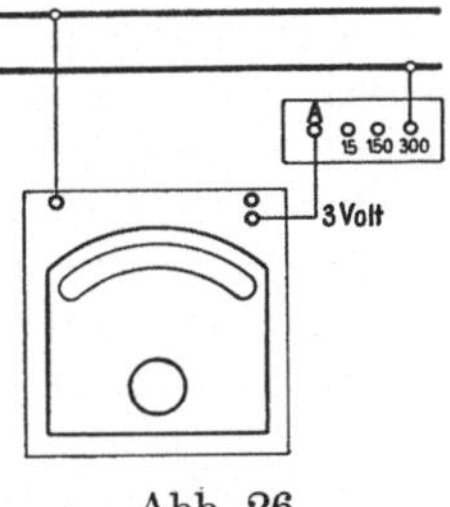

Abb. 26.

Das Zehnohminstrument zeichnet sich aus durch einen außerordentlich niedrigen Eigenverbrauch. Wie das Einohminstrument besitzt es eine temperaturfreie Innenschaltung. Der hohe Eigenwiderstand hat ferner noch den Vorteil, daß sich beim Anschließen von Nebenschlußwiderständen nicht so leicht Meßfehler durch Übergangswiderstände ergeben.

Beispiele. 1. Für die Messung einer Spannung von 120 V ist gemäß den gemachten Angaben ein Vorwiderstand von 39000 Ω erforderlich, so daß der Gesamtwiderstand (Instrument + Vorwiderstand) 40000 Ω beträgt. Demgemäß berechnet sich der Eigenverbrauch N_g im Voltmeterzweig zu:

$$N_g = \frac{120^2}{40\,000} = 0{,}36 \text{ W}.$$

2. Wird ein Zehnohm-Instrument in Verbindung mit einem Nebenwiderstand für 15 A max. zur Messung eines Stromes von 15 A verwendet (Endausschlag), so fließt durch Instrument und Nebenwiderstand der Strom von 15 A, der Spannungsabfall beträgt 45 mV; der Eigenverbrauch von Instrument und Nebenwiderstand ist also:

$$N_g = 15 \times 0{,}045 = 0{,}675 \text{ W}.$$

Von den zahlreichen Ausführungen der Drehspulinstrumente, welche Siemens & Halske baut, seien noch genannt:

Spannungsmesser mit 1 bis 6 Meßbereichen bis 750 V (Widerstand 200 Ω für jedes Volt) und umschaltbare Instrumente für Strom- und Spannungsmessungen (vgl. Abb. 27). Zum Einstellen der Meßbereiche dient ein Stöpselschalter. Meßbereiche: 0,15, 1,5, 15 A und 3, 15, 150 V. Die nötigen Nebenschluß- bzw. Vorwiderstände befinden sich im Instrument.

Abb. 27.

Weitere Eigenschaften der Drehspulinstrumente. 1. Abhängigkeit der Angaben von fremden Magnetfeldern. Die Beeinflussung dieser Meßgeräte durch das Erdfeld ist zu vernachlässigen; sie beträgt bei den besten Ausführungen weniger als 0,1 %. Bei Präzisionsinstrumenten dieser Type beachte man, daß eine gegenseitige Beeinflussung durch die Streulinien der permanenten Magnete stattfinden kann — s. auch S. 21. Desgleichen kann eine Beeinflussung von Feldern benachbarter Starkstromleitungen ausgeübt werden. (Auch starke Wechselströme sollen nicht in unmittelbarer Nähe vorbeigeleitet werden, weil sie bei längerer Wirkung eine Schwächung der Magnete erzeugen können.)

2. Überlastbarkeit. Gegen Überlastung sind die Drehspulinstrumente ziemlich empfindlich, da als Stromzu- und -abführungen ja die Federn verwendet werden (s. Abb. 24), welche an und für sich sehr schwach sind und daher bei zu starken Erwärmungen leicht durchbrennen oder ihre elastischen Eigenschaften ändern.

3. Genauigkeit und Empfindlichkeit. Über die mit Drehspulinstrumenten erzielbare Genauigkeit s. S. 20. Besonders wertvoll ist auch die große Empfindlichkeit dieser Meßgeräte. Bei Zeigergalvanometern ist die höchste erreichbare Empfindlichkeit 1×10^{-7} A pro Skalenteil (bei Spiegelgalvanometern, von deren Besprechung hier Abstand genommen werden soll, ist sie noch erheblich größer).

9. Dreheiseninstrumente.

Allgemeines. a) Meßprinzip. Diese Instrumente — auch „elektromagnetische" oder „Weicheisen-Instrumente" genannt — gehören zu den verbreitetsten. Ihr Vorläufer war der sogenannte Federstromanzeiger von Kohlrausch (Abb. 28).

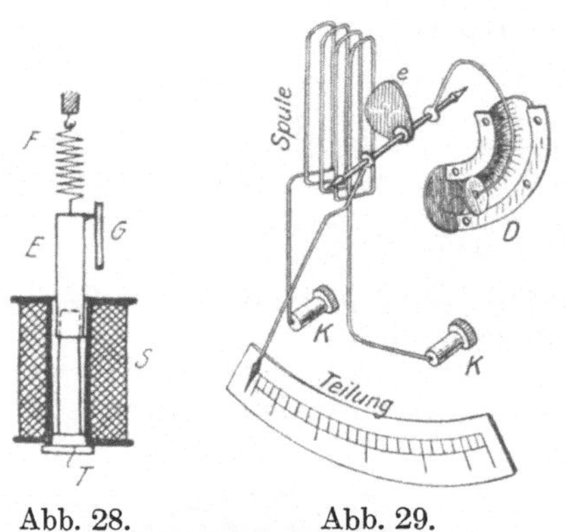

Abb. 28. Abb. 29.

Wird die Spule S von einem Strom durchflossen, so zieht das entstehende magnetische Feld die Röhre E aus weichem Eisen in das Spuleninnere. Die Führung von E erfolgt durch einen von unten in diese hineinragenden Stab T. Der magnetischen Zugkraft, welche sowohl dem Strome J, als dem von diesem erzeugten magnetischen Feld von der Stärke $\mathfrak{H}$ proportional ist, wirkt die Kraft der Feder F entgegen. Diese Kraft ist proportional der Längenänderung der Feder in der Achsrichtung. Für den Gleichgewichtszustand gilt sonach:

$$c_1 \cdot J \cdot c_2 \cdot \mathfrak{H} = c_3 \cdot l$$
$$\mathfrak{H} = c_4 \cdot J$$
$$l = c \cdot J^2 \qquad (7)$$

wenn $c = \frac{c_1 \cdot c_2 \cdot c_4}{c_3}$ gesetzt wird. Die Längenänderungen l werden auf der Skala G angegeben. Wird deren Teilung in Ampere vorgenommen, so fällt sie gemäß der Gl. (7) quadratisch aus.

Ändert J seine Richtung, so ändert auch das Feld dieselbe und die Anziehung erfolgt im gleichen Sinne wie vorher. Daraus folgt: Weicheiseninstrumente sind sowohl für Gleich- wie auch für Wechselstrom verwendbar.

b) Heute gebräuchliche Konstruktionen. Im wesentlichen unterscheidet man deren zwei, nämlich die „Flachspultype", Abb. 29, und die „Rundspultype", Abb. 32. Gemeinsam ist beiden die drehbare Anordnung eines Kernes, der aus geglühtem und besonders behandeltem Spezialeisenblech oder aus hochlegiertem Eisen hergestellt ist. Die nach dem Meßprinzip quadratische Teilung kann durch geeignete Formgebung und Anordnung der zur Verwendung kommenden beweglichen Teile ziemlich stark beeinflußt werden. Um der magnetischen Zugkraft das Gleichgewicht zu halten, verwendet man Federn oder man benützt die Schwerkraftwirkung kleiner Gegengewichte (siehe Abb. 2). Letztere werden für Instrumente in senkrechter Stellung verwendet und es ist darauf zu achten, daß das Instrument richtig aufgehängt wird. (Der Zeiger muß auf den Skalenanfang zeigen.) Als Dämpfung wird meist Kolben- oder Flügelluftdämpfung benützt — s. Abb. 29 und 32.

c) Spulenwicklung. Bis zu 20 A erhalten die Strommesser Drahtwicklung, für höhere Stromstärken bis zu 300 A meist eine solche aus Kupferband. Für noch höhere Wechselstromstärken verwendet man bei Wechselstrom meist Einleiter-Stromwandler in Verbindung mit Amperemetern für 5 A.

Man führte bis vor wenigen Jahren die Strommesser für Stromstärken bis zu 1000 A, ja selbst bis zu 3000 A direkt aus. Da solche Instrumente aber außerordentlich der Beeinflussung durch Fremdfelder ausgesetzt waren, so ist man davon abgekommen. Zu erwähnen ist ferner, daß Dreheisenstrommesser zum Gebrauche mit Nebenwiderständen nicht geeignet sind. Da die Systemwicklung nur aus Kupfer besteht, so müßte man, um Temperatur- und Frequenzfehler auszugleichen, einen verhältnismäßig hohen Manganinwiderstand vorschalten, der einen so großen Energieverbrauch zur Folge hätte, daß die Nebenschlüsse meßtechnisch nicht zu gebrauchen wären und außerdem zu groß und zu teuer ausfallen würden.

Für Spannungsmesser wird die Spulenwicklung dünndrähtig. Zur Behebung der Temperaturabhängigkeit des Kupfers wird sie in Reihe mit einem Vorwiderstand aus Manganin geschaltet.

Ausführungen. a) Siemens & Halske (Abb. 29 — Flachspultype). Die flache Spule mit den Anschlußklemmen *K* wirkt drehend auf den kleinen blattförmigen Eisenkörper *c*, an dessen Achse noch der Zeiger und das Dämpfungsblech *D* sitzen. Von dem kreisförmig gebogenen Dämpfungszylinder ist in der Abb. 29 die obere Hälfte entfernt.

S. & H. machen noch folgende Angaben über ihre Dreheiseninstrumente: Die Instrumente werden mit einer mittleren Skala für Gleich- und Wechselstrom versehen. Die Teilung derselben beginnt bei den normalen Ausführungen bei einem Zehntel des Meßbereiches. Sie ist anfangs weit und rückt gegen das Ende der Skala mehr und mehr zusammen, so daß über den ganzen Bereich eine annähernd gleiche prozentuale Meßgenauigkeit erzielt wird. Der Eigenverbrauch beträgt bei vollem Zeigerausschlag:

α) 1,5÷2 W bei Strommessern mit Meßbereichen von 1÷300 A.

β) 8÷10 W bei Spannungsmessern mit eingebauten Vorschaltwiderständen zur Messung von Spannungen bis 600 V. Dabei entfällt 1,2 W auf die Feldspule, der Rest auf die Vorwiderstände.

Die Instrumente sind bei Wechselstrom für Frequenzen von 15 bis 100 Perioden bei beliebiger Kurvenform verwendbar.

b) Die Weicheiseninstrumente von Hartmann & Braun und von der Allgemeinen Elektrizitäts-Gesellschaft beruhen auf dem in Abb. 30 dargestellten Gedanken. Zwei kleine Eisendrähte *a* und *b* befinden sich in einer Spule *S*, welche beide Drähte gleichartig magnetisiert, so daß sie mit gleichen Polen nebeneinander liegen und

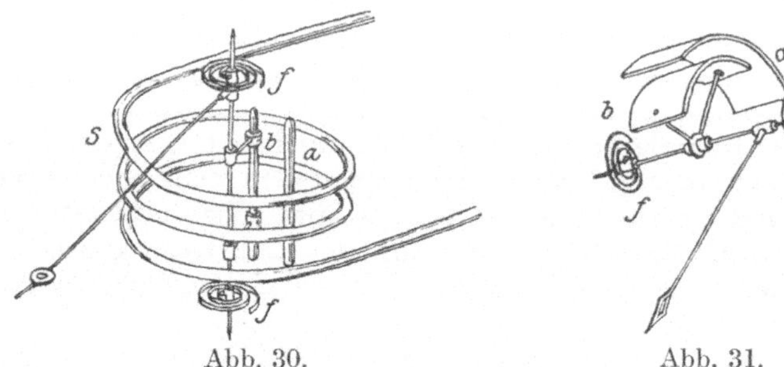

Abb. 30. Abb. 31.

sich gegenseitig abstoßen. Der Draht *a* steht fest, der Draht *b* ist um eine parallele Achse drehbar. Er wird sich daher von *a* wegdrehen, so daß der Zeiger einen Ausschlag macht. Die Spiralfedern *f* liefern das Gegendrehmoment. Ein Instrument dieser Art würde aber eine sehr ungleichförmige Teilung erhalten, deshalb ist die Ausführung etwas anders. Anstatt der Drähte sind gebogene Bleche nach Abb. 31 verwendet, die sich dann ebenso abstoßen, wenn das bewegliche Blech *b* in der Nulllage nur teilweise unter dem festen Blech *a* steht. Das Instrument selbst ist nach Abb. 32 ausgeführt.

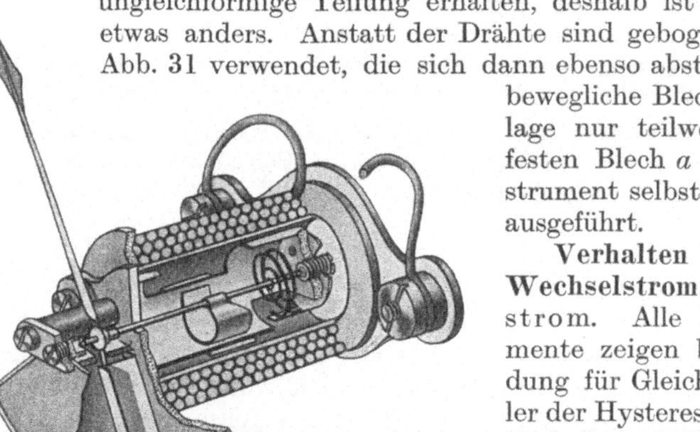

Abb. 32.

Verhalten bei Gleich- und Wechselstrom. a) Gleichstrom. Alle Dreheiseninstrumente zeigen bei der Verwendung für Gleichstrom den Fehler der Hysterese: Ihre Angaben sind also verschieden je nachdem der Strom zu- oder abnimmt und je nach der Stromrichtung. Heute werden jedoch Eisensorten mit so geringer Koerzitivkraft verwendet, daß der Unterschied des Ausschlages zwischen zu- und abnehmendem Strom selten 1% übersteigt. (Bei einem Westonschen Präzisionsdreheisenstrommesser wurde für eine Stromrichtung zwischen der Eichung bei zu- und abnehmendem Strome nur ein maximaler Unterschied von 0,3% des Höchstwertes festgestellt.)

b) Wechselstrom. Für Wechselstrom sind diese Instrumente genauer. Wird aus den Gleichstromeichungen bei zu- und abnehmendem Strom der Mittelwert genommen, so gilt diese Skala ohne weiteres auch für Wechselstrom; man kommt also bei technischen Messungen mit einer Skala aus. Was die Abhängigkeit von der Frequenz anbelangt, so zeigen Strom- und Spannungsmesser ein verschiedenes Verhalten. Bei ersteren wird die Fehlweisung bei veränderlicher Frequenz vor allem durch die Wirbelstromverluste verursacht, während bei letzteren außer dieser Ursache noch die Erhöhung des scheinbaren Widerstandes der vielgängigen Feldspule mit in Frage kommt. Immerhin sind die Instrumente meist für einen ziemlich großen Frequenzbereich verwendbar. Die Abhängigkeit von der Kurvenform kann erheblich werden bei sehr spitzer oder sehr stumpfer Kurvenform, denn dann ist die Magnetisierung bei gleichen effektiven Werten verschieden.

Weitere Eigenschaften. a) Beeinflussung durch fremde Magnetfelder. Starke Magnetfelder, welche etwa von benachbarten Starkstromleitungen erzeugt werden, beeinflussen die Angaben der Instrumente oft beträchtlich. Durch Verwendung von Eisengehäusen werden aber diese Fehlerquellen fast ganz behoben.

b) Genauigkeit. Die Meßgenauigkeit der Dreheiseninstrumente ist nicht allzugroß. Sie beträgt etwa 1 % des Höchstwertes.

c) Überlastbarkeit. Die Instrumente dieser Gattung zeichnen sich aus durch kräftige Bauart; da überdies keine beweglichen stromführenden Wicklungen vorhanden sind, so können die Instrumente stark überlastet werden. Dieser Grund und auch ihre Billigkeit machen sie in hervorragender Weise geeignet zu betriebstechnischen Messungen.

10. Elektrodynamische Instrumente.

a) Allgemeines.

Meßprinzip. Die Hauptbestandteile und kennzeichnenden Merkmale dieser Instrumente sind eine feste und eine bewegliche Spule, denen die Ströme J_f und J_b von außen durch feste, bzw. bewegliche Leitungen zugeführt werden. Der Kraft P, welche die Spulen aufeinander ausüben, wird Gleichgewicht gehalten durch die Gegenkraft P' einer Feder. P ist proportional den von den Spulen erzeugten Feldern und diese sind, wenn es sich um eisenlose elektrodynamische Instrumente handelt — was wir bei den folgenden Ableitungen voraussetzen wollen — wiederum proportional ihren Erregerströmen J_f bzw. J_b. Des weiteren hängt die Kraft P noch von dem Sinus des jeweiligen Winkels ab, den die Spulenebenen miteinander einschließen. Der Einfachheit halber wollen wir dies jedoch vernachlässigen.

Für einen Gleichgewichtszustand muß sein $P = P'$. Ist α der Winkel, den eine beliebige Zeigerstellung mit der Ruhelage einschließt, und sind c_1 und c_2 konstante Größen, so gelten die Beziehungen:

$$P = c_1 \cdot J_f \cdot J_b \qquad P' = c_2 \cdot \alpha$$

$$c_1 \cdot J_f \cdot J_b = c_2 \cdot \alpha \quad \ldots \ldots \quad (8)$$

a) Gleichstrom. Aus der Gl. (8) geht ohne weiteres hervor: Wird nur die Richtung von einem der beiden Ströme umgekehrt, so schlägt der Zeiger nach der entgegengesetzten Seite aus. Die Ausschlagsrichtung ändert sich dagegen nicht, wenn gleichzeitig beide Spulenströme gewendet werden.

b) Wechselstrom. Gl. (8) ist auch für Wechselstrom gültig, nur treten jetzt an die Stelle der Ströme J_f und J_b die Augenblickswerte i_f und i_b. Die Kraft P ergibt sich als der Mittelwert aller Augenblickskräfte während der Zeitdauer T einer Periode. Folglich erhält man aus Gl. (8):

$$c_1 \cdot \frac{1}{T} \cdot \int_0^T i_f \cdot i_b \cdot dt = c_2 \cdot \alpha \qquad (8\,a)$$

Elektrodynamische Instrumente werden als Strom-, Spannungs- und Leistungsmesser ausgeführt. Den Skalencharakter dieser einzelnen Meßgeräte ermittelt man leicht mit Hilfe der Gl. (8) und (8a).

Strommesser. Allgemeines Schaltbild Abb. 33. Die feste Spule a und die bewegliche Spule b liegen in Serie.

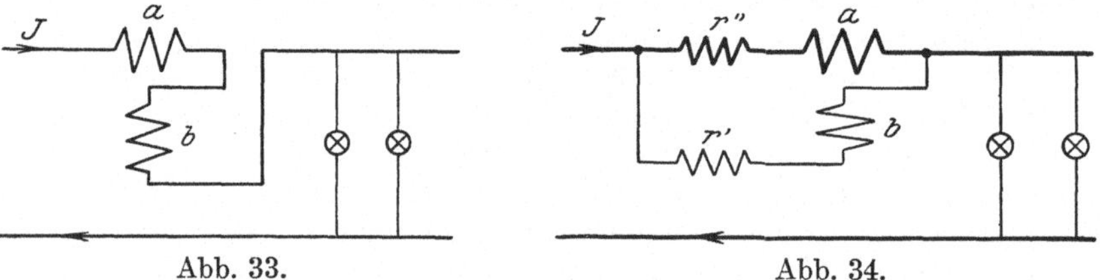

Abb. 33. Abb. 34.

a) Gleichstrom. Gl. (8) ergibt, da $J_f = J_b = J$ ist:

$$J^2 = \frac{c_2}{c_1} \cdot \alpha$$

$$J = c \cdot \sqrt{\alpha} \qquad (9)$$

b) Wechselstrom. Es ist: $i_f = i_b = i$. Bezeichnet $J_{\max}$ den Höchstwert, J den Effektivwert und $i = J_{\max} \cdot \sin 2\pi f t$ den Augenblickswert des sinusförmigen Stromes von der Periodenzahl f, so folgt aus Gl. (8a):

$$c_1 \cdot \frac{1}{T} \cdot \int_0^T J_{\max}^2 \cdot \sin^2 2\pi f t \cdot dt = c_1 \cdot J^2 = c_2 \cdot \alpha.$$

Also:
$$J = c \cdot \sqrt{\alpha}. \qquad (9\,a)$$

Bemerkt muß werden:

1. Nach Gl. (9) und (9a) erhalten wir für Gleich- und Wechselstrom die gleiche quadratische Skala. Die Instrumente können, wie die Übereinstimmung beider Formeln zeigt, mit Gleichstrom geeicht werden. Die so erhaltene Teilung gilt auch für die Effektivwerte des Wechselstromes. Durch besondere Konstruktionen kann der Skalenverlauf ziemlich beeinflußt werden.

2. Nur für niedrige Ströme (bis 1 A, in besonderen Fällen bis zu 5 A) können feste und bewegliche Spulen in Reihe geschaltet werden. Solche Instrumente sind praktisch frei von Beeinflussungen durch die Temperatur und sind bis zu 1000 per fast unabhängig von der Frequenz.

Für höhere Stromstärken, welche nicht mehr über die Spiralfeder der beweglichen Spule zugeführt werden können, wird eine Nebenschlußschaltung nach Abb. 34 zur Anwendung gebracht. Die bewegliche Spule b, der ein Widerstand r' vorgeschaltet ist, liegt im Nebenschluß zur Hauptspule a und einem ihr vorgeschalteten Widerstand r''. Damit die Angaben bei Gleich- und Wechselstrom dieselben sind, muß der induktive Widerstand gegen den Ohmschen Widerstand verschwindend klein sein (oder es müssen die induktiven Widerstände beider Zweige im gleichen Verhältnis stehen wie die Ohmschen Widerstände). Das ist hier dadurch erreicht, daß die bewegliche Spule nicht wie gewöhnlich zum Widerstand r'' im Nebenschluß liegt, sondern auch die Hauptspule mit umfaßt und daß jeder der beiden Zweige noch einen induktionsfreien Vorwiderstand r'' bzw. r' enthält.

Bis zu 200 A wird die feste Spule noch direkt in den Stromkreis eingeschaltet. Für höhere Stromstärken muß entweder das ganze Instrument an einen Nebenwiderstand gelegt werden oder es sind bei Wechselstrom Stromwandler zu benützen.

Spannungsmesser. Allgemeines Schaltbild Abb. 35. Die feste und die bewegliche Spule liegen in Serie mit einem Vorwiderstand. r ist der gesamte Widerstand des letzteren und der beiden Spulen.

a) Gleichstrom. Es ist $J_f = J_b = J$ und $J = \frac{E}{r}$. Somit folgt aus Gl. (8):

$$E = c \cdot \sqrt{\alpha} \qquad (10)$$

b) Wechselstrom. Man erhält die gleiche Formel. Als Widerstand der Schaltung ist aber der Wechselstromwiderstand $\sqrt{r^2 + (2\pi f \cdot L)^2}$ aufzufassen, wenn L der Selbstinduktionskoeffizient von Instrument und Vorwiderstand ist.

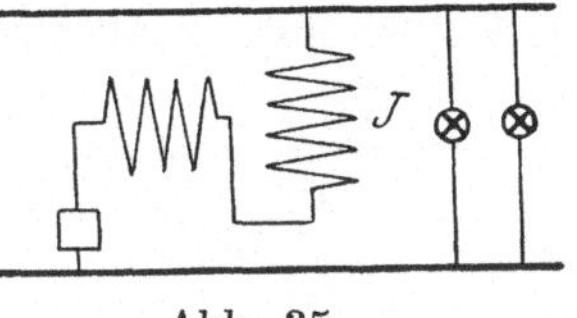

Abb. 35.

Es ergibt sich:

1. Bezüglich der Teilung und Eichung gilt das bei den Amperemetern Gesagte.

2. Die Angaben der Voltmeter sind bei Wechselstrom von der Frequenz abhängig. Je größer r gegen L ist, umso weniger tritt dies in Erscheinung. Außerdem kann der Vorwiderstand selbstinduktionsfrei gewickelt werden. Für Frequenzen über 100 per zeigen jedoch sowohl elektrodynamische Volt- wie Amperemeter, wenn dieselben normalerweise für 50 per gebaut bzw. geeicht sind, mehr oder weniger starke Fehlweisungen, so daß sich ihr Gebrauch dann nicht mehr empfiehlt.

3. Der Meßbereich der elektrodynamischen Spannungsmesser kann erweitert werden durch Wahl entsprechender Vorwiderstände oder bei Wechselstrom auch durch Spannungswandler.

Leistungsmesser. Allgemeines Schaltbild Abb. 36. Der Strom J_b ist der Spannung E zwischen den beiden Leitungen, an welche der Spannungskreis angeschlossen ist, proportional. r_b = Widerstand der beweglichen Spule + Vorwiderstand. Der Strom J_f in der festen Spule ist gleich dem Netzstrom J.

a) Gleichstrom. Setzt man $J_b = E/r_b$ und $J_f = J$ in Gl. (8) ein, so erhält man:

$$c_1 \cdot \frac{E}{r_b} \cdot J = c_2 \cdot \alpha .$$

Werden die Konstanten c_1, c_2, r_b zu der einzigen Konstanten c zusammengefaßt, so ergibt sich:

$$\boldsymbol{N = E \cdot J = c \cdot \alpha} \quad \text{. . . . .} \quad \textbf{(11)}$$

b) Wechselstrom. Rechnet man nur mit dem Ohmschen Widerstand r_b der beweglichen Spule nebst Vorwiderstand, so folgt aus Gl. (8a), da $i_b = e/r_b$ ist, wenn e den Momentanwert der Wechselspannung zwischen den Leitungen bezeichnet und wenn der Augenblickswert des Stromes in der festen Spule $i_f = i$ gesetzt wird:

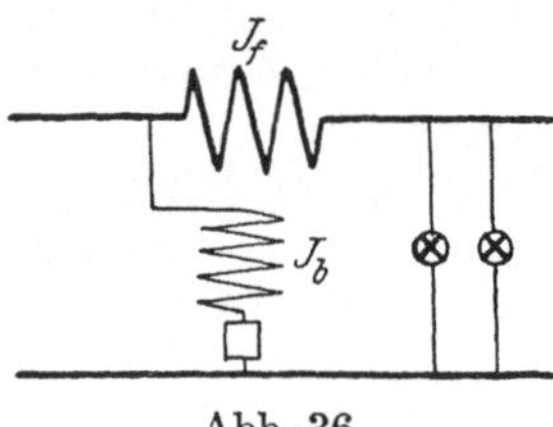

Abb. 36.

$$c_1 \cdot \frac{r_b}{T} \cdot \int_0^T e \cdot i \cdot dt = c_2 \cdot \alpha .$$

Ersetzen wir wieder c_1, c_2 und r_b durch die einzige Konstante c, so nimmt diese Gleichung folgende Form an:

$$\frac{1}{T} \cdot \int_0^T e \cdot i \cdot dt = c \cdot \alpha \quad \text{. . . . .} \quad \text{(11a)}$$

Nach den Grundgesetzen der Wechselstromtechnik stellt aber die linke Seite der Gl. (11a) die Leistung N des Wechselstromes dar. Somit gilt auch für Wechselstrom die Beziehung:

$$\boldsymbol{N = c \cdot \alpha} \quad \text{. . . . .} \quad \textbf{(11b)}$$

Zu bemerken ist:

1. Die Gl. (11) und (11b) ergeben bei Gleich- und Wechselstrom eine lineare Teilung.

2. Über die Kurvenform des Wechselstromes wurde bei der Ableitung der Gl. (11a) und (11b) keine Voraussetzung gemacht, d. h. ein elektrodynamischer Leistungsmesser ergibt stets die Wattleistung, wenn man dessen Ausschlag α mit einer Konstanten c multipliziert.

3. Handelt es sich speziell um sinusförmigen Wechselstrom und nimmt man gleichzeitig eine Phasenverschiebung zwischen Strom und Spannung um den Winkel φ an, stellt man also die Momentanwerte von Strom und Spannung durch die Gleichungen dar:

$$i = J_{\max} \cdot \sin 2\pi f t$$
$$e = E_{\max} \cdot \sin (2\pi f t + \varphi),$$

so geht die Gl. (11a) über in:

$$N = \frac{1}{T} \cdot \int_0^T E_{\max} \cdot \sin (2\pi f t + \varphi) \cdot J_{\max} \sin 2\pi f t \cdot dt$$

$$\boldsymbol{N = E \cdot J \cdot \cos \varphi = c \cdot \alpha} \quad \text{. . . . .} \quad \textbf{(11c)}$$

Bei der Ableitung wurde der Winkel φ positiv angenommen, der Strom eilt also der Spannung nach. Dies entspricht einer induktiven Belastung. Die Ableitung gilt natürlich ebenso, wenn φ negativ ist, wenn der Strom also der Spannung vorauseilt, die Belastung demnach eine kapazitive ist.

4. Bei der Ableitung der Gl. (11a) bis (11c) wurde nicht beachtet, daß der Strom i_b der beweglichen Spule infolge der Selbstinduktion derselben eine geringe Phasenverschiebung gegenüber seiner Spannung e erleidet. Der so entstehende Fehler muß bei der Messung kleiner Leistungen berücksichtigt werden (s. S. 71).

b) Einteilung.

Je nachdem, ob Eisen, das man früher in der Annahme, daß damit ganz unzulässig hohe Fehler auftreten würden, vermied, für den Aufbau des Systems verwendet wird oder nicht, kann man diese Instrumente einteilen in:

1. Eisenlose Dynamometer,
2. eisengeschlossene Dynamometer.

Eine weitere Gruppe wären die eisengeschirmten Dynamometer, bei denen ein Eisenmantel zum Schutz gegen die Beeinflussung der Drehspule durch Fremdfelder vorgesehen ist. (Diese Instrumente sind in Deutschland kaum zur Aufnahme gekommen.)

c) Eisenlose Dynamometer.

Allgemeines. Die eisenlosen elektrodynamischen Meßgeräte haben vor allem Bedeutung für genaue Wechselstrommessungen. Sie spielen hier dieselbe Rolle wie die Drehspulinstrumente für Gleichstrommessungen.

Eigenschaften. Meßprinzip und Skalencharakter wurden bereits oben besprochen. Da das System ohne Eisen aufgebaut ist, so verlaufen die Kraftlinien auf ihrem ganzen Wege durch die Luft. Naturgemäß sind die von der festen und beweglichen Spule erzeugten Felder schwach. Infolgedessen haben die eisenlosen Dynamometer nur ein geringes Drehmoment. Um deshalb eine unsichere Zeigereinstellung zu vermeiden, führt man diese Instrumente mit senkrecht stehender Systemachse aus. Die geringe Stärke der eigenen Felder ist die Ursache ihrer Empfindlichkeit gegen Fremdfelder (siehe auch S. 21).

Innerhalb weiter Grenzen sind die Instrumente von der Frequenz unabhängig. Bei Frequenzen über 1000 per empfiehlt es sich jedoch, an Stelle von elektrodynamischen Strom- und Spannungsmessern Hitzdrahtinstrumente zu verwenden. Leistungsmesser für Frequenzen von 500 bis 1000 per werden in Spezialausführungen gebaut.

Die Kurvenform beeinflußt die Angaben nicht.

Über die mit elektrodynamischen Instrumenten erzielbaren Genauigkeiten s. S. 20.

Verwendung der Instrumente für Gleich- und Wechselstrom. Wie bereits hervorgehoben wurde, können die Instrumente mit Gleichstrom geeicht werden. Die erhaltene Skala gilt auch für Wechselstrom.

Bei der Eichung mit Gleichstrom ist stets der Mittelwert aus zwei Ablesungen, zwischen denen die Ströme in beiden Spulen gewendet wurden, zu nehmen, da ja das Erdfeld und etwaige andere fremde Gleichfelder die Angaben beeinflussen. Soll ein dynamometrisches Instrument auch für betriebsmäßige Gleichstrommessungen benützt werden, so ist ebenfalls jeweils der Mittelwert aus zwei Ablesungen zu nehmen, welche, wie eben besprochen ausgeführt werden müssen. Aus diesem Grunde benützt man eisenlose Elektrodynamometer für Gleichstrommessungen nur selten. Dagegen sind die sog. astatischen Instrumente so durchgebildet, daß fremde Gleichfelder keine Wirkung auf die Angaben ausüben können, so daß nur eine Messung nötig ist.

Bei Wechselstrommessungen findet eine Wendung beider Spulenströme während jeder Periode statt. Das Resultat kann also nur von fremden Wechselfeldern gleicher Periodenzahl gefälscht werden.

Ausführungen.

Hartmann & Braun. 1. Strom- und Spannungsmesser. Diese werden sowohl mit einer wie auch mit zwei Drehspulen als astatische Meßgeräte ausgeführt. Die bewegliche Spule ist zusammen mit dem Zeiger und dem Dämpferflügel der Luftdämpfung an einem kurzen Metallband tragsicher aufgehängt und unten durch eine Drahtachse in einem feingelochten Edelstein reibungslos geführt.

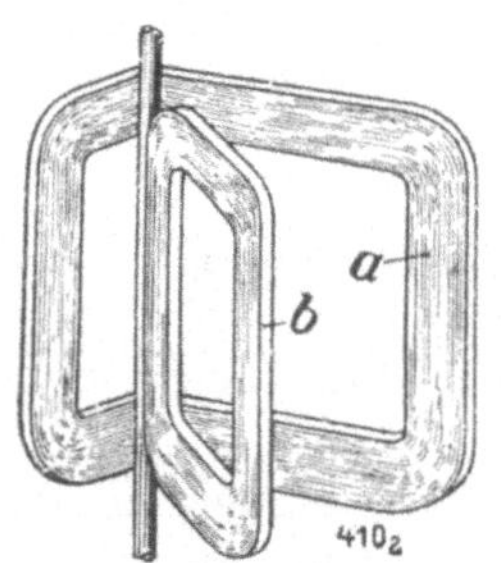

Abb. 37.

Die Systemausführung zeigt Abb. 37. b ist die bewegliche, a die feste Spule. In der Ruhelage liegen beide Spulen aufeinander. Hintereinander geschaltet sind sie so, daß bei Stromdurchgang eine gegenseitige Abstoßung erfolgt, was der Fall ist, wenn die Stromrichtungen in den vorderen Spulenseiten a und b entgegengesetzt sind. Die Größe der Abstoßung ist proportional dem Produkte der in den Spulen fließenden Ströme (wie früher gezeigt), sie ist aber ferner eine Funktion des Ausschlagwinkels α und ihre Zunahme wird mit größer werdendem Winkel α kleiner. Die feste Spule ist länger als die bewegliche und so umgebogen, daß bei größeren Ausschlägen die hintere Spulenseite von a auf die vordere Seite der beweglichen Spule b (da in beiden Seiten die Ströme gleiche Richtung haben) schwach anziehend wirkt, während die vorderen Seiten von a und b einander abstoßen. Durch diese Konstruktion hat man erreicht, daß die Skalenteilung nur am Anfang bis etwa 4% des Höchstwertes ungenau und eng, für den größten Teil aber praktisch vollkommen gleichmäßig ist. Als Gegenkraft sind hier Metallbänder benützt, deren Verdrehungswiderstand, genau wie derjenige einer Feder, proportional mit α wächst.

Im allgemeinen dienen die Strommesser dieser Ausführung zum Messen schwächerer Ströme bis zu 5 A. Mit Nebenwiderständen kann der Meßbereich auf 10 und 50 A erweitert werden. Die Spannungsmesser werden für Spannungen bis 240 V geliefert; darüber hinaus können noch Vorwiderstände zur Erweiterung des Bereiches dienen. Für Wechselstrommessungen sind diese Instrumente zur Zeit mit die empfindlichsten und genauesten; ihre Angaben sind auf etwa 0,25÷0,3 % des Skalenendwertes richtig (s. S. 20).

2. Wattmeter. Abb. 38 zeigt das Innere eines elektrodynamischen Wattmeters. Das ganze Instrument ist auf eine Grundplatte *G* aus vorzüglichem Isoliermaterial montiert, welche sehr kräftig ausgebildet und durch Rippen so versteift ist, daß Veränderungen mit Sicherheit ausgeschlossen sind. Die feste Spule *S* ist durch einen

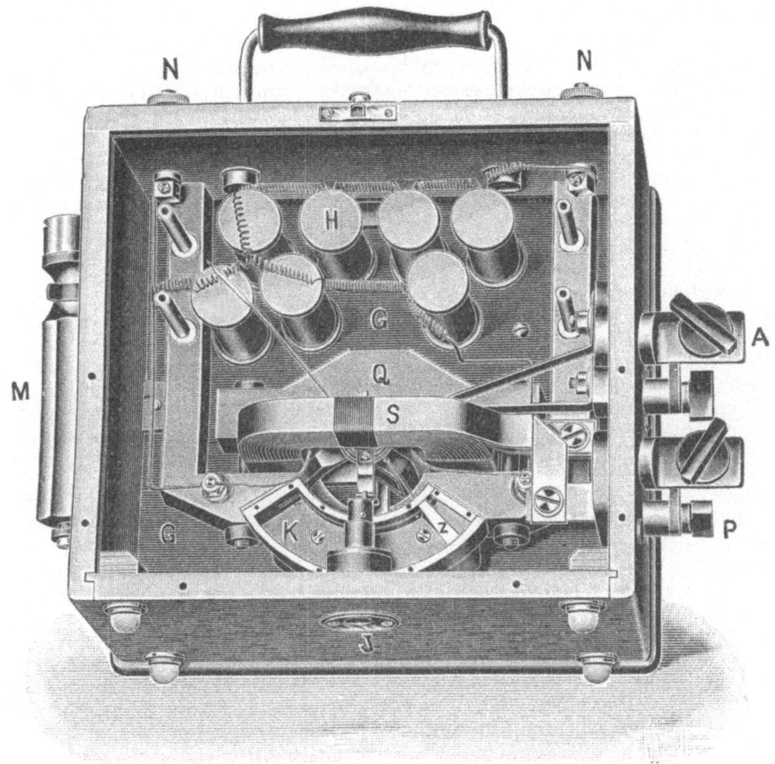

Abb. 38.

Kloben *Q* aus Isoliermaterial an der Grundplatte befestigt. Die bewegliche Spule befindet sich im Inneren der festen Spule und sitzt auf einer Achse aus Stahl, deren gut gehärtete Spitzen in Saphirsteinen gelagert sind. Letztere werden von zwei in die feste Spule hineinragenden Armen getragen. Diese Arme stehen ihrerseits in starrer Verbindung mit der Luftdämpferkammer *K*, deren Deckel in Abb. 38 abgenommen ist. Auf der Achse der beweglichen Spule sind noch die Torsionsfedern, der Zeiger und diesem gegenüber ein Arm mit dem Luftdämpferflügel *Z* angebracht. Auf dem oberen Teile der Grundplatte *G* ist eine Anzahl Holzspulen *H* sichtbar, auf die der Vorwiderstand für den Spannungskreis bifilar gewickelt ist, soweit derselbe, ohne daß zu große Wärmeentwicklung hervorgerufen wird, im Instrument untergebracht werden kann; außerdem kann noch ein weiterer Teil des Vorschaltwiderstandes in einem besonderen Raum hinter der Grundplatte *G* eingebaut werden. An der rechten Seite des Gehäuses treten die Zuführungsklemmen *A* zur festen Spule und bei Wattmetern mit mehreren Strommeßbereichen die Umschaltvorrichtung dafür hervor, während oben neben dem Traggriff die Spannungsklemmen *N* sichtbar sind; an der unteren Seite ist die Vorrichtung *J* zur Einstellung des Zeigers auf Null.

Sowohl die feste als auch die bewegliche Spule sind frei von Eisen, so daß Verzerrungen der Felder durch Hysteresis ausgeschlossen sind. Die feste Spule *S* ist für jede beliebige Stromstärke aus dünnem Kupferband so hergestellt, daß zwischen je zwei aufeinanderliegenden Bändern eine Papierzwischenlage untergebracht ist. Durch diese Unterteilung werden Wirbelströme in den Kupfermassen der Spule vermieden. Bei Wattmetern für niedrige Stromstärken ist das Kupferband fortlaufend gewickelt, so daß sämtliche Windungen hintereinander geschaltet sind. Bei höheren Stromstärken werden, je nach der Größe derselben, mehrere Bänder parallel aufgewickelt, so daß auch bei Wattmetern für sehr starke Ströme immer eine Unterteilung vorhanden ist, wodurch Wirbelströme nicht in nennenswertem Maße entstehen können. Die Anordnung der festen und beweglichen Spulen ist so getroffen, daß bei möglichst großem Drehmomente doch nur ein verhältnismäßig kleines magnetisches Feld durch die bewegliche Spule erzeugt zu werden braucht, wodurch der Strom in dieser Spule und auch deren Windungszahl entsprechend niedrig gehalten sein können. Durch diesen Umstand ist der Forderung, daß die Selbstinduktion des Spannungskreises möglichst klein, der Ohmsche Widerstand dagegen möglichst groß sein soll, Rechnung getragen. Der Wert des Selbstinduktionskoeffizienten der beweglichen Spule ist nur 0,0045 H, und der Strom im Spannungskreis ist bei den transportablen Wattmetern bei normaler Höchstspannung 0,03 A. Rechnet man mit diesen Werten die durch Selbstinduktion erzeugten Fehler (vgl. später zweiter Abschnitt) für z. B. 100 Polwechsel und 120 V aus, so werden dieselben selbst für die hohe Phasenverschiebung von 80° noch nicht $^1/_4$ % vom Sollwert erreichen. Da bei so hohen Phasenverschiebungen das Instrument nur in den unteren Teilen der Skala benutzt wird, so liegt der vorgenannte Fehler innerhalb der Ablesegenauigkeit, und die Angaben des Wattmeters brauchen nicht korrigiert zu werden. Auch die gegenseitige Induktion der festen und der beweglichen Spule aufeinander ist hier so gering, daß bemerkbare Fehler durch sie nicht hervorgerufen werden. Die Temperaturabhängigkeit der Instrumente wird durch eine besondere Widerstandsschaltung ausgeglichen.

Die Abmessungen und Formen der Spulen sind so ausgebildet, daß die Teilung der Skala vollkommen gleichmäßig ist. Bei Instrumenten mit mehreren Meßbereichen erfolgt die Umschaltung durch eine Laschenverbindung, welche mit Schrauben angezogen wird. Die Wattmeter werden für Stromstärken bis 400 A gebaut; für noch höhere Stromstärken kommen die üblichen Methoden zur Erweiterung der Meßbereiche in Frage. Im Spannungskreis sind die Vorschaltwiderstände bis 250 V direkt in das Gehäuse eingebaut, für höhere Spannungen werden besondere Vorwiderstände benützt.

3. Astatische Wattmeter. Das System eines solchen nach Bruger von H. & B. gebauten Instrumentes zeigt Abb. 39. Das Instrument besitzt eine geteilte, feststehende Hauptstromspule *S*, und zwei auf gemeinsamer Achse übereinander angebrachte, $\urcorner\!\llcorner$-förmig gebogene, bewegliche Spannungsspulen s_1 und s_2. Die untere Spule s_1 liegt im Felde der Spule *S* und ist daher die hauptsächlich wirksame. Die obere Spule verstärkt zwar die Wirkung der unteren noch etwas, ihr Hauptzweck ist aber der, den Einfluß störender, gleichgerichteter

Fremdfelder zu beseitigen. Dazu ist die Schaltung der Spulen s_1 und s_2 so, daß die von ihnen erzeugten Felder gleich groß sind, aber entgegengesetzte Richtung haben. Ein Fremdfeld wird dann mit diesen Feldern auch Drehmomente entgegengesetzter Richtung erzeugen, so daß sich deren Wirkungen aufheben und der Ausschlag des Instrumentes nur abhängig ist von den Feldern der Spulen S und s_1.

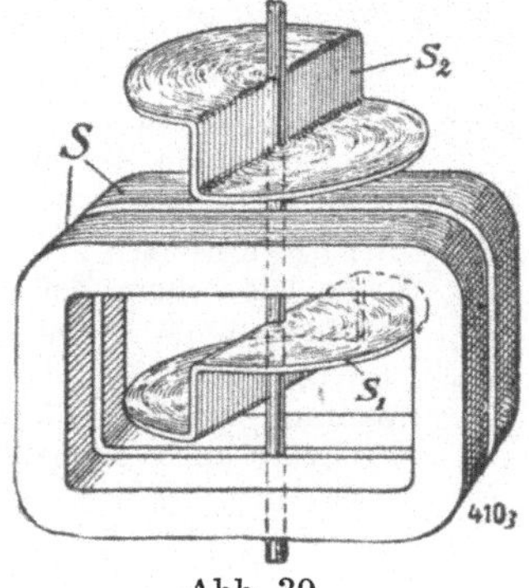

Abb. 39.

Auch diese Instrumente zeichnen sich durch große Genauigkeit und Empfindlichkeit aus und sind besonders zur Messung kleiner Leistungen geeignet. Sie werden bis zu 30 A gebaut und erhalten bis 220 V die nötigen Vorschaltwiderstände im Instrument. Außerdem können Vorwiderstände bis zu 1500 V und unter Umständen noch höher geliefert werden. Instrument und Vorwiderstände vertragen beträchtliche Überlastungen.

Siemens & Halske. 1. Eisenlose Dynamometer der Laboratoriumstype. Diese Instrumente sind zwecks Vermeidung aller Fehlerquellen bei genauen Messungen für die Benützung ohne Meßwandler eingerichtet. Einige wichtige Daten sind im folgenden zusammengestellt.

α) Leistungsmesser.

Anzahl der umschaltbaren Strommeßbereiche . . .	je 2,
kleinster Strommeßbereich	0,5 bzw. 1 A,
größter „	200 bzw. 400 A,
Eigenverbrauch der voll belasteten Stromspule:	
bei Leistungsmessern bis 50 A	4÷5 W,
„ „ über 50 A	etwas mehr,
eingebaute Vorwiderstände für Spannungsbereiche bis	600 V,
äußere „ „ „ „	6000 V,
Stromverbrauch des voll belasteten Spannungskreises	30 mA,
Eigenverbrauch für je 30 V also	0,9 W.

β) Spannungsmesser.

Anzahl der umschaltbaren Spannungsmeßbereiche .	je 2,
kleinster Meßbereich	15 bzw. 30 V,
größter „	300 bzw. 600 V,
für Spannungen über 600 V	äußere Widerstände,
Eigenverbrauch für den kleinen Bereich	7,5÷10 W,
„ „ „ großen „	15÷20 W.

γ) Strommesser.

Anzahl der Meßbereiche	1 oder 2,
kleinster Meßbereich	0,3 A,
größter „	100 bzw. 200 A,
der Eigenverbrauch ist bei den Instrumenten für höhere Ströme beträchtlich	30÷40 W.

2. Eisenlose Dynamometer der Prüffeldtype. In erster Linie sind dieselben für Messungen mit Strom- und Spannungswandlern gedacht, sie sind aber auch für Spannungen bis 600 V zur Benutzung mit Vorwiderständen geeignet. Der Strommeßbereich beträgt

bei allen Instrumenten 5 A. Der Spannungsmeßbereich beträgt bei den Leistungsmessern bis 600 V, bei den Spannungsmessern bis 650 V, wenn Vorwiderstände verwendet werden. Der Widerstand des Spannungskreises ist dann für je 30 V 1000 Ω bzw. 1100 Ω. Außerdem sind Klemmen vorhanden zum Anschluß an Spannungswandler von 100 V Sekundärspannung.

Eigenverbrauch.

α) Leistungsmesser:

Eigenverbrauch der Stromspule voll belastet bei 5 A . .	ca. 1,3 W,
Strom im vollbelasteten Spannungszweig	30 mA.

β) Spannungsmesser:

Strom bei vollem Zeigerausschlag	60 mA,
Eigenverbrauch bei einem Meßbereich von 130 V . . .	7,8 W.

γ) Strommesser:

Spannungsabfall bei 5 A	1,3 V,
Eigenverbrauch bei vollem Ausschlag (5 A)	6,5 W.

Abb. 40.

Abb. 40 zeigt noch das Innere eines Leistungsmessers der Prüffeldtype. Die feststehende runde Stromspule liegt innerhalb der beweglichen, rechteckigen Spannungsspule, während bei den Instrumenten der Laboratoriumstype das Umgekehrte der Fall ist. Die Instrumente sind ohne weiteres für alle Frequenzen zwischen 5 und 80 per zu benützen.

Innere Schaltung von Dynamometern. Die Instrumente erhalten meist durch Unterteilung der Wicklungen mehrere Meßbereiche. Die Umschaltung derselben erfolgt entweder mit Stöpseln oder Laschen.

1. Strommesser. Abb. 41 zeigt die innere Schaltung eines Instrumentes von S. & H. Die bewegliche Spule liegt im Nebenschluß zu der feststehenden Spule. An die beiden Kontaktstücke bei *C* wird die Leitung angeschlossen. Die zwei Strommeßbereiche, die sich wie 1:2 verhalten, werden durch eine Stöpselumschaltung hergestellt. Durch

den Stöpsel in Stellung B wird die feststehende Hauptspule mit nur einem, in Stellung A dagegen mit zwei Vorwiderständen eingeschaltet. Die zu dieser Serienschaltung im Nebenschluß liegende bewegliche Spule und deren Vorwiderstand werden also im Meßbereich A mit höherer Spannung belastet, so daß auch bei halbem Strom in der feststehenden Spule der volle Zeigerausschlag erreicht wird. Schaltmöglichkeiten:

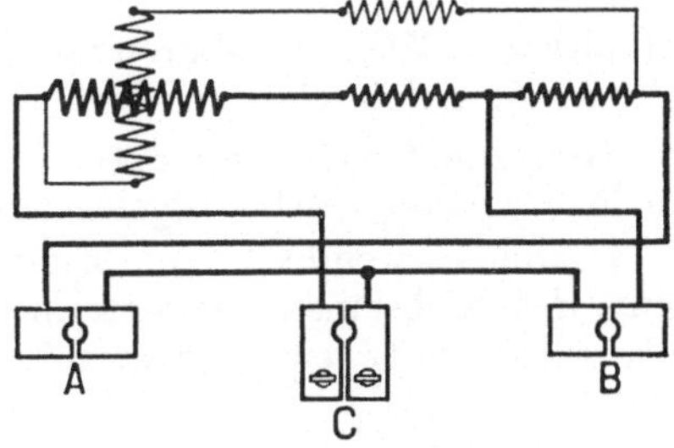

Abb. 41.

Stöpsel A gesteckt — niederer Strommeßbereich,
Stöpsel B gesteckt — hoher Strommeßbereich,
Stöpsel C gesteckt — Instrument kurzgeschlossen.

Vor Einschaltung des Instrumentes in einen Stromkreis muß stets ein Meßbereich gestöpselt sein.

2. Spannungsmesser. Abb. 42 gibt eine Umschaltung von S. & H. wieder. Je nachdem der Stöpsel zwischen den Kontakten gezogen ist oder nicht, ist entweder der Widerstand $R_1 + R_2$, oder nur R_1 dem System vorgeschaltet, so daß man erhält:

Stöpsel gesteckt — niederer Spannungsmeßbereich,
Stöpsel gezogen — hoher Spannungsmeßbereich.

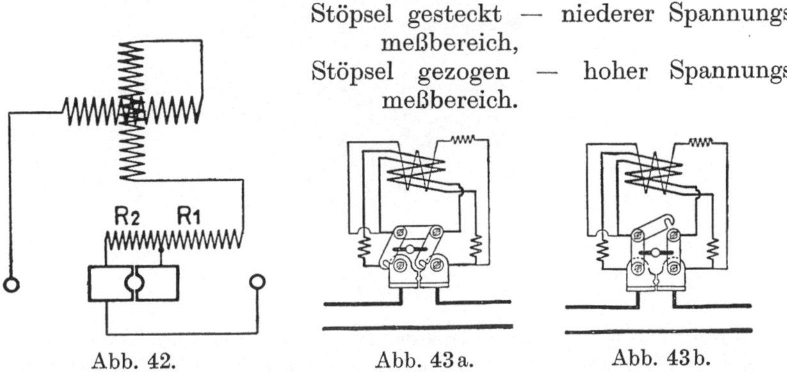

Abb. 42. Abb. 43a. Abb. 43b.

3. Laschenumschaltung. Diese wird besonders bei größeren Stromstärken bevorzugt. Die beweglichen Laschen werden durch Schrauben in der jeweiligen Stellung festgehalten. Abb. 43 zeigt eine solche Laschenumschaltung bei einem Amperemeter der AEG. In der Abb. 43a sind die zwei Hälften der festen Spulen in Serie geschaltet; in der Abb. 43b liegen sie dagegen parallel. Wie leicht ersichtlich, erhält man bei der Stellung der Laschen nach letzterer Abbildung den hohen, nach jener dagegen den niederen Strommeßbereich.

Gebrauch der eisenlosen dynamometrischen Wattmeter, Schaltregeln, Korrektionen. Hierüber s. 2. Abschnitt: Leistungsmessungen, Kap. 16.

d) Eisengeschlossene Dynamometer.

Allgemeines. Die eisengeschlossenen Dynamometer unterscheiden sich von den eisenlosen dadurch, daß die Systemkraftlinien im wesentlichen durch Eisen verlaufen. Zu diesem Zwecke liegt die feste Spule nach Abb. 44 in den Nuten eines aus Eisenblechen aufgeschichteten zylindrischen Körpers, während die bewegliche Spule ihrerseits einen feststehenden, gleichfalls aus Blechen geschichteten Eisenkern umschließt.

Eigenschaften. Das Eisenschlußsystem zeichnet sich durch folgende charakteristische Eigenschaften aus.

1. Die Verwendung von Eisen bedingt eine wesentliche Verstärkung des wirksamen magnetischen Feldes. Das bewegliche System entwickelt daher ein bedeutend stärkeres Drehmoment als das der

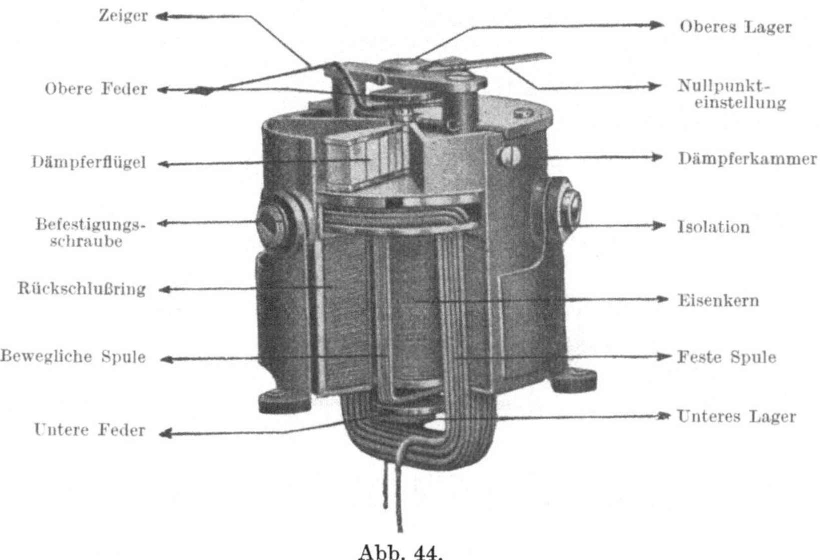

Abb. 44.

eisenlosen Dynamometer. Insbesondere ist dies von Wichtigkeit für Betriebsmeßgeräte, die naturgemäß einer rauheren Behandlung ausgesetzt sind. Kleine Reibungsfehler können weniger leicht eine ungenaue Zeigereinstellung zur Folge haben.

2. Der Eisenschluß schützt gegen Störungen, herrührend von magnetischen Streufeldern. Nebeneinanderliegende Instrumente beeinflussen sich nicht. Selbst benachbarte Starkstromleitungen rufen keine erheblichen Fehler hervor, wenn auch deren Nähe tunlichst vermieden werden soll.

3. Die Unabhängigkeit der Instrumentangaben von der Frequenz ist eine große. Normale Instrumente können meist für alle Frequenzen zwischen 10 und 100 per verwendet werden. Für Frequenzen bis zu 1000 per werden Sonderausführungen hergestellt. Die Kurvenform des Wechselstromes beeinflußt die Angaben praktisch nicht.

4. Der Eigenverbrauch des Meßsystemes ist ein sehr geringer. S. & H. geben für ihre eisengeschlossenen Leistungsmesser an:

Die Stromspule hat bei 5 A (für höhere Ströme Stromwandler) und 50 per einen Spannungsabfall von 0,6 V; der Strom im Spannungskreis kann max. 30 mA betragen.

Ausführungen. Wie die eisenlosen Dynamometer, so können auch die eisengeschlossenen für Gleich- und Wechselstrom Verwendung finden. Ebenso wie jene werden sie als Strom-, Spannungs- und Leistungsmesser gebaut. Eine Ausführung der AEG zeigt Abb. 44. Folgende Angaben dieser Firma mögen hier noch Erwähnung finden: Die Leistungsmesser werden mit 2 Strombereichen bis 200 A und maximal 4 Spannungsbereichen bis 750 V gebaut. Für die Strombereiche ist eine Laschenumschaltung nach Abb. 43 vorgesehen. Der Vorwiderstand ist für Spannungen bis 750 V im Instrument mit untergebracht. Durch Unterteilung dieses Widerstandes werden 3 bis 4 Meßbereiche erzielt, von denen der niedrigste 30 V beträgt. Für je 30 V beträgt der Widerstand 1000 Ω. Für höhere Spannungen als 750 V sind äußere Vorschaltwiderstände erforderlich. Die Instrumente zeigen bei Gleich- und Wechselstrom bis zu 100 per innerhalb der praktisch zulässigen Grenzen richtig. Die auftretenden Abweichungen liegen innerhalb $\pm$ 0,3 %. Bei Leistungsmessern liegt selbst bei $\cos\varphi = 0$ der auftretende Fehler innerhalb von 0,3 Teilstrichen der hundertteiligen Skala.

11. Direkt zeigende Leistungsfaktormesser.

Allgemeines. Während man bekanntlich die Phasenverschiebung mit Watt-, Ampere- und Voltmeter bestimmen kann, hat sich vor allem bei betriebstechnischen Messungen ein Bedürfnis nach Instrumenten herausgestellt, die den Phasenwinkel φ bzw. den Leistungsfaktor $\cos\varphi$ direkt anzeigen. Solche auf dem elektrodynamischen Prinzip beruhende Instrumente bauen verschiedene Firmen, wie Siemens & Halske, Hartmann & Braun, Weston & Co.

Ausführungen.

Siemens & Halske. Die Leistungsfaktormesser dieser Firma sind nach dem sogenannten Kreuzspulsystem gebaut. Die vom Hauptstrom J durchflossene feststehende Spule liegt in einem aus Blechen aufgebauten Eisenkörper; das bewegliche System, das aus den Spannungsspulen I und II besteht, welche nach Abb. 45 gegeneinander um 90° versetzt sind, dreht sich über einem feststehenden Eisenkern (derselbe ist, ebenso wie der erwähnte Eisenkörper, in der Abb. fortgelassen). Der Strom J_1 in der Spannungsspule I ist um den Phasenwinkel φ gegen den Strom J in der Hauptspule verschoben. Dabei ist J_1 phasengleich mit der Spannung E am Spannungskreis, eilt also J um den Winkel φ vor, wenn wir induktive Belastung

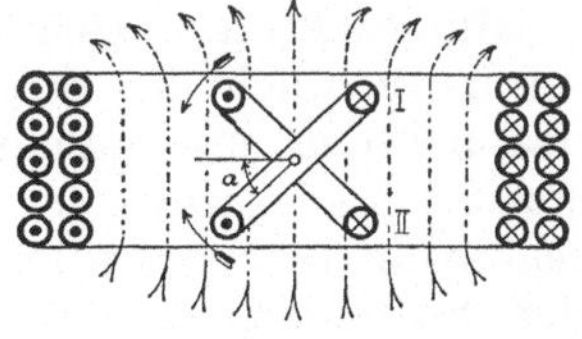

Abb. 45.

annehmen. Der in Spule II fließende Strom J_2 hat durch einen induktiven Widerstand gegenüber J_1 eine Phasenverschiebung von angenähert 90°, (gegenüber J also eine solche von $90^\circ - \varphi$).

Die Drehmomente D_1 und D_2 zwischen der feststehenden Spule und den beweglichen Spulen sind dann allgemein, wenn c_1 und c_2 konstante Größen bedeuten und der Winkel α den aus der Abb. 45 ersichtlichen Wert darstellt:

$$D_1 = c_1 \cdot J \cdot J_1 \cdot \cos\varphi \cdot \sin\alpha$$
$$D_2 = c_2 \cdot J \cdot J_2 \cdot \cos(90^\circ - \varphi) \cdot \sin(90^\circ - \alpha)$$
$$D_2 = c_2 \cdot J \cdot J_2 \cdot \sin\varphi \cdot \cos\alpha.$$

Wählt man die Stromrichtung in den Drehspulen so, daß sich die beiden Drehmomente einander entgegenwirken, so ergibt sich als Gleichgewichtsbedingung:

$$D_1 = D_2$$
$$c_1 \cdot J \cdot J_1 \cdot \cos\varphi \cdot \sin\alpha = c_2 \cdot J \cdot J_2 \cdot \sin\varphi \cdot \cos\alpha$$
$$\operatorname{tg}\varphi = \frac{J_1}{J_2} \cdot \operatorname{tg}\alpha$$

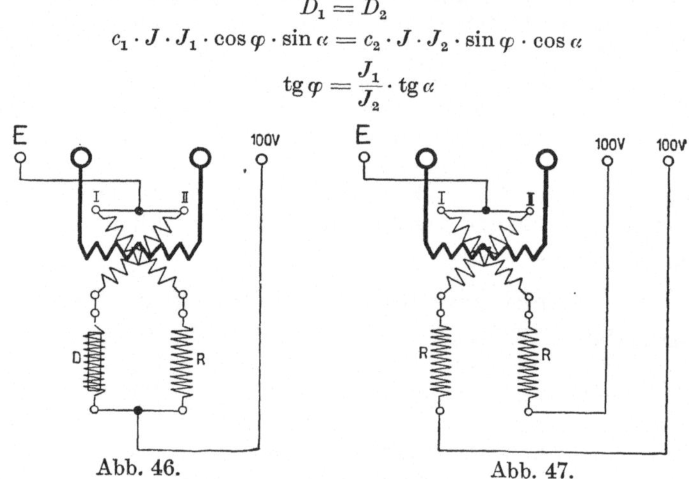

Abb. 46. Abb. 47.

Das Verhältnis $J_1 : J_2$ ist lediglich durch die Ohmschen und induktiven Widerstände der Spannungszweige bestimmt, mithin auch eine Konstante. Wir erhalten also:

$$\mathbf{tg}\,\varphi = c \cdot \mathbf{tg}\,\alpha \quad . \quad . \quad . \quad . \quad . \quad . \quad . \quad . \quad . \quad . \quad (12)$$

Der Drehungswinkel α ist somit eine direkte Funktion des Phasenverschiebungswinkels φ. Die Skala kann also in den Werten des Leistungsfaktors geeicht werden.

Hinsichtlich der Störungen durch Streufelder gilt im allgemeinen das bei den eisengeschlossenen Dynamometern Gesagte. Bei allen Ausführungen sind die Stromspulen für 5 A bemessen und zum Anschluß an Stromwandler bestimmt. Die Spannungskreise werden an der Sekundärseite von Spannungswandlern mit 100 V Sekundärspannung angeschlossen.

Eigenverbrauch: Der Spannungsabfall in der für 5 A bemessenen Stromspule beträgt bei den Frequenzen 50 und 25 etwa 3,5 bzw. 2 V. Der Stromverbrauch des Spannungskreises ist bei den Instrumenten für

Einphasenstrom etwa 0,06 A, bei denen für Drehstrom etwa 0,03 A für jeden Spannungskreis.

Die innere Schaltung der Instrumente für Einphasenstrom zeigt Abb. 46. Die Phasenverschiebung von 90° zwischen den Strömen J_2 und J_1 wird durch die Drossel D und einige nicht eingezeichnete Widerstände erreicht. Durch diese Drosselspule wird aber der Phasenmesser von der Frequenz abhängig. Die Frequenzabweichungen dürfen nicht mehr als $\pm$ 5% betragen. Spannungsschwankungen sind in den Grenzen $\pm$ 10% zulässig.

Abb. 47 zeigt die Innenschaltung der Leistungsfaktormesser für Drehstrom (gleiche Belastung der Phasen vorausgesetzt). Eine künstliche Phasenverschiebung zwischen den beiden Strömen der Spannungszweige braucht dabei nicht hergestellt zu werden. Man benützt vielmehr die im Netz vorhandene Phasenverschiebung der 3 Spannungen, welche 120° beträgt. Eine der Spannungen wird mit vertauschten Polen angeschlossen, so daß man eine Phasenverschiebung von 60° erhält, welche genügt an Stelle der eigentlich erforderlichen 90°-Verschiebung. Da nur Ohmsche Widerstände im Instrument verwendet werden, so können Frequenzschwankungen erheblich größer sein, als bei den Leistungsfaktormessern für Einphasenstrom. Zulässig sind solche Schwankungen bis zu $\pm$ 20%; ebenso rufen Spannungsschwankungen bis zu $\pm$ 50% keine merklichen Fehler hervor; allerdings sind Spannungserhöhungen über 10% wegen der Erwärmung des Instrumentes nur kurzzeitig zulässig.

Hartmann & Braun. Die Schaltung der von dieser Firma ausgeführten Phasenmesser ist aus Abb. 48 ersichtlich. Gegenüber den Instrumenten von S. & H. besteht der Unterschied, daß die Hauptstromspule drehbar angeordnet ist, während die beiden Spannungszweige, welche die Ströme i_1 und i_2 führen, feststehen. Die Phasenverschiebung zwischen den letztgenannten Strömen ist in ähnlicher Weise erzielt, wie bei S. & H. Die Hauptstromspule liegt an den Sekundärklemmen eines kleinen im Instrument eingebauten Stromwandlers T. Die Skala der Instrumente gibt sowohl den cos φ, wie auch den Phasenwinkel φ an. Die Teilung der letztgenannten Skala ist sehr gleichförmig.

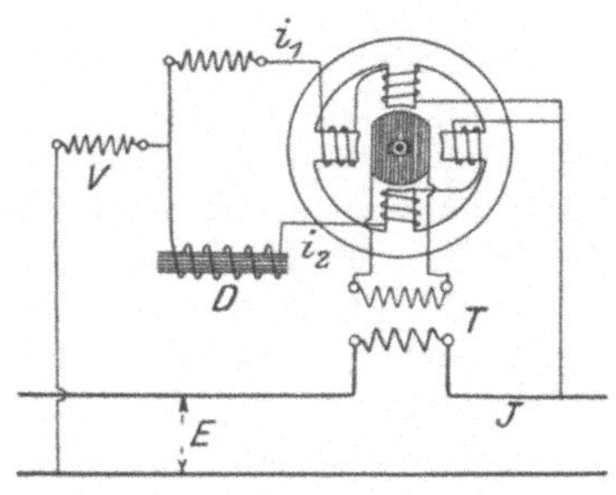

Abb. 48.

12. Hitzdrahtinstrumente.

Allgemeines. a) Meßprinzip und Skalenteilung. Hitzdrahtinstrumente beruhen auf Wärmewirkung des Stromes in einem Leiter. Daraus folgt ihre Verwendbarkeit für Gleich- und Wechselstrom. Das Prinzip der Instrumente erläutert Abb. 49. Der Hitzdraht liegt zwischen den Punkten A und B. Etwa in seiner Mitte bei C ist der sog. Brückendraht D befestigt. An diesem greift ein Kokonfaden an, der über die Zeigerrolle geschlungen ist und durch die Stahlblattfeder F gespannt wird. Ist der Draht kalt, so hat er die gestrecktere (gestrichelte) Lage, die Feder F ist stark gespannt und der Zeiger steht auf Null. Bei Stromdurchgang erwärmt sich der Hitzdraht, dehnt sich aus und seine Ausdehnung wird durch die beschriebene Kombination auf den Zeiger übertragen.

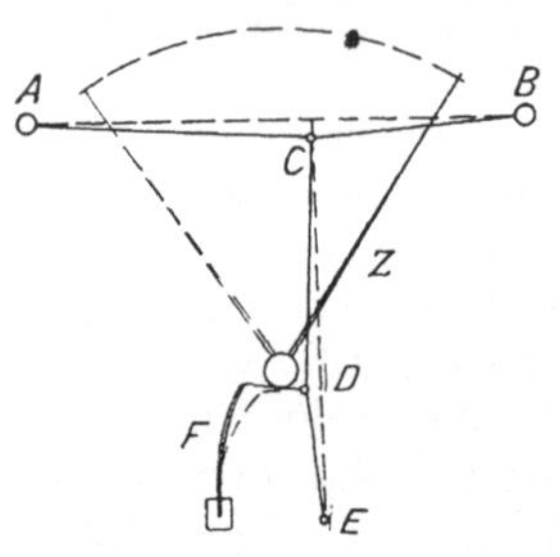

Abb. 49.

Eine beliebige, ruhige Zeigerstellung, also eine Gleichgewichtslage, wird erreicht, wenn die im Draht entwickelte Stromwärme $c_1 \cdot J^2 \cdot r$ gleich der von ihm abgegebenen Wärmemenge ist. J ist der Strom im Hitzdraht, r dessen Widerstand, c_1 (und ebenso c_2) ist eine Konstante. Der entwickelten Stromwärme ist proportional die Ausdehnung l des Hitzdrahtes und dieser letzteren, da sie auf den Zeiger übertragen wird, wiederum der Zeigerausschlag α. Somit gilt:

$$\alpha = c_2 \cdot l = c_1 \cdot J^2 \cdot r.$$

Betrachtet man r ebenfalls als eine konstante Größe und setzt man $c_1 \cdot r = c$, so erhält man

$$\alpha = c \cdot J^2 \quad \text{und} \quad \boldsymbol{J = c \cdot \sqrt{\alpha}} \qquad \textbf{(13)}$$

Die Skalenteilung wird also bei diesen Instrumenten eine quadratische. Durch verschiedene Mittel, wie z. B. durch richtige Wahl der Größe des Durchhanges von Hitz- und Brückendraht, läßt sie sich ziemlich stark beeinflussen. So hat man vielfach schon von $^1/_5$ bis $^1/_{10}$ des Endwertes ab annäherd proportionale Teilung.

b) Material für den Hitzdraht, Einfluß der Umgebungstemperatur. Als Material für den Hitzdraht wird meist Platinsilber oder Platiniridium, also Material von hohem Ausdehnungskoeffizienten, hohem Schmelzpunkt und hoher mechanischer Festigkeit, verwendet. Schwierigkeiten verursachen bei diesen Instrumenten die Längenänderungen, die der Hitzdraht unter der Einwirkung der Umgebungstemperatur erfährt und die sich bei abgeschalteten Instrumenten als Nullpunktfehler zu erkennen geben.

Beträgt z. B. die Hitzdrahtübertemperatur beim Höchststrom 100° C, so müßte bei einer Steigerung der Raumtemperatur um 20° C der Zeiger schon eine Bewegung über $^1/_5$ der Skala ausführen. Würde ein solches Instrument zu Messungen verwendet, so wäre bei jeder Schwankung der Raumtemperatur um 1÷2° C eine Nachstellung des Nullpunktes erforderlich.

Verschiedene Wege stehen offen, um den Einfluß der schwankenden Außentemperatur zu beheben: Entweder versieht man die Instrumente mit sog. Kompensationseinrichtungen, von deren beiden Arten, der „Platten-" und der „Drahtkompensation", noch weiter unten die Rede sein soll, oder man wählt die Hitzdrahttemperatur, die bei Stromdurchgang eintritt, an und für sich so hoch, daß Schwankungen der Außentemperatur seine Längenänderung nur unmerklich beeinflussen.

c) Hitzdrahtinstrumente als Spannungs- und Strommesser. Hitzdrahtspannungsmesser werden für einen Stromverbrauch von 0,08 bis 0,25 A gebaut. Für Spannungsmessungen über 3 V benützt man die Instrumente in Verbindung mit Vorschaltwiderständen. Hitzdrahtstrommesser können bis zu 1 A mit nicht unterteiltem Hitzdraht ausgeführt werden. Allerdings wird schon für einen Strom von 1 A der Durchmesser des Hitzdrahtes ziemlich stark (etwa 0,2 mm). Drähte von einem solchen Durchmesser erwärmen sich verhältnismäßig langsam, so daß die Zeigereinstellung eine kriechende wird. Zur Erzielung höherer Strommeßbereiche unterteilt man den Hitzdraht in eine Anzahl kurzer Stücke und führt diesen den Strom in Parallelschaltung zu. Sind z. B. 8 Unterteilungen vorgesehen, so wird der Widerstand des Hitzdrahtes auf den 64. Teil herabgedrückt. Instrumente von 5 A benötigen dann an ihren Klemmen einen Spannungsabfall von etwa 120÷200 mV. Zur Messung höherer Stromstärken werden solche Strommesser an Nebenwiderstände von 150÷250 mV Spannungsabfall angeschlossen.

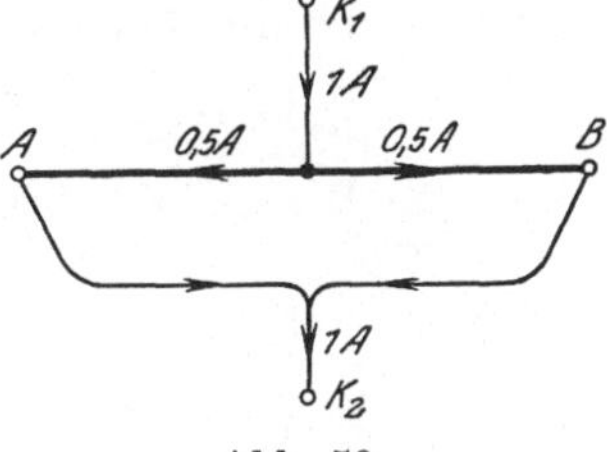

Abb. 50.

Das Prinzip eines Instrumentes mit unterteiltem Hitzdraht wird durch die Abb. 50 erläutert. Bei derselben fließt der Strom 1 A nicht einem Ende, sondern der Mitte des Hitzdrahtes AB von K_1 aus zu, teilt sich in die Beträge von 0,5 A nach links und rechts, um von A und B aus durch stärkere Leitungen zur gemeinsamen Austrittsklemme K_2 geführt zu werden. Der Spannungsabfall zwischen K_1 und K_2 beträgt nur den vierten Teil des Spannungsabfalles, den der Strom 1 A im ungeteilten Draht zwischen A und B verursachen würde.

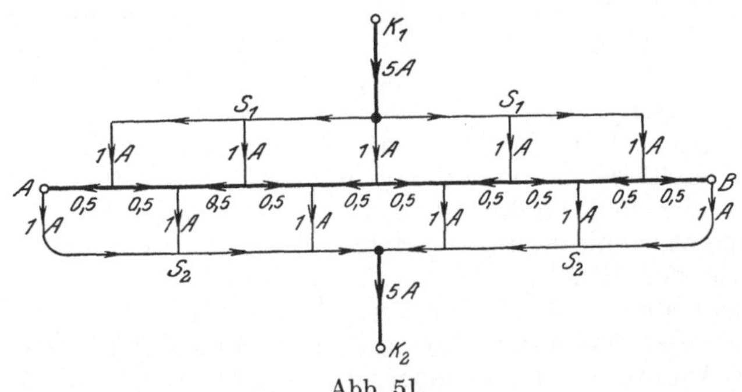

Abb. 51.

Einen mehrfach unterteilten Hitzdraht zeigt Abb. 51. Parallel zum Hitzdraht AB sind zwei kleine Sammelschienen S_1 und S_2 angeordnet, von welchen der Strom dem Drahte über dünne Metallbänder zufließt. Die Verteilung des Stromes geht aus der Abb. 51 hervor.

Ausführungen. a) Hartmann & Braun. Diese Firma verwendete als Material für den Hitzdraht früher Platinsilber. Zur Ausschaltung des Einflusses der Umgebungstemperatur war das ganze System auf einer Kompensationsplatte befestigt. Eine solche wird aus zwei Teilen, die aus verschiedenem Material bestehen, zusammengesetzt. Der Ausdehnungskoeffizient der Konstruktion ist gleich dem des Hitzdrahtes. Die Platte dehnt sich also bei Temperaturänderungen des Raumes in demselben Maße wie der Draht aus, so daß durch die genannte Ursache die Zeigerangabe nicht beeinflußt wird. Dagegen ergeben sich bei plötzlichen Temperaturschwankungen, wenn beispielsweise das Instrument aus einem kälteren in einen wärmeren Raum gebracht wird, Fehler, da der Hitzdraht den Schwankungen rascher folgt als die Kompensationsplatte mit ihrer größeren Masse. Die Übertemperatur des Drahtes ist gering; bei vollem Ausschlag beträgt dieselbe etwa 100° C.

Bei den neueren Konstruktionen der Firma besteht der Hitzdraht aus Platiniridium. Dasselbe hat einen hohen Schmelzpunkt (etwa 2300° C), und man kann deshalb mit einer hohen Hitzdrahttemperatur, welche etwa 300°C bei vollem Ausschlag beträgt, arbeiten. Schwankungen der Außentemperatur machen sich hier kaum bemerkbar, eine Kompensationsplatte erübrigt sich daher. Die Instrumente vertragen, ohne Schaden zu leiden, eine $2^1/_2$ fache Überlast, obwohl dabei der Hitzdraht in Rotglut gerät.

Abb. 52.

Abb. 52 zeigt die Einrichtung eines Instrumentes dieser Firma. In derselben ist die mehrfache Unterteilung des Hitzdrahtes (s. oben), die an der linken Seite angebrachte Korrektionsschraube, die Übertragung der Verlängerung auf den Zeiger und die benützte elektromagnetische Dämpfung gut erkennbar.

b) Siemens & Halske verwenden zur Ausschaltung der Außentemperatureinflüsse die Drahtkompensation. Parallel zum Hitzdraht, der durch eine Feder gespannt wird, ist ein zweiter Draht angeordnet. Bei Temperaturschwankungen erfährt dieser die gleichen Längenänderungen wie der Hitzdraht. Die Enden beider Drähte bewegen sich dann gleichmäßig, wodurch eine Veränderung der Lage des Hitzdrahtes, mithin eine Beeinflussung der Zeigerstellung, ausgeschaltet wird. Gegenüber den Anordnungen mit einer Montageplatte hat der Kompensationsdraht den Vorteil, daß er den Änderungen der Raumtemperatur rascher folgt.

Das Material des Hitzdrahtes ist Platinsilber bei Strom-, eine Nickelstahllegierung bei Spannungsmessern. Die Instrumente arbeiten mit der sehr niedrigen Hitzdrahtübertemperatur von etwa 80° bei vollem Ausschlag. Ohne Schaden zu nehmen oder ihre Empfindlichkeit oder den Nullpunkt zu verändern, vertragen sie eine etwa dreifache Überlast. Sicherungen sind daher nur bei Spannungsmessern als Schutz gegen eine etwaige falsche Wahl des Meßbereiches vorgesehen.

In Abb. 53 ist das System dargestellt. Dem bei Strommessern wieder mehrfach unterteilten Hitzdraht wird der Strom über zwei „Rechen“ zugeführt, in die Silberbänder von 0,01÷0,02 mm Dicke und 3÷5 mm Breite eingeklemmt und die an dem einen zugespitzten Ende um den Hitzdraht gelegt und mit ihm sorgfältig verlötet sind. Als Dämpfung ist eine Luftdämpfung zur Anwendung gebracht. Das Gewicht der beweglichen Teile ist sehr gering und beträgt nur etwa 0,3 g.

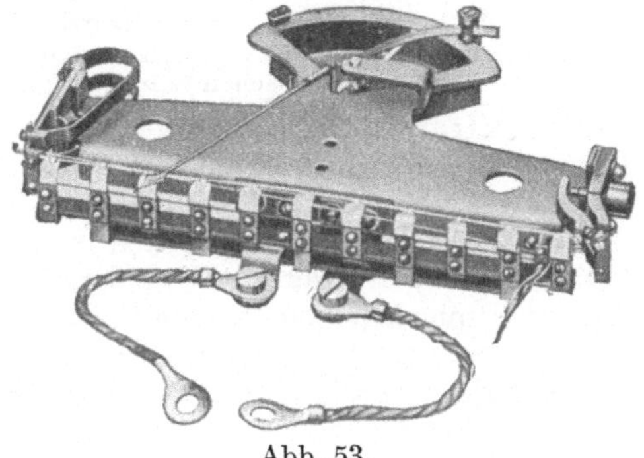

Abb. 53.

Strommesser für Hochfrequenz. Für sehr hohe Frequenzen, wie sie in der drahtlosen Telegraphie vorkommen, sind nur Instrumente mit ganz dünnen, nicht unterteilten Hitzdrähten genau. Bis zu 0,5 A kann jedes beliebige Hitzdrahtinstrument mit hinreichender Genauigkeit für alle

Abb. 54.

Frequenzen benützt werden. Bei der Messung von höheren Stromstärken, sowohl bei Verwendung von Instrumenten mit unterteiltem Hitzdraht als auch bei Benützung von solchen in Verbindung mit Nebenwiderständen treten Fehler durch Wirbelströme und Stromverdrängung im Hitzdraht auf. Man muß deshalb entweder Spezialausführungen oder

Hitzdrahtinstrumente für niedere Stromstärken in Verbindung mit Spezialstromwandlern verwenden.

Für Spannungsmessungen bei hohen Frequenzen (bis etwa 1000 V und 50000 Perioden) können Hitzdrahtinstrumente ohne weiteres verwendet werden. Die Vorschaltwiderstände müssen jedoch hinreichend frei von Selbstinduktion gehalten werden. Bei höheren Spannungen empfiehlt sich die Anwendung von Spezialwandlern oder statischen Voltmetern in Verbindung mit Luftkondensatoren.

Hochfrequenzamperemeter von Hartmann & Braun. Diese Instrumente, deren Aufbau Abb. 54 wiedergibt, werden in Größen bis 500 A hergestellt. Der zu messende Strom wird durch eine größere Anzahl von Platiniridiumstreifen von 30 mm Länge, 3 mm Breite, 0,01 mm Stärke geleitet. Diese Streifen sind auf dem Umfange zweier starker Kupferscheiben, wodurch eine gute Wärmeabfuhr gewährleistet wird, befestigt. Von einem der Streifen aus, welcher gewissermaßen den Hitzdraht bildet, während die anderen parallel geschalteten den Nebenwiderstand darstellen, erfolgt die Übertragung auf den Zeiger in der üblichen Weise.

Die Genauigkeit dieser Hitzbandinstrumente beträgt bis zu 30000 Perioden mindestens 1% des Endausschlages; bei etwa 300000 Perioden können Fehler von 2÷4% auftreten, bei noch höheren Frequenzen muß man solche von 5÷10% in Kauf nehmen.

Der Eigenverbrauch beträgt für jedes Ampere etwa 1 W. Ein Instrument für 150 A hat also einen Eigenverbrauch von 150 W.

Bei Verwendung von Nebenwiderständen für Hitzdrahtinstrumente verhalten sich die Stromstärken in den Zweigen umgekehrt wie die Scheinwiderstände. Sind J_1 und J_2 die Ströme im Instrument und im Nebenschluß, r_1 und r_2, L_1 und L_2 die entsprechenden Widerstände bzw. Selbstinduktionskoeffizienten und bedeutet f die Frequenz, so gilt:

$$\frac{J_1}{J_2} = \sqrt{\frac{r_2^2 + (2\pi f \cdot L_2)^2}{r_1^2 + (2\pi f \cdot L_1)^2}} \qquad (14)$$

Bei unserer Spezialausführung bildet, wie erwähnt, ein Streifen den Hitzdraht, die n übrigen parallel geschalteten den Nebenschluß. Demnach ist: $r_2 = r_1/n$ und $L_2 = L_1/n$.

Mit diesen Werten liefert die Gl. (14):

$$\frac{J_1}{J_2} = \frac{1}{n} \cdot \sqrt{\frac{r_1^2 + (2\pi f \cdot L_1)^2}{r_1^2 + (2\pi f \cdot L_1)^2}} = \frac{1}{n} = \text{konst.}$$

Weist also die Stromverteilung in den Einzelstreifen keinen Unterschied auf, so sind die Angaben des Meßgerätes von der Periodenzahl unabhängig. Dieser Bedingung ist hier entsprochen, da durch die symmetrische Anordnung der einzelnen Bänder eine einseitig fälschende Wirkung durch die gegenseitige Induktion vermieden ist.

Weitere Eigenschaften. Hervorgehoben wurde bereits die Verwendbarkeit der Hitzdrahtinstrumente für Gleich- und Wechselstrom, ihr Verhalten gegen Temperaturschwankungen und ihre Brauchbarkeit zur Messung von Strömen und Spannungen hoher Frequenz. Dem ist noch hinzuzufügen:

Ihre Angaben sind innerhalb weiter Grenzen von der Kurvenform des zu messenden Wechselstromes unabhängig. Auch bei Wellenströmen, d. h. bei Gleichströmen, denen ein Wechselstrom überlagert ist, zeigen Hitzdrahtinstrumente einwandfrei die Effektivwerte der Ströme und Spannungen. Benachbarte Starkströme, Streufelder und Ladungen beeinflussen ihre Angaben praktisch nicht.

Außer der ungleichmäßigen Skalenteilung wirkt oft das verhältnismäßig langsame Einstellen des Zeigers, welches von der allmählich erfolgenden Erwärmung des Hitzdrahtes beim Einschalten herrührt, störend. (Instrumente für kleine Stromstärken, also z. B. Hitzdrahtvoltmeter, bei welchen ein sehr dünner Draht verwendet wird, benötigen zwar zur Erreichung des stationären Zustandes nur etwa 1 Sekunde, dagegen erfordern solche mit dickerem Hitzdraht, wie Amperemeter, eine Zeit bis zu 6 Sekunden). Andererseits macht sie gerade diese Eigenschaft geeignet für Verwendung in Stromkreisen mit stark wechselndem Stromverbrauch (Fördermaschinen, Walzenstraßen). Die Instrumente zeigen dabei einen brauchbaren Mittelwert, der bei anderen Meßgeräten nur durch Anwendung einer besonders starken Dämpfung zu erreichen wäre.

13. Drehfeld-(Induktions-)Instrumente.

Allgemeines. Bei diesen nur für Wechselstrom verwendbaren Instrumenten müssen hauptsächlich zwei Ausführungen unterschieden werden:

a) Die Scheibentype,
b) die Trommeltype.

Außerdem sei kurz noch auf jene Induktionsinstrumente verwiesen, welche wie die dynamometrischen Meßgeräte eine feste und eine bewegliche Spule besitzen. Zum Unterschied von den Dynamometern wird aber nur der ersteren von außen Strom zugeführt, die letztere ist kurzgeschlossen. Es wird in ihr bei Erregung der festen Spule ein Strom induziert, und das von den Strömen in beiden Spulen erzeugte Drehmoment ist derart, daß die bewegliche von der festen Spule abgestoßen wird. Eine Bedeutung hat diese Art von Induktionsinstrumenten aber nicht erlangt.

Scheibentype. Instrumente dieser Type wurden zuerst von der AEG, und zwar als Strom-, Spannungs- und Leistungsmesser auf den Markt gebracht.

1. Strom- und Spannungsmesser. Abb. 55 erläutert das Grundprinzip. Der aus Eisenblechen aufgebaute Wechselstrommagnet M trägt eine Spule, welche von dem zu messenden Strome (bzw. bei Spannungsmessern von einem der zu messenden Spannung proportionalen Strome) durchflossen wird. Eine Kupfer- oder Aluminiumscheibe S ist drehbar zwischen den Polen angeordnet. Vor den letzteren befinden sich noch die Kupferplatten T, welche aber die Polflächen nur zum Teil bedecken. In ihnen, wie auch in jenem jeweils zwischen den Polen befindlichen Teile der Scheibe, der nicht von den Platten T abgeschirmt wird, induziert das Wechselfeld Wirbelströme gleicher Richtung und Phase. Die Lage der Wirbelstromfäden ist aus der Abb. 55 ersichtlich. Nach den Grundgesetzen der Elektrodynamik ziehen sich diese Ströme an und die Scheibe dreht sich so lange in Richtung des Pfeiles, bis dem erzeugten Drehmoment durch die Gegen-

kraft einer Feder Gleichgewicht gehalten wird. Dieses Drehmoment ist proportional dem Produkte der Ströme J_1 und J_2, welche in der Scheibe S und in den Platten T induziert werden. Beide Ströme

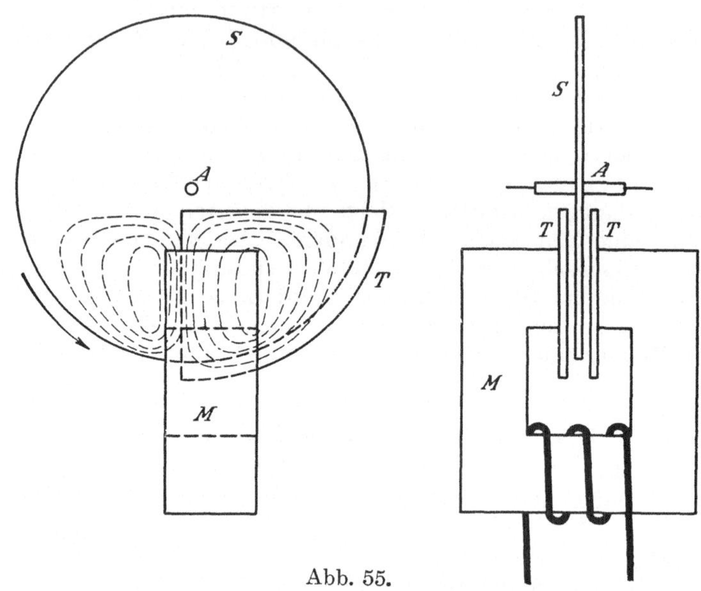

Abb. 55.

sind aber wiederum proportional dem erregenden Felde und dieses dem zu messenden Strome J, der die Spule durchfließt. Mithin wächst das Drehmoment quadratisch mit dem letzteren, und die Skalenteilung ist demgemäß eine quadratische.

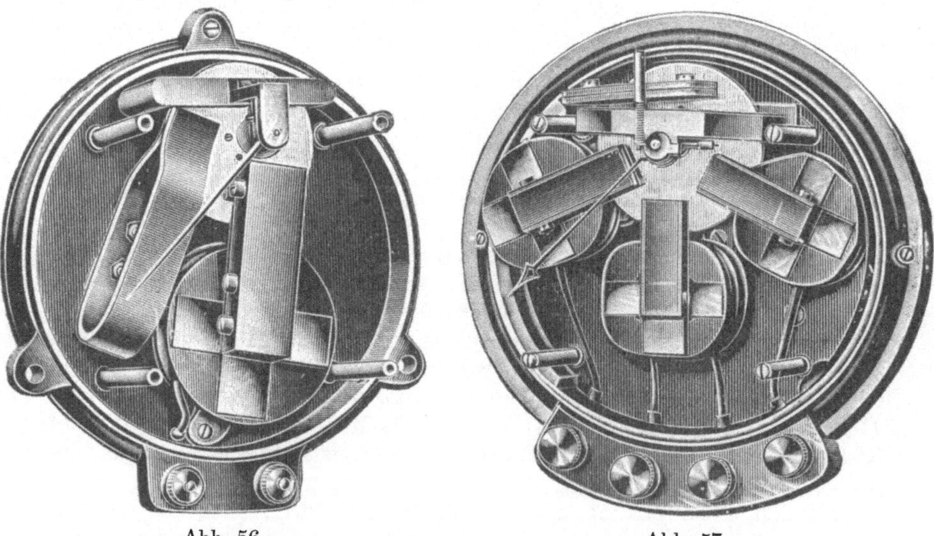

Abb. 56. Abb. 57.

In Abb. 56 ist die Ausführung eines solchen Instrumentes wiedergegeben mit der Drehscheibe, dem Wechselstrommagneten und dem Dämpfungsmagneten, der auf die Aluminiumscheibe wirkt.

2. Leistungsmesser. Ein solcher ist in Abb. 57 dargestellt. Der mittlere Magnet wird vom Strome (Effektivwert J, Augenblickswert i, Maximalwert J_{max}) erregt, die rechts und links von diesem angeordneten Magnete liegen an der Spannung (Effektivwert E, Augenblickswert e, Maximalwert E_{max}). Vom Wechselfeld des Strommagneten wird in der Scheibe ein Strom vom Augenblickswerte i_1, der J um den Winkel ψ_1 nacheilt, von den Wechselfeldern der Spannungsmagneten werden in den Abdeckschirmen, welche nur vor den Polen derselben liegen, Ströme vom Augenblickswerte i_2 induziert, welche der Spannung E um ψ_2 nacheilen. Natürlich muß der Wicklungssinn der beiden Spannungsmagnete entgegengesetzt sein, damit sich die Drehmomente nicht aufheben, sondern addieren.

Bedeutet noch f die Frequenz, $\omega = 2\pi f$ die Kreisfrequenz, T die Zeitdauer einer Periode, φ den Phasenwinkel zwischen E und J, c_1, c_2, c' und c konstante Größen und α den Winkelausschlag des Zeigers, so gelten die Gleichungen:

$$e = E_{max} \cdot \sin \omega t$$
$$i = J_{max} \cdot \sin (\omega t - \varphi)$$
$$i_1 = c_1 \cdot J_{max} \cdot \sin (\omega t - \varphi - \psi_1)$$
$$i_2 = c_2 \cdot E_{max} \cdot \sin (\omega t - \psi_2).$$

Das erzeugte Drehmoment D ist dann:

$$D = c_1 \cdot c_2 \cdot \frac{1}{T} \cdot \int_0^T i_1 \cdot i_2 \cdot dt.$$

Setzt man die Werte für i_1 und i_2 ein und geht man zu den Effektivwerten über, so erhält die letzte Gleichung die Form:

$$D = c_1 \cdot c_2 \cdot E \cdot J \cdot \cos (\psi_1 - \psi_2 - \varphi).$$

Man kann nun durch richtige Dimensionierung der Schirme, welche, wie schon gesagt, nur vor den zwei Spannungsmagneten sitzen und auch durch richtige Abgleichung des Verhältnisses vom induktiven zum Ohmschen Widerstand im Spannungskreise erreichen, daß $\psi_1 = \psi_2$ wird. Man erhält dann:

$$D = c_1 \cdot c_2 \cdot E \cdot J \cdot \cos \varphi \quad \text{. . . . .} \quad (15)$$

Da für einen Gleichgewichtszustand dieses Drehmoment gleich jenem sein muß, das von den Federn erzeugt wird und das einfach durch die Beziehung $D' = c' \cdot \alpha$ darstellbar ist, so erhalten wir mit Gl. (15):

$$c_1 \cdot c_2 \cdot E \cdot J \cdot \cos \varphi = c' \cdot \alpha$$

und daraus bei Zusammenfassung aller Konstanten c_1, c_2, c' zu einer einzigen:

$$\boldsymbol{N = E \cdot J \cdot \cos \varphi = c \cdot \alpha} \quad \text{. . . . .} \quad \mathbf{(15a)}$$

d. h.: Die zu messende Leistung ist proportional dem Zeigerausschlage α und die Teilung wird eine lineare.

Trommeltype. Die hierher gehörigen, oft als Ferrarisinstrumente bezeichneten Meßgeräte wirken mit zwei räumlich versetzten Elektromagnetpaaren, welche die zeitlich verschobenen Ströme J_1 und J_2 führen, auf eine zwischen ihren Polen befindliche, hohle, drehbare Aluminiumtrommel (s. Abb. 58 und 59). In dieser werden Wirbelströme induziert. Die Wirkungsweise der Instrumente entspricht also der eines Zweiphasenmotors, und das entstehende Drehmoment ist proportional den Feldern Φ_1 und Φ_2, mithin auch den sie erzeugenden Strömen J_1 und J_2, sowie dem Sinus des Phasenwinkels ψ zwischen beiden. Stellen Federn das Gleichgewicht her, so gilt für einen Ausschlag α:

$$D = c_1 \cdot J_1 \cdot J_2 \sin \psi = c' \alpha \quad (15\,b)$$

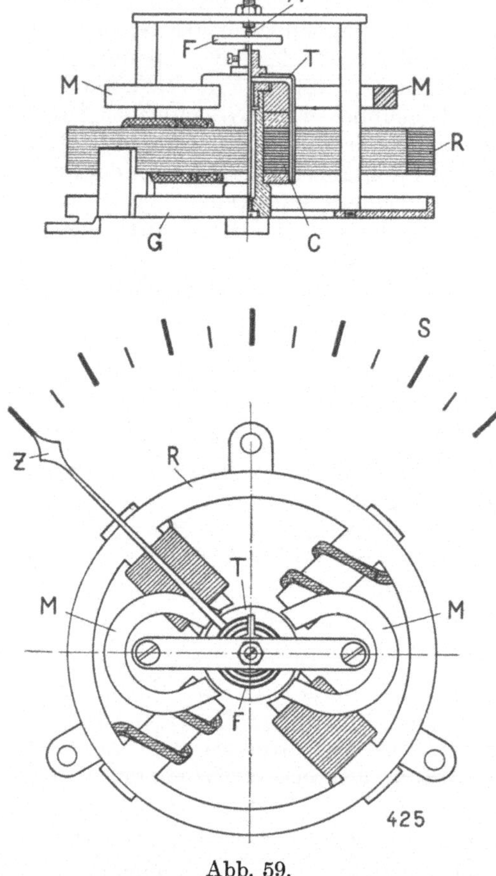

Abb. 59.

1. Strom- und Spannungsmesser. Um ein möglichst großes Drehmoment zu erzielen, macht man $\psi = 90°$. Sind dann die Ströme J_1 und J_2 der Meßgröße, also dem zu messenden Strome bei Amperemetern bzw. der zu messenden Spannung bei Voltmetern proportional, so erhält die abgeleitete Formel den Wert:

$$D = c_1 \cdot J_1 \cdot J_2 = c' \cdot \alpha$$

und die Teilung wird mithin eine quadratische. Durch besondere Anordnung der Systemfedern erreicht man jedoch schon von $^1/_5$ bis $^1/_{10}$ des Skalenendwertes an eine nahezu lineare Teilung.

2. Leistungsmesser. Soll eine Leistung $N = E \cdot J \cdot \cos \varphi$ gemessen werden, so muß das eine Magnetpaar vom Strome $J_1 = J$, das andere von einem der Spannung proportionalen Strome $J_2 = E/r_2$, wobei r_2 der Widerstand des Spannungskreises ist, erregt werden. Erteilt man dem letztgenannten Strome zu der Phasenverschiebung φ noch eine weitere um einen Winkel $\psi = \pm 90°$, so bekommt man bei Verwendung von Gl. (15 b):

$$\frac{c_1}{r_2} \cdot J \cdot E \sin (90° + \varphi) = c' \cdot \alpha .$$

Vereinigt man wieder alle Konstanten c_1, c', r_2 zu der einzigen Konstanten c, so erhält man:

$$N = E \cdot J \cdot \cos\varphi = c \cdot \alpha,$$

also wieder die Gl. (15a) und es gilt hinsichtlich der Teilung ganz das dort Gesagte.

Die Ausführung eines Instrumentes der Trommeltype von Hartmann & Braun stellen die Abb. 58 und 59 dar.

Auf einem soliden Gußgestell G befindet sich in der Mitte ein aus Blechscheiben hergestellter Eisenzylinder C, über welchen die Aluminiumtrommel T gestülpt ist, deren Lagerung aus einer Stahlachse A mit vorzüglich gehärteten Spitzen in Saphirsteinen besteht. Die Achse trägt noch die Torsionsfeder F und den Zeiger Z, mit dessen Hilfe die Einstellung der Trommel auf einer Skala S abgelesen werden kann. Konzentrisch zu dem Eisenzylinder C und der Trommel T ist auf dem Gußgestell G noch der ebenfalls aus Eisenblechscheiben hergestellte, mit vier inneren Polansätzen versehene Ring R befestigt. Je zwei gegenüberliegende Polansätze tragen eine der zwei festen Wicklungen des Instrumentes.

Die beiden Dämpfungsmagnete M umfassen mit ihren vier Polen die verlängerte Trommel T; ihre Kraftlinien schließen sich durch das Innere von T über einen kurzen Eisenzylinder, der von dem Kerne C isoliert ist.

Bei den Watt- und Voltmetern dienen die nötigen Vorschaltwiderstände in Form von Drosselspulen gleichzeitig zur Erzeugung der notwendigen Phasenverschiebung von 90°. Bei den meisten Instrumenten können diese Drosselspulen für mittlere Periodenzahlen bis zur Spannung von 500 V noch in dem Gehäuse untergebracht werden. Für höhere Spannungen werden die Instrumente mit entsprechenden Spannungstransformatoren verbunden.

Die Firma stellt diese Instrumente für 25÷100 Perioden in der Sekunde her. Schwankungen von etwa 5 % in der Periodenzahl beeinflussen die Angaben nicht nennenswert.

Weitere Eigenschaften. Sowohl die Dauer der Einschaltung, wie die Umgebungstemperatur üben bei diesen Instrumenten einen nicht unmerklichen Einfluß auf ihre Angaben aus. Durch beide Faktoren ändert sich der Widerstand der verwendeten Wicklungen und auch jener der Wirbelstrombahnen in der Scheibe oder Trommel. Folglich erfährt auch das Drehmoment der Anordnung eine Änderung. Durch Kunstgriffe in der Schaltung kann indessen der Temperaturfehler auf etwa 0,1÷0,2% für je 1° C herabgedrückt werden. Die Angaben der Instrumente sind ferner mit der Periodenzahl veränderlich, da ja von dieser auch die Größe der im beweglichen Organ induzierten Ströme abhängt. Gering ist der Einfluß der Kurvenform des Wechselstromes, wenn dessen positive und negative Hälften einander gleich sind. Zur Messung von Wellenströmen, also von solchen Wechselströmen, welche eine Gleichstromkomponente enthalten, sind die Instrumente aber unbrauchbar, da sie ja diese Komponente nicht mit anzeigen.

Den genannten Mängeln der Drehfeldmeßgeräte steht aber eine Reihe von Vorteilen gegenüber. Sie zeichnen sich aus durch die Einfachheit ihrer Bauart. Es sind vor allem nur feste Wicklungen vorhanden. Da die Induktionsmeßgeräte ein hohes Drehmoment aufweisen, so bleiben sie auch nach sehr langer Betriebsdauer reibungsfrei. Diese Eigenschaft macht sie gerade für Betriebsmessungen, bei denen Widerstandsfähigkeit gegen eine rauhe Behandlung die Hauptsache ist, geeignet. Das hohe Drehmoment befähigt sie auch mehr als andere Instrumente, trotz der vorhandenen Dämpfung schnell veränderlichen Vorgängen folgen zu können. Der Eigenverbrauch ist gering, weil die Stromkreise einen hohen induktiven, aber einen kleinen Ohmschen Widerstand besitzen. Die Ströme haben also eine ziemlich große Blindkomponente. Gegen äußere Einflüsse, herrührend von benachbarten Strömen oder magnetischen Feldern, sind die Instrumente verhältnismäßig unempfindlich.

Was die Genauigkeit anbelangt, so beträgt diese bei 50 Perioden etwa 1÷2 % des Höchstwertes, ist also für praktische Zwecke hinreichend. Bei Frequenzen unter 20 Perioden ist die Verwendung von Drehfeldinstrumenten nicht zu empfehlen, weil sich dann ihre guten Eigenschaften wie für normale Periodenzahlen nicht mehr erreichen lassen (zweckmäßig benützt man in diesem Falle Dreheisen- oder elektrodynamische Instrumente). Die obere Grenze, für die Induktionsinstrumente ausgeführt werden, beträgt etwa 100 Perioden, da darüber hinaus der Voltampereverbrauch zu beträchtlich wird.

14. Elektrostatische Instrumente.

Allgemeines. a) Meßprinzip und allgemeiner Aufbau. Die statischen Instrumente beruhen auf der gegenseitigen Anziehung von Platten oder Körpern verschiedenen Potentials. Jedes derartige Instrument kann als ein Kondensator betrachtet werden, von dem ein Teil unter dem Einfluß des elektrischen Feldes eine Bewegung im Sinne einer Kapazitätsvermehrung, also im Sinne einer Verkürzung der elektrischen Kraftlinien ausführt. Ein einfaches statisches Meßgerät ist in Abb. 60 gezeichnet. Die feststehenden Metallplatten P_1 werden mit dem einen Pol verbunden, die an der Achse befestigten drehbaren Platten P_2 mit dem anderen Pol. Die Platten ziehen sich dann an, bis dem hervorgerufenen Drehmoment durch die Gegenkraft einer Feder Gleichgewicht gehalten wird. Gleichzeitig läßt sich eine magnetische Dämpfung anwenden, indem man eine der beweglichen Platten zwischen die Pole eines kleinen Stahlmagneten m legt. Die Instrumente müssen um so mehr Platten erhalten, je niedriger der Meßbereich sein soll.

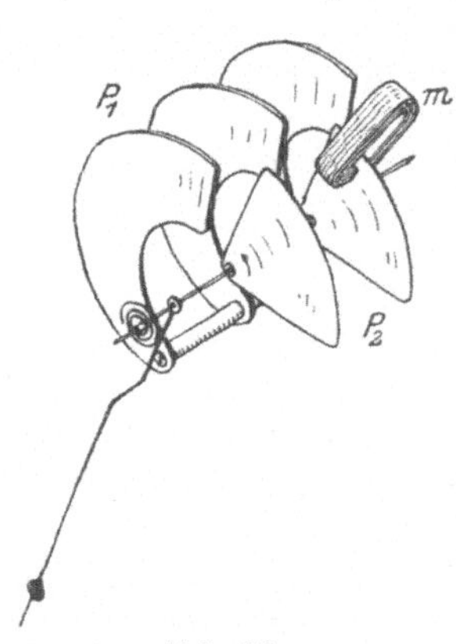

Abb. 60.

b) Skalenteilung. Die Größe des Drehmomentes hängt ab von dem Produkt der Ladungen auf den sich anziehenden Körpern. Die Skala weist demgemäß einen quadratischen Charakter auf, doch kann sie auf einem großen Teil ziemlich gleichmäßig gestaltet werden.

c) Verwendung für Gleich- und Wechselspannung. Gemäß dem Meßprinzip können die statischen Instrumente nur als Voltmeter

Verwendung finden, aber für Gleich- und Wechselspannung. Die Gleichstromeichung gilt auch für Wechselstrom, doch ist in dieser Hinsicht Vorsicht geboten.

Ausführungen.

Man kann diese in zwei Gruppen einteilen, je nachdem atmosphärische Luft oder Öl als Dielektrikum gewählt wird. Das letztere erhöht die Empfindlichkeit der Instrumente ganz bedeutend, da seine Dielektrizitätskonstante zwei- bis dreimal so groß ist, wie die der Luft. Außerdem ermöglicht es, einem Instrumente eine viel höhere Spannung zuzuführen oder bei derselben Spannung einen bedeutend kleineren Elektrodenabstand zu wählen, ohne daß die Gefahr des Überschlags zwischen den Platten besteht. Da das Drehmoment umgekehrt proportional mit dem Plattenabstand zunimmt, so wird durch Verringerung desselben eine besonders hohe Empfindlichkeitssteigerung erreicht. Die Verwendung von Öl als Dielektrikum bringt aber auch verschiedene Nachteile: Die Angaben der Meßgeräte ändern sich mit der Dielektrizitätskonstanten; jede Neufüllung erfordert deshalb eine Neueichung. Bei Gleichstrom zeigen Instrumente mit Öl als Dielektrikum infolge der dielektrischen Hysterese bei zu- und abnehmender Spannung verschiedene Werte an, sind also hier unbrauchbar; bei Wechselstrom tritt eine Abhängigkeit von der Frequenz ein. Aus diesen Gründen nimmt man jetzt von dem Bau derartiger elektrostatischer Instrumente mehr und mehr Abstand. S. & H. führte sie früher für Spannungen bis zu 150 kV aus.

Einige wenige Ausführungen gebrauchen als Dielektrikum Preßgas von etwa 5÷10 kg/cm² Druck. Solche Instrumente sind für Messungen bis zu 250 kV gebaut worden, jedoch nur in geringer Zahl.

Luft als Dielektrikum. 1. Hartmann & Braun. Zur Messung niedriger Spannungen baut diese Firma die sog. Multizellularvoltmeter, bei welchen 14 parallel geschaltete bewegliche und ebenso viele feststehende Platten vorhanden sind. Der kleinste Meßbereich dieser Instrumente beträgt 120 V für den Endausschlag, der größte 1200 V. Die Skala ist dabei bei den Instrumenten neuester Konstruktion[1]) schon von etwa $^1/_{25}$ des Meßbereichs an unterteilt und hier bereits gut ablesbar. Die Teilung ist fast gleichmäßig.

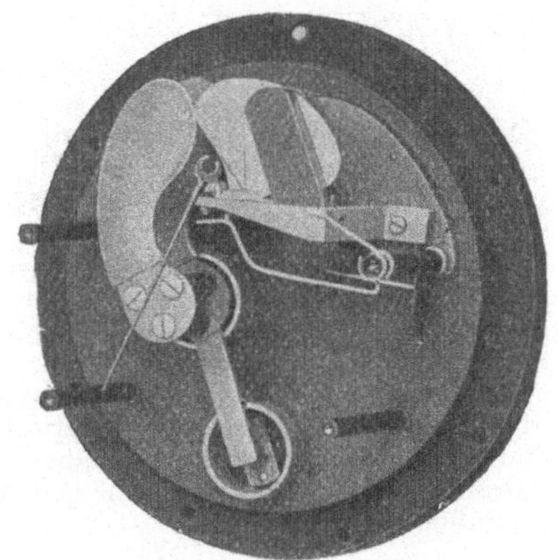

Abb. 61.

Für höhere Spannungen bis zu 15000 V verwenden H. & B. eine andere Konstruktion. Die Teilung dieser Meßgeräte ist von $^1/_3$ des Endwertes ab fast linear, der Plattenabstand ist so dimensioniert, daß ein Überschlag erst beim 1,5fachen Endwert erfolgt.

---

[1]) Siehe Zeitschrift für Fernmeldetechnik 1921, Heft II.

2. AEG. Abb. 61 stellt ein Instrument dieser Firma dar. Eine Aluminiumblechscheibe, die noch vom Dämpfungsmagneten umfaßt wird und an die der eine Pol der Spannungsquelle angeschlossen wird, wird in den Zwischenraum zweier fester, mit dem anderen Pol verbundener Aluminiumscheiben gezogen. Die niedrigste Spannung, für welche diese Instrumente gebaut werden, beträgt 1500 V, die höchste Spannung 7500 V. Für noch höhere Spannungen (bei Wechselstrom) werden sie in Verbindung mit Spannungsteilerkondensatoren benützt (s. u. „Erweiterung des Meßbereiches"). Um bei etwa auftretenden Überspannungen ein Durchschlagen zu verhindern, schaltet man den Instrumenten Sicherungen von einigen Megohm Widerstand parallel.

3. Siemens & Halske. Von dieser Firma sei nur ein neues hochempfindliches Instrument erwähnt, dessen Meßbereich 70 V ist.

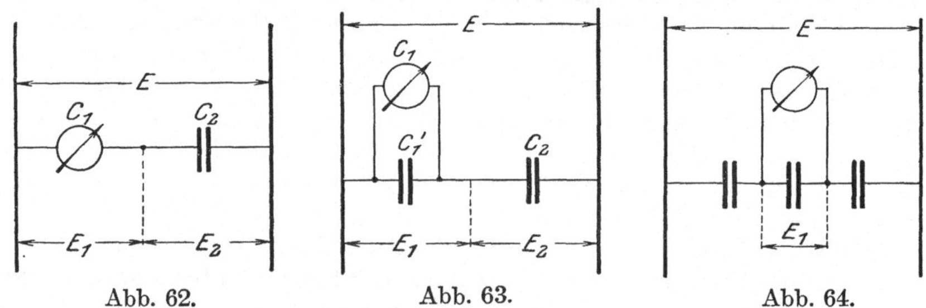

Abb. 62. Abb. 63. Abb. 64.

Erweiterung des Meßbereichs. a) Vorkondensatoren. Das Instrument von der Kapazität C_1 wird mit einem Kondensator von der Kapazität C_2 in Serie geschaltet (Abb. 62). Es verhalten sich dann die Teilspannungen umgekehrt wie die Kapazitäten, so daß die Beziehungen gelten:

$$\frac{E_2}{E_1} = \frac{C_1}{C_2}$$

$$\frac{E_1 + E_2}{E_1} = \frac{C_1 + C_2}{C_2}$$

Daraus folgt, wenn E die zu messende Spannung ist:

$$E = E_1 + E_2 = E_1 \cdot \frac{C_1 + C_2}{C_2} \quad \text{. . . . .} \quad (16)$$

Beträgt z. B. die Kapazität C_1 eines ohne Vorkondensator für max. 2000 V verwendbaren Instrumentes 19 cm[1]) und wird ein Vorkondensator von 1 cm Kapazität verwendet, so erweitert sich der maximale Meßbereich nach der abgeleiteten Gleichung auf 40000 V.

Nach dem Prinzip der Vorkondensatoren erweitern Hartmann & Braun den Meßbereich ihrer elektrostatischen Spannungsmesser bis auf 120 k V. Die Vorkondensatoren bestehen dabei aus Metallplatten von etwa 60 mm Durchmesser, die in einer wachsartigen Masse eingebettet sind, so daß nur die Anschlußbolzen frei bleiben.

b) Spannungsteilerkondensatoren. Die allgemeine Anordnung zeigt Abb. 63. Das Instrument von der Kapazität C_1 liegt parallel

---

[1]) $1 \text{ cm} = \frac{1}{9 \cdot 10^{11}}$ Farad.

zum Kondensator C_1', diese Parallelschaltung liegt in Serie mit dem Kondensator C_2 an der zu messenden Spannung E. Letztere errechnet sich aus der Angabe E_1 des Instrumentes nach Formel (16), nur ist in diese an Stelle von C_1 die Kapazität der Parallelschaltung $C_1 + C_1'$ einzusetzen. Folglich ist:

$$E = E_1 + E_2 = E_1 \cdot \frac{C_2 + C_1 + C_1'}{C_2} \quad \ldots \ldots \quad (17)$$

Ist die Kapazität C_1' groß gegenüber der Instrumentkapazität C_1, so kann diese in der Formel vernachlässigt werden.

Vielfach schaltet man nach Abb. 64 das Instrument, dessen Kapazität vernachlässigt werden möge, parallel an einen von mehreren in Serie geschalteten Kondensatoren gleicher Kapazität $C_1' = C_2 = C_3 \ldots\ldots = C_n$. Ist C die Gesamtkapazität aller Kondensatoren, so gelten folgende Beziehungen:

$$\frac{1}{C} = \frac{1}{C_1'} + \frac{1}{C_2} + \cdots\cdots \frac{1}{C_n} = n \cdot \frac{1}{C_1'}$$

Folglich:

$$\frac{C_1'}{C} = n$$

$$\frac{E}{E_1} = \frac{C_1'}{C} = n$$

$$\boldsymbol{E = n \cdot E_1} \quad \ldots \ldots \ldots \ldots \quad \textbf{(17a)}$$

Weitere Eigenschaften. a) Eigenverbrauch. Gegenüber anderen Meßgeräten haben die elektrostatischen Spannungsmesser den Vorzug eines äußerst geringen Eigenverbrauches. Derselbe ist bei Wechselstrom von der Art des verwendeten Dielektrikums etwas abhängig, an und für sich aber verschwindend klein; bei Gleichstrom ist er Null. In den Zuleitungen tritt bei Gleichstrom kein, bei Wechselstrom ein unmerklicher Spannungsverlust auf. Diese Gründe machen diese Voltmeter geeignet für Fernspannungsmessungen.

b) Abhängigkeit von fremden Feldern und von der Temperatur. Unabhängig sind diese Spannungsmesser von elektromagnetischen, dagegen sehr abhängig von elektrostatischen Feldern. Zum Schutze muß entweder das ganze Meßsystem von Metall umgeben sein, oder es muß bei Messungen die Nähe von Hochspannung führenden Leitungen vermieden werden.

Von der Temperatur abhängig sind nur statische Instrumente mit Öl als Dielektrikum, da sich dessen Dielektrizitätskonstante und damit die Kapazität des Instrumentes mit der Temperatur ändert. Eine gleiche Abhängigkeit ist vorhanden, wenn Vorkondensatoren mit festem Dielektrikum benützt werden.

c) Abhängigkeit von der Frequenz. Statische Spannungsmesser mit Luftisolation sind von der Frequenz unabhängig. Bei Öl als Dielektrikum macht sich jedoch der mit der Frequenz wechselnde Einfluß der dielektrischen Hysterese geltend.

d) Genauigkeit. Die Genauigkeit der elektrostatischen Voltmeter ist nicht allzugroß, im besten Falle 1% des Skalenendwertes bei unmittelbarer Einschaltung und 2% bei Verwendung von Vor- oder Spannungsteilerkondensatoren.

Zweiter Abschnitt.

Leistungsmessungen.

15. Leistungsmessung bei Gleichstrom.

Leistungsbestimmung durch Messung von Strom und Spannung. Diese Methode ist die fast allgemein übliche. Die Angaben eines Strom- und Spannungsmessers werden miteinander multipliziert. Liegt als Verbraucher ein reiner Ohmscher Widerstand r vor, also ein solcher Widerstand, in dem keine elektromotorische Kraft induziert wird (eine solche EMK wird z. B. im Anker einer laufenden Gleichstrommaschine induziert), so kann die Leistung N nach den Formeln:

$$N = J^2 r = \frac{E^2}{r}$$

durch eine einzige Messung des Stromes J oder der Spannung E bei bekanntem r bestimmt werden.

Bei kleinen Leistungen kann der Eigenverbrauch der Instrumente eine nicht unwesentliche Fälschung des Resultates zur Folge haben. Dieser Verbrauch muß berücksichtigt werden, wenn er etwa $2 \div 10\,\%$ der zu messenden Leistung beträgt oder gar noch größer ist.

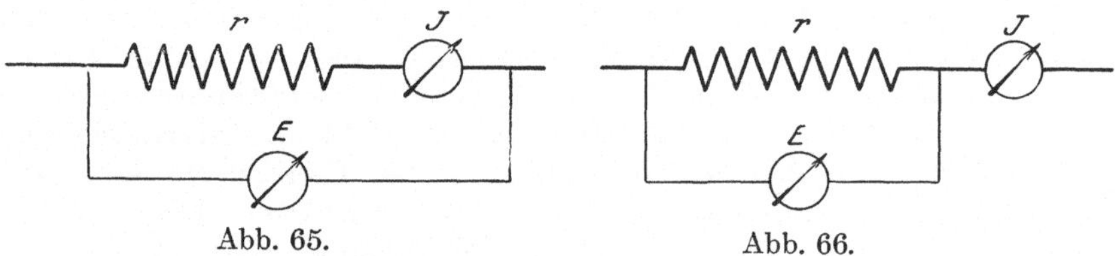

Abb. 65. Abb. 66.

Durch Wahl einer zweckmäßigen Schaltung kann unter Umständen eine Korrektion der mit den gemessenen Werten E und J bestimmten Leistung $N = E \cdot J$ unterbleiben. Je nach der Lage der Instrumente sind dabei zwei Fälle zu unterscheiden. Fall a (Abb. 65): Das Amperemeter mißt zwar den Strom J im Widerstand r richtig, dagegen ist der Wert E um den Spannungsabfall des Amperemeters zu groß. Ist dieser Abfall klein gegenüber der Gesamtspannung E, so wird man diese Schaltung wählen. Fall b (Abb. 66): Hier zeigt umgekehrt das Voltmeter die richtige Spannung E an, das Amperemeter mißt dagegen die Summe der Ströme im Widerstands- und im Voltmeterzweig. Die Schaltung ist am Platze, wenn der Teilstrom durch den letztgenannten Zweig klein ist im Verhältnis zu dem durch den r-Zweig.

Leistungsbestimmung mit Elektrodynamometer. Eine solche ist bei schnell veränderlichen Vorgängen angebracht, da hier nur eine Ablesung erforderlich ist.

Bei der dynamometrischen Bestimmung kleiner Gleichstromleistungen ist auf den Einfluß störender Gleichfelder, insbesondere auf das Erdfeld Bedacht zu nehmen. Dieser Einfluß ist dadurch zu kompensieren, daß man zwei Messungen macht, zwischen welchen man die Stromrichtung sowohl in der festen, als auch in der beweglichen Spule gleichzeitig umkehrt. Aus beiden Ergebnissen wird das arithmetische Mittel genommen.

16. Leistungsmessung bei Einphasenwechselstrom.

a) Allgemeines.

Wirk-, Schein- und Blindleistungsmessung. Im allgemeinen besteht in einem Wechselstromkreise zwischen dem Strom J und der Spannung E (J und E sollen Effektivwerte sein) eine durch den Winkel φ gekennzeichnete zeitliche Phasenverschiebung, welche wir, je nachdem der Stromkreis Selbstinduktion (der Strom eilt der Spannung nach) oder Kapazität (der Strom eilt der Spannung voraus) enthält, als positiv oder negativ bezeichnen. Es wird dann durch folgende Formeln bestimmt:

1. Die Wirk- oder Wattleistung $N = E \cdot J \cdot \cos\varphi$ . . (18)
2. Die Scheinleistung $N_s = E \cdot J$ . . . . (18a)
3. Die Blind- oder wattlose Leistung $N_b = E \cdot J \cdot \sin\varphi$ . . (18b)

1. Für die Messung der Wirkleistung N sind also nach Gl. (18) ein Strom-, Spannungs- und Phasenmesser oder ein Wattmeter erforderlich. Mit einem Wattmeter ergibt sich die Leistung N gemäß Gl. (11c) einfach als das Produkt des Ausschlages mit der Wattmeterkonstanten zu:

$$N = E \cdot J \cdot \cos\varphi = c \cdot \alpha \quad . \; . \; . \; . \; . \; . \; . \; . \; . \quad (11\text{c})$$

Die Bestimmung der Konstanten c wurde für alle Schaltungsmöglichkeiten auf S. 23 gezeigt. Aus der letzten Gleichung erhält man sofort den Wert des Leistungsfaktors:

$$\cos\varphi = \frac{\text{Wirkleistung}}{\text{Scheinleistung}} = \frac{N}{E \cdot J} \quad . \; . \; . \; . \; . \; . \quad (18\text{c})$$

Nur, wenn der Verbraucher weder Selbstinduktion noch Kapazität ($\varphi = 0^\circ$) enthält, ist die mit Strom- und Spannungsmesser ermittelte Scheinleistung N_s auch gleichzeitig die Wirkleistung N. Man braucht demnach in diesem Falle nur zwei Instrumente.

2. Für die direkte Messung der Scheinleistung $N_s = E \cdot J$ mit einem Instrument gibt es heute noch keine brauchbare Konstruktion. Hartmann & Braun bauen zwar einen, nach dem Erfinder benannten Voltampere- oder Scheinleistungsmesser (Arnometer), doch liefert dieser nur brauchbare Werte, wenn der $\cos\varphi$ innerhalb beschränkter Grenzen bleibt.

Dem Instrumente liegt folgender Gedanke zugrunde: Bei einem elektrodynamischen Wattmeter gibt man dem Strom in der Spannungsspule eine Phasenverschiebung δ gegenüber der Spannung E, was durch Einschalten von Selbstinduktion in den Spannungskreis bewirkt werden kann. Die vom Instrument angezeigte Leistung ist jetzt nicht mehr $N = E \cdot J \cdot \cos\varphi$, sondern, da die Phasenverschiebung zwischen beiden Spulenströmen nur noch $(\varphi - \delta)$ beträgt: $N' = E \cdot J \cdot \cos(\varphi - \delta)$. Für einen beliebigen Winkel φ wird das Meßgerät einen maximalen Ausschlag geben, wenn man $\delta = \varphi$ macht. Unter dieser Bedingung zeigt das Instrument somit genau die Scheinleistung $N_s = E \cdot J$ an. Für andere Phasenwinkel φ ergeben sich Fehler, die man mit den angegebenen Gleichungen leicht berechnen kann.

3. Die Messung der Blindleistung $N_b = E \cdot J \cdot \sin \varphi$ kann mit einem elektrodynamischen Instrumente leicht erfolgen, wenn dessen Spannungskreis so eingerichtet ist, daß der Strom in demselben der Spannung um 90° nacheilt. Dann zeigt das Instrument an: $N_b = E \cdot J \cdot \cos(\varphi - 90^\circ) = E \cdot J \cdot \sin \varphi$, also direkt die Blindleistung.

Bei einem Blindleistungsmesser nach dem Prinzip der Drehfeldinstrumente muß für die Bestimmung von N_b Strom und Spannung des Spannungskreises phasengleich sein, während sie bei einem Wirkleistungsmesser dieser Type bekanntlich um 90° phasenverschoben sind.

b) Schaltung und Gebrauch elektrodynamischer Leistungsmesser.

Direkte, halbindirekte und indirekte Leistungsmessungen. 1. Direkte Leistungsmessungen. Bei diesen wird die Stromspule des Wattmeters nach Abb. 67 I mit den Klemmen $A_1 A_2$ unmittelbar in die Leitung und die Spannungsspule mit den Klemmen $e_1 e_2$ an die Spannung des Kreises geschaltet. Die obere Grenze für die direkten Leistungsmessungen liegt bei 400 A, da bis zu dieser Stromstärke Wattmeter für unmittelbare Einschaltung in den Stromkreis gebaut werden.

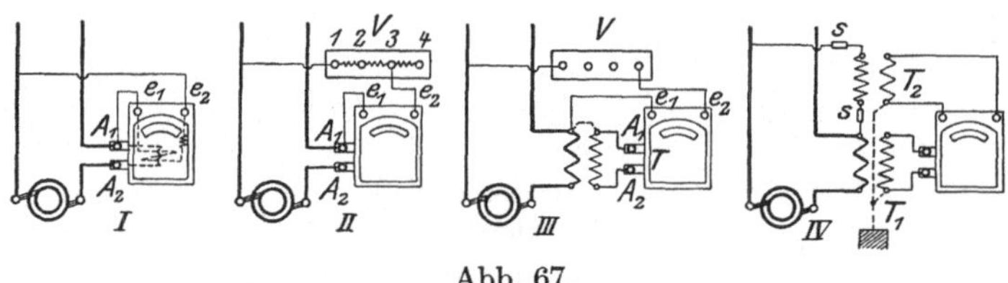

Abb. 67.

Überschreitet die Spannung den für die Spannungsspule zulässigen Wert, so wird nach Abb. 67 II ein Vorwiderstand mit einem oder mehreren Bereichen zur Erweiterung des Spannungsmeßbereiches benützt. Dabei ist zu beachten, daß stets eine Klemme e_1 oder e_2 direkt mit einer Klemme A_1 oder A_2 der Stromspule verbunden werden muß. Ohne weiteres kann man Vorwiderstände bei Leistungsmessungen bis 6000 V verwenden. Darüber hinaus wird man schon wegen der Gefahren bei der direkten Hochspannungsmessung kaum gehen und besser mit Meßwandlern arbeiten.

2. Halbindirekte Leistungsmessungen. Übersteigt der Strom den für das Wattmeter zulässigen Wert, so wählt man die Schaltung nach Abb. 67 III. Dabei liegt die Stromspule an der Sekundärseite eines Stromwandlers T, während die Spannungsspule nebst etwaigen Widerständen an die Netzspannung angeschlossen ist und zwar derart, daß keine erheblichen Potentialdifferenzen im Instrument (zwischen den beiden Spulen) auftreten können. Zu diesem Zweck sind Primär- und Sekundärwicklung des Wandlers einpolig verbunden; an diesen Pol ist gleichzeitig die eine Klemme der Spannungsspule angeschlossen.

3. Indirekte Leistungsmessungen. Gemäß Abb. 67 IV liegt die Spannungsspule am Wandler T_2, die Stromspule am Wandler T_1. Der Spannungswandler ist auf der Hochspannungsseite allpolig zu

sichern (*s* bedeuten in der Abb. diese Sicherungen). Seine Niederspannungsseite ist einpolig mit der Sekundärseite des Stromwandlers zu verbinden und zu erden. Durch diese Maßnahme werden wieder alle erheblichen Spannungsunterschiede im Instrument vermieden. Bei der indirekten Leistungsmessung führen die sämtlichen abzulesenden Meßgeräte Niederspannung; da sie außerdem, wie erwähnt, geerdet werden, so sind alle Gefahren, Unbequemlichkeiten und meßtechnischen Schwierigkeiten beseitigt.

Innere Schaltung der Wattmeter. 1. Präzisionsleistungsmesser der Laboratoriumstype von S. & H. Bei diesen Instrumenten, welche für direkte Messungen und Stromstärken bis 400 A gebaut werden, sind zwei Strommeßbereiche vorgesehen. Dazu ist die Stromspule in zwei Hälften geteilt, welche mit einer Stöpsel- oder Laschenumschaltung parallel oder in Serie geschaltet werden können. Für Stromstärken über 25 A wird die letztgenannte Umschaltung angebracht. Die Stöpselumschaltung ist in Abb. 68 dargestellt: s_1 und s_2 sind die beiden Hälften der Stromspule, s_3 ist die Spannungsspule, die einen Vorwiderstand V und einen Nebenwiderstand N im Instrument hat.

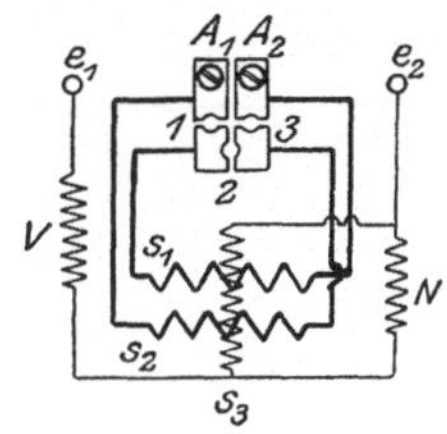

Abb. 68.

Der Widerstand des Spannungskreises beträgt zwischen den Klemmen $e_1 e_2$ 1000 Ω, der zulässige Strom ist 0,03 A, die zulässige Spannung 30 V. Für höhere Spannungen müssen Vorwiderstände zur Anwendung gebracht werden. Die Umschaltung geschieht in folgender Weise:

Stöpsel 2 gesteckt = niedriger Strommeßbereich, beide Spulenhälften in Serie;

Stöpsel 1 und 3 gesteckt = doppelter Strommeßbereich, beide Spulenhälften parallel;

Stöpsel 1, 2 und 3 gesteckt = Stromspulen kurzgeschlossen.

Zu beachten ist, daß unter keinen Umständen alle drei Stöpsel gezogen werden dürfen, da sonst der Hauptstromkreis unterbrochen wird. Um eine Umschaltung ohne Stromunterbrechung vornehmen zu können, steckt man daher am besten zuerst alle drei Stöpsel und zieht dann, dem Meßbereich entsprechend, Stöpsel 2 oder Stöpsel 1 und 3.

2. Präzisionsleistungsmesser der Prüffeldtype von S. & H. Die Schaltung dieser Instrumente, deren Stromspulen zum Anschluß an Stromwandler für sekundär 5 A bestimmt sind, zeigt Abb. 69. Die 1000 Ω-Klemme, bei der der Widerstand der Innenschaltung den Wert 1000 Ω hat, dient zum Anschluß an äußere Vorwiderstände, deren Größe für je 30 V 1000 Ω betragen muß, während bei der 90 V-Klemme der Widerstand der Innenschaltung 3000 Ω beträgt. Diese Klemme dient für den Anschluß an Spannungswandler von 100 V Sekundärspannung.

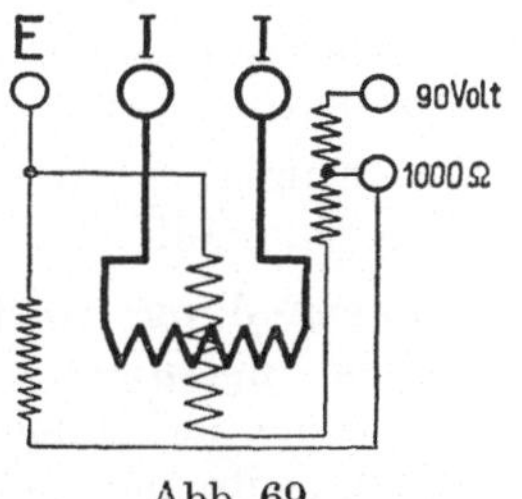

Abb. 69.

Schaltregeln. Zu beachten ist: 1. Alle erheblichen Potentialdifferenzen zwischen Strom- und Spannungsspule sind unbedingt zu vermeiden. Regel: Man verbinde eine Klemme der Stromspule mit einer Klemme der Spannungsspule stets so, daß kein Widerstand zwischen beiden liegt.

Um die Wirkung der festen Spule auf die bewegliche möglichst groß zu machen, müssen beide dicht zusammenliegen. Es ist daher bei Anwendung von Vorschaltwiderständen und Meßtransformatoren darauf zu achten, daß zwischen beiden Spulen möglichst wenig Spannungsunterschied besteht. Falsche Schaltungen können infolge auftretender hoher Spannungsdifferenzen leicht zu Überschlägen zwischen den Spulen führen. Richtig sind die Verbindungen nach Abb. 67 II, bei denen obige Regel beachtet ist.

Eine falsche Schaltung gibt Abb. 70 wieder. Der Vorschaltwiderstand r liegt zwischen einer Klemme der Spannungsspule vom Widerstand r_b und einer Klemme der Stromspule (entgegen der angegebenen Regel). Zwischen beiden Klemmen und somit zwischen beiden Spulen besteht also der Spannungsunterschied $i \cdot r$. Beträgt beispielsweise $e = 3000$V, $i \cdot r_b = 30$V, wenn i der maximal zulässige Strom in der Spannungsspule ist, so hat $i \cdot r$ den Wert von 2970 V. Ist die Schaltung dagegen nach Abb. 67 II ausgeführt, so tritt zwischen den Spulen höchstens eine Spannungsdifferenz von $i \cdot r_b = 30$ V auf.

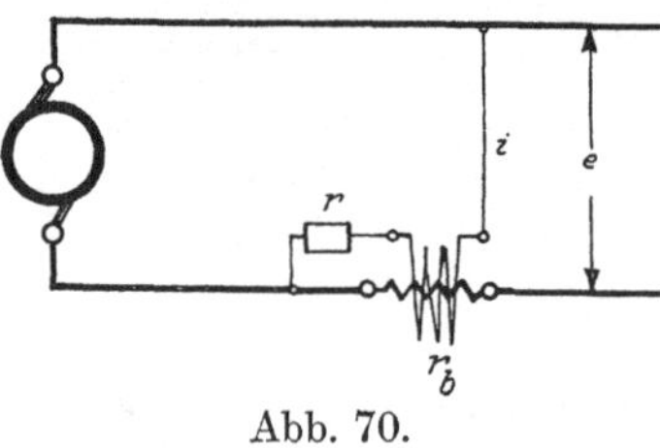

Abb. 70.

2. Jene Spannungsleitungen, die nicht direkt mit der Stromspule des Instrumentes verbunden sind, sollen gesichert werden.

Früher war die Sicherung der Spannungskreise nicht allgemein üblich, da man sie allein durch ihren hohen Ohmschen Widerstand für genügend geschützt erachtete. Weil aber schon durch eine ungünstige Lage der Spannungsleitungen größere Kurzschlüsse entstehen können, so sollten diese Sicherungen stets eingebaut werden. (In den Abb. 67 II, III wären sie in die von e_2 ausgehende Leitung einzubauen — vgl. auch die späteren vollständigen Schaltbilder).

3. Um einen Ausschlag des Zeigers in die Skala hinein zu bekommen, sind jeweils die Angaben der Firma zu beachten, die den Leistungsmesser lieferte.

Bei den Wattmetern der Firma S. & H. muß man so schalten, daß der Strom in zwei benachbarte Strom- und Spannungsklemmen eintritt oder aus beiden austritt.

4. Schaltregeln für Strom- und Spannungswandler. Dieselben sind auf S. 13 angegeben.

Vermeidung von Fehlerquellen bei Messungen mit elektrodynamischen Instrumenten. 1. Gegenseitige Beeinflussung. Elektrodynamische Leistungs- und Strommesser, die zum Anschlusse an die Sekundärseite von Stromwandlern bestimmt sind, beeinflussen sich verhältnismäßig sehr wenig. Anders ist es bei solchen, deren Stromspulen direkt eingeschaltet werden. Um hier eine gegenseitige Beeinflussung zu vermeiden, sollen diese Instrumente in Abständen von mindestens 40 cm — von Mitte zu Mitte gerechnet — voneinander aufgestellt werden.

2. Störungen durch die Zuleitungsströme. Man vermeidet solche Störungen, wenn man die Zuleitungen parallel und dicht nebeneinander verlegt. Zu beachten ist dies wieder nur bei jenen Instrumenten, deren Stromspulen für direkte Einschaltung bei stärkeren Strömen bestimmt sind.

3. Nähe von Starkstromleitungen. Dieselbe muß vermieden werden, besonders, wenn die von ihnen erzeugten Wechselfelder dieselbe Frequenz wie der Meßkreis besitzen. Die Einwirkungen aller fremden Gleichfelder heben sich dagegen bei Wechselstrommessungen auf.

4. Elektrostatische Wirkungen. Elektrostatische Ladungen können ebenfalls die Angaben stark beeinflussen (s. S. 21).

Um die bei direkten Hochspannungsmessungen auftretenden Störungen der Instrumente durch elektrische Ladungserscheinungen zu vermeiden, rüsten Siemens & Halske alle dynamometrischen Instrumente der Laboratoriumstype (Wattmeter, Amperemeter, Voltmeter) mit einer Hochspannungseinrichtung aus, indem alle im Instrument liegenden Metallteile durch direkte Verbindung auf gleiches Potential gebracht werden und das ganze System durch zweckentsprechende Metallflächen eingeschlossen wird, so daß das bewegliche System nicht in Wechselwirkung mit äußeren Stromkreisen treten kann.

5. Aufstellung der Instrumente. Werden die Instrumente direkt in Hochspannungskreise mit Spannungen von mehr als 1000 V eingeschaltet, so muß für eine isolierte Aufstellung Sorge getragen werden. Bei mittleren Spannungen genügt eine Glasscheibe, welche man unter die Instrumente legt; bei sehr hohen Spannungen sollen Porzellanisolatoren (Isolierschemel) zur Aufstellung der Meßgeräte benützt werden. Natürlich ist bei Hochspannung jede Berührung der Instrumente zu vermeiden.

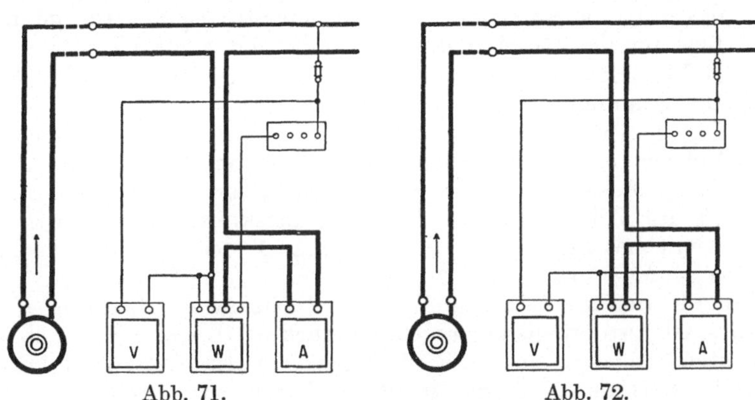

Abb. 71. Abb. 72.

c) Die Berücksichtigung des Eigenverbrauches der Instrumente.

Direkte Leistungsmessungen. Eine Berücksichtigung des Eigenverbrauches der Meßgeräte ist nur bei der Messung kleiner Leistungen, etwa unter 1 kW erforderlich. In den Abb. 71 und 72 sind zwei vollständige Schaltungen mit Strom-, Spannungs- und Leistungsmesser gezeichnet, wobei sämtliche Schaltregeln Berücksichtigung gefunden haben. Beide Abbildungen unterscheiden sich nur durch den Anschluß der Spannungsleitungen: Derselbe liegt in Abb. 71 vor den Strommeßgeräten, in Abb. 72 dagegen hinter diesen. Je nachdem der Stromerzeuger oder der Stromverbraucher untersucht werden soll, gelten die folgenden Fälle (der nicht gezeichnete Stromverbraucher liegt in den Abbildungen rechts von den Instrumenten):

Fall I: Stromerzeuger. Schaltung nach Abb. 71.

α) Die Spannung wird richtig gemessen.

β) Der gemessene Strom ist zu klein um den Stromverbrauch des Voltmeters und des Spannungskreises vom Wattmeter.

γ) Die gemessene Leistung N' ist zu klein um den Eigenverbrauch N_b des Voltmeters und des Wattmeterspannungskreises. Die gesuchte Leistung N des Stromerzeugers ist demnach: $N = N' + N_b$.

Fall II: Stromerzeuger. Schaltung nach Abb. 72.

α) Der Strom wird richtig gemessen.

β) Die gemessene Spannung ist zu klein um den Spannungsabfall im Amperemeter und in der mit letzterem in Serie geschalteten Stromspule des Wattmeters.

γ) Die gemessene Leistung N' ist zu klein um den Eigenverbrauch N_f des Amperemeters und der Wattmeterstromspule. Die gesuchte Leistung N des Stromerzeugers beträgt also: $N = N' + N_f$.

Fall III: Stromverbraucher. Schaltung nach Abb. 71.

α) Der Strom wird richtig gemessen.

β) Die gemessene Spannung ist um den Spannungsabfall im Amperemeter und in der Wattmeterstromspule zu hoch.

γ) Die gemessene Leistung N' ist zu hoch um den Eigenverbrauch N_f des Amperemeters und der Wattmeterstromspule. Die gesuchte Leistung des Stromverbrauchers N beträgt somit: $N = N' - N_f$.

Fall IV: Stromverbraucher. Schaltung nach Abb. 72.

α) Die Spannung wird richtig gemessen.

β) Der gemessene Strom ist zu hoch um den Stromverbrauch des Voltmeters und des Spannungskreises vom Wattmeter.

γ) Die gemessene Leistung N' ist zu hoch um den Eigenverbrauch N_b des Voltmeters und des Spannungskreises vom Wattmeter. Somit beträgt die gesuchte Leistung N des Stromverbrauchers: $N = N' - N_b$.

Um die richtige Leistung N aus der gemessenen Leistung N' zu erhalten, ist also jeweils der Eigenverbrauch der Instrumente nach den gemachten Angaben zu berücksichtigen. Er ist stets zu addieren, wenn die Leistung eines Stromerzeugers, stets zu subtrahieren, wenn die Leistung eines Stromverbrauchers gemessen werden soll.

Wahl der zweckmäßigsten Schaltung. Da die Verluste in den Spannungskreisen bei höheren Spannungen bedeutend größer sind, als jene in den Stromkreisen, so sind die kleinsten Korrekturen infolge des Eigenverbrauchs der Instrumente nötig, wenn man verwendet:

1. Zur Untersuchung eines Stromerzeugers die Schaltung nach Abb. 72.

2. Zur Untersuchung eines Stromverbrauchers die Schaltung nach Abb. 71.

Berücksichtigt man diese Regeln, so ist eine Korrektion der gemessenen Leistung meist nicht erforderlich.

Im folgenden ist noch der Eigenverbrauch einer Reihe von Instrumenten für den Endausschlag zusammengestellt:

Stromspule elektrodynamischer Leistungsmesser für alle Stromstärken bis etwa 200 A	4÷6	W
Spannungskreis elektrodynamischer Leistungsmesser bei 120 V	3÷6	„
Spannungskreis elektrodynamischer Leistungsmesser bei 500 V	12÷25	„
Elektrodynamische Strommesser für 5 A	8÷15	„
Desgl. für höhere Stromstärken	20÷50	„
Dreheisenstrommesser bis 100 A	0,5÷1,5	„
Hitzdrahtstrommesser bis 5 A	0,5÷1,5	„
Desgl. bis 200 A (mit Nebenwiderständen)	30÷60	„
Elektrodynamische Spannungsmesser bei 120 V	8÷15	„
Desgl. für Spannungen bis 500 V	20÷30	„
Hitzdrahtspannungsmesser bei 120 V	10÷20	„

Werden Amperemeter mit hohem Eigenverbrauch, z. B. elektrodynamische Instrumente, in einer Schaltung benützt, so ist es empfehlenswert, deren Stromspule während der Leistungsmessung kurzzuschließen.

Beispiel. Es soll ein Wechselstrommotor, der an einer Netzspannung von 500 V liegt, untersucht werden. Die voraussichtliche Stromaufnahme dürfte etwa 20÷25 A sein. Gemäß diesen Angaben wird verwendet:

1. Ein elektrodynamischer Leistungsmesser der Firma S. & H. für 25 A (direkte Einschaltung) und 5 W Eigenverbrauch der Stromspule bei vollem Strom. Die Verhältnisse des Spannungskreises sind auf S. 41 angegeben. Verwendet wird daher ein Vorwiderstand für 600 V. Dann beträgt der Widerstand des Spannungskreises einschließlich des Vorwiderstandes 20000 Ω. 2. Ein Dreheisenstrommesser für 25 A und 1,5 W Eigenverbrauch für den Endausschlag. 3. Ein elektrodynamischer Spannungsmesser nebst Vorwiderstand für 600 V (Widerstand insgesamt 20000 Ω). Es beträgt:

Die Konstante des Wattmeters allein bei 150teiliger Skala (ohne Vorwiderstand) . $c_1 = \frac{E \cdot J}{150} = \frac{30 \cdot 25}{150} = 5.$

Die Konstante des Spannungskreises . . . $c_2 = \frac{600}{30} = 20.$

Die Konstante des Wattmeters bei Verwendung des angegebenen Vorwiderstandes. . . . $c = c_1 \cdot c_2 = 20 \cdot 5 = 100.$

Gemessen wird: Ein Wattmeterausschlag $\alpha = 100$ Skalenteile, eine Spannung $E = 500$ V, ein Strom $J = 24$ A. Mit diesen Werten ergibt sich:

Die gemessene Leistung . . . . $N' = c \cdot \alpha = 100 \cdot 100 = 10000$ W

Der Leistungsfaktor . . . . . . $\cos\varphi = \frac{N'}{E \cdot J} = \frac{10000}{500 \cdot 24} = 0,833.$

Wird die Schaltung nach Abb. 71 benützt, so betragen die durch diese bedingten Fehler:

Eigenverbrauch der Wattmeterstromspule . . . . . $5 \cdot \frac{24^2}{25^2} = 4,5$ W

Eigenverbrauch des Strommessers. . . . . $1,5 \cdot \frac{24^2}{25^2} = 1,4$ W

zusammen . . . . 5,9 W

Wird dagegen nach Abb. 72 geschaltet, so stellt sich die Rechnung folgendermaßen:

Eigenverbrauch der Spannungsspule des Leistungsmessers $\frac{500^2}{20000} = 12{,}5$ W

Eigenverbrauch des Spannungsmessers . . . . . . $\frac{500^2}{20000} = 12{,}5$ W

zusammen . . . . 25 W

Die gemessene Leistung N' ist also um 5,9 bzw. um 25 W zu klein. Die prozentualen Fehler betragen aber bezogen auf N' nur 0,059% bzw. 0,25%. Die Schaltung nach Abb. 71 ist also die günstigere.

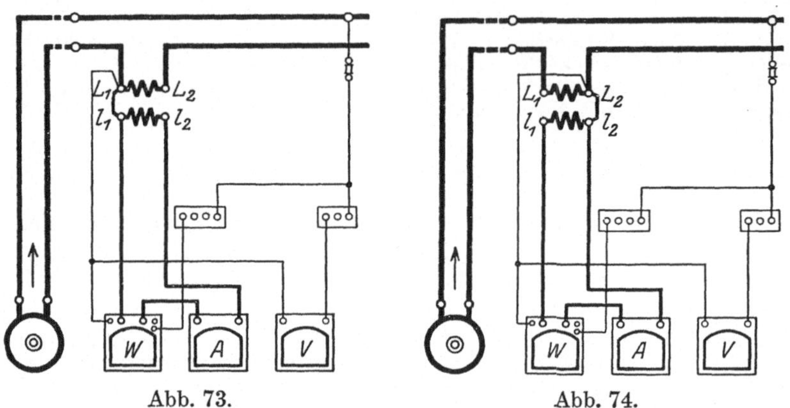

Abb. 73. Abb. 74.

Halbindirekte Leistungsmessungen. Vollkommene Schaltbilder unter Beachtung aller Schaltregeln (hinsichtlich Sicherungen, Erdungen usw.) geben die Abb. 73 und 74. Bei diesen sind wieder die Spannungskreise einmal vor und einmal hinter den Strommeßgeräten angeschlossen. Für die Betrachtung des Eigenverbrauches kann man in ähnlicher Weise vorgehen, wie bei den direkten Leistungsmessungen gezeigt wurde. Zu dem Eigenverbrauche der Stromkreise kommt noch der des Stromwandlers, der in der Hauptsache aus Kupferverlusten besteht, hinzu. Hinsichtlich der zweckmäßigsten Schaltung beachte man, daß der Eigenverbrauch des Stromwandlers erheblich größer ist, als jener der Spannungskreise, sofern nicht höhere Spannungen als 1000 V vorhanden sind. Demnach sind die Schaltungen am günstigsten (erfordern also die kleinste Korrektur), bei welchen der Eigenverbrauch der Spannungskreise als Fehlergröße auftritt. Damit ergibt sich:

1. Zur Untersuchung eines Stromerzeugers wähle man die Schaltung nach Abb. 73.

2. Zur Untersuchung eines Stromverbrauchers wähle man die Schaltung nach Abb. 74.

Indirekte Leistungsmessungen. Die entsprechenden Schaltbilder mit Anschluß der Spannungskreise vor und nach den Strommeßgeräten sind unter Berücksichtigung aller Schaltregeln (hinsichtlich Sicherungen,

Erdungen usw.) in den Abb. 75 und 76 wiedergegeben. Zu dem Eigenverbrauche der Meßgeräte tritt noch jener des Stromwandlers hinzu, der in der Hauptsache aus Kupferverlusten, und jener des Spannungswandlers, der zum größten Teil aus Eisenverlusten besteht. Bei der Untersuchung der Schaltung in bezug auf die Fehlergrößen verfahre man ebenso, wie bei den direkten Leistungsmessungen gezeigt wurde. Für die Wahl der zweckmäßigsten Schaltung ist zu beachten, daß der Eigenverbrauch des Stromwandlers im allgemeinen größer ist, als jener des Spannungswandlers. Demgemäß empfiehlt es sich, jene Schaltung

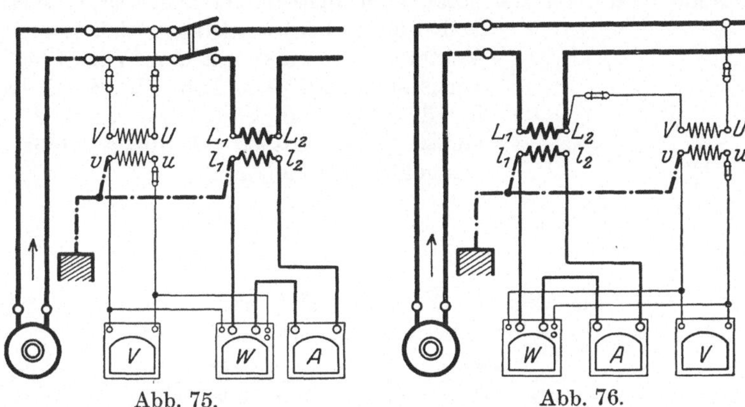

Abb. 75. Abb. 76.

zu nehmen, bei der der Eigenverbrauch des letzteren als Fehlergröße auftritt. Daraus folgt:

1. Für die Untersuchung eines Stromerzeugers schalte man nach Abb. 75.

2. Für die Untersuchung eines Stromverbrauchers schalte man nach Abb. 76.

Bemerkung. Für die Korrektion der durch die Stromwandler verursachten Fehler richte man sich nach den Angaben auf S. 15.

d) Die Korrektion des Meßfehlers, hervorgerufen durch die Selbstinduktion der Spannungsspule[1]).

Auch die Selbstinduktion der Spannungsspule elektrodynamischer Wattmeter kann bei der Messung sehr kleiner Leistungen Fehler hervorrufen, wenn der Vorwiderstand klein oder gleich Null ist. Bedeutet wie früher J den Strom in der Stromspule, $E = i \cdot r_b$ die Spannung am Spannungskreise, i und r_b den Strom und den Gesamtwiderstand des letzteren, φ den Phasenverschiebungswinkel zwischen E und J, so beträgt nach Gl. (11c) die Leistung N:

$$N = E \cdot J \cdot \cos\varphi = i \cdot r_b \cdot J \cdot \cos\varphi$$

wobei die Voraussetzung gemacht wurde, daß E und i phasengleich, also nur durch die Beziehung $E = i \cdot r_b$ miteinander verknüpft sind.

1) Über die Berechnung von Korrektionen dynamischer Wattmeter s. Orlich (Helios 1909, S. 373).

Da aber die Spannungsspule eine Selbstinduktion L hat, so eilt der Strom im Spannungskreise der Spannung E um einen Winkel ψ nach. Die Größe des Stromes ist auch nicht mehr i, sondern i'. Bei einer Periodenzahl f gelten die Beziehungen:

$$E = i \cdot r_b = i' \cdot \sqrt{r_b^2 + (2\pi f \cdot L)^2}$$

$$i' = i \cdot \frac{r_b}{\sqrt{r_b^2 + (2\pi f \cdot L)^2}} = i \cdot \cos\psi.$$

Dieser Strom i' in der Spannungsspule und der Strom J in der Hauptspule bedingen die jetzt vom Instrument angezeigte Leistung. Dabei ist zu berücksichtigen, daß jetzt beide Vektoren nur mehr um den Winkel $(\varphi - \psi)$ verschoben sind — s. Abb. 77. Somit treten in Gl. (11c) i' an Stelle von i, $\cos(\varphi - \psi)$ an Stelle von $\cos\varphi$. Demnach erhält man als gemessene Leistung:

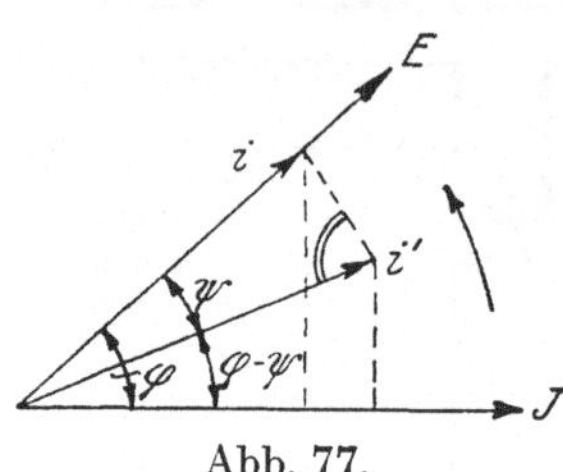

Abb. 77.

$$N' = J \cdot i' \cdot r_b \cdot \cos(\varphi - \psi)$$

$$i' = i \cdot \cos\psi$$

$$N' = J \cdot i \cdot \cos\psi \cdot \cos(\varphi - \psi) \quad . \quad . \quad (19)$$

Bildet man aus den Gl. (11c) und (19) das Verhältnis $N : N'$, so findet man aus demselben die wahre Leistung N zu:

$$\boldsymbol{N = N' \cdot \frac{\cos\varphi}{\cos\psi \cdot \cos(\varphi - \psi)} = N' \cdot \frac{1 + \mathrm{tg}^2\psi}{1 + \mathrm{tg}\,\psi \cdot \mathrm{tg}\,\varphi}} \quad . \quad . \quad . \quad . \quad \mathbf{(19a)}$$

In den meisten Fällen ist, wie früher bereits hervorgehoben wurde, das Glied $2\pi f \cdot L$ klein gegen r_b. Die Vorwiderstände werden zudem induktionsfrei gewickelt, so daß L nur den geringen Selbstinduktionskoeffizienten der Spannungsspule umfaßt. Derselbe beträgt bei normalen Leistungsmessern etwa 5÷10 mH (Millihenry). Nimmt man den letzten Wert an, so ergibt sich für $f = 50$ per und einen Widerstand r_b von 1000 bzw. 10000 Ω ein Winkel ψ von nur 10,8 bzw. 1,1 Minuten.

17. Leistungsmessung bei Mehrphasenwechselstrom.

a) Allgemeines.

Die Leistung eines p-Phasensystems ist die Summe der mit p-Wattmetern gemessenen Phasenleistungen. Werden zur Messung gleiche Instrumente benutzt, ist also deren Konstante dieselbe, so ermittelt sich aus den Ausschlägen $\alpha_1, \alpha_2 \ldots \alpha_p$:

$$N = N_1 + N_2 + \cdots\cdots N_p = c \cdot (\alpha_1 + \alpha_2 + \cdots\cdots \alpha_p) \quad . \quad . \quad . \quad (20)$$

b) Zweiphasensystem.

Nach Abb. 78 werden die beiden Leistungsmesser in die Außenleiter des Systems eingeschaltet. Die Gesamtleistung N ist die Summe der von den beiden Wattmetern angezeigten Einzelleistungen N_1 und N_2. Man erhält

$$N = N_1 + N_2 = E_1 \cdot J_1 \cdot \cos\varphi_1 + E_2 \cdot J_2 \cdot \cos\varphi_2.$$

Bei ungleich belasteten Phasen haben diese verschiedene Leistungsfaktoren, die sich aus den Einzelleistungen bestimmen zu:

$$\cos\varphi_1 = \frac{N_1}{E_1 \cdot J_1}, \qquad \cos\varphi_2 = \frac{N_2}{E_2 \cdot J_2}.$$

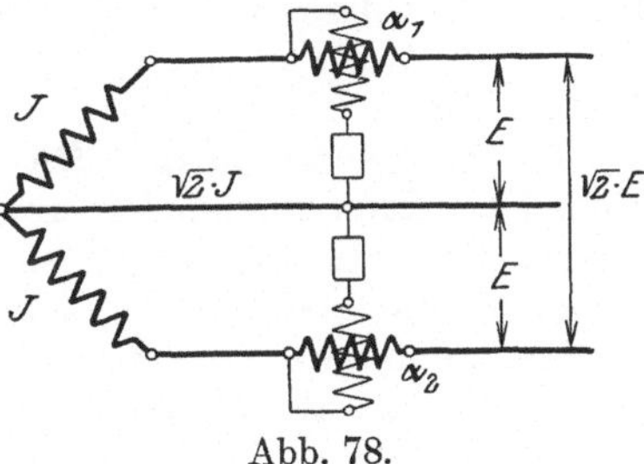

Abb. 78.

Bei gleich oder annähernd gleich belasteten Phasen, wenn also $E_1 = E_2 = E$, $J_1 = J_2 = J$ und $N_1 = N_2$ ist, ergibt sich ein mittlerer Leistungsfaktor zu:

$$\cos\varphi = \frac{N}{2 \cdot E \cdot J}.$$

18. Dreiphasensystem: Drei- und Einleistungsmessermethode.

a) Allgemeines.

Als wichtigstes Mehrphasensystem kommt das Dreiphasensystem in Betracht. Für alle folgenden Ableitungen gelten die Bezeichnungen:

$i_1, i_2, i_3, e_1, e_2, e_3$ = Augenblickswerte der Phasenströme und Phasenspannungen,

$i_{12}, i_{23}, i_{31}, e_{12}, e_{23}, e_{31}$ = Augenblickswerte der Netzströme und Netzspannungen (verketteten Ströme und Spannungen),

$J_1, J_2, J_3, E_1, E_2, E_3$ = Effektivwerte der Phasenströme und Phasenspannungen,

$J_{12}, J_{23}, J_{31}, E_{12}, E_{23}, E_{31}$ = Effektivwerte der Netzströme und Netzspannungen (verketteten Ströme und Spannungen),

$\varphi_1, \varphi_2, \varphi_3$, = Phasenverschiebungswinkel zwischen den Phasenströmen und Phasenspannungen.

Weiterhin sollen die Beziehungen erwähnt werden:

1. Zwischen den Augenblickswerten der Phasenströme und Netzströme, sowie zwischen jenen der Phasen- und Netzspannungen besteht der Zusammenhang (s. Abb. 86 und 87):

$$i_{12} = i_1 - i_2, \quad i_{23} = i_2 - i_3, \quad i_{31} = i_3 - i_1 \quad \ldots\ldots \quad (21)$$

$$e_{12} = e_1 - e_2, \quad e_{23} = e_2 - e_3, \quad e_{31} = e_3 - e_1 \quad \ldots\ldots \quad (21\,a)$$

2. Zwischen den Effektivwerten der Phasen- und Netzströme, sowie zwischen jenen der Phasen- und Netzspannungen haben die Gleichungen Gültigkeit:

$$\dot{J}_{12} = \dot{J}_1 - \dot{J}_2, \quad \dot{J}_{23} = \dot{J}_2 - \dot{J}_3, \quad \dot{J}_{31} = \dot{J}_3 - \dot{J}_1 \quad \ldots \quad (22)$$

$$\dot{E}_{12} = \dot{E}_1 - \dot{E}_2, \quad \dot{E}_{23} = \dot{E}_2 - \dot{E}_3, \quad \dot{E}_{31} = \dot{E}_3 - \dot{E}_1 \quad \ldots \quad (22\,a)$$

Dabei soll daran erinnert werden, daß die Differenzen durch geometrische Addition bzw. Subtraktion gebildet werden müssen. Der Vektorcharakter der einzelnen Größen ist durch einen Punkt über der betreffenden Bezeichnung zum Ausdruck gebracht.

b) Dreileistungsmessermethode.

Bei dieser Methode wird durch den Einbau gleicher Instrumente in alle drei Phasen die Symmetrie gewahrt, was ein Vorzug gegenüber der Zweiwattmetermethode und besonders bei Messungen an Kleinmotoren ein nicht zu unterschätzender Vorteil ist.

1. Sternschaltung. Die Anordnung der Leistungsmesser zeigt Abb. 79. Die Stromspulen werden von den Strömen J_1, J_2, J_3 durchflossen (bei Sternschaltung sind die Phasenströme gleich den Netzströmen), die Spannungsspulen liegen nebst den entsprechenden Vorwiderständen zwischen je einer Leitung und dem Nullpunkte. Somit gilt, wenn die Konstante c für alle Wattmeter dieselbe ist:

$$N = N_1 + N_2 + N_3 = c \cdot (\alpha_1 + \alpha_2 + \alpha_3) \quad (23)$$

$$N = E_1 \cdot J_1 \cdot \cos\varphi_1 + E_2 \cdot J_2 \cdot \cos\varphi_2 + E_3 \cdot J_3 \cdot \cos\varphi_3 \quad (23\text{a})$$

$$\cos\varphi_1 = \frac{N_1}{E_1 \cdot J_1}, \quad \cos\varphi_2 = \frac{N_2}{E_2 \cdot J_2}, \quad \cos\varphi_3 = \frac{N_3}{E_3 \cdot J_3} \quad (23\text{b})$$

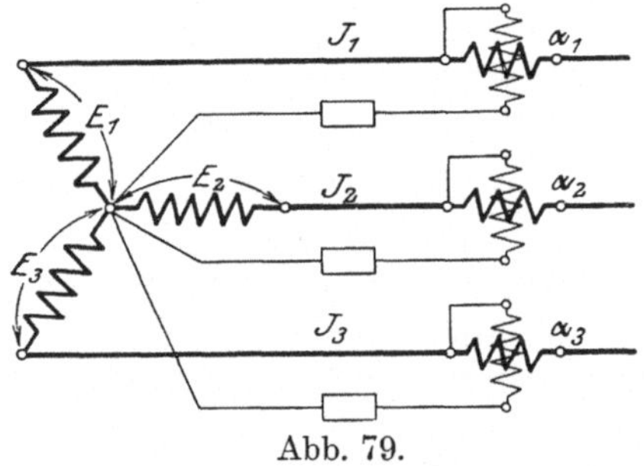

Abb. 79.

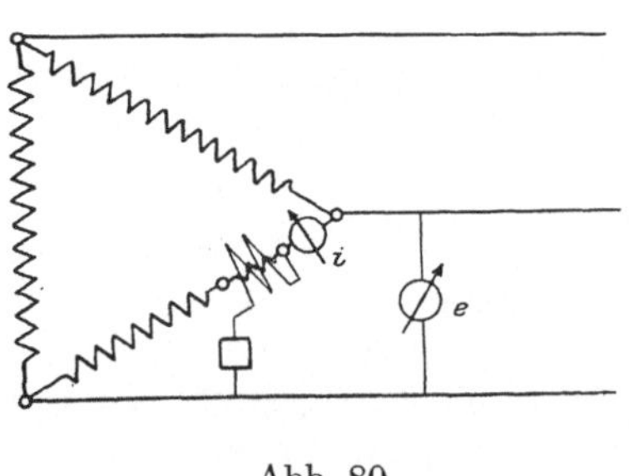

Abb. 80.

2. Dreieckschaltung. Zur Messung der Leistung und des Leistungsfaktors der einzelnen Phasen müßten die Verbindungen derselben untereinander gelöst werden. Die Stromspulen der Wattmeter, sowie die mit diesen in Serie liegenden Amperemeter wären so, wie dies in Abb. 80 für eine Phase angedeutet ist, einzubauen, während die Spannungskreise natürlich an die einzelnen Phasenspannungen angeschlossen werden müßten. Diese Schaltung wird in der Praxis wegen ihrer Umständlichkeit selten ausgeführt.

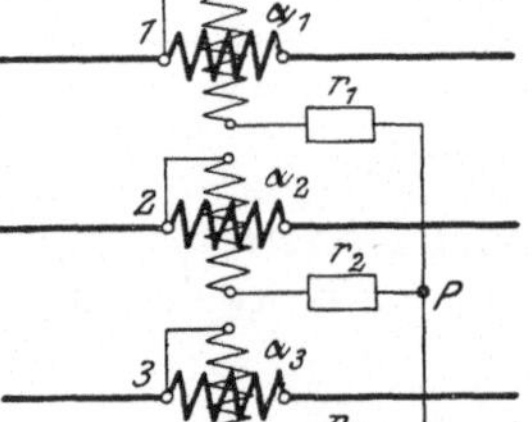

Abb. 81.

Künstlicher Nullpunkt. Ist der Nullpunkt (s. Abb. 79) des Systems nicht zugänglich, so kann nach Abb. 81 ein künstlicher Nullpunkt P Verwendung finden. Dabei werden jene Enden der Leistungsmesserspannungsspulen, welche nicht mit der Stromspule verbunden sind, miteinander verknüpft. Benützt man Vorwiderstände, so sind diese in die einzelnen Phasen vor den künstlichen Nullpunkt zu schalten. Die Vorwiderstände wählt man im allgemeinen gleich groß, also ist $r_1 = r_2 = r_3$. Bei ihrer Bemessung ist zu beachten, daß die Spannungskreise in Stern geschaltet sind. Jeweils zwei Widerstände liegen an der Netzspannung E, die in Bezug auf jene also stets eine verkettete Spannung ist. Die Widerstände sind somit für eine Spannung $E' = E : \sqrt{3}$ zu berechnen. Die Leistung N ergibt sich dann gemäß Gl. (23).

Die Vorwiderstände r_1, r_2, r_3 brauchen im allgemeinen nicht gleich groß zu sein. Sind (in Übereinstimmung mit den Bezeichnungen auf S. 73) i_1, i_2, i_3 die Augenblickswerte der Ströme in den Wattmeterstromspulen, e_{12}, e_{23}, e_{31} die Augenblickswerte der verketteten Spannungen und bezeichnen e_1', e_2', e_3' die Augenblickswerte der Phasenspannungen der Wattmeterspannungskreise (also die Spannungswerte zwischen dem künstlichen Nullpunkte P und den Punkten 1, 2, 3), so gilt für die angezeigte Augenblicksleistung N_t:

$$N_t = e_1' \cdot i_1 + e_2' \cdot i_2 + e_3' \cdot i_3.$$

Gemäß Gl. (26) besteht die Beziehung:

$$i_2 = -(i_1 + i_3).$$

Somit wird:

$$N_t = i_1 \cdot (e_1' - e_2') - i_3 \cdot (e_2' - e_3')$$

$$N_t = i_1 \cdot e_{12} - i_3 \cdot e_{23}.$$

Da die Spannungen $(e_1' - e_2')$ und $(e_2' - e_3')$ nichts anders darstellen, als die verketteten Spannungen e_{12} und e_{23}, so erhält man also genau dieselbe Gleichung wie bei der Zweiwattmetermethode. (Achtung: Der Index $'$ bezieht sich auf die Phasenspannungen der Widerstände, also auf den künstlichen Nullpunkt). Das Diagramm Abb. 82 ist für die Effektivwerte E_1', E_2', E_3' bzw. E_{12}, E_{23}, E_{31} gezeichnet. Die Größe der erstgenannten Spannungswerte, welche durch die Größe der Widerstände r_1, r_2, r_3 bedingt wird, ist gleichgültig. Ihre vektorielle Differenz $\dot{E}_1' - \dot{E}_2' = \dot{E}_{12}$ usw. führt stets auf die verketteten Spannungen. Abb. 82 ist für den Fall dargestellt, daß $r_1 \neq r_2 \neq r_3$ $(E_1' \neq E_2' \neq E_3')$ und $E_{12} = E_{23} = E_{31}$ ist.

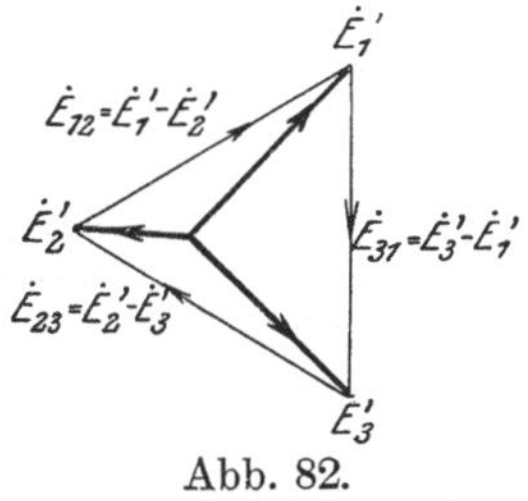

Abb. 82.

Ein interessanter Zusammenhang besteht mit der Zweiwattmetermethode: Verkleinert man den Widerstand des Spannungskreises vom zweiten Leistungsmesser Abb. 81 bis auf Null, so wird auch die Spannung e_2' bzw. E_2' in Abb. 82 allmählich Null; das Gleiche gilt für den Ausschlag α_2 dieses Wattmeters. Die Spannungen $e_1' (E_1')$ und $e_3' (E_3')$ werden nunmehr gleich den verketteten Spannungen $e_{12} (E_{12})$ und $e_{23} (E_{23})$. Die Dreileistungsmessermethode geht dann über in die Zweileistungsmessermethode und die Gesamtleistung wird durch die Ausschläge α_1 und α_3 der beiden äußeren Leistungsmesser bestimmt.

Leistungsmessung in Drehstrom-Vierleiteranlagen. Da hier die Bedingungsgleichung $i_2 = -(i_1 + i_3)$ wegen des im Nulleiter fließenden Ausgleichstromes keine Gültigkeit hat, so kann die Zweileistungsmessermethode nicht verwendet werden. Als einziges genaues Meßverfahren kommt hier die Dreileistungsmessermethode in Betracht. Die Schaltung zeigt Abb. 83: Es wird einfach der künstliche Nullpunkt P an den Nulleiter angeschlossen.

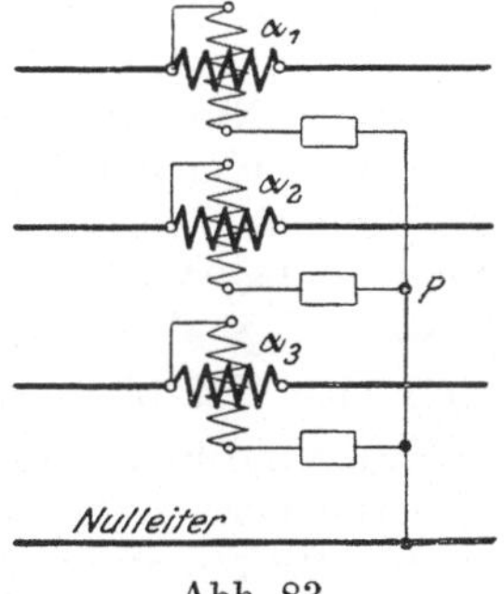

Abb. 83.

Berücksichtigung des Eigenverbrauches. Es ist wohl unnötig zu erwähnen, daß die Dreileistungsmessermethode in direkter, halbindirekter und indirekter Schaltung benützt werden kann. Was den

Eigenverbrauch der Meßschaltung anbelangt, so verfahre man zu dessen Berechnung nach den bei der Leistungsmessung für Einphasenwechselstrom gemachten Angaben. Um Korrektionen zu ersparen, wählt man zweckmäßig auch hier die Schaltung mit kleinstem Eigenverbrauch.

c) Einleistungsmessermethode.

Allgemeines. Weisen die drei Phasen eine wenigstens angenähert gleiche Belastung auf (wie z. B. bei Motoren), so kann man auch so vorgehen, daß man nur die Leistung einer Phase mißt und das Resultat mit 3 multipliziert. Wenn auch die Meßgenauigkeit dabei nicht so groß ist, wie bei der Drei- und Zweileistungsmessermethode, so hat dieses Verfahren den Vorteil, daß nur eine Ablesung zu machen ist. Das ist besonders angenehm, wenn Messungen an Maschinen mit stark schwankender Belastung vorgenommen werden müssen.

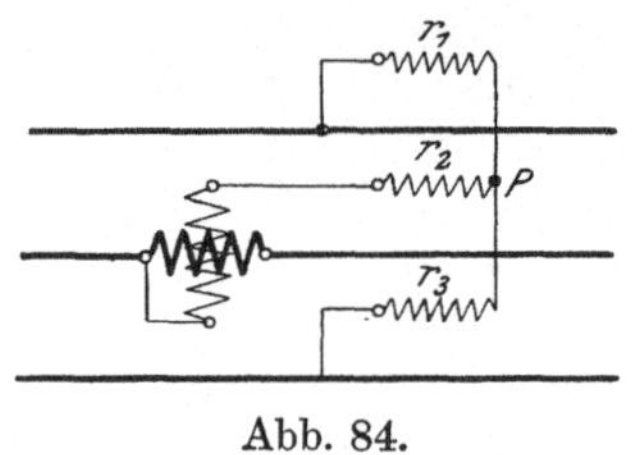

Abb. 84.

Künstlicher Nullpunkt. Ist der Nullpunkt des Systems nicht zugänglich, so kann auch hier ein künstlicher Nullpunkt geschaffen werden. Bedeutet r den Widerstand der Spannungsspule allein und sind r_1, r_2, r_3 die Widerstände nach Abb. 84, so besteht die Bedingung:

$$r_1 = r_3 = r_2 + r.$$

Wie bei der Dreileistungsmessermethode sind die Widerstände für eine Spannung $E' = E : \sqrt{3}$ zu berechnen. Je nachdem man für die Bestimmung der Leistung N mit der Spannung E' oder mit der verketteten Spannung E rechnet, ergeben sich die folgenden Formeln, in denen J den Effektivwert des Stromes in der Wattmeterstromspule bedeute ($c = \sqrt{3} \cdot c'$):

$$N = 3 \cdot E' \cdot J \cdot \cos\varphi = 3 \cdot c' \cdot \alpha \qquad (24)$$

$$N = \sqrt{3} \cdot E \cdot J \cdot \cos\varphi = \sqrt{3} \cdot c \cdot \alpha \qquad (24a)$$

Einen Nullpunktswiderstand für Drehstrom gleicher Belastung, ausgeführt von der Firma S. & H., zeigt Abb. 85. Derselbe ist auch für Einphasenwechselstrom verwendbar. Bei seiner Berechnung ist etwas anders verfahren. Um an Stelle der Gl. (24a) die einfachere Beziehung $N = 2 \cdot c \cdot \alpha$, in welcher also der unbequeme Faktor $\sqrt{3}$ durch den Faktor 2 ersetzt ist, verwenden zu können, ist der Strom im Spannungskreis von 0,03 A auf 0,026 A, d. h. im Verhältnis $2 : \sqrt{3}$ zu verkleinern. Der Widerstand im Spannungskreis der elektrodynamischen Leistungsmesser von S. & H. beträgt nach früheren Angaben 1000 Ω. Damit berechnen sich die nötigen Widerstände r_1, r_2, r_3 zu:

$$r_1 = r_3 = \frac{E}{\sqrt{3} \cdot i} = \frac{E}{\sqrt{3} \cdot 0{,}026},$$

$$r_2 = r_1 - 1000.$$

In der Abb. 85 sind rechts die Anschlüsse für Drehstrom. Die genannten Spannungen beziehen sich natürlich auf die verketteten Spannungen. Die danebenstehende Konstante C bestimmt sich aus der Konstanten c_2 des Spannungskreises allein durch Multiplikation mit dem Faktor 2 (c_2 ist das Verhältnis der maximalen Netzspannung, an welche der Spannungskreis mit Vorwiderstand angeschlossen werden darf, zu jener maximalen Spannung, an welche er ohne Vorwiderstand geschaltet werden kann; die letztere ist bekanntlich 30 V bei den Leistungsmessern von S. & H.). Ist c_1 die Konstante des Wattmeters allein, so folgt aus Gl. (24a), wenn man darin den Faktor $\sqrt{3}$ durch 2 ersetzt, für einen Wattmeterausschlag α:

$$N = 2 \cdot c \cdot \alpha = 2 \cdot c_1 \cdot c_2 \cdot \alpha = C \cdot c_1 \cdot \alpha.$$

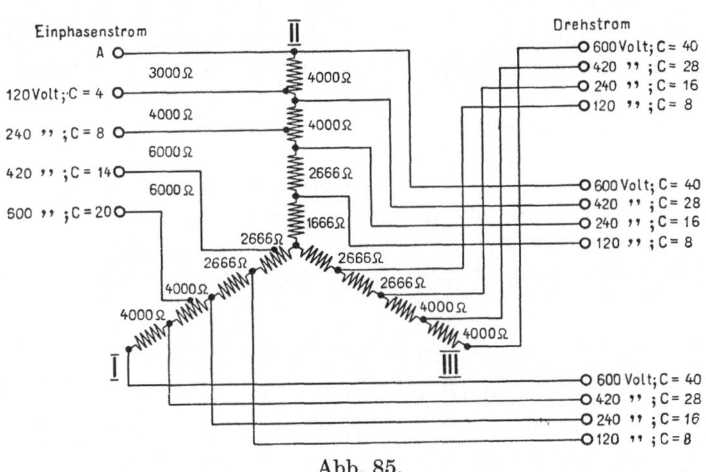

Abb. 85.

Phase II besitzt nach der Beziehung $r_2 = r_1 - 1000$ (s. Abb. 85) 1000 Ω weniger Widerstand als die Phasen I und III. Jene Phase ist daher unmittelbar an den Leistungsmesser anzuschließen. An der linken Seite befinden sich noch Klemmen für den Fall, daß der Vorwiderstand für Messungen von Einphasenwechselstrom Verwendung finden soll.

Verwendung der Einleistungsmessermethode für direkte, halbindirekte und indirekte Messungen. In sinngemäßer Weise kann diese Methode für alle drei Arten der Leistungsbestimmung Verwendung finden. Zu beachten ist, daß, sobald Spannungswandler (indirekte Leistungsmessungen) benützt werden, ein künstlicher Nullpunkt nur durch Anschließen von Widerständen, welche, wie oben angegeben, berechnet werden, auf der Sekundärseite gebildet werden kann. Unzweckmäßig ist es, den Nullpunkt durch Sternschaltung dreier Spannungswandler auf der Primär- und Sekundärseite herzustellen.

Berücksichtigung des Eigenverbrauches. Hiefür sei auf die Ausführungen S. 68 verwiesen.

19. Dreiphasensystem: Zweileistungsmessermethode.

a) Meßprinzip.

Die praktisch sehr viel verwendete und wichtigste Methode der Leistungsmessung bei Drehstrom ist die Zweiwattmetermethode. Es ist dabei gleichgültig, wie die Phasen belastet sind: Die algebraische Summe der Ausschläge der beiden Wattmeter, multipliziert mit einer Konstanten, gibt bei jeder Belastungsart stets den Effektivwert der Drehstromleistung an.

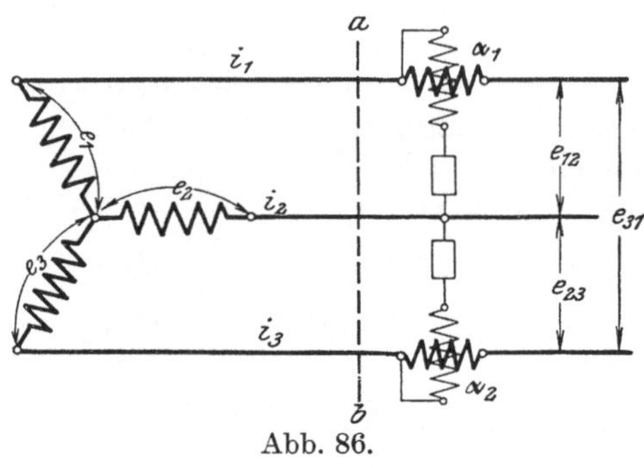

Abb. 86.

1. Sternschaltung. Bezeichnungen s. S. 73. Der Augenblickswert N_t der zu messenden Drehstromleistung wird dargestellt durch die Gleichung:

$$N_t = e_1 \cdot i_1 + e_2 \cdot i_2 + e_3 \cdot i_3 \quad . \quad (25)$$

Legt man nun an einer beliebigen Stelle einen Schnitt $a\,b$ durch die drei Leiter (s. Abb. 86), so muß in jedem Augenblick der gesamte Strom, welcher durch die Querschnittsebene fließt, Null sein. Da die Netzströme gleich den Phasenströmen sind, gilt also die Beziehung:

$$i_1 + i_2 + i_3 = 0 .$$

Daraus:

$$i_2 = -(i_1 + i_3) \quad . \quad . \quad . \quad . \quad . \quad . \quad . \quad . \quad . \quad . \quad (26)$$

Dieser Wert wird in Gl. (25) eingesetzt. Man erhält:

$$N_t = i_1 \cdot e_1 - i_1 \cdot e_2 - i_3 \cdot e_2 + i_3 \cdot e_3$$

$$N_t = i_1 \cdot (e_1 - e_2) - i_3 \cdot (e_2 - e_3) \quad . \quad . \quad . \quad . \quad . \quad . \quad . \quad . \quad (27)$$

Die Ausdrücke $(e_1 - e_2) = e_{12}$ und $(e_2 - e_3) = e_{23}$ stellen aber nichts anderes dar, als die Augenblickswerte der verketteten Spannungen. Geht man von der Augenblicksleistung N_t zur effektiven Leistung N über, so berechnet sich diese, wenn T die Dauer einer Periode bezeichnet, zu:

$$N = \frac{1}{T} \cdot \int_0^T N_t \cdot dt = \frac{1}{T} \cdot \int_0^T e_{12} \cdot i_1 \cdot dt - \frac{1}{T} \cdot \int_0^T e_{23} \cdot i_3 \cdot dt \quad . \quad . \quad . \quad (27\text{a})$$

Diese Leistung N kann also aus den Ausschlägen zweier Wattmeter berechnet werden (vgl. auch Gl. (27b)), die nach Abb. 86 geschaltet sind und deren Stromspulen von den Strömen i_1 bzw. i_3 durchflossen werden, während die Spannungskreise an den verketteten Spannungen $(e_1 - e_2) = e_{12}$ und $(e_2 - e_3) = e_{23}$ liegen. Die Leistung N setzt sich zusammen aus den Teilleistungen N_1 und N_2 beider Wattmeter. Diese werden aus den Ausschlägen α_1 und α_2 berechnet. Somit:

$$\boldsymbol{N = N_1 + N_2 = c \cdot (\alpha_1 + \alpha_2)} \quad . \quad . \quad . \quad . \quad . \quad . \quad . \quad . \quad (\mathbf{27\,b})$$

2. Dreieckschaltung. Aus der bei Dreieckschaltung gültigen Beziehung:

$$e_1 + e_2 + e_3 = 0$$

folgt zunächst $$e_2 = -(e_1 + e_3).$$

Unter Benützung von Gl. (25) ergibt sich:

$$N_t = e_1 \cdot (i_1 - i_2) - e_3 \cdot (i_2 - i_3) \quad (28)$$

und $$N = \frac{1}{T} \cdot \int_0^T N_t \cdot dt = \frac{1}{T} \cdot \int_0^T e_1 \cdot (i_1 - i_3) \cdot dt - \frac{1}{T} \cdot \int_0^T e_3 \cdot (i_2 - i_3) \cdot dt \quad (28\text{a})$$

Die Ausdrücke $(i_1 - i_2) = i_{12}$ und $(i_2 - i_3) = i_{23}$ sind die Augenblickswerte der Netzströme (verketteten Ströme). Man erhält somit eine ähnliche Beziehung wie bei der Sternschaltung:

$$N = \frac{1}{T} \cdot \int_0^T e_1 \cdot i_{12} \cdot dt - \frac{1}{T} \cdot \int_0^T e_3 \cdot i_{23} \cdot dt \quad (28\text{b})$$

Die Leistung N kann also auch bei der Dreieckschaltung aus den Ausschlägen α_1 und α_2 bzw. Teilleistungen N_1 und N_2 zweier Wattmeter berechnet werden. Die Schaltung derselben zeigt Abb. 87. Die Stromspulen werden von den Netzströmen $i_{12} = i_1 - i_2$ und $i_{23} = i_2 - i_3$ durchflossen, während die Spannungskreise an den Netzspannungen, welche bei Dreieckschaltung gleich den Phasenspannungen sind, liegen. Als Ergebnis erhalten wir wieder:

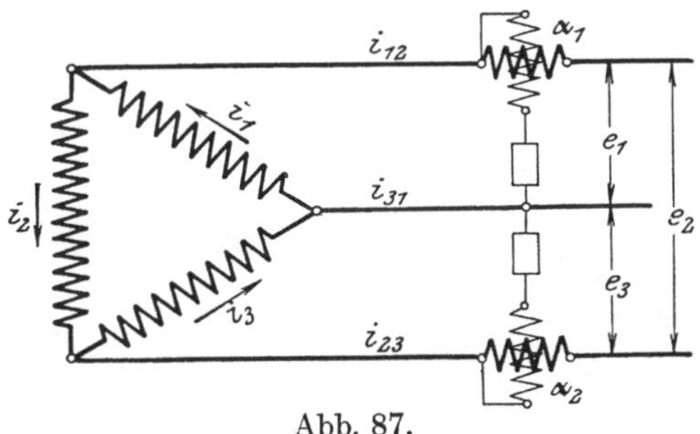

Abb. 87.

$$N = N_1 + N_2 = c \cdot (\alpha_1 + \alpha_2) \quad (27\text{b})$$

b) Sinusförmiger Strom und beliebige Phasenbelastung.

Die Beziehung Gl. (27b) gilt für den allgemeinsten Fall, da bei ihrer Ableitung keine Voraussetzungen über die Art der Belastung und über die Kurvenform gemacht wurden. Im nachstehenden wird angenommen, daß die Ströme und Spannungen sinusförmig verlaufen. Die Belastungen der einzelnen Phasen mögen jedoch beliebige sein; sie können also voneinander abweichen.

1. Sternschaltung. Geht man von den Augenblickswerten (siehe Gl. (27a)) e_{12} und i_1 bzw. e_{23} und i_3 zu den entsprechenden Effektivwerten E_{12}, J_1, E_{23}, J_3 über und zeichnet sich für die Effektivwerte ein Diagramm, so erkennt man:

α) Die zusammengehörigen Vektoren E_{12} und J_1 bzw. E_{23} und J_3 schließen die Winkel α und β miteinander ein; die Stromvektoren eilen dabei den zugehörigen Spannungsvektoren um diese Winkel nach (vgl. auch Diagramm Abb. 88, bei welchem allerdings, wie auch bei dem Diagramm Abb. 89 vorausgesetzt wurde, daß $\varphi = 0$ und daß die Belastung der Phasen gleich ist).

β) Zwischen den Augenblickswerten und den entsprechenden Effektivwerten gelten unter Berücksichtigung des eben Gesagten die Gleichungen:

$$e_{12} = \sqrt{2}\, E_{12} \sin 2\pi \cdot \frac{t}{T}$$

$$i_1 = \sqrt{2}\, J_1 \sin\left(2\pi \cdot \frac{t}{T} - \alpha\right)$$

$$e_{23} = \sqrt{2}\, E_{23} \sin 2\pi \cdot \frac{t}{T}$$

$$i_3 = \sqrt{2}\, J_3 \sin\left(2\pi \cdot \frac{t}{T} - \beta\right).$$

Setzt man diese Werte in die Gl. (27a) ein, so ergibt dann deren Integration:

$$\boldsymbol{N = J_1 \cdot E_{12} \cdot \cos\alpha - J_3 \cdot E_{23} \cdot \cos\beta} \quad \ldots \ldots \quad \textbf{(29)}$$

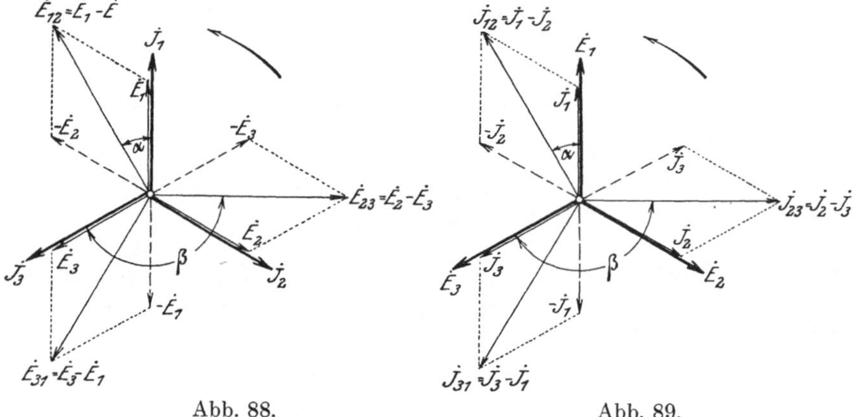

Abb. 88. Abb. 89.

2. Dreieckschaltung. Verfährt man ähnlich, wie bei der Sternschaltung und vergleicht das Diagramm Abb. 89, so erhält man:

α) Die Vektoren J_{12} und E_1, sowie J_{23} und E_3 schließen miteinander die Winkel α und β ein. Die Stromvektoren eilen aber den zugehörigen Spannungsvektoren um diese Winkel voraus.

β) Zwischen den Augenblickswerten und den Effektivwerten bestehen, wenn man das eben Erwähnte berücksichtigt, die Gleichungen

$$e_1 = \sqrt{2} \cdot E_1 \cdot \sin 2\pi \cdot \frac{t}{T}$$

$$i_{12} = \sqrt{2}\, J_{12} \cdot \sin\left(2\pi \cdot \frac{t}{T} + \alpha\right)$$

$$e_3 = \sqrt{2} \cdot E_3 \cdot \sin 2\pi \cdot \frac{t}{T}$$

$$i_{23} = \sqrt{2}\, J_{23} \cdot \sin\left(2\pi \cdot \frac{t}{T} + \beta\right).$$

Einsetzen dieser Werte in die Gl. (28b) und deren Integration ergibt:

$$\boldsymbol{N} = \boldsymbol{E}_1 \cdot \boldsymbol{J}_{12} \cdot \cos\alpha - \boldsymbol{E}_3 \cdot \boldsymbol{J}_{23} \cdot \cos\beta \quad \ldots\ldots \quad (30)$$

c) Sinusförmiger Strom und gleiche Phasenbelastung.

Es soll jetzt angenommen werden, daß die Ströme und Spannungen sinusförmig verlaufen und daß alle Phasen dieselbe Belastung besitzen.

1. Sternschaltung. Unter dieser Voraussetzung sind die Effektivwerte der Phasenströme (= Netzströme), Phasenspannungen, Netzspannungen und die Phasenverschiebungswinkel einander gleich. Somit:

$$\left.\begin{array}{l} J_1 = J_2 = J_3 = J \\ E_1 = E_2 = E_3 \\ E_{12} = E_{23} = E_{31} = E \\ \varphi_1 = \varphi_2 = \varphi_3 \end{array}\right\} \quad \ldots\ldots\ldots \quad (31)$$

Die Phasenspannungen sind dabei, ebenso wie die Phasenströme, gegeneinander um 120° verschoben. Das Diagramm ist für diesen Fall in Abb. 88 gezeichnet. Der Phasenverschiebungswinkel φ ist gleich Null angenommen, d. h. es liegt eine rein Ohmsche Belastung vor. Wie das Diagramm zeigt, hat der Winkel α eine Größe von 30°, der Winkel β eine solche von 150°. Besteht jedoch eine induktive oder kapazitive Belastung, so ist der Phasenverschiebungswinkel positiv oder negativ. Seine Größe bewegt sich in den Grenzen $+90^\circ$ und -90°. Damit betragen die Winkel α und β:

$$\alpha = 30^\circ \pm \varphi \quad \ldots\ldots\ldots \quad (32\text{a})$$

$$\beta = 150^\circ \pm \varphi \quad \ldots\ldots\ldots \quad (32\text{b})$$

Liegt eine induktive Belastung vor, so erhält man das Diagramm aus dem in Abb. 88 für $\varphi = 0^\circ$ gezeichneten, wenn man sich die Spannungsvektoren feststehend und die Stromvektoren um den betreffenden Winkel φ entgegen dem Drehsinn der Vektoren gedreht denkt. Umgekehrt verfährt man bei kapazitiver Belastung: Man dreht die Stromvektoren im Drehsinne um den Winkel φ.

Rechnet man zunächst nur mit induktiver Last und verwertet man die Beziehungen der Gl. (31) und (32) in Gl. (29), so erhält man als Resultat:

$$\boldsymbol{N} = \boldsymbol{J} \cdot \boldsymbol{E} \cdot \cos(30^\circ + \varphi) - \boldsymbol{J} \cdot \boldsymbol{E} \cdot \cos(150^\circ + \varphi) \quad \ldots\ldots \quad (33)$$

Eine leichte Umrechnung dieser Gleichung führt auf die Formel:

$$\boldsymbol{N} = \sqrt{3}\,\boldsymbol{E} \cdot \boldsymbol{J} \cdot \cos\varphi \quad \ldots\ldots\ldots \quad (33\text{a})$$

Erinnert man sich an Gl. (27b) und vergleicht damit Gl. (33), so erkennt man, daß die Ausschläge α_1 und α_2 den Werten $\cos(30^\circ + \varphi)$ und $\cos(150^\circ + \varphi)$ proportional sind. Ein lehrreiches Bild bekommt man, wenn man die Teilleistungen N_1 und N_2 oder die diesen proportionalen Werte $\cos(30^\circ + \varphi)$ und $\cos(150^\circ + \varphi)$ oder die Ausschläge α_1 und α_2 in Abhängigkeit vom Phasenwinkel φ aufträgt. Setzt man den maximalen Ausschlag $= 1{,}0$, so erhält man die Kurvenbilder Abb. 90.

Aus den Kurvenbildern folgt:

α) Der Ausschlag α_1 des ersten Wattmeters wird nur negativ bei induktiven Belastungen, bei welchen $\varphi > (+60^\circ)$ ist; der Ausschlag α_2 des zweiten Wattmeters wird nur negativ für kapazitive Belastungen, bei denen $\varphi > (-60^{\circ})$ ist. Die Leistungsmesser schlagen in diesen Fällen nach der verkehrten Seite aus; um einen Ausschlag in die Skala hinein zu bekommen, hat man den Strom in der Spannungsspule umzukehren, wobei man sich dann aber zu merken hat, daß die betreffende Teilleistung negativ ist.

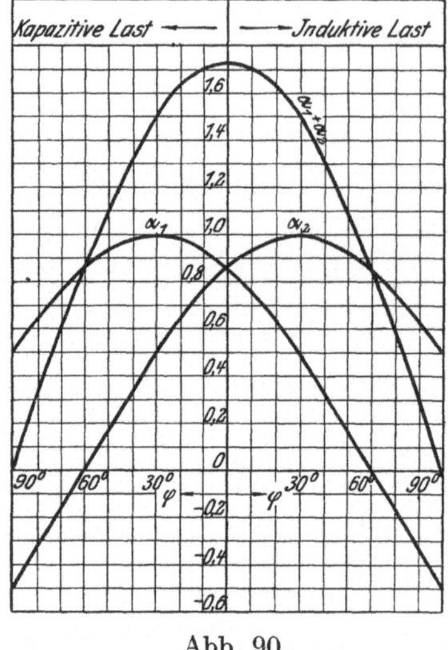

Abb. 90.

β) Der Ausschlag α_1 erreicht sein Maximum für eine kapazitive Last, bei der $\varphi = -30^{\circ}$ ist; der Ausschlag α_2 dagegen für eine induktive Last mit einem Phasenverschiebungswinkel $\varphi = +30^{\circ}$.

γ) Ist die Belastung induktions- und kapazitätsfrei, φ also gleich 0°, so sind die Ausschläge α_1 und α_2 gleich groß. Die Summe beider Ausschläge beträgt $\alpha_1 + \alpha_2 = \sqrt{3}$.

δ) Bei rein induktiver oder rein kapazitiver Last ($\varphi = +90^{\circ}$ bzw. $\varphi = -90^{\circ}$) ist die Summe beider Ausschläge $\alpha_1 + \alpha_2 = 0$, d. h. eine Wirkleistung ist nicht vorhanden.

2. Dreieckschaltung. Unter der Voraussetzung gleichförmiger Belastung bestehen zunächst bei der Dreieckschaltung die Beziehungen:

$$\left.\begin{array}{c} E_1 = E_2 = E_3 = E \\ J_1 = J_2 = J_3 \\ J_{12} = J_{23} = J_{31} = J \\ \varphi_1 = \varphi_2 = \varphi_3 = \varphi \end{array}\right\} \quad \ldots\ldots\ldots \quad (34)$$

Da die Phasenspannungen bzw. die Phasenströme gegeneinander wieder um 120° verschoben sind, so gilt für $\varphi = 0^{\circ}$ das Diagramm Abb. 89. Aus demselben entnimmt man die Größen der Winkel α und β (wobei das „—“-Zeichen für induktive, das „+“-Zeichen für kapazitive Belastung gilt):

$$\alpha = (30^{\circ} \mp \varphi) \quad \ldots\ldots\ldots \quad (35\,\text{a})$$

$$\beta = (150^{\circ} \mp \varphi) \quad \ldots\ldots\ldots \quad (35\,\text{b})$$

Über die Größe der Winkel α und β orientiert man sich wieder leicht, wenn man in Abb. 89 bei feststehenden Spannungsvektoren die Stromvektoren um den Winkel φ dreht und zwar im Drehsinn bei kapazitiver, gegen den Drehsinn bei induktiver Belastung.

Verwendet man die Werte der Gl. (34) und (35) zum Einsetzen in die Gl. (30), so erhält man:

$$N = E \cdot J \cdot \cos(30^{\circ} - \varphi) - E \cdot J \cdot \cos(150^{\circ} - \varphi) \quad \ldots\ldots \quad (36)$$

Weiter ausgerechnet führt diese Beziehung auf die Formel (33a):

$$N = \sqrt{3} \cdot E \cdot J \cdot \cos\varphi \quad \ldots\ldots\ldots \quad (33\,\text{a})$$

Man kann auch hier die Kurven für α_1 und α_2 in Abhängigkeit des Phasenwinkels φ auftragen, was wieder auf die Abb. 90 führt.

d) Die Bestimmung des $\cos\varphi$.

Allgemeines. Eine physikalische Bedeutung kommt dem aus Leistung, Strom und Spannung berechneten $\cos\varphi$ nur dann zu, wenn die Strom- und Spannungskurven sinusförmigen Verlauf haben. In diesem Falle stimmt der so ermittelte Winkel φ überein mit der tatsächlichen Phasenverschiebung zwischen der Spannungs- und Stromkurve, wie sie mit dem Oszillographen festgestellt werden kann. In Drehstromsystemen wird man von einem mittleren Leistungsfaktor nur sprechen können, wenn die Phasen annähernd gleichmäßig belastet sind. Aus Gl. (33a) folgt dann:

$$\cos\varphi = \frac{N}{\sqrt{3}\cdot E\cdot J} \qquad (37)$$

E und J sind dabei die Mittelwerte aus den gemessenen Netzspannungen und Netzströmen. Streng genommen sind hierzu, den 3 Phasen entsprechend, drei Strom- und Spannungsmessungen nötig. Da bei reiner Motorenbelastung die Voraussetzung gleicher Ströme wenigstens angenähert erfüllt ist, so kann man sich hier der einfacheren Schaltung halber mit der Messung zweier Netzströme und Netzspannungen begnügen.

Bestimmung des $\cos\varphi$ aus den Wattmeterausschlägen. 1. Sternschaltung. Die Gl. (33) lautete:

$$N = N_1 + N_2 = E\cdot J\cdot\cos(30^\circ + \varphi) - E\cdot J\cdot\cos(150^\circ + \varphi)$$
$$N = \sqrt{3}\,E\cdot J\cdot\cos\varphi = c\cdot(\alpha_1 + \alpha_2)$$

Bildet man noch die Differenz der Teilleistungen N_1 und N_2, so erhält man:

$$N_1 - N_2 = E\cdot J\cdot\cos(30^\circ + \varphi) + E\cdot J\cdot\cos(150^\circ + \varphi)$$
$$N_1 - N_2 = E\cdot J\cdot\sin\varphi = c\cdot(\alpha_1 - \alpha_2)$$

Division beider Gleichungen führt zu dem Ausdruck:

$$\frac{N_1 - N_2}{N_1 + N_2} = \frac{\alpha_1 - \alpha_2}{\alpha_1 + \alpha_2} = \frac{1}{\sqrt{3}}\cdot\operatorname{tg}\varphi.$$

Aus diesem Verhältnis findet man:

$$\operatorname{tg}\varphi = \sqrt{3}\cdot\frac{N_1 - N_2}{N_1 + N_2} = \sqrt{3}\cdot\frac{\alpha_1 - \alpha_2}{\alpha_1 + \alpha_2} \qquad (38)$$

2. Dreieckschaltung. Die Gl. (38) läßt sich selbstverständlich auch bei Dreieckschaltung ableiten, wenn man von Gl. (36) ausgeht und das Verhältnis $(N_1 - N_2):(N_1 + N_2)$ bildet.

Bestimmung des $\cos\varphi$ aus der Kurve $\cos\varphi = f(\alpha_1/\alpha_2)$. Aus den Kurven Abb. 90 ersieht man, daß zu jedem Phasenwinkel φ bestimmte Ausschläge α_1 und α_2 gehören. Bildet man unter Berücksichtigung des Vorzeichens der Ausschläge das Verhältnis α_1/α_2, das sich für induktive Belastung zwischen den Grenzen -1 und $+1$ bewegt, und trägt dieses in Abhängigkeit von dem Kosinus des zugehörigen

Winkels φ auf, so erhält man die Kurve Abb. 91: $\alpha_1/\alpha_2 = f(\cos\varphi)$, aus welcher man für alle bei einer Aufnahme erhaltenen Werte α_1 und α_2 sofort den Leistungsfaktor entnehmen kann.

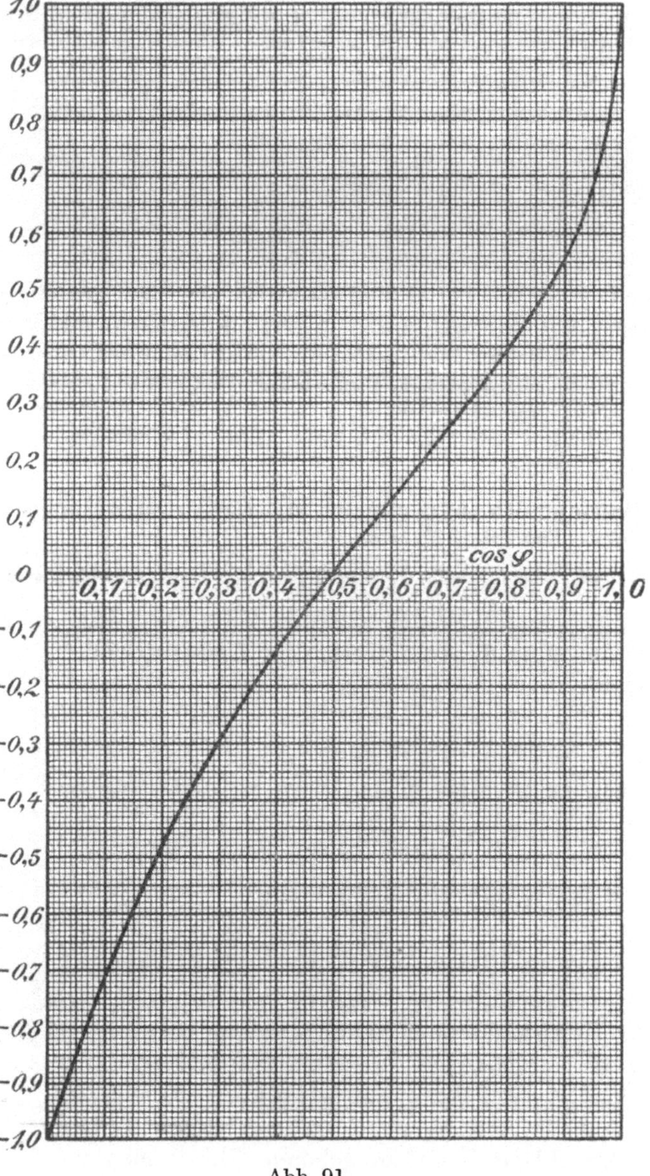

Abb. 91.

Für kapazitive Belastung ist der Ausschlag α_1 stets größer als der Ausschlag α_2. Man bildet das Verhältnis α_2/α_1 und stellt dieses in

Abhängigkeit von $\cos\varphi$ dar. Diese Kurve deckt sich alsdann mit jener für induktive Belastung nach Abb. 91.

Bestimmung des $\cos\varphi$ bei ungleicher Phasenbelastung. Bei ungleicher Belastung der Phasen muß zur Bestimmung des $\cos\varphi$ die Dreileistungsmessermethode benützt werden (s. S. 74).

Von Interesse ist folgende Methode[1]), bei der auch in diesem Falle die Zweiwattmetermethode zur Anwendung gebracht werden kann. Voraussetzung ist dabei, daß die Phasen-, wie auch die verketteten Spannungen einander gleich sind und Winkel von 120° miteinander einschließen. Man mißt dann, wie bei der Zweiwattmetermethode — s. Gl. (29):

1. Den Netzstrom J_1, die verkettete Spannung E_{12}, die Teilleistung
$$N_1 = E_{12} \cdot J_1 \cdot \cos\alpha;$$
2. den Netzstrom J_3, die verkettete Spannung E_{23}, die Teilleistung
$$N_2 = -E_{23} \cdot J_3 \cdot \cos\beta.$$

Bekannt sind jetzt:

a) Die Spannungen $E_1 = E_2 = E_3 = E$ und $E_{12} = E_{23} = E_{31} = \sqrt{3} \cdot E$,
b) die Ströme J_1 und J_3,
c) die Winkel α und β.

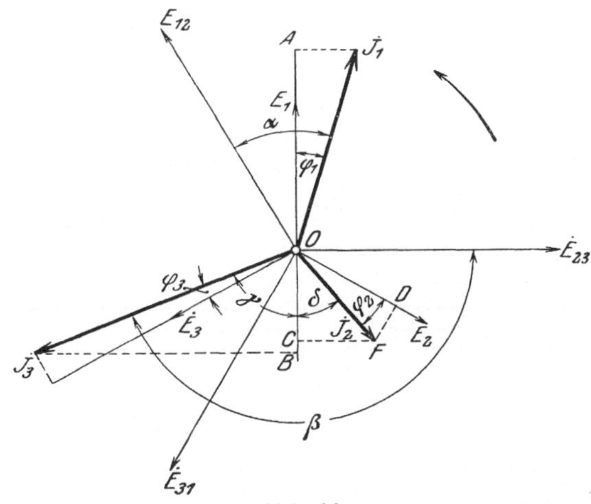

Abb. 92.

J_2 und φ_2 kann graphisch in einfacher Weise gefunden werden — Abb. 92. Man trägt $E_1 = E_2 = E_3$ unter 120° maßstäblich gegeneinander an, sucht die verketteten Spannungen $E_{12} = E_{23} = E_{31}$ und zeichnet J_1, sowie J_3 (ebenfalls maßstäblich) unter den Winkeln α bzw. β gegen E_{12} und E_{23}. Damit findet man zunächst φ_1 und φ_2. Da nun die vektorielle Summe $\dot{J}_1 + \dot{J}_2 + \dot{J}_3 = 0$ sein muß, so ergibt sich $\dot{J}_2$ nach Größe und Richtung als Schlußseite eines Dreiecks, dessen andere Seiten, nämlich $\dot{J}_1$ und $\dot{J}_3$ ihrer Größe und Lage nach bekannt sind. Damit ist auch φ_2 bestimmt.

e) Die Ausführung der Zweileistungsmessermethode.

1. Mit zwei getrennten Einzelleistungsmessern. Die Abb. 93, 94 und 95 zeigen die Schaltungen für direkte, halbindirekte und indirekte Messungen; in den Abbildungen sind wieder alle Schaltregeln

[1]) ETZ 1913, S. 712.

berücksichtigt. Was die Korrektion der gemessenen Leistung anbelangt, so wird man von einer solchen meist ganz absehen können, wenn die Schaltung gewählt wird, bei welcher der kleinste Eigenverbrauch als Fehlergröße auftritt. Wie man dabei vorzugehen hat, ist bei Einphasenwechselstrom in Kap, 16 ausführlich geschildert worden.

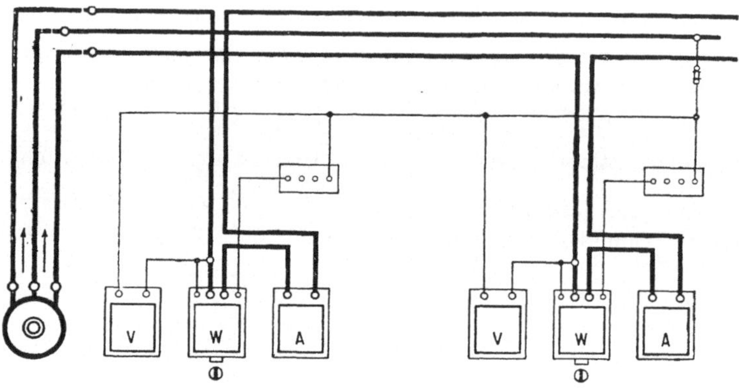

Abb. 93.

Zu beachten ist noch, daß für den Eigenverbrauch zwei Instrumentsätze in Rechnung zu setzen sind.

Da von einem bestimmten Leistungsfaktor an der Ausschlag des einen Instrumentes negativ wird, so ist es zweckmäßig, in den Spannungs-

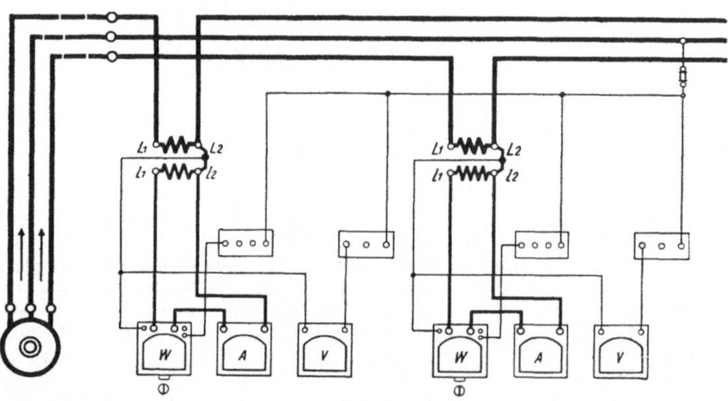

Abb. 94.

kreis eines jeden Leistungsmessers einen Spannungsumschalter einzubauen. Manche Firmen, so S. & H., bauen solche direkt in ihre Instrumente ein. In den Abb. 93, 94 und 95 sind die Spannungswender durch einen Kreis unterhalb der Wattmeter angedeutet. Die Ausschläge der letzteren sind zu addieren, wenn die Spannungswender beider Instrumente in derselben Stellung stehen, anderenfalls sind sie zu subtrahieren.

Sollen die Phasen- und Übersetzungsfehler der Stromwandler berücksichtigt werden (s. Kap. 6), so können die den Wandlern beigegebenen Kurven zur Bestimmung des Korrektionsfaktors F benützt werden. Dazu ist aber für jeden Wandler die Phasenverschiebung zu bestimmen, die zwischen dem Strom in der Stromspule und der Spannung am Spannungskreise herrscht. Das kann mit Hilfe der Diagramme Abb. 88 und 89 leicht geschehen. Dort wurden diese Winkel mit α und β (s. auch die Gl. (32) und (35)) bezeichnet. Außerdem hat man noch zu beachten, ob der Strom der Spannung vor- oder nacheilt. Für $\cos \alpha$ und $\cos \beta$ bestimmt man nun aus den Kurven Abb. 14 und 15 die Korrektionsfaktoren F_1 und F_2 bei der betreffenden Belastung des Stromwandlers. Die korrigierte Leistung ist: $N = c \cdot (F_1 \cdot \alpha_1 + F_2 \alpha_2)$, wenn α_1 und α_2 die Ausschläge der zwei Wattmeter sind.

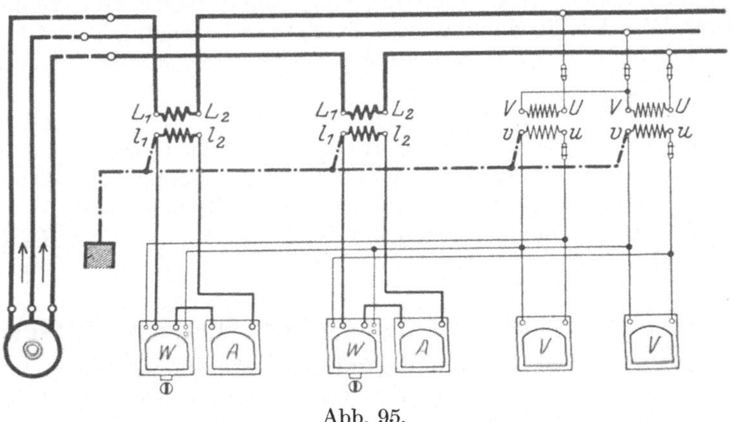

Abb. 95.

2. Mit einem Leistungsmesser und Umschalter. Die gesamte Leistung $N = N_1 + N_2$ kann auch mit einem Leistungsmesser gemessen werden, wenn man mit Hilfe eines Umschalters die Stromspule desselben und damit auch die anliegende Spannungsklemme aus einer Leitung in die andere legt. Die andere Spannungsklemme bleibt natürlich an jener Leitung, in welche die Stromspule nicht geschaltet wird (vgl. Abb. 86). Der Umschalter muß so eingerichtet sein, daß das Instrument ohne Stromunterbrechung aus einer Leitung herausgenommen und in die andere eingebracht werden kann. Die Schalterkontakte werden beim Herausnehmen selbsttätig kurzgeschlossen und beim Einlegen getrennt. Derartige Schalter liefern verschiedene Firmen, wie z. B. Siemens & Halske.

3. Mit einem Leistungsmesser und Umschaltung der Spannungsspule. Abb. 96 gibt schematisch die Anordnung wieder: Die Spannungsspule wird nacheinander an zwei verkettete Spannungen gelegt (Stellung 1 und 2 des Umschalters), während die Stromspule in derselben Leitung bleibt. Voraussetzung ist eine angenähert gleiche Belastung der Phasen und ferner darf sich die Belastung in der Zeit zwischen beiden Messungen nicht erheblich ändern. Da diese Voraussetzungen nur ungefähr zutreffen, so darf man an diese Methode keine allzu hohen Forderungen hinsichtlich ihrer Genauigkeit stellen. Ihr Vorteil ist der, daß sie mit den einfachsten Hilfsmitteln ausführbar ist (erforderlich ist nur ein Umschalter für den Spannungskreis).

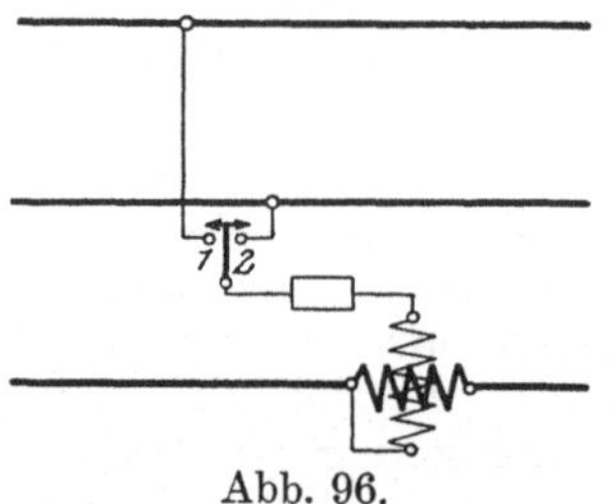

Abb. 96.

4. Mit zwei auf einen Zeiger wirkenden Leistungsmessern. Um die Unbequemlichkeiten der Doppelablesung zu vermeiden, läßt man auf einen Zeiger zwei elektrisch getrennte Systeme wirken. Diese sind mechanisch so verbunden, daß sich ihre Drehmomente addieren oder subtrahieren. Der Zeigerausschlag liefert daher unmittelbar die Leistung N, also die Summe bzw. Differenz der beiden Teilleistungen. Angenehm sind solche Instrumente vor allem bei stark schwankender Belastung.

Da bei einem eisenlosen dynamometrischen Meßgerät mit zwei Systemen sich diese gegenseitig zu sehr durch Streukraftlinien beeinflussen würden, so verwendet man für solche Doppelinstrumente besonders die Ausführung der eisengeschlossenen Dynamometer.

Auch werden Doppelleistungsmesser, welche auf dem Drehfeldprinzip beruhen, gebaut.

20. Wechselstromleistungsmessung: Weitere Verfahren.

Methode der drei Spannungsmesser. Diese, wie auch die Methode der drei Strommesser, hat nur wenig Bedeutung. Ihre Angaben werden um so ungenauer, je größer der Phasenwinkel φ zwischen Strom und Spannung ist. Bei dem erstgenannten Verfahren wird mit dem Stromverbraucher A ein induktionsfreier Widerstand r_1 in Serie geschaltet. Die Spannungen E, E_1 und E_2 werden gemessen (s. Abb. 97).

a) Graphische Behandlung. Man geht aus von dem gemeinsamen Strom J als Richtlinie. Die Spannung E_2 zerfällt in zwei Komponenten, von denen die eine E_1 den Ohmschen Spannungsabfall im induktionsfreien Widerstand r_1 zu decken hat, während die andere E die Spannung am Verbraucher darstellt. Je nachdem dieser ein kapazitiver oder induktiver Widerstand ist, wird E_2 dem Strome J nach- oder voreilen; E_1 ist phasengleich mit J. Kennzeichnen Punkte die Vektoreigenschaft der betreffenden Größen, so besteht die Beziehung:

$$\dot{E}_2 = \dot{E}_1 + \dot{E}.$$

Für einen induktiven Verbraucher ist nach den gemachten Angaben das Diagramm Abb. 98 gezeichnet. Man entnimmt aus diesem den Winkel φ und berechnet bei bekanntem Strome J die vom Verbraucher aufgenommene Leistung: $N = E \cdot J \cdot \cos\varphi$.

b) Rechnerische Behandlung. Der gemessene Strom J erfordert, abgesehen von dem Fall, daß statische Voltmeter zur Bestimmung der Spannungen benützt werden, eine etwas umständliche Korrektion, da in J noch die Teilströme durch die Voltmeter enthalten sind. Man geht deshalb am besten rechnerisch vor, wobei J nicht bekannt zu sein braucht. Aus dem Diagramm findet man:

$$E_2^2 = E_1^2 + E^2 + 2\,E_1 E \cdot \cos\varphi .$$

Setzt man in diese Gleichung $E_1 = J \cdot r_1$ ein, so ergibt sich:

$$E_2^2 = E_1^2 + E^2 + 2\,r_1 \cdot J \cdot E \cdot \cos\varphi = E_1^2 + E^2 + 2 r_1 \cdot N.$$

Daraus:

$$N = \frac{E_2^2 - E_1^2 - E^2}{2\,r_1} \quad \text{(39)}$$

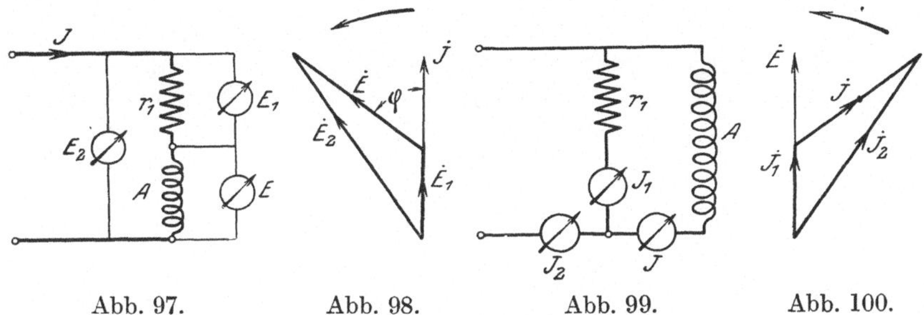

Abb. 97. Abb. 98. Abb. 99. Abb. 100.

Methode der drei Strommesser. Abb. 99 zeigt die Anordnung. Der induktionsfreie Widerstand r_1 liegt jetzt parallel zum Verbraucher A.

a) Graphische Darstellung. Man geht aus von der gemeinsamen Spannung E und zeichnet gemäß der Beziehung:

$$\dot J_2 = \dot J_1 + \dot J$$

das Diagramm Abb. 100. J ist dabei als der Strom im induktionsfreien Widerstand r_1 phasengleich mit E. Aus dem Diagramm entnimmt man den Winkel φ und berechnet $N = E \cdot J \cdot \cos\varphi$.

b) Rechnerische Behandlung. Da die Spannung E um die Spannungsabfälle in den Amperemetern zu groß ist, so empfiehlt sich die Bestimmung der Leistung auf rechnerischem Wege. Es ist:

$$J_2^2 = J_1^2 + J^2 + 2 \cdot J_1 \cdot J \cdot \cos\varphi .$$

Setzt man in diese Formel ein: $J_1 = E/r_1$, so erhält man aus der Gleichung:

$$J_2^2 = J_1^2 + J^2 + 2\frac{E}{r_1} \cdot J \cdot \cos\varphi = J_1^2 + J^2 + \frac{2}{r_1} \cdot N$$

$$N = \frac{(J_2^2 - J_1^2 - J^2) \cdot r_1}{2} \quad \text{(39a)}$$

Beide Verfahren werden am genauesten, wenn $E_1 = E$ bzw. $J_1 = J$ ist. In diesem Falle ist aber mit der Messung ein erheblicher Leistungsverbrauch verknüpft.

Dritter Abschnitt.

Die Messung des Ohmschen, induktiven und kapazitiven Widerstandes.

21. Widerstandsbestimmung durch Strom- und Spannungsmessung.

In einfachster Weise läßt sich die Bestimmung des Ohmschen Widerstandes durch eine Messung mit Gleichstrom ausführen. Erzeugt ein Strom J an den Enden eines Widerstandes x einen Spannungsabfall E, so folgt aus dem Ohmschen Gesetz:

$$x = \frac{E}{J} \quad \ldots\ldots \quad (40)$$

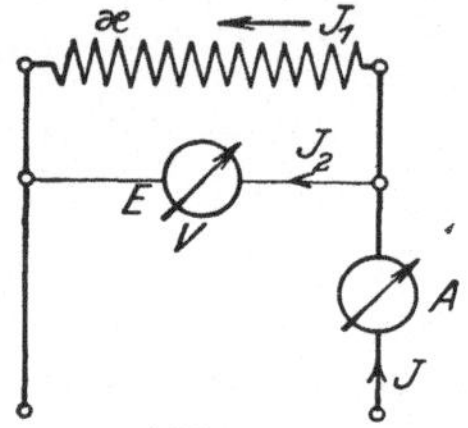

Abb. 101.

Je nach der Lage der Instrumente sind folgende Schaltungen zu unterscheiden.

a) Nach Abb. 101. Das Voltmeter V, dessen Eigenwiderstand r_g sei, liegt direkt an den Klemmen des Widerstandes x. Das Amperemeter mißt den Strom J als die Summe der Ströme J_1 und J_2 durch den Widerstand x und durch das Voltmeter. Mit der Gleichung:

$$J_1 = J - J_2 = J - \frac{E}{r_g}$$

ergibt sich:

$$x = \frac{E}{J - \frac{E}{r_g}} \quad \ldots\ldots\ldots \quad (40\,\mathrm{a})$$

Die Verwendung dieser Schaltung ist dort am Platze, wo der Widerstand x wesentlich kleiner als der Widerstand r_g des Voltmeters ist. Verwendet man einen Spannungsmesser mit so hohem r_g, daß der Strom J_2 gegen J_1 zu vernachlässigen ist, so genügt es, an Stelle von Gl. (40a) mit Gl. (40) zu rechnen.

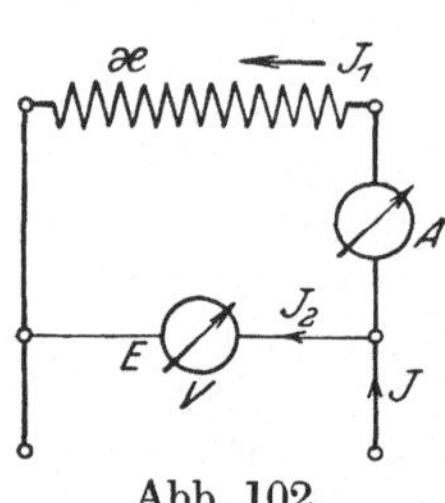

Abb. 102.

b) Nach Abb. 102. Das Voltmeter V mißt hier die Spannung E als die Summe der Spannungsabfälle $J_1 \cdot x$ und $J_1 \cdot r_g$, welche der Strom J_1 im Widerstand x und im Amperemeter vom Widerstande r_g hervorruft. Aus der Gleichung:

$$J_1 \cdot x = E - J_1 \cdot r_g$$

folgt

$$x = \frac{E - J_1 \cdot r_g}{J_1} \quad \ldots\ldots\ldots \quad (40\,\mathrm{b})$$

Diese Schaltung wird dort zweckmäßig sein, wo der Spannungsabfall im Amperemeter klein ist gegenüber dem Spannungsabfall im Widerstande x. Ist letzterer sehr groß im Vergleich mit r_g, so wird auch hier meist die einfache Gl. (40) genügen.

Eine Korrektion ist natürlich bei Abb. 101 nicht erforderlich, wenn zur Messung der Spannung statische Voltmeter benutzt werden, da hierbei der Spannungskreis die Stromverteilung nicht beeinflußt.

Anwendung der Widerstandsmessung nach dieser Methode. Sie eignet sich sowohl zur Messung von mittleren und kleineren Widerständen (Schaltung nach Abb. 101), wie sie bei Glühlampen, Ankern, Feldspulen vorkommen, als auch zur Bestimmung von hohen und höchsten Widerständen (Schaltung nach Abb. 102), wie Isolationswiderständen. Passende Wahl von Stromstärken und Instrumenten ist Bedingung. Zur Messung von Isolationswiderständen werden Spannungen bis 1000 V und hochempfindliche Drehspulinstrumente benutzt (s. später).

Auf die Meßgenauigkeit haben Einfluß die Übergangswiderstände und auch thermoelektrische Kräfte.

22. Widerstandsbestimmung durch Vertauschung.

Da bei diesen Methoden stets zwei Messungen vorzunehmen sind, so ist Bedingung, daß die verwendete Stromquelle eine konstante elektromotorische Kraft liefert, was z. B. bei Akkumulatoren der Fall ist. Zu unterscheiden sind folgende Schaltungen:

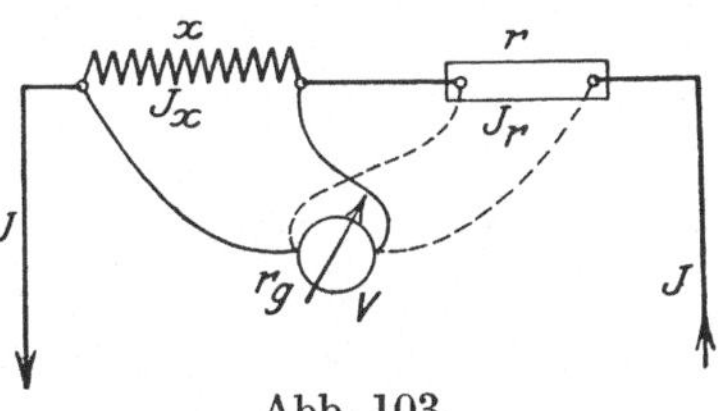

Abb. 103.

a) Nach Abb. 103. 1. Das Voltmeter V (als solches dient am besten ein Drehspulinstrument) mit dem Eigenwiderstande r_g wird zur Messung der Spannungsverluste im Widerstande x und im Vergleichswiderstande r benutzt; x und r liegen dabei in Serie. Ist r regulierbar, so reguliert man in beiden Fällen auf gleichen Ausschlag des Spannungsmessers ein. Dann ist:

$$x = r \quad \ldots \ldots \ldots \ldots \quad (41)$$

2. Ist $r \gtreqless x$ und nicht regulierbar, so ist der Instrumentstrom und bei Verwendung eines Meßgerätes mit gleichmäßiger Teilung (Drehspulgalvanometer) auch dessen Ausschlag proportional dem Spannungsverlust im Widerstand x oder r. Bedeuten, je nachdem das Voltmeter an x oder r liegt, J_{gx}, J_{gr}, α_x, α_r die Instrumentströme und Ausschläge, J_x und J_r die Ströme in den Widerständen, so gilt:

$$J_{gx} = \frac{J_x \cdot x}{r_g} = c \cdot \alpha_x$$

$$J_{gr} = \frac{J_r \cdot r}{r_g} = c \cdot \alpha_r .$$

Wenn der Widerstand des Instrumentes genügend hoch ist, so kann der Galvanometerstrom in beiden Fällen vernachlässigt werden. Man kann somit setzen:

$$J_x = J_r = J .$$

Berücksichtigt man dies in den beiden genannten Ausdrücken, so folgt:

$$x = r \cdot \frac{\alpha_x}{\alpha_r} \quad \ldots \ldots \ldots \ldots \quad (41\,\mathrm{a})$$

Der Widerstand r soll wenigstens angenähert die Größe von x haben.

b) Nach Abb. 104. 1. Mittels des Schalters U wird einmal der Widerstand x mit dem Amperemeter (Galvanometer) A in Serie gelegt, dann der Widerstand r. Ist r regulierbar, so stellt man auf gleiche Ablenkung ein. Dann ist wieder: $x = r$.

2. Ist $r \gtreqless x$, so gilt unter Vernachlässigung des inneren Widerstandes der Batterie (r_g = Widerstand des Instrumentes):

$$J_x \cdot (r_g + x) = J_r \cdot (r_g + r)\,.$$

Besteht Proportionalität zwischen den Stromstärken J_x bzw. J_r und den zugehörigen Ausschlägen α_x bzw. α_r, so folgt aus der letzten Gleichung:

$$c \cdot \alpha_x \cdot (r_g + x) = c \cdot \alpha_r \cdot (r_g + r)$$

$$x = \frac{\alpha_r}{\alpha_x} \cdot (r_g + r) - r_g \quad \ldots \ldots \quad (41\,\text{b})$$

Ist r und x sehr groß im Vergleiche zu r_g, so hat die einfache Beziehung Gültigkeit:

$$x = r \cdot \frac{\alpha_r}{\alpha_x} \quad \ldots \ldots \quad (41\,\text{c})$$

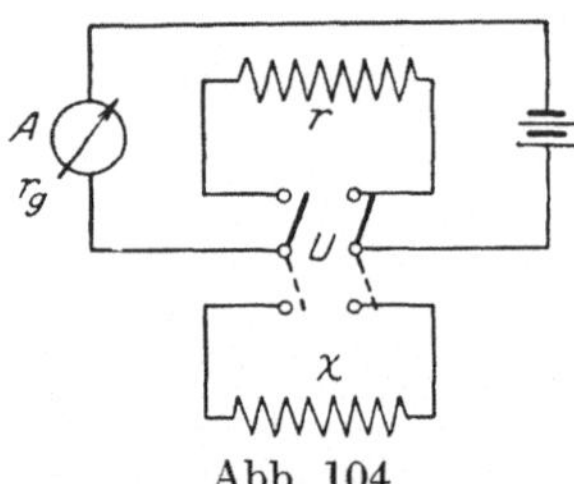

Abb. 104.

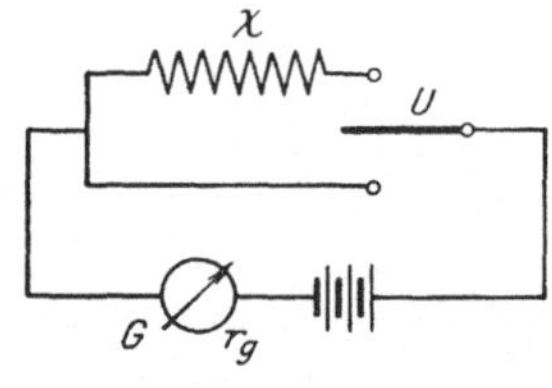

Abb. 105.

3. Man kann auch folgenden Weg einschlagen, wenn der Instrumentwiderstand r_g klein ist gegen x. Beobachtet man bei einem Widerstande von $r_1\,\Omega$ einen Ausschlag α_1, bei $r_2\,\Omega$ einen Ausschlag α_2 und bei $x\,\Omega$ einen Ausschlag α_x, wobei r_1 und r_2 so zu wählen sind, daß $\alpha_1 > \alpha_x > \alpha_2$ wird, dann besteht die Gleichung:

$$x = r_1 + \frac{\alpha_1 - \alpha_x}{\alpha_1 - \alpha_2} \cdot (r_2 - r_1) \quad \ldots \ldots \quad (41\,\text{d})$$

c) Nach Abb. 105 (Abänderung der Methode b). Der Widerstand r ist weggelassen. Als Instrument G wird ein solches mit hohem Eigenwiderstande r_g (am besten ein Präzisionsvoltmeter) benutzt. Bedeuten α_x und α_g die Instrumentausschläge je nach der Stellung des Umschalters U, so findet man leicht die Beziehung:

$$x = r_g \cdot \left(\frac{\alpha_g}{\alpha_x} - 1\right) \quad \ldots \ldots \quad (41\,\text{e})$$

Anwendung dieser Methoden. Abgesehen von dem Fall, daß $x = r$ eingestellt werden kann, liefern Messungen nach den Schaltungen Abb. 103 (für kleine und mittlere Widerstände) und Abb. 104 (für mittlere und hohe Widerstände) mäßig genaue Resultate. Die Schaltung Abb. 105 findet Verwendung bei der Messung hoher und höchster Widerstände (Isolationsmessung).

23. Nullmethoden zur Widerstandsbestimmung.

Als Nullmethoden bezeichnet man alle jene Meßverfahren, bei denen nicht der Zeigerausschlag eines Instrumentes das Maß einer Größe darstellt, sondern bei denen die Nullage desselben das Kennzeichen der richtigen Einstellung bzw. Abgleichung aller Hilfsmittel ist, aus welchen die gesuchte Größe berechnet werden kann.

a) Meßbrücke von Wheatstone.

Allgemeines. Die älteste Nullmethode ist die Messung von Widerständen im Wheatstone-Viereck nach Abb. 106. Es sind drei bekannte Widerstände a, b und r mit dem unbekannten x zu einem Viereck verbunden, in dessen eine Diagonale AC die Meßbatterie E eingeschaltet ist, während ein Galvanometer G in der zweiten Diagonale BD, der sogenannten Brücke, liegt.

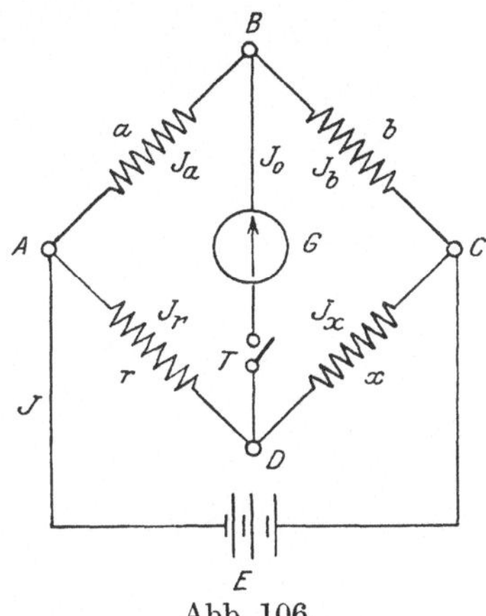

Abb. 106.

Wenn die Brücke (das Galvanometer) stromlos, also $J_0 = 0$ ist, so sind die Produkte der gegenüberliegenden Widerstände einander gleich:

$$a \cdot x = b \cdot r.$$

Folglich gilt für den unbekannten Widerstand x:

$$x = r \cdot \frac{b}{a}. \quad . \quad . \quad . \quad . \quad (42)$$

Beweis. Ist $J_0 = 0$, so bestehen die Beziehungen:

1. $J_a = J_b$ und $J_r = J_x$;
2. der Spannungsverlust von A nach B ist gleich jenem von A nach D, also: $J_a \cdot a = J_r \cdot r$;
3. der Spannungsverlust von B nach C ist gleich jenem von D nach C, also: $J_b \cdot b = J_x \cdot x$.

Durch Division der beiden letzten Gleichungen erhält man:

$$\frac{J_a \cdot a}{J_b \cdot b} = \frac{J_r \cdot r}{J_x \cdot x},$$

welcher Ausdruck unter Berücksichtigung von $J_a = J_b$ und $J_r = J_x$ die Gl. (42) liefert.

Häufig wird der Widerstand $a + b$ in Form eines Drahtes von überall genau gleichem Querschnitt ausgeführt. Da dann die Beziehung $b : a = l_2 : l_1$ besteht, so kann man in Gl. (42) an Stelle des Verhältnisses der Widerstände b und a das Verhältnis der entsprechenden Längen l_2 und l_1 einführen. Längs des Drahtes wird ein Gleitkontakt (B in Abb. 107) verschoben, bis das Galvanometer stromlos ist. Zu bemerken ist noch:

1. Für genaue Messungen zieht man Brücken aus Widerstandssätzen vor, da bei der Drahtbrücke das Längenverhältnis nicht immer mit dem Widerstandsverhältnis übereinstimmt.

2. Die größte Meßgenauigkeit wird erreicht, wenn die vier Zweige der Brücke angenähert gleichen Widerstand haben ($a = b = r = x$). Den günstigsten Galvanometerwiderstand r_g findet man aus:

$$r_g = \frac{(a + r) \cdot (b + x)}{a + b + r + x}.$$

3. Zur Vermeidung des Einflusses thermoelektrischer Kräfte sollen nur schwache Batterieströme benutzt werden. Zweckmäßig ist es, zwei Messungen, zwischen welchen der Batteriestrom gewendet wird, auszuführen und aus den dazu berechneten Widerständen den arithmetischen Mittelwert zu nehmen.

4. Die Größe des bei einer Messung gemachten Fehlers kann man folgendermaßen feststellen: Man verändert die Widerstände a und b, von einer Nullstellung ausgehend, so (bei einer Drahtbrücke kann dies durch Verschieben der Schneide nach beiden Seiten geschehen), daß man noch bemerkbare Ablesungen + und — am Brückeninstrument machen kann. Die zugehörigen Widerstände mögen x_1 und x_2 sein. Der gesuchte Widerstand x hat dann die Größe $x = 0{,}5 \cdot (x_1 + x_2)$. Der Fehler beträgt $\Delta x = \pm \frac{x_1 - x_2}{x_1 + x_2} \cdot 100\,\%$.

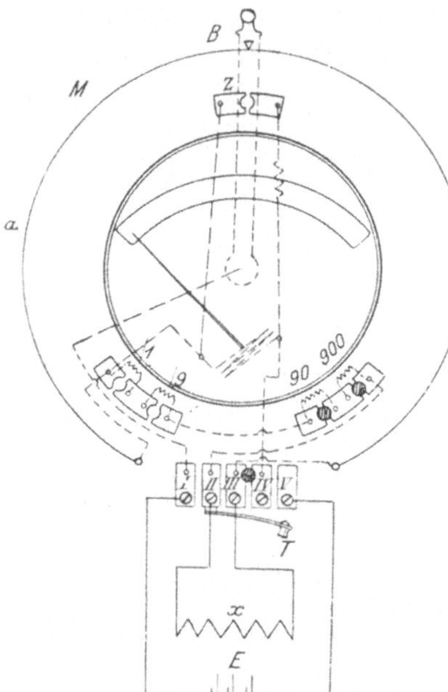

Abb. 107.

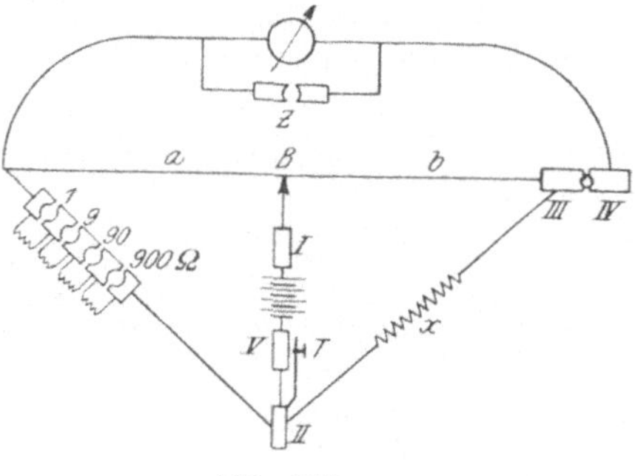

Abb. 108.

5. Die Meßgenauigkeit wird nicht beeinflußt von Spannungsschwankungen der Batterie.

Anwendung. Geeignet ist die Methode zur Messung von mittleren und größeren Widerständen (1÷1000 Ω). Für kleine Widerstände (unter 1 Ω) ist die Brücke wohl auch verwendbar (s. die Angaben bei der Ausführung von Hartmann & Braun), doch muß man dann auf eine größere Genauigkeit verzichten, da die Übergangswiderstände, sowie die der Zuleitungs- und Verbindungsdrähte eine Fehlerquelle bilden. Man verwendet in diesem Falle besser die Brückenanordnungen von Hockin & Matthiessen und vor allem die von Thomson.

Ausführungen. 1. Universalgalvanometer von Siemens & Halske. Dasselbe ist als Drahtbrücke in runder Form ausgeführt — vgl. die Abb. 107 und 108. Das Galvanometer ist ein Drehspulinstrument, so daß der Apparat auch für Strom- und Spannungsmessungen verwendet werden kann. Auf dem Meßdraht M wird der Kontakt B so lange verschoben, bis das Galvanometer beim Schließen des Tasters T keinen Ausschlag mehr gibt. Das Verhältnis $b : a$ kann direkt bei der betreffenden Stellung von B abgelesen werden. Der Widerstand r wird so gestöpselt, daß er entweder 1, 10, 100 oder 1000 Ω beträgt. Die Messung wird am genauesten, wenn bei stromlosem Galvanometer die Abschnitte b und a ungefähr gleich sind. r ist also so zu wählen, daß $r \sim x$ ist. I, II, III, IV, V sind Kontaktplatten. Für Widerstandsmessungen muß der Stöpsel zwischen III und IV gesteckt und der bei z gezogen sein. Auf dem Deckel des Instrumentes sind alle für die verschiedenen möglichen Messungen erforderlichen Schaltungen eingeätzt. Die Schaltung zeigt Abb. 108.

Das Instrument ist geeignet für Widerstände bis 30 000 Ω. Die Meßbatterie muß für hohe Widerstände stark genug sein, so daß kleine Verschiebungen von B noch merkliche Differenzen des Zeigerausschlages bewirken. Der Meßstrom darf jedoch 0,5 A nicht übersteigen.

2. Drahtbrücke von Hartmann & Braun. Je nach der Größe des zu messenden Widerstandes sind drei Vergleichswiderstände r vorgesehen im Betrage von 0,01, 1,0 und 100 Ω. Die Skala, welche parallel zum Meßdraht gelegt ist, gibt direkt das Verhältnis $b : a$ an. Gut ablesbar ist noch $b:a = 1:10$; daher kleinster Meßbereich 0,001 Ω (bei Verwendung von $r = 0{,}01\,\Omega$). Noch gut ablesbar ist auch das Verhältnis $b : a = 10:1$; daher größter Meßbereich 1000 Ω (bei Verwendung von $r = 100$). Für diese Grenzen, also für Widerstände zwischen 0,001 bis 1000 Ω beträgt die Ablesegenauigkeit etwa 2 %. Für noch größere bzw. kleinere Widerstände wird das Verhältnis $b:a$ des Brückendrahtes zu ungünstig, so daß die Genauigkeit der Messung sehr gering wird.

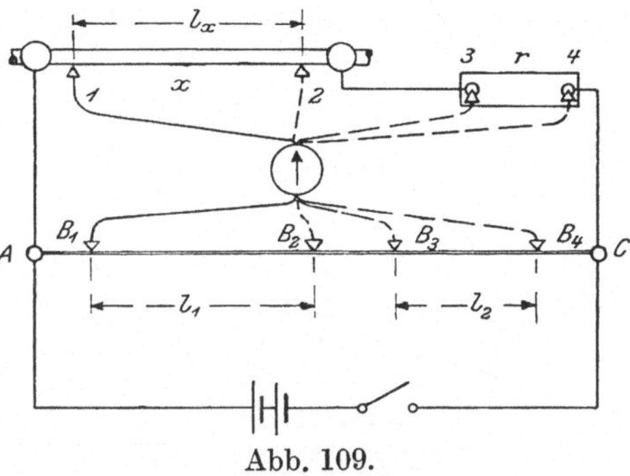

Abb. 109.

b) Brückenmessung nach Hockin & Matthiessen.

In Abb. 109 ist AC der Meßdraht, r der bekannte Vergleichswiderstand, der am besten von der gleichen Größenordnung ist, wie der gesuchte Widerstand x. Derselbe sei z. B. ein dicker Draht (Kupferstab für Ankerwicklungen). Man grenzt auf dem Draht ein Stück l_x ab, verbindet Punkt 1 desselben mit dem Galvanometer und verschiebt den Schleifkontakt B, bis das Galvanometer stromlos ist: Stellung B_1.

Ebenso werden noch drei andere Messungen vorgenommen, wobei sich bei stromlosem Galvanometer jeweils die Punkte entsprechen: 2 und B_2, 3 und B_3, 4 und B_4. Für den Widerstand x des Kupferstabes, der zwischen den Punkten 1 und 2 liegt, findet man:

$$x = r \cdot \frac{l_1}{l_2} \quad \quad (43)$$

Beweis: Für stromloses Galvanometer sind die Potentiale in den Punkten 1 und B_1 einander gleich. Dasselbe gilt für die Punkte 2 und B_2 usw. Bezeichnet J_1 den Strom im Meßdraht AC, J_2 den Strom in x und r, V_1, V_2, V_3, V_4 die entsprechenden Potentiale, so gilt:

$$\left.\begin{aligned} V_1 - V_2 &= J_1 \cdot r_{l1} = J_2 \cdot x \\ V_3 - V_4 &= J_1 \cdot r_{l2} = J_2 \cdot r \end{aligned}\right\}$$ dabei sind r_{l1} und r_{l2} die den Längen l_1 und l_2 des Meßdrahtes entsprechenden Widerstände.

Division ergibt: $\frac{x}{r} = \frac{r_{l1}}{r_{l2}} = \frac{l_1}{l_2}$ und die obige Gleichung.

Anwendung. Der Einfluß der Zuleitungen und Übergangswiderstände an den Kontaktstellen ist hier vollkommen ausgeschaltet. Vorausgesetzt, daß der Meßdraht homogen und überall von gleichem Querschnitt ist und daß die Stromquelle während der Messung konstant bleibt, ist die Methode für die Bestimmung kleiner Widerstände recht genau. Ein Nachteil ist der, daß vier Einstellungen nötig sind. Dies ist der Hauptgrund, warum die Methode für praktische Messungen, bei denen es vielfach auf eine rasche Abgleichung der Widerstände ankommt, wenig Verwendung findet.

c) Doppelbrücke von Thomson.

Meßprinzip. In Abb. 110 ist AC der Meßdraht, dessen Widerstand und Temperaturkoeffizient genau bekannt sind; x ist der unbekannte Widerstand, a, b, c, d sind bekannte Vergleichswiderstände, welche zu einander die Beziehung haben müssen:

$$\frac{a}{b} = \frac{c}{d}.$$

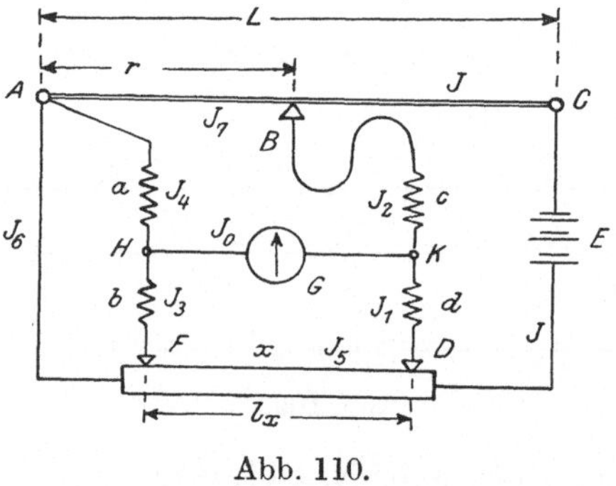

Abb. 110.

Bei richtiger Wahl dieses Widerstandsverhältnisses findet man durch Verschieben des Schleifkontaktes B einen Punkt auf dem Meßdraht, bei welchem das Galvanometer stromlos wird; in diesem Falle ist:

$$\frac{x}{r} = \frac{b}{a} = \frac{d}{c}.$$

Daraus folgt:

$$x = r \cdot \frac{b}{a} = r \cdot \frac{d}{c} = R \cdot \frac{\overline{AB}}{\overline{AC}} \cdot \frac{d}{c} \quad \quad (44)$$

wenn R der Widerstand des ganzen Meßdrahtes AC und x der durch die sogenannten Spannungsdrähte F und D abgegrenzte Widerstand des Stückes l_x ist.

Beweis. Aus Abb. 110 ergibt sich für $J_0 = 0$:

$$J_1 = J_2, \qquad J_3 = J_4,$$
$$J_1 + J_5 = J, \qquad J_7 + J_2 = J;$$

folglich:

$$J_5 = J_7.$$

Ferner muß für $J_0 = 0$ der Spannungsabfall von D nach K derselbe sein, wie von D über F nach H. Ebenso sind die Spannungsverluste von B nach K und von H über A nach B einander gleich, also:

$$J_1 \cdot d = J_5 \cdot x + J_3 \cdot b$$
$$J_1 \cdot c = J_3 \cdot a + J_5 \cdot r.$$

Division beider Gleichungen ergibt:

$$\frac{d}{c} = \frac{J_5 \cdot x + J_3 \cdot b}{J_3 \cdot a + J_5 \cdot r};$$

setzt man für $\frac{d}{c}$ den Ausdruck $\frac{b}{a}$ ein, so findet man nach einer kleinen Umstellung die Gl. (44).

Anwendung. Insbesondere wird diese Methode zum Messen kleiner und sehr kleiner Widerstände (Ankerwiderstände) benutzt. Man ist bei der Thomsonbrücke unabhängig von Zuleitungs- und auch Kontaktwiderständen. Letztere beeinflussen vor allem dann nur ganz unmerklich das Resultat, wenn die Widerstände a, b, c und d nicht zu klein genommen werden. Eine Forderung hinsichtlich der Konstanz der Stromquelle besteht auch hier nicht.

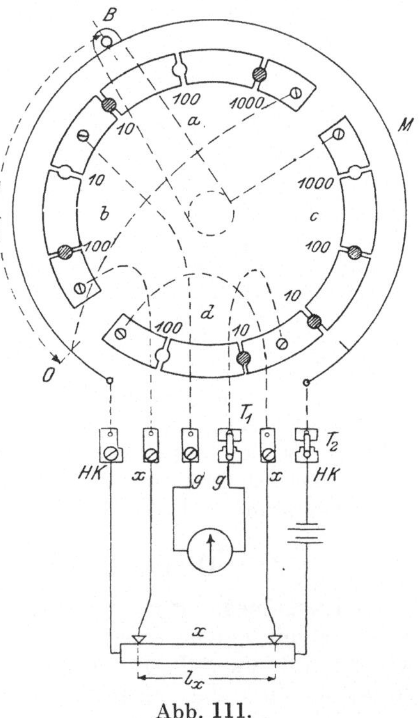

Abb. 111.

Ausführungen. Siemens & Halske (Abb. 111). M ist der Meßdraht, der aus Manganin hergestellt wird und ungefähr 0,01 Ω Widerstand hat. Manganin hat einen Temperaturkoeffizienten von 0,00005 % für 1° C; innerhalb der normalen Temperaturschwankungen bleibt also der Widerstand des Meßdrahtes praktisch unverändert. Die Teilung des Meßdrahtes ist so ausgeführt, daß bei der jeweiligen Stellung von B der Widerstand r am Meßdraht gleich abgelesen werden kann. T_1 und T_2 sind Taster für das Galvanometer und die Batterie. Mit der Siemensschen Doppelbrücke lassen sich Widerstände zwischen 0,000001 Ω und 0,1 Ω messen; es gilt die Gl. (44) und es muß die Bedingung erfüllt sein:

$$\frac{b}{a} = \frac{d}{c}.$$

Siemens & Halske führen auch eine Doppelkurbelmeßbrücke aus, die in Thomsonschaltung einen Meßbereich von 0,0000001÷1 Ohm, in Wheatstoneschaltung einen solchen von 0,1÷100000 Ohm besitzt.

Hartmann & Braun Abb. 112. Die Brücke ist für die Messung von Widerständen zwischen 0,000 001 und 0,1 Ω geeignet. Für Widerstände, welche größer als 0,1 Ω sind, wird die gestrichelte Schaltung ausgeführt, wodurch die Vergleichswiderstände vertauscht werden, so daß in diesem Fall die Gl. (44) übergeht in:

$$x = r \cdot \frac{a}{b}.$$

Für Widerstände unter 0,1 Ω gilt die Gl. (44). Der Widerstand x ist am Schleifkontakt B direkt ablesbar. Die Brücke besitzt bei K besondere Einspannklemmen, um dicke Stäbe einzuspannen, und ihre Spannungsdrähte sind mit Schneiden S versehen, deren Abstand l_x maßgebend für die Berechnung des Widerstandes x ist.

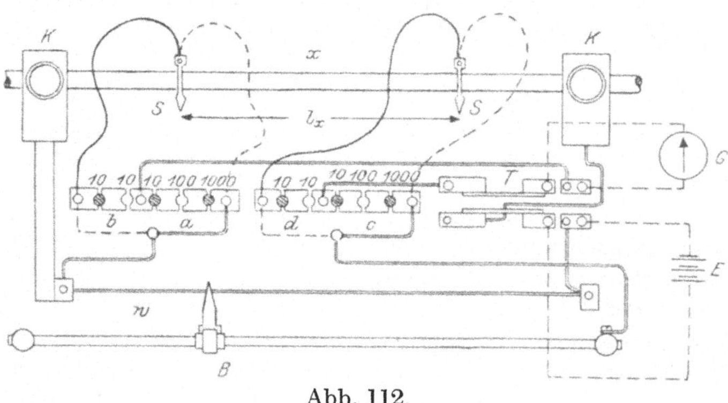

Abb. 112.

Die Weston Co. baut eine kombinierte Wheatstone-Thomsonbrücke mit verdeckten Kontakten und springenden Zahlen. Hervorzuheben ist bei dieser Ausführung die Einfachheit, mit der ohne jede Schaltungsänderung nur durch Einstecken eines einzigen Stöpsels von der Wheatstone- auf die Thomsonschaltung übergegangen werden kann.

24. Direkt zeigende Widerstandsmesser.

Allgemeines. Bequemer, allerdings auch weniger genau ist die Messung mit einem direkt zeigenden Widerstandsmesser (Ohmmeter), welcher auf einer Skala unmittelbar den Widerstandswert abzulesen gestattet. Mit den eigentlichen Ohmmetern können Widerstände in der Größe von etwa 0,01÷1000 Ω, mit den sog. Isolationsmessern oder Megohmmetern solche bis zu mehreren Millionen Ohm bestimmt werden.

Einspulige Ohmmeter. Die einfachsten Widerstandsmesser bestehen aus einem empfindlichen Drehspulstrommesser, der mit einem Akkumulator oder einer Trockenbatterie meist in einen Holzkasten eingebaut ist. Je nach ihrer Größe werden die zu messenden Widerstände entweder in Parallel- oder Reihenschaltung mit dem Instrumente an die Batterie angeschlossen. Bei bekannter Spannung der letzteren ist der Ausschlag von dem zu messenden Widerstande abhängig und die Skala kann direkt in Ohm geeicht werden. Sollen die Angaben stets richtig sein, so muß die Batteriespannung kontrolliert werden. Dazu schaltet man das Instrument in Reihe mit einem bekannten Widerstand durch Betätigung einer Prüftaste und ermittelt so die Batteriespannung. Weicht ihr Wert von dem Normalwerte ab, so wird entweder durch Einstellen eines Vorwiderstandes die Spannung am Instrument geändert, oder es wird die Empfindlichkeit des letzteren durch einen magnetischen Nebenschluß zum Luftspalt variiert.

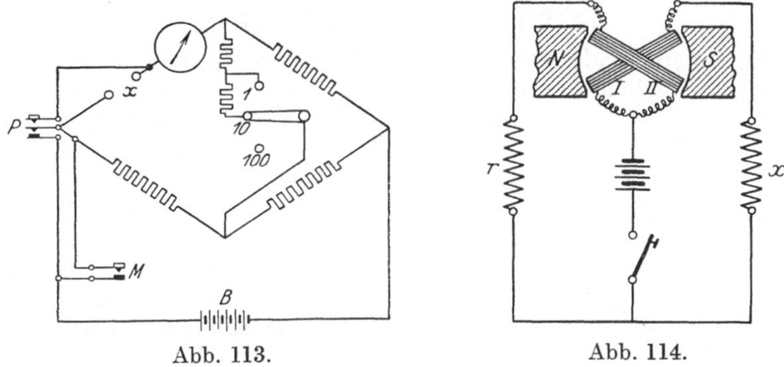

Abb. 113. Abb. 114.

Die Innenschaltung eines Widerstandsmessers von Siemens & Halske zeigt Abb. 113. Es sind drei Meßbereiche, die sich wie 1 : 10 : 100 verhalten und die durch den Kurbelumschalter betätigt werden, vorhanden. Durch Drücken des Tasters M wird der an die Klemmen bei x anzuschließende Widerstand gemessen. P ist eine Prüftaste, durch deren Betätigung der Widerstand x kurzgeschlossen wird. Dann soll das Instrument, da sein Eigenwiderstand in der nach Ohm geeichten Skala berücksichtigt ist, auf Null stehen; wenn nicht, so erfolgt die Einregulierung durch einen magnetischen Nebenschluß.

Kreuzspulohmmeter. Das Prinzip eines direkt zeigenden Ohmmeters mit Kreuzspulen von Hartmann & Braun ist aus Abb. 114 ersichtlich. Die beiden auf einer Achse befestigten Spulen I und II drehen sich im Felde eines hufeisenförmigen Dauermagneten NS. Der Spule II ist ein bestimmter Widerstand r vorgeschaltet, im Stromkreis der Spule I liegt der gesuchte x. Die Schaltung der Drehspulen ist so, daß die erzeugten Drehmomente, deren Größen nur von r und x abhängen, einander entgegenwirken. Da r konstant ist, ist der Zeigerausschlag allein eine Funktion von x.

Durch Veränderung von r kann der Meßbereich erweitert werden. Der kleinste mit diesen Ohmmetern meßbare Widerstand beträgt $0{,}0001\,\Omega$, der höchste $100\,\mathrm{M}\Omega$ (Megohm). Dabei ist im ersten Falle eine Batteriespannung von 2 V, im letzten dagegen eine solche von 800 V nötig.

24a. Einige Widerstandsmessungen.

a) Widerstand eines Galvanometers in der Brücke.

In der Abb. 106 denke man sich an die Stelle des Widerstandes x das Galvanometer geschaltet. Im Brückenzweige bleibt nur der Schlüssel T. Je nach den Größen der Widerstände a, b und r zeigt das Instrument eine Ablenkung. Wenn ein Öffnen und Schließen des Tasters T diese Ablenkung nicht beeinflußt, so herrscht zwischen den Punkten B und D stets gleiches Potential und die Brücke ist stromlos. Das bedeutet, daß die Widerstände richtig abgeglichen sind, und daß für die Berechnung des Galvanometerwiderstandes x die Gl. (42) Verwendung finden kann.

b) Widerstand von Elementen.

Der innere Widerstand x eines Elementes ist eine Funktion des von diesem gelieferten Stromes J_x. x kann in einwandfreier Weise nach der Schaltung Abb. 115 bestimmt werden. Im Brückenzweige liegt ein Galvanometer G mit hohem Eigenwiderstande r_g, sowie der Taster T. In der äußeren Verbindung AC liegt nur noch der Schlüssel T_1. T wird beim Versuch geschlossen: Das Galvanometer zeigt eine Ablenkung. Die Widerstände a, b, r werden so lange abgeglichen, bis ein Öffnen und Schließen des Schlüssels T_1 den Ausschlag des Galvanometers nicht mehr beeinflußt. Zur Berechnung des inneren Widerstandes kann dann Gl. (42) gebraucht werden.

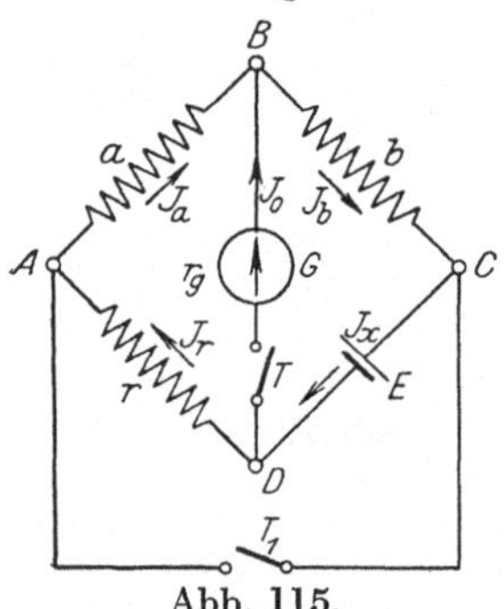

Abb. 115.

Beweis. Ist E die EMK des Elementes und bedeuten J_x, J_r, J_a, J_b, J_0 bzw. J'_x, J'_r, J'_a, J'_b, J'_0 die Ströme in den einzelnen Zweigen bei geschlossener bzw. offener Taste T_1, so können unter Zuhilfenahme der beiden Kirchhoffschen Sätze folgende Beziehungen aufgestellt werden:

$$\text{I.}\quad E = J_x \cdot x + J_0 \cdot r_g + J_b \cdot b \qquad E = J'_x \cdot x + J'_0 \cdot r_g + J'_b \cdot b$$

$$\text{II.}\quad J_0 \cdot r_g = J_r \cdot r + J_a \cdot a \qquad J'_0 \cdot r_g = J'_r \cdot r + J'_a \cdot a.$$

Bedingung für die richtige Abgleichung ist: $J_0 = J'_0$. Damit erhält man aus den vorstehenden Gleichungen:

$$\text{III.}\quad x \cdot (J_x - J'_x) = b \cdot (J'_b - J_b) \quad \text{und} \quad r \cdot (J_r - J'_r) = a \cdot (J'_a - J_a).$$

Durch Division der Gleichungen (III) erhält man den Ausdruck:

$$\text{IV.}\qquad \frac{x \cdot (J_x - J'_x)}{r \cdot (J_r - J'_r)} = \frac{b \cdot (J'_b - J_b)}{a \cdot (J'_a - J_a)}.$$

Ferner bestehen noch die Beziehungen:

$$\text{V.}\qquad \begin{array}{rl} J_x = J_0 + J_r & \quad J_b = J_0 + J_a \\ J'_x = J_0 + J'_r & \quad J'_b = J_0 + J'_a \\ \hline J_x - J'_x = J_r - J'_r & \quad J'_b - J_b = J'_a - J_a \end{array}.$$

Die Einführung dieser Ausdrücke in die Gl. (III) ergibt Gl. (42).

c) Bestimmung der spezifischen Leitfähigkeit von Metallen.

Zur Bestimmung der spezifischen Leitfähigkeit bzw. des spezifischen Widerstandes von Metallen, insbesondere von kurzen, dicken Stäben (z. B. von Stäben für Ankerwicklungen) eignen sich alle Methoden, welche für die Messung kleiner Widerstände verwendbar sind (vor allem die Thomsonbrücke).

Aus dem gemessenen Widerstand x eines Stückes von der Länge l (in m) und dem Querschnitt q (in mm^2) bestimmt sich der spezifische Widerstand c (Widerstand des gleichen Materials von 1 m Länge und 1 mm^2 Querschnitt) zu:

$$c = \frac{x \cdot q}{l}$$

und die spezifische Leitfähigkeit λ zu:

$$\lambda = \frac{1}{c} = \frac{l}{x \cdot q} \quad . \quad . \quad (45)$$

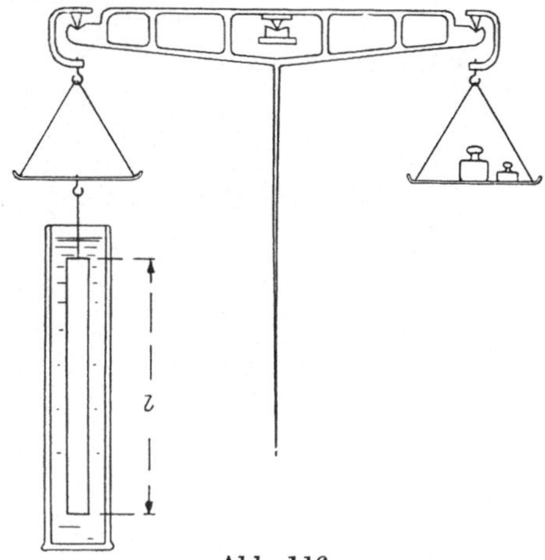

Abb. 116.

Der Querschnitt q ist an möglichst vielen Stellen zu bestimmen und der Mittelwert in Rechnung zu setzen.

Genauer ist die Bestimmung von q durch Wägung. Das Stück (Abb. 116) wird zuerst in Luft (G_l kg), dann in destilliertem Wasser von 20° C gewogen (G_w kg). Somit Rauminhalt

$$V = G_l - G_w \text{ in dcm}^3$$

und

$$q = 1{,}003 \cdot \frac{V}{l} \cdot 10^3 \text{ in mm}^2.$$

Die Korrektion 0,003 berücksichtigt die Wasserdichte und den Auftrieb in Luft.

d) Bestimmung der spezifischen Leitfähigkeit von Flüssigkeiten.

Es ist zweckmäßig, für die Bestimmung der spezifischen Leitfähigkeit von Flüssigkeiten eine Wechselstromquelle zu verwenden, da bei der Benutzung von Gleichstrom Polarisationserscheinungen Fehler ergeben können. Die Schaltung ist die in Abb. 117 gezeichnete Brückenschaltung. Als Indikatorinstrument dient ein Telephon T. Die Widerstände sind richtig abgeglichen, wenn der Ton im Telephon verschwindet oder wenn ein Tonminimum beobachtet wird.

Als Gefäß für die Aufnahme der Flüssigkeit wird ein U-förmig gebogenes Glasrohr benutzt, das mit zwei Elektroden aus Platin oder Platinmoor ausgestattet ist. Man führt zwei Versuche aus, einen Vor- und einen Hauptversuch.

1. Vorversuch. Derselbe bezweckt die Ermittlung der Größenverhältnisse der Flüssigkeitssäule, die sich zwischen den Elektroden befindet. Man nimmt dazu eine Flüssigkeit, deren spezifische Leitfähigkeit λ' genau bekannt ist, gleicht die Brücke in der angegebenen Weise ab und berechnet aus den Werten a', b', r' den Widerstand x':

$$x' = r' \cdot \frac{b'}{a'} = \frac{1}{\lambda'} \cdot \frac{l}{q}.$$

Daraus findet man:

$$\frac{l}{q} = \lambda' \cdot x' \quad \ldots \ldots \ldots \ldots \quad (46)$$

2. Hauptversuch. Die zu untersuchende Flüssigkeit (Leitfähigkeit λ) wird in das Gefäß gebracht und die Brücke neu eingestellt.

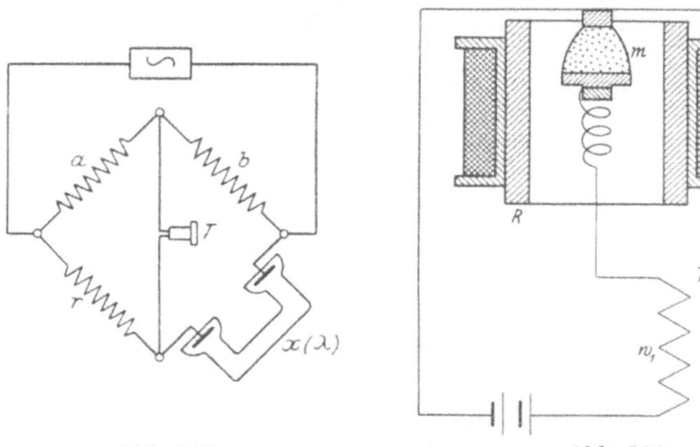

Abb. 117. Abb. 118.

Aus den Werten a, b, r findet man den Flüssigkeitswiderstand x zu:

$$x = r \cdot \frac{b}{a} = \frac{1}{\lambda} \cdot \frac{l}{q}.$$

Da das Verhältnis $l:q$ dasselbe ist wie beim Vorversuch, so ergibt sich unter Benutzung von Gl. (46):

$$x = \frac{1}{\lambda} \cdot \lambda' \cdot x'$$

und daraus

$$\lambda = \frac{x'}{x} \cdot \lambda' \quad \ldots \ldots \ldots \ldots \quad (46\,a)$$

Bemerkungen. Zu bemerken ist noch:

1. Als Flüssigkeiten für den Vorversuch kommen in Betracht Kochsalz-, Essigsäure-, Bittersalzlösungen usw. Bei einer konzentrierten Kochsalzlösung beträgt die Leitfähigkeit λ' (bezogen auf eine Flüssigkeitssäule von 1 m Länge und 1 qmm Querschnitt) für 26,4% NaCl-Gehalt und 1,201 spezifisches Gewicht (bei 18°), wenn eine Temperatur von $T°$ herrscht:

$$\lambda' = [215 + 4{,}8 \cdot (T - 18°)] \cdot 10^{-7} \text{ Siemens}.$$

2. Als Wechselstromquelle kann ein Induktorium dienen. Der Nachteil eines solchen besteht aber darin, daß kein reiner Sinusstrom geliefert wird, so daß der Ton im Telephon niemals ganz verschwindet. Vorzuziehen sind die Mikrophonsummer von Siemens & Halske nach Abb. 118, welche einen fast reinen Sinusstrom von 350 ÷ 900 per liefern.

Die Telephonmembran P trägt das kleine Beutelmikrophon m, welches von einem magnetischen Stahlrohr R umgeben ist. Dessen oberer Rand befindet sich in geringer Entfernung von der Membran. R wird umschlossen von der Spule S, welche in Reihe liegt mit der Sekundärwicklung w_2 des Transformators T und einem Widerstande ab von 100 Ω. Die Enden a und b des letzteren stellen die Pole der Wechselstromquelle dar; an sie ist der Meßkreis (im vorliegenden Falle also die Brücke) anzuschließen. Die Widerstandsänderungen, welche durch die Schwingung der Membran entstehen, erzeugen Stromänderungen in der Primärwicklung w_1, wodurch die Schwingungen der Membran dauernd aufrecht erhalten und in w_2 fast sinusförmige Wechselströme induziert werden.

e) Bestimmung des Temperaturkoeffizienten.

Der Widerstand r_2 eines Leiters bei T_2^0 berechnet sich, wenn sein Widerstand r_1 bei T_1^0 bekannt ist, nach der Gleichung:

$$r_2 = r_1 (1 + \alpha \cdot (T_2 - T_1)).$$

α ist in der Formel der Temperaturkoeffizient, d. i. die Widerstandsänderung, welche ein Widerstand von 1 Ohm bei einer Temperaturänderung von 1^0 C erfährt. α bestimmt sich aus der Gleichung zu:

$$\alpha = \frac{r_2 - r_1}{r_1 \cdot (T_2 - T_1)} \quad \ldots \ldots \ldots \quad (46\text{b})$$

Der Temperaturkoeffizient α ist keine Konstante, sondern selbst von der Temperatur abhängig. α kann jedoch angenähert als eine Konstante betrachtet werden für die Temperaturzunahmen, welche für elektrische Maschinen bei Belastung zulässig sind.

Zur Ermittlung von α sind also zwei Widerstandsmessungen bei verschiedenen Temperaturen erforderlich (Widerstandsmessung nach Thomson oder Hockin & Matthiessen; erstere ist besser, da nur eine Einstellung erforderlich ist).

Man legt den Draht in ein Petroleumbad von T_1^0 und bestimmt gleichzeitig r_1. Das Petroleumgefäß stellt man in ein Wasserbad, welches am besten bis zum Sieden des Wassers erhitzt wird, da während desselben die Temperatur konstant bleibt. Man wartet, damit der Draht auch sicher die Temperatur des Petroleums angenommen hat, einige Zeit nach Siedebeginn, mißt dann T_2 des Petroleums, sowie r_2 und berechnet α. Man erhält α als Mittelwert für das Temperaturintervall $(T_2 - T_1)$.

25. Bestimmung des induktiven Widerstandes und des Selbstinduktionskoeffizienten.

a) Allgemeines.

Für einen an der Spannung E liegenden und von dem Strome J durchflossenen Wechselstromkreis, bei dem ein Ohmscher Widerstand r, ein induktiver Widerstand k und ein kapazitiver Widerstand ϱ in Reihe geschaltet sind, besteht das Gesetz:

$$E = J \cdot z = J \cdot \sqrt{r^2 + (k - \varrho)^2} \quad \ldots \ldots \quad (47)$$

Darin bedeutet noch z den Scheinwiderstand. Weil die Beziehungen gelten:

$$k = L \cdot \omega = L \cdot 2\pi f \quad \ldots \ldots \quad (47\text{a})$$

$$\varrho = \frac{1}{C \cdot \omega} = \frac{1}{C \cdot 2\pi f}, \quad \ldots \ldots \quad (47\text{b})$$

so ist die Ermittlung des induktiven und des kapazitiven Widerstandes bei bekannter Periodenzahl f an eine Messung des Selbstinduktionskoeffizienten L bzw. der Kapazität C geknüpft. In den obigen Formeln ist L in Henry (H), C in Farad (F) einzusetzen.

Vielfach wird für L und C als Einheit das „cm" gebraucht. Es sei daher hier an die Umrechnungen erinnert:

$$1 H = 10^9 \text{ cm} \qquad 1 \text{ cm} = 10^{-9} H$$
$$1 F = 9 \cdot 10^{11} \text{ cm} \qquad 1 \text{ cm} = 1{,}11 \cdot 10^{-12} F.$$

Was die Messung des Selbstinduktionskoeffizienten anbelangt, so sei kurz folgendes erwähnt:

1. Spulen ohne Eisen. Eine Konstante ist der Selbstinduktionskoeffizient nur dann, wenn der Stromleiter und seine Umgebung keine magnetisierbaren Materialien enthalten, wenn ferner keine Wirbelströme entstehen können und wenn die Spule kapazitätsfrei ist. Nur in diesem Falle ist L unabhängig von Stromstärke und Frequenz.

2. Spulen mit Eisen. Bei solchen ist L eine Funktion vom jeweiligen Zustande des Eisens, also sowohl eine Funktion der diesen Zustand erzeugenden Amperewindungen, wie auch des Materials (der Permeabilität μ). L muß dementsprechend stets ermittelt werden für die Stromstärke und Frequenz, für welche die Spule gebaut ist.

b) Bestimmung des Selbstinduktionskoeffizienten aus Strom und Spannung.

1. Spule ohne Eisen. Unter der Annahme, daß ein Kondensator nicht in Serie mit der Spule liegt — es ist dann $C = \infty$, $\varrho = 0$ — ergibt Gl. (47):

$$k = \omega \cdot L = \sqrt{\left(\frac{E}{J}\right)^2 - r^2}$$

$$L = \frac{1}{\omega} \cdot \sqrt{\left(\frac{E}{J}\right)^2 - r^2} \quad \ldots\ldots\ldots \quad (48)$$

Der Selbstinduktionskoeffizient L einer Spule, die außer den durch Ohmschen Widerstand verursachten Verlusten weitere Leistungsverluste nicht aufweist, kann gefunden werden, wenn man einen sinusförmigen Wechselstrom von der Frequenz f und der Stärke J durch die Spule schickt und die Spannung E an den Klemmen derselben, sowie ihren Ohmschen Widerstand r mißt. — Dabei ist außerdem noch vorausgesetzt, daß die Spule frei von Windungskapazität ist. Ist dies jedoch nicht der Fall, so muß man sich eine Kapazität parallel zur Selbstinduktion L geschaltet denken. Über jene fließt dann ein Teil des Stromes J; die Formel liefert in diesem Falle also falsche Ergebnisse.

Wird die Messung von k bzw. L unter Verwendung hochfrequenter Ströme durchgeführt, so ist der Ohmsche Widerstand der Spule meist vernachlässigbar gegenüber dem induktiven. Es ist dann angängig die einfachere Formel zu benutzen:

$$k = \frac{E}{J} \quad \text{bzw.} \quad L = \frac{E}{\omega \cdot J} \quad \ldots\ldots\ldots \quad (48\,\text{a})$$

Korrektionen bei der Messung. Ähnlich, wie bei der Bestimmung des Ohmschen Widerstandes aus Strom und Spannung, sind unter Umständen auch hier Korrektionen anzubringen, die sich nach der Schaltung der Instrumente richten.

α) Schaltung nach Abb. 119. Das Voltmeter zeigt die an den Klemmen der Spule vorhandene Spannung E richtig an, dagegen mißt das Amperemeter auch den zusätzlichen Strom, der durch den Spannungsmesser fließt; besitzt dieses Instrument nur den Ohmschen Widerstand r_v, so durchfließt es ein mit der Spannung E gleichphasiger Strom $J_v = E/r_v$. Derselbe ist geometrisch von dem durch das Amperemeter angezeigten Strome J_a zu subtrahieren, um den gesuchten Strom J zu erhalten.

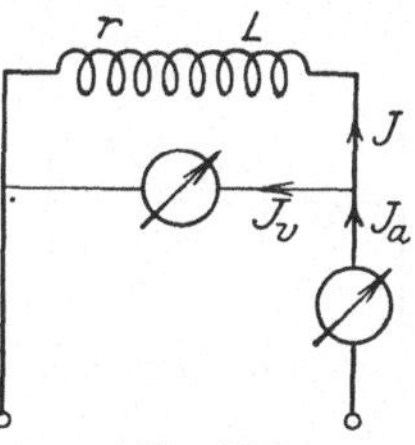

Abb. 119.

Im nachfolgenden kennzeichnen Punkte über den Buchstaben die Vektoreigenschaft der Wechselströme und -spannungen. Die Multiplikation eines Vektors mit dem Faktor $j = \sqrt{-1}$ ergibt einen neuen Vektor, der gegen den ursprünglichen um 90° im Sinne der Phasennacheilung verschoben ist (90° entsprechen der Zeitdauer einer Viertelperiode).

Bezeichnet $\dot{E}_r = -\dot{J} \cdot r$ eine EMK, welche den Ohmschen Spannungsabfall darstellt und dem Strome $\dot{J}$ entgegengesetzt gerichtet ist, $\dot{E}_L = j \cdot L \cdot \omega \cdot \dot{J}$ die EMK, welche die Selbstinduktion erzeugt, und die gegen $\dot{J}$ um 90° (nacheilend) verschoben ist, so bestehen die Vektorgleichungen:

$$\dot{J} = \dot{J}_a - \dot{J}_v = \dot{J}_a - \frac{\dot{E}}{r_v}$$

$$\dot{E} + \dot{E}_r + \dot{E}_L = 0$$

$$\dot{E} - \dot{J} \cdot r + \dot{E}_L = 0$$

$$\dot{E} + \left(\frac{\dot{E}}{r_v} - \dot{J}_a\right) \cdot r + j \cdot \omega \cdot L \cdot \dot{J} = 0.$$

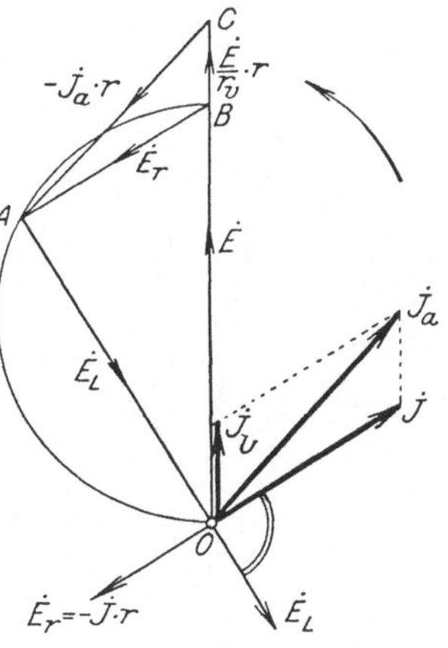

Abb. 120.

Graphische Darstellung. Nach Abb. 120 ist $OB = E$. Mit dieser gegebenen Spannung ist der Vektor $BC = E \cdot r/r_v$ phasengleich. Da $\dot{E}_L$ auf $\dot{J}$ senkrecht steht, also auch auf $\dot{E}_r = -\dot{J} \cdot r$, so ist der geometrische Ort für A der Halbkreis über OB, und A ergibt sich als dessen Schnitt mit einem Kreise vom Radius $AC = -\dot{J}_a \cdot r$ um C als Mittelpunkt. Damit erhält man die Richtung und Größe von $\dot{E}_L$, ferner die Richtung von $\dot{J}_a$, dessen Größe ja gemessen ist. $\dot{J}_a$ wird in die Komponenten $\dot{J}$ und $\dot{J}_v$ zerlegt. Es ist sodann:

$$L = \frac{E_L}{J \cdot \omega}.$$

β) Schaltung nach Abb. 121. Das Amperemeter zeigt den durch die Spule fließenden Strom richtig an, dagegen mißt das Voltmeter auch den zusätzlichen Spannungsabfall, der durch das Amperemeter bedingt ist. Hat das letztere nur Ohmschen Widerstand von der Größe r_a, so beträgt der Spannungsabfall $-\dot{J} \cdot r_a$, welcher geometrisch von der durch das Voltmeter angezeigten Spannung E_v zu subtrahieren ist, um die gesuchte Spannung E an den Klemmen der Spule zu erhalten. Bezeichnet $\dot{E}_{ra} = -\dot{J} \cdot r_a$ den Ohmschen Spannungsabfall im Amperemeter, der dem Strom $\dot{J}$ entgegengesetzt gerichtet ist, und haben $\dot{E}_r$ und $\dot{E}_L$ die gleiche Bedeutung wie bei Schaltung nach Abb. 119, so findet man die Vektorgleichung:

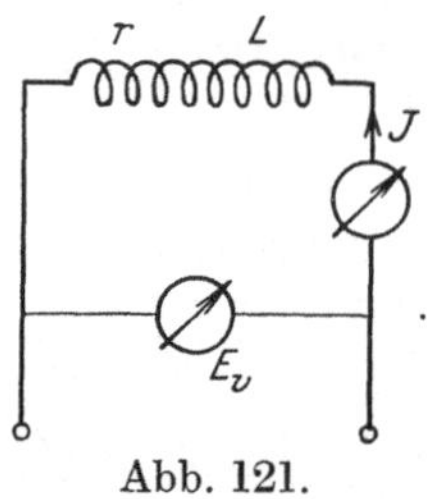

Abb. 121.

$$\dot{E}_v + \dot{E}_{ra} + \dot{E}_r + \dot{E}_L = 0$$

$$\dot{E}_v - \dot{J} \cdot (r_a + r) + j \cdot \omega \cdot L \cdot \dot{J} = 0.$$

Graphische Darstellung Abb. 122. Da $\dot{E}_L \perp \dot{J}$, also auch $\dot{E}_L \perp -\dot{J} \cdot (r_a + r)$ ist, so wird A durch den Schnitt des Halbkreises über $OB = \dot{E}_v$ mit dem Kreise vom Radius $AB = J \cdot (r_a + r)$ um B als Mittelpunkt bestimmt. Durch AB ist auch die Richtung des Stromes J festgelegt. Da J und $E_L = AO$ nun nach Größe und Richtung bekannt sind, ist L, wie bereits gezeigt, zu berechnen.

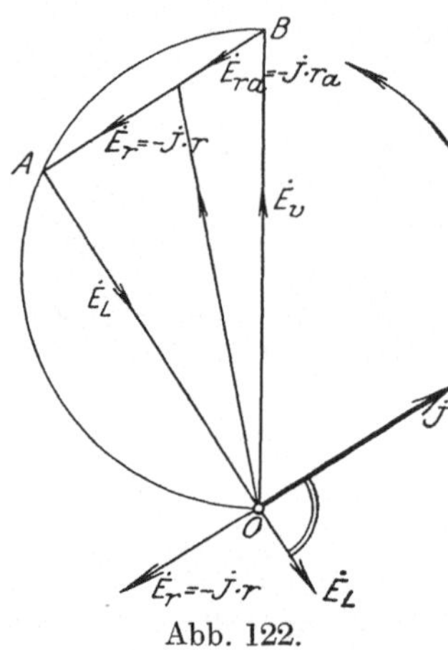

Abb. 122.

2. Spule mit Eisenkern. Die von der Spule aufgenommene Leistung N, der Strom J und die Spannung E werden mit Watt-, Ampere- und Voltmeter gemessen. Definiert man als wirksamen Widerstand der Spule jenen Widerstand r_e, der mit dem Quadrate des Stromes multipliziert die aufgenommene Leistung $N = J^2 \cdot r_e$ ergibt, welche die Summe der Stromwärme-, Wirbelstrom- und Hystereseverluste ist, so findet man mit einer einfachen Umformung der Gl. (48), in welcher jetzt r_e an die Stelle von r tritt:

$$k = \frac{\sqrt{E^2 \cdot J^2 - N^2}}{J^2} \quad \text{(48 a)}$$

$$L = \frac{\sqrt{E^2 \cdot J^2 - N^2}}{\omega \cdot J^2} \quad \text{(48 b)}$$

Die Methode ist nicht sehr genau. Man kann für verschiedene Stromstärken die Aufnahmen durchführen und so die Abhängigkeit des Selbstinduktionskoeffizienten L vom magnetischen Zustande des Eisens feststellen.

c) Bestimmung des Selbstinduktionskoeffizienten durch Messen von drei Spannungen.

1. Spulen ohne Eisen. Die absolute Bestimmung einer eisenfreien Selbstinduktion durch Strom- und Spannungsmessung ist nicht immer durchführbar. Hat die zu untersuchende Spule zu hohen Ohmschen Widerstand r bzw. zu hohe Selbstinduktion L, so würde der zustande kommende Strom klein und seine Messung mittels Amperemeter ungenau werden.

Man legt in diesem Falle mit L einen bekannten Ohmschen Widerstand r_0 in Serie und mißt nach Abb. 123 die Spannungen E_{12} und E_{13}. Die graphische und

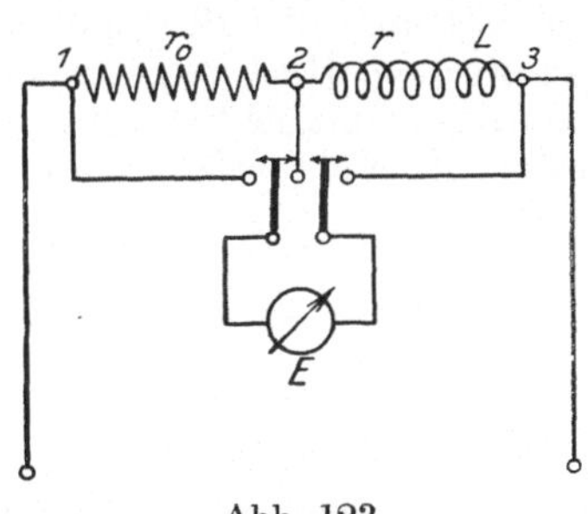

Abb. 123.

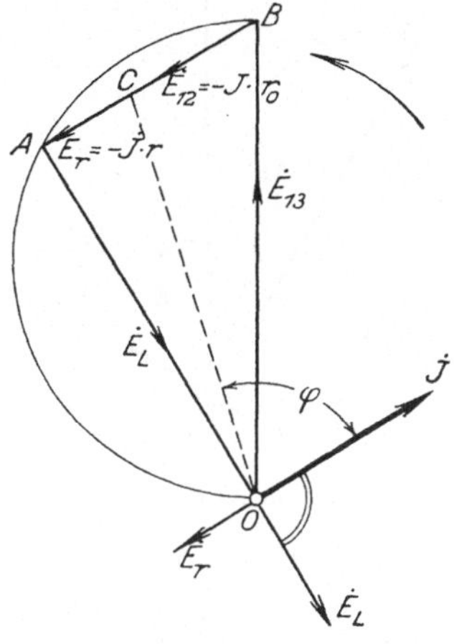

Abb. 124.

rechnerische Behandlung der Aufgabe gestaltet sich sehr einfach. Es bezeichnen Punkte über den betreffenden Größen wieder deren Vektoreigenschaft (s. auch S. 105).

Bedeutet $\dot{E}_{13}$ die zugeführte Spannung, $\dot{E}_{12} = -\dot{J}\cdot r_0$ und $\dot{E}_r = -\dot{J}\cdot r$ die Ohmschen Spannungsabfälle in dem Widerstande r_0 und in der Spule vom Widerstande r, $\dot{E}_L = j\cdot\omega\cdot L\cdot\dot{J}$ die EMK der Selbstinduktion, so kann gesetzt werden:

$$\dot{E}_{13} + \dot{E}_{12} + \dot{E}_r + \dot{E}_L = 0$$

oder

$$\dot{E}_{13} - \dot{J}\cdot(r_0 + r) + j\cdot\omega\cdot L\cdot\dot{J} = 0.$$

Graphische Darstellung. Mit den beiden gemessenen Werten E_{13} und E_{12} läßt sich $\dot{E}_L$ bestimmen. Aus E_{12} findet man: $J = E_{12}/r_0$ und damit $E_r = E_{12}\cdot r/r_0$. $\dot{E}_L$ steht senkrecht auf $\dot{J}$, also auch auf $-\dot{J}\cdot(r_0 + r)$. Daher ergibt sich in Abb. 124 A als der Schnitt des Halbkreises über $OB = E_{13}$ mit dem Kreise vom Radius $AB = -J\cdot(r_0 + r)$ um B als Mittelpunkt. AO stellt $\dot{E}_L$ nach Größe und Richtung dar. Aus E_L und J findet man L in bekannter Weise.

Rechnerisch ergibt sich:

$$E_L = \sqrt{E_{13}^2 - J^2\cdot(r_0 + r)^2} \quad \text{und} \quad L = \frac{1}{\omega}\cdot\sqrt{\left(\frac{E_{13}}{E_{12}}\right)^2\cdot r_0^2 - (r_0 + r)^2}\,.$$

2. Spulen mit Eisen. Enthalten die Spulen Eisenkerne, so treten durch die Ummagnetisierung des Eisens Verluste auf. Dies erfordert eine Leistungsmessung, welche mittels der Methode der drei Voltmeter durch Bestimmung der drei Spannungen E_{13}, E_{12}, E_{23} vorgenommen wird. Bei konstanter zugeführter Spannung genügt zur Messung ein Voltmeter — s. Schaltung Abb. 123. Zweckmäßig ist es, ein elektrostatisches Instrument zu verwenden, da man sonst Korrektionen wegen des Verbrauches im Voltmeter anbringen muß. Mit r_e werde der wirksame Widerstand der Spule bezeichnet, also jener Widerstand, der, mit J^2 multipliziert, die gesamte von der Spule infolge des Stromwärme-, Hysteresis- und Wirbelstromverlustes verbrauchte Leistung ergibt. Man erhält die Vektorgleichung:

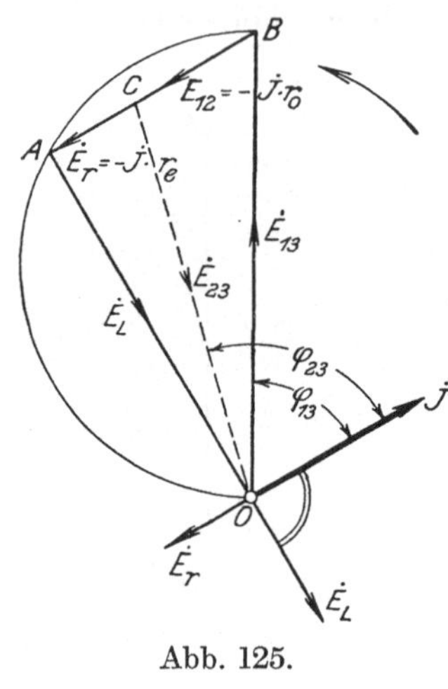

Abb. 125.

$$\dot{E}_{13} + \dot{E}_{12} + \dot{E}_{23} = 0$$

oder, wenn man in diese $\dot{E}_{12} = -\dot{J} \cdot r_0$ und $\dot{E}_{23} = -\dot{J} \cdot r_e + j \cdot \omega \cdot L \cdot \dot{J}$ einsetzt:

$$\dot{E}_{13} - \dot{J} \cdot r_0 - \dot{J} \cdot r_e + j \cdot L \cdot \omega \cdot \dot{J} = 0.$$

Graphische Darstellung. Aus den gemessenen Werten E_{12}, E_{13} und E_{23} läßt sich das Dreieck OBC — Abb. 125 zeichnen. Durch Verlängerung der Strecke BC bis zum Schnittpunkt A mit dem Halbkreis über $OB = \dot{E}_{13}$ wird die Trennung von $\dot{E}_{23}$ in die Komponenten $-\dot{J} \cdot r_e = CA$ und $\dot{E}_L = j \cdot \omega \cdot L \cdot \dot{J} = AO$ bewirkt; denn der geometrische Ort für den Punkt A ist der Halbkreis über OB, da $\dot{E}_L \perp -\dot{J}\,(r_0 + r_e) = BA$ ist. Wird der Ohmsche Widerstand der Spule zu r gemessen, so ist die Differenz $(r_e - r)$ ein Maß für die Eisenverluste V_{Fe}, deren Größe gegeben ist durch:

$$V_{Fe} = J^2 \cdot (r_e - r) = \frac{E_{12}^2}{r_0^2} \cdot (r_e - r)\,.$$

Der Leistungsfaktor zwischen $\dot{J}$ und $\dot{E}_{13}$ bzw. $\dot{E}_{23}$ läßt sich aus dem Diagramm entnehmen. Rechnerisch findet man:

$$\cos\varphi_{13} = \frac{J \cdot (r_0 + r_e)}{E_{13}} = \frac{E_{12}}{E_{13}} \cdot \frac{r_0 + r_e}{r_0},$$

$$\cos\varphi_{23} = \frac{J \cdot r_e}{E_{23}} = \frac{E_{12}}{E_{23}} \cdot \frac{r_e}{r_0}.$$

Für die Messungen ist mit Rücksicht auf die Genauigkeit der graphischen Konstruktion r_0 so zu wählen, daß E_{12} und E_{23} ungefähr gleich groß werden.

d) Bestimmung des Selbstinduktionskoeffizienten mit der Wheatstoneschen Brücke.

Meßprinzip. Zur Bestimmung von Selbstinduktionskoeffizienten von eisenfreien Wicklungen kann die Wheatstonesche Brückenschaltung benützt werden; die Methode beruht auf der Vergleichung zweier Selbstinduktionskoeffizienten, des bekannten Wertes L_2 der Normalen und des gesuchten $L_1 = L_x$ der eingeschalteten Wicklung. Die Zweige der Brücke AB und AD besitzen außerdem nach Abb. 126 die Ohmschen Widerstände r_1 und r_2, die Zweige CB und CD nur Ohmsche Widerstände, nämlich r_3 und r_4.

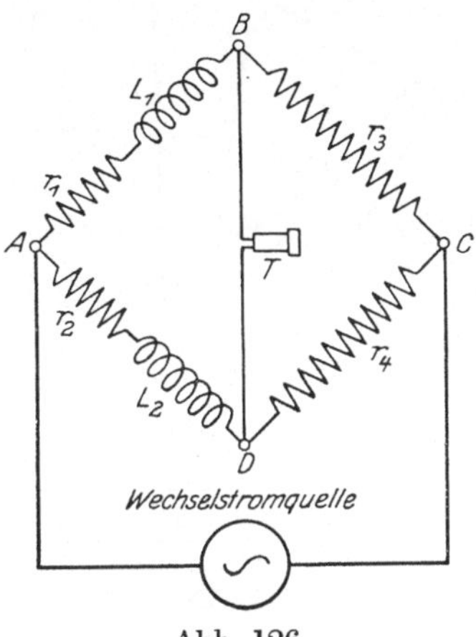

Abb. 126.

Wird die Brücke mit Gleichstrom abgeglichen, so lautet gemäß früherem die Bedingung für einen stromlosen Brückenzweig BD:

$$r_1 : r_2 = r_3 : r_4.$$

Für eine Wechselstromabgleichung besteht dagegen unter der Annahme, daß etwa vorhandene Kapazitäten vernachlässigt werden können und daß, wie bereits erwähnt, die Widerstände r_3 und r_4 reine Ohmsche Widerstände sind, die Forderung, wenn z_1, z_2, z_3 und z_4 die Wechselstrom- oder Scheinwiderstände der einzelnen Zweige bedeuten:

$$\frac{z_1}{z_2} = \frac{z_3}{z_4} \quad \ldots\ldots\ldots\ldots \quad (49)$$

Da $z_1 = \sqrt{r_1^2 + (\omega \cdot L_1)^2}$, $z_2 = \sqrt{r_2^2 + (\omega \cdot L_2)^2}$, $z_3 = r_3$, $z_4 = r_4$ ist, so folgt:

$$\frac{z_1}{z_2} = \frac{\sqrt{r_1^2 + (\omega \cdot L_1)^2}}{\sqrt{r_2^2 + (\omega \cdot L_2)^2}} = \frac{r_3}{r_4}.$$

Die Auflösung dieser Gleichung liefert die nachstehenden Bedingungen:

1. Bedingung (wie bei Gleichstrom) $\quad r_1 : r_2 = r_3 : r_4 \quad \ldots\ldots \quad (49\,\text{a})$

2. Bedingung $\quad \dfrac{L_1}{L_2} = \dfrac{r_3}{r_4} \quad \ldots\ldots \quad (49\,\text{b})$

3. Bedingung: Die Teilströme in den Brückenzweigen ABC und ADC müssen phasengleich sein.

In der zweiten Bedingung (linke Gleichungsseite) kommt nur das Verhältnis der Selbstinduktionen vor, dagegen ist die Frequenz des Wechselstromes in der Gleichung nicht enthalten. Das heißt: Ist die Brücke abgeglichen, so hat die Einstellung für alle Frequenzen Geltung. Der Brückenzweig BD bleibt dann nicht nur bei sinusförmigem Wechselstrom, sondern auch für solchen von stark verzerrter Kurvenform stromlos, da weder die Grundschwingung noch die Oberschwingungen am Brückenzweig eine Spannungsdifferenz erzeugen können.

Graphische Darstellung. Auch bei der Verwendung der Brücke für Wechselstrom können Stromquelle und Brückenzweig miteinander vertauscht werden. Es sind demnach zwei Schaltungen möglich, von denen diejenige Abb. 126 einer weiteren Betrachtung unterzogen werden soll. Vorausgesetzt werde, daß die Brücke *BD* stromlos ist, so daß gilt:

$$J_1 = J_3 \quad \text{und} \quad J_2 = J_4 .$$

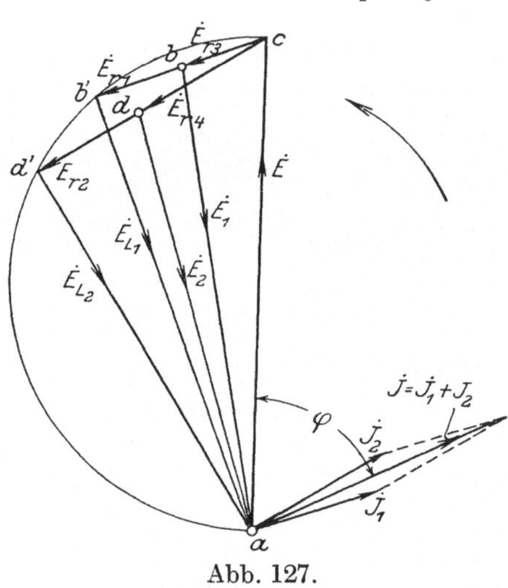

Abb. 127.

In den einzelnen Brückenzweigen sind folgende EMKe wirksam (Punkte über den Buchstaben bezeichnen die Vektoreigenschaften der einzelnen Größen und die Multiplikation eines Vektors mit dem Faktor $+j$ ergibt einen neuen, um 90° nacheilenden Vektor):

α) EMKe, welche die Wirkung des Ohmschen Spannungsabfalles ersetzen. Als solche sind vorhanden:

$$\dot{E}_{r1} = -\dot{J}_1 \cdot r_1$$
$$\dot{E}_{r2} = -\dot{J}_2 \cdot r_2$$
$$\dot{E}_{r3} = -\dot{J}_1 \cdot r_3$$
$$\dot{E}_{r4} = -\dot{J}_2 \cdot r_4 .$$

β) EMKe, erzeugt durch die Selbstinduktion der betreffenden Zweige:

$$\dot{E}_{L1} = j \cdot \omega \cdot L_1 \cdot \dot{J}_1 \qquad \dot{E}_{L2} = j \cdot \omega \cdot L_2 \cdot \dot{J}_2 .$$

$\dot{E}_1$ und $\dot{E}_2$ seien die Resultierenden aus $\dot{E}_{r1}$ und $\dot{E}_{L1}$ bzw. aus $\dot{E}_{r2}$ und $\dot{E}_{L2}$, somit die Spannungen an den Zweigen *AB* und *AD*:

$$\dot{E}_1 = \dot{E}_{r1} + \dot{E}_{L1}$$
$$\dot{E}_2 = \dot{E}_{r2} + \dot{E}_{L2} .$$

Ist ferner die bei *A* und *C* zugeführte Spannung $\dot{E}$, so lassen sich auf Grund der Schaltungsanordnung (Abb. 126) folgende Bedingungsgleichungen aufstellen:

$$\dot{E} + \dot{E}_1 + \dot{E}_{r3} = 0$$
$$\dot{E} + \dot{E}_2 + \dot{E}_{r4} = 0$$

oder:

$$\dot{E} + \dot{E}_{L1} + \dot{E}_{r1} + \dot{E}_{r3} = 0$$
$$\dot{E} + \dot{E}_{L2} + \dot{E}_{r2} + \dot{E}_{r4} = 0$$

oder:

$$\dot{E} + j \cdot \omega_1 \cdot L_1 \cdot \dot{J}_1 - \dot{J}_1 \cdot r_1 - \dot{J}_1 \cdot r_3 = 0$$
$$\dot{E} + j \cdot \omega_2 \cdot L_2 \cdot \dot{J}_2 - \dot{J}_2 \cdot r_2 - \dot{J}_2 \cdot r_4 = 0 .$$

Damit erhält man die graphische Darstellung in Abb. 127: Es ist $ac = \dot{E}$; $\dot{E}_{L1}$ steht senkrecht auf $\dot{J}_1$, also auch auf $\dot{E}_{r1} + \dot{E}_{r3} = -(\dot{J}_1 \cdot r_1 + \dot{J}_1 \cdot r_3)$, ebenso ist $\dot{E}_{L2} \perp -(\dot{J}_2 \cdot r_2 + \dot{J}_2 \cdot r_4)$.

Der geometrische Ort für b' und d' ist daher der Halbkreis über ac. In das Diagramm sind ferner die Spannungen $\dot{E}_1 = \dot{E}_{r1} + \dot{E}_{L1}$ und $\dot{E}_2 = \dot{E}_{r2} + \dot{E}_{L2}$ eingezeichnet. Stromlosigkeit der Brücke besteht aber nur dann, wenn zwischen B und D keine Spannungsdifferenz vorhanden, wenn also $\dot{E}_1 - \dot{E}_2 = 0$ ist. Das ist aber nur möglich, wenn

$$\dot{E}_{L1} = \dot{E}_{L2} \qquad \dot{E}_{r1} = \dot{E}_{r2} \qquad \dot{E}_{r3} = \dot{E}_{r4}$$

ist. Die Spannungsdreiecke acb' und acd' müssen sich vollständig decken. Daraus folgt die bereits angegebene 3. Bedingung: Die Teilströme J_1 und J_2 müssen phasengleich sein. In Abb. 127 kommen die Punkte b und d für diese Bedingungen zur Deckung.

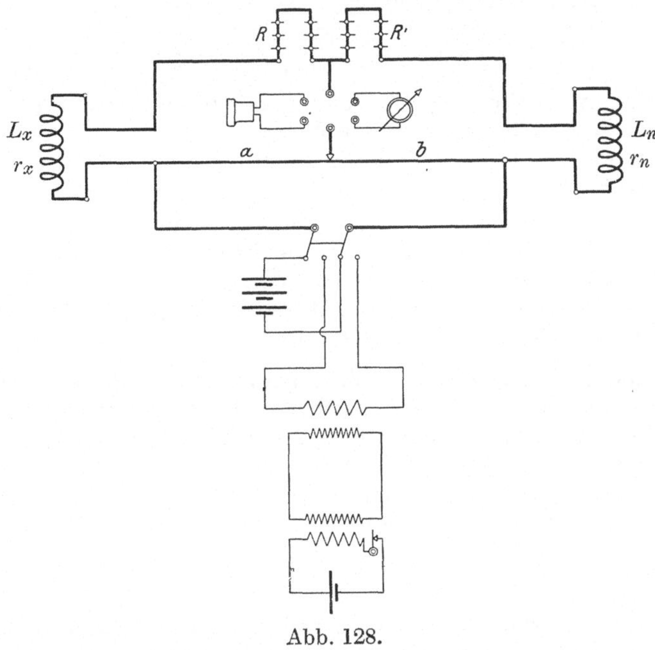

Abb. 128.

Ausführung der Messung. Als Indikator für den Brückenzweig benutzt man bei Messung mit Niederfrequenz meist ein Telephon oder auch ein Vibrationsgalvanometer. Die Brücke ist richtig abgeglichen, wenn der Strom im Brückenzweige BD in Abb. 126 zu Null geworden ist. Ein Telephon zeigt dann ein deutliches Tonminimum bzw. ein Verschwinden des Tones. Als Stromquellen gebraucht man vielfach Summer oder Wechselstromgeneratoren.

Abb. 128 zeigt das Schema der Induktionsmeßbrücke von Siemens & Halske. In den Brückenzweigen, welche die Selbstinduktionen L_x und L_n enthalten, liegen noch die kapazitäts- und induktionsfreien Widerstände R und R'. Als Stromquelle dient ein Summer in Verbindung mit einem kleinen Transformator (zwecks Vergrößerung der Stromstärken in der Brücke). Besser noch geeignet ist eine Stromquelle, die rein sinusförmigen Wechselstrom liefert, wie z. B. die Wechselstrommaschinen von Siemens & Halske, welche für 750 bis 500 per bei etwa 7 W Leistung gebaut werden. Ein Umschalter ermöglicht es, eine Batterie an die Brücke zu legen, wenn Messungen mit Gleichstrom auszuführen sind, bei welchen an Stelle des Hörers das Galvanometer zu verwenden ist. Die Widerstände a und b sind hier als Gleitdraht ausgebildet (a und b entsprechen den Widerständen r_3 und r_4 der Abb. 126, doch ist hier Brücken- und Batteriezweig vertauscht).

Einstellung der Brücke. Die Abgleichung hat so zu erfolgen, daß den Gl. (49a und b) gleichzeitig genügt wird, d. h.:

$$\frac{L_x}{L_n} = \frac{a}{b}, \qquad \frac{r_x + R}{r_n + R'} = \frac{a}{b}.$$

Man nimmt zuerst eine Einstellung mit Gleichstrom vor und führt dann eine zweite Abgleichung mit Wechselstrom aus, die aber so vorgenommen werden muß, daß die Produkte $(r_x + R) \cdot b = (r_n + R') \cdot a$ ungeändert bleiben.

Schneller erreicht man eine Abgleichung, wenn man zunächst durch Verschieben des Gleitkontaktes ein ungefähres Wechselstromminimum aufsucht; alsdann werden die Zusatzwiderstände R und R' bei gleichzeitigem Nachstellen des Gleitkontaktes so lange geändert, bis der Summerton im Hörer vollständig verschwindet. Dann ist: $L_x = L_n \cdot a/b$.

Bestimmung des Verlustwiderstandes einer Spule. Entstehen in einer Spule (mit Eisen oder auch in eisenlosen Spulen für Hochfrequenz) außer den durch den Ohmschen Widerstand erzeugten Stromwärmeverlusten noch Wechselstromverluste durch Hysteresis, Wirbelströme, Stromverdrängung, Strahlung usw., so liefert eine Abgleichung der Brücke mit Wechselstrom zunächst den wirksamen Widerstand r_1:

$$r_1 = r_2 \cdot \frac{r_3}{r_4}.$$

Hierauf wird die Brücke nochmals mit Gleichstrom eingestellt. Bleiben dabei r_2, r_3, r_4 ungeändert, so muß im Spulenzweig ein Widerstand r' zugefügt werden, um die Abgleichung aufrecht zu erhalten. Es ist dann:

r_1 der wirksame Widerstand,

r' der Widerstand, der mit J^2 multipliziert den Hysterese- und Wirbelstromverlust ergibt,

$r_g = r_1 - r'$ der Gleichstromwiderstand, der mit J^2 multipliziert die reinen Ohmschen Stromwärmeverluste in der Wicklung darstellt.

Es sei nochmals darauf verwiesen, daß r_1 und r' abhängig vom Strome J und von der Periodenzahl sind. Dies bedingt Verwendung eines möglichst sinusförmigen Stromes.

e) Bestimmung des Selbstinduktionskoeffizienten mittels des Resonanzverfahrens.

Meßprinzip. Diese Methode wird besonders in der Hochfrequenztechnik benutzt. Es sollen daher hier nur ihre Grundzüge besprochen werden. Die zu messende eisenfreie Selbstinduktion $L_x = L_1$ wird nach Abb. 129 mit einem passenden Kondensator von der Kapazität C_1 zu einem Schwingungskreis I zusammengeschaltet. Wird letzterer mit Hilfe des von der Gleichstromquelle E betriebenen Summers U erregt, so schwingt der Kreis I mit seiner Eigenperiodenzahl.

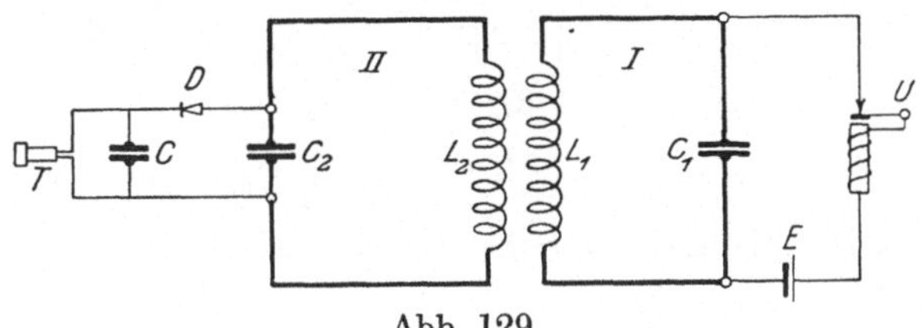

Abb. 129.

Der Vorgang ist dabei folgender: Sobald der Unterbrecher U den Summerkreis schließt, wird der Kondensator C_1 aufgeladen, ihm also ein bestimmter Betrag an elektrischer Energie zugeführt. C_1 entlädt sich sofort auf die Spule L_1, es setzt sich also die Energie seines elektrischen Feldes in die Energie des magnetischen Feldes von L_1 um. Im Takte der Eigenperiodenzahl findet ein unablässiges Hin- und Herfluten von elektrischer und magnetischer Energie zwischen Kondensator und Spule statt, was so lange dauert, bis der gesamte dem System erteilte Energiebetrag durch die im Kreise auftretenden Verluste vollständig in Wärme umgewandelt ist. Die Amplituden der Schwingungen klingen mit der Zeit ab und sind längst vollständig erloschen, wenn der Unterbrecher den Summerkreis wieder schließt, wodurch der Kondensator wieder aufgeladen wird und das Spiel von neuem beginnt.

Aus den Bestimmungsstücken Selbstinduktion L und Kapazität C eines Kreises berechnet sich die Zeitdauer T (in sec), die Periodenzahl f und die Wellenlänge λ der Eigenschwingung (in cm), je nachdem man L und C in H (Henry) und F (Farad) oder in cm einsetzt, nach folgenden Formeln:

L in H, C in F	L in cm, C in cm	
$T = 2\pi \cdot \sqrt{L \cdot C}$	$T = \frac{2\pi}{3 \cdot 10^{10}} \cdot \sqrt{L \cdot C}$	(50)
$f = \frac{1}{T} = \frac{1}{2\pi \cdot \sqrt{L \cdot C}}$	$f = \frac{1}{T} = \frac{3 \cdot 10^{10}}{2\pi \cdot \sqrt{L \cdot C}}$	(50a)
$\lambda_{\mathrm{cm}} = \frac{3 \cdot 10^{10}}{f} = 3 \cdot 10^{10} \cdot 2\pi \cdot \sqrt{L \cdot C}$	$\lambda_{\mathrm{cm}} = \frac{3 \cdot 10^{10}}{f} = 2\pi \cdot \sqrt{L \cdot C}$	(50b)

Der Schwingungskreis I wird nun mit einem Schwingungskreis II, dessen Bestimmungsstücke L_2 und C_2 sind, gekoppelt. Von den drei Kopplungsarten, der galvanischen, kapazitiven und induktiven Kopplung, ist letztere für den vorliegenden Zweck am geeignetsten. Die Spulen L_1 und L_2 werden dazu in eine solche gegenseitige Lage gebracht, daß das Wechselfeld von L_1, das die Frequenz f_1 hat, die Spule L_2 durchsetzt und in ihr eine Spannung von der Frequenz f_1 erzeugt. Der Strom in II wird am größten, wenn der kapazitive und induktive Widerstand ϱ_2 bzw. k_2 des Kreises II für die aufgedrückte Frequenz f_1 gleich sind. (Der Widerstand des Kreises setzt sich in diesem Falle lediglich aus Verlustwiderständen zusammen.) Die beiden Schwingungskreise I und II sind alsdann, wie man in der Hochfrequenztechnik sagt, in Resonanz. Die Bedingung dafür ist:

$$\varrho_2 = k_2$$

$$\frac{1}{2\pi f_1 \cdot C_2} = 2\pi f_1 \cdot L_2 .$$

Daraus:

$$f_1 = \frac{1}{2\pi \cdot \sqrt{L_2 \cdot C_2}}$$

Andererseits gilt für den Schwingungskreis I:

$$f_1 = \frac{1}{2\pi \cdot \sqrt{L_1 \cdot C_1}} .$$

Gleichsetzen der Formeln liefert die Resonanzbedingung für zwei gekoppelte Schwingungskreise:

$$\boldsymbol{L_1 \cdot C_1 = L_2 \cdot C_2} \quad \dots\dots\dots \quad (51)$$

Indikatoren für den Resonanzfall. Als Indikator, ob die beiden Kreise I und II richtig abgestimmt sind d. h. sich in Resonanz befinden, verwendet man bei der Messung ein Telephon. Ein solches ist jedoch nur brauchbar für Wechselstrom, dessen Periodenzahl 5000 nicht übersteigt, oder für pulsierenden Gleichstrom. Da in dem Schwingungskreise II ein hochfrequenter Wechselstrom vorhanden ist, muß vor das Telephon ein Detektor gelegt werden, der den Hochfrequenzstrom in pulsierenden Gleichstrom verwandelt. Als Detektor benutzt man meist einen Kontaktdetektor: Bei einem solchen sitzt ein Graphitstift auf einer Bleiglanzplatte (auch andere kristallinische Mineralien wie Tellur, Molybdän, Pyrit sind verwendbar) unter einem bestimmten, durch Federn regelbaren Druck. Parallel zum Telephon T liegt noch ein Blockkondensator C, der durch die vom Detektor D kommenden Gleichstromstöße aufgeladen wird und sich über das Telephon entlädt.

Die beiden Kreise sind dann in Resonanz, wenn im Telephon ein Tonmaximum wahrnehmbar ist.

Ausführung der Messungen. Das Resonanzverfahren kann in verschiedener Weise zu Messungen benutzt werden.

1. Kreis II besteht aus einer bekannten Selbstinduktion L_2 und einer geeichten, variablen Kapazität C_2 (Drehkondensator). In Kreis I liegt die gesuchte Selbstinduktion $L_x = L_1$ und eine bekannte Kapazität C_1. Mittels des Drehkondensators ist es leicht, die Resonanzlage beider Kreise zu ermitteln. Gehören zu dieser die Werte C_1, C_2, L_2, so findet man aus Gl. (51):

$$L_x = L_1 = \frac{L_2 \cdot C_2}{C_1} .$$

2. Kreis II wird von verschiedenen Firmen (Gesellschaft für drahtlose Telegraphie usw.) als sogenannter Wellenmesser ausgeführt. Der Drehkondensator ist dann direkt nach Wellenlängen geeicht. Findet man für die Resonanzlage die Welle $\lambda = \lambda_1 = \lambda_2$ (in cm), so gilt nach Formel (50 b) die Beziehung (L in cm, C in cm):

$$\lambda = 2\pi \cdot \sqrt{L_2 \cdot C_2}.$$

Ermittelt man daraus $L_2 \cdot C_2 = \left(\frac{\lambda}{2\pi}\right)^2$ und setzt diesen Wert in die Resonanzbedingung Gl. (51) ein, so erhält man:

$$L_x = L_1 = \left(\frac{\lambda}{2\pi}\right)^2 \cdot \frac{1}{C_1}.$$

3. In Kreis I liegt außer der bekannten Kapazität C_1 noch eine beliebige Selbstinduktion L', deren Größe nicht bekannt zu sein braucht. Einstellung des Kreises II auf Resonanz mit I ergibt eine Wellenlänge λ. Mit L' wird nun L_x in Serie geschaltet. Der Kreis II wird nicht verändert. Um jetzt I in Resonanz mit II zu bringen, muß C_1 auf den Wert C_1' (und zwar ist $C_1' < C_1$) geändert werden. Aus λ, C_1, C_1' findet man nach einigen einfachen Rechnungen:

$$L_x = \left(\frac{\lambda}{2\pi}\right)^2 \cdot \frac{C_1 - C_1'}{C_1 \cdot C_1'}.$$

f) Bestimmung des gegenseitigen Induktionskoeffizienten.

Die Messung der gegenseitigen Induktion zweier Spulen kann in einfacher Weise folgendermaßen vorgenommen werden:

1. Man schaltet die beiden Spulen L_1 und L_2 hintereinander, also so, daß die von einem beliebigem Strome erzeugten Felder gleiche Richtung haben und mißt den Selbstinduktionskoeffizienten der ganzen Anordnung. Es ist:

$$L' = L_1 + L_2 + L_{12} + L_{21}$$
$$L_{12} = L_{21}$$
$$L' = L_1 + L_2 + 2L_{12}.$$

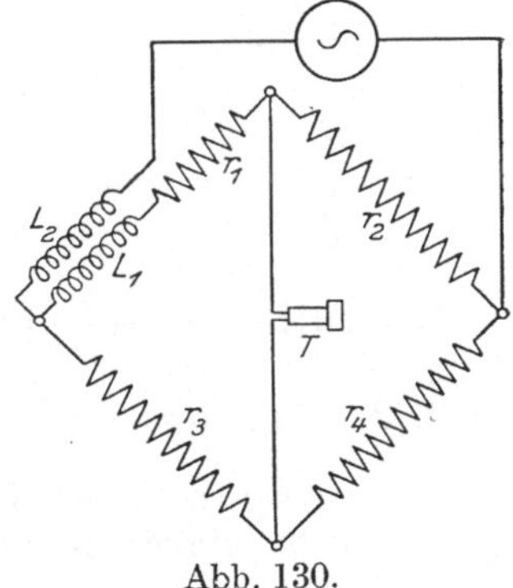

Abb. 130.

2. Die Spulen werden gegeneinander geschaltet, also so, daß die von ihnen erzeugten Felder entgegengesetzte Richtung haben. Der Koeffizient L'' der Anordnung wird wieder gemessen:

$$L'' = L_1 + L_2 - L_{12} - L_{21}$$
$$L_{12} = L_{21}$$
$$L'' = L_1 + L_2 - 2L_{12}.$$

3. Subtrahiert man die Gleichungen für L' und L'', so ergibt sich:

$$\boldsymbol{L_{12} = \frac{L' - L''}{4}} \quad \textbf{(52)}$$

Messung mittels der Brücke. Die Schaltung gibt Abb. 130 wieder. Im Stromquellenzweig liegt die Selbstinduktion L_2. Ist L_1 bekannt, so besteht bei abgeglichener Brücke, also für Stromminimum im Telephon die Gleichung:

$$\frac{L_{12}}{L_1} = \frac{r_3}{r_1 + r_3} = \frac{r_4}{r_2 + r_4}.$$

26. Bestimmung des kapazitiven Widerstandes.

Für die Bestimmung des kapazitiven Widerstandes ϱ bzw. der Kapazität C werden die gleichen Methoden verwendet, die zur Ermittlung des induktiven Widerstandes k bzw. des Selbstinduktionskoeffizienten L gebräuchlich sind. Es kann daher im allgemeinen auf das dort Gesagte verwiesen werden.

a) Aus Strom und Spannung. Die unbekannte Kapazität C_x wird an eine Wechselstromquelle gelegt, die sinusförmigen Wechselstrom liefert. Wird bei einem Strom J zwischen den beiden Belegen eine Spannung E gemessen und ist f die Periodenzahl, so bestehen die Gleichungen:

$$\varrho = \frac{1}{\omega \cdot C} = \frac{1}{2\pi f \cdot C} = \frac{E}{J}$$

$$C = \frac{J}{2\pi f \cdot E} \text{ (Farad)} = \frac{9 \cdot 10^{11} \cdot J}{2\pi f \cdot E} \text{ (cm)} \quad . \quad . \quad . \quad . \quad . \quad (53)$$

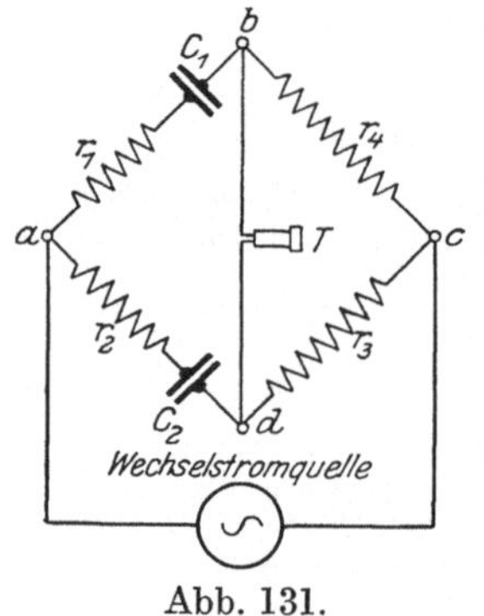

Abb. 131.

Streng genommen ist dabei Bedingung, daß der Strom im Spannungsmesser gegen den Kondensatorstrom vernachlässigt werden kann und daß der Kondensator keine Verluste aufweist.

b) Mit der Wheatstoneschen Brücke. α) Bedingungen. Unter der Voraussetzung, daß die Widerstände (s. Abb. 131) r_1, r_2, r_3, r_4 kapazitäts- und induktionsfrei sind, ergeben sich für eine Abgleichung der Brücke (Strom im Brückenzweig bd ist dafür: $J_0 = 0$):

1. Bedingung (wie für Gleichstrom): $\frac{r_1}{r_2} = \frac{r_4}{r_3}$.

2. Bedingung: $\frac{C_1}{C_2} = \frac{r_3}{r_4}$.

3. Bedingung: Die Teilströme in den Brückenzweigen abc und adc müssen in der Phase übereinstimmen.

Hierin kommt die Periodenzahl nicht vor; auch für Wechselstrom mit stark verzerrter Kurvenform bleibt der Zweig bd stromlos, und es läßt sich in jedem Falle eine scharfe Einstellung erreichen. Benutzt man als Indikator ein Telephon, so verschwindet für eine richtige Abgleichung der Ton.

Haben die Widerstände r_1, r_2, r_3, r_4 Eigenkapazität und Selbstinduktion, so wird der Strom in ihnen gegen die Spannung um die Winkel φ_1, φ_2, φ_3, φ_4 verschoben sein. Die Rechnung liefert dann:

$$\frac{C_1}{C_2} = \frac{r_3}{r_4} \cdot [1 + 2\pi f \cdot C_2 \cdot w_2 \cdot (\varphi_2 - \varphi_4 - \varphi_1 - \varphi_3)] .$$

Das Zusatzglied in dieser Gleichung ist jedoch meist vernachlässigbar, so daß die einfachere Formel $C_1/C_2 = r_3/r_4$ angewendet werden kann.

Für Brücken mit Kapazitäten in allen vier Zweigen lassen sich die Widerstände r_3 und r_4 auch durch Kondensatoren ersetzen. Es gilt dann für eine Abgleichung:

$$\frac{C_1}{C_2} = \frac{C_4}{C_3} .$$

β) Erdung der Brücke. Besonders bei der Messung kleiner Kapazitäten, können durch Erdkapazitäten, d. s. die Kapazitäten der Brückenteile und Zuleitungen gegen Erde, Fehler entstehen. Verringern lassen sich diese Fehler, wenn man die Brücke erdet. Dabei darf aber immer nur einer der Punkte geerdet werden, mit denen die Stromquelle verbunden ist.

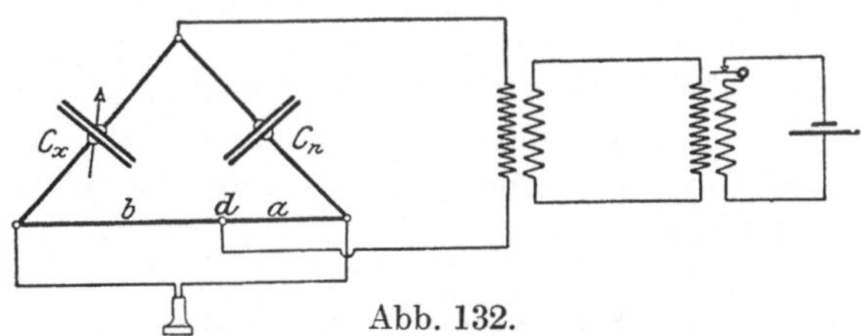

Abb. 132.

γ) Ausführung der Messung. Für den einfachsten Fall: $r_1 = 0$, $r_2 = 0$, $r_3 = a$ und $r_4 = b$ sind kapazitäts- und induktions-, $C_1 = C_x$ und $C_2 = C_n$ sind verlustfrei, zeigt Abb. 132 die Schaltung. Als Stromquelle dient ein Summer. Ein Transformator zwischen Brücke und Summer dient dazu, genügend hohe Spannungen zu erzeugen. C_n ist ein bekannter Vergleichskondensator.

Verschwindet der Ton im Hörer, so ist die Brücke abgeglichen und man findet:

$$C_x = \frac{a}{b} \cdot C_n .$$

Für die Messung von Kapazitäten werden von verschiedenen Firmen (Gesellschaft für drahtlose Telegraphie) sog. Kapazitätsmeßbrücken geliefert, bei welchen alle erforderlichen Teile in einem Meßgerät vereinigt sind.

c) Mittels Resonanz. Hierfür gelten in vollem Umfange die bei der Bestimmung des Selbstinduktionskoeffizienten nach dem gleichen Verfahren gemachten Ausführungen. Die Schaltung ist jene von Abb. 129. Der Unterschied ist nur der, daß für Kreis I eine bekannte Selbstinduktion L_1 vorhanden sein muß, während die Kapazität $C_1 = C_x$ gesucht wird.

Vierter Abschnitt.

Widerstandsmessungen an elektrischen Maschinen.

27. Messung von Feldwiderständen.

a) Bei Stillstand der Maschinen.

Gleichstrom- und Synchronmaschinen. Die Widerstände der Feldwicklungen sind meist von mittlerer Größe und können daher nach den durch die Abbildungen 101÷104, 106 dargestellten Methoden gemessen werden. Am einfachsten ist ihre Bestimmung aus Strom und Spannung (Abb. 101, 102).

Bei Verwendung der Wheatstoneschen Brücke (Abb. 106) ist zu beachten, daß infolge der Selbstinduktion der Magnetwicklung bei einer Änderung des durch diese fließenden Stromes eine elektromotorische Kraft induziert wird, welche störend auf das Galvanometer einwirkt. Der Taster T, durch dessen Öffnen und Schließen man sich überzeugt, ob die Brücke stromlos, ob also das Verhältnis $a:b = r:x$ erfüllt ist, muß zur Messung von Widerständen mit Selbstinduktion stets im Galvanometerzweig liegen; keinesfalls darf bei der Messung von solchen induktiven Widerständen die Anordnung so getroffen sein, daß T den Meßstromkreis beim Öffnen und Schließen unterbricht.

Asynchrone Motoren. Über die Messung der Widerstände von deren Wicklungen s. Kap. 30.

b) Während des Betriebes.

Die Magnetwiderstände von allen Maschinen, welche Gleichstrom für die Erregung verwenden, können während des Betriebes in einfacher Weise aus Strom und Spannung ermittelt werden.

Gleichstrommaschinen. 1. Nebenschlußmaschinen. Schaltung gemäß Abb. 133. Es wird der Strom i und Spannungsverlust e_e gemessen; somit:

$$r_e = \frac{e_e}{i}.$$

Ebenso läßt sich der im Regler eingeschaltete Widerstand R bestimmen durch Messung von e_R, der Spannung an R. Es ergibt sich:

$$R = \frac{e_R}{i}.$$

Weiter ist der gesamte Widerstand des Nebenschlußkreises:

$$r_e + R = \frac{e_e}{i} + \frac{e_R}{i} = \frac{E}{i}.$$

2. Hauptstrommaschinen. Schaltung nach Abb. 134. Der Widerstand r_h der Magnetwicklung w_h ist:

$$r_h = \frac{e_h}{J}.$$

Besitzt die Hauptstrommaschine einen Regulierwiderstand parallel zum Magnetwiderstand zwecks Regelung ihrer Spannung, dann ist nach Abb. 135 das Amperemeter so zu schalten, daß nur der Strom in w_h allein gemessen wird.

Synchronmaschinen. In Abb. 136 ist E_e die Gleichstromerregermaschine. Es ist auch hier der Widerstand r_e der Magnetwicklung w_e während des Betriebes meßbar:

$$r_e = \frac{e}{i}.$$

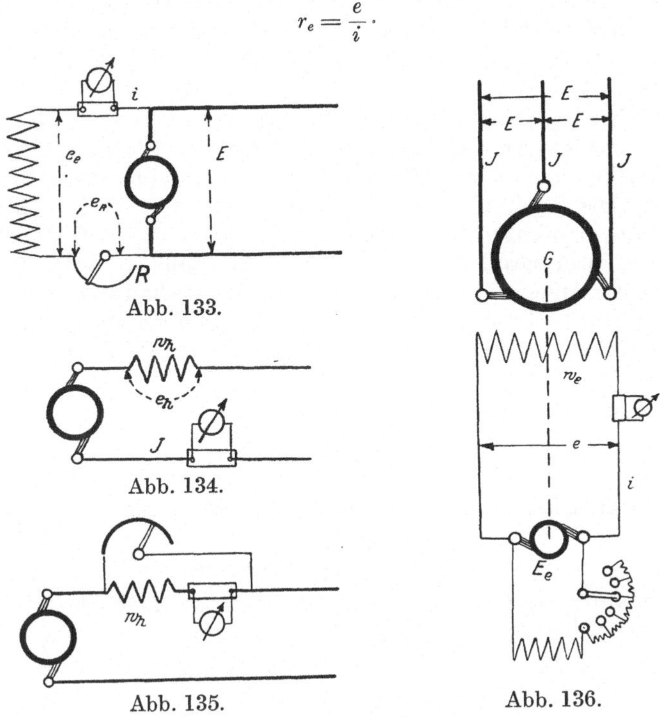

Abb. 133.

Abb. 134.

Abb. 135.

Abb. 136.

28. Messung von Ankerwiderständen bei Gleichstrommaschinen.

a) Allgemeines.

Ankerwiderstände sind stets von geringer Größe. Sie können nach der Brückenmethode von Hockin & Matthiessen gemessen werden. Allgemein gebräuchlich ist jedoch ihre Bestimmung mit der Doppelbrücke von Thomson. Der große Vorzug der letzteren besteht darin, daß bei ihr nur eine Einstellung erforderlich ist. Dies ermöglicht eine schnelle Messung des Ankerwiderstandes, was besonders für dessen Bestimmung im warmen Zustande (nach dem Stillsetzen der Maschine) von Wichtigkeit ist.

Außer den genannten Methoden kommen noch die Widerstandsbestimmungen aus Strom und Spannung und nach der Vergleichsmethode in Betracht. Beide liefern jedoch nicht so genaue Resultate, wie die Thomsonsche Doppelbrücke.

Bei der Messung können zwei Wege eingeschlagen werden:

1. Methode. Man läßt sämtliche Bürsten zur Stromzuführung auf dem Kollektor aufliegen und legt die Spannungsdrähte der Doppelbrücke (bzw. das Voltmeter bei den anderen Methoden) an zwei Lamellen, die unter entgegengesetzten Bürsten liegen. Man erhält nach dieser Messung sofort den wahren Ankerwiderstand. Die Genauigkeit der Meßresultate wird jedoch dadurch herabgesetzt, daß der ungleiche Bürstenübergangswiderstand eine ungleiche Stromverteilung in den verschiedenen Ankerstromzweigen (bei Parallel- und bei Serienparallelschaltung) bedingt.

2. Methode. Man führt den Meßstrom nur an zwei bestimmten Stellen (Lamellen) zu; an diese sind auch die Spannungsdrähte der Doppelbrücke (bzw. das Voltmeter bei den anderen Methoden) anzuschließen. Der Nachteil ungleicher Stromverteilung ist hier nicht vorhanden. Die erwähnten Lamellen werden so bestimmt, daß sie die Ankerwicklung in zwei parallele Hälften teilen. Man mißt dann $^1/_4$ des Widerstandes aller Ankerelemente in Hintereinanderschaltung. Somit gilt:

Ist der nach dieser Methode gemessene Widerstand r_x und hat die Maschine $2a$ parallele Ankerzweige, so ist der wirkliche Widerstand des Ankers im Betriebe:

α) Bei einfach geschlossener Wicklung

$$r_a = \frac{r_x \cdot 4}{(2a)^2} = \frac{r_x}{a^2} \quad (54)$$

β) Bei mehrfach (m-fach) geschlossener Wicklung

$$r_a = \frac{r_x \cdot 4}{m \cdot (2a)^2} = \frac{r_x}{m \cdot a^2} \quad (54\text{a})$$

Anwendung kann die letztgenannte Methode finden bei allen Wicklungen ohne Äquipotentialverbindungen.

In den nachstehenden Ableitungen gelten folgende Bezeichnungen[1]):

p = Zahl der Polpaare.
a = halbe Zahl der parallelen Ankerstromzweige.
b = beliebig gewählte ganze Zahl, deren Summe oder Differenz mit s durch $2p$ teilbar sein muß.
K = Zahl der Kollektorlamellen.
s = Zahl der wirksamen Spulenseiten auf dem Ankerumfange.
b_1 = Zahl der Leiter pro Spulenseite.
m = Zahl der einzelnen Wicklungen bei mehrfach geschlossener Ankerwicklung.
y = Wicklungsschritt.
y_1, y_2 = Teilschritte. ($y = y_1 \pm y_2$).
y_k = Kollektorschritt.
y_p = Potentialschritt bei Äquipotentialverbindungen.
x = diejenige Zahl, die man zu einer Ausgangslamelle hinzuzählen muß, um eine Lamelle zu erhalten, die mit jener die Wicklung in zwei gleiche Hälften teilt.

---

[1]) Bezeichnungen und Wicklungsformeln nach Arnold, Die Gleichstrommaschine, Verlag Julius Springer, Berlin.

Es sei bemerkt:

1. Haben K und y_k den gemeinsamen Teiler m, so ist die Wicklung m-fach geschlossen.
2. Die Teilschritte y_1 und y_2 müssen ungerade Zahlen sein.

b) Anwendung der 2. Methode bei Wicklungen ohne Äquipotentialverbindungen[1]).

Für jede Wicklung ohne Äquipotentialverbindungen gilt die Regel: **Um diejenige Lamelle zu finden, welche mit einer beliebig gewählten die Ankerwicklung in zwei gleiche Hälften teilt, ist der Kollektorschritt so oft um den Kollektor zurückzulegen, als die halbe Zahl der Lamellen beträgt, also $K/2$ mal.**

Legt man nämlich den Kollektorschritt K mal zurück, so trifft man wieder auf die Ausgangslamelle.

Für gerades bzw. ungerades K berechnet sich so zunächst eine Zahl x', welche zu der Ausgangslamelle hinzuzuzählen ist:

$$\left.\begin{aligned} x' &= \frac{K}{2}\cdot y_k \\ x' &= \frac{K-1}{2}\cdot y_k \end{aligned}\right\} \quad \ldots\ldots\ldots\ldots \quad (55)$$

In letzterem Falle, K ungerade, wird die Wicklung nicht genau in zwei Hälften geteilt, weil auf der einen Seite immer eine Spule mehr vorhanden ist (vgl. auch die Beispiele). Im allgemeinen ist jedoch die Gesamtzahl der induzierten Spulenseiten ziemlich groß, so daß der gemessene Widerstand r_x der Kombination $(s+2)/2$ Spulenseiten parallel geschaltet zu $(s-2)/2$ Spulenseiten, wenig abweicht von dem Werte r_x', für welchen in jedem Zweig genau $s/2$ Spulenseiten liegen müssen. Übrigens kann r_x' durch Rechnung bestimmt werden. Es verhält sich:

$$r_x' : r_x = \frac{\frac{s}{2}\cdot\frac{s}{2}}{\frac{s}{2}+\frac{s}{2}} : \frac{\frac{s+2}{2}\cdot\frac{s-2}{2}}{\frac{s+2}{2}+\frac{s-2}{2}}.$$

Daraus[2]):

$$r_x' = r_x\,\frac{s^2}{s^2-4}$$

Damit die Schwankungen des erzeugten Gleichstromes nicht zu stark werden, muß eine bestimmte geringste Lamellenzahl überhaupt vorhanden sein. Nach Arnold sind für eine Schwankung des Gleichstromes von 1,1 % mindestens 15 Lamellen pro Polpaar nötig.

Beispiel. Bei $p=2$ ist demnach $K_{\min.}=30$; um mit einer ungeraden Lamellenzahl zu rechnen, sei $K=31$ angenommen. Die Zahl der Spulenseiten beträgt folglich $s=62$. In der einen Hälfte der Wicklung liegen somit 32, in der andern 30 Spulenseiten. Jede Spulenseite habe einen Widerstand von $r\,\Omega$. Dann beträgt der gemessene Widerstand r_x:

$$r_x = \frac{32r\cdot 30r}{30r+32r} = 15{,}48\,r.$$

---

[1]) ETZ 1902, S. 8.

[2]) Merkwürdigerweise findet man in der Literatur die falsche Gleichung angegeben $r_x' = r_x\cdot\frac{s^2}{s^2-1}$ (s = Zahl der wirksamen Spulenseiten). Diese Gleichung wäre nur richtig, wenn s die Zahl der Spulen bedeuten würde.

Wäre dagegen die Wicklung genau in zwei Hälften mit je 31 Spulenseiten geteilt, so würde sich der Widerstand ergeben zu:

$$r_x' = \frac{31r \cdot 31r}{31r + 31r} = 15{,}5r.$$

Der geringe Unterschied (1,29 ‰) zwischen r_x und r_x' ist zu vernachlässigen. In den späteren Beispielen ist der Übersicht halber K stets klein angenommen.

Ist $x' < K$, so stellt es bereits den gesuchten Wert x dar; ist es dagegen $> K$, so zieht man K n-mal von x' ab und erhält x. Dabei ist n die Zahl, welche angibt, wie oft K ganzzahlig in x' enthalten ist; man findet somit einfach n durch Bildung des Quotienten $x' : K$. Je nachdem, ob K eine gerade oder eine ungerade Zahl ist, erhält man die folgenden Beziehungen.

1. *K* gerade: $$x = x' - n \cdot K = \frac{K}{2} \cdot y_k - n \cdot K \qquad (56)$$

α) $y_k = 1$. Dann ist: $x' < K$

$$n = 0$$

$$x = x' = \frac{K}{2} \qquad (56\,\text{a})$$

β) $y_k > 1$ (ungerade). Dann ist: $x' > K$

$$n = \frac{\frac{K}{2} \cdot y_k}{K} = \frac{y_k - 1}{2} \qquad (56\,\text{b})$$

$$x = \frac{K}{2} \qquad (56\,\text{a})$$

Begründung der Umformung (Gl. 56b): Für eine einfach geschlossene Wicklung müssen K und y_k teilerfremd sein. Ist, wie vorausgesetzt, K gerade, so muß y_k ungerade sein. Um n als ganze Zahl zu erhalten, muß folglich gebildet werden $(y_k - 1)/2$.

Setzt man den Wert n aus Gl. (56b) in die Gl. (56) ein, so ergibt sich Gl. (56a). Man erhält $x = K/2$ für die Fälle α) und β); d. h.: Bei gerader Lamellenzahl liegen die beiden Segmente, welche die Wicklung in zwei Hälften teilen, immer um die Hälfte der gesamten Lamellen voneinander entfernt, also auf einem Durchmesser einander gegenüber.

2. *K* ungerade. $$x = x' - n \cdot K = \frac{K-1}{2} \cdot y_k - n \cdot K \qquad (57)$$

α) $y_k = 1$ oder 2. Dann ist: $x' < K$

$$n = 0$$

$$x = x' = \frac{K-1}{2} \cdot y_k \qquad (57\,\text{a})$$

β) $y_k > 2$. Dann ist: $x' > K$

$$n = \frac{\frac{K-1}{2} \cdot y_k}{K} \qquad (57\,\text{b})$$

Geht bei Gl. (57b) die Division nicht auf, so ist für n nur die ganze Zahl zu nehmen, während die Stellen hinter dem Komma zu streichen sind. Beispiel: Für $K = 11$ und $y_k = 8$ gibt Gl. (57b) $n = 3{,}63$; also gilt $n = 3$.

Die Gleichungen (56) und (57) lassen sich sinngemäß für alle Wicklungen ohne Äquipotentialverbindungen anwenden.

Schleifenwicklung. Es gelten die Wicklungsformeln:

$$\left.\begin{aligned} y_1 &= \frac{s \pm b}{2p} \pm \frac{2a}{p}, \\ y_2 &= \frac{s \pm b}{2p} \\ y &= y_1 - y_2 = \pm \frac{2a}{p} \\ a &= p.\ 2p,\ 3p \ldots \text{ einfache bzw. mehrfache Parallelschaltung} \\ y_k &= \pm \frac{a}{p}. \end{aligned}\right\} \quad \ldots \quad (58)$$

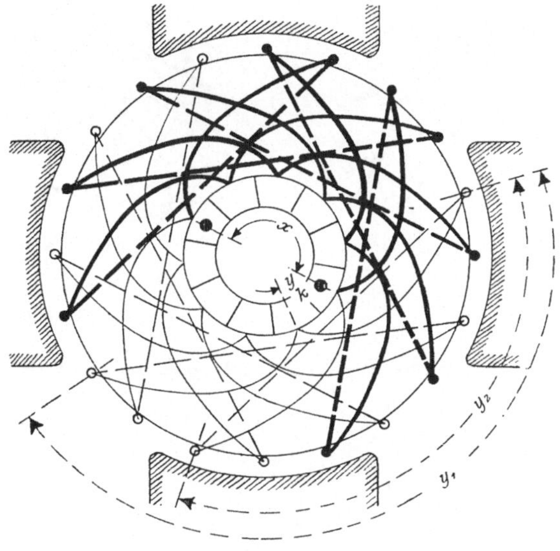

Abb. 137.

Beispiel 1. K gerade $= 10$ $\quad s = 20 \quad p = 2 \quad a = 2$

$y_1 = 9 \quad y_2 = 7 \quad y = 2 \quad y_k = 1.$

Nach Gl. (56a) wird $x = x' = K/2 = 5$. Es ist (wie auch für die weiteren Beispiele) gleichgültig, ob x links oder rechts herum gezählt wird. Die Wicklungshälften sind in Abb. 137 usw. verschieden stark ausgezogen.

Beispiel 2. K ungerade $= 11$ $\quad s = 22 \quad p = 2 \quad a = 2$

$y_1 = 9 \quad y_2 = 7 \quad y_k = 1.$

Nach Gl. (57a) erhält man $x = x' = 5$. In Abb. 138 sind die zusammengehörigen Lamellen mit schwarzen Punkten bezeichnet. Man kommt auf zwei verschiedene, in jedem Falle aber nebeneinander liegende Segmente, je nachdem man von der Ausgangslamelle rechts oder links herum weiterschreitet. Das Meßergebnis ist in beiden Fällen dasselbe, wenn nicht, so kann aus den Resultaten das Mittel genommen werden.

Beispiel 3. K ungerade $= 11$ $\quad s = 22 \quad p = 2 \quad a = 2p$

$y_1 = 9 \quad y_2 = 5 \quad y = 4 \quad y_k = 2$

Nach Gl. (57a) ergibt sich $x = x' = 10$ (Abb. 139).

Wellenwicklung. Wicklungsformeln:

$$\left.\begin{array}{c} y = y_1 + y_2 = \dfrac{s \pm 2a}{p}, \\ a = 1 \text{ Reihen-}, \quad a = p \text{ Parallel-}, \\ a \lesseqgtr p \text{ Reihenparallelschaltung}, \\ y_1 \sim y_2 \sim \dfrac{y}{2}, \\ y_k = \dfrac{K \pm a}{p}. \end{array}\right\} \quad \ldots \ldots \quad (58\text{a})$$

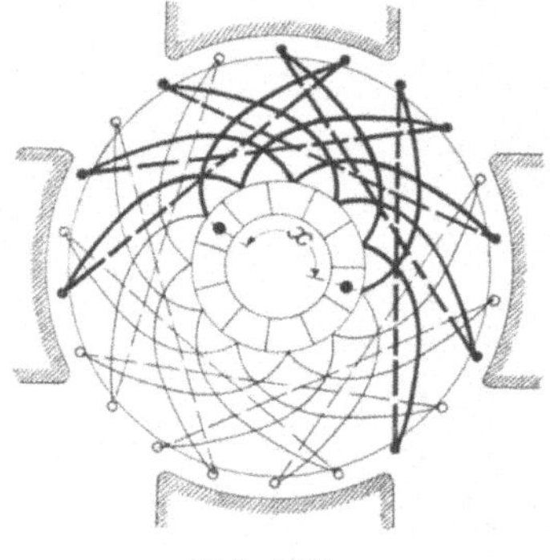

Abb. 138.

Abb. 139.

Beispiel 4. K ungerade $= 11$ $\quad s = 22 \quad p = 2 \quad a = 1$ (Reihenschaltung)
$y_1 = 7 \quad y_2 = 5 \quad y_k = 6.$

Anwendung der Gl. (57) ergibt:

$$n = \frac{\frac{K-1}{2} y_k}{K} = \frac{\frac{11-1}{2} \cdot 6}{11} = 2{,}73 \cdots = 2,$$

$$x = \frac{K-1}{2} \cdot y_k - nK = \frac{11-1}{2} \cdot 6 - 2 \cdot 11 = 8.$$

Es ist wiederum gleichgültig, ob man in der Abb. 140 von der links bezeichneten Stelle nach rechts oder nach links herum weiter schreitet.

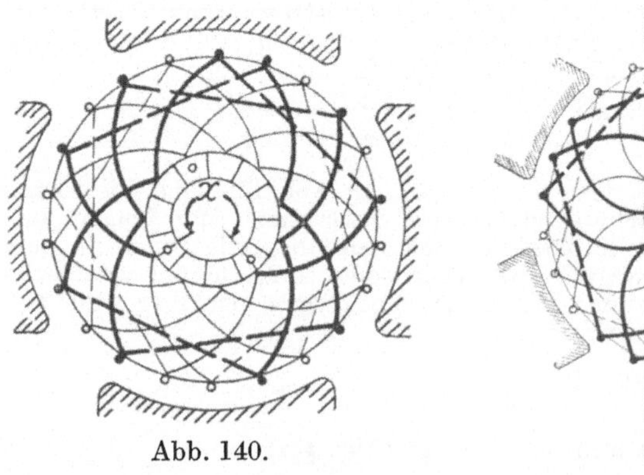

Abb. 140.

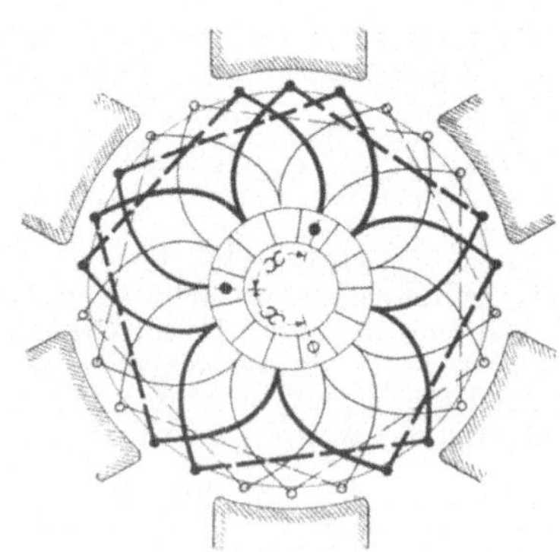

Abb. 141.

Beispiel 5.

K ungerade $= 13$ $s = 26$ $p = 3$ $a = 2$ (Reihenparallelschaltung)

$y_1 = y_2 = 5$ $y = 10$ $y_k = 5$.

Mit den Gl. (57) und (57b) erhält man:

$$n = \frac{\frac{K-1}{2} y_k}{K} = \frac{\frac{13-1}{2} \cdot 5}{13} = 2{,}30 = 2\,,$$

$$x = \frac{K-1}{2} \cdot y_k - n \cdot K = \frac{13-1}{2} \cdot 5 - 2 \cdot 13 = 4.$$

Beide Lamellen, zu welchen man von einer Ausgangslamelle gelangen kann, sind gekennzeichnet (Abb. 141).

Mehrfach geschlossene Wicklungen. Die Gl. (56) und (57) sind auch für diese gültig.

Beispiel 6. K ungerade $= 15$ $s = 30$ $p = 3$ $a = 3$

$y_1 = 7$ $y_2 = 5$ $y = 12$ $y_k = 6$.

K und y_k haben den gemeinschaftlichen Teiler 3, es sind daher drei geschlossene Wicklungen vorhanden, welche in der Abb. 142 auch einzeln hervorgehoben sind. Die Gl. (57) ergeben:

$$n = 2 \quad \text{und} \quad x = 12.$$

Wie aus Abb. 142 hervorgeht, wird nur eine der drei Wicklungen gemessen; um die beiden anderen Wicklungen ebenfalls zu messen, muß man die Zuführungsdrähte der Thomsonbrücke jedesmal um eine Lamelle nach rechts oder links verschieben.

Die Werte von x für die Widerstandsmessung nach dieser Methode (zwei parallele Ankerhälften) sind in der folgenden Tabelle der Übersichtlichkeit halber nochmals zusammengestellt.

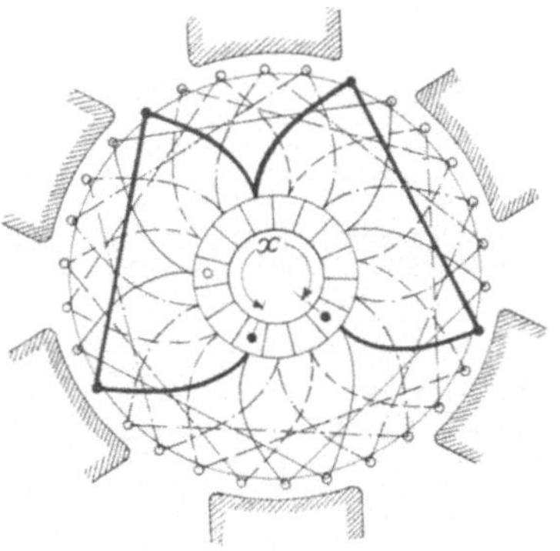

Abb. 142.

c) Wicklungen mit Äquipotentialverbindungen.

Allgemeines. Bei diesen Wicklungen sind immer solche Lamellen miteinander verbunden, welche dasselbe Potential besitzen. Die Entfernung von solchen zusammengehörigen Lamellen wird als Potentialschritt y_p bezeichnet.

Wie bereits erwähnt, kann bei Wicklungen mit Äquipotentialverbindungen die Widerstandsmessung in zwei parallelen Hälften nicht vorgenommen werden. Bestimmt man den Widerstand nach den folgenden Angaben, so ist weiter zu beachten:

Bei Wicklungen mit Äquipotentialverbindungen ist der gemessene Widerstand r_x gleich dem Ankerwiderstand r_a der betriebsfertigen Maschine.

$$r_x = r_a.$$

Werte von x für Trommelwicklungen für $a \geqq 1$
(ohne Äquipotentialverbindungen).

Art der Wicklung	Zahl der Kollektorlamellen K	x	n	Bemerkungen
Schleifenwicklung . . . Wellenwicklung einfach geschlossen . Wellenwicklung mehrfach geschlossen	gerade	$\frac{K}{2}$	0	Wenn in den für n angegebenen Gleichungen die Division nicht aufgeht, ist für n die ganze Zahl des Dezimalbruches zu nehmen.
Schleifenwicklung .	ungerade	$\frac{K-1}{2}$	0	$y_k = 1$ oder 2
Schleifenwicklung .	ungerade	$\frac{K-1}{2} \cdot y_k - n \cdot K$	$\frac{\frac{K-1}{2} \cdot y_k}{K}$	$y_k > 2$
Wellenwicklung einfach geschlossen .	ungerade	$\frac{K-1}{2} \cdot y_k - n \cdot K$	$\frac{\frac{K-1}{2} \cdot y_k}{K}$	
Wellenwicklung mehrf. geschlossen	ungerade	$\frac{K-1}{2} \cdot y_k - n \cdot K$	$\frac{\frac{K-1}{2} \cdot y_k}{K}$	

Schleifenwicklung. Bedingung für Äquipotentialverbindungen: K/p muß eine ganze Zahl sein. Der Potentialschritt ist $y_p = K/p$.

Strom- und Spannungsdrähte der Doppelbrücke liegen an Lamellen, welche um $y_p/2$, bzw. um $(y_p - 1)/2$ voneinander entfernt sind, je nachdem y_p gerade oder ungerade ist. Die Entfernung der Meßdrähte kann auch ein ungerades Vielfaches dieser Werte betragen.

Wellenwicklung. Bedingung für Äquipotentialverbindungen: $a > 1$. Bei Reihenparallelschaltung ist die Zahl der Bürsten (Stromabnahmestellen) gleich der Zahl der parallelen Ankerstromzweige $2a$. Man kann nach Arnold auch nur zwei Bürsten verwenden, diese müssen aber dann je a Lamellen gleichzeitig bedecken. Grund: Die neben der normalen Lamelle gelegenen Lamellen sind immer nur durch eine Spule mit den Bürsten gleicher Polarität verbunden, und der Widerstand dieser einen Spule ist gegenüber dem Gesamtwiderstand des Ankers klein.

In Abb. 143 sind z. B. die Lamellen neben derjenigen, auf welcher die Bürste B_1 liegt, durch die dicker gezeichneten Spulen mit den gleichpoligen Bürsten B_3 und B_5 verbunden.

Ferner ergibt sich für Wellenwicklungen mit Äquipotentialverbindungen:

1. Der Potentialschritt beträgt $y_p = K/a$.
2. Die Stromabnahmestellen ungleicher Polarität sind immer um $K/2p$ oder ein ungerades Vielfaches von $K/2p$ Lamellen voneinander entfernt.

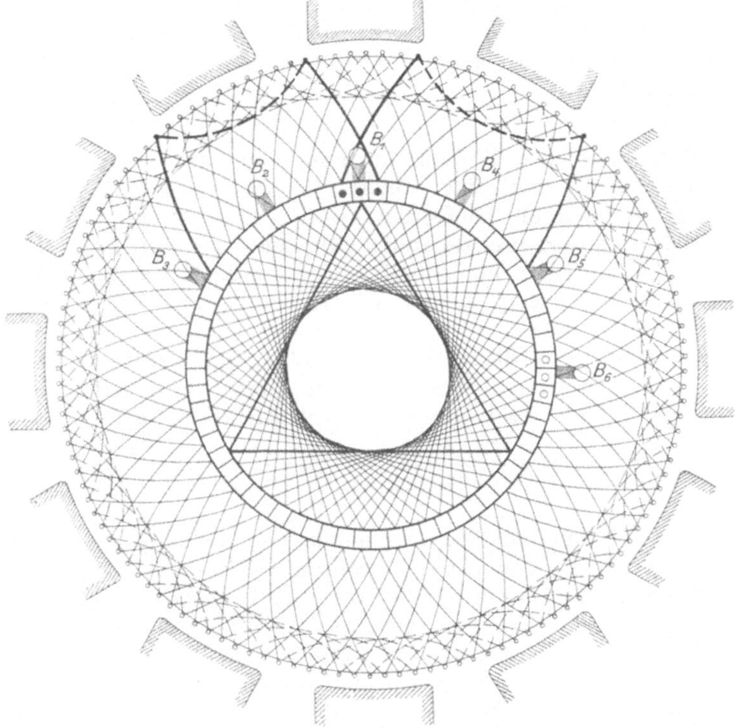

Abb. 143.

Zur Widerstandsmessung schließt man die Stromzuführungsdrähte der Doppelbrücke an zwei Bürsten ungleicher Polarität an, welche a nebeneinander liegende Lamellen gleichmäßig bedecken. Die anderen Bürsten sind sämtlich abzuheben. Die Spannungsdrähte müssen ebenfalls diese a Lamellen berühren. Der gemessene Widerstand ist $r_x = r_a$.

Beispiel: In Abb. 143 ist $K = 63$, $p = 6$, $a = 3$, $y_p = 21$. Infolgedessen sind $2a$ Stromabnahmestellen vorhanden, welche um $K/2p = 5{,}25$ Lamellen voneinander entfernt sind. Die Anschlußstellen für die Messung können auch um ein ungerades Vielfaches von $K/2p$ auseinander liegen.

Als Anschlußstellen für die Messung werden B_1 und B_6 gewählt. Entfernung 15,75 Lamellen. Auf die beiden Bürstenstifte werden je drei Bürsten aus Kupfer zur Stromzuführung aufgesetzt. Diese bedecken die drei nebeneinander liegenden Lamellen, mit denen auch die Spannungsdrähte zu verbinden sind. Die anderen Bürsten werden abgehoben.

29. Messung des Bürstenübergangs-, Bürsten- und Gesamtankerwiderstandes.

Der Bürstenübergangswiderstand. Von Einfluß auf die Größe desselben sind: Das Material und der Zustand von Bürsten und Kommutator, der Druck, mit dem die Bürsten aufliegen, die spezifische Stromstärke an der Übergangsstelle, die Stromart, Stromrichtung und die Kommutatorgeschwindigkeit. Diesen Punkten ist bei der Messung entsprechend Rechnung zu tragen, d. h. der Übergangswiderstand $r_{ü}$ ist möglichst unter den beim Betrieb vorliegenden Verhältnissen zu ermitteln.

Verfahren:

a) Man hebt alle Bürsten ab und setzt auf einen Bürstenstift eine Bürste direkt und eine isoliert auf. Bei normaler Drehzahl und Drehrichtung wird ein Meßstrom $i = J$, $^3/_4\ J$, $^1/_2\ J$ usw. (J = normaler Betriebsstrom pro Bürste) durch beide geleitet. Das Feld der Maschine ist natürlich abgeschaltet. Man mißt dann den Spannungsverlust $e_{ü}$, der zwischen beiden Bürsten auftritt. Das Voltmeter ist dabei möglichst nahe den Übergangsstellen anzuschließen. Der Übergangswiderstand pro Bürste ist $r_{ü}' = e_{ü}/2i$, und der Übergangswiderstand im Betrieb berechnet sich, da stets eine positive und eine negative Bürste in Betracht kommen, zu (vgl. auch Gl. 59a für $2k$ Bürstenstifte):

$$r_{ü} = 2r_{ü}' = \frac{e_{ü}}{i} \quad \ldots \ldots \ldots \ldots \quad (59)$$

b) Sind $2k$ Bürstenstifte vorhanden, von denen jeder eine Bürste trägt, so hebt man von $(2k - 2)$ Stiften die Bürsten ab und löst die Verbindung der noch aufliegenden zwei gleichpoligen Bürsten. Wie beim Verfahren a) bestimmt man den Spannungsabfall $e_{ü}$, den ein Meßstrom $i = J$, $^3/_4\ J$ usw. bei normaler Drehgeschwindigkeit und Drehrichtung in den Übergangswiderständen beider Bürsten erzeugt; sodann gilt: $r_{ü}' = e_{ü} : 2i$. Bei k Stiften gleicher Polarität ist sonach der Gesamtübergangswiderstand:

$$\boldsymbol{r_{ü} = \frac{2r_{ü}'}{k} = \frac{e_{ü}}{i \cdot k}} \quad \ldots \ldots \ldots \ldots \quad \textbf{(59a)}$$

Bemerkungen: 1. Bei diesen Versuchen sollen die Bürsten gut eingelaufen sein. Ferner sind, wie erwähnt, die Aufnahmen bei verschiedenen Stromstärken durchzuführen, da sich mit diesen der Übergangswiderstand stark ändert, und zwar wird derselbe kleiner, je größer die Stromstärke wird.

2. Beim Verfahren b) ist noch ein kleiner Teil der Ankerwicklung vom Meßstrom durchflossen. Der Widerstand dieses Teiles ist aber so gering, daß er vernachlässigt werden kann. Das Resultat kann jedoch durch eine andere Ursache, nämlich durch das remanente Feld der Maschine, gefälscht werden, welches in den zwischen den Bürsten liegenden Windungen eine EMK induziert; die gemessene Spannung $e_{ü}$ ist dann zu hoch oder zu niedrig. Es empfiehlt sich daher, zwei Messungen zu machen, zwischen denen die Richtung des Stromes i gewendet wird. Der arithmetische Mittelwert aus den erhaltenen Ergebnissen ist der richtige Bürstenübergangswiderstand (s. a. unter Messung des Gesamtankerwiderstandes).

Der Bürstenwiderstand. Bei Metallbürsten ist der Bürstenwiderstand $r_{bü}$ verschwindend klein, bei Kohlebürsten infolge des höheren spezifischen Widerstandes etwas höher. Bei der Messung an der Maschine ist darauf zu achten, daß der Übergangswiderstand $r_{ü}$ nicht mitgemessen wird.

Meistens werden jedoch $r_{ü}$ und $r_{bü}$ nicht getrennt gemessen, sondern die Summe $r_{bü} + r_{ü}$ bestimmt. Die Messung ist dieselbe, wie bei den beschriebenen Methoden a) und b). Das Voltmeter ist an die betreffenden Bürsten so anzuschließen, daß sowohl der Spannungsabfall in den Bürsten, wie im Übergangswiderstand gemessen wird.

Wegen der Kleinheit von $r_{bü}$ kann auch angenähert gesetzt werden: $r_{bü} + r_{ü} \sim r_{ü}$.

Der Gesamtankerwiderstand. Stehen besondere Hilfsmittel, wie Thomsonbrücke usw., nicht zur Verfügung (z. B. wenn eine Messung an bereits montierten Maschinen vorgenommen werden soll), so kann der Gesamtwiderstand des Ankers

$$R_a = r_a + r_ü + r_{bü} \quad \ldots\ldots\ldots \quad (59\text{b})$$

folgendermaßen ermittelt werden:

Bei normaler Drehzahl läßt man die Maschine unerregt laufen. Man mißt an den Ankerklemmen die Remanenzspannung e'. Treibt man durch den Anker einen Meßstrom $i = J$, $^3/_4\, J$, $^1/_2\, J$ usw., so zeigt das Voltmeter an:

$$e_1 = e' + i \cdot R_a.$$

Kehrt man die Stromrichtung von i um, so mißt man, da die Remanenzspannung e' die gleiche, der Ohmsche Spannungsabfall $i \cdot R_a$ aber die entgegengesetzte Richtung hat:

$$e_2 = e' - i \cdot R_a.$$

Aus beiden Messungen folgt:

$$R_a = \frac{e_1 - e_2}{2i}.$$

30. Messung von Ankerwiderständen bei Synchron- und Asynchronmaschinen.

Allgemeines. Die Ankerwiderstände von ein- und mehrphasigen Wechselstrommaschinen sind je nach der Spannung, für welche die Wicklung bestimmt ist, von kleiner bis mittlerer Größenordnung, so daß auch hier die bei Gleichstrommaschinen genannten Meßmethoden, insbesondere jene mit der Thomsonschen Brücke, in Frage kommen. Bei Dreiphasenmaschinen ist zwischen Stern- und Dreieckschaltung zu unterscheiden.

Sternschaltung. Ist der Sternpunkt zugänglich, so können die Phasenwiderstände r_1, r_2, r_3 gemessen werden, bei nicht zugänglichem Knotenpunkt sind die verketteten Widerstände zu messen (Abb. 144).

$$R_1 = r_1 + r_2, \qquad R_2 = r_2 + r_3, \qquad R_3 = r_3 + r_1.$$

Hieraus ergeben sich durch Einsetzen die Werte der einzelnen Phasen zu:

$$r_1 = \frac{R_1 + R_3 - R_2}{2}, \quad r_2 = \frac{R_2 + R_1 - R_3}{2}, \quad r_3 = \frac{R_3 + R_2 - R_1}{2}.$$

Dreieckschaltung. Die Phasenverbindungen werden geöffnet und die Phasenwiderstände r_1, r_2, r_3 einzeln gemessen (Abb. 145). Ist die Lösung der Verbindungen nicht möglich, so erfolgt die Messung an den Punkten 1 und 2, 2 und 3, 3 und 1 (Abb. 146). Dabei liegt immer eine Phase parallel zu zwei in Serie geschalteten. Die so gemessenen Widerstände seien R_1, R_2, R_3. Sind die drei erhaltenen Resultate nicht sehr verschieden, so ist der Phasenwiderstand:

$$r = r_1 = r_2 = r_3 = \frac{3}{2} \cdot R.$$

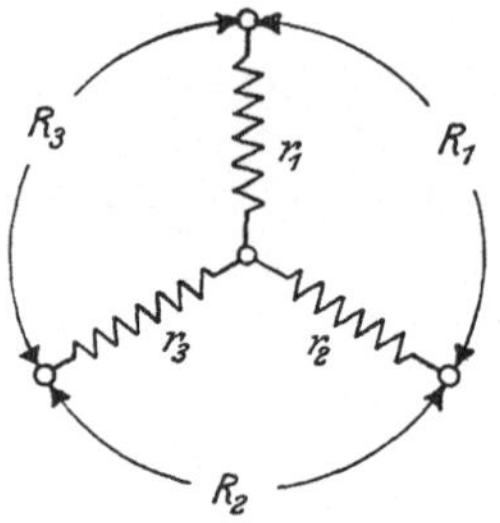

Abb. 144. 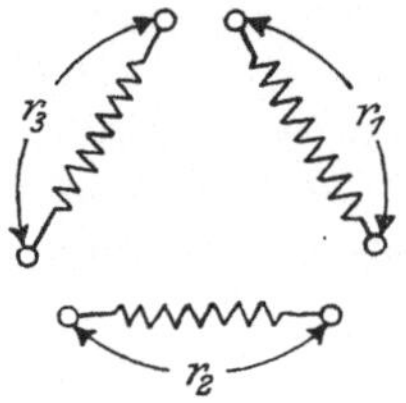 Abb. 145. 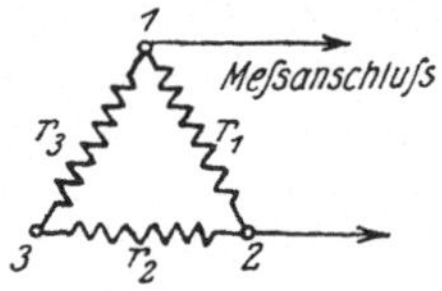 Abb. 146.

Darin ist $R = R_1 = R_2 = R_3$ der gemessene Widerstand.

Weichen R_1, R_2, R_3 stärker voneinander ab, so dienen zur Bestimmung von r_1, r_2, r_3 die Gleichungen:

$$\frac{1}{R_1} = \frac{1}{r_1} + \frac{1}{r_2 + r_3}, \quad \frac{1}{R_2} = \frac{1}{r_2} + \frac{1}{r_3 + r_1}, \quad \frac{1}{R_3} = \frac{1}{r_3} + \frac{1}{r_1 + r_2}.$$

Asynchronmotoren. Stator- und Rotorwicklungen haben ebenfalls meist kleine Widerstände, so daß hinsichtlich der Messung ganz auf das bei Synchronmaschinen Gesagte verwiesen werden kann. Bei Kurzschlußankern ist eine Widerstandsmessung weder zweckmäßig noch üblich.

31. Messung von Isolationswiderständen elektrischer Maschinen und Anlagen.

a) Allgemeines.

Auch bei Verwendung von bestem Isoliermaterial ist es nicht möglich, eine vollständige Isolierung der elektrischen Anlagen zu erreichen. Wird der Isolationswiderstand r der letzteren gemessen, so bestimmt sich aus der Spannung E der bei dieser auftretende Fehlerstrom J der Anlage zu $J = E/r$. Der Widerstand r selbst wird als genügend erachtet, wenn J den Wert 1 mA bei der Betriebsspannung nicht überschreitet.

Die Errichtungsvorschriften des V.D.E. enthalten in § 5 folgende Bestimmungen:

„1. Jede Starkstromanlage muß einen angemessenen Isolationszustand haben. Isolationsmessungen sollen tunlichst mit der Betriebsspannung, mindestens aber mit 100 V, ausgeführt werden.

2. Bei Isolationsmessungen mit Gleichstrom gegen Erde soll, wenn tunlich, der negative Pol der Stromquelle an die zu messende Leitung gelegt werden. Bei Isolationsmessungen mit Wechselstrom ist die Kapazität zu berücksichtigen.

3. Der Isolationszustand einer Niederspannungsanlage gilt als angemessen, wenn der Isolationswert jeder Teilstrecke zwischen zwei Sicherungen oder hinter der letzten Sicherung, wenigstens 1000 Ω multipliziert mit der Voltzahl der Betriebsspannung beträgt (z. B. 220000 Ω für 220 V Betriebsspannung)."

Gemäß der letzten Bestimmung kann der Isolationswiderstand einer aus mehreren Zweigstrecken oder Stromverbrauchern zusammengesetzten Gesamtanlage wesentlich geringer sein. Der geforderte Isolationswiderstand hängt also auch von dem Umfange der Anlage ab. Sehr ausgedehnte Netze zeigen oft einen viel größeren Fehlerstrom als 1 mA, ohne daß sie etwa mangelhaft wären.

Ferner muß darauf hingewiesen werden, daß der Isolationswiderstand einer Anlage eine veränderliche Größe ist. Er ändert sich durch die Wirkung der Wärme, der Feuchtigkeit und ähnlicher Einflüsse.

Man unterscheidet:

1. Die **Isolationsprüfung.** Bei derselben kommt es lediglich darauf an, ob die untersuchte Leitungsstrecke, der Apparat, die Maschine usw. wenigstens den durch die Vorschriften des V.D.E. vorgeschriebenen Isolationswert besitzt.

2. Die **Isolationsmessung**, durch die der wirkliche Wert des Isolationswiderstandes möglichst genau ermittelt werden soll.

3. Die **Fehlerortsbestimmung**, mit deren Hilfe der Ort bestimmt wird, an dem der Isolationsfehler eingetreten ist.

Bemerkungen. 1. Diese Messungen können sowohl an Anlagen ausgeführt werden, die sich im Betrieb befinden, wie auch an Leitungsstrecken und Stromverbrauchern, die nicht unter Spannung stehen. Im letzten Falle kann entweder die Netzspannung verwendet werden, oder man benutzt eine fremde Stromquelle (Batterie, Kurbelinduktor).

2. Bei allen Feststellungen des Isolationswertes soll nicht nur die Isolation zwischen den Leitungen und Erde, sondern auch die je zweier Leitungen gegeneinander geprüft werden. Damit auch wirklich alle Teile der zu prüfenden Anlage mit in das Meßverfahren einbezogen werden, sollen alle stromverbrauchenden Apparate, Glühlampen, Motoren usw. von ihren Leitungen abgetrennt, dagegen alle Sicherungen eingesetzt, alle Schalter geschlossen und alle Fassungen von Beleuchtungskörpern mit angeschaltet sein.

b) Isolationsprüfungen.

Anlage im Betrieb. Um sich über den Isolationszustand einer im Betrieb befindlichen Anlage jederzeit vergewissern zu können, verwendet man die Netzspannung selbst und für die Isolationsprüfung besonders geeichte elektromagnetische oder auch Präzisionsvoltmeter (Drehspulinstrumente), welche nach den Abb. 147 und 148 für Zweileiter- bzw. Drehstromanlagen zwischen Erde und Sammelschienen geschaltet werden. Das Vorhandensein eines Isolationsfehlers ist daran erkenntlich, daß die Instrumente verschiedenen Ausschlag zeigen, und zwar befindet sich der Fehler in jener Leitung, die mit dem Voltmeter, das den kleineren Ausschlag zeigt, verbunden ist.

In Niederspannungsanlagen macht man die Instrumente abschaltbar; man schaltet sie nur dann ein, wenn der Isolationszustand festgestellt werden soll.

Für Hochspannungsanlagen verwendet man statische Voltmeter als Erdschlußprüfer.

Anlage außer Betrieb. Als Prüfinstrumente für Leitungsstrecken, die nicht unter Spannung stehen, benutzt man Galvanoskope, d. s. kleine Nadelgalvanometer, deren Magnetnadeln durch eine feststehende Spule aus der Richtung des Erdfeldes abgelenkt werden. Soll der Isolationszustand einer Leitung gegen Erde gemessen werden, so wird die feststehende Spule des Instruments einerseits an die Leitung, andererseits an eine Stromquelle angeschlossen, deren freier Pol geerdet wird. Als Stromquelle kann eine Batterie oder die Netzspannung dienen. Aus den Größen der Ausschläge erhält man die ungefähren Werte der Isolationswiderstände nach den beigegebenen Eichtabellen.

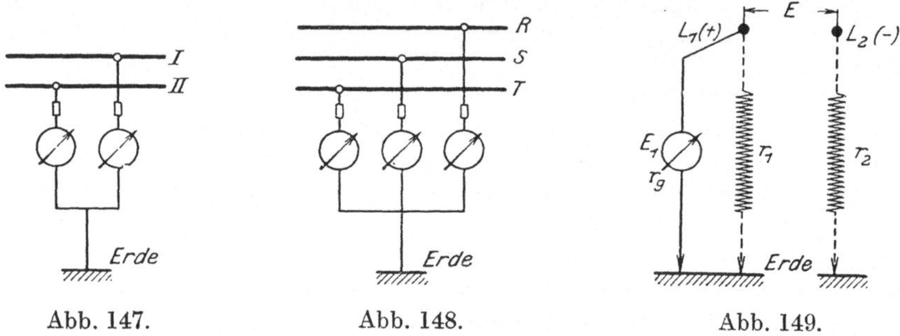

Abb. 147. Abb. 148. Abb. 149.

Bei anderen Ausführungen verwendet man an Stelle der Batterie Kurbelinduktoren.

Zur Isolationsprüfung sind natürlich auch die früher beschriebenen Ohmmeter anwendbar.

c) Isolationsmessungen: Anlage im Betrieb.

α) Gleichstromanlage.

Methode von Frisch. Die Isolationswiderstände der Leiter L_1 (+) und L_2 (—) in Abb. 149 und der Gesamtisolationswiderstand der Anlage gegen Erde seien r_1, r_2, r. Mit einem Voltmeter vom Eigenwiderstande r_g wird die Netzspannung E, die Spannung E_1 von L_1 (+) und die Spannung E_2 von L_2 (—) gegen Erde gemessen. Es gelten dann die Beziehungen:

$$r = r_g \cdot \frac{E - E_1 - E_2}{E_1 + E_2} \quad \text{(60)}$$

$$r_1 = r_g \cdot \frac{E - E_1 - E_2}{E_2} \quad \text{(60a)}$$

$$r_2 = r_g \cdot \frac{E - E_1 - E_2}{E_1} \quad \text{(60b)}$$

Beweis. Es ist stets die Summe aus dem Voltmeterstrom J_g und dem Fehlerstrom jener Leitung, an der das Instrument liegt, gleich dem Fehlerstrom der anderen Leitung.

1. Das Voltmeter liege an L_1 (+). Nach dem Gesagten wird:

$$J_g + J_1 = J_2$$

oder da

$$J_g = \frac{E_1}{r_g}, \quad J_1 = \frac{E_1}{r_1}, \quad J_2 = \frac{E - E_1}{r_2},$$

so ist:

$$\frac{E_1}{r_g} + \frac{E_1}{r_1} = \frac{E - E_1}{r_2} \quad \ldots\ldots\ldots \quad \text{(I)}$$

2. Liegt das Instrument dagegen an L_2 (—), so findet man:

$$J_g + J_2 = J_1,$$

$$J_g = \frac{E_2}{r_g}, \quad J_2 = \frac{E_2}{r_2}, \quad J_1 = \frac{E - E_2}{r_1},$$

$$\frac{E_2}{r_g} + \frac{E_2}{r_2} = \frac{E - E_2}{r_1} \quad \ldots\ldots\ldots \quad \text{(II)}$$

Aus den Gleichungen I und II findet man leicht die Formeln (60). Der Gesamtwiderstand r der Anlage gegen Erde ergibt sich aus der Beziehung (da r_1 und r_2 parallel geschaltete Widerstände sind):

$$\frac{1}{r} = \frac{1}{r_1} + \frac{1}{r_2}.$$

Bemerkungen. 1. Ist der Widerstand r_g sehr klein im Verhältnis zu r_1 und r_2, so ist angenähert:

$$\frac{E_1}{r_g} = \frac{E - E_1}{r_2} \qquad \frac{E_2}{r_g} = \frac{E - E_2}{r_1},$$

und

$$r_1 = r_g \cdot \frac{E - E_2}{E_2} \qquad r_2 = r_g \cdot \frac{E - E_1}{E_1}.$$

Daraus folgt allgemein, daß der Isolationswiderstand einer Leitung gegen Erde sich als Funktion der Spannung der anderen Leitung gegen Erde ausdrücken läßt und man kann den Instrumenten eine Skala geben, die den Widerstand direkt abzulesen gestattet. Darauf beruhen von der AEG gebaute Isolationsmesser.

Methode von Fröhlich. Bei derselben legt man zwischen einen beliebigen Leiter und Erde (in Abb. 150 zwischen L_1 und Erde) ein Voltmeter und macht die Ablesung E_1. Zu diesem Voltmeter wird dann noch ein Nebenwiderstand r_n parallel geschaltet, worauf man am Instrument die Spannung E_1' abliest. Aus den Ablesungen E_1, E_1', E (Spannung der Leiter gegeneinander) und den Widerständen r_g, r_n findet man die gesuchten Isolationswiderstände r_1, r_2, r nach den Formeln:

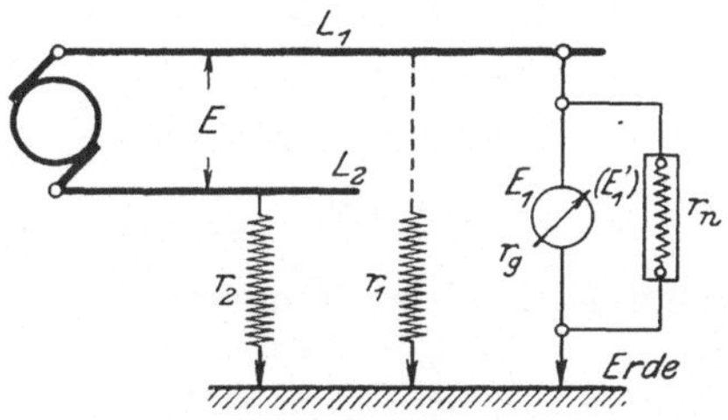

Abb. 150.

$$r_1 = \frac{E \cdot (E_1 - E_1') \cdot r_n \cdot r_g}{E_1' \cdot (E - E_1) \cdot r_g - E \cdot (E_1 - E_1' \cdot r_n)} \quad \ldots\ldots \quad (61)$$

$$r_2 = \frac{E \cdot (E_1 - E_1') \cdot r_n}{E_1 \cdot E_1'} \quad \ldots\ldots\ldots\ldots \quad (61\,a)$$

$$r = \frac{(E_1 - E_1') \cdot r_n \cdot r_g}{E_1' \cdot (r_n + r_g) - E_1 \cdot r_n} \quad \ldots\ldots\ldots\ldots \quad (61\,b)$$

Beweis. Ähnlich wie bei der Methode von Frisch stellt man hier Gleichungen für die Isolationsströme auf.

1. Instrument allein (ohne Nebenwiderstand):

$$J_1 + J_g = J_2$$

$$\frac{E_1}{r_1} + \frac{E_1}{r_g} = \frac{E - E_1}{r_2} \quad \text{(I)}$$

2. Instrument mit Nebenwiderstand:

$$J_1 + J_g + J_n = J_2$$

$$\frac{E_1'}{r_1} + \frac{E_1'}{r_g} + \frac{E_1'}{r_n} = \frac{E - E_1'}{r_2} \quad \text{(II)}$$

Löst man die Gleichungen (I) und (II) auf, so findet man die Formeln (61).

Bemerkungen. 1. Wählt man $r_n = r_g$, so vereinfacht sich die Gl. (61b):

$$r = r_g \cdot \frac{E_1 - E_1'}{2E_1' - E_1}.$$

2. Benützt man einen statischen Spannungsmesser ($r_g = \infty$) und gibt man r_n einen solchen Wert, daß $E_1' = E_1/2$ wird, so ist

$$r = r_n.$$

Methode von Bruger. a) Zweileiteranlagen. Nach Abb. 151 wird eine Hilfsbatterie von der Spannung E_b mit einem Widerstand r_b und der Netzspannung E in Serie geschaltet. Der freie Pol von r_b ist geerdet. Parallel zu Widerstand und Batterie liegt an den Punkten a und b ein Galvanometer. Man reguliert r_b so lange, bis das Instrument keinen Ausschlag mehr zeigt. Dann ist folgendes der Fall:

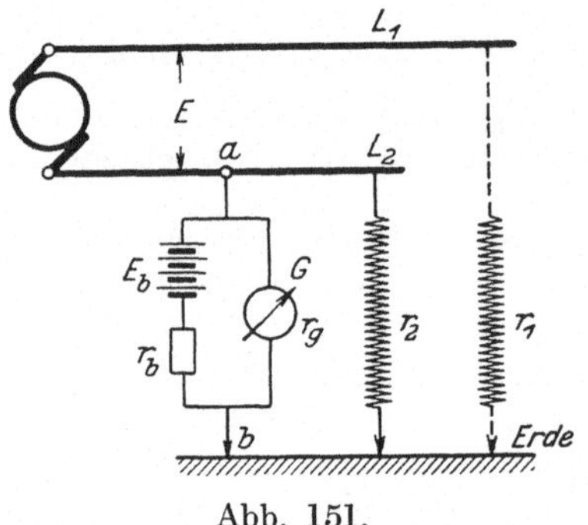

Abb. 151.

1. Die Stromlosigkeit des Galvanometers gibt an, daß die Punkte a und b dasselbe Potential besitzen, nämlich das der Erde.

2. Zwischen Leiter L_1 und Erde herrscht demgemäß die Netzspannung E und der Fehlerstrom J_1 berechnet sich aus der Beziehung:

$$J_1 = E/r_1 \quad \text{(I)}$$

3. J_1 fließt über r_b zur Leitung L_2 zurück. Die Batterie deckt den durch J_1 in r_b erzeugten Spannungsabfall. Demzufolge ist:

$$J_1 = E_b/r_b \quad \text{(II)}$$

Aus (I) und (II) erhält man:

$$r_1 = r_b \cdot \frac{E}{E_b} \quad (62)$$

Die Firma Hartmann & Braun baut auf diesem Prinzip beruhende Isolationsmesser.

b) Mehrleiteranlagen. Bei Mehrleiteranlagen ohne geerdeten Leiter und mit n gleichen Spannungen E läßt sich der gesamte Isolationswiderstand r nach folgender Formel ermitteln:

$$r = r_b \cdot (n - 1) \cdot \frac{E}{E_b} \quad . \; . \; . \; . \; . \; . \; . \; (62\text{a})$$

Ausführung der Messung und Beweis. Man legt die Schaltung: Batterie E_b, Widerstand r_b (r_{b1}, r_{b2} usw.) und Galvanometer nacheinander an die n Leiter, reguliert auf Stromlosigkeit des Instrumentes ein und bestimmt aus der Batteriespannung E_b und den Widerständen $r_{b1}, r_{b2} \ldots r_{bn}$ die Ströme:

$$J_{b1} = \frac{E_b}{r_{b1}}, \quad J_{b2} = \frac{E_b}{r_{b2}} \; . \; . \; . \; . \; . \; J_{bn} = \frac{E_b}{r_{bn}} \quad . \; . \; . \; . \; . \; (\text{I})$$

Diese Ströme sind jeweils die Summe aller Isolationsströme $J_1, J_2, J_3 \ldots J_n$ abzüglich des Isolationsstromes jenes Leiters, an dem die Meßeinrichtung liegt, da ja durch die Abgleichung auf Stromlosigkeit des Galvanometers dieser Leiter keine Spannung gegen Erde besitzt. Somit bestehen die Beziehungen, wenn $r_1, r_2 \ldots r_n$ wieder die Isolationswiderstände bedeuten:

$$J_{b1} = \left(\frac{E}{r_1} + \frac{E}{r_2} + \cdots + \frac{E}{r_n}\right) - \frac{E}{r_1}$$

$$J_{b2} = \left(\frac{E}{r_1} + \frac{E}{r_2} + \cdots + \frac{E}{r_n}\right) - \frac{E}{r_2}$$

$$J_{bn} = \left(\frac{E}{r_1} + \frac{E}{r_2} + \cdots + \frac{E}{r_n}\right) - \frac{E}{r_n}.$$

Also ist:

$$J_{b1} + J_{b2} + \cdots J_{bn} = (n-1) \cdot E \cdot \left(\frac{1}{r_1} + \frac{1}{r_2} + \cdots + \frac{1}{r_n}\right) = (n-1) \cdot E \cdot \frac{1}{r} \quad . \; . \; . \; (\text{II})$$

Gemäß den Gl. (I) gilt aber auch:

$$J_{b1} + J_{b2} + \cdots J_{bn} = E_b \cdot \left(\frac{1}{r_{b1}} + \frac{1}{r_{b2}} + \cdots + \frac{1}{r_{bn}}\right) = E_b \cdot \frac{1}{r_b} \quad . \; . \; . \; . \; . \; . \; (\text{III})$$

In den Gl. (II) und (III) bedeuten r und r_b die entsprechenden resultierenden Widerstände. Aus beiden Ausdrücken erhält man sofort Gl. (62 a). Nach diesem Verfahren können nicht die Isolationswiderstände der einzelnen Leiter gegen Erde bestimmt werden. Eine Methode dafür ist von Sahulka[1]), eine weitere von Kapp[2]) angegeben worden.

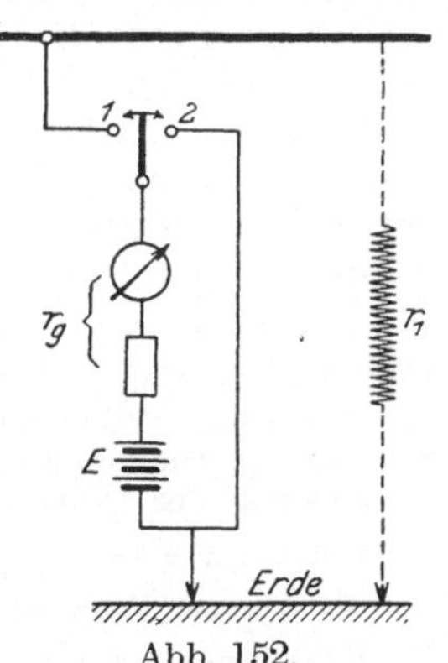

Abb. 152.

β) Wechselstromanlage.

Zum Zwecke der Erdschlußmessung an Wechselstromanlagen, die sich im Betriebe befinden, können ebenfalls Drehspulinstrumente, weil von diesen Wechselströme nicht angezeigt werden, in Verbindung mit einer Meßbatterie verwendet werden. Das prinzipielle Schaltbild gibt Abb. 152. Zwischen einer Leitung und Erde liegt das Instrument in Serie mit einem Vorwiderstand von etwa 100000 Ω und der Meßbatterie. Man ermittelt

---

[1]) ETZ 1904, S. 420.
[2]) The Electrical Engineer 1909.

die Ausschläge α_g und α_1, wenn der Schalter einmal auf 2 und einmal auf 1 steht. Ist r_g der Instrument- einschließlich Vorwiderstand, so bestimmt sich der Isolationswiderstand zu:

$$r_1 = r_g \cdot \left(\frac{\alpha_g}{\alpha_1} - 1\right) \qquad (63)$$

Beweis. Es sei c die Instrumentkonstante; alsdann bestehen die Beziehungen, wenn E die Spannung der Batterie ist:

$$J_g = c \cdot \alpha_g \qquad J_1 = c \cdot \alpha_1 \qquad (I)$$

$$J_g = \frac{E}{r_g} \qquad J_1 = \frac{E}{r_g + r_1} \qquad (II)$$

Daraus:

$$\frac{J_g}{J_1} = \frac{\alpha_g}{\alpha_1} = \frac{r_g + r_1}{r_g}.$$

Diese Beziehung ergibt sofort Gl. (63).

Der Widerstand des verwendeten Spannungsmessers einschließlich des Vorwiderstandes muß natürlich so groß sein, daß das Instrument nicht nur den Strom der Meßbatterie, sondern auch den von der vollen Betriebsspannung erzeugten vertragen kann. In Wechselstromhochspannungsanlagen schaltet man meist vor das Voltmeter eine Drosselspule, welche den das Instrument durchfließenden Wechselstrom nicht über einen gewissen Betrag ansteigen läßt. In Drehstromanlagen mit geerdetem Nulleiter ist eine Messung während des Betriebes nicht durchführbar.

d) Isolationsmessungen: Anlage außer Betrieb.

α) Messung mit Gleichstrom.

Verwendung von Gleichstrompräzisionsvoltmetern (Drehspulinstrumenten). Diese eignen sich wegen ihrer hohen Meßgenauigkeit ohne Ausnahme für Isolationsmessungen, wenn sich die Anlage außer Betrieb befindet. Man bestimmt zunächst die Spannung E (Ausschlag α_g des Instrumentes) der Stromquelle, als welche das Gleichstromnetz oder eine Batterie benutzt wird. Dann erdet man deren positiven Pol und verbindet ihren negativen Pol über das Instrument mit jener Leitung, deren Isolationswiderstand ermittelt werden soll. Man erhält den Ausschlag α_1. Für die Rechnung gilt Gl. (63), wenn r_g den Voltmeterwiderstand bedeutet.

Beispiel. Verwendung findet ein Instrument von $r_g = 40000\ \Omega$ Eigenwiderstand. Die Spannung der Stromquelle beträgt $\alpha_g = E = 440$ Volt. Bei der Messung der Isolationswiderstände eines Netzes ergeben sich die Werte:

Für Leitung 1: Ausschlag $\alpha_1 = 20$ V, Isolationswiderstand $r_1 = 840000\ \Omega$;
für Leitung 2: Ausschlag $\alpha_2 = 10$ V, Isolationswiderstand $r_2 = 1720000\ \Omega$.

Verwendung von statischen Spannungsmessern. Nach Abb. 153 wird die zu untersuchende Leitung unter Zwischenschaltung eines bekannten Widerstandes r_b mit der Stromquelle verbunden, deren zweiter Pol geerdet ist. Man führt zwei Messungen aus, bei denen einmal der Schalter in Stellung 1, das andere Mal in Stellung 2 steht. In beiden Fällen ist der über r_1, Batterie und r_b fließende Strom J derselbe.

Aus den vom Instrument angezeigten Spannungen: $E_1 = J \cdot (r_b + r_1)$ und $E_2 = J \cdot r_1$ findet man den Isolationswiderstand r_1 zu:

$$r_1 = r_b \cdot \frac{E_2}{E_1 - E_2} \quad \text{. . . . . (64)}$$

Damit sich E_2 und E_1 merklich voneinander unterscheiden, muß r_b ziemlich hoch gewählt werden.

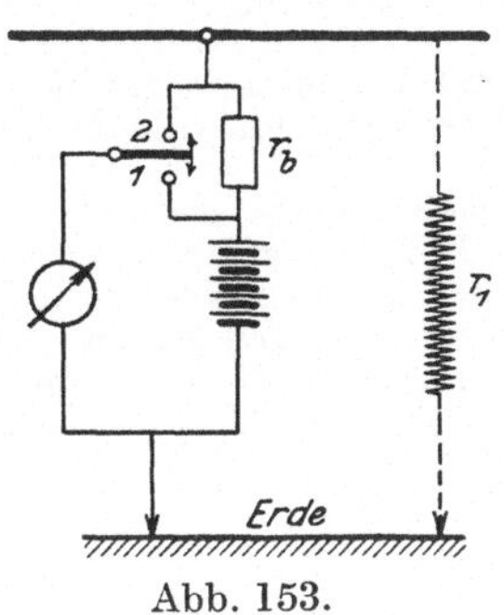

Abb. 153.

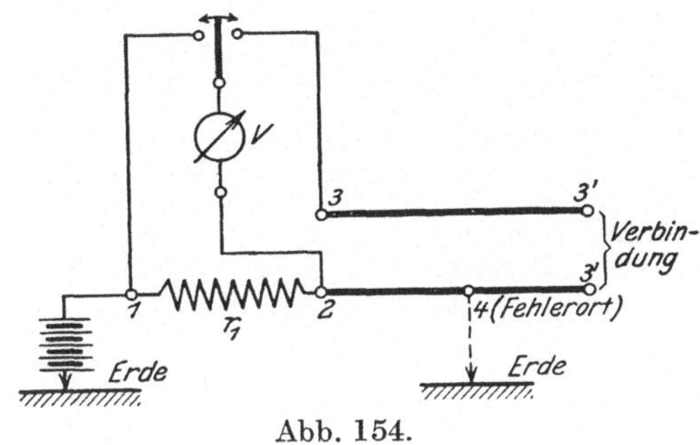

Abb. 154.

β) Messung mit Wechselstrom.

Bei Messungen der Isolationswiderstände von Wechselstromanlagen mit deren Netzspannung stört im allgemeinen der durch die Kapazität der Leitungen erzeugte Ladungsstrom, wodurch das Resultat gefälscht werden kann. Ohne Belang wird dieser Einfluß, wenn die Kapazität klein ist.

Einen besonderen dynamometrischen Spannungsmesser für diese Messungen führt die AEG aus. Er enthält einen Transformator mit zwei sekundären Wicklungen, von denen die eine an die feststehende, die andere an die bewegliche Spule gelegt wird. Das Instrument hat eine Volt- und eine Ohmskala, so daß es für Spannungs- und Isolationsmessungen Verwendung finden kann. Bei seinem Gebrauch als Isolationsmesser ist darauf zu achten, daß die Netzspannung der Spannung entspricht, für die das Gerät geeicht ist.

Auch der von Hartmann & Braun ausgeführte Anleger von Dietze[1]) (s. auch Kap. 55) kann für die Ermittlung von Isolationsfehlern in Wechselstromanlagen benutzt werden.

e) Fehlerortsbestimmungen.

Methode des Spannungsabfalles. Die Schaltung wird gemäß Abb. 154 ausgeführt. Der Anfang 2 des fehlerhaften Kabels liegt unter Zwischenschaltung des Widerstandes r_1 an der Meßbatterie, deren anderer Pol geerdet ist. Die Enden von Hin- und Rückleitung werden verbunden. Mit einem Voltmeter V von hohem Widerstande sind die folgenden Messungen vorzunehmen:

1. Bestimmung des Spannungsabfalles E_1 am Widerstande r_1 zwischen den Punkten 1 und 2: $E_1 = J \cdot r_1$.

2. Bestimmung des Spannungsabfalles E_x zwischen den Punkten 2 und 3: $E_x = J \cdot r_x$. r_x ist der Widerstand der Leitung vom Punkt 2 bis zur Fehlerstelle. Vorausgesetzt ist bei dieser Messung, daß der

[1]) ETZ 1902, S. 843; ETZ 1911, S. 35; ETZ 1916, S. 235.

durch den kleinen Voltmeterstrom verursachte Spannungsabfall zwischen 4 und 3 vernachlässigt werden kann, daß also E_x nur durch den Fehlerstrom J, der sich über Fehlerstelle und Erde schließt, bedingt wird. Beide Messungen ergeben den Widerstand r_x, aus dem die Entfernung der Fehlerstelle von Punkt 2 berechnet werden kann. Es ist:

$$r_x = r_1 \cdot \frac{E_x}{E_1} \qquad (65)$$

Bemerkungen. 1. Zweckmäßig macht man wegen des ständig wechselnden Widerstandes zwischen Fehlerort und Erde mehrere Messungen und nimmt aus diesen den Mittelwert.

2. Man kann auch so vorgehen (wenn z. B. die Rückleitung nicht erreichbar ist), daß man die Spannung E_1, die Potentialdifferenz E_2 zwischen Punkt 2 und Erde und jene E_3 zwischen Punkt 3' und Erde feststellt (3' ist das Ende der Hinleitung, in welcher sich die Fehlerstelle befindet). Bedeutet r_f den Widerstand zwischen Fehlerort und Erde, so findet man durch eine einfache Überlegung leicht die Gleichungen:

$$\frac{E_1}{E_2} = \frac{r_1}{r_x + r_f} \qquad \frac{E_1}{E_3} = \frac{r_1}{r_f}$$

und daraus folgt:

$$r_x = \frac{E_2 - E_3}{E_1} \cdot r_1 \qquad (66)$$

Die Firma „Nadir"-Berlin liefert ein auf diesem Prinzip beruhendes direkt anzeigendes Instrument.

Schleifenmethode von Murray. Die Abb. 155, welche der Abb. 106 entspricht, gibt die Schaltung an. Die Pole des fehlerhaften Kabels sind mit möglichst kurzen Zuleitungen AC und $A'C'$ anzuschließen. Das Galvanometer liegt zwischen Punkt B und Erde, über welche sich der Brückenstrom J_0 zum Fehlerpunkte D schließt. Derselbe teilt den Gesamtwiderstand des Kabels in die Teilwiderstände r_x und r_y, welche den Widerständen r und x nach Abb. 106 entsprechen. Aus r_x bzw. r_y findet man leicht die Lage des Fehlerortes.

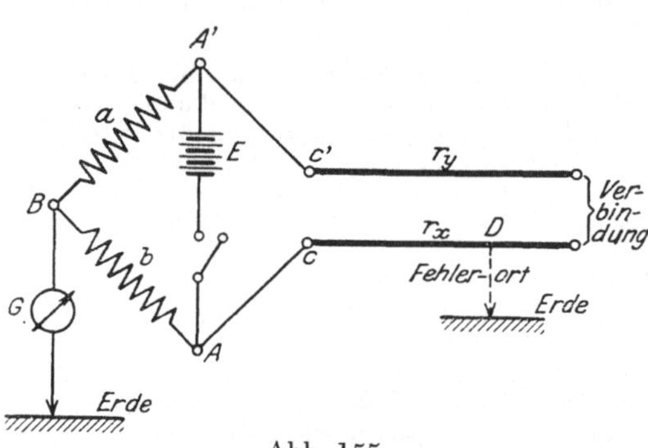

Abb. 155.

1. In der angegebenen Schaltung gleicht man die Widerstände a und b so ab, daß $J_0 = 0$ wird. Mithin gilt:

$$r_y : r_x = a : b.$$

2. Man mißt den Gesamtwiderstand $r_x + r_y = r'$ von Hin- und Rückleitung. Aus beiden Gleichungen findet man:

$$r_x = \frac{b}{a+b} \cdot r' \qquad r_y = \frac{a}{a+b} \cdot r' \qquad (67)$$

Längere Zuleitungen zu den Punkten A und A' erfordern natürlich Korrektionen.

Methode von Varley. Zwischen A und C (Abb. 155) wird hier ein Widerstand r eingeschaltet (in Abb. 155 nicht gezeichnet). Man macht folgende Messungen:

1. Das Galvanometer wird zwischen Punkt B und Erde gelegt. Nach Abgleichung von a und b gilt:

$$a : b = r_y : (r_x + r).$$

2. Das Galvanometer wird an die Punkte B und C gelegt und wieder abgeglichen. Dann ist:

$$a_1 : b_1 = (r_x + r_y) : r.$$

Aus beiden Messungen findet man:

$$r_x = \frac{(a_1 \cdot b - a \cdot b_1)}{(a + b) \cdot b_1} \cdot r \quad \quad (68)$$

Fünfter Abschnitt.

Messung von Dreh- und Periodenzahlen.

32. Bestimmung der Drehzahl elektrischer Maschinen.

Umlaufzähler. Diese besitzen ein kleines Zählwerk, welches meist umschaltbar für mehrere Bereiche eingerichtet ist. Sie geben, wenn sie eine bestimmte Zeit an die Welle der Maschine gehalten werden, die Zahl der in dieser Zeit erfolgten Umdrehungen an.

Tachometer. Zum Unterschied von den Umlaufzählern messen Tachometer sofort die augenblickliche Drehzahl einer Maschine, bezogen auf die Minute. Veränderungen der Umlaufszahl machen sich stets bemerkbar. Wirkungsweise: Dieselbe beruht auf dem Drehpendelprinzip. Um eine Achse drehen sich Schwungmassen, die mit ihr so verbunden sind, daß sie sich mit wachsender Fliehkraft von ihr entfernen können. Als Gegenkraft zu der letzteren dienen zwischen den Schwungmassen ausgespannte Federn, sofern es sich um Federtachometer handelt, oder das eigene Gewicht der Massen bei Gewichtstachometern (letztere werden nur stehend mit lotrechter Achse ausgeführt). Die Apparate besitzen noch eine Dämpfung, die den Zeiger beruhigt, die Schärfe seiner Einstellung jedoch nicht beeinträchtigt. Der Zeiger, auf den der Ausschlag der Schwungmassen übertragen wird, spielt über einer empirisch geeichten Skala. Es ist eine Eigenschaft des Drehpendels, daß es bei kleinen Geschwindigkeiten nicht ausschlägt, so daß die Skala nicht mit Null beginnt. Auch ist diese nicht ganz gleichmäßig, sondern am Anfang etwas enger geteilt.

Außer als Handtachometer werden die Apparate für Riemen-, Schnur- und Zahnradantrieb ausgeführt. Vorhanden sind vielfach mehrere Meßbereiche, die durch eine einfache Umschaltung betätigt werden.

Die Firma Horn (Leipzig) liefert u. a. Handtachometer mit selbsttätiger Einstellung der Meßbereiche. Die Konstruktion derselben beruht auf der Erwägung, daß zum Mitnehmen des Tachometers von einer Welle mit höherer Drehzahl ein kleinerer Druck nötig ist, als beim Verbinden mit einer Welle von niedrigerer Drehzahl, denn die Pendelachse hat für alle Meßbereiche im Mittel dieselbe Umlaufszahl und braucht daher dasselbe Drehmoment. Die vorstehende Spindel, mit welcher das Tachometer an die Welle gehalten wird, ist in einem Schlitten gelagert, der durch eine Feder nach außen gedrückt wird. Setzt man nun das Tachometer zunächst mit leichtem Druck an die zu prüfende Welle, so bleibt die Achse in ihrer ersten Stellung und der Meßbereich für hohe Umlaufzahlen ist eingeschaltet. Drückt man stärker, so rückt der Schlitten mit der vorstehenden Achse um eine Stufe zurück; es kommen andere Übersetzungsräder in Eingriff und der zweite Meßbereich ist eingeschaltet. Bei noch stärkerem Druck gegen die zu prüfende Welle wird der dritte und gegebenenfalls der vierte Meßbereich für immer kleinere Umdrehungszahlen eingeschaltet. Die Zunahme des Druckes der Federachse ist eine stufenweise, und daher kann man nicht unbemerkt von einem Meßbereich in den anderen kommen. Den richtigen Meßbereich erkennt man am Zeigerausschlag und an einem kleinen mit dem Schlitten bewegten Schildchen liest man den benutzten Meßbereich ab. Nach geschehener Messung schnellt die Achse selbsttätig wieder in ihre ursprüngliche Lage zurück. Durch den seitlich angebrachten, mit Bajonettverschluß versehenen Druckknopf kann man einen öfter gebrauchten Meßbereich dauernd einschalten.

Beim Gebrauch von Handtachometern beachte man, daß dieselben so an die Welle gehalten werden müssen, daß Tachometer- und Wellenachse in eine Richtung fallen.

Drehzahlmessung mit kleinen Geberdynamos. Diese Methode der Drehzahlbestimmung ist besonders für Fernmessungen geeignet.

a) Gleichstromtype. Durch die Welle, deren Umlaufszahl ermittelt werden soll, wird eine kleine Gleichstromdynamo angetrieben. Die Spannung E derselben ist bei konstantem Feld der Drehzahl n proportional: $E = c \cdot n$. Daher kann ein an den Anker angelegtes Voltmeter so geeicht werden, daß es anstatt der erzeugten Spannung die Umdrehungszahl angibt. Zweckmäßig gebraucht man Drehspulinstrumente, da dann die Teilung eine vollkommen gleichmäßige wird.

Man unterscheidet zwei Ausführungen: Geberdynamos mit Fremderregung und solche mit Stahlmagneten. Bei Fremderregung ist die erzeugte Spannung eine Funktion des Erregerstromes. Dieser ist also genau einzustellen; außerdem muß er einer Stromquelle mit konstanter EMK (Batterie) entnommen werden. Diese Bedingungen fallen fort, wenn man Geber mit Stahlmagneten benutzt. Hier besteht aber auch eine Möglichkeit der Inkonstanz, nämlich die, welche durch das zeitliche Nachlassen der Magnete hervorgerufen wird. Schädlich kann auch die starke Ankerrückwirkung bei einem etwa auftretenden Kurzschluß der Dynamo werden. Durch Abgleichung mit einem magnetischen Nebenschluß können aber solche Fehler wieder behoben werden.

b) Wechselstromtype. Bei Gleichstromdynamos gibt vielfach der Kollektor zu Störungen Anlaß. Diese Schwierigkeiten fallen fort, wenn man die Wechselstromtype verwendet. Meist läßt man bei dieser die Ankerwicklung feststehen und die Magnete rotieren. Als Anzeigeinstrumente kommen — außer Zungenfrequenzmessern — Hitzdrahtinstrumente, da diese den geringsten Verbrauch haben, aber auch Dreheisen- und Drehfeldinstrumente in Betracht.

Erwähnung soll hier noch der Wechselstromgeber von Siemens & Halske finden. Die Schenkel des Hufeisenmagneten tragen, wie Abb. 156 zeigt, die beiden Spulen S, in denen bei einer Veränderung des Kraftflusses eine kleine Spannung induziert wird. Diese Veränderung des Kraftflusses wird durch eine besonders gestaltete Nockenscheibe N bewirkt, welche auf der Welle, deren Drehzahl zu messen ist, aufgekeilt wird. Die Zahl der Nocken wird derart gewählt, daß die bei der normalen Umlaufszahl der Maschine in S induzierte Spannung eine 50-periodige ist, so daß ein Zungenfrequenzmesser als Tachometer gebraucht werden kann. Für $n = 3000$ erhält man eine Nockenscheibe mit einer einzigen Erhebung, für $n = 500$ erhält man eine solche mit 6 Erhebungen.

Die Spannungskurven, welche von diesen Gebern erzeugt werden, enthalten neben der Grundwelle meist noch ziemlich stark ausgeprägte gerad- und ungeradzahlige Harmonische. Bei Gebrauch der Geber in Verbindung mit einem Zungenfrequenzmesser kann es vorkommen (wenn der Frequenzmesser einen weiten Meßbereich hat), daß außer jener Zunge, welche auf die Grundwelle anspricht und die normale Drehzahl der zu messenden Maschine anzeigt, noch andere Zungen in Resonanz geraten und mitschwingen, was durch die Wirkung der höheren Harmonischen hervorgerufen wird. Ebenso ist es möglich, daß bei der halben Drehzahl infolge des Einflusses der 2. Harmonischen die Zunge, die der vollen Drehzahlentspricht, mit ausschlägt.

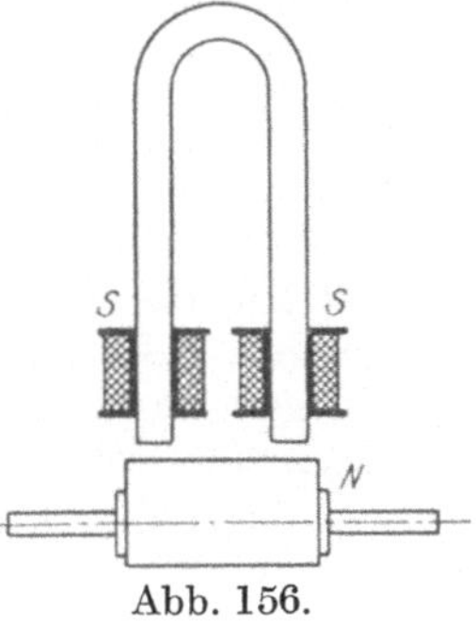

Abb. 156.

Wirbelstromtachometer. Mit der Welle, deren Drehzahl gemesssen werden soll, dreht sich um eine in Spitzen oder Zapfen gelagerte Aluminiumtrommel, ein hufeisen- oder glockenförmiger Magnet. Durch dessen Bewegung werden in jener Wirbelströme induziert, wodurch die Trommel das Bestreben erhält, synchron mit dem Magneten zu rotieren, weil dann die Arbeit der Wirbelströme ein Minimum wird. Dem so auf die Trommel ausgeübten Drehmoment wird Gleichgewicht gehalten durch das Gegendrehmoment von Spiralfedern. Der Ausschlag ist proportional der Drehzahl. Kehrt sich die Drehrichtung um, so wechselt auch die Ausschlagrichtung.

Die Angaben der Wirbelstromtachometer sind ziemlich stark von der Temperatur abhängig. Durch besondere Kompensationseinrichtungen kann jedoch deren Einfluß sehr herabgemindert werden. Bei besten Ausführungen betragen die Fehlweisungen, wenn die Temperatur um $\pm 20^\circ$ schwankt im Höchstfalle etwa 1%.

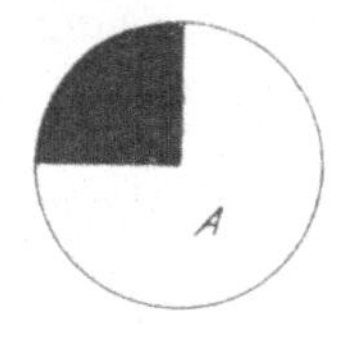

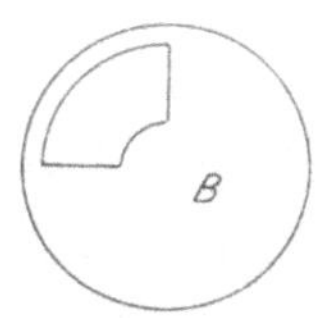

Abb. 157.

Stroboskopische Drehzahlmessung. Diese Methode eignet sich recht gut zur Messung der Drehzahlen von Motoren kleiner und kleinster Ausführung, da zu ihrer Durchführung fast keine Leistung verbraucht wird. Der zu untersuchende Motor erhält eine weiße Scheibe A (Abb. 157), welche ein schwarzes Segment trägt. Die weiße Scheibe B besitzt einen Ausschnitt und kommt auf die Welle eines kleinen Hilfsmotors, dessen Drehzahl regelbar und der wie bei Abb. 158 mit einem Tachometer gekuppelt ist. Beide Motoren werden so aufgestellt, daß die Wellenachsen in eine Richtung fallen und die Scheiben A und B einander zugekehrt sind. Bei gleicher, aber entgegengesetzter Umlaufszahl beider Motore kommen Segment und Ausschnitt stets an zwei um 180° auseinanderliegenden Stellen zur Deckung. Man sieht dann zwei scheinbar stillstehende Segmente. Bei der doppelten Drehzahl des Hilfsmotors erblickt man ebenso (2 + 1) Segmente bei der s-fachen Umlaufszahl ($s + 1$) Segmente. Damit ergibt sich, wenn n die Drehzahl des zu untersuchenden Motors, n_1 diejenige des Hilfsmotors (wobei $n_1 > n$ sein muß) und S die scheinbare Zahl der Segmente ist:

$$n_1 = s \cdot n$$
$$s = S - 1$$
$$n = \frac{n_1}{s} = \frac{n_1}{S - 1} \quad \text{(69)}$$

Beträgt die Umlaufszahl des Hilfsmotors mehr oder weniger als ein ganzes Vielfaches von n, so drehen sich die Segmente langsam in bzw. gegen dessen Drehsinn. Man muß also so lange regulieren, bis die Segmente scheinbar stille stehen.

Für gleiche Drehrichtung beider Motoren würde man bei der s-fachen Umlaufzahl des Hilfsmotors $S = s - 1$ Segmente erblicken. Somit:

$$n = \frac{n_1}{S + 1}.$$

33. Bestimmung der Periodenzahl von Wechselströmen.

a) Allgemeines.

Die Frequenz oder Periodenzahl f (pro Sekunde) eines Wechselstromes steht mit der synchronen Umlaufszahl n pro Minute in dem Zusammenhange:

$$f = p \cdot \frac{n}{60} \quad \text{(70)}$$

In der Formel ist p die Polpaarzahl der Maschine. Die Wechselzahl ist das Doppelte der Periodenzahl, also $2f$.

Zur Messung von f bedient man sich heute allgemein der Frequenzmesser, welche als Zungen- und Zeigerfrequenzmesser ausgeführt werden. Eine ältere Methode ist das im folgenden kurz erläuterte stroboskopische Verfahren.

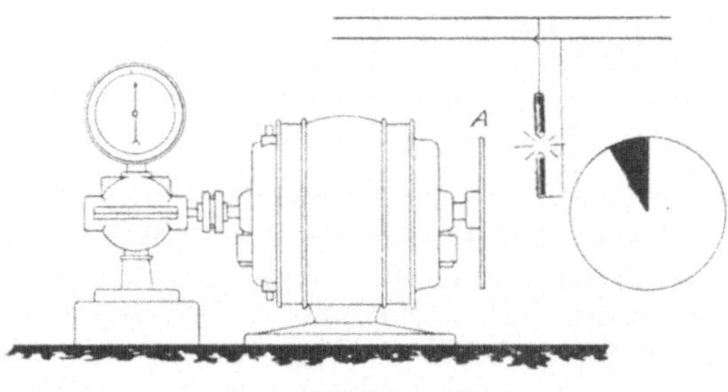

Abb. 158.

Stroboskopische Methode. Anordnung nach Abb. 158: Ein kleiner Elektromotor trägt auf der einen Seite die mit einem schwarzen Sektor versehene Scheibe A und ist außerdem mit einem Tachometer gekuppelt. Läßt man gewöhnliches Licht auf die rotierende Scheibe A fallen, so erkennt man den Sektor nicht mehr. Verwendet man dagegen das Licht einer Bogenlampe, die von dem zu messenden Wechselstrome gespeist wird, so wird man, wenn die Drehzahl in einem bestimmten Verhältnis zur Wechselzahl steht, einen oder mehrere Sektoren deutlich erkennen. Der Grund hierfür ist das Aufleuchten der Lampe, das mit den Strommaxima zusammenfällt. Dreht sich die Scheibe A während eines jeden Stromwechsels gerade einmal, so erblickt man nur einen Sektor, da dieser im Augenblick des Aufleuchtens immer an derselben Stelle angekommen ist. Dreht sich A nur $^1/_2$ mal während eines Wechsels, so sieht man zwei Sektoren usf. Diese stehen scheinbar still. Ist die Zahl der scheinbaren Sektoren S, die abgelesene Drehzahl n, so ergibt sich die Wechselzahl zu $S \cdot n/60$, also die Periodenzahl f zu

$$f = \frac{n \cdot S}{120} \qquad (71)$$

Dreht sich die Scheibe etwas schneller oder langsamer, als der Wechselzahl des Stromes entspricht, so scheinen die Sektoren sich mit der bzw. gegen die Umlaufrichtung der Scheibe zu bewegen. Die Drehzahl des Motors muß also regelbar sein und ist so einzustellen, daß die Sektoren scheinbar stillstehen.

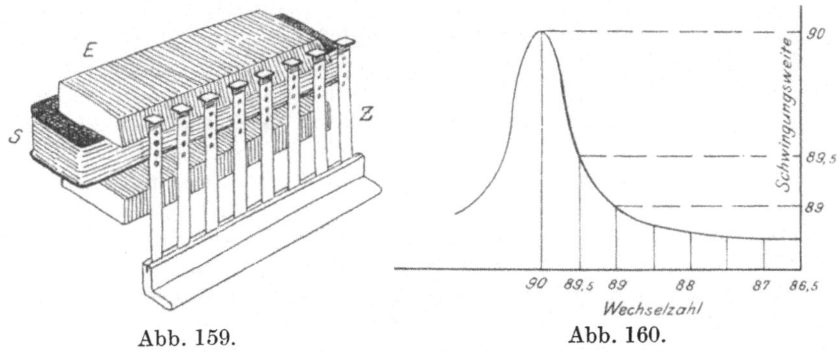

Abb. 159. Abb. 160.

b) Zungenfrequenzmesser.

Meßprinzip. Dasselbe sei an den Ausführungen von Hartmann & Braun und Siemens & Halske erläutert.

1. Zungenfrequenzmesser von Hartmann & Braun[1]) (System Kempf). Der zu untersuchende Wechselstrom wird nach Abb. 159 durch eine Spule S geleitet, die einen aus Eisenblech aufgebauten Magnetkörper E umfaßt. Vor dessen Polen sind eine Anzahl Stahlzungen Z so eingespannt, daß sie mit einem Ende frei schwingen können. Die Stahlzungen sind verschieden lang. Jeder einzelnen kommt also eine besondere Eigenschwingungszahl zu. Nur diejenige Zunge wird aber in deutlich erkennbare Schwingungen versetzt, deren Eigenschwingungszahl mit der Wechselzahl des Feldes übereinstimmt, also in Resonanz mit derselben ist. Die einzelnen Zungen tragen oben kleine weiße Plättchen und schwingen vor einer Skala.

In Abb. 160 ist der Zusammenhang zwischen der Schwingungsweite der Feder und der Wechselzahl des Stromes dargestellt. Man erkennt, daß eine solche Feder sehr scharf die ihr zukommende Wechselzahl anzeigt, denn schon bei 89,5 Wechseln schwingt sie nur halb so weit wie bei 90.

[1]) ETZ 1900, S. 9 und ETZ 1904, S. 44.

In Abb. 161 ist angenommen, daß die Wechselzahl 100 beträgt. Die Schwingung dieser Feder ist sehr deutlich, während die unmittelbar daneben liegenden zwar auch noch mitschwingen, aber längst nicht so stark. Besitzen zwei nebeneinander liegende Zungen gleichzeitig denselben Ausschlag, so liegt die Periodenzahl des Wechselstromes zwischen den Werten, welche diese Zungen angeben.

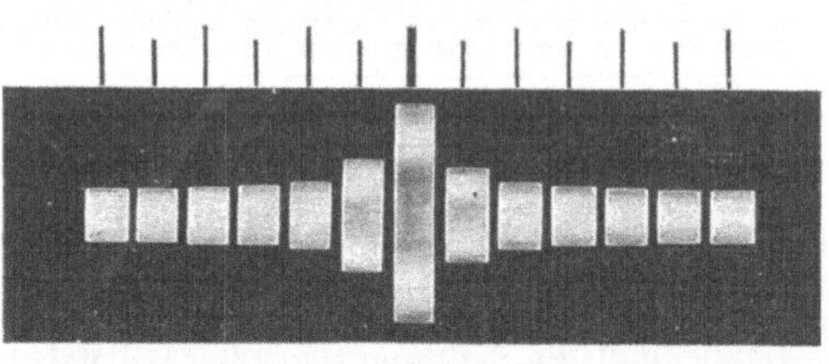

Abb. 161.

2. Zungenfrequenzmesser von Siemens & Halske (System Frahm). Derselbe beruht ebenfalls auf dem Resonanzprinzip und wird entweder mit gewöhnlichem oder mit polarisiertem Elektromagneten ausgeführt. In jenem Falle findet pro Periode des den Magneten speisenden Wechselstromes eine zweimalige Anziehung und Abstoßung jeder Zunge statt. Werden dagegen polarisierte Elektromagnete verwendet, also solche, bei welchen dem Wechselfeld durch eine zusätzliche Gleichstromwicklung noch ein Gleichstromfeld überlagert wird, so findet pro Periode des Wechselstromes nur eine einmalige Anziehung und Abstoßung der Federn statt. Das ist dadurch zu erklären, daß das resultierende Feld seine Polarität nicht wechselt, die Wechselfeldkomponente bedingt nur eine Verstärkung bzw. Schwächung derselben während einer Periode. Soll ein Wechselstrom von 50 per gemessen werden, so wird bei einem Frequenzmesser mit gewöhnlichem Magneten die Zunge mit der Eigenschwingungszahl 100, bei einem solchen mit polarisiertem Elektromagneten dagegen jene mit der Eigenschwingungszahl 50 in Resonanz geraten. Bringt man einen gewöhnlichen und einen polarisierten Elektromagneten im Instrument unter, so kann man bei wechselweiser Verwendung derselben mittels eines Umschalters zwei Meßbereiche erhalten, die im Verhältnis 1 : 2 stehen.

Ausführungen für 7,5 bis 300 Perioden, bzw. 15 bis 600 Perioden bei Verwendung von gewöhnlichen bzw. polarisierten Elektromagneten. Zum Anschluß an verschiedene Spannungen 65, 100, 130, 180 V usw. haben die Instrumente verschiedene Klemmen. Durch eine mechanische Reguliervorrichtung kann die Größe des Schwingungsbildes so verändert werden, daß auch bei Abweichungen von $\pm$ 20 % von der Normalspannung die normale Amplitude erzielt werden kann.

Eigenschaften der Zungenfrequenzmesser. 1. Fehlerquellen. Unabhängig sind diese Meßgeräte von fremden Feldern, von Temperaturschwankungen, von der Dauer der Einschaltung (Eigenerwärmung) und von Spannungsschwankungen (nur die Schwingungsweite der betreffenden Zunge ändert sich mit der Spannung). Auch die Kurvenform des Wechselstromes übt keinen Einfluß aus, wenn nicht etwa ganz besonders stark ausgeprägte höhere Harmonische vorhanden sind.

2. Überlastbarkeit. Die Wicklung des Erregermagneten ist in weiten Grenzen bis etwa zum dreifachen Betrage der Normalspannung überlastbar. Damit die Schwingungsweite der Zungen aber nicht über-

mäßig groß wird, sollte stets genügend Vorwiderstand in den Magnetstromkreis eingeschaltet werden.

3. Genauigkeit. In erster Linie hängt die Genauigkeit der Angaben ab von der Genauigkeit der Abstimmung der Zungen. Die Zungen können einzeln bis auf 1÷2 ‰ genau abgestimmt werden. Normale Frequenzmesser sind nur von 0,5 zu 0,5 per abgestimmt. Eine Ablesegenauigkeit von 0,2 % kann als sehr hoch gelten.

c) Zeigerfrequenzmesser.

Meßprinzip. Bei diesen kann der Wert der zu messenden Frequenz wie bei den meisten übrigen elektrischen Instrumenten mittels eines Zeigers auf einer Skala abgelesen werden. Gibt man einem Spannungsmesser einen induktiven Widerstand, so ist bei konstanter Spannung der Widerstand im Voltmeterzweige von der Frequenz abhängig. Er steigt bzw. fällt mit dieser. Demgemäß ändert sich der Voltmeterstrom, folglich wird jeder Periodenzahl eine bestimmte Zeigerstellung entsprechen. Von diesen Instrumenten bestehen eine Reihe verschiedener Typen, so der Ferrarisfrequenzmesser von Siemens & Halske[1], der Dreheisenfrequenzmesser der Weston Co., der dynamometrische Frequenzmesser der Thomson Houston Co., der dynamometrische Frequenzmesser von Hartmann & Braun[2], der Resonanzzeigerfrequenzmesser von Siemens & Halske[3].

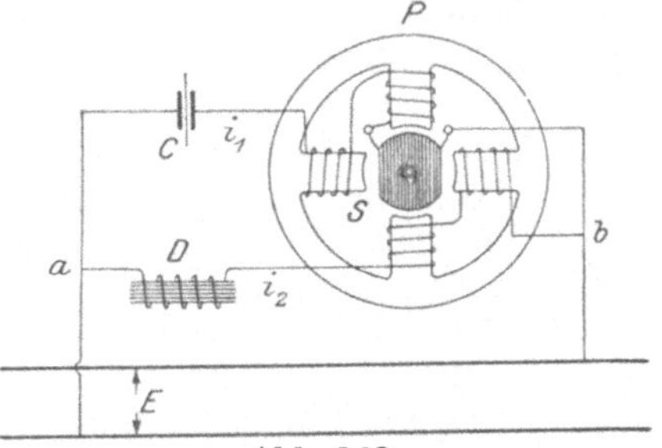

Abb. 162.

Dynamometrischer Frequenzmesser von Hartmann & Braun. Dessen Schaltung weist gemäß Abb. 162 zwei parallele Zweige auf, von denen der vom Strome i_1 durchflossene den Kondensator C, zwei feste Pole von P und die bewegliche Spule S enthält. Im andern Zweig fließt i_2 durch die Drosselspule D und zwei feste Pole von P. Die Schaltung ist nun derart, daß die beiden von den Strömen i_1 und i_2 erzeugten Drehmomente D_1 und D_2 in entgegengesetztem Sinne auf die bewegliche Spule wirken. Nimmt man für eine bestimmte Frequenz f einen Zeigerausschlag α an, so läßt sich folgendes, ohne weiter auf die Theorie einzugehen, sagen: Steigt f, so sinkt der kapazitive Widerstand des i_1-Zweiges, während der induktive Widerstand des i_2-Zweiges wächst. i_1 wird also größer, i_2 kleiner; im gleichen Sinne ändern sich die Drehmomente D_1 und D_2, und der Zeiger nimmt eine neue Stellung ein. Das Entgegengesetzte tritt ein, wenn die Periodenzahl abnimmt. Jeder Periodenzahl entspricht ein bestimmtes Verhältnis $i_1 : i_2$ bzw. $D_1 : D_2$ und ein bestimmter Zeigerausschlag. Die Skala ist angenähert proportional. Spannungsänderungen bis ± 30 % haben keinen Einfluß, ebenso nicht die Kurvenform des Wechselstroms. Ausführungen für folgende Polwechselzahlen: 25÷35, 45÷55, 65÷75, 90÷110, 110÷130, 30÷120.

---

[1] ETZ 1918, S. 101. [2] ETZ 1914, S. 40. [3] ETZ 1916, Heft 21.

Sechster Abschnitt.

Messungen an Gleichstrommaschinen.

34. Die Belastung von Gleichstrommaschinen.

a) Allgemeines.

Belastungsarten. Für die Aufnahme verschiedener charakteristischer Kurven, für die Bestimmung der Leistung, des Wirkungsgrades, der Temperaturzunahme usw. müssen die Maschinen im Prüffelde belastet werden. Abgesehen von den Fällen, wo es sich um besonders große Motoren oder Generatoren handelt, deren Verhalten bei Belastung vielfach indirekt nach besonderen Methoden (z. B. Verwendung des Kreisdiagrammes bei Asynchronmotoren) ermittelt wird, schlägt man dazu die folgenden Wege ein.

Generatoren. 1. Die Maschinen arbeiten auf Widerstände: Glühlampen-, Metall- oder Wasserwiderstände. Die erzeugte Leistung geht verloren, d. h. sie wird nutzlos in Wärme umgesetzt. Anwendung findet diese Methode zur Belastung kleiner, mittlerer und bei Benutzung von Wasserwiderständen auch großer Maschinen.

2. Die zu prüfenden Maschinen arbeiten auf ein Netz. Die erzeugte Leistung wird gewonnen, gedeckt müssen die Verluste des Generators und seiner Antriebsmaschine werden. Bedingung dabei ist, daß dem Netz anderweitig ebensoviel Strom entnommen wird, wie der Belastungsstrom der zu untersuchenden Dynamo beträgt. In ausgedehntem Maße wird von dieser Methode Gebrauch gemacht, wenn es sich um die Prüfung zweier gleich großer Maschinen derselben Gattung und Bauart handelt.

3. Sind Gleichstromgeneratoren zu prüfen, so benutzt man diese vielfach zur Ladung von Akkumulatoren. Eignet sich die Maschinenspannung nicht für die vorhandene Batterie, so läßt man den Generator auf einen Motor arbeiten, der einen geeigneten zweiten Generator zum Laden der Batterie antreibt.

Motoren. 1. Die Maschinen werden zum Antrieb von Dynamos verwendet, deren elektrische Leistung in der angegebenen Weise benutzt bzw. umgesetzt wird.

2. Als einfachste Belastungsart kommt insbesondere für kleinere Motoren das Abbremsen in Betracht. Die gesamte mechanische Leistung wird dabei in Wärme umgewandelt. Mit rein mechanischen Bremsen ist jedoch eine konstante Dauerbelastung schwer zu erreichen; zur Anwendung gelangen deshalb vielfach Wirbelstrombremsen.

b) Widerstandsbelastung.

Glühlampenwiderstände. Diese eignen sich vor allem als provisorische und leicht transportable Belastungswiderstände, und zwar besonders dann, wenn kleine Leistungen in Frage kommen. Zu ihrer Herstellung verwendet man zweckmäßig hochkerzige Kohlefadenlampen, also Lampen mit hohem Wattverbrauch (etwa 3,3 W pro

Hefnerkerze). Beträgt die Lampenspannung E Volt, diejenige des zu belastenden Generators dagegen $n \cdot E$ Volt, so sind n Gruppen in Reihe zu schalten. Die Belastung wird bei gegebener Spannung in einfacher Weise dadurch geändert, daß man die Anzahl der pro Gruppe parallel geschalteten Lampen vermehrt oder vermindert.

Der in Abb. 163 dargestellte Widerstand hat 3 Abteilungen, von denen jede wiederum 2 Lampengruppen enthält. Die gestrichelt angedeuteten Zuleitungen befinden sich links. Bei Schaltung I liegen sämtliche Abteilungen und Gruppen parallel, bei Schaltung II sind die beiden Gruppen pro Abteilung in Serie, die Abteilungen aber parallel geschaltet, bei Schaltung III liegen die Gruppen parallel, die Abteilungen dagegen in Serie. Verwendet man Kohlefadenlampen von je 32 HK und $E = 220$ V, so ergibt sich unter Berücksichtigung der Anzahl der eingeschalteten Lampen (s. die Abb. 163):

Schaltung I ist verwendbar für eine Maschinenspannung von maximal 220 V und für eine Belastung von 1690 W; Schaltung II für 440 V und 2745 W; Schaltung III für 660 V und 2220 W.

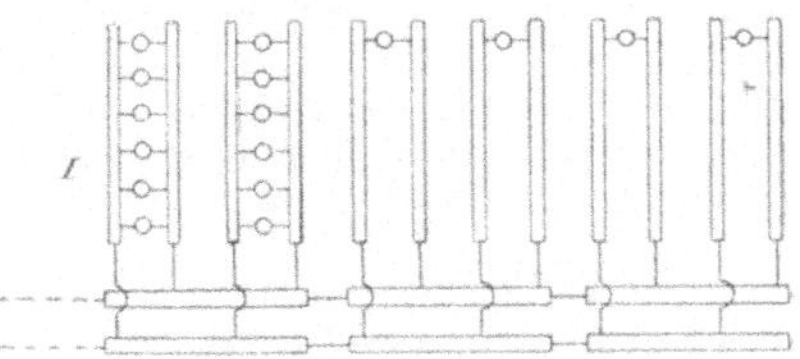

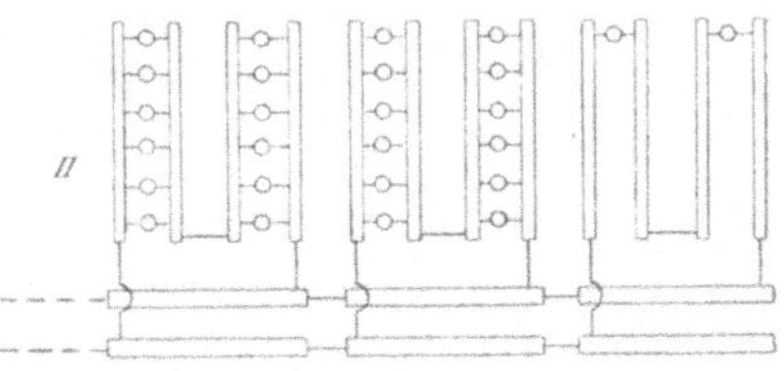

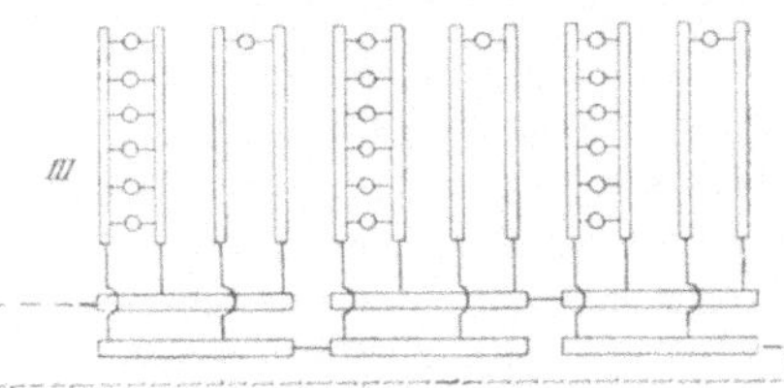

Abb. 163.

Metallwiderstände. Solche werden in Prüffeldern besonders gern für die Belastung mittelgroßer Generatoren benutzt. Sie werden meist als sogenannte Bockwiderstände ausgeführt. Diese bestehen aus je zwei unter 30° bis 45° schräg gegeneinander gestellten Gasrohrrahmen, in welchen zwischen Isolatoren Drahtspiralen gespannt sind. Die Enden der letzteren sind zu Klemmen oder Hebelschalterkontakten geführt, so daß sie gruppenweise in Serie oder parallel geschaltet werden können. Die Wärmeableitung solcher Widerstände ist vorzüglich, da alle Teile von Frischluft bestrichen werden.

Für die Drahtspiralen soll Material von entsprechend geringem Temperaturkoeffizienten zur Verwendung kommen. In Ermangelung von Widerstandsdraht läßt sich auch Eisendraht benutzen, doch hat dieser den Nachteil, daß sein Widerstand stark von der Temperatur abhängig ist. Der gebräuchliche Widerstandsdraht ist eine Kupfer-Nickel-Legierung (etwa 57 % Cu und 43 % Ni) mit einem spezifischen Widerstand $c = 0{,}48 \div 0{,}50$ und einem Temperaturkoeffizienten $\alpha = 0{,}000011$ für 1° C. Als zulässige Temperatur kann man für Belastungswiderstände 200÷250° C annehmen. Benutzt man Runddrähte, so sind die Strombelastungen der folgenden Tabelle zu entnehmen:

Drahtdurchmesser in mm . .	1,5	2,0	2,5	3,0	3,5	4,0
Belastung in Ampere	12	19	28	37	49	63

Wasserwiderstände. In einfacher Weise können für deren Herstellung mit Wasser gefüllte Holzfässer oder Tontröge verwendet werden, in welche stab- oder plattenförmige Elektroden aus Eisen oder Kupfer gehängt werden. Der Widerstand der zwischen den letzteren befindlichen Wassersäule muß zur Erzielung verschiedener Belastungen veränderlich sein; deshalb ordnet man die Elektroden so an, daß sie gegeneinander verschiebbar sind oder daß ihre Eintauchtiefe geändert werden kann.

Eine solche Anordnung ist auch für die Einhaltung einer bestimmten Belastung bei einem Dauerversuch erforderlich. Durch die sich entwickelnde Wärme und bei Gleichstrom auch durch die elektrolytische Zersetzung wird die Leitfähigkeit des Wassers rasch größer, so daß eine Neueinstellung der Elektroden erfolgen muß.

Die Elektrodenplatten selbst wähle man kräftig genug (etwa 3 mm stark) und befestige sie so, daß eine gegenseitige Berührung ausgeschlossen ist. Bei größerer Wattzahl stellt man die Platten rostartig in gleicher Entfernung voneinander auf und verbindet z. B. 1 3 5 7 und ebenso 2 4 6 miteinander, legt also n Platten zwischen $(n+1)$ Platten. Dadurch wird die Oberfläche und die kW-Aufnahme $2\,n$ mal so groß wie bei einem Elektrodenpaar.

Beispiel. Der Widerstand der Flüssigkeitssäule zwischen zwei Elektrodenplatten von 1 m² in 4 cm Abstand beträgt, wenn als Elektrolyt reines Wasser verwendet wird, 0,78 Ω bei 20° C. Beträgt die Spannung 500 V, so würde der Widerstand demnach 640 A und 320 kW aufnehmen. Werden aber, wie angegeben, $n = 3$ Platten derselben Größe zwischen $(n+1) = 4$ Platten in je 4 cm Abstand angeordnet, so würde ein solcher Widerstand unter den gleichen Umständen schon $2\,n \cdot 320 = 1920$ kW aufnehmen können.

Als Elektrolyt genügt in den meisten Fällen reines Wasser ohne Salz-, Säure- oder Sodazusatz (bei Gleichstrom von etwa 500 V, bei Wechsel- oder Drehstrom von etwa 1500 V an). Meist gibt man den Widerständen einen Wasserzu- und -ablauf mittels isolierender Schläuche oder frei durch die Luft. Der große Widerstand des Wasserstrahles bewirkt eine unbedeutende Erdung. Seine Berührung ist unter Umständen gefährlich, da sein Potential von dem der Erde verschieden sein kann.

Beträgt die Temperatur des zufließenden Wassers T_0° C, die des abfließenden T° C und ist N die im Widerstand in Wärme umzusetzende Leistung in kW, so berechnet sich die pro Sekunde erforderliche Wassermenge G in kg bzw. in l zu:

$$G = \frac{1000}{9{,}81 \cdot 424} \cdot \frac{N}{(T - T_0)} = 0{,}24 \cdot \frac{N}{T - T_0} \quad . \quad . \quad . \quad . \quad . \quad (72)$$

Für reines kochendes Wasser gilt die Gleichung:

$$G = 0{,}24 \cdot \frac{N}{537 + (100 - T_0)}.$$

Die Werte der folgenden Tabelle, welche auch über die Größe der Elektroden Aufschluß geben, sind nach Gl. (72) berechnet und beziehen sich auf die Vernichtung einer Leistung $N = 1000$ kW.

Erwärmung des Wassers ($T - T_0$)	Zulauf l/s	einseitige Elektrodenfläche
30° C	8 l/s	2,8 cm²/A
50° „	4,8 „	4,8 „
70° „	3,4 „	8,2 „
90° „	2,7 „	16,0 „

Wasserwiderstände für Drehstrom. 1. Sternschaltung. Sollen die Widerstände in Stern geschaltet werden, so muß für jede Phase ein besonderer Widerstand nach Abb. 164 vorgesehen werden. Einfacher und daher vorzuziehen (weil nur ein Gefäß für alle Elektroden erforderlich ist) ist die Anordnung in

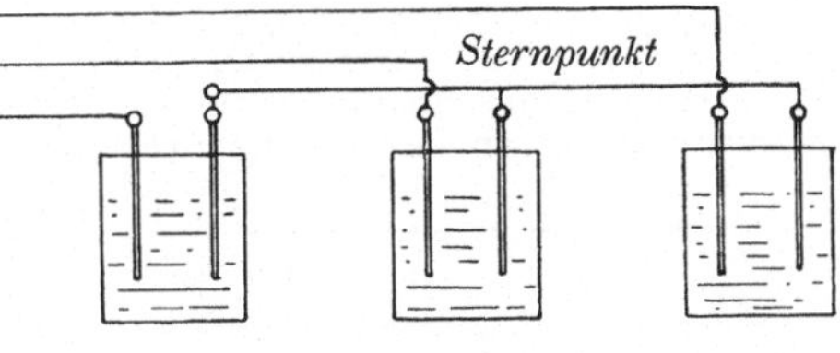

Abb. 164.

2. Dreieckschaltung. Man benutzt $(3n + 1)$ Elektroden, stellt dieselben rostförmig in 3 Gruppen isoliert auf und verbindet

Phase I mit den Elektroden	1	|	|	4	|	|	7
„ II „ „ „	|	2	|	|	5	|	|
„ III „ „ „	|	|	3	|	|	6	|

Vielfach genügt für jede Phase eine Platte, man braucht dann zusammen $3 + 1 = 4$ Platten. Man kann auch mit 3 Elektroden auskommen, wenn man sie so anordnet, daß sie ein gleichseitiges Dreieck bilden.

35. Das Parallelschalten von Gleichstrommaschinen.

Allgemeines. Bei den in der Folge zu besprechenden Rückarbeitsverfahren und den dabei verwendeten Sparschaltungen tritt der Fall ein, daß Maschinen auf ein bereits im Betrieb befindliches Netz geschaltet werden müssen. Gleiche Verhältnisse liegen ja bei Anlagen vor, die eine stark wechselnde Leistung abgeben müssen und bei denen man, um den Betrieb wirtschaftlich zu gestalten, dem Leistungsverbrauch entsprechend Maschinen dem Netz zu- oder von ihm abschaltet. Schädliche Stromstöße dürfen beim Parallelschalten nicht auftreten. Deshalb sind die beiden Bedingungen zu erfüllen:

1. Die Klemmenspannung des zuzuschaltenden Generators muß gleich jener des Netzes bzw. gleich jener der bereits laufenden Maschine sein.

2. Die Polaritäten der zu vereinigenden Schaltstellen müssen übereinstimmen.

Ob beide Bedingungen erfüllt sind, läßt sich leicht mit einem polarisierten Voltmeter (Drehspulinstrument) prüfen.

Parallelschaltung von Nebenschlußmaschinen. Maschine I — Abb. 165 — arbeitet bereits auf das Netz mit einer Spannung E_1 und gibt einen Strom J_1 ab. Soll die Maschine II zugeschaltet werden, so ist diese auf ihre normale Drehzahl zu bringen und zunächst so zu erregen, daß gemäß dem Gesagten die zwischen den Punkten 3 und 4 bzw. 1 und 2 gemessenen Spannungen E_1 und E_2 einander gleich sind. Der Schalter *ab* kann eingelegt werden, wenn auch die Polaritäten der Punkte 1 und 3 bzw. 2 und 4 übereinstimmen.

Es kann auch folgendermaßen vorgegangen werden: Man verbindet, wie in der Abb. 165 angedeutet, die Kontakte 2 und 4; an die Punkte 1 und 3 des Schalters *ab* legt man das Voltmeter *V*. Dieses zeigt bei noch unerregter Maschine II die Spannung E_1 des Generators I bzw. des Netzes an. Nun wird II erregt. Die Polaritäten sind dann richtig, wenn mit steigender Erregung der Ausschlag des Spannungsmessers abnimmt. Ist derselbe endlich zu Null geworden, so kann der Schalter *ab* eingelegt werden.

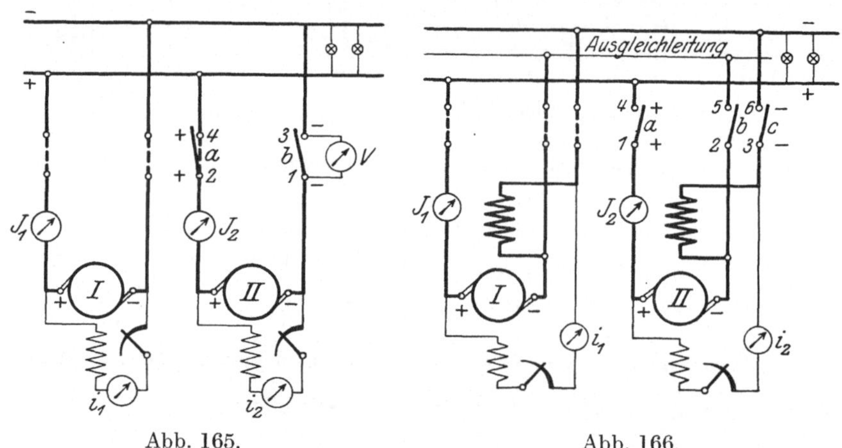

Abb. 165. Abb. 166.

Damit die Maschine II einen Strom J_2 ins Netz abgibt, muß die in ihrem Anker induzierte EMK E_{a2} größer als die Klemmenspannung E_2 (= E_1) sein. Deshalb ist der Feldstrom i_2 nach dem Parallelschalten noch zu verstärken. Bedeutet R_{a2} den Gesamtankerwiderstand nach Gl. (59b), so gilt:

$$J_2 = \frac{E_{a2} - E_1}{R_{a2}}.$$

Wird $E_{a2} < E_1$, so wird dieser Ausdruck negativ, d. h. die Maschine II nimmt jetzt Strom vom Netz bzw. von Maschine I auf und läuft als Motor.

Parallelschaltung von Doppelschlußmaschinen. Abb. 166 zeigt die Schaltung. Die Ausgleichleitung hat den Zweck, das sonst leicht eintretende Umpolarisieren einer Maschine zu verhindern. Notwendig ist ferner für ein gutes Parallelarbeiten von Doppelschlußmaschinen, daß die in Frage kommenden Maschinen eine angenähert gleichartige Spannungsänderung haben. Im folgenden ist angenommen, daß der Generator I bereits auf das Netz arbeitet und bei einem Erregerstrom i_1 eine Klemmenspannung E_1 und einen Strom J_1 gibt. II kann dann auf verschiedene Arten parallel geschaltet werden.

1. Art. Zunächst werden die Hebel *b* und *c* bei II eingelegt, also die Serienwicklungen der Maschinen parallelgeschaltet. Da sich der Strom J_1 nun auf die Hauptstromwicklungen von I und II verteilt, tritt eine Erniedrigung der Spannung $E_1 = E$ ein. Diese muß mithin durch Verstärkung von i_1 nachgeregelt werden. II wird nun in der Nebenschlußwicklung so erregt, daß zwischen 1 und 4 keine Spannungsdifferenz mehr besteht. Hebel *a* kann hierauf eingelegt werden. Durch weiteres Verstärken von i_2 wird II zum Generator und mit zur Lastübernahme herangezogen.

2. Art. Bei dieser wird erst der Anker von II parallel geschaltet durch Schließen der Schalter *a* und *b* nach erfolgtem Abgleichen der Spannung zwischen den Kontakten 1 und 2 auf den Wert der Spannung zwischen 4 und 5 mit Hilfe von i_2. Dann wird der Hebel *c* eingelegt. Die Übernahme der Last geschieht, wie bereits ausgeführt.

3. Art. Nach Abgleichung der zwischen den Punkten 1 und 3, sowie 4 und 6 gemessenen Spannungen auf denselben Wert werden die Maschinen mit allen drei Hebeln gleichzeitig parallel geschaltet.

Wie eine einfache Überlegung ergibt, sind bei dem 1. Verfahren Spannungsschwankungen nicht zu vermeiden, bei der 2. und 3. Methode bleiben sie in mäßigen Grenzen.

4. Art. Bei vorsichtiger Regulierung können Spannungsschwankungen vermieden werden. II wird ohne Ausgleichsleitung nach sorgfältigem Abgleichen der Spannungen an den Punkten $1 \div 3$ und $4 \div 6$ parallel geschaltet. Die Belastung wird durch langsames Regulieren auf beide Maschinen gleichmäßig verteilt und dann erst die Ausgleichsleitung eingeschaltet.

Manchmal tritt der Fall ein, daß eine Doppelschluß- zu einer Nebenschlußmaschine parallel zu schalten ist. Letztere muß dann einen Zusatzwiderstand erhalten, der an die Stelle der Serienwicklung tritt und der die Größe der letzteren besitzt. Eine Ausgleichsleitung ist auch hier erforderlich. Mithin gilt ganz das Schaltbild Abb. 166: Man denke sich an die Stelle der einen Doppelschluß- eine Nebenschlußmaschine und an die Stelle der betreffenden Serienwicklung den erwähnten Zusatzwiderstand.

36. Aufnahme charakteristischer Kurven an Gleichstromgeneratoren.

a) Allgemeines.

Sind Messungen irgendwelcher Art an einer Maschine vorzunehmen, so ist zunächst deren Bürstenlage, Schaltung und Drehrichtung zu prüfen. Dazu beachte man die folgenden Ausführungen:

Bürstenlage. Für die Aufnahmen ist im allgemeinen die Bürstenlage der belasteten Maschinen einzuhalten. Es ist dabei zu unterscheiden zwischen Maschinen mit Wendepolen (bzw. mit Kompensationswicklungen) und solchen ohne Wendepole.

1. Wendepolmaschinen. Die Bürsten stehen bei jeder Belastung in der neutralen Zone.

2. Wendepollose (freikommutierende) Maschinen. Bei diesen verschiebt sich infolge der Ankerrückwirkung die neutrale Zone mit

der Belastung: Bei Generatoren in der Drehrichtung, bei Motoren gegen dieselbe. Um eine gute funkenfreie Stromwendung zu erreichen, sind die Bürsten im genannten Sinne, und zwar noch etwas weiter, als es der jeweiligen neutralen Zone entspricht, zu verschieben. Für jede Belastung gibt es eine bestimmte günstigste Stellung. In der Praxis kann man die Bürsten natürlich nicht stets in die der herrschenden Belastung entsprechende günstigste Lage bringen. Man stellt sie so ein, daß die Maschine bei etwa $^2/_3$ Last am besten kommutiert. Eine gute Maschine muß dann mit dieser Bürstenstellung sowohl bei Leerlauf als auch bei Vollast funkenfrei laufen.

Einstellung der neutralen Zone. 1. Die Maschine wird im Leerlauf beliebig stark fremderregt. Man verschiebt nun bei unveränderter Erregung und Drehzahl die Bürsten so lange, bis ein an ihnen liegendes Voltmeter den größten Ausschlag zeigt.

2. Gebräuchlicher ist die Einstellung auf induktivem Wege. Die Maschine steht dabei still; ihr Feld wird schwach fremderregt. Die Bürsten sind nun so lange zu verstellen, bis ein an ihnen liegender Spannungsmesser bei einer plötzlichen Änderung des Magnetstromes keinen Ausschlag mehr gibt.

Schaltung der Wendepole. Bei Wendepoldynamos ist darauf zu achten, daß im Sinne der Ankerdrehung auf einen Haupt- ein ungleichnamiger Hilfspol folgen muß. Bezeichnen N und S die Haupt-, n und s die Hilfspole, so gilt:

Polfolge $N - s - S - n$
Drehrichtung ——→

Drehrichtung und Polarität. Bei einer Änderung des Drehsinnes kehrt sich bei allen Generatoren, wenn die Richtung des Feldes beibehalten wird, die Polarität der Klemmen um. Dazu ist noch zu sagen:

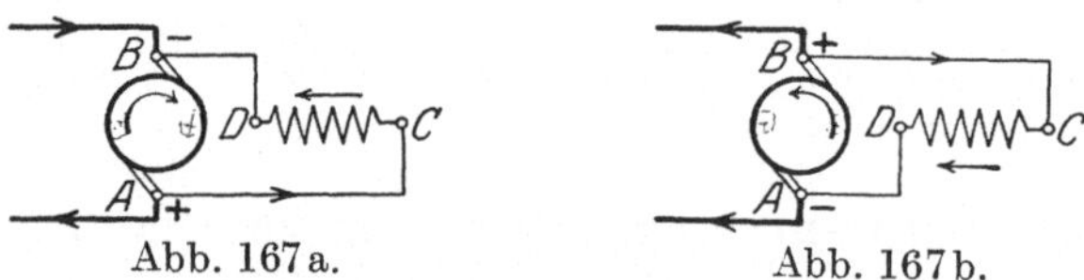

Abb. 167a. Abb. 167b.

1. Nebenschlußmaschinen. Sollen sich dieselben bei einer Änderung der Drehrichtung weiter selbst erregen, so müssen die Anschlüsse zur Magnetwicklung zunächst vertauscht werden. Die Verhältnisse sind ohne weiteres aus den Abb. 167a und 167b zu ersehen. Geht man, wie in Abb. 167 erläutert, vor, so wechselt die Polarität der Ankerklemmen A und B, diejenige der Magnete bleibt die gleiche wie vor Umkehr der Drehrichtung. Verfährt man nicht in der angegebenen Weise, so verliert die Maschine ihren remanenten Magnetismus und damit die Fähigkeit, sich selbst zu erregen.

2. Haupt- und Doppelschlußmaschinen. Zu vertauschen sind hier die Anschlüsse der Serien- bzw. der Serien- und Nebenschlußwicklung. Auch hier ändert sich dann mit dem Drehsinne die äußere Polarität.

b) Leerlaufcharakteristik.

$$E_{a0} = f(i) = f(AW_e), \quad J = 0, \quad n = \text{konst.}$$

Allgemeines. Die Kurve gibt den Zusammenhang zwischen der im Anker bei Leerlauf (Belastungsstrom J = Ankerstrom $J_a = 0$) induzierten EMK E_{a0} und dem Erregerstrom i bzw. den Erregeramperewindungen $AW_e = i \cdot w_e$ wieder (Abb. 168). Gemäß den folgenden Schaltbildern wird bei konstanter Drehzahl der Feldstrom i geändert und die jeweils induzierte Spannung bestimmt. Wie aus der Abb. 168 hervorgeht, erhält man bei einer Aufnahme mit zunehmendem Magnetisierungsstrome i eine tieferliegende Kurve, als wenn man, mit dem höchsten Wert von i beginnend, mit abnehmender Erregung arbeitet (wegen der Hysteresis). Außerdem beginnt die Kurve nicht im Nullpunkt, sondern, dem geringen remanenten Magnetismus entsprechend, etwas höher.

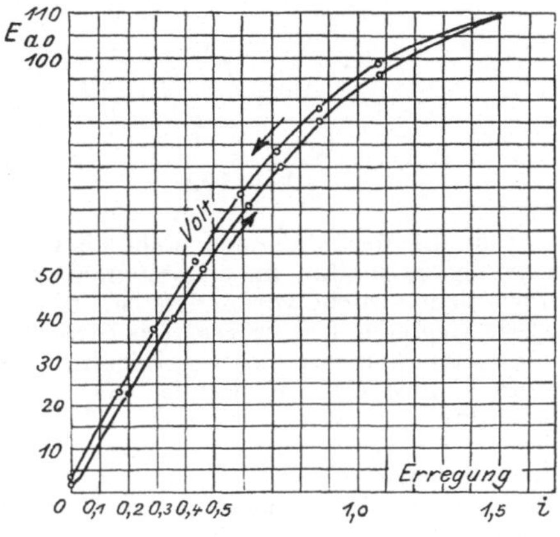

Abb. 168.

In Abb. 168 ist E_{a0} in Abhängigkeit vom Erregerstrome i aufgetragen. Multipliziert man die einzelnen Abszissenwerte mit der Windungszahl w_e der Erregerwicklung, also mit einer Konstanten, so erhält man die Leerlaufcharakteristik als Funktion der Erregeramperewindungen: $E_{a0} = f(AW_e)$. Gegen die Darstellung $E_{a0} = f(i)$ hat sich nur der Abszissenmaßstab geändert.

Kann die normale Umdrehungszahl n der Maschine nicht eingestellt werden, so wird die Aufnahme bei einer erreichbaren Drehzahl n_x vorgenommen. Da sich die elektromotorischen Kräfte E_{a0} und E_{ax} wie die Drehzahlen n und n_x verhalten, so berechnet sich dann E_{a0} nach der Gleichung:

$$E_{a0} = E_{ax} \cdot \frac{n}{n_x} \quad \text{. . . . . (73)}$$

Bei Fremderregung kann sogar die Drehzahl während der Messung verschieden sein, bei Nebenschlußmaschinen mit Selbsterregung muß sie allerdings konstant bleiben, da sich sonst der Magnetisierungsstrom in verschiedenem Sinne ändern würde. Dies hätte zur Folge, daß die aufgenommenen Punkte zwischen den beiden Ästen liegen würden.

Schaltungen. 1. Fremderregter Generator. Schaltung nach Abb. 169. An den Klemmen der Maschine liegt das Voltmeter V, im Erregerkreise befindet sich ein Amperemeter zum Messen des Erregerstromes i und zum Verändern desselben der Regler R.

2. Nebenschlußgenerator. Schaltung nach Abb. 170. Der zur Magnetisierung notwendige Strom i wird vom Anker selbst geliefert.

Der Anker ist also streng genommen etwas belastet (Ankerstrom $J_a = i$). Da jedoch besonders bei großen Maschinen der Erregerstrom gering ist (etwa 3% des Vollaststromes), so findet weder ein nennenswerter Spannungsabfall im Anker, noch eine Rückwirkung auf das Feld der Pole statt. Somit kann gesetzt werden Klemmenspannung $E = E_{a0} = f(i)$.

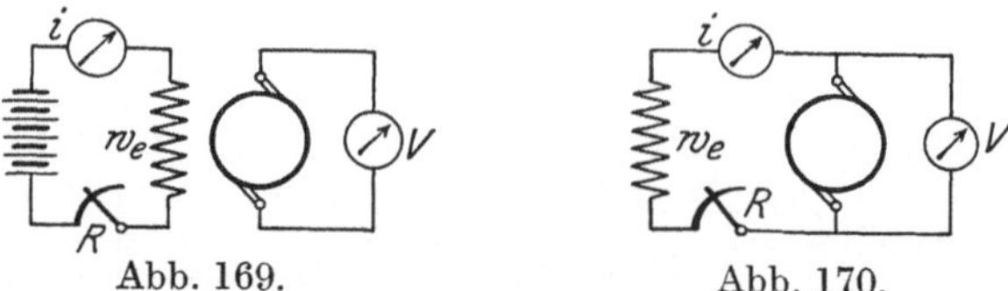

Abb. 169. Abb. 170.

Ist die Maschine noch nicht als Generator gelaufen, so wird sie, auf Selbsterregung geschaltet, im allgemeinen keine Spannung geben, da ein remanenter Magnetismus nicht vorhanden ist. Man läßt die Maschine dann bei ausgeschaltetem Regler R fremderregt (als Stromquelle dient eine Batterie von Akkumulatoren oder Elementen) laufen. Schaltet man hierauf auf Selbsterregung um, so tritt, wenn R noch ausgeschaltet ist (Nebenschlußkreis offen), die geringe Remanenzspannung auf. Schaltet man jetzt R ein und verkleinert es stufenweise, so muß sich bei richtiger Schaltung die Maschine selbst erregen. Verschwindet dagegen die Remanenzspannung, so müssen entweder die Ankeranschlüsse der Nebenschlußwicklung vertauscht oder die Drehrichtung umgekehrt werden.

3. Hauptschlußgenerator (Seriengenerator oder Reihenschlußgenerator). Die Aufnahme der Leerlaufcharakteristik muß mit Fremderregung erfolgen. Erschwerend wirkt der Umstand, daß für die Erregung ein starker Strom bei geringer Spannung erforderlich ist. Da das Feld bei Betrieb vom Ankerstrome $J_a = J$ erregt wird, so ist auch $E_{a0} = f(J)$.

4. Doppelschlußgenerator (Verbundgenerator). Die Aufnahme kann mit Selbst- oder Fremderregung vorgenommen werden. Mit ersterer wird die Kurve nicht weit genug aufgenommen werden können, da die Nebenschlußamperewindungen nur einen, wenn auch großen Teil der Gesamtamperewindungen ausmachen. Vorzuziehen ist deshalb Fremderregung mit einer etwa 1,5mal so großen Spannung wie die Normalspannung.

Man kann auch bei Anwendung von Selbst- oder Fremderregung für die Nebenschlußwicklung gleichzeitig die Hauptschlußwicklung aus einer geeigneten Stromquelle erregen. Man achte darauf, daß beide Wicklungen im gleichen Sinne wirken. Prüfung: Bei erregter Nebenschlußwicklung und der Drehzahl n werde eine Spannung E_{a0} abgelesen; erregt man jetzt auch den Hauptschluß, so muß bei gleicher Drehzahl die jetzt bestimmte Spannung $E'_{a0} > E_{a0}$ sein.

Magnetisierungskurve. Es ist (Bezeichnungen s. Kap. 28):

$$E_{a0} = \Phi_a \cdot \frac{s \cdot b_1}{a} \cdot \frac{p \cdot n}{60} \cdot 10^{-8} = c_1 \cdot \Phi_a = c \cdot \mathfrak{B}_a .$$

Bei konstanter Drehzahl n ist E_{a0} proportional dem Kraftflusse Φ_a (Konstante c_1), bzw. der Ankerinduktion $\mathfrak{B}_a$ (Konstante c); die Kurve für E_{a0} stellt in einem anderen Maßstabe also auch die Abhängigkeit der Kraftlinienzahl Φ_a, welche aus einem Pol in den Anker übertritt, bzw. der Ankerinduktion $\mathfrak{B}_a$ vom Erregerstrome bzw. von den Erregeramperewindungen dar.

$$\Phi_a = \frac{E_{a0}}{c_1} = f(i) = f(AW_e), \qquad \mathfrak{B}_a = \frac{E_{a0}}{c} = f(i) = f(AW_e).$$

Diese Kurven sind naturgemäß unabhängig von der Drehzahl n, da ja die Größen von Φ_a und $\mathfrak{B}_a$ nur durch den Erregerstrom i bzw. durch die Erregeramperewindungen bedingt werden.

c) Kurzschlußcharakteristik.

$$J_k = f(i) = f(AW_e), \qquad n = \text{konst.}$$

Allgemeines. Die Magnetwicklung wird fremd erregt (bei großen Maschinen genügt oft schon der remanente Magnetismus zur Erzeugung eines beträchtlichen Kurzschlußstromes J_k) und an die Bürsten der Maschine ein Amperemeter angeschlossen; der Anker wird also durch das Instrument kurzgeschlossen. J_k wird in Abhängigkeit vom Feldstrom i bzw. von den Erregeramperewindungen $i \cdot w_e = AW_e$

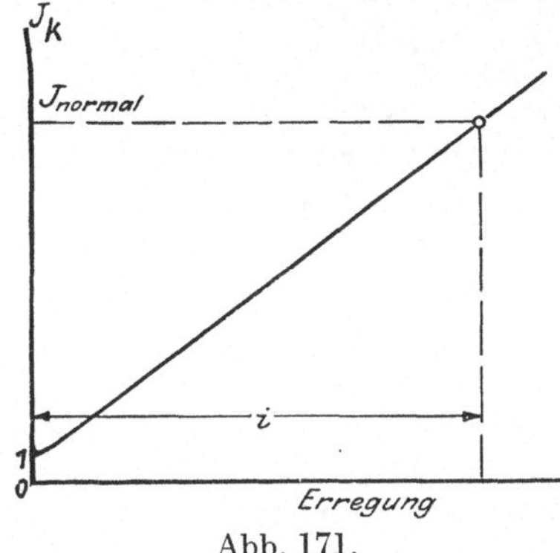

Abb. 171.

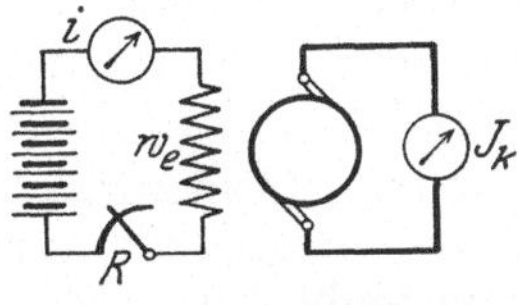

Abb. 172.

bestimmt und aufgetragen. Der Widerstand des äußeren Stromkreises (Amperemeter mit Zuleitungskabel) soll möglichst gering sein gegenüber dem Ankerwiderstande. Dann ist offenbar zur Entstehung des normalen Stromes im Anker nur eine sehr geringe EMK notwendig. Die Maschine arbeitet also auf dem geradlinigen Teile der Magnetisierungskurve und die Kurzschlußkurve ist ebenfalls eine Gerade (vgl. Abb. 171). $J_k = 01$ wird durch Remanenz verursacht.

Schaltung. Die Schaltung geschieht gemäß Abb. 172.

d) Belastungscharakteristik.

$$E = f(i) = f(AW_e), \qquad J = \text{konst.}, \qquad n = \text{konst.}$$

Allgemeines. Die Kurve gibt die Klemmenspannung E als Funktion der Erregerstromstärke i (oder der Erregeramperewindungen $AW_e = i \cdot w_e$) bei konstantem Belastungsstrome J und konstanter Drehzahl n an. Bezeichnet J den Vollaststrom, so werden gemäß Abb. 173 solche Charakteristiken aufgenommen für $J_1 = J =$ konst., $J_2 = {}^3/_4 J =$ konst. usw.

Diese Charakteristiken gehen bei höheren Belastungen nicht durch den Koordinatenanfangspunkt, da für $E = 0$, also für kurzgeschlossenen Anker noch ein bestimmter AW_e-Betrag erforderlich ist, um die zur Überwindung der Ankerrückwirkung und des Ohmschen Spannungsabfalles erforderliche EMK zu induzieren.

Schaltungen. 1. Fremderregter Generator. Die Schaltung erfolgt nach Abb. 174, nur muß die Erregung wie in Abb. 172 geschaltet werden. Die Einstellung des konstanten Belastungsstromes erfolgt durch regulierbare Widerstände. Im angegebenen Schaltbild sind Glühlampenwiderstände gezeichnet.

Abb. 173.

2. Nebenschlußgenerator. Abb. 174: Der Ankerstrom beträgt $J_a = J + i$. Die Aufnahmen können

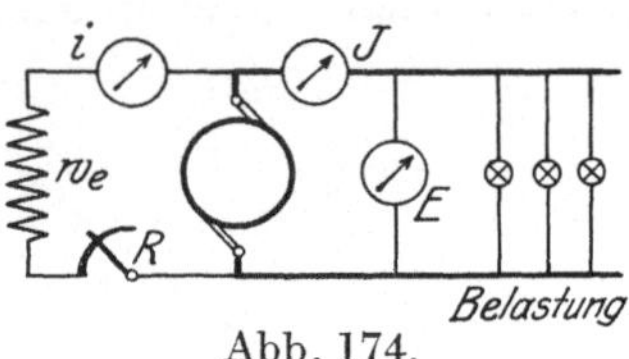

Abb. 174.

auch mit Fremderregung gemacht werden. Die erhaltenen Kurven sind in beiden Fällen praktisch identisch.

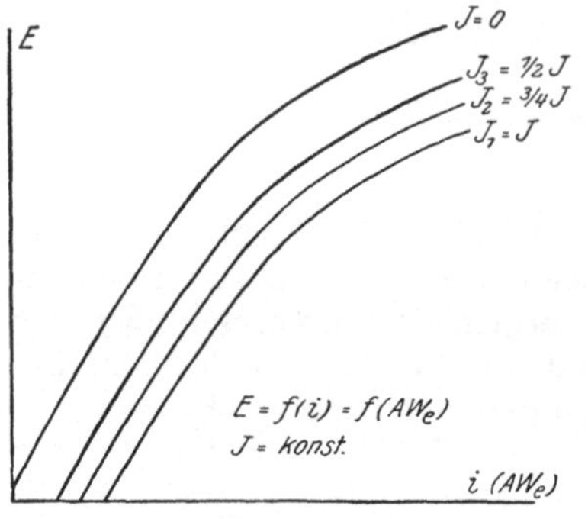

3. Hauptschlußgenerator. Zur Aufnahme muß Fremderregung benutzt werden. (Andernfalls wären ja hier bei konstantem Belastungsstrome J die erregenden Amperewindungen $AW_e = J \cdot w_h$, worin w_h die Windungszahl der Serienwicklung bedeutet, konstant!)

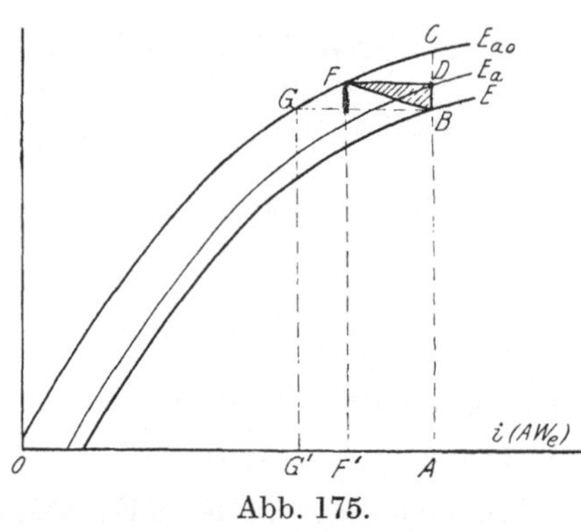

Abb. 175.

Bestimmung der Ankerrückwirkung. Die Klemmenspannung E der belasteten Maschine ist kleiner als die im Anker induzierte EMK E_{a0} für $J = 0$:

1. Wegen des Ohmschen Spannungsabfalles $J_a \cdot R_a$ im Anker und in den Bürsten (R_a = Gesamtankerwiderstand nach Gl. (59b)).

2. wegen der von den längs- und quermagnetisierenden Amperewindungen des Ankers erzeugten Ankerrückwirkung.

Die letztere bzw. die Größe der für ihre Kompensation erforderlichen Erregeramperewindungen, welche mit AW_a bezeichnet werden sollen, kann für einen Belastungsstrom J in einfacher Weise bestimmt werden, wenn für diesen die Belastungscharakteristik $E = f(i) = f(AW_e)$ aufgenommen und außerdem die Leerlaufcharakteristik der Maschine $E_{a0} = f(i) = f(AW_e)$ gegeben ist (Abb. 175). Addiert man zu den Ordinaten der Belastungscharakteristik noch den Ohmschen Spannungsabfall $J_a \cdot R_a$ im Anker und in den Bürsten (wobei für Selbsterregung $J_a = J + i$ zu setzen ist), so erhält man die Kurve der im Anker bei Belastung induzierten EMK E_a. Es wird dann dargestellt:

1. Durch die Ordinatendifferenz der Kurven E_{a0} und E der gesamte von den beiden Ursachen herrührende Spannungsverlust;

2. durch die Ordinatendifferenz der Kurven E_{a0} und E_a der durch Ankerrückwirkung erzeugte Spannungsabfall;

3. durch die Abszissendifferenz der Kurven E und E_{a0} die Größe der Amperewindungen, um welche die Erregeramperewindungen verstärkt werden müssen, damit bei Belastung die gleiche Klemmenspannung wie bei Leerlauf erhalten wird;

4. durch die Abszissendifferenz der Kurven E_a und E_{a0} die Größe der zur Kompensation der Ankerrückwirkung allein erforderlichen Erregeramperewindungen AW_a.

In Abb. 175 erhält man für eine Erregung OA bei Belastung eine Klemmenspannung $E = AB$, eine dabei im Anker induzierte EMK $E_a = AD$ und bei Leerlauf $E_{a0} = AC$. Der gesamte Spannungsverlust zwischen Leerlauf und Belastung wird mithin dargestellt durch BC. Für $J = 0$ wären zur Erzeugung von $E = E_{a0} = AB = GG'$ nur OG', zur Erzielung von $E_a = E_{a0} = AD = F'F$ nur OF' Erregeramperewindungen erforderlich. Die Strecke $DF = AF'$ stellt somit die Amperewindungszahl AW_a zur Kompensation der Ankerrückwirkung dar.

Es fragt sich nun, ob bei konstantem Ankerstrom und konstanter Bürstenstellung der Betrag AW_a konstant bleibt oder ob derselbe von der Sättigung abhängig ist. Die AW_a setzen sich zusammen aus den Beträgen AW_l und AW_q zur Deckung des feldschwächenden (bzw. feldverstärkenden) Einflusses der Längs- und der Queramperewindungen des Ankers. Unter den erwähnten Voraussetzungen sind die AW_l unabhängig vom Sättigungszustande der Maschine und stets ebenso groß wie die Längsamperewindungen des Ankers. Dagegen sind die AW_q ihrer Größe nach veränderlich: Sie sind Null, solange auf dem geradlinigen Teil der Magnetisierungskurve gearbeitet wird, und wachsen mit steigender Sättigung. Demnach nimmt mit dieser auch der gesamte zur Deckung der Ankerrückwirkung erforderliche Betrag $AW_a = AW_l + AW_q$ zu.

Das Gesagte findet im folgenden seine Begründung: Die Queramperewindungen bewirken, daß unter der einen Polkante (beim Generator an der Ablauf-, beim Motor an der Auflaufseite) eine höhere Kraftliniendichte auftritt. Ist mit dieser eine Verkleinerung des magnetischen Leitvermögens (der Permeabilität μ) verbunden, was der Fall ist, wenn außerhalb des geradlinigen Teiles der Magnetisierungskurve gearbeitet wird, so werden auf der genannten Seite nicht ebenso viele Kraftlinien erzeugt, als unter der anderen aufgehoben werden. Die Gesamtkraftlinienzahl des Poles wird demnach verringert, wenn nicht, um den Einfluß der Queramperewindungen auszuschalten, die Erregeramperewindungen AW_e um den Betrag AW_q verstärkt werden. Solange jedoch der geradlinige Teil der Kurve in Frage kommt, findet wohl eine Verstärkung auf der einen, aber auch die gleiche Schwächung der Kraftlinien auf der anderen Seite, also keine Veränderung der Gesamtkraftlinienzahl durch die Queramperewindungen statt. Demnach sind dann die AW_q gleich Null.

Das Dreieck BDF — Abb. 175 — kann als „charakteristisches Dreieck" bezeichnet werden. Für eine konstante Bürstenstellung und AW_e-Zahl sind seine Seiten BD und DF dem Ankerstrome proportional. Man kann also in einfacher Weise weitere Kurven $E = f(AW_e)$ für jeweils konstante, beliebige Belastungsströme J konstruieren, wenn eine äußere Charakteristik und die Leerlaufcharakteristik $E_{a0} = f(AW_e)$

gegeben ist: Die durch dieselben (und durch die Charakteristik $E_a = f(AW_e)$, J = konst.) bestimmten charakteristischen Dreiecke werden den Belastungsströmen entsprechend proportional vergrößert oder verkleinert. — Streng genommen ändert sich auch der Gesamtankerwiderstand R_a bei verschiedener Belastung. Dies kann jedoch vernachlässigt werden. Bei Nebenschlußmaschinen kann man ferner, ohne grobe Fehler zu begehen, $J_a = J$ setzen.

e) Äußere Charakteristik.

$E = f(J)$, n = konst., R = konst.

Allgemeines. Bei konstanter Stellung des Feldreglers R = konst. (s. die Schaltbilder) und konstanter Drehzahl n wird die Klemmenspannung E in Abhängigkeit vom Belastungsstrom J aufgenommen und aufgetragen. Der Verlauf der Kurve ist bei den verschiedenen Maschinentypen verschieden.

Bemerkt sei, daß manche Autoren für diese Kurve die Bezeichnung „Belastungscharakteristik" und für $E = f(i) = f(AW_e)$, J = konst. den Namen „äußere Charakteristik" gebrauchen.

Addiert man zu den Ordinaten $E = f(J)$ den Ohmschen Spannungsabfall im Anker $J_a \cdot R_a$, so erhält man die „innere Charakteristik" $E_a = f(J)$. Für $J = 0$ wird $E = E_{a0}$. Zieht man im Abstande E_{a0} eine Parallele zur Abszissenachse, so ergeben die Ordinatenunterschiede dieser Linie mit der E_a-Kurve die Größe der durch Ankerrückwirkung verursachten Spannungsänderung (vgl. die folgenden Kurvenbilder).

Schaltungen. 1. Fremderregter Generator. Schaltung wie Abb. 174, aber Fremderregung verwenden. Bei konstanter Feldreglerstellung wird verschiedene Belastung erzielt, indem man mehr oder weniger Glühlampen parallel schaltet. Kurvenlauf Abb. 176. (Die Belastungsströme J sind nach links aufgetragen.)

Abb. 176 zeigt auch die Konstruktion der äußeren Charakteristik mit Hilfe der Leerlaufkurve $E_{a0} = f(i) = f(AW_e)$, wenn die Amperewindungen AW_a zur Kompensation der Ankerrückwirkung für einen Belastungsstrom bekannt und R_a gegeben ist. Gemäß den Angaben S. 157 ergibt sich das Dreieck BDF. Für verschiedene Belastungsströme J erhält man dann ähnliche Dreiecke, z. B. $B_1D_1F_1$, deren Katheten den Strömen proportional sind. Diese Dreiecke werden so an die zur konstanten Erregung OA gehörige Ordinate AC angetragen, daß die Katheten BD, B_1D_1 usw. auf AC und die Spitzen F, F_1 usw. auf die Kurve $E_{a0} = f(AW_e)$ fallen. Die weitere Konstruktion ist aus der Abbildung zu ersehen. Es ergeben nämlich die Schnittpunkte der durch B und B_1 gezogenen Parallelen zur Abszissenachse mit den zu den Strömen J und J_1 gehörigen Ordinaten Punkte der äußeren Charakteristik.

2. Nebenschlußgenerator. Schaltung gemäß Abb. 174. Kurvenverlauf Abb. 177. Die Belastungsströme J sind auch hier nach links aufgetragen. Zu bemerken ist:

α) Die äußere Charakteristik fällt rascher ab als beim fremderregten Generator. Grund: Bei konstanter Reglerstellung R ist i nicht konstant, wie beim fremderregten Generator, sondern nimmt entsprechend der mit größerer Belastung kleiner werdenden Klemmenspannung (es ist diese ja $E = E_a - J_a \cdot R_a$) ab. Die Folge ist ein schnellerer Abfall der letzteren.

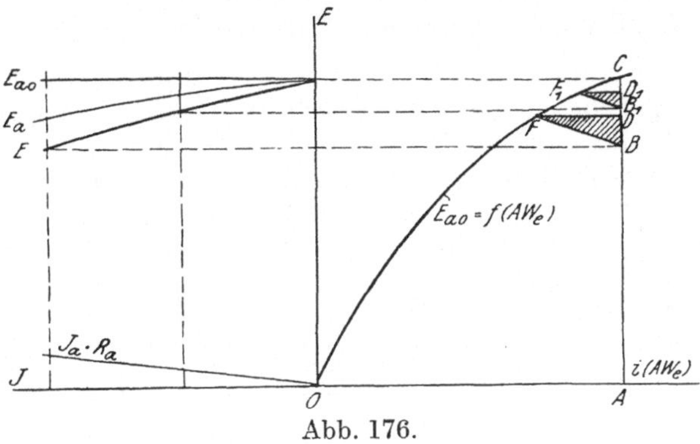

Abb. 176.

β) Schließt man die Klemmen der Maschine kurz, so tritt nur ein kleiner Kurzschlußstrom OH auf. Eine Beschädigung der Maschine findet bei Kurzschluß nicht statt. Die Größe des Kurzschlußstromes hängt lediglich von der Höhe der Remanenzspannung ab.

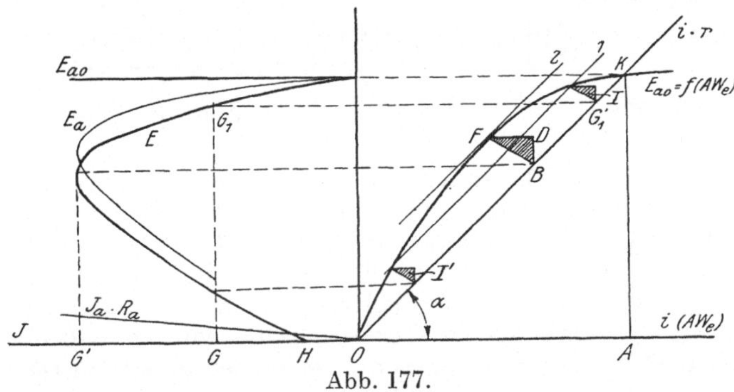

Abb. 177.

γ) Die Konstruktion der inneren Charakteristik erfolgt durch Addition des Ohmschen Spannungsabfalles $J_a \cdot R_a$ zu den Ordinaten $E = f(J)$.

δ) Bedeutet $r = r_e + R$ den Widerstand des Nebenschlußkreises einschließlich des Regulierwiderstandes R, so ist die Klemmenspannung der Maschine gleich der Spannung am Feld: $E = i \cdot (r_e + R) = i \cdot r$. Die Gerade $E = i \cdot r$ ist in die Leerlaufcharakteristik Abb. 177 unter dem Winkel α eingetragen. Dabei ist:

$\operatorname{tg} \alpha = E/i = r$, wenn man die Ströme i als Abszissen annimmt,

und $\operatorname{tg} \alpha = E/i \cdot w_e = i \cdot r/i \cdot w_e = r/w_e$, wenn man die AW_e als Abszissen betrachtet.

Wird im Leerlauf ($J_a = i$) der unbedeutende Spannungsabfall im Anker, sowie die geringe Ankerrückwirkung vernachlässigt, so gibt die Ordinate des Schnittpunktes K der $i \cdot r$-Geraden mit der E_{a0}-Kurve die Klemmenspannung an, bis zu welcher sich die Maschine im Leerlauf erregt. Weiterhin folgt: Ein Nebenschlußgenerator erregt sich nicht, wenn der Widerstand r, somit auch α so groß ist, daß die $i \cdot r$-Gerade die E_{a0}-Kurve nicht mehr schneidet oder tangiert.

Aus Abb. 177 folgt die Konstruktion der äußeren Charakteristik bei gegebener Leerlaufcharakteristik. Gegeben ist die Kurve $E_{a0} = f(AW_e)$, die $i \cdot r$-Gerade, ein Belastungspunkt z. B. für $J = OG$ und der zu diesem Punkt gehörige Ohmsche Spannungsabfall. Die Klemmenspannung GG_1 liegt auch am Feld. Man zieht deshalb $G_1 G_1'$ parallel zur Abszissenachse bis zum Schnitt G_1' auf der $i \cdot r$-Geraden. Damit ergibt sich sofort die Lage und Gestalt des charakteristischen Dreiecks I, da von diesem zunächst bekannt ist die Kathete, welche den Ohmschen Spannungsabfall darstellt, und,

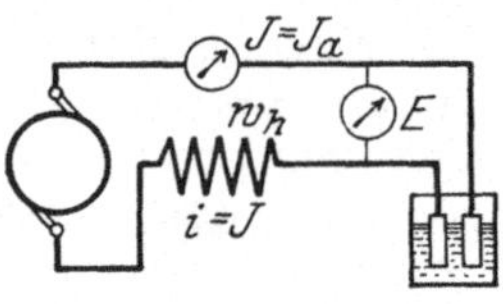

Abb. 178.

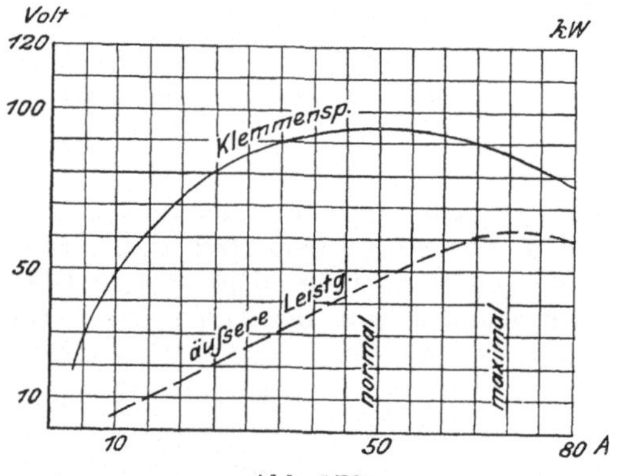

Abb. 179.

indem man die Gerade 1 parallel zur $i \cdot r$-Geraden zieht, das zu schwächerer Erregung (kleinerem E) gehörige Dreieck I'. Zeichnet man weiter ähnliche Dreiecke z. B. BDF so, daß Punkt B auf der $i \cdot r$-Geraden, Punkt F sich auf der E_{a0}-Kurve bewegt, so findet man durch Vergleich der Seiten mit denen des bekannten Dreiecks I die den Seiten proportionalen Ströme J; für Dreieck BDF wird $J = OG' = J_{max}$ (F ist der Berührungspunkt der zur $i \cdot r$-Geraden parallelen Geraden 2, welche die E_{a0}-Kurve tangiert). Aufgenommene und konstruierte Charakteristiken stimmen meist nur im oberen Teile überein.

3. Hauptschlußgenerator. Schaltung Abb. 178. Als Belastungswiderstand ist in der Figur ein Wasserwiderstand gezeichnet. Kurvenverlauf Abb. 179. Die Klemmenspannung E steigt mit wachsender Belastung, da der Belastungsstrom gleichzeitig zur Erregung dient. Ist die Maschine gesättigt und wird die Belastung weiter vergrößert durch Verkleinerung des äußeren Widerstandes, so fällt die Klemmenspannung. Schließt man die Klemmen kurz, so wird $E = 0$, der auftretende Strom J aber so groß, daß die Maschine beschädigt würde. Zu bemerken ist noch:

α) Die innere Charakteristik $E_a = f(J)$ erhält man nach der Gleichung: $E_a = E + J \cdot R_a$. In R_a ist der Widerstand der Serienwicklung mit zu berücksichtigen.

β) In Abb. 179 ist auch die abgegebene Leistung $N_a = E \cdot J$ in kW eingetragen. Bei einer brauchbaren Hauptstrommaschine muß der größte Wert der Klemmenspannung und der abgegebenen Leistung immer erst nach der normalen Belastungsstromstärke eintreten, sonst ist die Maschine nicht überlastbar.

4. Doppelschlußgenerator. Je nachdem, ob eine Maschine mit kurzem oder langem Schluß vorliegt, erfolgt die Schaltung und Belastung nach Abb. 180 oder nach Abb. 181. Den Verlauf der

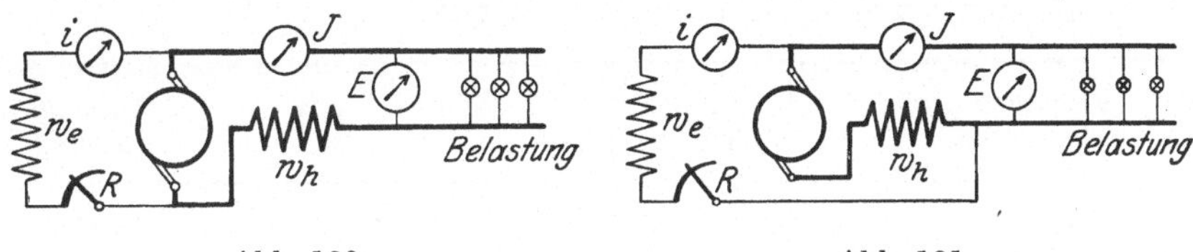

Abb. 180. Abb. 181.

Klemmenspannung zeigt Abb. 182, und zwar gilt Kurve I für Überkompoundierung, Kurve II für normale Kompoundierung. In letzterem Falle ist E für $J = 0$ ebenso groß wie E für $J = J_{norm}$; innerhalb der normalen Belastungsgrenzen darf sich die Klemmenspannung nur wenig ändern, erst bei stärkerer Belastung fällt sie stärker ab. Ferner ist zu sagen:

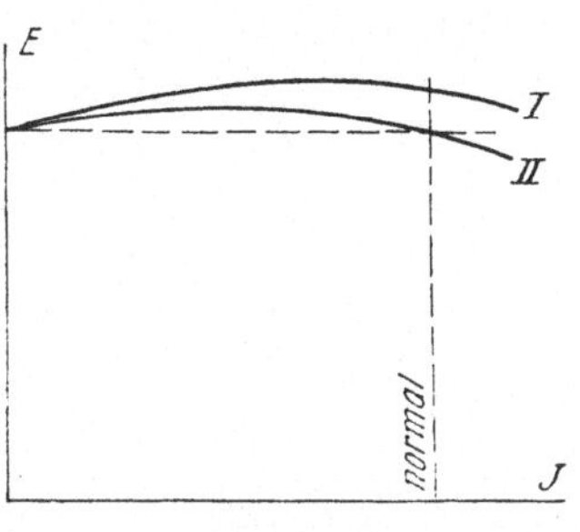

Abb. 182.

α) Verbundmaschinen für möglichst konstante Klemmenspannung dürfen nicht stark gesättigt sein.

β) Überkompoundierung kann leicht ausgeglichen werden durch einen regulierbaren Widerstand parallel zur Serienwicklung. Der Strom J verteilt sich dann auf Widerstand und Serienwicklung im umgekehrten Verhältnis der Widerstände.

γ) Die Kurve $E_a = f(J)$ erhält man wie früher durch Addition des Ohmschen Spannungsabfalles in Anker und Serienwicklung zu E.

Ermittlung der Spannungsänderung. Die dafür in Betracht kommenden §§ 70÷71 der R.E.M. lauten:

„Spannungsänderung eines Gleichstromgenerators mit Nebenschluß- oder Fremdschlußwicklung ist die Spannungserhöhung, die bei Übergang von Nennbetrieb auf Leerlauf auftritt, wenn

1. die Drehzahl gleich der Nenndrehzahl bleibt,
2. die Bürsten in der für Nennbetrieb vorgeschriebenen Stellung bleiben,
3. bei Selbsterregung der Erregerwiderstand, bei Eigen- oder Fremderregung der Erregerstrom ungeändert bleibt."

„Spannungsänderung eines Gleichstromdoppelschlußgenerators ist der Unterschied zwischen der höchsten und der niedrigsten Spannung (E_{max} bzw. E_{min}), die während des Übergangs von Nennbetrieb auf Leerlauf und zurück auf Nennbetrieb auftritt, wenn die oben angegebenen Bedingnngen eingehalten werden."

Die Schaltungen zur Bestimmung der Spannungsänderung sind die gleichen wie für die Messung der äußeren Charakteristik. Ist eine solche aufgenommen, so geht aus ihr sofort die Spannungsänderung zwischen $J = J_{norm}$ (Nennklemmenspannung E) und $J = 0$ (Klemmenspannung $E_0 = E_{a0}$) hervor. Nach § 74 der R.E.M. ist sie in Prozenten der Nennspannung anzugeben und beträgt demnach:

α) Bei fremd-, selbst- und eigenerregten Generatoren $\frac{E_0 - E}{E} \cdot 100\,\%$;

β) bei Doppelschlußgeneratoren . . . . $\frac{E_{max} - E_{min}}{E} \cdot 100\%$.

Größe der Spannungsänderung s. Tabelle:

Fremderregte Generatoren	Spannungs-änderung	Selbsterregte Generatoren	Spannungs-änderung
ohne Wendepole . . .	8÷12 %	ohne Wendepole . . .	15÷20 %
mit Wendepolen . . .	6÷10 „	mit Wendepolen . . .	10÷15 „
Turbogeneratoren . .	5÷ 8 „	Turbogeneratoren . .	8÷12 „

Bei Doppelschlußgeneratoren je nach der Kompoundierung $\gtreqless 0\,\%$.

f) Regulierungskurve.

$i = f(J)$, $E =$ **konst.**, $n =$ **konst.**

Allgemeines. Statt $i = f(J)$ kann auch geschrieben werden $AW_e = f(J)$. Im Gegensatz zur äußeren Charakteristik wird jetzt i so reguliert, daß E für alle Belastungen konstant bleibt. Schaltungen, wie bei Aufnahme der Kurve $E = f(J)$ (s. S. 158). Abgesehen von überkompoundierten und auch normal kompoundierten Maschinen zeigt Abb. 183 den Kurvenverlauf. Entsprechend dem mit wachsendem J größer werdenden Spannungsabfalle muß i erhöht werden, um die Klemmenspannung E konstant zu halten.

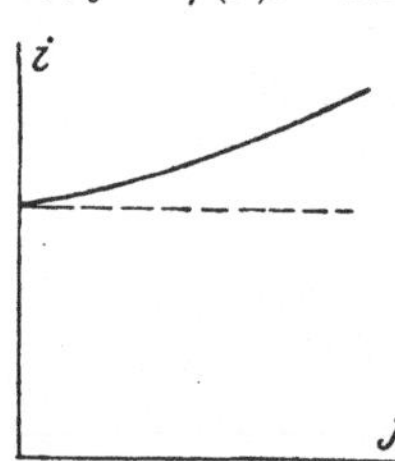

Abb. 183.

Aus Abb. 184 ist der Zusammenhang zwischen der Belastungs-, der äußeren und der Reguliercharakteristik ersichtlich. Gegeben sind drei Belastungscharakteristiken I, II und III für $J = 01 =$ konst., $J = 02 =$ konst., $J = 03 =$ konst. und die Leerlaufscharakteristik IV. Gezeichnet ist dazu (die Konstruktion geht aus der Abb. 184 hervor):

1. Die äußere Charakteristik $E = f(J)$ für den Erregerstrom $i = 04' =$ konst.;
2. eine Regulierkurve $i = f(J)$ für die Klemmenspannung $E = E' =$ konst. (Punkte 1', 2', 3', 4'; die Ströme J sind als Ordinaten nach unten aufgetragen);
3. eine Regulierkurve $i = f(J)$ für die Klemmenspannung $E = E'' =$ konst. (Punkte 1'', 2'', 3'', 4'').

Bestimmung der Serienwicklung einer Doppelschlußmaschine. In Abb. 185 ist die Regulierungskurve als $AW_e = f(J)$ dargestellt. Für $J = J_{norm}$ sind ac Amperewindungen erforderlich, während für $J = 0$ zur Erreichung derselben Klemmenspannung E nur ab AW_e

nötig sind. Bei Belastung sind demnach bc Amperewindungen durch die vom Strome $J = J_{norm}$ durchflossene Serienwicklung aufzubringen. Die Windungszahl derselben beträgt somit:

$$w_h = \frac{bc}{J_{norm}}.$$

Man erkennt aus der Abb. 185, daß zwischen $J = 0$ und $J = J_{norm}$ mehr Amperewindungen vorhanden sind, als nötig wären, um genau konstante Spannung E zu erzielen; für J größer als J_{norm} ist das Umgekehrte der Fall. Die Kurve $E = f(J)$ wird somit verlaufen wie Kurve II in Abb. 182.

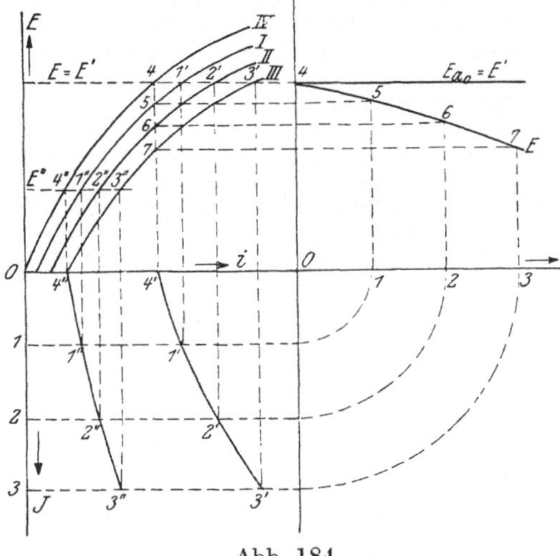

Abb. 184.

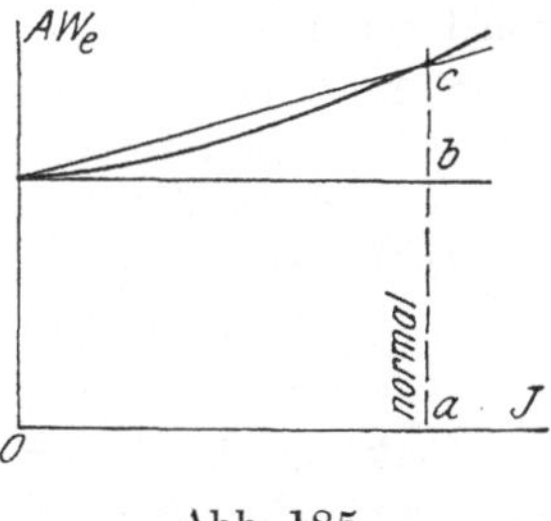

Abb. 185.

Macht man w_h größer oder kleiner als sich aus der obigen Gleichung ergibt, so erhält man eine noch stärkere oder schwächere Kompoundierung.

37. Aufnahme charakteristischer Kurven an Gleichstrommotoren.

a) Allgemeines.

Einstellung der neutralen Zone und Bürstenlage. Hinsichtlich der Einstellung der neutralen Zone kann auf das bei den Gleichstromgeneratoren Gesagte verwiesen werden.

Eine Verschiebung der Bürsten aus der neutralen Zone gegen die Drehrichtung (bzw. in derselben) bewirkt ein Steigen (Sinken) der Drehzahl, da das Ankerfeld eine entmagnetisierende (längsmagnetisierende) Komponente besitzt. Stärker ausgeprägt ist diese Erscheinung bei Wendepolmotoren. Insbesondere kann es hier vorkommen, daß bei starker Bürstenverschiebung gegen die Drehrichtung und starkem Wendefeld Pendelerscheinungen auftreten. Bei Wendepolmotoren sollen die Bürsten deshalb in der neutralen Zone stehen; um die Stabilität des Laufes zu erhöhen, können sie jedoch um etwa $^1/_2$ bis 1 Segment in der Drehrichtung verstellt werden. Bei Motoren, deren Drehrichtung oft geändert werden muß (Reversiermotoren), müssen die Bürsten in der neutralen Zone stehen.

Das Auftreten von Pendelungen bei Wendepolmaschinen läßt sich in einfacher Weise folgendermaßen erklären: Haupt- und Wendefeld induzieren im Anker, wenn die Bürsten genügend weit gegen die Drehrichtung verschoben sind, einander entgegengerichtete elektromotorische Kräfte. Wird der Beharrungszustand eines Motors aus irgendeinem Grunde gestört, so daß z. B. der Ankerstrom zunimmt, so wird das Wendefeld verstärkt. Dadurch sinkt die im Anker induzierte, aus den beiden genannten Komponenten resultierende EMK, der Ankerstrom nimmt erneut zu, was wiederum ein Anwachsen der Drehzahl zur Folge hat. Die Zunahme des Stromes bewirkt außerdem eine weitere Verstärkung des Wendefeldes. Der geschilderte Vorgang setzt sich fort und es steigt auf diese Weise die Drehzahl so lange, als die Verkleinerung der induzierten resultierenden EMK infolge Anwachsens des Wendefeldes größer ist als ihre Zunahme, welche sie durch die vom Hauptfelde herrührende, der Drehzahl proportionale Komponente erfährt. Das ist der Fall, bis eine gewisse Sättigung der Wendepole erreicht ist: Erst dann nimmt die resultierende EMK infolge der wachsenden Drehzahl zu. Ankerstrom und Wendefeld werden nunmehr schwächer und die Umdrehungszahl sinkt. Das Spiel kehrt sich also um, bis schließlich ein Punkt erreicht wird, bei dem der Ankerstrom wieder zunehmen muß.

Schaltung der Wendepole. Motore mit Wendepolen sind so zu schalten, daß im Sinne der Ankerdrehung auf einen Haupt- ein gleichnamiger Hilfspol folgt. Bezeichnen N und S die Haupt-, n und s die die Hilfspole, so gilt:

Polfolge	$N - n - S - s$
Drehrichtung	$\longrightarrow$

Umkehr der Drehrichtung. Diese wird erreicht entweder durch Änderung der Stromrichtung im Anker oder in der Erregerwicklung. Dabei ist noch zu beachten:

1. Bei Doppelschlußmotoren müssen die von Hauptstrom- und Nebenschlußwicklung erzeugten Felder die gleiche gegenseitige Lage vor und nach Umkehr der Drehrichtung besitzen. Wird die Umkehr dadurch erreicht, daß die Stromrichtung im Anker geändert wird, so darf die Hauptschlußwicklung nicht mit umgepolt werden. Hauptstrom- und Nebenschlußwicklung müssen dagegen gleichzeitig umgepolt werden, wenn die Änderung der Drehrichtung mit Hilfe des Feldes vorgenommen werden soll.

2. Bei Wendepolmotoren müssen Anker und Wendepole umgeschaltet werden.

b) Leerlaufscharakteristik.

$$E_{a0} = f(i) = f(AW_e), \quad J = 0, \quad n = \text{konst.}$$

Die Aufnahme der Leerlaufs- bzw. Magnetisierungskurven geschieht wie bei den Generatoren, indem man die Motoren als solche untersucht. Es kann somit auf die Ausführungen des vorigen Kapitels verwiesen werden. In gleicher Weise wird verfahren, wenn man die zur Kompensation der Ankerrückwirkung erforderlichen Amperewindungen AW_a feststellen will.

Kann die zu untersuchende Maschine jedoch nicht als Generator laufen (wenn z. B. keine geeignete Antriebskraft zur Verfügung steht), so genügt es, sie mit veränderlicher Klemmenspannung E als fremderregten oder als Nebenschlußmotor leerlaufen zu lassen. Man reguliert dabei mit dem Feldregler stets auf gleiche Drehzahl n ein und mißt den Leerlaufstrom J_0, den Feldstrom i und die Klemmenspannung E. Aus der letzteren, aus dem vom Anker aufgenommenen Strom J_a($J_a = J_0$ für Fremd-, $J_a = J_0 - i$ für Nebenschlußerregung) und aus dem Gesamtankerwiderstand R_a [s. Gl. (59b)] bestimmt man die im Anker induzierte EMK $E_a = E - J_a \cdot R_a$. Vernachlässigt man die durch den Leerlaufstrom verursachte Ankerrückwirkung, so kann man setzen $E_a = E_{a0}$ und die Kurve $E_a = E_{a0} = f(i) = f(AW_e)$ aufzeichnen. Nach dieser Methode kann nur ein Teil der Charakteristik aufgenommen werden, dies wird jedoch meist genügen, um so mehr als durch diesen Teil und durch den Koordinatenanfangspunkt der Verlauf der Kurve mit genügender Genauigkeit gegeben ist.

Falls die Klemmenspannung E nicht geändert werden kann, mißt man die zu verschiedenen Erregerströmen i gehörigen Drehzahlen n_x. Dazu werden wie vorhin die im Anker induzierten EMKe E_{ax} ermittelt. Mit der Gl. (73) berechnet man dann die zu einer Drehzahl $n =$ konst. gehörigen EMKe E_a.

c) Drehzahlcharakteristiken.

Die Drehzahlcharakteristiken geben das Verhalten von Motoren in bezug auf die Umdrehungszahl bei verschiedener Belastung (bei verschiedenem Ankerstrom J_a) und konstanter Klemmenspannung E an. Zwischen der Drehzahl n, dem Felde Φ_a und der im Anker induzierten EMK E_a besteht, wenn c eine Konstante und R_a nach Gl. (59b) den Gesamtankerwiderstand darstellt, die Gleichung:

$$E_a = c \cdot \Phi_a \cdot n.$$

Ferner ist:

$$E_a = E - J_a \cdot R_a.$$

Somit:

$$n = \frac{E - J_a \cdot R_a}{c \cdot \Phi_a} \qquad (74)$$

Die Gleichung sagt allgemein:

1. Die Drehzahl n steigt, wenn das Feld Φ_a geschwächt wird. Das Entgegengesetzte bewirkt eine Erhöhung des Belastungsstromes J_a.

2. Da das aus Haupt- und Ankerfeld resultierende Feld Φ_a infolge der entmagnetisierenden Wirkung des Ankerfeldes kleiner wird bei einer Verschiebung der Bürsten gegen die Drehrichtung des Motors, so steigt in diesem Falle die Drehzahl; sie sinkt dagegen, wenn die Bürsten in der Drehrichtung verschoben werden, da das Ankerfeld eine längsmagnetisierende Komponente besitzt, welche das Hauptfeld verstärkt.

Fremderregter Motor und Nebenschlußmotor. Diese können gemeinsam behandelt werden, weil in beiden Fällen bei konstanter Klemmenspannung E auch der Erregerstrom i konstant bleibt. Bei der Aufnahme wird für verschiedene Belastungen der Ankerstrom J_a und die Drehzahl n gemessen und letztere in Abhängigkeit von J_a aufgetragen. Den Verlauf der Kurve zeigt Abb. 186, in welcher die n-Kurve nach links eingetragen ist. Gemäß der Kurve ist mit steigender Belastung ein Tourenabfall vorhanden; es kann jedoch auch vorkommen, daß eine Drehzahlsteigerung eintritt, wie die folgenden Überlegungen ergeben werden.

Wird der Motor stärker belastet, so folgt aus Gl. (74):

1. $E_a = E - J_a \cdot R_a$ wird kleiner. Folge: Abnahme der Drehzahl.

2. Φ_a wird kleiner wegen der zunehmenden Ankerrückwirkung. Folge: Steigerung der Drehzahl.

Beide Änderungen wirken also entgegengesetzt. Im allgemeinen werden Motoren mit großem Ohmschen Spannungsabfall bei Belastung eine Drehzahlabnahme zeigen, eine Tourensteigerung kann dagegen eintreten, wenn die Ankerrückwirkung beträchtlich ist (Verschiebung der Bürsten gegen die Drehrichtung).

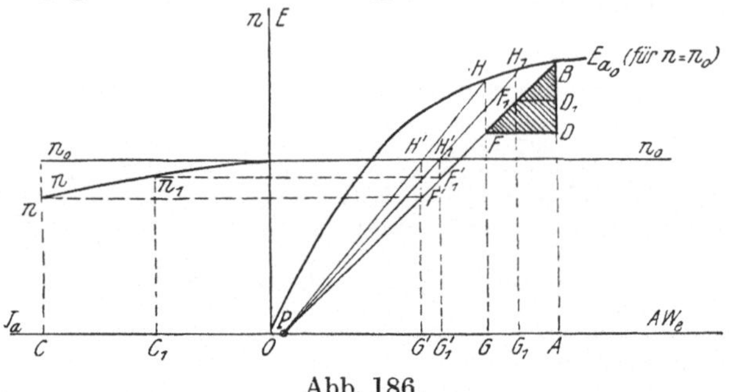

Abb. 186.

3. Stark erregte Motoren werden Tourenabfall aufweisen — vgl. die Lage des charakteristischen Dreiecks BDF in Abb. 187. Gegeben sei die Leerlaufscharakteristik $E_{a0} = f\,(AW_e)$ für $n = n_0$. Für einen beliebigen Belastungsstrom J_a beträgt bei einer Klemmenspannung $E = AB$ der Ohmsche Spannungsabfall im Anker $J_a \cdot R_a = BD$, die Ankerrückwirkung wird dargestellt durch die Strecke DF, die resultierenden AW_e durch OG. Im Anker muß die EMK $E_a = AD = GF$ induziert werden. Bei n_0-Umdrehungen würde aber durch die resultierenden Amperewindungen OG eine zu große EMK (entsprechend der Strecke GH) induziert. Da jedoch bei einer bestimmten Leistung und gegebener Klemmenspannung E die zu induzierende EMK E_a durch die Gleichung $E_a = E - J_a \cdot R_a$ festgelegt ist, so muß der Motor eine Drehzahl $n = n_0 \cdot GF/GH$ annehmen, die mithin kleiner ist als n_0.

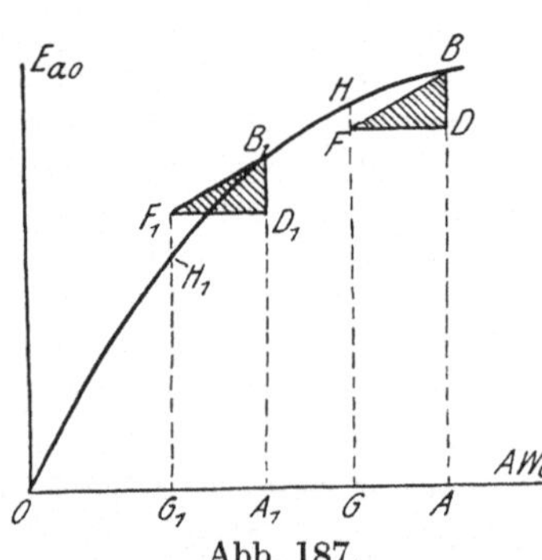

Abb. 187.

4. Schwach erregte Motoren zeigen unter Umständen mit zunehmender Belastung Tourensteigerung; vgl. die Lage des charakteristischen Dreiecks $B_1 D_1 F_1$ in Abb. 187. Zur Verfügung steht jetzt die Klemmenspannung $A_1 B_1$, aber nur OA_1 Amperewindungen des Hauptfeldes. Der Strom J_a ist derselbe wie vorher; daher: $\triangle B_1 D_1 F_1 \cong \triangle BDF$. Punkt F_1 fällt nun jedoch über die Kurve $E_{a0} = f(AW_e)$. Bei OG_1 resultierenden Amperewindungen würde für n_0-Umdrehungen nur eine EMK $E_a = G_1 H_1$ induziert. Da jedoch $E_a = G_1 F_1$ betragen muß, so muß jetzt eine Drehzahlsteigerung eintreten und es wird $n = n_0 \cdot G_1 F_1 / G_1 H_1$.

Besonders schnellaufende Motoren und solche mit starker Drehzahlregulierung durch Feldschwächung neigen leicht zu Tourensteigerung mit zunehmender Belastung.

Stabilitätsprobe. Um sich im Prüffelde davon zu überzeugen, ob ein Motor genügend stabil ist, ob also Drehzahlsteigerungen bei Nennleistung bzw. auch Pendelerscheinungen ausgeschlossen sind (was gemäß den gemachten Erläuterungen sowohl in unrichtiger Wahl der Sättigungsverhältnisse, als auch in unrichtiger Bürstenstellung seinen Grund haben kann), wird vielfach eine sogenannte Stabilitätsprobe vorgenommen. Bei derselben läßt man den Motor mit Nenndrehzahl und Nennleistung laufen und steigert dann die Belastung um etwa 25%. Ist die Maschine „stabil", so nimmt die Drehzahl ab. Die Probe ist noch schärfer, wenn man den gleichen Versuch bei einer um 5÷10% erhöhten Drehzahl ausführt.

Konstruktion der Kurve $n = f(J_a)$ — Abb. 186. Gegeben ist die Leerlaufscharakteristik, $E_{a0} = f(AW_e)$ für $n = n_0$; die Klemmenspannung $E = AB =$ konst., die Feldamperewindungen $OA =$ konst., die charakteristischen Dreiecke BDF und $B_1D_1F_1$, deren Seiten den Ankerströmen OC und OC_1 proportional sind. Man wählt den Pol P beliebig auf der Abszissenachse und zieht die Strahlen PH, PH_1, PF, PF_1. Nach den bereits gegebenen Erläuterungen gelten die Proportionen:

$$\frac{n_1}{n_0} = \frac{G_1F_1}{G_1H_1} = \frac{G_1'F_1'}{G_1'H_1'},$$

$$\frac{n}{n_0} = \frac{GF}{GH} = \frac{G'F'}{G'H'}.$$

Daraus erhält man $n_1 = G_1'F_1'$ für den Strom OC_1 und $n = G'F'$ für OC. Die Konstruktion geht aus der Abb. 186 hervor.

Hauptschlußmotor (Serienmotor, Reihenschlußmotor). Bei einem solchen ist $i = J = J_a$. Der Belastungsstrom J_a ist gleichzeitig der Erregerstrom. Mit steigender Belastung wächst bei konstanter Klemmenspannung J_a und das Feld Φ_a. Die Drehzahl nimmt gemäß Gl. (74) ab. Bei schwacher Belastung dagegen nimmt die Drehzahl sehr hohe Werte an, um so mehr, als auch der Spannungsabfall im Anker klein ist (Kurvenverlauf Abb. 188).

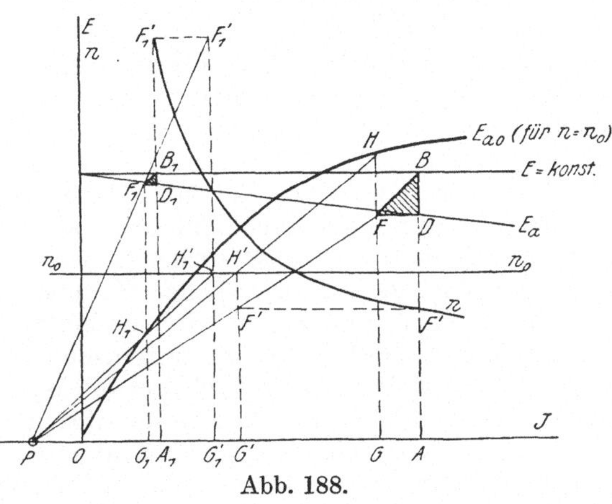

Abb. 188.

Konstruktion der Kurve $n = f(J_a) = f(J)$. Gegeben ist die Leerlaufscharakteristik $E_{a0} = f(i) = f(J_a) = f(J)$ für $n = n_0$, ferner die Klemmenspannung $E =$ konst., die EMK $E_a = E - J \cdot R_a$ (in R_a ist der Widerstand der Serienwicklung mit enthalten), endlich auch die dem jeweiligen Belastungsstrom proportionale Ankerrückwirkung.

Als Erregeramperewindungszahl AW_e ist das Produkt $J \cdot w_h$ zu betrachten, worin w_h die Windungszahl der Serienwicklung ist. In Abb. 188 ist die Konstruktion für die Ströme $J = OA$ und $J_1 = OA_1$ durchgeführt. Die entsprechenden charakteristischen Dreiecke sind BDF und $B_1D_1F_1$. Man wählt auf der Abszissenachse beliebig den Pol P, zieht die Strahlen PF, PH und PF_1, PH_1 und stellt die Verhältnisse auf:

$$\frac{n}{n_0} = \frac{GF}{GH} = \frac{G'F'}{G'H'} = \frac{AF'}{G'H'},$$

$$\frac{n_1}{n_0} = \frac{G_1F_1}{G_1H_1} = \frac{G_1'F_1'}{G_1'H_1'} = \frac{A_1F_1'}{G_1'H_1'}.$$

Die Konstruktion ist aus der Figur ersichtlich. Man erhält $n = G'F' = AF'$ gehörig zum Strome $J = OA$ und $n_1 = G_1'F_1' = A_1F_1'$ für den Strom $J_1 = OA_1$.

Doppelschlußmotoren (Verbundmotoren). Die Schaltung von Haupt- und Nebenschlußwicklung ist meist so, daß die von ihnen

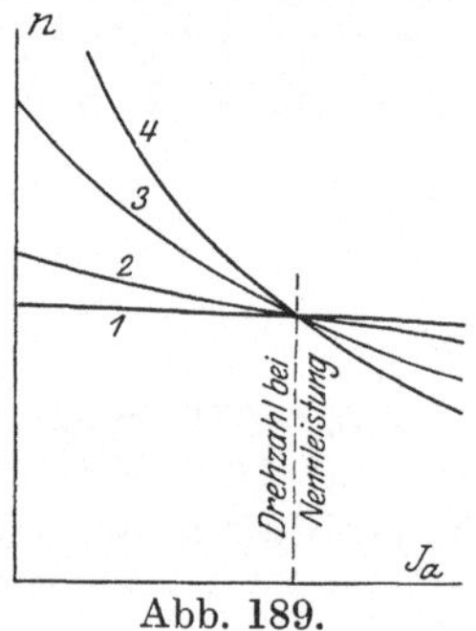

Abb. 189.

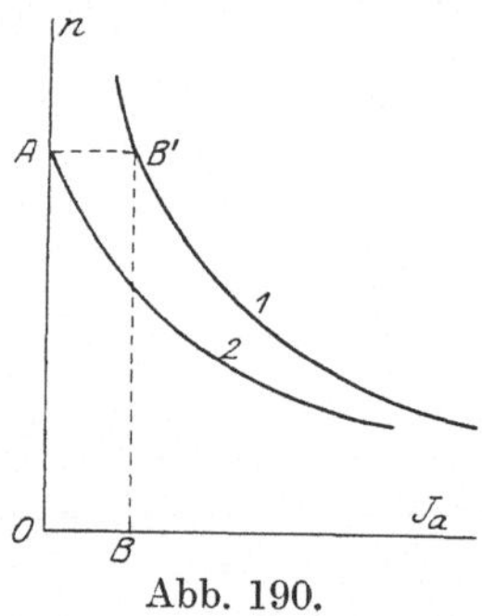

Abb. 190.

erzeugten Felder gleichgerichtet sind, sich in ihrer Wirkung also unterstützen. Je nach dem Verhältnis der Amperewindungszahlen beider Wicklungen hat die Maschine entweder mehr den Charakter eines Haupt- oder den eines Nebenschlußmotors. In Abb. 189 stellen die Kurven 4 bzw. 1 nochmals die Drehzahlcharakteristiken $n = f(J_a)$ eines Haupt- bzw. eines Nebenschlußmotors dar, die Kurve 3 gilt für einen Doppelschlußmotor mit zusätzlicher Nebenschlußwicklung, die Kurve 2 für einen solchen mit zusätzlicher Hauptstromwicklung.

Zweck einer zusätzlichen Nebenschlußwicklung ist, die Drehzahl bei Leerlauf nach oben hin zu begrenzen, so daß ein Durchgehen ausgeschlossen ist. Bei Leerlauf arbeitet die Maschine dann gewissermaßen nur mit dem Nebenschlußfeld, da das Hauptfeld klein ist. Die Charakteristik $n = f(J_a)$ eines solchen Motors, dessen Haupt- und Nebenschluß die Windungszahlen w_h und w_e besitzen mögen, steht mit der Charakteristik eines reinen Hauptschlußmotores in einem einfachen Zusammenhange: Die letztere — Kurve 1 in Abb. 190 — verschiebt sich nach links um den Betrag $i \cdot w_e/w_h = AB'$. i ist der konstante Strom im Nebenschluß. Man erhält so die Kurve 2 in Abb. 190.

Die Drehzahl nimmt bei Leerlauf, wenn man das von der Hauptschlußwicklung erzeugte Feld vernachlässigt, also $J_a = 0$ setzt, nur eine Größe $n = OA$ an, während beim Hauptschlußmotor für diese Drehzahl schon ein Ankerstrom $J_a = OB$ vorhanden sein müßte.

Verhältnismäßig seltener gebaut werden Doppelschlußmotoren, bei denen zwecks Erreichung einer konstanten Umdrehungszahl zwischen Leerlauf und Vollast die Hauptschlußwicklung so geschaltet ist, daß sie dem Nebenschluß entgegenwirkt.

d) Bestimmung von Anzugsmomenten.

Allgemeines. Unter Anzugsmoment versteht man das Drehmoment M_a, das ein Motor beim Anlauf entwickelt. Zur Messung von Drehmomenten dienen die später behandelten Bremsen (mechanische Bremsen, Wirbelstrombremsen). Zur Bestimmung des Anzugsmomentes kann die einfache Anordnung nach Abb. 191 benützt werden. Um die Riemenscheibe des Motors ist ein Band (Seil) geschlungen, das andererseits am Zughaken einer Federwage angreift. Es ist:

$$M_a = P \cdot \frac{d}{2} = Q \frac{d + d'}{2} \quad \ldots \ldots \ldots \quad (75)$$

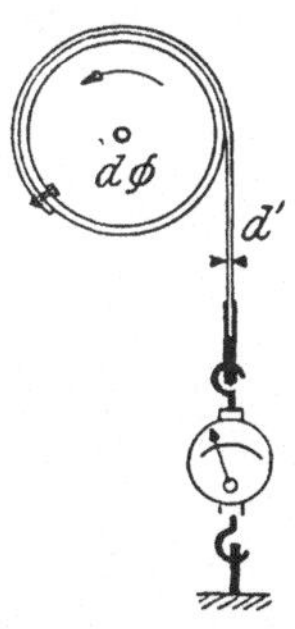

Abb. 191.

In der Formel bedeutet: P die an der Scheibe vom Durchmesser d wirksame Umfangskraft, Q die Zugkraft der Federwage, die jedoch am Hebelarm $(d + d')/2$ angreift, d' die Stärke des benutzten Riemens oder Seiles. P und Q sind in kg, d und d' in m einzusetzen. Man erhält dann M_a in mkg.

Zu berücksichtigen ist die Reibungskraft P_R, welche stets der Bewegung entgegenwirkt. Q muß daher aus zwei Messungen ermittelt werden.

1. Man bewegt den Anker etwas in der Drehrichtung des Motors und läßt ihn dann durch die Federwage zurückziehen. Gleichzeitig liest man an letzterer die Zugkraft Q_1 ab, welche um einen der Reibungskraft P_R entsprechenden Betrag größer ist als der in die Gl. (75) einzusetzende Wert Q, da ja P_R im Sinne der Umfangskraft P, also entgegengesetzt der von der Federwage erzeugten rückdrehenden Bewegung wirkt. Somit ist:

$$Q_1 = Q + P_R.$$

2. Man dreht den Anker etwas in umgekehrter Richtung. Nunmehr versucht die Umfangskraft P ihn in die frühere Lage zurückzubewegen. Die Reibungskraft P_R wirkt dieser rückdrehenden Kraft entgegen, somit also in Richtung der Federwage. Die an dieser gemachte Ablesung Q_2 ist daher kleiner als Q, denn nach dem Gesagten gilt:

$$Q = Q_2 + P_R.$$

Aus beiden Gleichungen findet man:

$$Q = \frac{Q_1 + Q_2}{2} \quad \text{und} \quad P_R = \frac{Q_1 - Q_2}{2}.$$

Zu beachten ist bei den Messungen, daß diese von den Ankerstellungen beeinflußt werden, da der Anker stets die Lagen einzunehmen versucht, in welchen dem Kraftfluß der geringste magnetische

Widerstand geboten wird. Besonders augenfällig ist diese Erscheinung bei Maschinen mit geringer Nutenzahl pro Pol. Sie verschwindet bei glatten Armaturen.

Schaltungen. 1. Fremderregter Motor und Nebenschlußmotor. Die Schaltung erfolgt nach Abb. 192. Das Feld wird in beiden Fällen fremderregt. Da der Anker stillsteht, so wird keine EMK in ihm induziert. Deshalb sind nur solche Klemmenspannungen anzulegen, daß jeweils der Ohmsche Spannungsabfall im Anker und in den Zuleitungen gedeckt wird. Der Regulierwiderstand R dient zur bequemen Einstellung von verschiedenen Strömen J_a. Allgemein ist das Anzugsmoment proportional dem Produkt aus Ankerstrom J_a und Kraftfluß Φ_a. Somit gilt, wenn c eine Konstante bedeutet:

$$M_a = c \cdot J_a \cdot \Phi_a \quad \text{(76)}$$

Es können folgende Aufnahmen gemacht werden: α) Der Erregerstrom i bleibt konstant. Geändert wird J_a bis zum etwa zweifachen Nennwert. Außer i und J_a wird nach den gemachten Angaben Q ermittelt, M_a nach Gl. (75) berechnet und die Kurve $M_a = f(J_a)$, $i =$ konst.

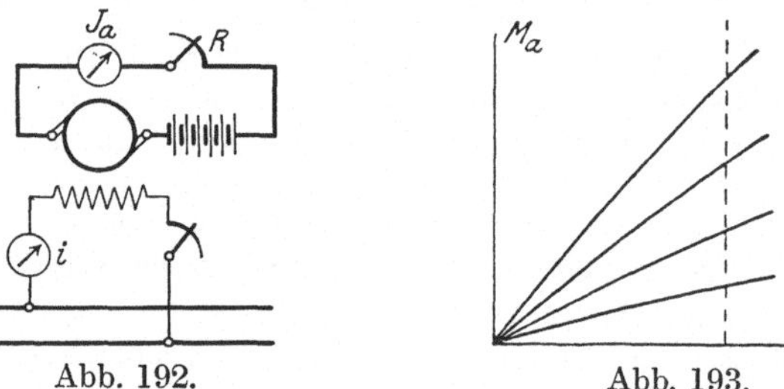

Abb. 192. Abb. 193.

gezeichnet. Die gleichen Messungen sind für andere Erregerströme zu wiederholen. Man erhält so die Kurvenschar Abb. 193. Die Kurven haben, da der Erregerstrom i konstant gehalten wird, einen fast linearen Verlauf. Erst bei stärkeren Sättigungen macht sich der Einfluß der Ankerrückwirkung geltend, so daß ein geringes Abbiegen nach der Abszissenachse zu stattfindet.

β) Der Ankerstrom J_a wird konstant gehalten. Verändert wird der Erregerstrom i. Man ermittelt die Anzugsmomente in gleicher Weise und trägt die Kurven $M_a = f(i)$, $J_a =$ konst. auf. Dieselben Aufnahmen führt man noch mit anderen Ankerströmen durch.

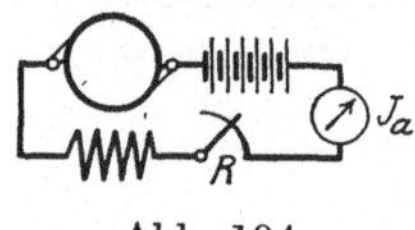

Abb. 194.

Die Kurven β gehen aus den Kurven α auch direkt hervor: In Abb. 193 ist zu einem beliebigen Ankerstrom J_a eine Vertikale gezogen. Auf derselben schneiden die zu verschiedenen, jeweils konstanten Erregerströmen gehörigen Kurven die in Frage kommenden Drehmomente ab. Diese ergeben, in Abhängigkeit von den Strömen J_a aufgetragen, die Kurven β.

2. Hauptschlußmotor. Die Schaltung erfolgt nach Abb. 194. Die Aufnahme erfolgt, wie beim Nebenschlußmotor beschrieben. Da der Ankerstrom gleichzeitig der Erregerstrom und somit das Feld Φ_a selbst wieder eine Funktion des Ankerstromes ist, so ergibt sich, wenn das

Anzugsmoment als $f(J_a)$ aufgetragen wird, wenigstens solange noch keine Sättigung vorliegt, ein angenähert quadratischer Verlauf dieser Kurve — s. Abb. 195. Der Verlauf wird angenähert linear erst bei höheren Ankerströmen (etwa von $^2/_3$ des Nennstromes ab).

3. Doppelschlußmotor. Hier ist ebenso vorzugehen, wie beim Hauptschlußmotor; die Nebenschlußwicklung muß Fremderregung erhalten.

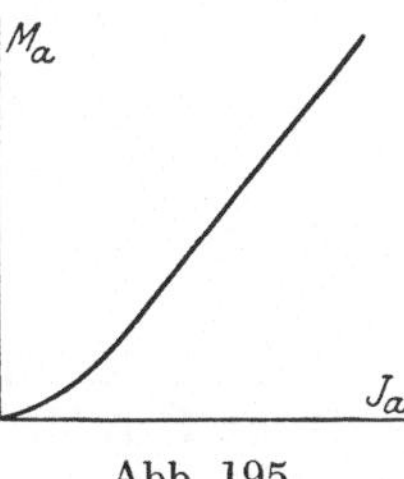

Abb. 195.

Anlaßstrom von Gleichstrommotoren. Der Anlaßvorgang von Motoren soll so gestaltet werden, daß keine zu starken Stromstöße auftreten, welche unzulässige Spannungsschwankungen zur Folge haben könnten. Deshalb schreiben die normalen Bedingungen für den Anschluß von Motoren an öffentliche Elektrizitätswerke vor, daß bei Gleichstrommotoren das Verhältnis Anlaß-Spitzenstrom zu Nennstrom bei Vollastanlauf folgende Werte nicht überschreiten soll:

Nennleistung . . . . kW	1,5 bis 5	über 5 bis 100
$\dfrac{\text{Anlaß-Spitzenstrom}}{\text{Nennstrom}}$	1,75	1,6

Bemerkungen. 1. Die erwähnten Bedingungen gelten für Gleich- und Drehstrommotoren bis einschließlich 100 kW Nennleistung und Nennspannungen bis einschließlich 500 V bei 50 per. Über den Anschluß anderer Motoren und solcher, bei denen Rücksicht auf besondere Antriebsverhältnisse zu nehmen ist, sind besondere Vereinbarungen zu treffen — s. § 3 der Bedingungen.

2. § 5 der Bedingungen gibt folgende Definitionen:

Anlaß-Spitzenstrom ist der während des Anlaßvorganges dem Netz entnommene höchste Strom.

Schaltstrom ist der Strom, bei dem das Weiterschalten erfolgen soll.

Als ordnungsgemäßer Anlaßvorgang gilt ein solcher, bei dem das Weiterschalten von einer Anlaßstellung auf die nächste erfolgt, wenn der Strom auf den Schaltstrom gesunken ist.

Als mittlerer Anlaßstrom gilt:

$$\sqrt{\text{Anlaß-Spitzenstrom} \times \text{Schaltstrom}}.$$

Vollastanlauf ist ein Anlauf, bei dem der Motor mindestens sein Nenndrehmoment während des ganzen Anlaßvorganges entwickelt. Hierbei soll das Verhältnis $\dfrac{\text{mittl. Anlaßstrom}}{\text{Nennstrom}}$ den Wert 1,3 nicht überschreiten.

38. Die Bestimmung des Wirkungsgrades.

a) Allgemeines.

Bezeichnet man mit N_z die einer Maschine zugeführte, mit N_a die von ihr abgegebene, mit N_v die zur Deckung der Verluste dienende Leistung, wobei die letztere als der Unterschied zwischen Aufnahme und Abgabe anzusehen ist ($N_v = N_z - N_a$), so bestimmt sich der Wirkungsgrad η als der Quotient aus abgegebener und zugeführter Leistung. Je nachdem ob dieses Verhältnis durch Messung von N_a und N_z direkt ermittelt oder ob es gefunden wird durch Bestimmung einer dieser Größen und der Verluste N_v, werden unterschieden:

1. Der direkt gemessene Wirkungsgrad. Nach dem Gesagten gilt für diesen:

$$\eta = \frac{N_a}{N_z} \quad \ldots \ldots \ldots \ldots (77)$$

2. Der indirekt gemessene Wirkungsgrad. Dieser wird bestimmt durch die Formeln:

$$\eta = \frac{N_a}{N_a + N_v} \quad \ldots \ldots \ldots \ldots (77\,a)$$

$$\eta = \frac{N_z - N_v}{N_z} \quad \ldots \ldots \ldots \ldots (77\,b)$$

b) Methoden.

1. Für den direkt gemessenen Wirkungsgrad können nach § 57 der R.E.M. folgende Verfahren angewendet werden:

α) Das Leistungsmeßverfahren;

β) das Bremsverfahren;

γ) das Belastungsverfahren.

2. Zur Ermittelung des indirekt gemessenen Wirkungsgrades können nach § 58 der R.E.M. dienen:

δ) Das Rückarbeitsverfahren zur Messung des Gesamtverlustes;

ε) das Einzelverlustverfahren.

Vergleich der Methoden. Die Verfahren $\alpha \div \gamma$ haben den Nachteil, daß einerseits zu ihrer Ausführung große Energiemengen erforderlich sind (da ja N_a und N_z gemessen werden) und daß andererseits Fehler (Beobachtungs- oder Instrumentfehler) bei der Messung von N_a oder N_z das Resultat beeinflussen. Ergibt sich z. B. bei der Feststellung einer dieser Größen ein Fehler von 2 %, so erhält man einen um 2 % falschen Wirkungsgrad. Die Messungen sind also mit besonderer Sorgfalt vorzunehmen. Ein Vorteil der Methoden ist der, daß alle Verluste, also auch die zusätzlichen, berücksichtigt werden.

Bei den Verfahren δ und ε ist die Durchführung der Versuche mit geringeren Kosten verbunden, da nur die Verluste N_v aufzubringen sind. Fehler bei der Messung von N_v beeinflussen das Ergebnis verhältnismäßig wenig. Beträgt z. B. $N_v = 10\%$ von N_z und ist N_v selbst um $\pm 2\%$ falsch gemessen, also zu $(0{,}1 \pm 0{,}1 \cdot 0{,}02) N_z$, so ist der tatsächliche Wirkungsgrad $\eta = 90\%$; der gemessene Wirkungsgrad η' weicht von diesem Werte nur um $\mp 0{,}2\%$ ab, denn es ist nun:

$$\eta' = \frac{N_z - N_v}{N_z} \cdot 100 = \frac{N_z - (0{,}1 \pm 0{,}1 \cdot 0{,}02) \cdot N_z}{N_z} \cdot 100 = 89{,}8\,\% \text{ bzw. } 90{,}2\%.$$

Aus diesen Gründen schreibt der § 53 der R.E.M. vor:

„Sofern nicht anders vereinbart, ist unter Wirkungsgrad der indirekt gemessene zu verstehen. Der direkt gemessene soll im allgemeinen nur bei solchen Maschinen oder Maschinensätzen angegeben werden, bei denen ein so beträchtlicher Unterschied zwischen Abgabe und Aufnahme besteht, daß die Meßfehler nicht ins Gewicht fallen.

Bei Generatoren und Motoren mit mehr als 80 % Wirkungsgrad und bei Umformern mit mehr als 90 % ist die direkte Messung unzweckmäßig, weil die wahrscheinlichen Meßfehler dann größer sind als die Ungenauigkeit der indirekten Messung.

Bei Gewährleistungen für den Wirkungsgrad ist das Meßverfahren anzugeben.“

c) Weitere Gesichtspunkte für die Aufnahme und Berechnung von Wirkungsgraden.

Vorschriften allgemeiner Natur geben die § 54 ÷ 56 der R.E.M., welche hier Erwähnung finden sollen:

§ 54.

Wirkungsgradangaben beziehen sich auf den Nennbetrieb, sofern nicht anders angegeben.

Voraussetzung für die Prüfung ist, daß die Maschinen gut eingelaufen sind, insbesondere Kommutator und Bürsten, und daß letztere in der für Nennbetrieb vorgeschriebenen Stellung sind.

Bei Leerlaufmessungen dürfen jedoch die Bürsten in die neutrale Stellung gebracht werden.

Der direkt gemessene Wirkungsgrad bezieht sich auf den betriebswarmen Zustand.

Bei indirekter Messung sind die mit Gleichstrom gemessenen Widerstände zur Bestimmung der Stromwärmeverluste auf 75° C umzurechnen.

Bei den anderen Verlustmessungen ist keine Temperaturumrechnung vorzunehmen.

§ 55.

Alle Verluste in den zur Maschine allein gehörigen Hilfsgeräten — jedoch nur diese — sind bei der Ermittlung des Maschinenwirkungsgrades einzubeziehen, insbesondere:

1. Die Verluste in Regel-, Vorschalt-, Justier-, Abzweig- und ähnlichen Widerständen, Drosselspulen, Hilfstransformatoren und dgl., die zum ordnungsgemäßen Betriebe notwendig sind (vgl. jedoch 3),
2. die Verluste in der Erregermaschine bei Eigenerregung, aber nicht bei Fremderregung,
3. die Verluste in der Zusatzmaschine von Einankerumformern, wenn sie einen Bestandteil des Umformers bildet, aber nicht die Verluste in den zum Umformer gehörigen Transformatoren und Drosselspulen; diese Verluste sind getrennt anzugeben,
4. die Verluste in den mit der Maschine mitgelieferten Lagern, aber nicht in fremden Lagern,
5. der Verbrauch des Lüfters bei Eigenlüftung.

Der Verbrauch bei Fremdlüftung sowie von Wasser- und Ölpumpen ist nicht einzubeziehen, sondern getrennt anzugeben.

§ 56.

Wird bei einem Maschinensatz, der aus zwei Maschinen oder Maschine und Transformator oder Generator und Kraftmaschine oder Motor und Arbeitsmaschine besteht, der Gesamtwirkungsgrad oder die Leistungsaufnahme angegeben, so brauchen die Einzelwirkungsgrade nicht angegeben zu werden. Wenn sie trotzdem angegeben werden, so gelten sie als angenähert.

39. Wirkungsgradbestimmung: Die direkten Verfahren.

a) Das Leistungsmeßverfahren.

Die abgegebene und die zugeführte Leistung N_a bzw. N_z werden mit elektrischen Meßgeräten festgestellt. Anwendung kann diese Methode finden bei Motorgeneratoren und Einankerumformern (vgl. Kap. 63).

Abb. 196 zeigt die Schaltung für einen vom Netz gespeisten Gleichstrommotor M, der einen auf Widerstände (in der Abb. 196 Glühlampen) arbeitenden Generator G antreibt. In diesem Falle ist (die Indizes „m“ und „g“ kennzeichnen den Motor bzw. den Generator):

1. Die dem Aggregat (Motor) zugeführte Leistung . . . $N_{zm} = E_m \cdot J_m$,
2. die vom Aggregat (Generator) abgegebene Leistung . . $N_{ag} = E_g \cdot J_g$,
3. der Gesamtwirkungsgrad des Aggregates . . . . $\eta = \eta_m \cdot \eta_g$.

$$\eta = \frac{N_{ag}}{N_{zm}} = \frac{E_g \cdot J_g}{E_m \cdot J_m} \quad \text{. . . . . (77c)}$$

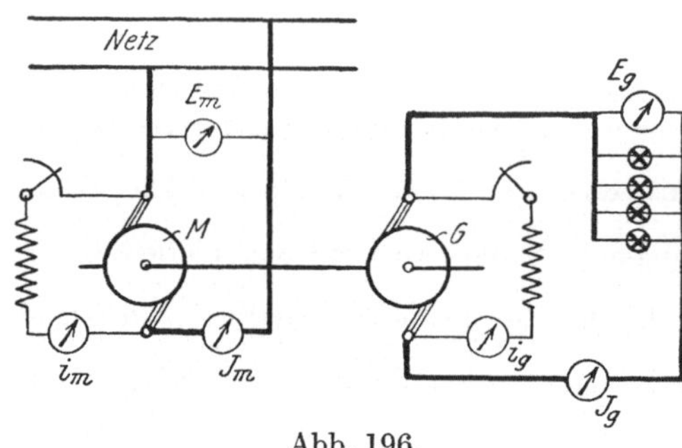

Abb. 196.

Zur Ermittlung der Einzelwirkungsgrade muß der Wirkungsgrad einer Maschine genau bekannt sein. Hat eine Maschine oder haben beide Maschinen Fremderregung, so sind die Verluste in den Erregerwicklungen als zugeführte Leistungen mit zu berücksichtigen.

b) Das Bremsverfahren.

Allgemeines. Bei dieser Methode wird die mechanische Leistung mit Bremse oder Dynamometer, die elektrische mit elektrischen Meßgeräten festgestellt. Anwendungsgebiet: Kleinere Motoren und Generatoren, die sich als Motoren betreiben lassen. In letzterem Falle sind die Verhältnisse so zu wählen, daß die magnetische, elektrische und mechanische Beanspruchung möglichst wenig von den entsprechenden Größen bei der Benutzung als Generator abweichen.

Läßt man eine fremd- oder selbsterregte Gleichstrommaschine einmal als Generator und einmal als Motor laufen, und zwar stets mit derselben Klemmenspannung E, so ist folgendes zu erwähnen, wenn die Belastung derart gewählt wird, daß die im Generatorzustande abgegebene elektrische Leistung $N_{ag} = E \cdot J_g$ gleich der als Motor abgegebenen mechanischen Leistung $N_{am} = \eta_m \cdot E \cdot J_m$ ist: Das Feld ist bei gleicher Klemmenspannung in beiden Fällen dasselbe, die im Anker induzierte EMK ist aber beim Motor kleiner als beim Generator; deshalb sind bei jenem auch die Eisenverluste und die Drehzahl kleiner. Nach Voraussetzung ist ferner $N_{am} = N_{ag}$ oder $\eta_m \cdot J_m \cdot E = J_g \cdot E$ oder $\eta_m \cdot J_m = J_g$. Da $\eta_m < 1$ ist, so ist der Motorstrom größer als der Generatorstrom. Demnach hat die Maschine unter der gemachten Annahme als Motor die größeren Stromwärmeverluste im Anker. Im allgemeinen kann man aber sagen, daß die Gesamtverluste in beiden Betriebszuständen dieselben sind. Ohne große Fehler gilt daher der Motorwirkungsgrad auch für die Dynamo.

Bei Generatoren, welche mit Riemenantrieb versehen sind, kann die abgegebene elektrische Leistung mit elektrischen Instrumenten und die zugeführte mechanische Leistung durch Messung der Riemenspannung mit Hilfe von Riemendynamometern (Ausführungen nach v. Hefner-Alteneck, Ganz & Co., Fischinger) ermittelt werden. Dieses Verfahren wird nur sehr selten angewendet und es sei daher von näheren Erläuterungen abgesehen.

Bezeichnungen:

P = Umfangskraft in kg, wirksam am Umfange der Riemenscheibe vom Durchmesser d (in m),

Q = bekannte (gemessene) Kraft in kg, die am Hebelarm $l \geqq d$ der am Hebelarm $d/2$ wirksamen Kraft P Gleichgewicht hält,

M = an der Riemenscheibe wirksames Drehmoment in mkg,
$\omega = \pi n/30$ = Winkelgeschwindigkeit.

Beziehungen. Gleichgewicht besteht, wenn das von der Kraft P (vgl. Abb. 197) entwickelte Drehmoment gleich dem der Kraft Q ist. Folglich:

$$M = P \cdot \frac{d}{2} = Q \cdot l \cdot$$

Die abgegebene mechanische Leistung ist dann in Watt:

$$N_a = 9{,}81 \cdot \omega \cdot M = 9{,}81 \cdot \frac{\pi n}{30} \cdot M = 1{,}027 \cdot n \cdot M$$

$$N_a = 1{,}027 \cdot n \cdot \frac{P \cdot d}{2} = 1{,}027 \cdot n \cdot Q \cdot l \quad \ldots\ldots\ldots \quad (78)$$

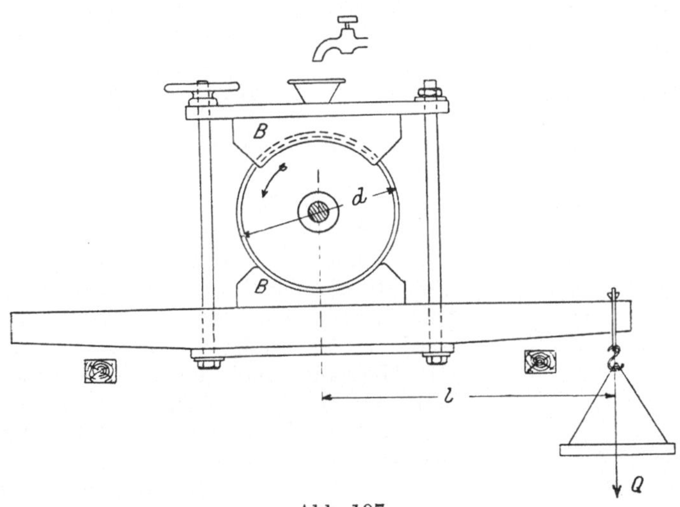

Abb. 197.

Wird noch die zugeführte elektrische Leistung N_z ermittelt, so errechnet sich der Wirkungsgrad zu:

$$\eta = \frac{N_a}{N_z} = \frac{1{,}027 \cdot n \cdot Q \cdot l}{N_z} \quad \ldots\ldots\ldots \quad (78a)$$

Bremsen. Zur Bremsung dienen:

1. Mechanische Bremsen. Bei diesen wird die an der Riemenscheibe abgegebene mechanische Leistung zur Deckung der durch die Bremsung entstehenden Reibungsverluste (Wärmeverluste) benutzt.

2. Wirbelstrombremsen. Die abgegebene Leistung ist gleich den in den Bremsen erzeugten Wirbelstromverlusten.

3. Bremsdynamos.

1. Mechanische Bremsen. α) Der Pronysche Zaum. Mit dem auf die Bremsscheibe (Riemenscheibe) aufgesetzten Pronyschen Zaum (Abb. 197) wird stärkere oder schwächere Belastung der Maschine erzielt, indem die Bremsbacken B mittels des Handrades mehr oder weniger stark angepreßt werden. Die Reibung sucht den Apparat in der Drehrichtung mitzunehmen. Bei Q werden deshalb stets soviel Gewichte aufgelegt, daß Gleichgewicht entsteht; es muß dann sein: $Q \cdot l = P \cdot d/2$. Vor der Belastung bzw. vor der Inbetriebnahme der Maschine ist der Zaum auszubalancieren. Bei größeren Zäumen muß

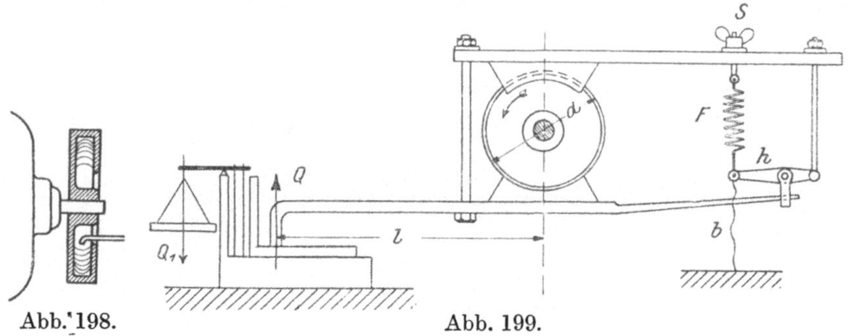

Abb. 198. Abb. 199.

wegen der sich infolge der Reibung entwickelnden Wärme Wasserkühlung benutzt werden. Vielfach verwendet man hohle Scheiben nach Abb. 198. Den Zulauf öffnet man erst, wenn die Maschine die normale Drehzahl erreicht hat. Man läßt so viel Wasser zufließen wie verdampft.

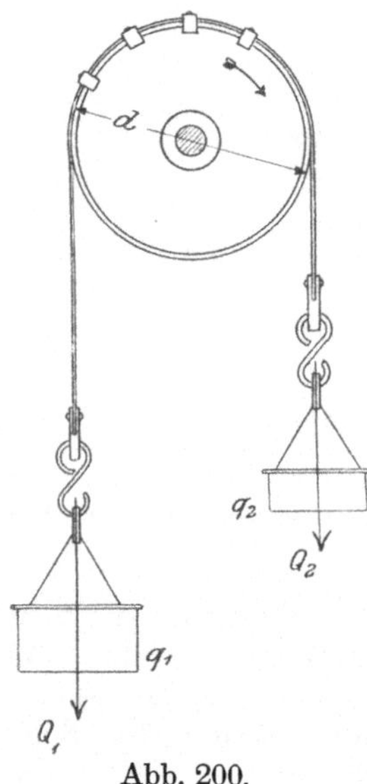

Abb. 200.

Werden die Größen Q, l, n, sowie die dem Motor elektrisch zugeführte Leistung N_z gemessen, so kann nach Gl. (78a) η berechnet werden. Nachteilig wirkt bei der Aufnahme der Umstand, daß die Reibung nicht konstant bleibt. Der Zaum steht deshalb selten ganz ruhig. Vermieden ist dieser Übelstand bei den

β) selbstregelnden Bremsen nach Brauer. Durch Verstellung der Flügelschraube S — Abb. 199 — wird der nötige Druck erzeugt. Wird der Zaum infolge zu starker Reibung mitgenommen, so spannt sich der Faden b und lüftet mittels des Hebels h die untere Bremsbacke. $Q = 10\,Q_1$ wird mittels Dezimalwage bestimmt.

γ) Bremsbänder — Abb. 200 —. Diese können sehr gut für kleinere Motoren zur Bremsung benutzt werden. Ein Riemen oder Gurt wird seitlich mit U-förmigen Messingstücken versehen, die das Herabrutschen von der Scheibe verhindern sollen. Die Schalen vom Eigengewichte q_1 und q_2 werden mit Q_1 und Q_2 kg belastet bis Gleichgewicht herrscht. Dann ist in Gl. (78) einzusetzen:

$$Q = (Q_1 + q_1) - (Q_2 + q_2),$$

$$l = \frac{d + d'}{2} \quad (d' = \text{Riemenstärke in m}).$$

Von Brauer sind auch selbstregelnde Bandbremsen angegeben worden.

2. Wirbelstrombremsen. Der Nachteil der Reibungsbremsen (Veränderlichkeit der Reibung während der Aufnahme) und die durch ihn bedingte Unsicherheit der Messung wird bei den Wirbelstrombremsen vollkommen vermieden.

α) Wirbelstrombremse von Grau[1]). Nach Abb. 201 wird eine Kupferscheibe K auf der Welle der zu untersuchenden Maschine befestigt. K dreht sich zwischen den Polen m eines auf Schneiden gelagerten Elektromagneten, der durch die Spule S erregt wird. Läuft der Motor, so entstehen in der das Kraftfeld schneidenden Scheibe K elektromotorische Kräfte, welche die Ursache von Wirbelströmen sind, die die Maschine belasten. Dem unbekannten Moment

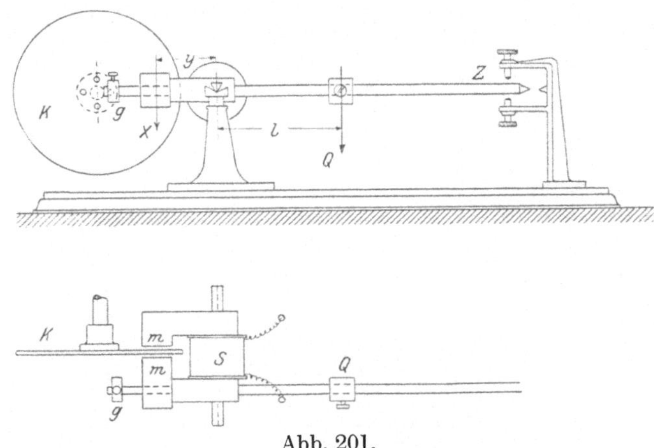

Abb. 201.

$X \cdot y$, welches die Wirbelströme auf den Magnet ausüben, wird Gleichgewicht gehalten durch das Moment $Q \cdot l$. Zur Berechnung der abgegebenen Leistung N_a, sowie des Wirkungsgrades η dienen die Gl. (78). Durch stärkeres oder schwächeres Erregen der Spule S kann die Belastung der Maschine beliebig geändert werden. Q ist dabei stets so zu verschieben, daß der Zeiger Z vor der Marke einspielt. Das Gewicht g dient zur Ausbalancierung der Anordnung bei abgenommenem Laufgewicht.

Ausführungen dieser Art können zur Abbremsung von Leistungen bis zu 2,5 kW benutzt werden. Für größere Leistungen bis zu etwa 4÷5 kW wird die Scheibe hohl ausgebildet und mit Wasserkühlung versehen. Siemens & Halske führen ähnliche Wirbelstrombremsen speziell für kleine Motoren aus.

β) Wirbelstrombremse von Rieter[2]). Abb. 202 und 203. Geeignet zur Abbremsung größerer Leistungen N_a von 30 bis 35 kW.

---

[1]) ETZ 1900, S. 365 und 1902, S. 467.
[2]) ETZ 1901, S. 194.

A ist ein auf der Welle aufgekeilter gußeiserner Körper. In seinem Innern ist der klauenförmige Teil F, der die Erregerspule S trägt, auf Kugeln drehbar gelagert. Arme des Feldsystems tragen die Laufgewichte Q_1 und Q_2. Bei abgenommenen Laufgewichten ist das System aus-

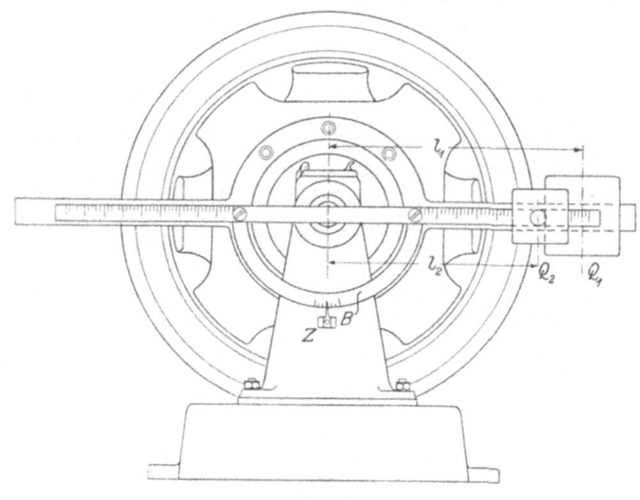

Abb. 202.

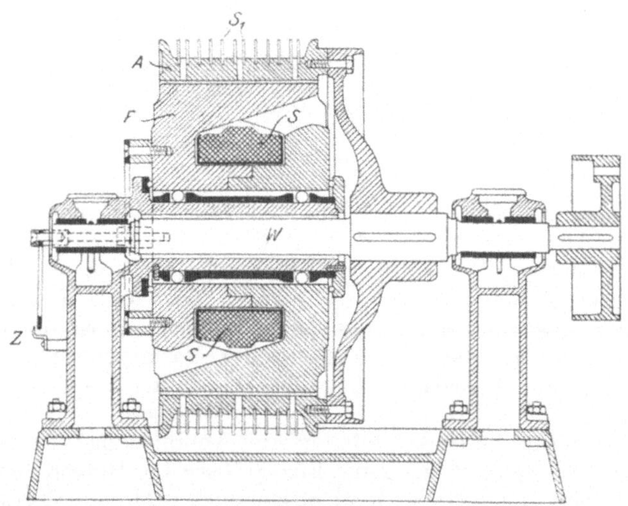

Abb. 203.

balanciert. Wird A gedreht, so üben die in A entstehenden Wirbelströme ein Drehmoment auf das System F aus, dem durch die Verschiebung von Q_1 und Q_2, also durch ein Moment $Q_1 \cdot l_1 + Q_2 \cdot l_2$, Gleichgewicht gehalten wird. Die Teilung des Bügels B muß dann vor dem Zeiger Z spielen.

Um Verluste durch Riemenübertragung zu vermeiden, wird die Bremse direkt mit dem Motor gekuppelt. Die in der Bremse auftretenden Reibungsverluste stellen eine Belastung dar, sind also zu berücksichtigen. Man bestimmt (in Watt):

1. Die Leerlaufverluste des Motors, Bremse abgekuppelt: N'_0,
2. die Leerlaufverluste des Motors mit unerregter Bremse: N'_{01},
3. dann sind die Reibungsverluste der Bremse: $V_{RB} = N'_{01} - N'_0$.

Belastet man nun den Motor durch Erregen von S und tritt Gleichgewicht ein, wenn die Laufgewichte Q_1 und Q_2 an den Hebelarmen l_1 und l_2 angreifen, so wird nach Gl. (78a):

$$\eta = \frac{1{,}027 \cdot n \cdot (Q_1 \cdot l_1 + Q_2 \cdot l_2) + V_{RB}}{N_z}.$$

Die Reibungsverluste V_{RB} werden am besten für verschiedene Drehzahlen ermittelt und sind in vorstehende Gleichung natürlich ebenso wie N_z in Watt einzusetzen.

Auf die zahlreichen weiteren Ausführungen von Wirbelstrombremsen (z. B. Morris & Lister, v. Pasqualini usw.) kann hier nicht eingegangen werden.

3. **Bremsdynamos**[1] **(elektrodynamische Leistungswagen).** Dieselben werden als Gleich- oder Drehstromdynamos für Leistungen von 2 bis 300 kW und Drehzahlen von 500 bis 3500/min ausgeführt. Bei ihnen ist das Gehäuse in Kugellagern drehbar angeordnet, so daß es zwischen zwei einstellbaren Ausschlägen frei schwingen kann. Wird ihr Anker durch einen Elektromotor (oder sonst eine Kraftmaschine) angetrieben und ihm Strom entnommen, so sucht das Gehäuse an der Drehung teilzunehmen. Dem so erzeugten Moment, welches der von der Dynamo abgegebenen Leistung proportional ist, wird Gleichgewicht durch ein Gegendrehmoment gehalten. Dasselbe wird durch Laufgewichte erzeugt, welche auf einem am Gehäuse befestigten Hebelarm eingestellt werden können. Bei der Berechnung der vom Antriebsmotor abgegebenen Leistung ist genau so wie bei der Wirbelstrombremse nach Abb. 202 und 203 vorzugehen.

Ein besonderer Vorteil der Bremsdynamos ist, daß die von ihnen aufgenommene mechanische Energie zum größten Teil wiedergewonnen werden kann, wenn man die Dynamos auf ein Netz zurückarbeiten läßt. Dies ist bei Dauerprüfungen sehr wesentlich (s. Kap. 40).

c) Das Belastungsverfahren.

Allgemeines. Die mechanische Leistung wird mit einer geeichten Hilfsmaschine, die elektrische mit elektrischen Meßgeräten festgestellt. Anwendung kann diese Methode zur Untersuchung des Wirkungsgrades von Motoren und Generatoren beliebiger Strom- und Bauart finden.

1. Bestimmung des Wirkungsgrades von Motoren. Die Hilfsmaschine, als welche zweckmäßig eine Gleichstromnebenschlußmaschine benutzt wird, dient als Belastungsgenerator. Gemessen wird die von dem zu prüfenden Motor aufgenommene elektrische Leistung N_{zm}

[1]) ETZ 1922, S. 1041.

und die von der Hilfsdynamo abgegebene elektrische Leistung N_{ag}. Aus letzterer ermittelt man unter Verwendung eines Eichdiagramms die der Hilfsmaschine zugeführte mechanische Leistung N_{zg}, welche bei direkter Kupplung gleich ist der vom Motor abgegebenen mechanischen Leistung N_{am}. Damit ergibt sich der gesuchte Motorwirkungsgrad: $\eta_m = N_{am}/N_{zm}$.

2. Bestimmung des Wirkungsgrades von Generatoren. Die Hilfsmaschine wird jetzt als Antriebsmotor verwendet. Dieser Fall liegt den folgenden Erläuterungen zugrunde.

Schaltung und Ausführung der Messung. Die Schaltung erfolgt nach Abb. 196. Nachstehende Messungen sind vorzunehmen:

1. Bei konstanter Klemmenspannung und Drehzahl ist ein sorgfältiges Bremsdiagramm des Hilfsmotors aufzunehmen. Dazu bestimmt man seinen Wirkungsgrad nach dem später erläuterten Einzelverlustverfahren. Die vom Hilfsmotor abgegebene Leistung N_{am} wird im Diagramm, wie auch sein Wirkungsgrad η_m in Abhängigkeit von der zugeführten Leistung N_{zm} eingetragen.

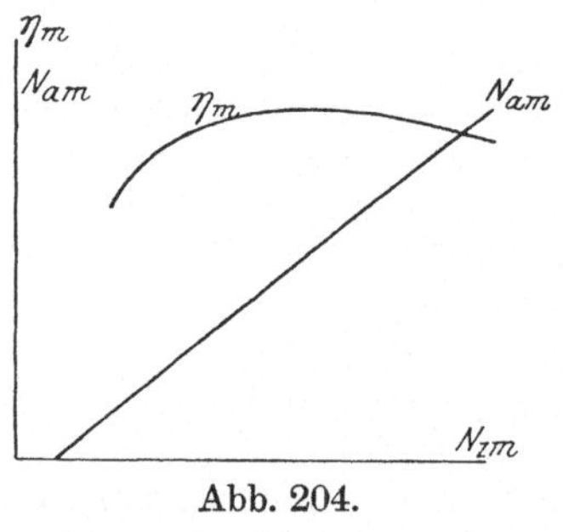

Abb. 204.

2. Der zu untersuchende Generator wird nun mit dem Motor gekuppelt. Dabei ist direkte Kupplung zu bevorzugen. (Wird Riemenübertragung verwendet, so ist deren Wirkungsgrad η_R zu schätzen und in der späteren Rechnung zu berücksichtigen.) Der Generator wird auf die Klemmenspannung E_g erregt und sein Belastungsstrom zwischen $J_g = 0$ und etwa $J_g = 1{,}3 \cdot J_{g\,norm}$ geändert. Die Drehzahl n und die Klemmenspannung E_m des Hilfsmotors müssen natürlich ebenso groß sein, wie bei dessen Eichung.

Vom Generator wird abgegeben . . . $N_{ag} = E_g \cdot J_g$,
dem Generator wird zugeführt . . . $N_{zg} = N_{am} = N_{zm} \cdot \eta_m$.
(Die gleiche Leistung wird vom Motor abgegeben.)

3. Somit wird: $$\eta_g = \frac{N_{ag}}{N_{am}} = \frac{N_{ag}}{N_{zm}} \cdot \frac{1}{\eta_m} = \frac{E_g \cdot J_g}{E_m \cdot J_m} \cdot \frac{1}{\eta_m} \qquad (79)$$

E_g, J_g, E_m und J_m werden gemäß der Schaltung Abb. 196 gemessen, η_m aus der Eichkurve Abb. 204 für die zugeführte Leistung $N_{zm} = E_m \cdot J_m$ entnommen.

Hat der Generator Fremderregung, so sind die Erregerverluste V_e zu berücksichtigen. Es ist dann:

$$\eta_g = \frac{N_{ag}}{N_{zm} \cdot \eta_m + V_e} \qquad (79\,a)$$

Statt mit $N_{zm} \cdot \eta_m$ zu rechnen, kann man aus der Eichkurve auch direkt $N_{am} = N_{zm} \cdot \eta_m$ entnehmen und in die Gl. (79) einsetzen.

40. Wirkungsgradbestimmung: Das Rückarbeitsverfahren.

a) Allgemeines.

Dieses Verfahren, früher als „indirekte elektrische Methode" bezeichnet und in der Praxis vielfach Sparschaltung genannt, setzt voraus, daß mindestens zwei Maschinen gleicher Bauart, Spannung und Leistung zur Verfügung stehen, was ja bei Massenfabrikation (Bahnmotoren) der Fall ist.

Der § 58 der R.E.M. sagt darüber:

„Zwei gleiche Maschinen werden mechanisch und elektrisch derart verbunden, daß sie, die eine als Generator, die andere als Motor, aufeinander arbeiten. Die Erregung wird so eingestellt, daß der Mittelwert der Abgaben gleich der Nennleistung und der Mittelwert der Spannung gleich der Nennspannung ist. Die zur Deckung der Verluste erforderliche Leistung wird mechanisch oder elektrisch oder teils elektrisch und teils mechanisch zugeführt. Diese Verlustleistung dient nach angemessener Verteilung auf beide Maschinen zur Berechnung der Wirkungsgrade."

Da nur die Verluste beider Maschinen aus einer anderen Energiequelle zu decken sind, so ist das Verfahren mit verhältnismäßig geringen Kosten verknüpft und eignet sich daher nicht nur zur Bestimmung des Wirkungsgrades großer Maschinen, sondern auch für Dauerversuche zur Feststellung der Temperaturzunahmen und des Verhaltens im Dauerbetriebe. Ein Nachteil ist der, daß den so ermittelten Wirkungsgraden nur eine verhältnismäßig geringe Genauigkeit zukommt, da die beiden aufeinander geschalteten Maschinen verschieden stark elektrisch und magnetisch beansprucht werden (abgesehen von der von Blondel gegebenen Methode).

b) Schaltungen.

1. Die zur Deckung der Verluste dienende Leistung wird mechanisch zugeführt (Hopkinson)[1]. Bezüglich dieser Schaltung kann auf die Abb. 292 verwiesen werden: Man denke sich die beiden Synchronmaschinen durch fremderregte Gleichstrommaschinen ersetzt. Die Leistung N, welche der Generator an den Motor abgibt, wird natürlich hier nur mit Strom- und Spannungsmesser festgestellt. Die Berechnung des Wirkungsgrades geschieht in gleicher Weise, wie in den zur Abb. 292 gehörenden Erläuterungen.

2. Die zur Deckung der Verluste dienende Leistung wird elektrisch zugeführt (Kapp)[2]. Abb. 205: Der mit dem Generator G durch Riemen gekuppelte Motor M wird vom Netz aus angelassen. S bleibt zunächst offen. Dann wird G erregt und nach den Regeln des Parallelschaltens auf das Netz bzw. auf den Motor M geschaltet. Bei weiterem Verstärken des Erregerstromes i_1 liefert G den Strom J an M. Vom Netz wird nur der Strom J_1 entnommen, der zur Deckung der Verluste in beiden Maschinen dient.

Eine andere Schaltung zeigt Abb. 206. Die Maschinen I und II werden gleichzeitig vom Netz aus angelassen mittels des Anlassers A. Verstärkung des Erregerstromes von I macht diese zum Generator.

[1] The Electrical Engineer Bd. 9, S. 87 und 102; Fortschritte der Elektrotechnik 1892, S. 1.

[2] ETZ 1909, S. 866. (Hier sind auch die Methoden von Blondel und Hutchinson behandelt.)

I liefert an II den Strom J_1; J ist der vom Netz zufließende Strom, der teilweise zur Erregung, teilweise zur Deckung der anderen Verluste dient.

Der Ankerstrom des Motors II hat also die Größe

$$J_2 = J_1 + J - (i_1 + i_2).$$

Die Klemmenspannungen der beiden Maschinen sind gleich der Netzspannung E.

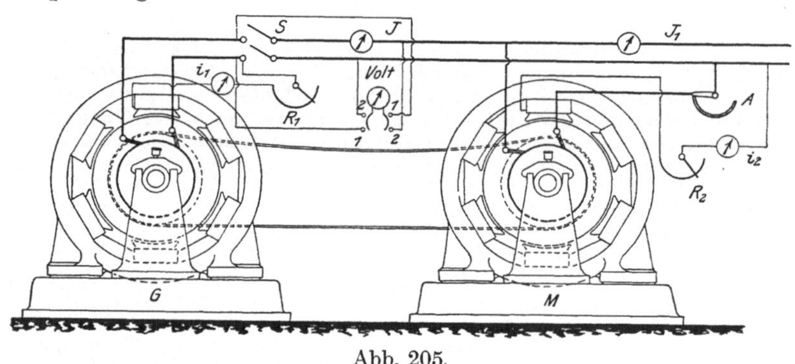

Abb. 205.

Wirkungsgradberechnung (Abb. 206). Man macht die Annahme, daß Motor- und Generatorwirkungsgrad gleiche Größe haben: $\eta_m = \eta_g$. Dann ist:

Die Verlustleistung . . . . $N_v = J \cdot E$,

die vom Generator abgegebene Leistung . . . . $N_{ag} = J_1 \cdot E$,

die gesamte dem Motor zugeführte Leistung . . . . $N_{zm} = N_{ag} + N_v = (J + J_1) \cdot E$,

der Gesamtwirkungsgrad . . . . $\eta = \eta_m \cdot \eta_g = \frac{N_{ag}}{N_{zm}} = \frac{J_1}{J + J_1}$,

der Wirkungsgrad einer Maschine:

$$\eta_m = \eta_g = \sqrt{\eta} = \sqrt{\frac{N_{ag}}{N_{zm}}} = \sqrt{\frac{J_1}{J_1 + J}} \quad . \quad . \quad . \quad . \quad . \quad (80)$$

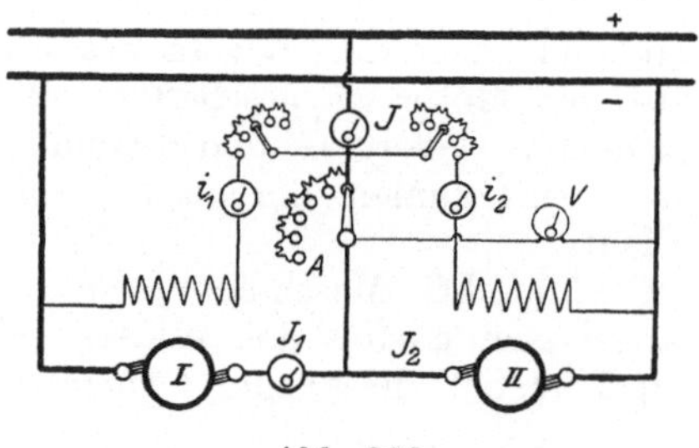

Abb. 206.

Dazu muß bemerkt werden:

α) Sind die Maschinen durch Riemen gemäß Abb. 205 verbunden, so ist der Wirkungsgrad η_R der Riemenübertragung zu berücksichtigen. Gl. (80) geht über in:

$$\sqrt{\eta} = \sqrt{\frac{J_1}{J + J_1} \cdot \frac{1}{\eta_R}}.$$

β) Bei Fremderregung, welche für eine bequeme Regulierung der Spannung am geeignetsten ist, ist $N_v = J \cdot E$ natürlich nur die Leistung zur Deckung der Ankerkupfer-, Eisen- und Reibungsverluste beider

Maschinen. Die Erregerverluste V_{em} und V_{eg} von Motor und Generator sind zu messen und in die Gleichung einzusetzen. Es wird dann:

$$\eta_m = \eta_g = \sqrt{\eta} = \sqrt{\frac{J_1 \cdot E}{(J + J_1) \cdot E + V_{em} + V_{eg}}} \quad . \quad . \quad . \quad . \quad (80\text{a})$$

γ) Da die Drehzahlen der Maschinen als Motor und Generator verschieden sind, so muß man auf eine mittlere Drehzahl einregulieren.

δ) Die Ableitung der Gl. (80) vernachlässigt die voneinander abweichenden magnetischen und elektrischen Beanspruchungen beider Maschinen. Es ist der Generator stärker als der Motor erregt (höhere Erreger- und Eisenverluste), andererseits ist letzterer höher belastet (größere Ankerverluste).

Bei einem von Hutchinson[1]) angegebenen Verfahren werden die Maschinen so erregt, daß in ihren Ankern dieselben EMKe induziert werden. Dann sind gleiche magnetische Beanspruchungen, d. h. gleiche Ankerinduktionen und Eisenverluste vorhanden. Die eine Maschine wird dadurch zum Generator, daß man mit ihr eine Zusatzspannung, ähnlich wie bei Abb. 207, in Reihe schaltet. Diese deckt für einen Strom J_1, welchen der Generator abgibt, die Spannungsabfälle und die Stromwärmeverluste in den Ankern beider Maschinen, während die Deckung der Reibungs-, Eisen- und eventuellen Erregerverluste vom Netz aus erfolgt. Die Berechnung des Wirkungsgrades ist ähnlich wie sie bei den Abb. 206 und 207 gezeigt wurde.

ε) Hauptschlußmaschinen läßt man mit Fremderregung laufen, für welche der Strom von einer Hilfsbatterie mit niedriger Spannung geliefert wird. Eine weitere Schaltung ist von Müller und Mattersdorf[2]) gegeben worden.

3. Die zur Deckung der Verluste dienende Leistung wird teils elektrisch, teils mechanisch zugeführt. Die folgende von Blondel[3]) stammende Schaltung ist zwar umständlich und wird daher nur selten verwendet, sie hat aber den Vorteil, daß beide Maschinen elektrisch und magnetisch gleich beansprucht werden.

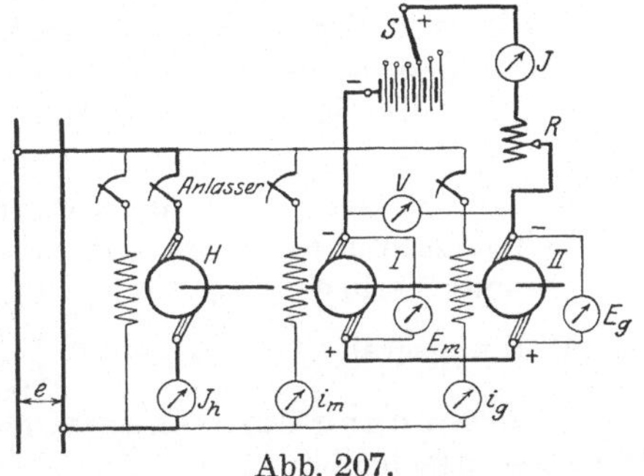

Abb. 207.

Es wird angenommen, daß die Maschinen I und II in Abb. 207 gleiche Ankerwiderstände R_a [s. Gl. (59 b)] und Fremderregung besitzen. Die Feldwicklungen und der zum Antrieb dienende Hilfsmotor H sind an die Spannung e angeschlossen. II soll als Generator laufen; zu diesem Zweck wird gemäß den weiteren Ausführungen mit II die variable Spannung E (in der Abbildung ist eine Batterie mit Zellenschalter S gezeichnet) in Reihe gelegt. Die Ausführung der Versuche geschieht in folgender Weise:

[1]) ETZ 1909, S. 866.
[2]) Müller und Mattersdorf, Die Bahnmotoren.
[3]) ETZ 1909, S. 866.

α) Bei offenem Schalter S ($J = 0$) werden I und II von H angetrieben und bei der Drehzahl n = konst. so erregt, daß in den Ankern dieselben EMKe E_a induziert werden. In beiden Maschinen sind dann die gleichen Ankerinduktionen, Eisenverluste und magnetischen Beanspruchungen vorhanden. Der geeichte Hilfsmotor nimmt die Leistung $N_{zh} = e \cdot J_h$ auf und gibt, wenn aus seiner Eichkurve dafür ein Wirkungsgrad η_h entnommen wird, die Leistung $N_{ah} = e \cdot J_h \cdot \eta_h$ ab. Sie dient zur Deckung der Reibungs- und Eisenverluste in I und II, und da diese Verluste in beiden Maschinen einander gleich sind, so kommt auf jede der Betrag:

$$V_R + V_{Fe} = 0{,}5 \cdot N_{ah} = 0{,}5 \cdot e \cdot J_h \cdot \eta_h.$$

β) Als Erregerverluste treten auf:

Bei Maschine I (Motor) .... $V_{em} = e \cdot i_m$,
bei Maschine II (Generator) .... $V_{eg} = e \cdot i_g$.

γ) Soll nun II als Generator arbeiten und an I einen Strom J abgeben, so müssen, wenn die Erregungen und die Drehzahl nicht geändert werden, wenn also die induzierten EMKe E_a dieselben bleiben, folgende Klemmenspannungen vorhanden sein:

Beim Motor .... $E_m = E_a + J \cdot R_a$,
beim Generator .... $E_g = E_a - J \cdot R_a$.

Die Motorklemmenspannung E_m ist um $E' = E_m - E_g = 2 \cdot J \cdot R_a$, also um den Ohmschen Spannungsabfall, der durch J in beiden Maschinen hervorgerufen wird, größer als die Generatorklemmenspannung E_g (der durch Ankerrückwirkung erzeugte Spannungsabfall wurde vernachlässigt). Man erhält E_m am Motor dadurch, daß man nun die Hilfsspannung E mit dem Generator in Reihe schaltet und so lange verändert, bis das Voltmeter V den Wert E' anzeigt. (Der Widerstand R dient zur leichteren Einstellung, da E nur sprungweise geändert werden kann.) Die Hilfsspannung deckt die Ankerkupferverluste von I und II. Auf jede Maschine entfällt der Betrag:

$$V_a = J^2 \cdot R_a = 0{,}5 \cdot E' \cdot J.$$

δ) Berechnung des Motorwirkungsgrades η_m. Es beträgt:
Die Leistungszufuhr ... $N_{zm} = E_m \cdot J + e \cdot i_m$,
der gesamte Verlust .. $N_{vm} = V_R + V_{Fe} + V_a + V_{em} = 0{,}5(e \cdot J_h \cdot \eta_h + E' \cdot J) + e \cdot i_m$,
der Wirkungsgrad .... $\eta_m = \frac{N_{zm} - N_{vm}}{N_{zm}} = \frac{E_m \cdot J - 0{,}5 \cdot (e \cdot J_h \cdot \eta_h + E' \cdot J)}{E_m \cdot J + e \cdot i_m}$.

ε) Berechnung des Generatorwirkungsgrades η_g. Es beträgt:
Die Leistungsabgabe ... $N_{ag} = E_g \cdot J$,
der gesamte Verlust ... $N_{vg} = V_R + V_{Fe} + V_a + V_{eg} = 0{,}5(e \cdot J_h \cdot \eta_h + E' \cdot J) + e \cdot i_g$,
der Wirkungsgrad .... $\eta_g = \frac{N_{ag}}{N_{ag} + N_{vg}} = \frac{E_g \cdot J}{E_g \cdot J + 0{,}5 \cdot (e \cdot J_h \cdot \eta_h + E' \cdot J) + e \cdot i_g}$.

Erwähnt möge noch werden, daß sich die Rückarbeitsmethoden auch mit einer Maschine allein ausführen lassen, wenn dieselbe Parallelwicklung ohne Äquipotentialverbindungen besitzt und die Polzahl vier oder ein Vielfaches davon beträgt. Diese Verfahren, welche von Lulofs und Kolben[1]) angegeben worden sind, besitzen aber nur theoretisches Interesse.

[1]) Elektrotechnik und Maschinenbau 1908, S. 25, 125, 348.

41. Wirkungsgradbestimmung: Das Einzelverlustverfahren.

a) Verluste.

Allgemein werden folgende Verluste (§ 58, II der R.E.M.) unterschieden:

1. Leerverluste:
   A. Verluste im Eisen und in der Isolierung (Eisenverluste).
   B. Verluste durch Luft-, Lager- und Bürstenreibung (Reibungsverluste).
2. Erregerverluste bei Maschinen mit besonderer Erregerwicklung:
   C. Stromwärmeverluste in Nebenschluß- und fremderregten Erregerkreisen (vgl. auch § 55, 1 und 2 in Kap. 38).
   D. Übergangsverluste an den Erregerschleifringen.
3. Lastverluste:
   E. Stromwärmeverluste in Anker- und Reihenschlußwicklungen.
   F. Übergangsverluste an Kommutator und Schleifringen, die Laststrom führen.
   G. Zusatzverluste, das sind alle vorstehend nicht genannten Verluste.

Als Gesamtverlust, welcher der Berechnung des Wirkungsgrades zugrunde gelegt wird, gilt die Summe aus den Verlusten A bis G.

Der Verlust beim Leerlauf (Leerlaufverlust) ist immer größer als der Leerverlust, da zu diesem bei einem Generator noch Erregerverluste, bei einem Motor Erregerverluste und geringe Lastverluste (entsprechend dem vom Anker aufgenommenen Strom) hinzukommen.

Die nachstehenden Tabellen zeigen die Aufteilung der Verluste, und zwar gilt:

Tabelle I für Maschinen mit besonderer Erregerwicklung, wie Gleichstrom- und Synchronmaschinen;

Tabelle II für Maschinen ohne besondere Erregerwicklung, wie Asynchronmotoren (Achtung: Bei diesen ist unter E der Stromwärmeverlust im Ständer und Läufer zu verstehen).

Tabelle I.

Gesamtverlust						
Leerlaufverlust				Belastungsverlust		
Leerverlust		Erregerverlust		Lastverlust		
A	B	C	D	E	F	G

Tabelle II.

Gesamtverlust				
Leerlaufverlust		Belastungsverlust		
Leerverlust		Lastverlust		
A	B	E	F	G

Die Leerverluste können nach den im folgenden unter b) und c) beschriebenen Motor- und Generatorverfahren ermittelt werden. Die Berechnung des Wirkungsgrades geschieht dann nach den Angaben unter d).

b) Das Motorverfahren zur Bestimmung des Leerverlustes.

Allgemeines. Die Maschine wird leerlaufend als Motor betrieben. Bei Gleichstrommaschinen ist dabei einzuhalten (§ 59 der R.E.M.):

α) Die Nenndrehzahl,

β) die Nennspannung, und zwar bei Generatoren zuzüglich, bei Motoren abzüglich des Ohmschen Spannungsabfalles im Anker (s. die Gl. 81).

Die Beachtung dieser Vorschriften ist nötig, weil die Reibungsverluste V_R von der Drehzahl n und die Eisenverluste V_{Fe}, welche in Hysteresis- und Wirbelstromverluste V_h bzw. V_w zerfallen, ebenfalls von n, ferner aber auch von der im Anker vorhandenen Induktion $\mathfrak{B}_a$ abhängig sind. Die Ausführung der Vorschrift β) hat zur Folge, daß beim Leerlaufversuch die gleiche Induktion wie bei Belastung vorhanden ist. — Der Zusammenhang zwischen den genannten Verlusten, der Drehzahl n und der Induktion $\mathfrak{B}_a$ ergibt sich aus der nachstehenden Tabelle.

Art des Verlustes	Abhängigkeit von n	Abhängigkeit von $\mathfrak{B}_a$
Reibungsverlust	$V_R = c_1 \cdot n^{1,5}$	unabhängig
Hysteresisverlust	$V_h = c_2 \cdot n$	$V_h = c_4 \cdot \mathfrak{B}_a^{1,6}$
Wirbelstromverlust	$V_w = c_3 \cdot n^2$	$V_w = c_5 \cdot \mathfrak{B}_a^2$

Ausführung des Versuches. 1. Da die Lagerreibung sich mit der Lagertemperatur bekanntlich stark ändert, so ist der Leerlaufversuch in gut eingelaufenem Zustande der Maschine vorzunehmen. Ein solcher wird im allgemeinen nach drei bis fünf Stunden Lauf erreicht sein. Am besten wird der Versuch im Anschluß an die Dauerprobe ausgeführt.

2. Nach dem Gesagten sind die Eisenverluste eine Funktion der Ankerinduktion $\mathfrak{B}_a$. Da aber zwischen dieser und der induzierten EMK E_a bei gegebener Drehzahl n Proportionalität besteht, so sind die V_{Fe} auch eine Funktion von E_a. Nach der Vorschrift β) wird nun eine solche Klemmenspannung E' an die leerlaufende Maschine gelegt, daß in ihrem Anker die gleiche EMK E_a wie bei Belastung auftritt. Folglich sind dann die gleichen V_{Fe} vorhanden. Bezeichnet nach Gl. (59 b) R_a den Gesamtankerwiderstand (also einschließlich des Bürsten- und Bürstenübergangswiderstandes), J_a den Ankerstrom, E die Klemmenspannung bei Belastung, J_0 den Ankerstrom im Leerlauf, so gelten für E' die folgenden Beziehungen:

α) Für Motoren:

$$E_a = E' - J_0 \cdot R_a = E - J_a \cdot R_a.$$

Daraus:

$$E' = E - J_a R_a + J_0 R_a \quad \ldots \ldots \ldots \quad (81)$$

β) Für Generatoren, welche den Leerlauf als Motoren machen:

$$E_a = E' - J_0 R_a = E + J_a R_a.$$

Daraus:

$$E' = E + J_a R_a + J_0 R_a . \quad \ldots \ldots \ldots \quad (81a)$$

Bemerkung. Das Glied $J_0 \cdot R_a$ kann wegen seiner Kleinheit vernachlässigt werden.

Berechnung des Leerverlustes. Die vom Anker aufgenommene Leistung $N_0' = E' \cdot J_0$ der leerlaufenden Maschine ist nur Verlustleistung und dient zur Deckung des Leerverlustes $N_0 = V_R + V_{Fe}$ und der geringen Stromwärmeverluste $J_0^2 \cdot R_a$ im Gesamtankerwiderstand.

Somit:

$$N_0' = N_0 + J_0^2 \cdot R_a$$

Daraus:

$$N_0 = N_0' - J_0^2 \cdot R_a .$$

Die Trennung der Reibungs- und Eisenverluste. Man läßt die Maschine bei verschiedenen Klemmenspannungen als Motor leerlaufen, wobei die Drehzahl n für alle Aufnahmen durch entsprechende Feldregelung konstant zu halten ist (für den Versuch verwendet man am besten Fremderregung). Es wird mit einer 10÷30% höheren Klemmenspannung als der normalen begonnen und die Spannung dann soweit als möglich verkleinert. Die aufgenommene Leistung $N_0' = E \cdot J_0$ wird nach Abb. 208 in Abhängigkeit von der Klemmenspannung E aufgetragen — Kurve I. Zweckmäßigerweise stellt man im Diagramm auch die Leerlaufströme $J_0 = f(E)$ dar. Zu jeder Spannung E berechnet man jetzt den zugehörigen Stromwärmeverlust $J_0^2 \cdot R_a$ und zieht diesen von den Ordinaten der Kurve I ab. Die so erhaltene Kurve II ist der Leerverlust $N_0 = V_R + V_{Fe}$ als Funktion von E. Man verlängert nun II bis zum Schnitt mit der Ordinatenachse. Für $E = 0$ werden natürlich auch $E_a = 0$, $\mathfrak{B} = 0$, $V_{Fe} = 0$. Der Abschnitt auf der Ordinatenachse stellt dann die Reibungsverluste dar. Zieht man durch diesen Punkt die Parallele III zur Abszissenachse, so sind für die verschiedenen Spannungen E die Eisenverluste V_{Fe} als die Ordinatenabschnitte zwischen II und III gegeben.

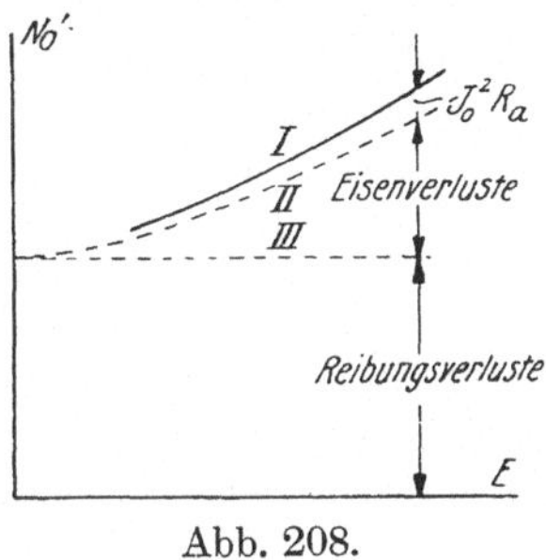

Abb. 208.

Für eine Klemmenspannung E, einen Ankerstrom J_a hat man, um aus der Kurve die V_{Fe} festzustellen, nach den Gl. (81) oder (81a) die Spannung E' zu bestimmen und für diese als Abszisse die Eisenverluste aus dem Diagramm abzulesen.

Zur graphischen Auftragung der Kurven empfiehlt sich eine von Dr. Breslauer angegebene Methode, bei welcher $N_0' = E \cdot J_0$ als Funktion der Quadrate der Spannungen E aufgetragen wird: $N_0' = f(E^2)$. Die Punkte niedriger Spannung rücken näher zusammen, die Kurve braucht weniger weit verlängert zu werden und der Verlauf des nicht aufgenommenen Kurventeiles kann genauer festgelegt werden.

c) Das Generatorverfahren zur Bestimmung des Leerverlustes.

Allgemeines. Über dieses Verfahren schreibt der § 59 der R.E.M.:

„Die Maschine wird im Leerlauf mit Nenndrehzahl durch einen geeichten Hilfsmotor angetrieben und auf Nennspannung erregt. Ihre mechanische Leistungsaufnahme abzüglich der Erregerverluste gilt als Leerverlust. Bei Gleichstrommaschinen ist der Ohmsche Spannungsabfall wie beim Motorverfahren zu berücksichtigen.“

Dazu möge bemerkt werden: Zum Unterschied vom Belastungsverfahren, bei dem ebenfalls ein geeichter Hilfsmotor verwendet wird, werden hier nur Versuche angestellt, bei denen der Generator keine Leistung abgibt. Der Hilfsmotor hat, je nachdem die von ihm angetriebene Maschine fremd- oder selbsterregt ist, entweder nur den Leerverlust (Reibungs- + Eisenverlust) $N_0 = V_R + V_{Fe}$ oder deren Leerverlust zuzüglich der Erregerverluste V_e zu decken (da der Anker in letzterem Falle den Feldstrom liefert, so treten außerdem noch geringe Ankerverluste auf). Anwendung findet diese Methode, wenn sich der Ermittlung des Leerverlustes nach dem Motorverfahren Schwierigkeiten in den Weg stellen, was z. B. der Fall ist, wenn für die zu prüfende Maschine keine gleichartige Stromquelle zur Verfügung steht. Als Hilfsmotor verwendet man einen Gleichstrommotor mit Selbst- oder Fremderregung. Riemenverbindung ist möglichst zu vermeiden, sonst ist der Wirkungsgrad η_R der Übertragung zu berücksichtigen.

Ausführung der Versuche. Die Bestimmung der vom Hilfsmotor abgegebenen Leistung kann folgendermaßen vorgenommen werden:

1. Ist er so klein, daß er durch die Verluste des Generators angenähert voll belastet wird, so muß er durch Aufnahme eines genauen Bremsdiagrammes für die in Frage kommende Drehzahl geeicht werden (wie bei dem Belastungsverfahren — s. Kap. 39).

2. Ist der Hilfsmotor groß (etwa so groß wie der zu prüfende Generator), so kann man seine Verluste mit Ausnahme der Ankerstromwärmeverluste bei konstanter Drehzahl und Klemmenspannung als konstant betrachten. Man braucht dann bei abgekuppeltem Hilfsmotor nur einen Leerlaufversuch mit normaler Klemmenspannung E_m und Drehzahl auszuführen. (Der Index „m" bezieht sich auf den Hilfsmotor.) Setzt man für letzteren Fremderregung voraus und beträgt im Leerlauf der von seinem Anker aufgenommene Strom J_{0m}, ist ferner sein Gesamtankerwiderstand (einschließlich Bürsten- und Bürstenübergangswiderstand) R_{am}, so ergibt sich die aufgenommene Leistung zu:

$$N'_{0m} = E_m \cdot J'_{0m} = V_{Rm} + V_{Fem} + J^2_{0m} \cdot R_{am}.$$

Somit beträgt der konstante Leerverlust N_{0m}:

$$N_{0m} = V_{Rm} + V_{Fem} = J_{0m} \cdot (E_m - J_{0m} \cdot R_{am}).$$

Wird der Motor jetzt mit der zu prüfenden Maschine gekuppelt, also durch diese belastet, so ist die von ihm abgegebene Leistung N_{am} gleich der ihm zugeführten $N_{zm} = J_m \cdot E_m$ vermindert um die in ihm auftretenden Reibungs-, Eisen- und Ankerkupferverluste ($V_{am} = J^2_m \cdot R_{am}$, wenn nunmehr J_m der Motorankerstrom ist). Folglich:

$$N_{am} = N_{zm} - N_{0m} - V_{am} = J_m \cdot E_m - J_{0m} \cdot (E_m - J_{0m} \cdot R_{am}) - J^2_m \cdot R_{am},$$

$$N_{am} = J_m \cdot (E_m - J_m \cdot R_{am}) - J_{0m} \cdot (E_m - J_{0m} \cdot R_{am}) \quad . \quad . \quad . \quad . \quad . \quad (82)$$

Dient als Hilfsmotor die einen Generator antreibende Dampfmaschine, dann kann die von dieser abgegebene Leistung durch Indikatordiagramm ermittelt werden. Sie ist die Differenz zwischen der indizierten Leistung bei Belastung N_i und bei Leerlauf N_{0i} (Generator abgekuppelt).

In jedem Falle werden nun folgende Versuche durchgeführt:

α) Zu prüfende Maschine unerregt: Die vom Hilfsmotor abgegebene Leistung N'_{am} stellt die gesuchten Reibungsverluste V_R dar: $N'_{am} = V_R$; sie wird aus Gl. (82) berechnet, wenn man in diese den vom Hilfsmotor dabei aufgenommenen Ankerstrom J'_m für J_m einsetzt.

β) Zu prüfende Maschine normal erregt: Die vom Motor abgegebene Leistung N''_{am} stellt den gesuchten Leerverlust N_0 der zu untersuchenden Maschine dar: $N''_{am} = N_0 = V_R + V_{Fe}$. Zur Berechnung von N''_{am} dient wieder Gl. (82), wenn man in diese den bei diesem Versuche gemessenen Ankerstrom des Hilfsmotors J''_m für J_m einsetzt.

Hat die zu prüfende Maschine Selbsterregung, so sind von N''_{am} noch ihre Erregerverluste V_e abzuziehen, sowie die vom Erregerstrom in ihrem Anker verursachten Stromwärmeverluste, um den Leerverlust $N_0 = V_R + V_{Fe}$ zu erhalten.

Bestimmung der Zusatz- und Stromwärmeverluste. Die Bestimmung derselben durch den Versuch schreiben die R.E.M. zwar nur bei Synchronmaschinen für die Berechnung des Wirkungsgrades aus den Einzelverlusten vor. Es sei hier aber auch die Ermittlung der genannten Verluste für Gleichstrommaschinen auf dem Versuchswege angegeben. Zu diesem Zwecke kann das Generatorverfahren dienen (in § 62 Abs. 1 der R.E.M. wird der Versuch Kurzschlußverfahren genannt). Außer den vorbeschriebenen Messungen α) und β) wird noch die folgende ausgeführt:

γ) Die zu prüfende Maschine wird kurzgeschlossen, mit ihrer Nenndrehzahl durch den Hilfsmotor angetrieben und so erregt, daß im Anker der normale Strom J fließt. Die abgegebene Hilfsmotorleistung N'''_{am}, wird nach Gl. (82) berechnet, indem man in diese den jetzt vorhandenen Ankerstrom des Motors $J_m = J'''_m$ einsetzt; sie dient zur Deckung der Reibungsverluste V_R, der Kupferverluste im Anker und in den Bürsten $V'_a = V_a + V_ü$ und der zusätzlichen Verluste V_{zus} der angetriebenen Maschine: $N'''_{am} = V_R + V'_a + V_{zus}$. Da V_R durch den Versuch α) ermittelt ist, so ergibt sich der gesamte Zusatz- und Stromwärmeverlust zu:

$$V'_a + V_{zus} = V_a + V_ü + V_{zus} = N'''_{am} - V_R \quad . \quad . \quad . \quad . \quad (82\text{b})$$

Die Eisenverluste der kurzgeschlossenen Maschine sind nur sehr gering, da die Erregung, für welche vielfach schon die Remanenz ausreicht, sehr schwach ist. Sie kommen daher in der genannten Gleichung nicht vor.

d) Die Berechnung des Wirkungsgrades.

Berechnung der einzelnen Verluste. Die außer dem Leerverlust $N_0 = V_R + V_{Fe}$ auftretenden Verluste werden wie folgt bestimmt:

1. Erregerverluste — § 60 der R.E.M. Die Stromwärmeverluste V_e in der Erregerwicklung allein ergeben sich aus dem Strome i und dem Widerstand r_e zu: $V_e = i^2 \cdot r_e$. Für r_e ist entweder der mit Gleichstrom festgestellte Wert der warmen oder der auf 75° C umgerechnete Widerstand der kalten Wicklung einzusetzen.

Für Wirkungsgradberechnungen müssen die Angaben des § 55 der R.E.M. beachtet werden — s. Kap. 38. Danach sind die Verluste in den Regulierwiderständen mit in Betracht zu ziehen. Bedeutet e die Spannung am Gesamterregerkreis, so gilt für die Berechnung von η der Wert:

$$V_e = e \cdot i \quad . \quad . \quad . \quad . \quad . \quad . \quad . \quad . \quad . \quad . \quad . \qquad (83)$$

2. Laststromwärme- und Übergangsverluste. Dieselben können aus dem Ankerstrom J_a und dem Gesamtankerwiderstand R_a [s. Gl. (59 b)] zu $V_a' = V_a + V_ü = J_a^2 \cdot R_a$ festgelegt werden. Da aber der Übergangswiderstand $r_ü$ von einer Reihe von Faktoren abhängig ist, so ermittelt man, je für sich allein, nach den Angaben des § 61 der R.E.M. die Laststromwärmeverluste V_a und die Übergangsverluste $V_ü$.

α) Die ersteren werden nach der Formel:

$$V_a = J_a^2 \cdot r \quad . \quad . \quad . \quad . \quad . \quad . \quad . \quad . \quad . \quad . \qquad (83a)$$

berechnet. In derselben ist r_a der mit Gleichstrom gemessene und auf 75° C umgerechnete Ankerwiderstand einschließlich des Widerstandes etwa vorhandener Reihenschlußwicklungen (Wendepolwicklungen usw.), welche von J_a durchflossen werden. Ist dagegen r_a im warmen Zustand der Maschine ermittelt, so ist dieser Wert für die Berechnung von V_a zu verwenden.

β) Die Übergangsverluste $V_ü$ werden aus dem Spannungsabfall $E_ü$ jeder Bürste und dem Ankerstrom J_a bestimmt. Es ist dabei zu setzen:

$E_ü$ = 1 V bei Kohle- und Graphitbürsten,
$E_ü$ = 0,3 V bei metallhaltigen Bürsten.

Da bei Gleichstrommaschinen eine positive und eine negative Bürstengruppe vorhanden ist, so ist der doppelte Spannungsabfall zu nehmen. Folglich ist:

$$V_ü = 2 \cdot E_ü \cdot J_a \quad . \quad . \quad . \quad . \quad . \quad . \quad . \quad . \quad . \qquad (83b)$$

Den gleichen Spannungsabfall legt man der Rechnung zugrunde, auch wenn der Ankerstrom größer oder kleiner als der normale ist. Es wird dadurch der Umstand berücksichtigt, daß der Übergangswiderstand mit fallendem bzw. steigendem Strome zu- bzw. abnimmt.

Beispiel: Es sei $J_{a\,norm} = 100$ A. Für Kohlebürsten ergibt sich:

bei	1/1	1/2	1/4 Last
J_a =	100	50	25 A
$V_ü$ =	200	100	50 W

3. Zusatzverluste — § 63 der R.E.M. Von der genauen experimentellen Bestimmung der Zusatzverluste V_{zus}, welche vielfach gar nicht durchführbar oder mit größeren Umständlichkeiten verknüpft ist (es muß ein geeichter Hilfsmotor vorhanden sein), sehen die R.E.M. bei der Ermittlung des Wirkungsgrades der unten aufgeführten Maschinenarten nach dem Einzelverlustverfahren ab (ausgenommen sind Synchronmaschinen). Es sind dafür die in der Tabelle gegebenen Annäherungswerte in die Rechnung einzusetzen. Die Prozentwerte beziehen sich bei Generatoren auf die Abgabe, bei Motoren auf die Aufnahme, bei Einankerumformern auf die Gleichstromseite. Es wird angenommen, daß sie proportional dem Quadrat der Stromstärke sind.

α) Kompensierte Gleichstrommaschinen . . . . 1/2 %
β) Nichtkompensierte Gleichstrommaschinen mit oder ohne Wendepole . . . . 1 %
γ) Einankerumformer . . . . 1/2 %
δ) Asynchronmaschinen . . . . 1/2 %
ε) Kaskadenumformer . . . . 1 %

Die V_{zus} treten bei Belastung auf und haben ihre Ursache darin, daß die Feldverteilung der belasteten Maschine anders ist als die der leerlaufenden. Die durch Wirbelströme in den Ankerleitern, im Eisen und bei Gleichstrommaschinen auch in den Kommutatorsegmenten entstehenden Zusatzverluste werden um so größer sein, je größer die Ankerrückwirkung, je höher also die Feldverzerrung zwischen Leerlauf und Belastung ist. Auch die durch Stromverdrängung und ungleichmäßige Stromverteilung in den Ankerleitern verursachte Erhöhung des Widerstandes r_a bildet eine Quelle von Zusatzverlusten. Endlich ist für das Auftreten der letzteren noch die ganze Bauart einer Maschine von Einfluß.

Berechnung des Wirkungsgrades. Sind alle Verluste: Leerverlust $N_0 = V_R + V_{Fe}$, Erreger-, Laststromwärme-, Übergangs- und Zusatzverlust V_e, V_a, $V_ü$, V_{zus} gemessen bzw. ermittelt, so ergeben sich unter Beachtung der Gl. (77, 77a, 77b) für die Berechnung des Wirkungsgrades folgende Formeln:

1. Für Generatoren:

$$\eta = \frac{N_a}{N_a + N_0 + V_e + V_a + V_ü + V_{zus}} \quad \text{(84a)}$$

2. Für Motoren:

$$\eta = \frac{N_z - (N_0 + V_e + V_a + V_ü + V_{zus})}{N_z} \quad \text{(84b)}$$

42. Wirkungsgradbestimmung: Beispiele.

a) Bestimmung des Wirkungsgrades nach dem Bremsverfahren.

Mittels Pronyschen Zaumes wurde ein Nebenschlußmotor abgebremst. Beobachtet wurde E, J, Q und n. Die Länge des Hebelarmes von Q betrug 0,5 m, der Scheibendurchmesser d war 0,45 m. Mit diesen Größen und den beobachteten Werten wurde berechnet $N_z = E \cdot J$ und N_a nach den Gl. (78).

Beobachtet:				Berechnet:		
E	J	n/min.	Q	N_z	N_a	η
220 V	34,0 A	1210	10,20 kg	7500 W	6350 W	84,8%
„	26,5 „	1240	7,9 „	5830 „	5020 „	86 „
„	21,1 „	1255	6,1 „	4630 „	3940 „	85 „
„	13,0 „	1270	3,6 „	2860 „	2340 „	82 „
„	6,0 „	1290	1,2 „	1320 „	790 „	60 „
„	2,3 „	1300	Leerlauf	505 „	0 „	—

η kann in bekannter Weise als $f(N_a)$ oder $f(N_z)$ aufgetragen werden. Im ersteren Falle beginnt die η-Kurve im Koordinatenanfangspunkt, im letzteren Falle auf der Abszissenachse im Leerlaufspunkte (505 W).

b) Vollständige Untersuchung eines Maschinenaggregates.

Zur Verfügung standen zwei direkt gekuppelte Gleichstromwendepolmaschinen gleicher Type, Bauart und Größe: 440 V, 120 A, $n = 700$ Umdr./min, fremderregt mit 220 V. Im folgenden treten an Stelle der Bezeichnungen m (Motor) und g (Generator) die Indizes 1 und 2. Für das Studium des Beispieles möge noch beachtet werden:

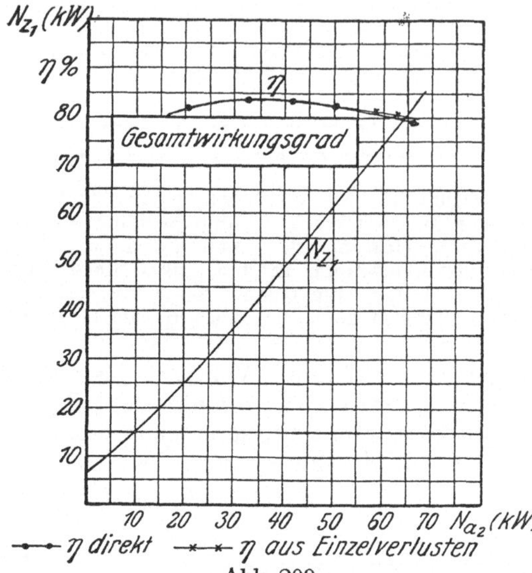

Abb. 209.

α) Da es sich vor allem um einen Vergleich verschiedener Methoden handelt, so sind die Erregerverluste bei der Berechnung des Wirkungsgrades nicht mit in Betracht gezogen worden. Sollen sie berücksichtigt werden, so sind sie nach Gl. (83) zu ermitteln, in welcher für e die Spannung am Feld + Regulierwiderstand, also 220 V, zu nehmen ist; die Wirkungsgradberechnung erfolgt dann nach den Gl. (80a) und (84), in welche die Erregerverluste in entsprechender Weise einzusetzen sind.

β) Zur Berechnung der Stromwärmeverluste V_{a1} bzw. V_{a2} in Anker- und Wendepolwicklung wurde der warme (im Anschluß an die einzelnen

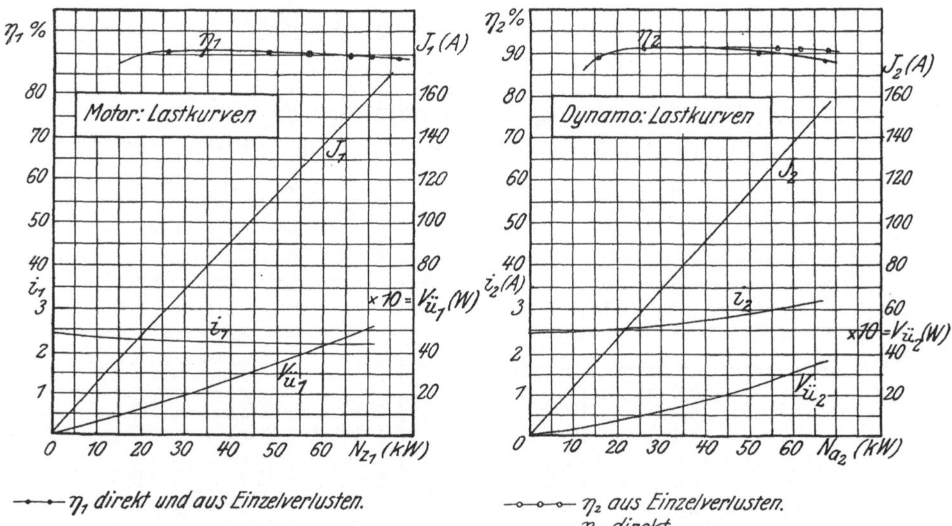

Abb. 210.

Abb. 211.

Versuche gemessene) Widerstand r_{a1} bzw. r_{a2} von Anker- + Wendepolwicklung benutzt. Des weiteren sei bemerkt, daß die Ankerströme der beiden Maschinen als J_1 und J_2 bei Belastung, als J_{01} und J_{02} im Leerlauf bezeichnet werden.

γ) Die Übergangsverluste $V_{ü1}$ bzw. $V_{ü2}$ am Kommutator und in den Bürsten wurden durch Messung der Spannungsabfälle $E_{ü1}$ bzw. $E_{ü2}$ an je einer Bürste bei den verschiedenen Strömen genau ermittelt. Es ist dann: $V_{ü1} = 2\,E_{ü1} \cdot J_1$ und $V_{ü2} = 2\,E_{ü2} \cdot J_2$. Nach den R.E.M. genügt es im allgemeinen, gemäß den Angaben auf S. 190 vorzugehen.

δ) Die zusätzlichen Verluste V_{zus1} bzw. V_{zus2} wurden aus Kurzschlußversuchen berechnet. Auch hier hätte man in einfacher Weise die Angaben der R.E.M. — s. S. 190 — verwenden können.

1. Direkte Wirkungsgradbestimmung nach dem Leistungsmeßverfahren. Beide Maschinen arbeiteten in Sparschaltung auf ein Netz, welches also die Verluste zu decken hatte. Maschine I lief als Motor, Maschine II als Dynamo. Nach Gl. (77c) erhält man den Wirkungsgrad des Aggregates, nach Gl. (80) die Wirkungsgrade der einzelnen Maschinen zu:

$$\eta_1 = \eta_2 = \sqrt{\eta} = \sqrt{\frac{N_{a2}}{N_{z1}}}$$

α) In Abb. 209 ist die motorseitig zugeführte Leistung N_{z1}, sowie der Gesamtwirkungsgrad η in Abhängigkeit von der vom Generator abgegebenen Leistung N_{a2} aufgetragen.

β) Abb. 210 stellt die Verhältnisse des belasteten Motors, Abb. 211 die des belasteten Generators dar. Bei konstanter Klemmenspannung und Drehzahl, aber variabler Belastung wurden gemessen: Die Ankerströme J_1 und J_2, die Erregerströme i_1 und i_2, die Spannungsabfälle in je einer Bürste $E_{ü1}$ und $E_{ü2}$. Berechnet wurden die Bürstenverluste $V_{ü1}$ und $V_{ü2}$ und die Einzelwirkungsgrade η_1 und η_2 sowohl aus dem Gesamtwirkungsgrad η (wie bereits angegeben), als auch aus den Einzelverlusten. Die Werte J_1, i_1, $V_{ü1}$, η_1 wurden als $f(N_{z1})$, die Werte J_2, i_2, $V_{ü2}$, η_2 als $f(N_{z2})$ aufgetragen.

2. Bestimmung der Einzelverluste. α) Leerlaufversuche. Für diese blieben die Maschinen gekuppelt; eine machte jeweils den Leerlauf als Motor, die andere lief mit offenem Anker und unerregt mit. Die angelegten Klemmenspannungen E_1 bzw. E_2 wurden in weiten Grenzen geändert, die Drehzahl $n = 700$/min durch Feldstromregelung aber stets konstant gehalten. Gemessen bzw. berechnet wurden außer E_1 und E_2 die Ankerströme J_{01} und J_{02}, die Erregerströme i_1 und i_2, die von den Ankern im Leerlauf aufgenommenen Leistungen $N'_{01} = E_1 \cdot J_{01}$ und $N'_{02} = E_2 \cdot J_{02}$. Diese Werte sind in den Abb. 212 und 213 als $f(E_1)$ bzw. $f(E_2)$ dargestellt.

Um die Eisenverluste zu bestimmen, hat man nach Gl. (81) für den Motor E_1', für den Generator nach Gl. (81a) E_2' zu berechnen. Die in diesen Formeln vorhandenen Summanden $J_{01} \cdot R_{a1}$ und $J_{02} \cdot R_{a2}$ können wegen ihrer Kleinheit vernachlässigt werden. Setzt man noch für $J_{a1} \cdot R_{a1} = J_1 \cdot r_{a1} + 2\,E_{ü1}$ und $J_{a2} \cdot R_{a2} = J_2 \cdot r_{a2} + 2\,E_{ü2}$, so erhält man die Gleichungen:

$$E_1' = E_1 - J_1 \cdot r_{a1} - 2\,E_{ü1}$$
$$E_2' = E_2 + J_2 \cdot r_{a2} + 2\,E_{ü2}$$

E_1' und E_2' sind in Tabelle I berechnet. Zu diesen Werten entnimmt man N'_{01}, sowie N'_{02} aus den Abb. 212 und 213, zieht von denselben die Reibungsverluste $V_{R1} + V_{R2}$ des Aggregates und die geringen Leerlaufstromwärme- und Übergangsverluste (etwa 10 W) der als Motor laufenden Maschine ab. In Tabelle II ist die Rechnung durchgeführt.

β) Kurzschlußversuche. Wie beim Leerlaufversuch war $n =$ konst. $= 700$ Umdr./min. Als Hilfsmotor für die im Kurzschluß laufende Maschine des Aggregates wurde die andere Maschine desselben benutzt. Von der der letzteren zugeführten Leistung müssen sämtliche durch Rechnung und Messung ermittelbaren Verluste abgezogen werden, um die zusätzlichen Verluste V_{zus} der kurzgeschlossenen Maschine zu erhalten — vgl. Tabelle III. Man kann auch nach den Angaben S. 190 verfahren. Zu bedenken ist, daß auch in der als Antriebsmotor dienenden Maschine zusätzliche Verluste auftreten, doch sind diese gering, da die dem Motor zugeführte Leistung und damit die Strombelastung seiner Ankerleiter verhältnismäßig klein ist; deshalb sind hier die zusätzlichen Verluste gegen die der kurzgeschlossenen Maschine zu vernachlässigen. Die Abb. 214 und 215 geben die dem jeweiligen Antriebsmotor zugeführten

Leistungen $N_{z2} = f(J_1)$ bzw. $N_{z1} = f(J_2)$ in Abhängigkeit von den Strömen der jeweils im Kurzschluß laufenden Maschine wieder. Hinsichtlich der Tabelle III sei noch bemerkt: Die Eisenverluste der Antriebsmaschine sind ebenso, wie bei den Leerlaufversuchen und in Tabelle II gezeigt wurde, mit Hilfe der Abb. 212 und 213 zu bestimmen. Vernachlässigbar sind die Eisenverluste der kurzgeschlossenen Maschine.

3. Berechnung des Wirkungsgrades aus den Einzelverlusten. Die Berechnung ist in Tabelle IV gezeigt.

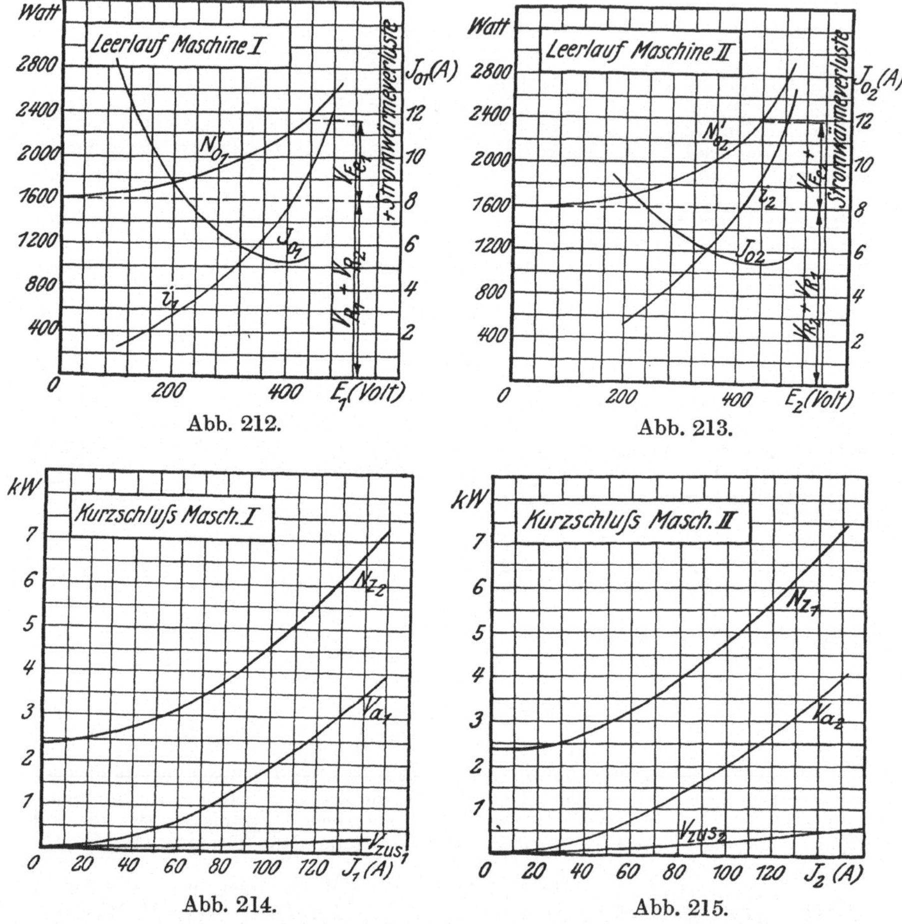

Abb. 212. Abb. 213.

Abb. 214. Abb. 215.

Vergleicht man die nach den beiden Methoden gefundenen Wirkungsgrade, so findet man beim Motor eine fast vollständige und beim Generator eine verhältnismäßig gute Übereinstimmung. Erst etwa von Vollast ab zeigen sich bei letzterem größere Abweichungen.

Man kann nun mit Hilfe der aus den Einzelverlusten berechneten Wirkungsgrade η_1 und η_2 den Gesamtwirkungsgrad η ermitteln. Auf die Wiedergabe dieser einfachen Rechnung sei hier verzichtet.

Bemerkung: Der kleine Maßstab der Figuren erschwert ein genaues Ablesen. Entsprechend größere Figuren konnten aus Raummangel nicht beigefügt werden.

Tabelle I.

Motor (Maschine I)			Dynamo (Maschine II)		
E_1 (Netzspannung schwankte etwas)	439,4 V	438,8 V	E_2 (konstant einreguliert)	440 V	440 V
J_1	60 A	120 A	J_2	60 A	120 A
$N_{z1} = E_1 \cdot J_1$	26,38 kW	52,66 kW	$N_{a2} = E_2 \cdot J_2$	26,4 kW	52,8 kW
r_{a1} (warm)	0,196 Ω	0,196 Ω	r_{a2} (warm)	0,185 Ω	0,185 Ω
$E_{ü1}$	1,25 V	1,5 V	$E_{ü2}$	0,83 V	1,04 V
$E_1' = E_1 - J_1 \cdot r_{a1} - 2E_{ü1}$	425 „	412,5 „	$E_2' = E_2 + J_2 \cdot r_{a2} + 2E_{ü2}$ . . .	452,7 „	464,3 „
$V_{a1} = J_1^2 \cdot r_{a1}$	710 W	2840 W	$V_{a2} = J_2^2 \cdot r_{a2}$	670 W	2670 W
$V_{ü1} = 2E_{ü1} \cdot J_1$	150 „	360 „	$V_{ü2} = 2E_{ü2} \cdot J_2$	100 „	250 „

Tabelle II: Bestimmung der Eisenverluste.

Maschine I			Maschine II		
E_1' (aus Tabelle I)	425 V	412,5 V	E_1' (aus Tabelle I)	452,7 V	464,3 V
Dazu aus Abb. 212: N_{01}'	2270 W	2210 W	Dazu aus Abb. 213: N_{02}'	2490 W	2590 W
Reibungsverluste: $V_{R1} + V_{R2}$ . . .	1600 „	1600 „	Reibungsverluste: $V_{R1} + V_{R2}$ . .	1600 „	1600 „
Ankerstromwärme- + Übergangsverluste: $V_{a1} + V_{ü1}$	etwa 10 „	etwa 10 „	Ankerstromwärme- + Übergangsverluste: $V_{a2} + V_{ü2}$	etwa 10 „	etwa 10 „
Also: Eisenverluste V_{Fe1}	660 „	600 „	Also: Eisenverluste V_{Fe2}	880 „	980 „

Tabelle III: Bestimmung der zusätzlichen Verluste.

Maschine I kurzgeschlossen (Maschine II Antriebsmotor)			Maschine II kurzgeschlossen (Maschine I Antriebsmotor)		
Es beträgt (s. Abb. 214) bei J_1	60 A	120 A	Es beträgt (s. Abb. 215) bei J_2	60 A	120 A
die zugeführte Leistung N_{z2}	3180 W	5550 W	die zugeführte Leistung N_{z1}	3200 W	5590 W
r_{a1} (warm)	0,179 Ω	0,179 Ω	r_{a2} (warm)	0,185 Ω	0,185 Ω
Reibungsverluste: $V_{R1} + V_{R2}$	1600 W	1600 W	Reibungsverluste: $V_{R1} + V_{R2}$	1600 W	1600 W
Stromwärme- und Übergangsverluste der Maschine II: $V_{a2} + V_{ü2}$	20 „	50 „	Stromwärme- und Bürstenübergangsverluste der Maschine I: $V_{a1} + V_{ü1}$	20 „	50 „
Eisenverluste der Maschine II: V_{Fe2}	750 „	740 „	Eisenverluste der Maschine I: V_{Fe1}	710 „	700 „
Stromw.-Verl. d. Masch. I: $V_{a1} = J_1^2 \cdot r_{a1}$	640 „	2580 „	Stromw.-Verl. d. Masch. II: $V_{a2} = J_2^2 \cdot r_{a2}$	670 „	2670 „
Bürstenübergangsverl. d. Masch. I: $V_{ü1}$	150 „	360 „	Bürstenübergangsverl. d. Masch. II: $V_{ü2}$	100 „	250 „
Summe der Verluste	3160 W	5330 W	Summe der Verluste	3100 W	5270 W
Also: $V_{zus\,1} = N_{z2}$ — Summe d. Verluste	20 „	210 „	Also: $V_{zus\,2} = N_{z1}$ — Summe d. Verluste	100 „	320 „

Tabelle IV. Wirkungsgradberechnung aus den Einzelverlusten (unter Vernachlässigung der Erregerverluste).

Motor (Maschine I)			Dynamo (Maschine II)		
E_1 (Tabelle I)	439,4 V	438,8 V	E_2 (Tabelle I)	440 V	440 V
J_1	60 A	120 A	J_2	60 A	120 A
$N_{z1} = E_1 \cdot J_1$	26,38 kW	52,66 kW	$N_{a2} = E_2 \cdot J_2$	26,4 kW	52,8 kW
$V_{R1} = (V_{R1} + V_{R2})/2 = 1600/2$	800 W	800 W	$V_{R2} = (V_{R1} + V_{R2})/2 = 1600/2$	800 W	800 W
V_{Fe1} (Tabelle II)	660 „	600 „	V_{Fe2} (Tabelle II)	880 „	980 „
V_{a1} (Tabelle I)	710 „	2840 „	V_{a1}	670 „	2670 „
$V_{ü1}$ (Tabelle I)	150 „	360 „	$V_{ü1}$	100 „	250 „
$V_{zus\,1}$ (Tabelle III)	20 „	210 „	$V_{zus\,1}$	100 „	320 „
N_{v1} = Summe der Verluste	2340 W	4810 W	N_{v2} = Summe der Verluste	2550 W	5020 W
$\eta = \frac{N_{z1} - N_{v1}}{N_{z1}} \cdot 100$	91,1 %	90,9 %	$\eta = \frac{N_{a2}}{N_{a2} + N_{v2}} \cdot 100$	91,2 %	91,3 %

43. Die Trennung der Verluste bei Gleichstrommaschinen.

a) Allgemeines.

Kennt man die Ursachen der in einer Maschine auftretenden Verluste, so kann man erwägen, ob und wie es möglich ist, diese zu verkleinern (durch Wahl anderen Materials, durch andere konstruktive Gestaltung und andere Herstellungsverfahren). Dazu ist es erwünscht, auch die Glieder des Leerverlustes $N_0 = V_R + V_{Fe} = V_R + V_h + V_w$, also die Reibungs-, Hysterese- und Wirbelstromverluste einzeln zu kennen. Die Trennung des Leerverlustes in Reibungs- und Eisenverluste wurde in Kap. 41 bereits besprochen. Hier handelt es sich um die Zerlegung der letztgenannten in Hysteresis- und Wirbelstromverluste (V_h und V_w). Die experimentelle Trennung wird ermöglicht durch das verschiedene Verhalten dieser Verluste bei einer Änderung der Drehzahl. Der einzuschlagende Weg ist der folgende:

1. Bei konstanter Ankerinduktion $\mathfrak{B}_a$ wird $V_{Fe} = V_h + V_w$ in Abhängigkeit von der Drehzahl n bestimmt und aufgetragen.

2. Nach der Tabelle S. 186 gilt:

3. Man bildet:

$$\left.\begin{aligned} V_{Fe} &= V_h + V_w = c_2 \cdot n + c_3 \cdot n^2 \\ \frac{V_{Fe}}{n} &= \frac{V_h}{n} + \frac{V_w}{n} = c_2 + c_3 \cdot n \end{aligned}\right\} \quad \ldots\ldots \quad (85)$$

Die Werte V_{Fe}/n werden als Funktion der Drehzahl n aufgetragen; Die sich ergebende Kurve $V_{Fe}/n = f(n)$ ist eine Gerade. Für $n = 0$ erhält man ihren Abschnitt auf der Ordinatenachse. Dieser ist aber die Konstante $c_2 = V_h/n$.

4. Für die Hysteresisverluste ergibt sich sonach für beliebige Drehzahlen:

$$V_h = c_2 \cdot n \quad \ldots\ldots\ldots\ldots \quad (85a)$$

5. Für die Berechnung der Wirbelstromverluste $V_w/n = c_3 \cdot n$ ist zu beachten, daß c_3 der Steigungskoeffizient der Geraden ist. Bezeichnet man mit y die Ordinaten derselben, so ist:

$$\left.\begin{aligned} c_3 &= \frac{y - c_2}{n} \\ \text{und} \qquad V_w &= c_3 \cdot n^2 = (y - c_2) \cdot n \end{aligned}\right\} \quad \ldots\ldots\ldots \quad (85b)$$

Als Methoden zur Trennung der Verluste können das Auslauf-, das Generator- und Motorverfahren verwendet werden.

b) Das Auslaufverfahren[1]).

Allgemeines. Schaltet man einen in Drehung befindlichen Anker von seiner Energiequelle plötzlich ab, so wird das in ihm aufgespeicherte Arbeitsvermögen dazu verbraucht, die Verluste zu decken. Als solche treten auf, solange der Anker sich noch dreht:

1. Nur Reibungsverluste V_R, wenn man sowohl den Anker als auch das Feld abschaltet;
2. Reibungsverluste V_R und Eisenverluste V_{Fe}, wenn man nur den Anker abschaltet.

---

[1]) ETZ 1899, S. 203 u. 380; ETZ 1901, S. 393.

Nimmt man während des Auslaufens in gewissen Intervallen die Drehzahlen n und die seit dem Abschalten verstrichene Zeit t auf, so ergibt die graphische Darstellung $n = f(t)$ die „Auslaufkurven“. In Abb. 216 ist I die Auslaufkurve einer Maschine, wenn Anker- und Feldstrom ausgeschaltet wurden. Die Auslaufzeit beträgt 75 Sekunden. Bei Auslaufkurve II — Auslaufzeit 32 Sekunden — wurde der Erregerstrom nicht abgeschaltet.

Bemerkt sei:

α) Eisenverluste sind infolge des geringen remanenten Magnetismus auch in Kurve I enthalten, doch sind diese so klein, daß sie gegenüber V_R verschwinden.

β) Die Bestimmung der Drehzahlen während des Auslaufens kann statt mit einem Tachometer auch mit einem an den Anker angeschlossenen Voltmeter

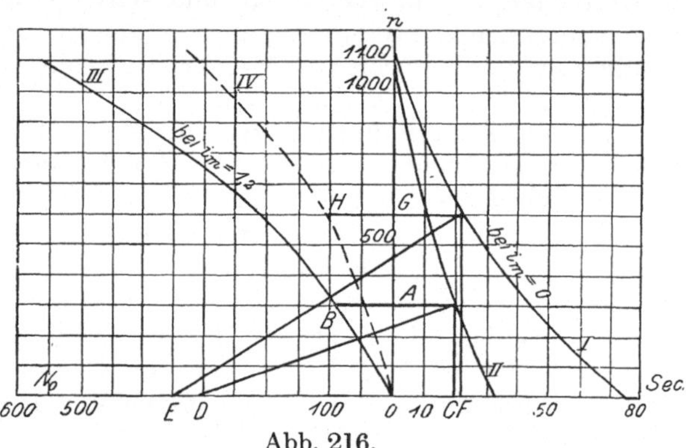

Abb. 216.

erfolgen. Die angezeigten Spannungen E_x sind den jeweiligen Drehzahlen n_x proportional. War vor dem Ausschalten bei der Drehzahl n die im Anker induzierte Spannung E_a, so gilt:

$$n_x = n \cdot \frac{E_x}{E_a}.$$

Zur Feststellung der Drehzahlen von Kurve I nach dieser Methode muß natürlich ein empfindliches Instrument benutzt werden, da die vom remanenten Feld induzierten Spannungen E_x nur gering sind.

Theoretische Grundlagen. Nach den Lehren der Mechanik beträgt das Arbeitsvermögen A eines mit der Winkelgeschwindigkeit $\omega = \pi \cdot n/30$ um seine Achse rotierenden Körpers vom Trägheitsmomente $\mathfrak{J}$:

$$A = \frac{\omega^2}{2} \cdot \mathfrak{J} = \frac{1}{2} \cdot \frac{\pi^2 \cdot n^2}{30^2} \mathfrak{J}.$$

Ist $(-dA)$ die Abnahme des Arbeitsvermögens in der Zeit dt, so bedeutet der Differentialquotient $(-dA/dt)$ den Arbeitsverbrauch in der Sekunde, d. i. die Leistung N_0, welche für den Fall eines auslaufenden Ankers zur Deckung der Reibungs- und Eisenverluste $V_R + V_{Fe}$ bzw. der Reibungsverluste V_R allein (Kurve II bzw. Kurve I in Abb. 216) verwendet wird. Somit wird:

$$N_0 = -\frac{dA}{dt} = -\mathfrak{J} \cdot \left(\frac{\pi}{30}\right)^2 n \cdot \frac{dn}{dt} \text{ in mkg/s},$$

$$N_0 = -9{,}81 \cdot \mathfrak{J} \cdot \left(\frac{\pi}{30}\right)^2 n \cdot \frac{dn}{dt} \text{ in Watt}.$$

Setzt man $c = 9{,}81 \cdot \mathfrak{J} \cdot (\pi/30)^2$, so erhält man:

$$N_0 = -c \cdot n \cdot \frac{dn}{dt} \quad \ldots \ldots \ldots \ldots (86)$$

Geometrisch gedeutet stellt ein Ausdruck von der Form $n \cdot dn/dt$ die Subnormalen einer Kurve $n = f(t)$ dar. Ist somit die Auslaufkurve $n = f(t)$ und der Faktor c bekannt, so findet man nach Gl. (86) die zur Deckung der Verluste nötige Leistung $N_0 = V_R$ bzw. $N_0 = V_R + V_{Fe}$, je nachdem während des Auslaufens das Feld ab- oder eingeschaltet war.

Rechnerisch läßt sich c wegen der schwierigen Bestimmung des Trägheitsmomentes schlecht ermitteln. Dagegen findet man c leicht, wenn die Kurve $N_0 = f(n)$ — Kurve III in Abb. 216 — bei variabler Spannung für eine beliebige konstante Erregung und eine Auslaufkurve für die gleiche Erregung aufgenommen wird.

Ausführung der Versuche. 1. Die Auslaufkurven werden für $i = 0$ und $i =$ konst., wie bereits erwähnt, bestimmt — Abb. 216, Kurven I und II. Die Maschine wird dazu fremderregt, auf normale Drehzahl gebracht und Anker und Feld bzw. nur der Anker abgeschaltet.

2. Aufnahme der Kurve III. Abb. 216, $N_0 = f(n)$. Die Erregung ist die gleiche wie für Kurve II und konstant zu halten. Die am Anker liegende Spannung E wird verändert, der aufgenommene Strom J_0 und die Drehzahl n werden gemessen. Man erhält:

$$N_0 = E \cdot J_0 - J_0^2 \cdot R_a = f(n).$$

3. Bestimmung von c. Für verschiedene Drehzahlen n_1, n_2 usw. erhält man aus der Kurve II die zugehörigen Subnormalen, aus der Kurve III die diesen Drehzahlen entsprechenden Leistungen N_0. Der Faktor c ergibt sich zu diesen Werten nach Gl. (86). Erhält man für c verschiedene Werte, so benutzt man für die weitere Rechnung den Mittelwert.

4. Bestimmung der Reibungsverluste $V_R = f(n)$. Man zeichnet für die einzelnen Punkte der Kurve I die Subnormalen und berechnet mittels derselben und des nun bekannten Faktors c die zu den verschiedenen Drehzahlen gehörigen Reibungsverluste V_R nach Gl. (86) — Kurve IV:

$$V_R = c \cdot n \cdot \frac{dn}{dt} = f(n).$$

Das Minuszeichen ist jetzt weggelassen. In den früheren Gleichungen drückte es die Abnahme des Arbeitsvermögens aus.

5. Bestimmung und Trennung der Eisenverluste V_{Fe}. Die Differenzen der Kurvenabszissen III und IV liefern in Abhängigkeit von n aufgetragen die Kurve $V_{Fe} = f(n)$. Damit ist das Ziel erreicht. Die Zerlegung der Eisenverluste erfolgt nach den Angaben auf S. 197.

Beispiel. Aufgenommen und aufgetragen wurden in Abb. 216:

1. Die Auslaufkurve I für $i = 0$,
2. die Auslaufkurve II für $i = 1{,}2$ A $=$ konst.,
3. die Kurve III $N_0 = f(n)$ für $i = 1{,}2$ A $=$ konst.

Mit Hilfe dieser Kurven bestimmt sich für $n = 300$:

1. Die seit Beginn des Auslaufes (Kurve II) bis zur Erreichung der Drehzahl $n = 300$ verstrichene Zeit zu 20 Sekunden; die zugehörige Subnormale $CD = 28$ mm.

2. Aus Kurve III die zur Deckung der Verluste $V_R + V_{Fe}$ benötigte Leistung $N_0 = AB = 86$ W. Somit wird (ohne Rücksicht auf den Maßstab):

$$c = \frac{86}{28} = 3{,}1.$$

3. Mit $c = 3{,}1$ und den Werten der Subnormalen von Kurve I wird die Kurve $V_R = f(n)$ — Kurve IV — berechnet. Beispielsweise beträgt für $n = 600$ die Subnormale an Kurve I: $EF = 32{,}5$ mm. Also:

$$V_R = HG = 32{,}5 \cdot 3{,}1 = 102 \text{ W}.$$

4. Man bildet die Abszissendifferenzen der Kurven III und IV und erhält so die Kurve der Eisenverluste $V_{Fe} = f(n)$. Nach Gl. (85) bestimmt man jetzt die Gerade $V_{Fe}/n = f(n)$, Abb. 217. Als Abschnitt auf der Ordinatenachse erhält man $c_2 = 0{,}12$.

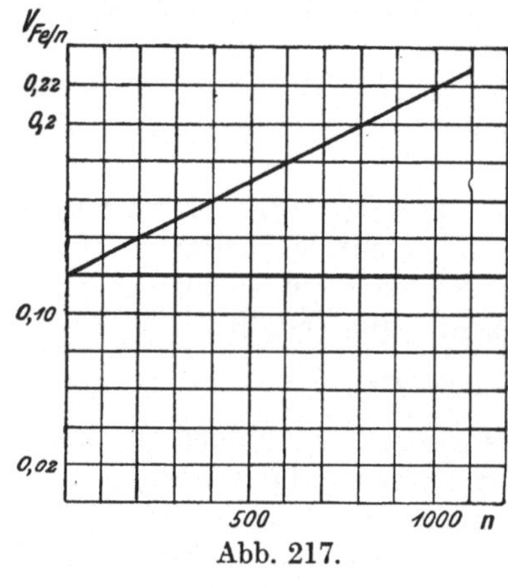

Abb. 217.

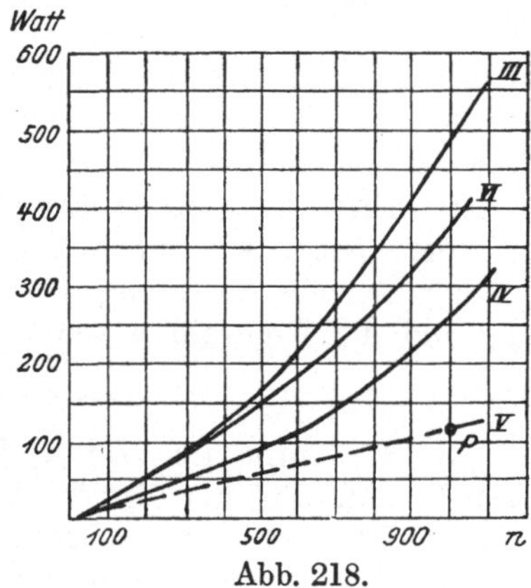

Abb. 218.

Damit berechnet sich der Hysteresisverlust für die verschiedenen Drehzahlen. Für $n = 1000$ beträgt $V_h = 1000 \cdot 0{,}12 = 120$ W (Punkt P, Abb. 218).

In Abb. 218 sind die Kurven III und IV aus Abb. 216 eingetragen. Kurve V ist die Gerade $V_h = c_2 \cdot n$. Ihre Ordinaten werden zu jenen der Kurve IV addiert — Kurve VI. Die Differenzen der Ordinaten von VI und III sind gleich den Wirbelstromverlusten V_w.

Für $n = 1000$ betragen hier:

Die Reibungsverluste	260 W,
„ Hysteresisverluste	120 W,
„ Wirbelstromverluste	100 W.

Methode für kleine Maschinen[1]). Abgesehen von ganz kleinen Maschinen läßt sich die Auslaufkurve I für abgeschaltete Erregung, also für $i = 0$, wohl stets aufnehmen. Ist das Feld jedoch erregt, so kommen kleine Maschinen meist sehr rasch zum Stillstand. Zur Untersuchung solcher Maschinen kann nachstehendes Verfahren benutzt werden. Man bestimmt, wie bei Abb. 216 ausgeführt wurde, die Kurve III $N_0 = f(n)$, und bildet $N_0/n = f(n)$ — Abb. 219. Dann ermittelt man die reziproke Kurve $n/N_0 = f(n)$ — vgl. ebenfalls Abb. 219. Es gilt der Satz:

[1]) ETZ 1905, S. 610.

Die von der Kurve n/N_0, der Abszissenachse und zwei zu beliebigen Drehzahlen n_1 und n_2 gehörigen Ordinaten eingeschlossene Fläche ist proportional der Zeit, in welcher die Drehzahl von n_1 auf n_2 sinkt. Die ganze Fläche zwischen den Ordinaten $n = 1000$ und $n = 0$ und der Kurve n/N_0 ist somit der Auslaufzeit proportional.

Beweis. Es ist allgemein:

1. Die Leistung N = Kraft $\times$ Kraftweg pro Sekunde $= P \times v$,
2. die Kraft P = Masse $\times$ Beschleunigung $= m \times p$,
3. die Beschleunigung $p = \frac{dv}{dt} = c' \cdot \frac{dn}{dt}$, worin $v = c' \cdot n$.

Aus diesen Gleichungen findet man:

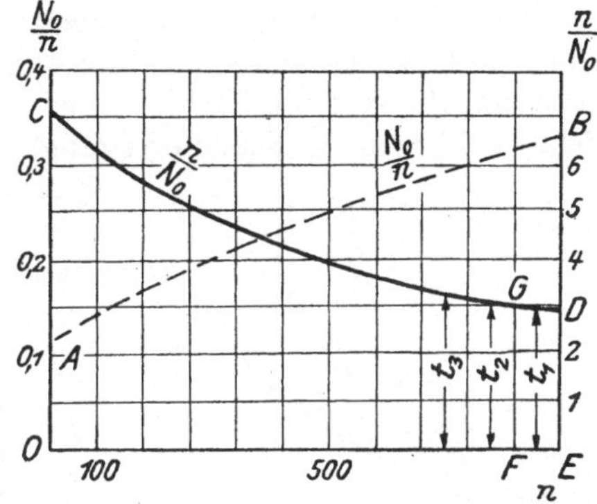

Abb. 219.

4. $$\frac{N}{v} = m \cdot p,$$

$$\frac{N}{c' \cdot n} = m c' \cdot \frac{dn}{dt}.$$

Die letzte Gleichung gibt, nach der Zeit t integriert:

5. $$t = m c'^2 \int_{n = n_2}^{n = n_1} \frac{n}{N} \, dn.$$

Für unseren Fall ist N_0 für N einzusetzen. Da die Masse m eine Konstante ist, so kann gesetzt werden $m \cdot c'^2 = c''$ und man erhält:

$$t = c'' \cdot \int_{n = n_2}^{n = n_1} \frac{n}{N_0} \, dn.$$

Der Integralausdruck ist aber die von der Abszissenachse, der Kurve n/N_0 und den Ordinaten von n_1 und n_2 eingeschlossene Fläche. Setzt man nach Abb. 219 $n_1 = n_a = 1000$ (n_a Drehzahl zu Anfang des Auslaufs) und $n_2 = 0$ ein, so ist die gesamte Auslaufzeit T der ganzen Fläche proportional. In ähnlicher Weise findet man, daß die Auslaufzeiten t_1 von $n_a = 1000$ bis $n = 900$, t_2 von $n = 900$ bis $n = 800$ usw. den Teilflächen über den betreffenden Grundlinien oder, da letztere einander gleich (= 100) sind, den mittleren Höhen dieser Flächen proportional sind.

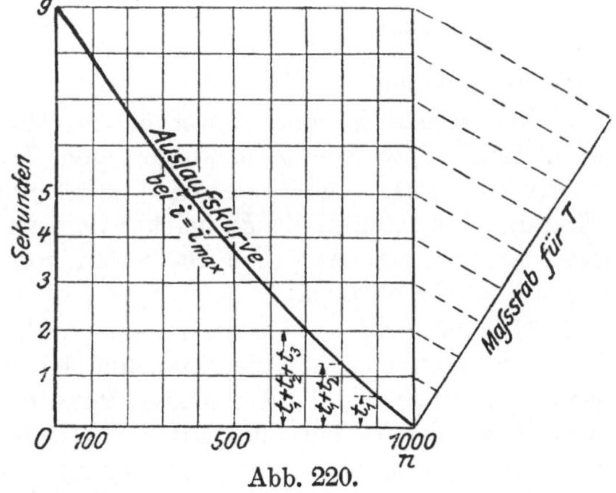

Abb. 220.

Man trägt nun einfach in einem beliebigen Maßstabe die Werte t_1, $t_1 + t_2$, $t_1 + t_2 + t_3$ usw., welche aus Abb. 219 ermittelt werden, zu den zugehörigen Drehzahlen auf — Abb. 220. Die gesamte Auslaufzeit T ist proportional der Summe $T = t_1 + t_2 + t_3 \cdots t_n$ bzw. der Ordinate 09 in Abb. 220. Der Zeitmaßstab für die Ordinaten wird dadurch festgelegt, daß man T an der erregten Maschine mißt. In Abb. 220 beträgt $T = 9$ Sekunden. Ordinate 09 braucht nun bloß entsprechend eingeteilt zu werden, was mittels der schrägen Geraden, auf der 9 gleiche Teile abgetragen sind, und der Parallelen geschehen kann.

Weiterhin wird die Kurve I in Abb. 216 für die unerregte Maschine experimentell aufgenommen und die Trennung der Verluste, wie früher beschrieben, ausgeführt.

c) Das Motorverfahren zur Trennung der Verluste.

Wie auf S. 186 ausgeführt, läßt man die zu untersuchende Maschine als Motor leer laufen. Im Gegensatz zu den dort gemachten Ausführungen (es handelte sich nur um die Abtrennung der Reibungsverluste von der Summe $V_{Fe} + V_R$) wird jetzt die Drehzahl bei konstantem Feld (Feldstrom i, Fremderregung) durch Veränderung der Klemmenspannung E variiert (was mittels eines in den Hauptstromkreis geschalteten Widerstandes geschehen kann, wenn keine regelbare Spannung vorhanden ist). Der Leerlaufstrom J_0, die Klemmenspannung E und die Drehzahl n sind zu messen. $N_0 = V_R + V_{Fe} = E \cdot J_0 - J_0^2 R_a$ wird berechnet. Die Aufnahme ist auszuführen für $i = i_1 =$ konst., $i = i_2 =$ konst. usw.

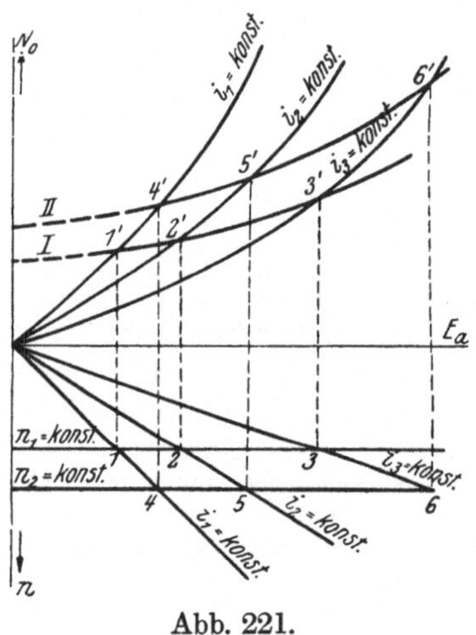

Abb. 221.

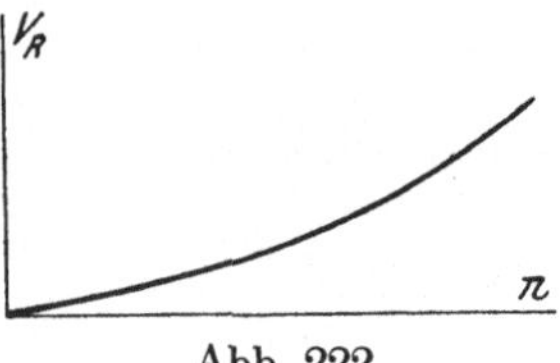

Abb. 222.

Weiterer Gang:

1. Die Werte N_0 und n werden in Abhängigkeit von der induzierten EMK $E_a = E - J_0 R_a$ aufgetragen. Es ergeben sich die Kurvenscharen Abb. 221. Die Linien $n = f(E_a)$ sind Gerade durch den Koordinatenanfangspunkt, da E_a bei konstantem Kraftfluß der Drehzahl n direkt proportional ist. (Die Ordinaten von n sind in der Abb. 221 nach unten eingetragen.)

2. Man zieht die zur Abszissenachse parallele Gerade $n = n_1 =$ konst. Zu den Punkten 1, 2, 3 findet man auf den Kurven für N_0 die Punkte gleicher Abszisse 1', 2', 3'. Diese Punkte verbunden ergeben eine Kurve I, welche N_0 bei konstanter Drehzahl, aber veränderlicher Erregung in Abhängigkeit von E_a darstellt. Ebenso verfährt man für $n_2 =$ konst. (Punkte 4, 5, 6 bzw. 4', 5', 6' und Kurve II) usw. Verlängert man die Kurven I, II usw., so findet man auf der Ordinatenachse die den betreffenden Drehzahlen entsprechenden Reibungsverluste V_R, welche als $V_R = f(n)$ in Abb. 222 aufgetragen werden.

3. Sind die Reibungsverluste so für jede Drehzahl n bestimmt, so kann eine weitere Trennung der Verluste leicht erfolgen. Man subtrahiert von einer Kurve der ersten Schar $N_0 = f(E_a)$ den zu jeder Drehzahl gehörigen Reibungsverlust und erhält die Eisenverluste V_{Fe}. Man zeichnet weiter die Kurve $V_{Fe} = f(n)$ und zerlegt die V_{Fe} nach den Gl. (85)÷(85b).

d) Das Generatorverfahren zur Trennung der Verluste.

Dieses läßt sich ebenfalls zur Bestimmung der Kurve $V_{Fe} = f(n)$ benutzen, wenn man die auf S. 188 angegebenen Versuchsreihen für verschiedene Drehzahlen und Erregungen, welch letztere natürlich für jede einzelne Reihe konstant zu halten sind, durchführt. Der Hilfsmotor muß für die verschiedenen Drehzahlen geeicht werden. Der Gang der Zerlegung ist nach Ermittlung der Kurven $N_0 = V_R + V_{Fe} = f(E_a)$ ebenso wie bei Methode c.

44. Experimentelle Untersuchung der Kommutierung von Gleichstrommaschinen.

a) Allgemeines.

Der § 44 der R. E. M. schreibt vor, daß Maschinen mit Kommutator bei jeder Belastung von Leerlauf bis Nennleistung praktisch funkenfrei arbeiten müssen. Bei der Überlastungsprobe nach § 43 müssen sie derart kommutieren, daß weder die Betriebsfähigkeit von Kommutator und Bürsten beeinträchtigt wird, noch Rundfeuer auftritt.

Überlastung: Maschinen für Dauerbetrieb müssen im betriebswarmen Zustande während 2 Minuten den 1,5fachen Nennstrom ohne Beschädigung oder bleibende Formänderung aushalten. Diese Prüfung ist bei Motoren und Einankerumformern bei Nennspannung durchzuführen; bei Generatoren soll die Spannung so nahe wie möglich der Nennspannung gehalten werden.

Ein Betrieb gilt als praktisch funkenfrei, wenn Kommutator und Bürsten in betriebsfähigem Zustande bleiben. Zu Funkenbildung am Kollektor können die verschiedensten Ursachen mechanischer wie elektrischer Natur Anlaß geben. Wir wollen hier voraussetzen, daß sich sowohl der Kommutator als auch die Schaltung der Maschine (Ankerwicklung, Haupt- und Wendepole) in Ordnung befinden und ferner annehmen, daß auch die Regeln hinsichtlich der Bürsteneinstellung beachtet wurden. Es kann dann trotzdem noch ein Feuern auftreten, was in unrichtigen Kommutierungsverhältnissen seinen Grund haben kann. In diesem Falle muß eine Untersuchung der Kommutierung nach den folgenden Gesichtspunkten stattfinden.

Bezeichnungen. Es ist:

$J_a' = \frac{J_a}{2a}$ . . der Strom in einem Ankerzweig. Im Nachstehenden wird die halbe Zahl der parallelen Stromzweige $a = 1$ angenommen, dann gilt $J_a' = 0{,}5 \cdot J_a$.

i' . . . . . der veränderliche Strom in der kurzgeschlossenen Spule während der Kommutierungszeit. ($i' = J_a'$ am Beginn, $i' = - J_a'$ am Ende des Kurzschlusses.)

$e' = -L'\frac{di'}{dt}$. die EMK der Selbstinduktion in der Spule. Der Selbstinduktionskoeffizient der letzteren ist L'.

e_k, e_{k1}, e_{k2} . . . die durch die Bewegung der Spulen in einem äußeren Feld, dem „kommutierenden" Feld erzeugte EMK.

U, U_1, U_2 . . U_z Potentialdifferenzen zwischen Lamellen und Bürste.

$M(e_k), M(e_{k1}), M(e_{k2})$ . ., $M(U), M(U_1), M(U_2)$ Mittelwerte während der Zeitdauer T bzw. T_k.

$r_ü'$ . . . . der Übergangswiderstand zwischen einer Lamelle und einer Bürste.

r', r'' . . . der Übergangswiderstand zwischen der auf- bzw. ablaufenden Lamelle und der Bürste.

T . . . . die Zeitdauer, die ein Punkt des Kollektors braucht, um eine Lamellenteilung zurückzulegen.

T_k . . . . die Zeitdauer des Kurzschlusses einer Spule.

t . . . . die seit Beginn des Kurzschlusses verstrichene Zeit.

s . . . . die Zahl der induzierten Spulenseiten am Ankerumfange.

s_k . . . . die Zahl der kurzgeschlossenen Spulenseiten pro Bürste. Dabei ist angenommen, daß zwischen benachbarten Lamellen je zwei Spulenseiten liegen.

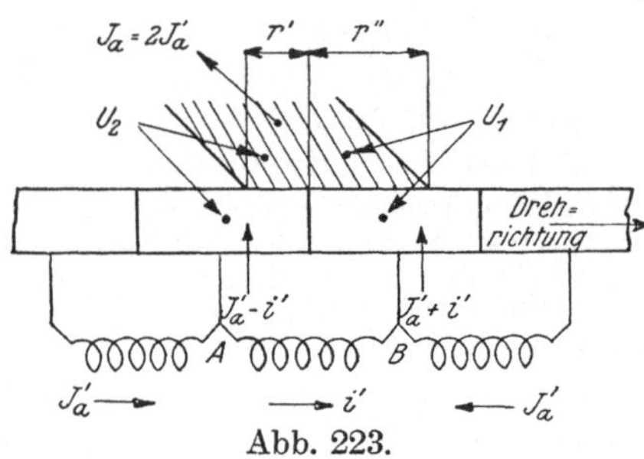

Abb. 223.

Beziehungen. Für die späteren Ableitungen kommen folgende Beziehungen in Betracht:

1. Die Widerstände r' und r'' (Abb. 223) sind, wenn man von dem Einfluß der Stromdichte auf den Bürstenübergangswiderstand absieht, umgekehrt proportional ihren Berührungsflächen. Die Berührungsfläche von r' entspricht aber der Zeit t, die von r'' der Zeit $T_k - t$, die von $r_ü'$ der Zeit T_k. Aus $r'/r_ü' = T_k/t$ folgt:

$$r' = r_ü' \cdot \frac{T_k}{t}$$

Ebenso ist:

$$r'' = r_ü' \cdot \frac{T_k}{T_k - t} \qquad (87)$$

2. Der von der Bürste abgenommene Strom J_a ist die Summe der über r' und r'' abfließenden Ströme — Abb. 223:

$$J_a = (J_a' - i') + (J_a' + i') = 2J_a'.$$

3. Die Beträge:

$$(J_a' - i') \cdot r' = (J_a' - i') \cdot r_ü' \cdot \frac{T_k}{t}$$

und

$$(J_a' + i') \cdot r'' = (J_a' + i') \cdot r_ü' \cdot \frac{T_k}{T_k - t} \qquad (87\,a)$$

sind nichts anderes als die meßbaren Spannungsdifferenzen U_2 und U_1 zwischen der auf- bzw. ablaufenden Lamelle und der Bürste.

4. Unter der Annahme, daß die Lamellenbreite gleich der Bürstenbreite, daß also $T = T_k$ ist, verhält sich die Zeitdauer T_k des Kurzschlusses einer Spule zur Zeitdauer T' einer Umdrehung, während welcher sämtliche $s/2$ Spulen einmal unter der Bürste durchlaufen, wie $1 : s/2 = 2/s$. Da $T' = 60/n$ ist, so wird:

$$T_k = T' \cdot \frac{2}{s} = \frac{60}{n} \cdot \frac{2}{s} \cdot$$

5. Werden $s_k/2$ Spulen von einer Bürste kurzgeschlossen, so ergibt sich:

$$T_k = T' \cdot \frac{s_k}{s} = \frac{60}{n} \cdot \frac{s_k}{s} \cdot$$

Daraus:

$$\frac{s_k}{2} = \frac{s}{2} \cdot \frac{n}{60} \cdot T_k \quad \text{. . . . .} \quad (87\,\text{b})$$

Der Kommutierungsvorgang. Derselbe besteht darin, daß der Strom $+ J_a'$, der in der Spule AB vor der Kommutierung bestand,

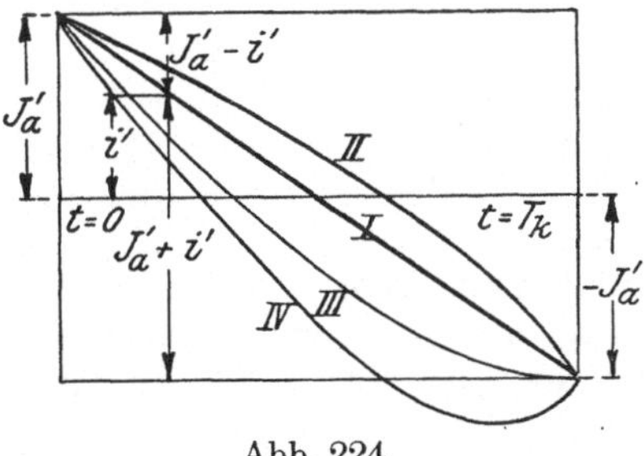

Abb. 224.

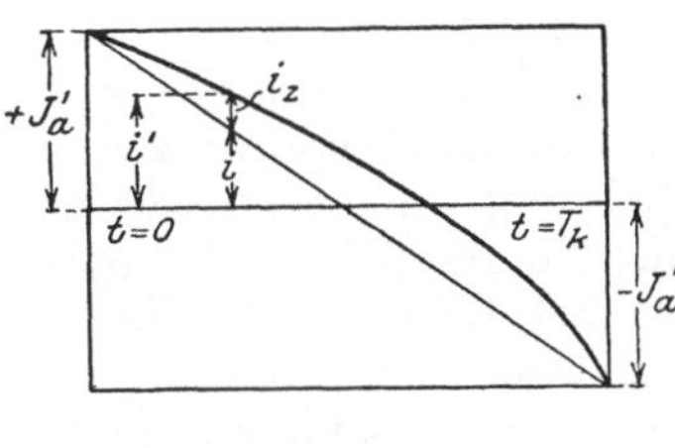

Abb. 225.

auf den Wert $-J_a'$ nach derselben gebracht wird (s. Abb. 223, 224 und 225). In der Spule muß also während der Kurzschlußzeit T_k ein variabler Strom i' fließen, der für $t = 0$ den Wert $+ J_a'$ und für $t = T_k$ den Wert $- J_a'$ besitzt. Die Änderung des Stromes i' in der Kurzschlußspule ist aber die Ursache einer EMK der Selbstinduktion e', die das Abfallen des Stromes verlangsamt und ebenso das Anwachsen in entgegengesetztem Sinne verzögert. $e' = - L' \cdot di'/dt$ ist somit dem Strome $+ J_a'$ gleichgerichtet. Um e' aufzuheben, müssen die Bürsten in ein „kommutierendes" Feld gebracht werden. Wenn dieses von der kurzgeschlossenen Spule geschnitten wird, so wird in ihr eine weitere EMK e_k induziert, welche derart gerichtet sein muß, daß die durch e' verursachte Verzögerung der Kommutierung beseitigt wird.

Bei einem Generator muß die Richtung des kommutierenden Feldes so sein wie die des Feldes, welches zur Erzeugung der im Anker induzierten EMK E_a nach der Stromwendung erforderlich ist; bei einem Motor muß dagegen seine Richtung mit der des Feldes zur Erzeugung der EMK E_a vor der Kommutierung zusammenfallen.

Daraus folgt (für wendepollose Maschinen):

1. Beim **Generator** müsssen die Bürsten im Drehsinne verschoben werden. Das stärkere Feld ist somit an der Ablaufkante der Bürste vorhanden.

2. Beim **Motor** sind die Bürsten entgegen dem Drehsinne zu verstellen. Das stärkere Feld ist an der Auflaufkante vorhanden.

Der in der kurzgeschlossenen Spule fließende Strom i' kommt nun unter dem Einfluß von e' und e_k zustande. Seinem zeitlichen Verlauf gemäß kann man drei Fälle unterscheiden:

1. **Lineare Kommutierung.** Der Verlauf von i', $J_a' - i'$, $J_a' + i'$ wird durch Kurve I in Abb. 224 dargestellt. i' wird zu Null für $t = T_k/2$. Diese Kommutierung ist die beste, d. h. sie geht ohne Funkenbildung an den Bürsten vor sich, weil von der auf- bzw. ablaufenden Lamelle Ströme abfließen, deren Stärken den von der Bürste bedeckten Teilen proportional sind. Die Stromdichte ist sonach überall die gleiche. In der Praxis wird daher eine geradlinige Kommutierung nach Möglichkeit angestrebt.

2. **Unterkommutierung.** Hier wird die Wirkung der Selbstinduktionsspannung e' nicht ganz von der Wendespannung e_k aufgehoben. Kurve II veranschaulicht den zeitlichen Charakter der verschiedenen Ströme. i' wird zu Null für eine Zeit $t > T_k/2$.

3. **Überkommutierung.** Die Wendespannung e_k überwiegt die Selbstinduktionsspannung e', so daß nun i' noch vor $t = T_k/2$ seine Richtung umkehrt. Der Verlauf der verschiedenen Ströme wird durch die Kurven III und IV gekennzeichnet.

Bei Unter- und Überkommutierung kann man sich den Strom i' aus einem geradlinig verlaufenden Strom i und einem zusätzlichen Strom i_z zusammengesetzt denken. Es gilt also z. B. für Unterkommutierung: $i' = i + i_z$ — s. Abb. 225.

In bezug auf funkenlosen Gang ist nun ein Kurvenverlauf, wie ihn die Charakteristiken II und IV in Abb. 224 haben, sehr schädlich. Für $t = T_k$ nimmt nämlich die Selbstinduktionsspannung $e' = - L' \cdot di'/dt$ einen hohen Wert an, weil für diesen Zeitpunkt die Steigung der Kurve di'/dt sehr groß wird. Gleichzeitig wird auch die Stromdichte unter der ablaufenden Bürstenkante sehr hoch (die Stromdichte ist dem Ausdruck $(J_a' + i')/(T_k - t)$ proportional.) Beide Gründe führen zu einer Funkenbildung an der ablaufenden Kante.

Eine geringe Überkommutierung, wie sie z. B. bei Kurve III in Abb. 224 vorhanden ist, hat zwar eine erhöhte Stromdichte (diese ist hier dem Ausdruck $(J_a' - i')/t$ proportional) an der auflaufenden Bürstenkante zur Folge; ein schädliches Feuern an dieser Stelle wird dagegen meist nicht eintreten.

Beachtung verdient auch die Wirkung der **zusätzlichen Kurzschlußströme** auf das Magnetfeld. Eine leichte Überlegung führt zu folgendem Ergebnis: 1. **Überkommutierung.** Die zusätzlichen Kurzschlußströme erzeugen Amperewindungen, welche das Magnetfeld verstärken oder schwächen, je nachdem es sich um einen Generator oder um einen Motor handelt. 2. **Unterkommutierung.** Hier ist das Umgekehrte der Fall. 3. **Lineare Kommutierung.** Da zusätzliche Kurzschlußströme nicht auftreten, so sind auch deren Kurzschlußamperewindungen und ihre Rückwirkung im Gebiet der Stromwendung gleich Null.

b) Aufstellung der Gleichungen für lineare Kommutierung.

Es sei an den Kirchhoffschen Satz erinnert: Die Summe aller elektromotorischen Kräfte in einem geschlossenen Stromkreise ist gleich der Summe aller Produkte aus Stromstärke und Widerstand in sämtlichen einzelnen Teilen des Kreises.

1. Fall: Eine Spule befinde sich im Kurzschluß — Abb. 223. Der Widerstand der Spule selbst sei r_s, jener von einer Zuleitung zwischen Lamelle und Spule r_v. Geht man im Kurzschlußkreise: Spule, Punkt B, Lamelle, Bürste, Lamelle, Punkt A, Spule, also in Richtung des Stromes i', so sieht man:

α) e' wirkt in Richtung von i', e_k aber e' entgegengesetzt. Die Summe der EMKe ist somit $e' - e_k$ (e' sucht die Stromwendung zu verzögern, e_k will sie beschleunigen).

β) Diese Summe muß gleich sein der Summe aller Produkte aus Stromstärke $\times$ Widerstand. Im angegebenen Sinne beträgt diese:

$$i' \cdot r_s + (J_a' + i') \cdot r_v + (J_a' + i') \cdot r_{\ddot{u}}' \cdot \frac{T_k}{T_k - t} - (J_a' - i') \cdot r_{\ddot{u}}' \cdot \frac{T_k}{t} - (J_a' - i') \cdot r_v.$$

Somit erhält man die Gleichung (entsprechende Glieder sind zusammengefaßt):

$$e' - e_k = i' \cdot (r_s + 2\,r_v) + (J_a' + i') \cdot r_{\ddot{u}}' \cdot \frac{T_k}{T_k - t} - (J_a' - i') \cdot r_{\ddot{u}}' \cdot \frac{T_k}{t}.$$

Setzt man ein $e' = -L' \dfrac{di'}{dt}$, so geht diese Gleichung über in:

$$\boldsymbol{L' \cdot \frac{di'}{dt} + e_k + i' \cdot (r_s + 2\,r_v) + (J_a' + i') \cdot r_{\ddot{u}}' \cdot \frac{T_k}{T_k - t}}$$
$$\boldsymbol{- (J_a' - i') \cdot r_{\ddot{u}}' \cdot \frac{T_k}{t} = 0} \quad \ldots\ldots\ldots\ldots \quad (88)$$

Für lineare Kommutierung lautet die Bedingung: Die Summe der beiden letzten Glieder muß Null werden.

$$(J_a' + i') \cdot r_{\ddot{u}}' \cdot \frac{T_k}{T_k - t} - (J_a' - i') \cdot r_{\ddot{u}}' \cdot \frac{T_k}{t} = 0 \quad \ldots\ldots \quad (89)$$

Man findet für i':

$$i' = J_a' \frac{T_k - 2t}{T_k} \quad \ldots\ldots\ldots\ldots \quad (89\text{a})$$

Das ist die Gleichung einer Geraden. Differenziert man diese Gleichung, so ergibt sich für di'/dt und e':

$$\frac{di'}{dt} = -\frac{2\,J_a'}{T_k} \text{ und } e' = -L' \frac{di'}{dt} = J_a' \cdot \frac{2\,L'}{T_k} \quad \ldots\ldots \quad (89\text{b})$$

Damit geht Gl. (88) nach einigen Umrechnungen über in:

$$e_k = J_a' \cdot \left[L' \cdot \frac{2}{T_k} - (r_s + 2 r_v) + 2 (r_s + 2 r_v) \cdot \frac{t}{T_k}\right] \quad \ldots\ldots \quad (90)$$

Für Anfang und Ende des Kurzschlusses, also für die Zeiten $t = 0$ und $t = T_k$ erhält man:

1. $e_k = J_a' \cdot \left(\dfrac{2L'}{T_k} - (r_s + 2\,r_v)\right) \ldots$ Strecke AB in Abb. 226.

2. $e_k = J_a' \cdot \left(\dfrac{2L'}{T_k} + (r_s + 2\,r_v)\right) \ldots$ Strecke CD in Abb. 226.

Es ergibt sich:

α) Gl. (90) ist die Gleichung einer Geraden, deren Ordinaten e_k in Abhängigkeit von der Zeit t aufgetragen, gleichzeitig das kommutierende Feld darstellen, da diesem ja e_k proportional ist (Kurve I in Abb. 226).

β) Die EMK der Selbstinduktion ist für lineare Kommutierung ein konstanter Wert, da in der Gleichung $e' = J'_a \cdot 2L'/T_k$ nur konstante Größen vorkommen.

γ) Im allgemeinen wird man nur angenähert einen solchen linearen Feldverlauf, wie ihn Abb. 226 angibt, erreichen. Es genügt aber, wenn wenigstens der Mittelwert $M(e_k)$ aller Augenblickswerte $e_k = f(t)$ zwischen $t = 0$ und $t = T_k$ mit dem theoretischen übereinstimmt (Kurve II in Abb. 226). Am Anfang des Kurzschlusses erhält man dann eine zu kleine, am Ende eine zu große EMK e_k.

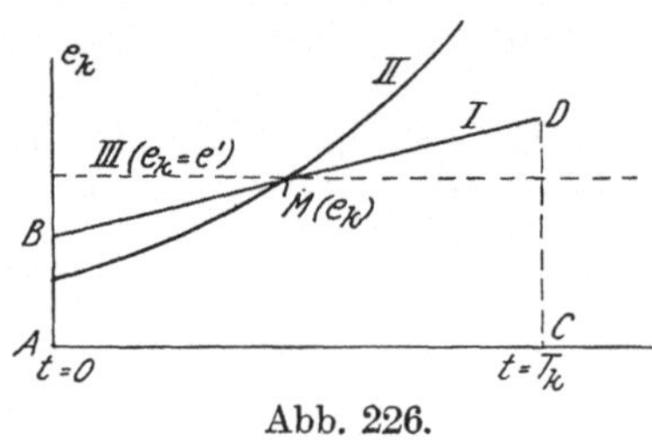

Abb. 226.

δ) Vernachlässigt man r_s und r_v bzw. $(r_s + 2r_v)$ als sehr kleine Widerstände im Vergleich mit r' und r'', so ergibt Gl. (90): $e_k = e'$. Das Kommutierungsfeld müßte in der Kommutierungszone einen konstanten Wert haben (Gerade III in Abb. 226).

Besonders hervorgehoben sei nochmals, daß für lineare Kommutierung Gl. (89) bestehen muß. Da die Glieder derselben die Potentialdifferenzen zwischen der ab- bzw. auflaufenden Lamelle und Bürste darstellen, so kann man Gl. (89) auch schreiben:

$$U_1 - U_2 = 0.$$

2. Fall: Mehrere Spulen sind von einer Bürste kurzgeschlossen. Hier wird die Betrachtung schwieriger. Der Koeffizient L' enthält dann die Selbst- und die Wechselinduktion der Spulen. Die Widerstände der Spulen und Zuleitungen können im Vergleich mit den Bürstenübergangswiderständen vernachlässigt werden. Zerlegt wird die Zeitdauer T_k des ganzen Kurzschlusses in so viele Zeitabschnitte T als Spulen kurzgeschlossen sind. Man muß, da der Verlauf des kommutierenden Feldes nicht linear sein wird, mit Mittelwerten der zwischen den Zeiten 0 und T in den einzelnen Spulen induzierten Spannungen e_k rechnen, also mit $M(e_{k1})$, $M(e_{k2})$ ... Dasselbe gilt auch von den Potentialdifferenzen zwischen Bürste und Lamelle. $M(U_1)$ ist der Mittelwert an der Ablaufkante, $M(U_2)$ der Mittelwert an jener Stelle, die von der Ablaufkante um eine Lamellenteilung zurückliegt (vgl. Abb. 223 und Abb. 227), $M(U_z)$ jener an der Ablaufkante. Als konstant ist dagegen e' zu betrachten, da geradliniger Verlauf des Stromes i' angestrebt wird. In diesem Falle ist ja di'/dt eine Konstante.

Mit Einführung der Potentialdifferenzen U_1 und U_2 und mit Vernachlässigung von r_s und r_v erhält man Gl. (88) in der Form:

$$L' \frac{di'}{dt} + e_k = U_2 - U_1$$

oder:

$$e_k - \frac{2J'_a}{T_k} \cdot L' = U_2 - U_1 \quad \text{. . . . . (91)}$$

Ähnliche Gleichungen erhält man für mehrere Spulen im Kurzschluß, nur sind die Mittelwerte einzuführen, sowie die Zeitdauer T:

$$\left.\begin{array}{l} M(e_{k1}) - \frac{2J'_a}{T} \cdot L' = M(U_2) - M(U_1) \\ M(e_{k2}) - \frac{2J'_a}{T} \cdot L' = M(U_3) - M(U_2) \\ \dots\dots\dots\dots\dots\dots \\ M(e_{kz-1}) - \frac{2J'_a}{T} \cdot L' = M(U_z) - M(U_{z-1}) \end{array}\right\} \quad \text{. . . . . (91a)}$$

Bildet man den Mittelwert $M(e_k)$ aus den $(z-1)$-Werten $M(e_{k1})$, $M(e_{k2}) \dots (Me_{kz-1})$

$$M(e_k) = \frac{M(e_{k1}) + M(e_{k2}) + \dots Me_{kz-1})}{z-1}$$

und ferner $M(U_z) - M(U_1)$ durch Addition aller $(z-1)$ Gleichungen, so findet man leicht:

$$\boldsymbol{M(U_z) - M(U_1) = (z-1)\,M(e_k) - (z-1) \cdot \frac{2J'_a}{T} \cdot L'} \quad \text{. . . (92)}$$

$(z-1)$ ist die Zahl der kurzgeschlossenen Spulen. Da $(z-1) = s_k/2$, so erhält man unter Berücksichtigung der Gl. (87b) und (89b):

$$\boldsymbol{M(U_z) - M(U_1) = \frac{s}{2} \cdot \frac{n}{60} \cdot T_k \cdot M(e_k) - \frac{s}{2} \cdot \frac{n}{60} \cdot T_k \cdot e'} \quad \text{. . (93)}$$

c) Beurteilung der Kommutierung aus den Bürstenpotentialkurven.

Aufnahme der Bürstenpotentialkurven. Die Mittelwerte $M(U_1)$, $M(U_2) \dots$ können experimentell bestimmt werden und liegen auf der sogenannten Bürstenpotentialkurve. Man verwendet zur Messung ein Voltmeter, welches einen Meßbereich von etwa 3 V und am besten doppelseitigen Ausschlag hat. Man verbindet dieses der Reihe nach mit den einzelnen Punkten der kurzgeschlossenen Lamellen (in Abständen von je einer Lamellenteilung) einerseits und mit der Bürste andererseits. Es empfiehlt sich, die benutzten Zuleitungen mit Spitzen zu versehen.

Meist nimmt man nur drei Messungen zwischen radial gegenüberliegenden Punkten vor, und zwar eine an der Auflaufkante, eine an der Ablaufkante und eine in der Bürstenmitte. Die abgelesenen Werte werden in Abhängigkeit von der Stellung des Voltmeters bei der betreffenden Messung aufgetragen und ergeben die Bürstenpotentialkurve — s. Abb. 227.

Konstruktion des Verlaufs der Wendespannung e_k aus der Bürstenpotentialkurve. Schreibt man die Gl. (91a) unter Berücksichtigung von Gl. (89b) in der Form:

$$M(e_{k1}) = e' + M(U_2) - M(U_1)$$
$$M(e_{k2}) = e' + M(U_3) - M(U_2)$$
usw.,

dann ergibt sich ein einfacher Weg zur Konstruktion der e_k-Kurve, deren Ordinaten ja in einem anderen Maßstabe auch das kommutierende Feld darstellen. Ist e' bekannt (berechnet), so erhält man die absoluten Werte von e_k nach diesen Gleichungen, wozu nur noch die Aufnahme einer Bürstenpotentialkurve nötig ist. Aus dieser werden die Mittelwerte $M(U_1)$, $M(U_2)$ ... entnommen. Will man nur den Verlauf des kommutierenden Feldes bzw. der e_k-Kurve wissen, so genügt es, für e' einen beliebigen Wert anzunehmen.

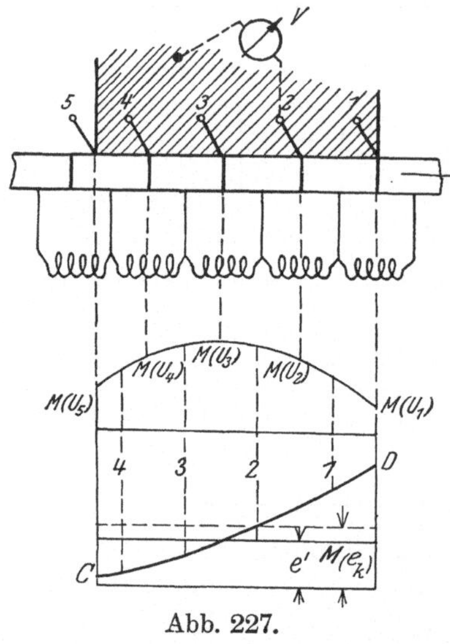

Abb. 227.

Diese Konstruktion zeigt Abb. 227. Angenommen wurde e'. Zu den Abszissen bei 1, 2, 3 und 4 wurde als Ordinate die um die Differenzen $M(U_2) - M(U_1)$, $M(U_3) - M(U_2)$ usw. vergrößerte Spannung e' aufgetragen. Man erhält so die e_k-Kurve CD.

Freikommutierende (wendepollose) Maschinen. Die günstigste Kommutierung wird erhalten, wenn $M(U_2) - M(U_1) = 0$, $M(U_3) - M(U_2) = 0 \ldots$, wenn also alle Mittelwerte einander gleich sind. Dann ist auch gemäß unseren Ableitungen:

$$e' = M(e_{k1}) = M(e_{k2}) = \ldots$$

Dies würde ein konstantes Kommutierungsfeld voraussetzen. Ein solches kann aber in der Kommutierungszone bei freier Kommutierung (ohne Anwendung von Wendepolen oder Kompensationswicklungen) nicht erreicht werden.

Man spricht:

α) Von richtiger Kommutierung, wenn die mittleren Potentiale an der Auf- und Ablaufkante einander gleich sind. In diesem Falle ist $M(U_z) = M(U_1)$ und damit nach Gl. (92) bei Berücksichtigung von Gl. (89 b)

$$M(e_k) = e';$$

β) von Überkommutierung, wenn $M(U_z) > M(U_1)$. Dann ist

$$M(e_k) > e';$$

γ) von Unterkommutierung, wenn $M(U_z) < M(U_1)$, also ist

$$M(e_k) < e'.$$

Die Abb. 228 ÷ 230 (Generator) und 231 ÷ 233 (Motor) zeigen charakteristische Bürstenpotentialkurven AB mit den dazu gehörigen Feldkurven CD (identisch mit den Kurven e_k). Zu beachten ist, daß beim Generator infolge der Bürstenverschiebung im Drehsinne das stärkere Feld an den Ablaufkanten vorhanden ist, während sich beim Motor an dieser Stelle das schwächere Feld befindet. Punkt C entspricht in den Abb. 228 ÷ 233 der Auflaufkante, Punkt D der Ablaufkante.

Wichtig ist ferner: Mit steigendem Strome J_a' (also mit der Belastung der Maschine) wächst die Selbstinduktionsspannung e', denn es ist ja nach Gl. (89b) $e' = 2 J_a' \cdot L'/T_k$. Aus der Gl. (92) geht hervor, daß dann auch $M(e_k)$, also das Wendefeld zunehmen muß, wenn richtige Kommutierung beibehalten werden soll. Läßt man dagegen das kommutierende Feld konstant, so würde man mit steigender Belastung Unter-, bei fallender dagegen Überkommutierung erhalten. Die Bürsten müssen sich also stets in einem Felde befinden, das der jeweiligen Belastung entspricht.

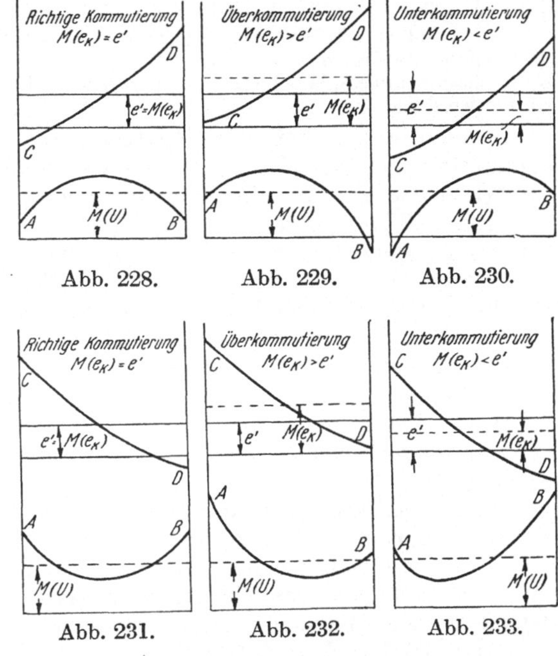

Abb. 228. Abb. 229. Abb. 230.

Abb. 231. Abb. 232. Abb. 233.

Dazu ist noch zu sagen:

1. Bei Leerlauf (J_a bzw. $J_a' = 0$) muß die Bürste in der neutralen Zone stehen, da ja auch e' gleich Null ist. Punkt 1 Abb. 234. (Die Kurven geben in dieser Abbildung jeweils die kommutierenden Felder an.)

2. Bei Belastung ist das Ankerfeld die Ursache von der Verschiebung der neutralen Zone; es genügt aber nicht, daß die Bürsten in die nunmehrige neutrale Zone (Punkte 2′ und 3′) verschoben werden; infolge des erforderlichen stärkeren kommutierenden Feldes muß die Verschiebung größer sein (s. oben). Punkt 2 in Abb. 234 gilt für $^1/_2$ Last, Punkt 3 für Vollast.

3. Hält man eine bestimmte Bürstenstellung (z. B. 2 in Abb. 234) fest und vergrößert die Erregung, so wird die Feldkurve und damit das kommutierende Feld gehoben. Folge: Überkommutierung. Dasselbe tritt ein, wenn bei konstanter Bürstenstellung und Erregung die Belastung verkleinert wird, da die neutrale Zone sich dann wieder jener bei Leerlauf nähert und nur ein kleineres Wendefeld nötig ist.

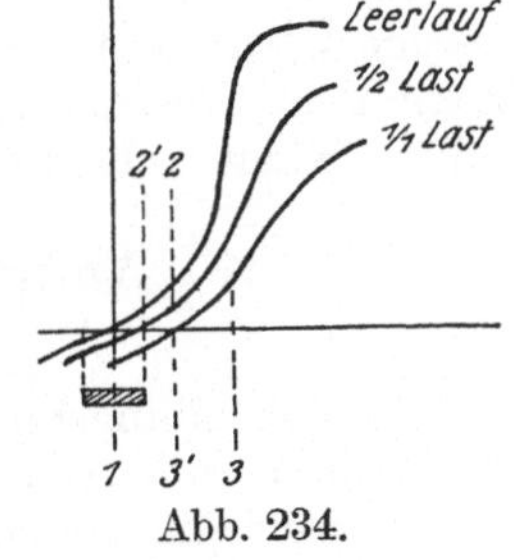

Abb. 234.

4. Ähnlich verursacht Erhöhung der Belastung bei konstanter Erregung oder Verkleinerung der Erregung bei konstanter Belastung Unterkommutierung. Gründe: Im ersten Falle wäre ein stärkeres

Wendefeld nötig, im zweiten Falle wird das erforderliche Wendefeld verkleinert.

5. In der Praxis wird häufig konstante Bürstenstellung bei allen Belastungen verlangt. Dann werden die Bürsten so eingestellt, daß die Maschine bei etwa $^2/_3$ Last richtig kommutiert. Bei Leerlauf ist dann Über-, bei Vollast Unterkommutierung vorhanden.

Der § 44 der R.E.M. setzt voraus, daß bei Gleichstrommaschinen ohne Wendepole die Bürstenstellung im Belastungsbereich von 0,25 Nennleistung bis Nennleistung ungeändert bleibt; in den andern Bereichen kann sie jedoch geändert werden.

Kommutierung bei Wendepolmaschinen. 1. Während bei frei kommutierenden Maschinen, konstante Bürstenstellung vorausgesetzt, das Wendefeld mit dem Belastungsstrome nicht zu-, sondern abnimmt, ist es bei Wendepolmaschinen möglich, ein dem Ankerstrome proportionales Wendefeld zu erzeugen, so daß immer richtige Kommutierung vorhanden ist. Die Wendepole werden bei der Berechnung der Maschine stets reichlich bemessen, so daß ein späteres Umwickeln vermieden wird. Zeigt sich bei der Prüfung der Maschine Überkommutierung, so kann auf folgende Arten leicht eine richtige Einstellung erzielt werden:

α) Man vergrößert den Wendepolluftspalt. Zu diesem Zwecke werden auswechselbare Blechunterlagen unter den Wendepolen vorgesehen.

β) Man stellt mittels eines Nebenschlusses zur Wendepolwicklung die richtige Kommutierung ein und liefert ihn zur Maschine mit. Der Strom im Nebenschluß soll aber nicht mehr als 10% des normalen Belastungsstromes betragen, außerdem soll die Maschine im Betrieb keinen plötzlichen Belastungsschwankungen unterworfen sein.

γ) Ist die Überkommutierung so groß, daß der Strom durch den Nebenschluß zum Wendepol mehr als 10% des Ankerstromes beträgt, so empfiehlt sich entsprechendes Abwickeln der Wendepole.

Bei Gleichstrommaschinen mit Wendepolen setzt der § 44 der R.E.M. voraus, daß die Bürstenstellung im ganzen Belastungsbereich des Nenndrehsinnes ungeändert bleibt.

2. Bürstenpotentialkurven. Als äußerste Grenze für noch zulässige Überkommutierung kann eine Bürstenpotentialkurve gelten, die nach der Ablaufkante der Bürsten hin bis in die Nähe von Null abfällt. Nicht zulässig ist es, wenn die Kurve unter Null fällt.

45. Aufnahme von Feldverteilungskurven.

a) Allgemeines.

Feldverteilungskurven geben ein Bild von der Verteilung der magnetischen Induktion $\mathfrak{B}_a$ längs des Ankerumfanges. Die Charakteristiken weichen voneinander ab, je nachdem ob ihre Aufnahme bei belasteter oder unbelasteter Maschine erfolgt. Allgemein gesprochen ist die Dichte der Kraftlinien, also die Induktion $\mathfrak{B}_a$ dort am größten, wo der kleinste magnetische Widerstand vorhanden ist. Betrachtet man zunächst eine Maschine mit glattem Anker (geschlossenen Nuten) im Leerlauf (Ankerstrom $J_a = 0$), so ist der magnetische Widerstand zwischen einem Pol und der ihm gegenüberliegenden Oberfläche am kleinsten und konstant, die Kraftliniendichte ist hier am größten und ebenfalls konstant. Geht man jetzt längs des Ankerumfanges von einem Pol zum andern, so nimmt der magnetische Widerstand allmählich zu, die Induktion dagegen ab, wird in der neutralen Zone gleich Null und dann negativ. Die Feldverteilung hat also den Verlauf der Kurve III in Abb. 235. Hat man dagegen einen Anker mit offenen Nuten, so ist auch unmittelbar unter dem Pol der magnetische Widerstand kein konstanter, er schwankt zwischen einem größten und kleinsten Wert, je nachdem ob man sich vor einer Nut oder vor einem Zahn befindet. Dadurch erhält die Feldverteilung das Aussehen der Kurve I, deren Schwankungen etwas übertrieben sind, da in Wirklichkeit die Zähnezahl größer ist als in Abb. 235.

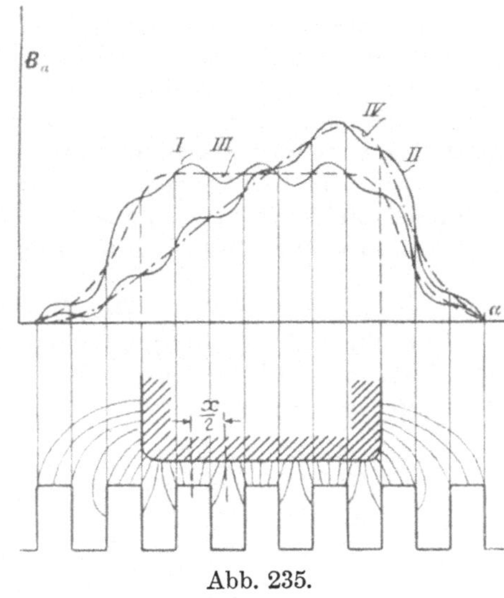

Abb. 235.

Diese Zahn- oder Nutenschwankungen sind ein Grund dafür, daß die Spannungs- bzw. Stromkurven von Gleichstrommaschinen Oberschwingungen enthalten. Durch eine große Zähnezahl pro Polteilung lassen sie sich erheblich vermindern. Dasselbe wird erreicht mit einer angemessenen Schrägstellung der Nuten (bei großen Maschinen). An dieser Stelle sei erwähnt, daß Oberschwingungen in Kollektormaschinen ferner erzeugt werden durch das Hinweggleiten der einzelnen Lamellen unter den Bürsten, sowie durch Kommutierungskurzschlußströme. Es werden durch die nur endliche Zahl von Kollektorlamellen dauernd kleine Unsymmetrien des Stromkreises, die sich in schnellen Schwankungen der Spannung und des Stromes bemerkbar machen, bei der Drehung des Ankers hervorgerufen. Die Frequenz dieser Schwankungen ist gegeben durch die Lamellenzahl des Kollektors und seine Drehzahl (s. S. 121).

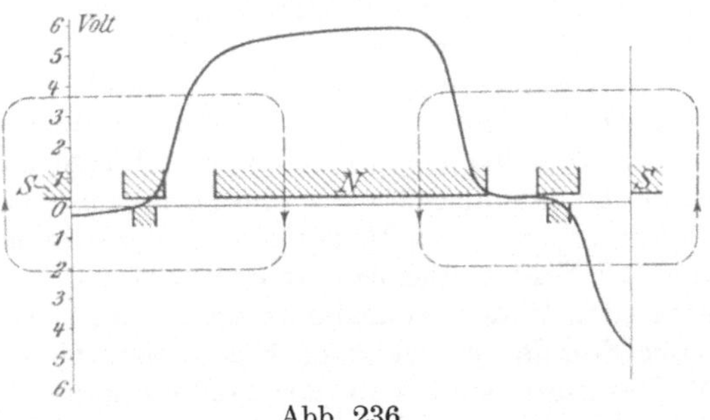

Abb. 236.

Bei Belastung der Maschine bewirkt das von den quermagnetisierenden Amperewindungen des Ankers erzeugte Feld eine Verschiebung der Kraftflußverteilung nach Kurve II (mittlerer Wert Kurve IV). Die eine Polkante ist dann stärker gesättigt als die andere. Diese

Feldverzerrung ist ein Grund zur Bürstenverschiebung bei Belastung bzw. bei Belastungsänderungen. Anwendung besonderer Polformen- insbesondere aber von Wendepolen und Kompensationswicklungen ermöglicht eine fast vollkommene Beseitigung der Feldverschiebung bei Belastung — vgl. Abb. 236: Die hier gezeichnete Kurve der Wendepolmaschine entspricht der Kurve IV in Abb. 235.

Bei Maschinen mit Wendepolen ist zu beachten, daß nur solche Methoden für die Aufnahme der Feldverteilung zur Anwendung gelangen können, welche eine Vornahme der Messung an der laufenden, normal arbeitenden Maschine gestatten. Grund: Die Kurzschlußströme in den Spulen, welche gerade unter den Bürsten vorbeigleiten, rufen besondere Felder hervor, die auf die Wendepolfelder einwirken. Diese Kurzschlußströme entstehen natürlich nur bei laufender Maschine.

b) Methoden.

Aufnahme der Feldkurve mittels Wismutspirale bei stillstehender Maschine. Wismut hat die Eigenschaft, seinen Ohmschen Widerstand zu ändern, wenn es in ein magnetisches Feld gebracht wird.

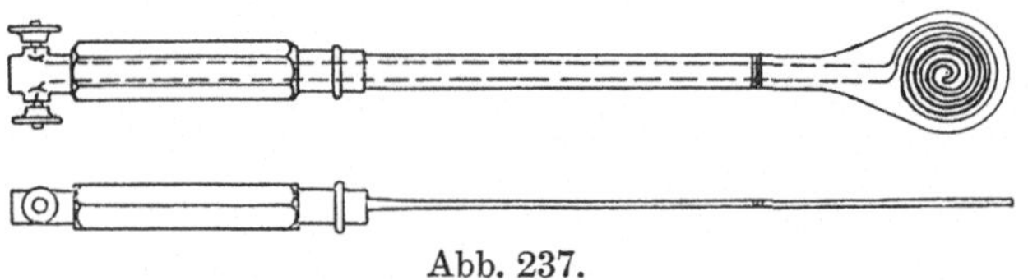

Abb. 237.

Abb. 237 zeigt die Ausführung einer Wismutspirale von Hartmann & Braun. Ein dünner Draht, aus nach Lenard elektrolytisch gereinigtem Wismut hergestellt und in geeigneter Weise isoliert, ist zu einer ebenen Spirale bifilar aufgewunden, an seinen Enden an zwei mit Klemmen versehene, in einem Hartgummigriff zusammengehaltene flache Kupferstangen gelötet und durch aufgekittete Glimmerplättchen gegen Bruch gesichert. Die Dicke der Spirale beträgt nur etwa 1 mm, so daß dieselbe auch in sehr enge Räume, also z. B. in den Luftspallt einer Dynamomaschine eingeführt werden kann. Die Widerstandsänderung gibt ein Maß für die Kraftlinienzahl pro cm^2 des untersuchten Feldes, und es entsprechen 1000 Kraftlinien pro cm^2 im Mittel etwa 5% Widerstandsänderung; genauer ist dieses Verhältnis aus der jeder Spirale beigegebenen Eichungskurve zu ersehen. Die erhaltenen Meßresultate sind von der Meßtemperatur abhängig und nur genau, wenn die Messung bei der Temperatur erfolgt, bei welcher die Spirale geeicht wurde. Es ist daher auch geboten, Erwärmung der Spirale durch den Meßstrom zu vermeiden, denselben also möglichst schwach (etwa 10 bis 15 mA) zu wählen und die Versuchsdauer möglichst abzukürzen.

Kennt man die Eichkurve einer Wismutspirale, welche die Widerstandszunahme x in Abhängigkeit von der Kraftlinienzahl für 1 cm^2, also von der Induktion $\mathfrak{B}$, darstellt, so kann man rückwärts aus der beobachteten Widerstandsänderung x in einem zu untersuchenden Felde auf die Induktion $\mathfrak{B}$ schließen. Die Eichkurve Abb. 238 ist leicht aufzunehmen: Man bestimmt die Induktion $\mathfrak{B}$ ballistisch (s. S. 223) und mißt gleichzeitig den Widerstand der Spule.

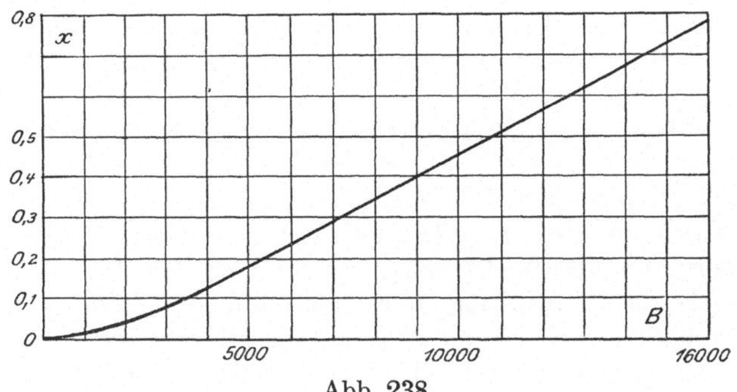

Abb. 238.

Um eine rechnerische Korrektion der Temperatur zu vermeiden, führen Hartmann & Braun die Schaltung nach Abb. 239 aus. Diese ist in elektrischer Beziehung gleichbedeutend mit Abb. 106 (Wheatstonesche Brücke). Für stromloses Galvanometer gilt auch hier:

$$a \cdot x = b \cdot r.$$

Die Widerstände r und b werden aber zunächst vor der Messung der Temperatur entsprechend korrigiert, indem der Schleifkontakt C_1 auf den Punkt der Skala S_1 gestellt wird, welcher der am Thermometer abgelesenen Temperatur entspricht. C_3 muß auf dem Anfangspunkt der Skala S_3 stehen, dann wird C_2 auf S_2 verschoben, bis das Galvanometer stromlos ist. Bringt man die

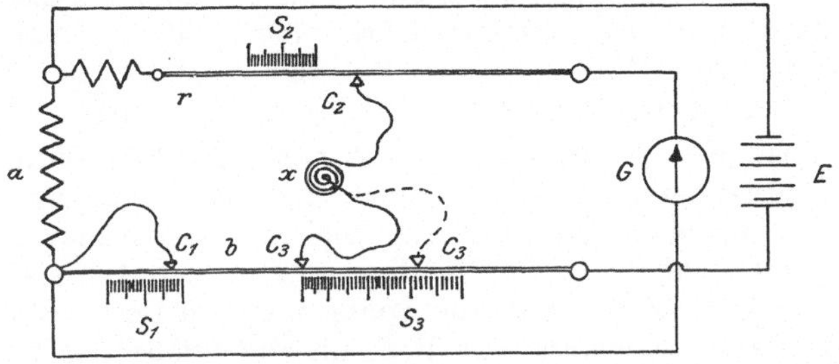

Abb. 239.

Spirale x nun in das zu messende Feld, so wird die eintretende Widerstandsänderung einen Galvanometerausschlag zur Folge haben, der durch Verschieben von C_3 zum Verschwinden gebracht wird. Die Induktion B kann auf der Skala S_3 dann direkt abgelesen werden.

Bei laufenden Maschinen läßt sich die Temperatur zwischen Pol und Anker, welche stets höher ist als die der Außenluft, nicht messen. Deshalb kann man die Wismutspirale bei der laufenden Maschine nicht anwenden.

Vornahme der Messungen. Die an einem beweglichen Arm befestigte Spirale wird parallel zur Achse der Maschine bewegt. An einer in Grad geteilten Scheibe kann die Entfernung von einer Ausgangslage festgestellt werden. Bei der Aufnahme ist zu beachten, daß die Spirale immer nur um die halbe Zahnteilung $x/2$ — s. auch Abb. 235 — unter dem Pol verschoben werden darf, damit man in richtiger Reihenfolge die hoch- und tiefliegenden Punkte der wellenförmigen Kurve erhält.

1. Aufnahme des Leerlauffeldes. Die Magnete sind dabei mit der für Leerlauf zur Erzeugung der normalen Betriebsspannung erforderlichen Stromstärke zu erregen; der Anker steht still und ist stromlos.

2. Aufnahme des Ankerquerfeldes. Der Erregerstrom wird ausgeschaltet, die Bürsten in die Betriebsstellung geschoben und durch den stillstehenden Anker der Nennstrom geleitet.

3. Aufnahme des resultierenden Feldes. Man erregt die Magnete normal und schickt gleichzeitig durch den Anker den Nennstrom. Auch durch Addition der Ordinaten des Leerlauf- und des Ankerfeldes kann man das resultierende Feld erhalten.

Der gesamte von einem Pol in den Anker eintretende Kraftfluß Φ_a ist, wenn l die Ankerlänge und $\mathfrak{B}_\alpha$ die zu den Winkeln α gehörigen Ordinaten bedeuten, gegeben durch den Ausdruck:

$$\Phi_a = l \int_{\alpha = 0^0}^{\alpha = 180^0} \mathfrak{B}_\alpha \, d\alpha.$$

Für $\mathfrak{B}_\alpha$ sind die Ordinaten des Leerlauf- oder des resultierenden Feldes, welche mit der Spirale aufgenommen und in Abhängigkeit von der jeweiligen Stellung α derselben aufgetragen wurden, einzusetzen. Obiger Ausdruck ist also nichts anderes als der Inhalt der Fläche, welche die Feldverteilungskurven (Abb. 235) bei Leerlauf bzw. bei Belastung mit der Abszissenachse einschließen. Dabei wird der Flächeninhalt der Feldkurve bei Belastung infolge der Ankerrückwirkung etwas kleiner sein als jener der Leerlaufkurve.

Aufnahme der Feldkurve mittels schmaler Prüfspule bei stillstehender Maschine. a) Eine schmale Prüfspule von der Länge des Ankers wird in einer Führung verschiebbar angeordnet, mit einem ballistischen Galvanometer verbunden und in den Luftspalt der Maschine geschoben. Zieht man die Spule aus dem Luftspalt, so ist der Ausschlag des Instrumentes ein Maß für die Größe der von ihr umfaßten Kraftlinienzahl an der betreffenden Stelle des Ankerumfanges. Die vorhandenen Feldstärken können aus den Abmessungen der Spule berechnet werden. Die Aufnahme der Feldkurven bei Leerlauf und Belastung erfolgt wie oben angegeben.

Statt die Spule aus der Maschine herauszuziehen, kann man, wenigstens bei kleinen Maschinen, die Erregung ausschalten und den so im Prüfspulenkreis auftretenden Induktionsstoß messen. Für große Maschinen wären zum Schutze der Erregerwicklung gegen Durchschlagen parallel zu dieser entsprechende Widerstände zu schalten.

Diese Methode, wie auch die mit der Wismutspirale eignet sich auch zur Aufnahme des remanenten Feldes. Die Aufnahmen sind wiederum an verschiedenen Stellen des Ankerumfanges durchzuführen, nur sind Anker- und Feldwicklung dabei natürlich stromlos.

b) Abb. 240 zeigt eine weitere Vorrichtung zur Ermittlung der Feldverteilung. Bei dieser wird jedoch die Feldstärke bestimmt durch die Ablenkung, welche die vom Strom i durchflossene Spule S durch ein magnetisches Feld, in unserem Falle durch das Erreger- oder Ankerfeld der zu untersuchenden Maschine, erfährt. i wird während der Aufnahme mittels des Regulierwiderstandes R genau konstant gehalten und der Spule S über die Federn f_1 und f_2 zugeführt. Diese suchen S in eine bestimmte Ausgangslage zurückzudrehen. Die Ablenkung aus letzterer wird mittels des auf der Spulenachse befindlichen Spiegels, Skala a und Fernrohr F festgestellt und ist proportional der Stärke des Feldes an der betreffenden Stelle. Die Anordnung wird an einem drehbaren Arm bei A befestigt und die jeweilige Stellung der Spule mit Hilfe des Zeigers Z und der Gradteilung T bestimmt. Die im Fernrohr beobachteten Ablenkungswinkel in Abhängigkeit von der Lage der Spule zu den Polen aufgetragen, ergeben ein genaues Bild der Feldverteilung. Um aus der Feldverteilung die Induktion $\mathfrak{B}_a$ selbst zu finden, muß man den Apparat eichen, indem man ihn in ein bekanntes Feld bringt und bei dem gleichen Strom i, der während der Beobachtung an der Maschine in der Spule floß, die Ablenkung im Fernrohr bestimmt.

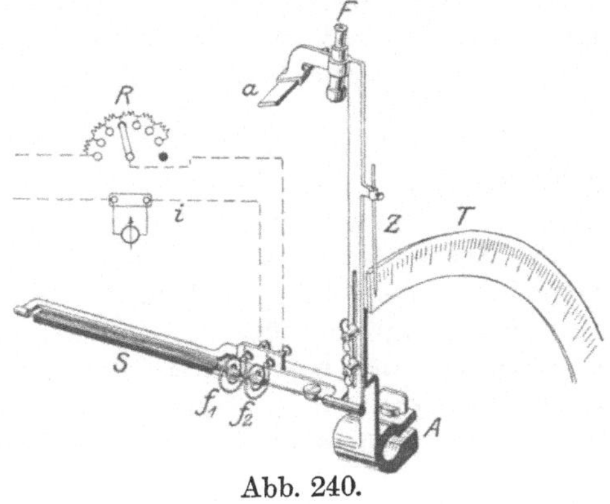

Abb. 240.

Aufnahme der Feldkurve bei laufender Maschine mit rotierender Prüfspule. Genaue Untersuchungen der Feldverteilung einer laufenden Maschine kann man mit einer auf den Anker gelegten Prüfspule von wenig Windungen und der Breite einer Polteilung ausführen. Die Schaltung zeigt Abb. 241. Die Spulenenden sind mit zwei Schleifringen verbunden. An diese ist ein Kontaktgeber (Joubertsche Scheibe s. Kap. 72) KA und ein ballistisches Galvanometer BG angeschlossen. Der Kondensator C dient zur Beruhigung des Instrumentes, die Widerstände W sind erforderlich zu seiner richtigen Abgleichung und Einstellung. Sobald die beiden Bürsten bb auf das schwarz gezeichnete Metallsegment zu stehen kommen, ist der Prüfspulenkreis geschlossen; das Galvanometer erhält dann einen Stromstoß. Dessen Größe und damit der Ausschlag des Instrumentes

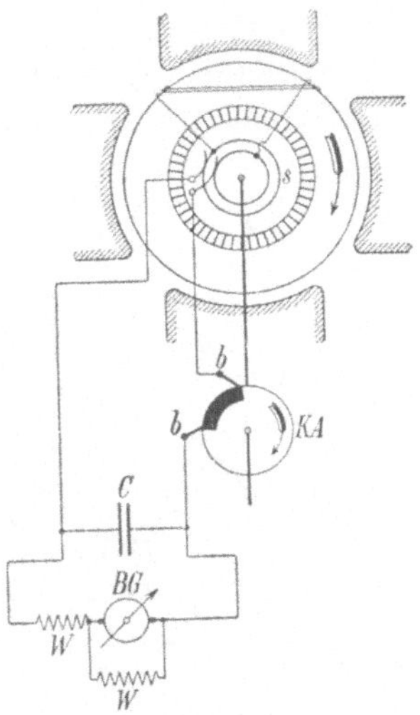

Abb. 241.

ist abhängig von der Höhe der in der Prüfspule induzierten EMK. Letztere ist aber eine Funktion der jeweiligen Lage der Spule im magnetischen Feld. Verändert man die Bürstenstellung auf dem Kontaktgeber *KA*, so wird der Galvanometerkreis bei einer anderen Lage der Prüfspule geschlossen. Trägt man nun die Ausschläge des Instrumentes in Abhängigkeit von Bürstenstellung bzw. von der Spulenlage auf, so erhält man ein Bild der Feldverteilung. Will man aus diesem auf die Induktionen $\mathfrak{B}_a$ schließen, so ist die Anordnung zu eichen.

Die Aufnahmen des Leerlauf- und Belastungsfeldes erfolgen natürlich bei rotierendem Anker. Man kann auch das Ankerfeld allein aufnehmen, indem man bei unerregtem Hauptfelde den vom normalen Strom durchflossenen Anker rotieren läßt. Die Prüfspule wird dann von dem senkrecht zum Hauptfelde stehenden Ankerfelde induziert. Aus dem Diagramm des so ermittelten Ankerfeldes erkennt man auch den Einfluß der Kurzschlußströme in den von den Bürsten kurzgeschlossenen Spulen. Er äußert sich dadurch, daß die Feldkurve in der Gegend der neutralen Zone bzw. Bürstenlage einen zackigen Verlauf besitzt.

Anstatt an die Schleifringe einen Kontaktgeber anzuschließen, kann man mit ihnen auch einen Oszillographen in Verbindung bringen. Mittels eines Vorschaltwiderstandes wird die Ablenkung der Meßschleife reguliert. Den Maßstab für die aufgezeichneten Ordinaten (induzierten Spannungen) findet man leicht, wenn man den Apparat bei unverändertem Vorschaltwiderstand auf eine bekannte Gleichstromspannung umschaltet. Man erhält dann eine zur Abszissenachse parallele Linie und damit den Maßstab.

Aufnahme der Feldkurve durch Messung der Spannung zwischen den Kommutatorlamellen. Auch hier muß die Maschine laufen und kann außerdem im richtigen Betriebszustande untersucht werden. Zwei schmale Hilfsbürsten (Abb. 242) aus hartem Kupfer werden auf den Kommutatorlamellen verschoben und die Spannung e, welche zwischen diesen gemessen wird, in Abhängigkeit von α (Entfernung von einer Ausgangslage bzw. von der neutralen Zone) aufgetragen: $e = f(\alpha)$ — Abb. 243. Die so erhaltene Kurve ist die Kommutatorkurve. α wird mit einer Gradteilung bestimmt. Die Größe der Spannung e ist abhängig von der Zahl der zwischen den Hilfsbürsten liegenden Spulenseiten und von der Stellung der letzteren im Feld. Bei der Durchführung einer Messung ist die Entfernung der Bürsten konstant zu halten, dann ist auch die Zahl der Spulenseiten konstant und die Kurve $e = f(\alpha)$ gibt die Feldverteilung im Voltmaßstab wieder.

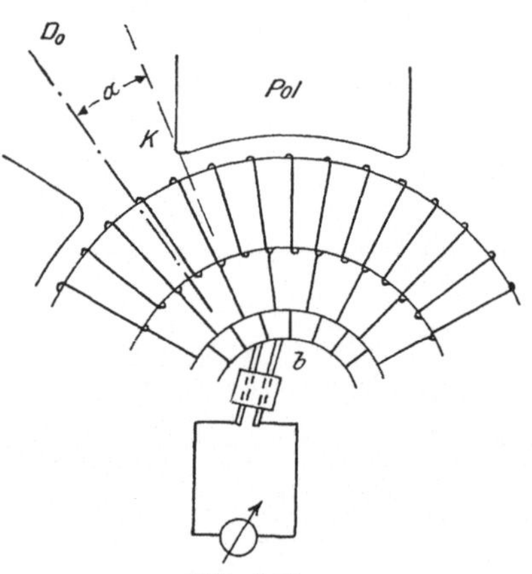

Abb. 242.

Steht die eine Bürste auf Lamelle u, so ist die andere auf Lamelle $(u+v)$ zu setzen. v ist je nach Schaltungs- und Wicklungsart

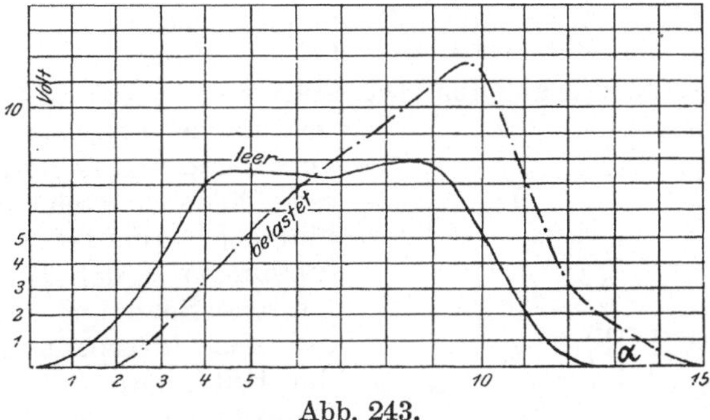

Abb. 243.

aus folgender Tabelle zu entnehmen. Die Bezeichnungen y_k, a, p s. Kap. 28.

Wicklungsart:	Ausführung als:	v	Gemessene Spannung e, herrührend von s' Spulenseiten:
Schleifenwicklung $y_k = \pm \frac{a}{p}$	einfache oder mehrfache Parallelschaltung $a = p,\ 2p,\ 3p \cdots$	$v = y_k = \pm 1, 2, 3 \cdots$	$s' = 2$
Wellenwicklung $p \cdot y_k = K \pm a$	$a = 1$ Reihenschaltung $a = p$ Parallelschaltung $a \gtreqless p$ Reihenparallelschaltung	$v = K \pm a = \pm a$	$s' = 2p$

Weiterhin ist noch zu bemerken:

a) Da v bei Schleifenwicklung gleich y_k genommen wird, so ist e die Spannung zweier Spulenseiten, welche von zwei Polen induziert werden. Um die Feldverteilung eines Poles zu erhalten, ist aufzutragen:

$$e' = \frac{e}{2} = f(\alpha).$$

b) Bei Wellenwicklungen sind die Bürsten um $p \cdot y_k = K \pm a = v$ voneinander entfernt. Zählt man K Lamellen zur Lamelle u, so kommt man auf u zurück, man kann also setzen $u + v = u + K \pm a = u \pm a$ und somit $v = \pm a$. Dabei rührt e von $2p$ Spulenseiten her. Es ist somit aufzutragen:

$$e' = \frac{e}{2p} = f(\alpha).$$

Die Aufnahmen können ausgeführt werden sowohl bei leerlaufender, als auch bei verschieden belasteter Maschine. Im letzteren Falle ist der Spannungsverlust in den zwischen den Hilfsbürsten liegenden Spulen zu berücksichtigen. Derselbe ist zu e zu addieren bzw. von e zu subtrahieren, je nachdem die Maschine als Generator oder als Motor läuft.

Die Umrechnung des Voltmaßstabes in die Induktionen $\mathfrak{B}_\alpha$ erfolgt am einfachsten dadurch, daß man an einer beliebigen Stelle α bei stillstehender Maschine und normal erregten Magneten (Ankerstrom $= 0$) die Induktion $\mathfrak{B}_\alpha$ mittels der Wismutspirale bestimmt.

Auch aus der **Potentialkurve des Kommutators** lassen sich die Feldverteilungskurven ableiten. Das Voltmeter in Abb. 244 ist einerseits fest mit der normalen Bürste $+B$ verbunden und liegt anderseits an der kleinen verschiebbaren Hilfsbürste b. Die bei verschiedenen Stellungen α der Hilfsbürste gemessene Spannung e_k wird gleich der Maschinenspannung E, wenn die Hilfsbürste mit der anderen Hauptbürste $-B$ zusammenfällt. Wird α größer als eine Polteilung, so nimmt e_k wieder ab. Trägt man die Spannungen e_k in Abhängigkeit von $x = \alpha$ auf, so erhält man die Potentialkurve des Kommutators. Abb. 245 zeigt solche Kurven für Leerlauf und Belastung. Beide Kurven sind nichts anderes als die Summe der Ordinaten der entsprechenden Kurven von Abb. 243. Betrachten wir z. B. die Potentialkurve der belasteten Maschine für eine Stellung der Hilfsbürste auf dem Segment $\alpha = 8$. Die Hauptbürste sei um zwei Segmente aus

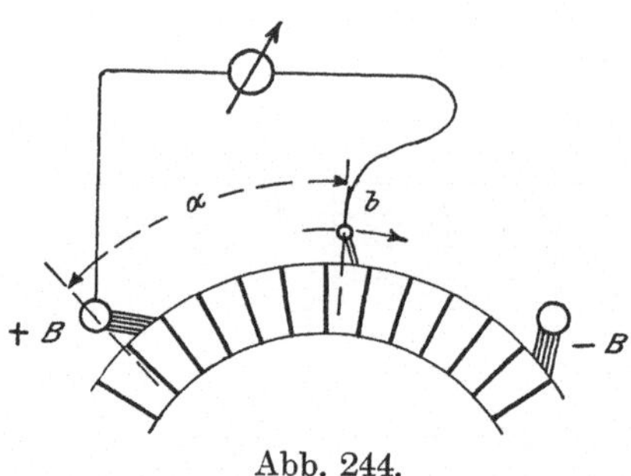

Abb. 244.

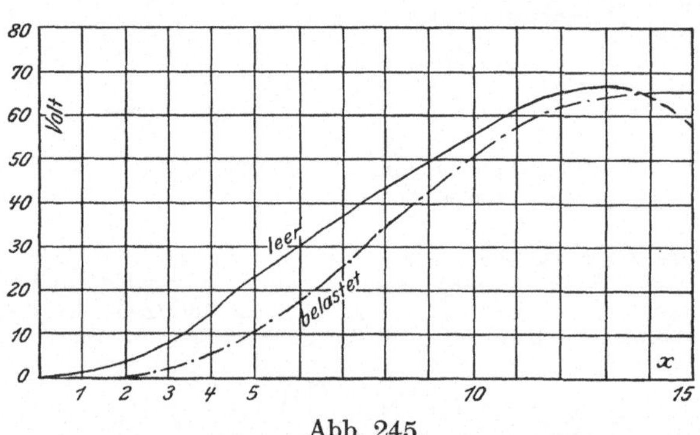

Abb. 245.

der neutralen Zone verschoben, steht also bei $\alpha = 2$. Zwischen beiden Bürsten wird die Spannung $e_k = 35$ Volt gemessen. Die gleiche Spannung erhält man, wenn man die zu den Abszissen $\alpha = 2 \div 8$ gehörigen Ordinaten der Kommutatorkurve Abb. 243 addiert. Aus dem Gesagten folgt sofort, daß man aus der Potentialkurve umgekehrt die Kommutatorkurve und damit die Feldverteilung finden kann: Man braucht nur in Abb. 245 von jeder Ordinate die vorhergehende abzuziehen und die erhaltene Differenz in Abhängigkeit von α aufzutragen, um Abb. 243 zu erhalten.

46. Bestimmung von Streuungskoeffizienten.

a) Allgemeines.

In irgendeinem Teile eines magnetischen Kreises werden nicht alle von den magnetisierenden Amperewindungen erzeugten Kraftlinien Φ_e vorhanden sein. Eine Anzahl derselben, die Streulinien Φ_x, schließen sich durch die Luft, ohne den betreffenden Teil zu durchsetzen. Als Streuungskoeffizienten τ_a (Anker), τ_j (Joch) usw. bezeichnet man das Verhältnis aller erzeugten Kraftlinien Φ_e zu den in dem betreffenden Teile des Kreises vorhandenen Kraftlinien Φ_a (Anker), Φ_j (Joch). Es sind somit

$$\tau_a = \frac{\Phi_e}{\Phi_a} \quad \text{und} \quad \tau_j = \frac{\Phi_e}{\Phi_j} \qquad (94)$$

die Streukoeffizienten von Anker und Joch. Diese Verhältnisse sind stets größer als 1.

Es sei hier darauf hingewiesen, daß man für den Streuungskoeffizienten noch zwei weitere Definitionen in der technischen Literatur findet. Man bezeichnet ihn:

α) Als das Verhältnis der Streukraftlinien Φ_x zu den erzeugten Kraftlinien Φ_e.

β) Als das Verhältnis der in einem Teile vorhandenen Kraftlinien zu Φ_e.

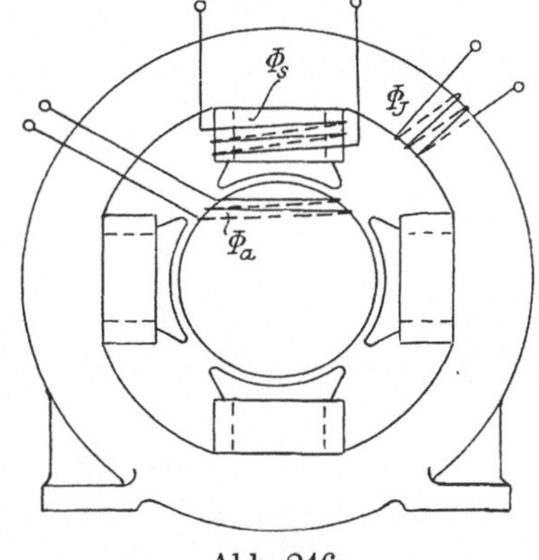

Abb. 246.

Die Ermittlung der Streukoeffizienten geschieht mittels Prüfspulen, welche nach den Abb. 246 und 249 angeordnet werden. Man mißt dann die in denselben durch plötzliche Änderung der Kraftlinien (Änderung des Magnetisierungsstromes) entstehenden EMKe, welche ja den jeweiligen Induktionen proportional sind. Am wichtigsten ist die Bestimmung des Ankerstreukoeffizienten τ_a. Folgende Punkte sind besonders zu beachten:

1. Der magnetische Widerstand des Ankereisens nimmt mit wachsender Sättigung zu, während jener des Streuweges (Luftweges) annähernd konstant bleibt. Ist das Ankereisen gesättigt, so bewirkt eine Vergrößerung der magnetisierenden Amperewindungen auf den Schenkeln (Erhöhung des Magnetisierungsstromes) wohl noch eine Erhöhung von Φ_x, also auch eine solche von $\Phi_e = \Phi_a + \Phi_x$, dagegen nur eine unwesentliche der Ankerkraftlinien Φ_a. Der Streukoeffizient

$$\tau_a = \frac{\Phi_e}{\Phi_a} = \frac{\Phi_a + \Phi_x}{\Phi_a}$$

wächst also mit der Sättigung. Da diese außerdem noch von der Belastung der Maschine abhängig ist, so empfiehlt es sich, τ_a bei verschiedenen Sättigungen, also sowohl bei verschiedenen Erreger- als auch bei verschiedenen Ankerströmen festzustellen.

2. Der Magnetisierungsstrom darf nie ganz ausgeschaltet werden, sondern ist stets nur um einen gewissen Betrag zu vermindern. Würde

man ersteres tun, so würden während des Ausschaltvorgangs alle möglichen Sättigungen auftreten. Der gemessene Streuungskoeffizient wäre also ein Mittelwert, aber nicht jener für eine bestimmte Sättigung.

Abb. 247 zeigt den Verlauf der Kraftflüsse Φ_e und Φ_a nach dem Ausschalten des Magnetisierungsstromes in Abhängigkeit von der Zeit. Die Kurven 1 und 2 geben den Verlauf von Φ_a wieder, und zwar gilt Kurve 2 für den Fall, daß τ_a konstant wäre. Kurve 1 entspricht der Wirklichkeit: Hier ist τ_a für $t = 0$ am größten und wird erst von einem gewissen Zeitpunkt ab konstant (nämlich dann, wenn der geradlinige Teil der Magnetisierungskurve erreicht ist). Unter Benutzung der Magnetisierungskurven können diese „Auslaufkurven" berechnet werden. Ändert man den Magnetisierungsstrom von i auf i_1, so gilt gemäß der Beziehung

$$i \cdot r + L \frac{di}{dt} = 0$$

die Gleichung $$i_1 = i e^{-\frac{r}{L} t}.$$

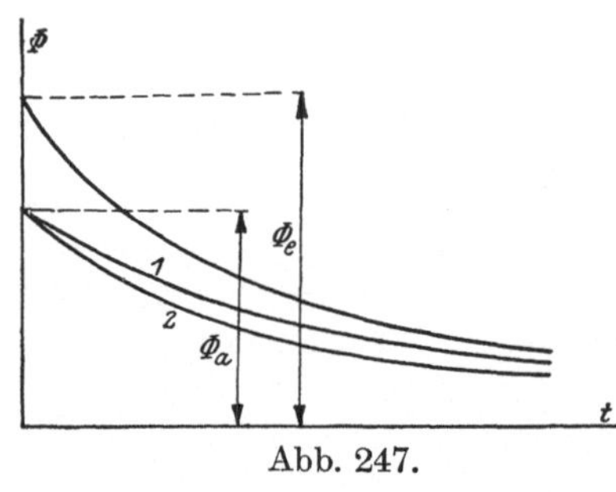

Abb. 247.

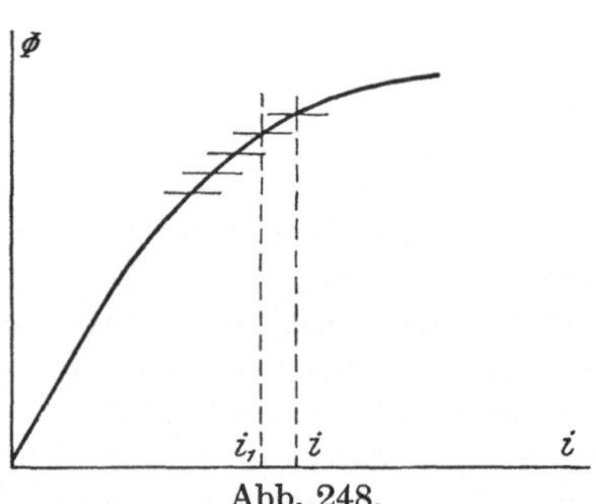

Abb. 248.

Die den Werten i und i_1 entsprechenden Sättigungen Φ und Φ_1 folgen aus der Magnetisierungskurve Abb. 248. Der Widerstand r und der Selbstinduktionskoeffizient L können für den Erregerkreis auch berechnet werden, folglich ergibt sich aus der oben genannten Gleichung die für die Änderung des Stromes i auf i_1 benötigte Zeit t. Man verfährt so für mehrere Abschnitte der Kurve. Die Abschnitte sind so klein zu wählen, daß für ihren Bereich die Magnetisierungskurve als geradlinig betrachtet werden kann. Für diese Teile ist dann der jeweilige Selbstinduktionskoeffizient L, der aus der Formel

$$L = w \cdot \frac{\Phi - \Phi_1}{i - i_1}$$

sich ergibt, als konstant anzusehen. Aus dem Gesagten geht hervor, daß für den Versuch die Änderung des Magnetisierungsstromes so groß sein darf, daß die betreffende Änderung der Auslaufkurve noch annähernd gerade ist.

3. Aus Abb. 249 ist ersichtlich, daß die Meßspule s für die Schenkel möglichst weit nach dem Joch zu gelegt werden muß, damit alle in den Schenkeln erzeugten Kraftlinien durch sie hindurchgehen.

Für den Anker muß die Breite der Meßspule gleich einer Polteilung sein. Sie ist so aufzulegen, daß ihre Seiten sich in der Mitte zwischen zwei Polen befinden. — s. Abb. 249.

4. Der Magnetisierungsstrom muß in allen Schenkelspulen gleichzeitig geändert werden. Es verlaufen durch jeden Schenkel zwei Kraftflußkreise. Änderte man nur den Strom in einem Schenkel, so würden

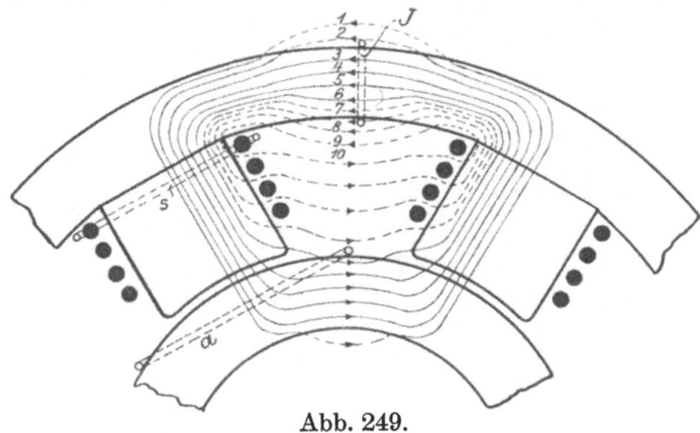

Abb. 249.

die benachbarten Kraftflußkreise Störungen und Verschiebungen hervorrufen, so daß die Verteilung des Kraftflusses nicht mehr derjenigen in der arbeitenden Maschine entspräche.

b) Methoden.

Ballistische Methode. In Abb. 250 ist G das ballistische, also ungedämpft schwingende Spiegelgalvanometer, dessen Ablesung mit Fernrohr und Skala S erfolgt (vgl. S. 4).

Ist allgemein Φ der Kraftfluß einer Prüfspule, an welche das Galvanometer angeschlossen ist, mit w Windungen, so sendet die in ihr induzierte EMK $e = -w \cdot d\Phi/dt$ durch das Instrument eine Elektrizitätsmenge Q:

$$Q = \int_{t=t_1}^{t=t_2} \frac{e}{r}\, dt = -\frac{w}{r} \int_{\Phi=\Phi_1}^{\Phi=\Phi_2} d\Phi = \frac{w}{r} \cdot (\Phi_1 - \Phi_2) = c \cdot \alpha .$$

Daraus:

$$\Phi_1 - \Phi_2 = \frac{c \cdot \alpha \cdot r}{w} \qquad (95)$$

r ist der Widerstand des Stromkreises, c die Konstante und α der Ausschlag des Instruments, welcher Q proportional ist.

Mit der Schaltung nach Abb. 250 können nun die folgenden Aufgaben gelöst werden.

1. Bestimmung der Konstanten des Galvanometers. Zu diesem Zwecke ist die Spulenanordnung $W_1 W_2$ vorgesehen. W_2 ist eine kleine Spule aus sehr feinen Windungen, welche sehr kurz ist im Vergleich zur Spule W_1. Die Länge l der Spule W_1 muß wenigstens 10 mal so groß sein wie ihr Durchmesser d; dann ist in ihrer Mitte ein Feld vorhanden von der Stärke:

$$H_0 = \frac{0{,}4\,\pi \cdot w_1 \cdot i_0}{l}.$$

Dabei ist i_0 der Strom in Ampere, l die Länge der Spule W_1 in cm, w_1 ihre Windungszahl. Schaltet man i_0 nun plötzlich aus (hier muß und darf ganz ausgeschaltet werden, da W_1 kein Eisen enthält), dann induziert der verschwindende Kraftfluß Φ_0 der Spule W_1 in der Spule W_2 eine EMK. Bedeutet q den Querschnitt der ersteren in cm², w_2 die Windungszahl der letzteren, r_0 den Widerstand des Galvanometer-

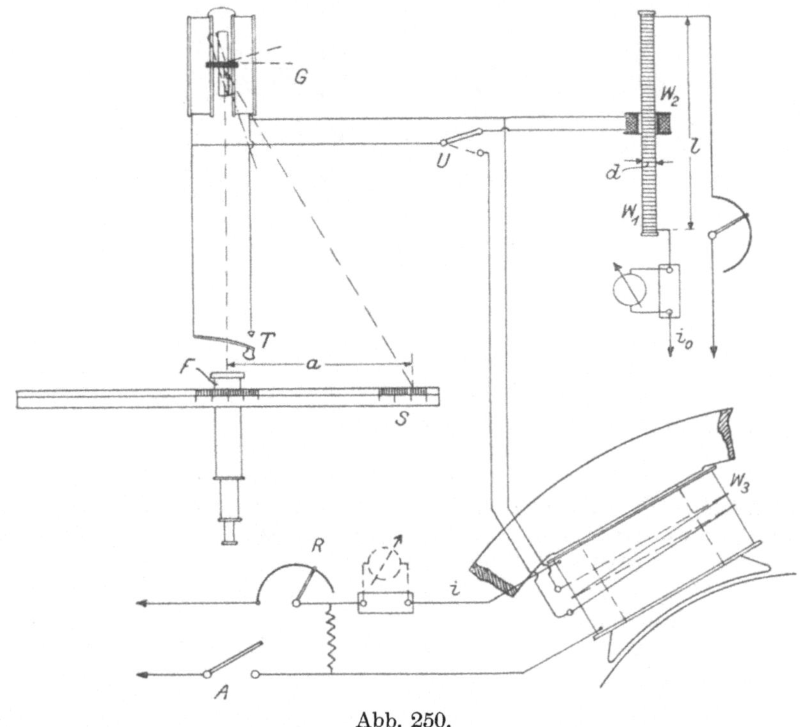

Abb. 250.

kreises, wenn der Umschalter U auf W_2 gelegt ist, so gilt gemäß der abgeleiteten Gl. (95):

$$\Phi_0 = H_0 \cdot q = \frac{c \cdot \alpha_0 \cdot r_0}{w_2}.$$

Der entstehende Stromstoß verursacht den Galvanometerausschlag α_0, der mit dem Fernrohr abgelesen wird. Man dämpft dann das Galvanometer durch Kurzschließen seiner Wicklung mittels des Tasters T. Aus der zuletzt genannten Beziehung wird die Konstante c des Instrumentes berechnet.

2. Bestimmung des magnetischen Kraftflusses Φ_e. Der in der Abb. 250 gezeichnete Magnetschenkel wird durch den Strom i erregt. Er trägt die Prüfspule W_3 (Windungszahl w_3), mit welcher durch Umlegen des Schalters U das Galvanometer G verbunden werden kann.

i wird plötzlich ausgeschaltet und der Ausschlag α_3 beobachtet. Auch hier kann ganz ausgeschaltet werden, da es sich um die Bestimmung von Kraftlinienzahlen, nicht aber um die Feststellung eines Verhältnisses von Kraftlinienzahlen, das wiederum von den magnetischen Widerständen abhängig ist, handelt. Ist r_1 jetzt der Widerstand des Galvanometerkreises, so folgt unter Benutzung der Gl. (95), in welcher $\Phi_1 = \Phi_e$, $\Phi_2 = 0$, $\alpha = \alpha_3$, $r = r_3$ und $w = w_3$ zu setzen ist:

$$\Phi_e = \frac{c \cdot \alpha_3 \cdot r_3}{w_3} = \Phi_0 \cdot \frac{\alpha_3}{\alpha_0} \cdot \frac{w_2}{w_3} \cdot \frac{r_3}{r_0}.$$

Die Bestimmung des gesamten Schenkelflusses ist auf diese Weise nur möglich bei kleinen Maschinen. Bei größeren Maschinen muß man stets einen Widerstand parallel (vgl. Abb. 250) zu der Magnetwicklung schalten. Der durch das Verschwinden des Kraftflusses Φ_e beim Ausschalten von i entstehende Selbstinduktionsstromstoß verläuft über diesen Widerstand, und die Isolation der Spulen ist vor dem Durchschlagen geschützt.

3. Bestimmung des Streuungskoeffizienten. Will man nur diesen bestimmen, so sind die Spulen W_1 und W_2 überflüssig. Das Instrument legt man einmal an die Prüfspule s, dann an die Spule a in Abb. 249. Haben beide Spulen gleiche Windungszahl und hat der Galvanometerkreis in beiden Fällen den gleichen Widerstand r, so entspricht einer Stromänderung $(i_1 - i_2)$ im ersten Falle (Galvanometer an s) eine Kraftlinienänderung $(\Phi_{e1} - \Phi_{e2})$ in den Magneten und ein Instrumentenausschlag α_s. Der gleichen Stromänderung entspricht im zweiten Falle (Galvanometer an a) eine Kraftlinienänderung $(\Phi_{a1} - \Phi_{a2})$ im Anker und ein Ausschlag α_a. Nach Gl. (95) ergibt sich dann:

$$\tau_a = \frac{\Phi_{e1} - \Phi_{e2}}{\Phi_{a1} - \Phi_{a2}} = \frac{\alpha_s}{\alpha_a}.$$

Nullmethode von Goldschmidt[1]. Diese ist bedeutend einfacher als die ballistische Methode. Soll durch das Gleichstrommillivoltmeter V in Abb. 251 kein Strom hindurchgehen, dann müssen sich die Spannungen in den gegeneinander geschalteten Prüfspulen gegenseitig aufheben. Die bei einer Änderung des Magnetstromes induzierten Spannungen sind proportional dem Produkt aus Kraftfluß (bzw. Kraftflußänderung) und Windungszahl.

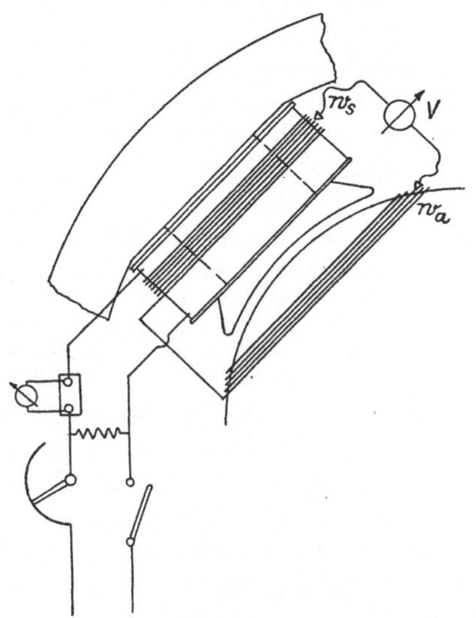

Abb. 251.

Sind an der Schenkelprüfspule w_s, an der Ankerprüfspule w_a Windungen eingeschaltet, so gilt, wenn die erwähnte Bedingung erfüllt sein soll:

[1]) ETZ 1902, Heft 15.

$$\Phi_e \cdot w_s = \Phi_a \cdot w_a ,$$

folglich:

$$\tau_a = \frac{\Phi_e}{\Phi_a} = \frac{w_a}{w_s} .$$

Man versieht das Instrument mit zwei angespitzten Zuführungsdrähten, um die Isolation der Prüfwindungen zu durchstechen zwecks leichter Änderung der eingeschalteten Windungszahlen w_s und w_a.

Siebenter Abschnitt.

Messungen an Synchronmaschinen.

47. Die Belastung von Synchronmaschinen.

Je nach der durch den Winkel φ (Leistungsfaktor $\cos\varphi$) gekennzeichneten Phasenlage zwischen dem Ankerstrom J und der Ankerklemmenspannung E unterscheidet man:

1. Induktionsfreie Belastung, wobei J und E phasengleich sind und der Winkel $\varphi = 0$ ist,
2. induktive Belastung, wobei J gegen E um den Winkel φ nacheilt (φ positiv) und
3. kapazitive Belastung, wobei J gegen E um den Winkel φ vorauseilt (φ negativ).

Induktionsfreie Belastung. Eine induktionsfreie Belastung wird erzielt, indem man die Maschinen auf Glühlampen-, Wasser- oder Drahtwiderstände, welch letztere für induktionsfreie Belastung allerdings bifilar gewickelt sein müssen, arbeiten läßt. Werden Drahtspiralen zu diesem Zwecke benutzt, so muß man eine je nach der Periodenzahl größere oder kleinere Phasenverschiebung mit in Kauf nehmen (bei 50-periodigem Wechselstrom beträgt diese etwa 10° bis 15°). Bezüglich der Ausführung von Belastungswiderständen s. Kap. 34.

Auch Synchronmotoren können induktionsfrei belastet werden. Man nimmt die volle mechanische Leistung an ihrer Welle ab, indem man sie beispielsweise einen Generator antreiben läßt und erregt dabei ihr Feld so, daß der von ihnen aufgenommene Ankerstrom ein Minimum wird. Dieser ist dann lediglich Wirkstrom und die zugeführte Leistung Wirkleistung.

Induktive und kapazitive Belastung. Für viele Versuche ist es nötig, die Maschine bei nach- oder voreilendem Strome zu prüfen. Dazu schlägt man folgende Wege ein:

1. Man läßt die Maschine auf induktive Widerstände (Drosselspulen, Transformatoren usw.) arbeiten. Schaltet man mit diesen einen induktionsfreien, regulierbaren Widerstand in Serie oder parallel, so kann jede beliebige Belastung leicht eingestellt werden. — Um phasenvoreilenden Strom zu erhalten, verwendet man Kondensatoren (s. auch Abb. 268).

2. Am besten kann man einen bestimmten Leistungsfaktor einstellen, wenn man als Belastung des zu prüfenden Synchrongenerators einen Synchronmotor verwendet. Je nach der Erregung des letzteren

haben Strom und Klemmenspannung eine verschiedene Phase: Phasengleichheit ist vorhanden, wenn für eine gegebene mechanische Belastung des Synchronmotors seine Erregung so reguliert wird, daß der von seinem Anker aufgenommene Strom ein Minimum wird. Bei Über- oder Untererregung ist dann Phasenvor- bzw. Phasennacheilung vorhanden. Der Synchronmotor wirkt demgemäß als induktionsfreier, kapazitiver oder induktiver Widerstand.

Eine derartige Schaltung gibt Abb. 252 wieder: Der Gleichstrommotor *GM* treibt den Synchrongenerator I an. Dieser gibt seine elektrische Leistung an den Synchronmotor II ab, der zum Antrieb des Gleichstromgenerators *GG* benutzt wird. Der letztere arbeitet auf das Netz zurück, von welchem *GM* gespeist wird. In der Abb. 252 sind alle Anlasser, Regler, Instrumente und die zum Parallelschalten erforderlichen Geräte (Voltmeter und Phasenlampen) eingezeichnet.

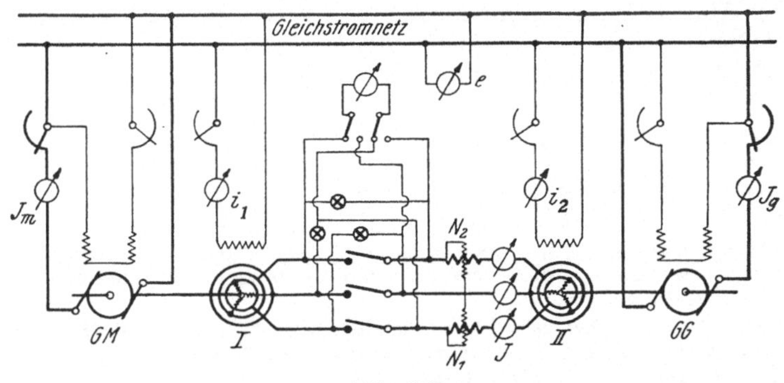

Abb. 252.

Der Gang der Inbetriebnahme ist folgender:

1. Anlassen des Aggregates *GM*/I mit Hilfe des Gleichstrommotors *GM*; Einstellen der richtigen Drehzahl durch entsprechendes Erregen von *GM*. Einstellen der gewünschten Spannung des Generators durch Feldregelung.

2. In gleicher Weise ist mit dem Aggregat II/*GG* zu verfahren. Der Gleichstromgenerator *GG* dient dabei zunächst als Anwurfmotor.

3. Beide Aggregate sind nun gemäß den im folgenden Kapitel gegebenen Ausführungen zu synchronisieren und der Hauptschalter ist dann zu schließen.

4. Belastung: Die Aggregate laufen zunächst noch leer. *GG* wird jetzt stärker erregt und gibt dann als Generator Strom an das Netz ab. *GM* nimmt gleichzeitig vom Netz aus mehr Strom auf, seine im Anker induzierte EMK und dementsprechend auch die Drehzahlen beider Umformer müssen kleiner werden. Um die normale Tourenzahl wieder einzustellen, ist die Erregung von *GM* zu schwächen. Die Synchronmaschine II wirkt nunmehr als Motor, während I zum Generator geworden ist. Die von I an II abgegebene Drehstromleistung wird mit den eingeschalteten Wattmetern gemessen, aus ihr und den beobachteten Strömen und Spannungen oder aus dem Verhältnis der Wattmeterausschläge der Leistungsfaktor berechnet, der, wie erläutert wurde, mit Hilfe des Erregerstromes von II beliebig eingestellt werden kann.

5. Entlastung: Man stellt die Erregungen der zwei Gleichstrommaschinen so ein, daß beide wieder als Motore leer laufen d. h. bis I an II keinen Wirkstrom mehr abgibt. Ein etwa noch vorhandener Blindstrom kann durch Regulieren von i_2 beseitigt werden.

48. Das Parallelschalten und der Parallelbetrieb von Synchronmaschinen.

a) Das Parallelschalten.

Einphasensynchronmaschinen. Soll eine Wechselstrommaschine zu einer zweiten, bzw. zu einem bereits in Betrieb befindlichen Netze parallel geschaltet (synchronisiert) werden, so dürfen, wenn Stromstöße vermieden werden sollen, in keinem Augenblick Spannungsdifferenzen an den zu vereinigenden Schaltstellen vorhanden sein. Das ist nur dann der Fall, wenn die Summe der Augenblickswerte E_{1t} und E_{2t} der in Frage kommenden Spannungen stets gleich Null ist, also:

$$E_{1t} + E_{2t} = 0 \quad \ldots \ldots \ldots \ldots \quad (96)$$

Diese Beziehung ist nur erfüllt unter den nachstehenden Bedingungen:

1. Gleiche effektive Spannungen: $E_1 = E_2 = E$. Kontrolle wie bei Abb. 165 durch Messungen mit Voltmeter an den Punkten 3 und 4 bzw. 1 und 2. Entsprechendes Abgleichen der Spannung der zuzuschaltenden Maschine durch Feldregulierung vor dem Parallelschalten.

Sind alle übrigen Bedingungen erfüllt, ist dagegen noch $E_1 > E_2$ und damit auch $E_{1\,max} > E_{2\,max}$, so ergibt sich eine resultierende Spannung vom Effektivwerte E_r und einem zeitlichen Verlauf:

$$E_{rt} = E_{1t} + E_{2t} = (E_{1\,max} - E_{2\,max}) \cdot \sin 2\pi f t.$$

Solange diese Spannung noch vorhanden ist, besteht ein Ausschlag des als Indikator verwendeten Voltmeters bzw. bei Benutzung von Phasenlampen ein Erglühen derselben.

Bemerkung. Das negative Vorzeichen von $E_{2\,max}$ ist eine Folge der Bedingung 3, welche eine Phasenverschiebung von 180° zwischen den Spannungen E_1 und E_2 verlangt. Demnach ist:

$$E_{1t} = E_{1\,max} \cdot \sin 2\pi f t \text{ und } E_{2t} = E_{2\,max} \cdot \sin(2\pi f t + 180^\circ) = -E_{2\,max} \cdot \sin 2\pi f t.$$

2. Gleiche Periodenzahlen: $f_1 = f_2 = f$. Kontrolle mit Frequenzmesser oder, da die Beziehung besteht $f = p \cdot n/60$, mit Tachometer. Entsprechendes Abgleichen der Periodenzahlen durch Verändern der Drehzahlen vor dem Parallelschalten.

Ist nur dieser Bedingung noch nicht, dagegen der 1. und 3. Bedingung ($E_1 = E_2 = E$ bzw. $E_{1\,max} = E_{2\,max} = E_{max}$; Phasenverschiebung $= 180^\circ$) bereits Genüge geleistet, so ergibt sich eine resultierende Spannung E_{rt}:

$$E_{rt} = E_{1t} + E_{2t} = E_{max} \cdot \sin 2\pi f_1 t - E_{max} \cdot \sin 2\pi f_2 t,$$

$$E_{rt} = 2 \cdot E_{max} \cdot \cos 2\pi \frac{f_1 + f_2}{2} t \cdot \sin 2\pi \frac{f_1 - f_2}{2} t.$$

Das ist die Gleichung einer Schwebung von der Frequenz $(f_1 - f_2)/2$. E_{rt} selbst hat den Verlauf einer Kosinuslinie und die Frequenz $(f_1 + f_2)/2$. Die Amplituden haben aber nicht eine konstante Größe, sondern werden durch den Ausdruck $2 \cdot E_{max} \cdot \sin 2\pi \frac{f_1 + f_2}{2} t$ dargestellt, bewegen sich somit während einer Schwebungsperiode zwischen den Werten 0 und $\pm 2 E_{max}$. Sind f_1 und f_2 nur wenig voneinander verschieden, was eine geringe Schwebungsperiodenzahl zur Folge hat, so beginnt ein als Indikator benutztes Voltmeter zwischen den genannten Werten zu pendeln, Phasenlampen erlöschen und erglühen.

3. Die parallel zu schaltenden Maschinen müssen gegeneinander geschaltet werden, d. h. die Phasenverschiebung ihrer Spannungskurven

muß 180° betragen, bezogen auf den über beide Maschinen sich schließenden Stromkreis. Die Kurven gehen also stets gleichzeitig durch Null, der positive Höchstwert der einen tritt ein, wenn die andere ihr negatives Maximum erreicht — vgl. die Lage der Kurven I und II im Abschnitt „Einschalten" der Abb. 253. Kontrolle durch Spannungsmessungen: Wie in Abb. 165 verbindet man 2 mit 4 durch Schließen des Schalters *a*. Schalter *b* darf erst eingelegt werden, wenn das an seinen Kontakten liegende Voltmeter keinen Ausschlag mehr zeigt.

Bei bereits erfolgter Spannungs- und Frequenzabgleichung ($E_1 = E_2 = E$ bzw. $f_1 = f_2 = f$) ergibt sich, wenn die Phasenverschiebung nicht 180°, sondern nur φ^0 beträgt, eine resultierende Spannung vom zeitlichen Verlauf:

$$E_{rt} = E_{1t} + E_{2t} = E_{max} \cdot \sin 2\pi f t + E_{max} \cdot \sin(2\pi f t + \varphi),$$

$$E_{rt} = 2 E_{max} \cdot \sin\left(2\pi f t + \frac{\varphi}{2}\right) \cdot \cos\frac{\varphi}{2}.$$

Die resultierende Schwingung hat die Frequenz f. Ihr Höchstwert $2 E_{max} \cdot \cos(\varphi/2)$ hängt von der Phasenverschiebung φ ab. Im ungünstigsten Fall, nämlich für $\varphi = 0°$, beträgt er $2 E_{max}$: Die Maschinen sind dann hintereinander geschaltet. Mit $\varphi = 180°$ ist dagegen die Bedingung 3 erfüllt.

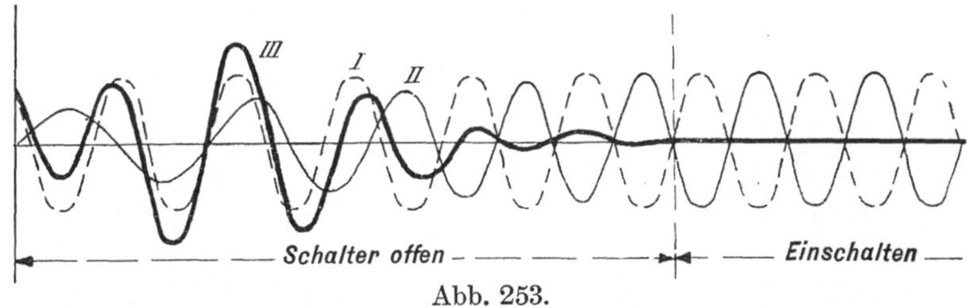

Abb. 253.

Erwähnt werde ausdrücklich, daß die Maschinen bei Erfüllung dieser Forderung in bezug auf das Netz in Phase sind.

4. Die Spannungskurven der Maschinen sollen möglichst gleichen Verlauf haben. Für die Einhaltung dieser Bedingung ist allein die Berechnung und Konstruktion maßgebend.

Angestrebt wird ja stets ein möglichst sinusförmiger Verlauf der Spannungskurven bei Leerlauf und Belastung. Im allgemeinen ist diese Bedingung auch bei Maschinen verschiedener Bauart und Größe erfüllt. Weist dagegen die Kurve der einen Maschine Oberschwingungen auf, welche diejenige der anderen nicht enthält, so sind diese höheren Harmonischen die Ursache von Ausgleichströmen. Dieser Fall soll hier nicht weiter rechnerisch verfolgt werden.

Meist sind während des Parallelschaltens mehrere der genannten Bedingungen nicht erfüllt. Die resultierende Spannung zeigt dann einen unregelmäßigen Verlauf: In Abb. 253 ist I die Kurve der bereits laufenden Maschine, II die der zuzuschaltenden, III die resultierende Spannungskurve. Eingeschaltet darf erst werden, wenn die letztere zu Null geworden ist.

Mehrphasensynchronmaschinen. Für diese müssen die vorstehenden Bedingungen für jede einzelne Phase erfüllt sein. Das setzt voraus, daß die Phasen der parallel zu schaltenden Maschinen in richtiger Reihenfolge miteinander verbunden werden. Kontrolle nach den im folgenden angegebenen Methoden.

b) Hilfsmittel zum Parallelschalten.

Allgemeines. Die zum Synchronisieren dienenden Instrumente und Geräte (Phasenlampen, Voltmeter, Frequenzmesser, Synchronoskope) können in drei prinzipiellen Schaltungen verwendet werden: 1. In Dunkelschaltung, 2. in Hellschaltung, 3. in gemischter Schaltung.

Die Bezeichnung dieser Schaltungen geht auf eine Zeit zurück, zu der als Anzeigeorgane ausschließlich Glühlampen benutzt wurden. Bei der Hellschaltung erfolgt die Synchronisierung im Maximum (abgesehen von Mehrphasenmaschinen), bei der Dunkelschaltung dagegen im Minimum einer Anzeige. Rein theoretisch betrachtet, ergibt sich für die Hellschaltung das Vorhandensein einer größeren Sicherheit, weil bei Dunkelschaltung z. B. ein Lampenbruch oder die Beschädigung des Spannungsmessers (durch Drahtbruch) die Erfüllung der Bedingungen vortäuschen kann.

Phasenlampen. Die verschiedenen Schaltungen sollen an einem Dreiphasensystem betrachtet werden. Dabei sind u, v, w die Anschlüsse der Maschine I und u', v', w' jene der zuzuschaltenden Maschine II.

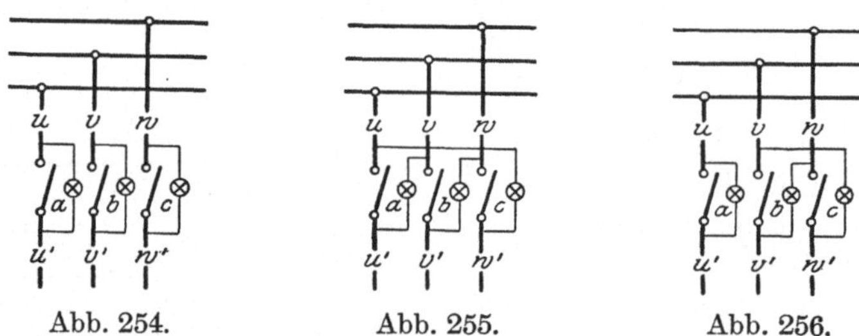

Abb. 254. Abb. 255. Abb. 256.

Es wird angenommen, daß die Generatoren bereits auf gleiche Spannung abgeglichen sind.

Alle Ausführungen gelten sinngemäß auch dann, wenn an Stelle der Lampen Voltmeter benutzt werden.

1. Dunkelschaltung: Abb. 254. Einschalten, wenn alle Lampen gleichzeitig erlöschen. Nur dann liegen an den Schalterkontakten die richtigen Phasen einander gegenüber. Solange die Frequenzen der beiden Maschinen noch voneinander abweichen, findet ein langsames, bei richtigem Phasenanschluß aber immer gleichzeitiges Erlöschen und Erglühen statt.

2. Hellschaltung: Abb. 255. Diese ist nur bei Einphasenmaschinen brauchbar. Das Einschalten erfolgt dann, wenn die Lampen ihre größte Helligkeit zeigen. Eine Verschiedenheit der Frequenzen beider Maschinen macht sich wieder durch Erlöschen und Erglühen bemerkbar.

Bei Dreiphasenmaschinen kann man an dem gleichzeitigen Erglühen wohl die richtige Phasenfolge erkennen, nicht aber den Zeitpunkt der Phasengleichheit. Wie weiter unten gezeigt wird, tritt erst nach der Phasengleichheit die größte Spannung an den Lampen und damit deren größte Helligkeit ein.

3. Gemischte Schaltung: Abb. 256. Einschalten, wenn a dunkel ist, b und c gleichmäßig hell brennen. Weicht die Frequenz der zuzuschaltenden Maschine von der Frequenz der im Betrieb befindlichen

Maschine ab, so leuchten die Lampen zyklisch nacheinander auf, und zwar, je nachdem die eine Frequenz höher oder tiefer ist als die andere, in dem einen oder anderen Sinne.

In einfacher Weise kann man sich über die auf die Lampen wirkenden Spannungen und über ihr Verhalten Rechenschaft ablegen, wenn man sich die Potentialdiagramme der drei Punkte u, v, w und u', v', w' zeichnet; jedes derselben wird durch drei um 120° versetzte Strahlen dargestellt. Legt man die beiden Diagramme übereinander, so ergibt:

α) Die Verbindungslinie der Punkte uu', vv', ww' die zwischen den Schalterkontakten bestehende Spannung — Abb. 257;

β) die Verbindungslinie jener Punkte, an welche die Lampen angeschlossen sind, die auf dieselben wirkenden Spannungen.

Es wird nun angenommen, daß die Maschinen schon auf gleiche Spannungen $E_1 = E_2 = E$ erregt sind (die Strahlen der Potentialdiagramme sind folglich gleich lang) und daß die Frequenzen f_1 und f_2 fast übereinstimmen. Dann rotieren die beiden Diagramme mit angenähert derselben Geschwindigkeit und es ist für die Betrachtung dasselbe, wenn man sich dasjenige der bereits in Betrieb befindlichen Maschine I, also den Stern uvw als feststehend denkt; gegen dieses dreht sich dann der Stern $u'v'w'$ der Maschine II mit einer Geschwindigkeit, welche der Periodendifferenz $(f_1 - f_2)$ proportional ist.

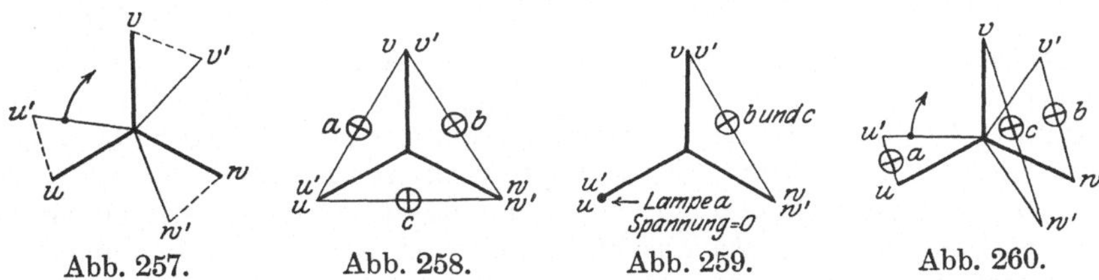

Abb. 257. Abb. 258. Abb. 259. Abb. 260.

Hell- und Dunkelschaltung. Sind die Phasen bereits richtig zum Schalter geführt, so erkennt man, daß bei beiden Schaltungen auf alle Lampen in jedem Augenblick stets die gleichen Spannungen wirken müssen. Bei Frequenz- und Phasengleichheit (in bezug auf das Netz) fallen die Punkte u und u', v und v', w und w' dauernd zusammen; es besteht also zwischen denselben keine Spannung und bei Dunkelschaltung erlöschen die Lampen. Bei Hellschaltung wirken dagegen auf die Lampen Spannungen, welche den Strecken $u'v$, $v'w$, $w'u$ in Abb. 258 proportional sind. Man erkennt weiter, daß die letztgenannte Schaltung sich nicht zum Synchronisieren von Drehstrommaschinen eignet, da die größten Spannungen und damit auch die größte Helligkeit der Lampen erreicht werden, wenn der Stern $u'v'w'$ um einen Winkel von 60° gegen uvw nacheilt. Der richtige Augenblick des Parallelschaltens ist demnach nicht erkennbar. — Sind drei Anschlüsse auf der einen Schalterseite vertauscht, so bleiben alle Lampen dunkel bei Hellschaltung, bzw. sie erglühen hell bei Dunkelschaltung. Sind nur zwei Anschlüsse verwechselt, so findet ein zyklisches Aufleuchten der Lampen nacheinander statt.

Gemischte Schaltung. Bei Frequenz- und Phasengleichheit liegt gemäß Abb. 259 an der Lampe a die Spannung $uu' = 0$, an den Lampen b und c die unter sich gleichen Spannungen vw' und wv'. Läuft Maschine II schneller als Maschine I, so dreht sich $u'v'w'$ im Sinne des Pfeiles: Die Spannungen an a und c wachsen, die Spannung an b nimmt dagegen ab; a und c brennen heller, b dagegen schwächer als vorher — Abb. 260. Das Aufleuchten findet in der Reihenfolge acb statt. Läuft Maschine II aber langsamer, so verschiebt sich $u'v'w'$ entgegengesetzt dem Pfeil in Abb. 260. Dann nehmen zu die Spannungen an a und b, ab dagegen jene an c, das zyklische Aufleuchten erfolgt nun umgekehrt, nämlich in der Reihenfolge bca. — Sind die Anschlüsse der Maschine II am Schalter jedoch vertauscht, so können verschiedene Möglichkeiten eintreten:

Es können entweder alle Lampen gleichzeitig erlöschen bzw. erglühen oder es kann die Lampe *a* und eine der Lampen *b* oder *c* hell brennen, während die andere dunkel bleibt.

Spannungs- und Frequenzmesser. Als Voltmeter verwendet man Dreheisen- oder Hitzdrahtinstrumente.

Für betriebsmäßiges Parallelschalten benutzt man meist Voltmeter mit zwei Meßwerken, von denen das eine an die Spannung der in Betrieb befindlichen Maschine bzw. an die Sammelschienen, das andere an den zuzuschaltenden Generator angeschlossen wird. Die beiden Zeiger spielen über konzentrisch angeordneten Skalen und stehen bei Spannungsgleichheit einander radial gegenüber.

Auf demselben Gedanken des Ablesens zweier Größen an einem Instrument beruhen die Doppelfrequenzmesser. Diese besitzen zwei Zungenreihen, von denen die eine zur Messung der Sammelschienen-, die andere zur Messung der Generatorfrequenz dient. Hartmann & Braun rüsten solche Frequenzvergleicher noch mit einer dritten Zungenreihe aus, deren Magnet von einer für die doppelte Betriebsspannung bemessenen Spule erregt wird. Diese Erregerspule wird wie ein Synchronisiervoltmeter entweder in Dunkel- oder Hellschaltung an die zusammenzuschaltenden Spannungen gelegt. Solange die Frequenzen nicht genau übereinstimmen, schwingen von der dritten Zungenreihe zwei Zungen, nur bei vollständigem Synchronismus schlägt nur eine Zunge aus.

Synchronoskope. Die Schaltung nach Abb. 256 wird bei einem Synchronoskop von Siemens & Halske zur Anwendung gebracht. Dabei sind drei Lampen oder drei Lampenpaare unter einer Mattscheibe angeordnet. Die Drehrichtung des erzeugten rotierenden Lichtscheines gibt an, ob die zuzuschaltende Maschine zu langsam oder zu schnell läuft. Bei Frequenz- und Phasengleichheit muß der Lichtschein in einer bestimmten Lage stillstehen. Wie bei allen folgenden Synchronoskopen darf der Frequenzunterschied höchstens 5% der Netzfrequenz betragen, da sonst der Drehsinn nicht mehr erkennbar ist.

Synchronoskop der AEG. Bei diesem werden an Stelle der drei Lampenpaare sechs Elektromagnete verwendet, die paarweise so geschaltet werden, wie die Lampen der Abb. 256. Über den Kernen ist frei drehbar ein dünner Anker aus weichem Eisenblech angeordnet, der einen Zeiger trägt. Werden die Magnete erregt, so nehmen sie den Anker mit. Seine Drehrichtung gibt an, ob die parallel zu schaltende Maschine zu schnell oder zu langsam läuft. Die Phasen- und Spannungsgleichheit muß hier natürlich mit Lampen bzw. Voltmeter festgestellt werden.

Synchronoskop der Weston Co. Dasselbe beruht auf dynamometrischem Prinzip. Die Schaltung zeigt Abb. 261. Die dünndrähtige feste Spule ist über einen Widerstand *R* an die Spannung der laufenden Maschine M I angeschlossen, während die bewegliche über einen Kondensator *C* an M II liegt. Bei Frequenz- und Phasengleichheit sind die Ströme in der festen und beweglichen Spule infolge des Kondensators zeitlich um 90° verschoben; sie erzeugen daher kein Drehmoment und lenken den Zeiger nicht aus seiner Ruhelage ab, die sich in der Skalenmitte befindet. Bei voneinander verschiedenen Frequenzen führt dagegen der Zeiger Schwingungen aus, die mit wachsendem Frequenzunterschied natürlich schneller werden.

Im Innern des Instrumentes ist in der Skalenmitte hinter dem Zeiger noch eine kleine Glühlampe L eingebaut, die von dem Transformator T gespeist wird. Wie Abb. 261 zeigt, trägt derselbe drei Wicklungen. Diese sind so geschaltet, daß sich die Kraftflüsse im Mittelschenkel addieren bzw. subtrahieren, je nachdem die Ströme in den Außenschenkeln phasengleich oder um 180° gegeneinander verschoben sind. Dadurch erreicht man, daß die Lampe nur während der Bewegung des Zeigers in der einen Richtung aufleuchtet, nicht aber auf dem Rückwege. Auf der Milchglasscheibe, die das Instrument nach vorn abschließt, wird sich also die schwarze Zeigerfahne nur immer während des Weges in der einen Richtung scharf beleuchtet abheben. Dadurch gewinnt man den Eindruck, als bewege sie sich nur nach rechts oder links. Auf diese Weise ist zu erkennen, ob die Maschine zu schnell oder zu langsam läuft. Bei Frequenz- und Phasengleichheit steht der Zeiger in der Mittellage still und hebt sich scharf beleuchtet von der Milchglasscheibe ab.

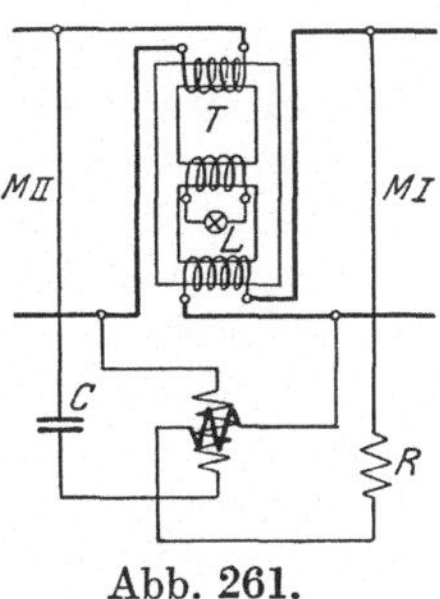

Abb. 261.

c) Parallelbetrieb [1]).

Allgemeines. Ist ein Synchrongenerator parallel zu einem unveränderlichen Netz geschaltet, so muß infolge der konstanten Netzperiodenzahl die Drehzahl des Generators und die seiner Antriebsmaschine konstant bleiben. Dem Generator wird von seiner Kraftmaschine aus die Leistung $N_{zg} = N_{vg} + N_{ag}$ zugeführt. Wird die Regulatorstellung der Antriebsmaschine nicht geändert, so nimmt deren Drehzahl n_a mit der von ihr abgegebenen Leistung N_{zg} ab, wie die Kurven in Abb. 262 zeigen. Bedeutet n die der Netzperiodenzahl f entsprechende synchrone Drehzahl, so ist ersichtlich, daß für die gezeichnete Drehzahlcharakteristik nur der Punkt P ein Punkt stabilen Gleichgewichts ist, d. h. der Generator kann an das Netz nur die Leistung N_{ag} abgeben, wenn N_{vg} seine Eigenverluste sind. Soll N_{ag} vergrößert oder verkleinert werden, so ist dies nur möglich durch Veränderung der Leistungszufuhr zur Kraftmaschine mit Hilfe ihres Regulators. Dadurch wird eine Hebung oder Senkung der Drehzahlkurve $n_a = f(N_{zg})$ bewirkt. Punkt P rückt also weiter nach rechts oder links — vgl. Abb. 262 Punkt P'. Läuft der Antriebsmotor vollkommen unbelastet ($N_{zg} = 0$), ist also die

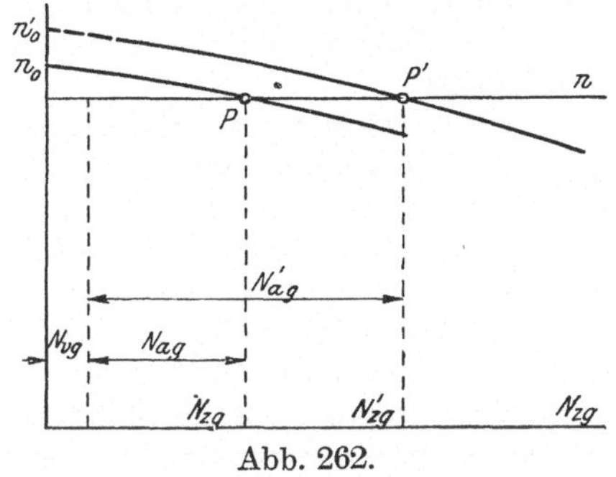

Abb. 262.

[1]) Es soll an dieser Stelle keine Theorie des Parallelbetriebes entwickelt werden; dagegen mögen hier einige Bemerkungen allgemeiner Natur, die besonders auch für das Prüffeld von Wichtigkeit sind, Platz finden.

Wechselstrommaschine abgeschaltet, so nimmt er nach Abb. 262 die Drehzahlen n_0 bzw. n_0' an. Arbeitet die Wechselstrommaschine jetzt auf das Netz, so muß, wie erwähnt, das Aggregat die synchrone Drehzahl n annehmen. Damit der größere Tourenabfall $(n_0' - n)$ zwischen Leerlauf und Belastung bei erhöhter Leistungszufuhr zur Antriebsmaschine zustande kommt, muß der Generator eine größere Leistung N_{ag}' an das Netz abgeben.

Dient als Antriebsmaschine ein Gleichstrommotor, so stehen zur Erhöhung der Leistungszufuhr zwei Wege offen: 1. Feldschwächung bei konstanter Klemmenspannung. 2. Erhöhung der Klemmenspanung bei konstantem Feld.

Änderung des Erregerstromes. Eine Änderung des Erregerstromes einer parallel geschalteten Maschine bleibt ohne Einfluß auf die Wirkleistung, da durch eine solche Maßnahme bei konstanter Drehzahl keine Verlegung des Punktes P bewirkt wird. Es tritt lediglich eine Veränderung der Größe des Blindstromes, der sich über Maschine und Netz schließt, ein. Wenn man nämlich die Spannungsabfälle im Anker vernachlässigt und wenn man bedenkt, daß die Klemmenspannung E durch die konstante Netzspannung gegeben ist, so muß stets die im Anker induzierte EMK $E_a = E$ sein, gleichgültig wie das Hauptfeld erregt ist; d. h. die Gesamtkraftlinienzahl pro Pol muß stets konstant bleiben. Diese Konstanz ist aber bei einer Änderung der Erregung nur möglich, wenn gleichzeitig die Ankerrückwirkung eine andere wird. Es ergibt sich:

α) Der Ankerstrom wird größer oder kleiner, je nach den gegebenen Bedingungen.

β) Der Ankerstrom nimmt gegenüber der Spannung E bei verschiedener Erregung verschiedene Lagen (Winkel φ) ein: Da die zugeführte Leistung N_{zg}, somit auch die abgegebene Leistung $N_{ag} = E \cdot J \cdot \cos\varphi$, ferner E konstant ist, so muß der Wirkstrom stets derselbe bleiben. Es ändert sich nur der Blindstrom $J \cdot \sin\varphi$.

Nimmt man zunächst Phasengleichheit zwischen E und J an, so ist der Einfluß einer Änderung der Erregung aus folgender Tabelle zu ersehen (s. auch die Ausführungen in Kap. 50):

Maschine läuft als	Das Hauptfeld wird	Das Ankerfeld wirkt dann	Phasenlage zwischen Strom und Klemmenspannung
Generator	verstärkt (Übererregung);	feldschwächend	nacheilender Strom; $\varphi = +$
	geschwächt (Untererregung)	feldverstärkend	voreilender Strom; $\varphi = -$
Motor	verstärkt (Übererregung);	feldschwächend	voreilender Strom; $\varphi = -$
	geschwächt (Untererregung)	feldverstärkend	nacheilender Strom; $\varphi = +$

Bemerkung: Hat man nur zwei ungefähr gleichgroße Maschinen im Parallelbetrieb, so muß, damit die Konstanz von Netzspannung und Netzperiodenzahl aufrecht erhalten bleibt, eine Beeinflussung der Stromabgabe des einen Aggregates Hand in Hand gehen mit einer entgegengesetzten Beeinflussung am anderen Aggregat. Soll z. B. der Generator II, der eben zu einem gleichen, mit der ganzen Netzleistung N_a belasteten Generator I parallel geschaltet wurde, ein Viertel der konstanten Netzleistung übernehmen, so muß die Drehzahlcharakteristik seiner Kraftmaschine von 0 auf $^1/_4$ gehoben werden, während gleichzeitig an Kraftmaschine I die Charakteristik von $^4/_4$ auf $^3/_4$ gesenkt werden muß, da sich sonst die Netzperiodenzahl erhöhen würde — Abb. 263. Es ist dann, wenn die Verluste N_v als konstant angesehen werden: $N_a = N_{a\mathrm{I}} + N_{a\mathrm{II}}$. Sollen beide Generatoren sich zu gleichen Beträgen an der Leistung beteiligen, so müssen beide Drehzahlcharakteristiken entsprechend der Kurve $^2/_4$ verlaufen. In analoger Weise erfolgt eine Änderung der wattlosen Ströme durch gleichzeitiges, entgegengesetztes Regulieren der Generatorerregungen.

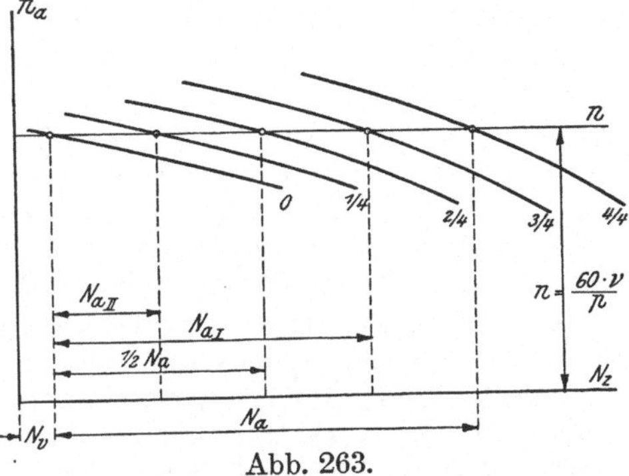

Abb. 263.

49. Aufnahme charakteristischer Kurven an Synchrongeneratoren und -motoren.

An Stelle der Drehzahl n ist stets die Periodenzahl f angegeben, da diese der ersteren proportional ist: $f = p \cdot n/60 = c \cdot n$.

Anlassen von Synchronmotoren. 1. Der angetriebene Gleichstromgenerator dient als Anwurfmotor — vgl. die zu Abb. 252 gegebenen Erläuterungen. Als solcher kann auch die Erregermaschine des Synchronmotors verwendet werden, wenn sie genügend groß bemessen ist. Beide Fälle haben zur Voraussetzung, daß eine Gleichstromquelle (Netz oder Batterie) zur Verfügung steht.

2. Als Anwurfmotor dient ein kleiner Asynchronmotor. Die Leistung desselben beträgt etwa 10÷15% der Synchronmaschine.

3. Asynchrones Anlassen.

4. In Prüffeldern kann man den Synchronmotor vielfach zusammen mit dem Synchrongenerator anlaufen lassen. Dabei wird der erstere voll erregt, damit ein genügend starkes Anlaufdrehmoment vorhanden ist.

Die Fälle 2 und 3 sind näher behandelt im Kap. 63.

a) Leerlaufcharakteristik.

$$E = E_{a0} = f(i) = f(AW_e), \quad J = 0, \quad f = \text{konst.}$$

Bezüglich der Aufnahme, Schaltung und Kurvenform gelten die zu den Abb. 168 und 169 gegebenen Erläuterungen. Die Klemmenspannung E ist gleich der im unbelasteten Anker von den Erregeramperewindungen AW_e des Hauptfeldes induzierten EMK E_{a0}.

Bei Mehrphasenmaschinen empfiehlt es sich, für jede Erregung stets alle verketteten Spannungen bzw. Phasenspannungen zu messen, wodurch gleichzeitig die Wicklung auf Symmetrie und richtige Schaltung kontrolliert wird.

b) Kurzschlußcharakteristik.

$$J_k = f(i) = f(AW_e), \quad f = \text{konst.}$$

Sinngemäße Anwendung finden für die Aufnahme dieser Kurve die zu Abb. 171 und 172 gemachten Ausführungen. Es genügt die Bestimmung weniger Punkte, da der Verlauf der Charakteristik bis zur normalen Stromstärke stets geradlinig ist. Erst für weit höhere Werte, für die auch starke Erregerströme bzw. Sättigungen erforderlich werden, biegt die Kurve gegen die Abszissenachse um. Eine Ausnahme bilden jedoch die Kurzschlußcharakteristiken von Synchronmaschinen für hohe Periodenzahlen — s. Kap. 53.

Eine besondere Bedeutung hat die Kurve für die Ermittlung der Konstanten der Synchronmaschine. Davon wird im Kap. 50 die Rede sein.

Schaltungen. Bei Dreiphasengeneratoren sind verschiedene Schaltungen der Amperemeter, welche übrigens vollkommen gleichen Widerstand haben müssen, möglich. Zwischen den von den Instrumenten angezeigten Strömen J_{ak}, den Phasenströmen J_k und den Leitungsströmen J_k' bestehen die Beziehungen der folgenden Tabelle. Die Amperemeter sind dabei als Verbraucher aufzufassen, welche entweder

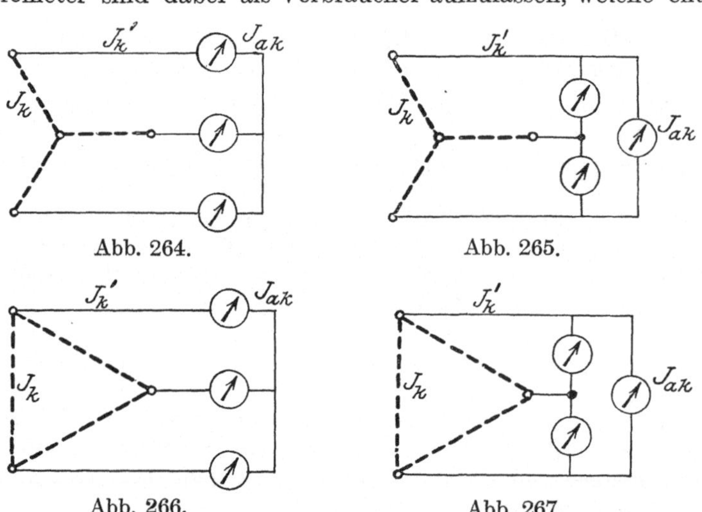

Abb. 264. Abb. 265.

Abb. 266. Abb. 267.

Abb.	Generator-schaltung	Amperemeter-schaltung	Beziehung zwischen Phasen-, Leitungs- und Amperemeterstrom
264	Stern	Stern	$J_k = J_k' = J_{ak}$
265	Stern	Dreieck	$J_k = J_k' = \sqrt{3}\, J_{ak}$
266	Dreieck	Stern	$J_k = \dfrac{J_k'}{\sqrt{3}} = \dfrac{J_{ak}}{\sqrt{3}}$
267	Dreieck	Dreieck	$J_k = \dfrac{J_k'}{\sqrt{3}} = J_{ak}$

in Stern oder in Dreieck geschaltet sind. (Man denke sich zur Ableitung der Beziehungen an Stelle eines Instrumentes einen Widerstand.)

Nimmt man Kurzschlußcharakteristiken für verschiedene Drehzahlen $n =$ konst. auf, so decken sie sich. Das hat im folgenden seinen Grund: Wie in Kap. 50 gezeigt wird, wird die bei Kurzschluß im Anker wirksame EMK E_a von den aus Feld- und Ankeramperewindungen (AW_e bzw. AW_l), welch letztere im Kurzschlußzustand fast nur längs- und zwar entmagnetisierend wirken, resultierenden Amperewindungen $AW_a = AW_e - AW_l$, erzeugt. E_a deckt im Kurzschluß den Ohmschen und den induktiven Spannungsabfall des Ankers (E_r bzw. E_τ) und es ist: $E_a = \sqrt{E_r^2 + E_\tau^2}$. Der erstere $E_r = J_k \cdot r_a$ kann gegen den letzteren $E_\tau = k_\tau \cdot J_k = 2\pi f \cdot L_\tau \cdot J_k$ (in dieser Formel ist L_τ der Selbstinduktionskoeffizient und $k_\tau = 2\pi f \cdot L_\tau$ die Streureaktanz oder der induktive Widerstand des Ankers) vernachlässigt werden. Somit ist $E_a = E_\tau = k_\tau \cdot J_k$. Nun ist aber E_a, wie auch $k_\tau = 2\pi f \cdot L_\tau$ der Dreh- bzw. Periodenzahl direkt proportional. Bei gleicher Erregung des Hauptfeldes und verschiedenen Drehzahlen ergeben sich demzufolge dieselben Kurzschlußströme J_k. — Man kann daher die Kurzschlußcharakteristik auch an einem auslaufenden Synchronmotor aufnehmen. Sobald dieser vom Netz abgeschaltet ist, nimmt man seine Erregung fort, schließt dann den Anker kurz und erregt von neuem. Insbesondere bei größeren Maschinen wird die Zeit bis zum Stillstande stets für die Aufnahme einiger Punkte genügen.

c) Belastungscharakteristik.

$E = f(i) = f(AW_e)$, **$J =$ konst., $\cos\varphi =$ konst., $f =$ konst.**

Allgemeines. Die Aufnahme kann für induktive, induktionsfreie und kapazitive Belastung erfolgen (der Strom eilt der Spannung nach: Phasenwinkel φ positiv, Strom und Spannung sind phasengleich: $\varphi = 0^\circ$, der Strom eilt der Spannung voraus: $\varphi =$ negativ). Jeweils ist der Belastungsstrom, die Periodenzahl (Drehzahl) und der $\cos\varphi$ konstant zu halten. Die Konstanz des $\cos\varphi$ wird mit Wattmeter, Volt- und Amperemeter kontrolliert.

Schaltungen. Bezüglich der Erzielung von induktiver, induktionsfreier und kapazitiver Belastung gelten die Angaben S. 226. Angedeutet ist die Art der Belastung im Schaltschema Abb. 268 (Bezeichnungen L, R, C).

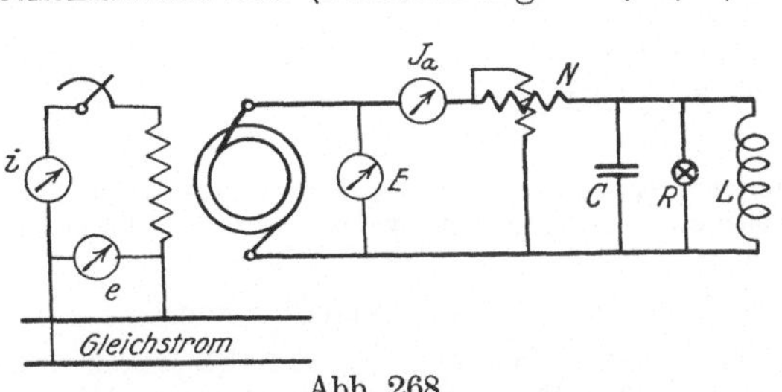

Abb. 268.

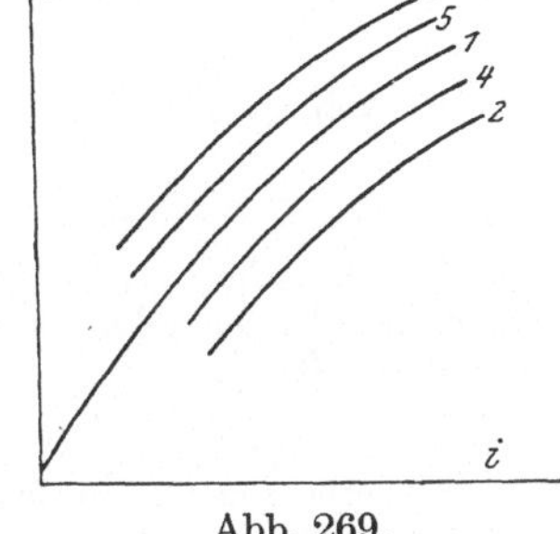

Abb. 269.

Den allgemeinen Kurvenverlauf bei einem Synchrongenerator zeigt Abb. 269, und zwar ist:

Kurve 1 gültig für $J = 0$ (Leerlaufcharakteristik $E_{a0} = f(i)$),
„ 2 „ „ $J = J_{norm}$ und induktive Belastung,
„ 3 „ „ $J = J_{norm}$ und kapazitive Belastung,
„ 4 „ „ $J < J_{norm}$ und induktive Belastung,
„ 5 „ „ $J < J_{norm}$ und kapazitive Belastung.

Die einzelnen Charakteristiken verlaufen fast äquidistant. Bei geringeren Phasenverschiebungen zwischen Strom und Spannung ($\varphi = \pm 90^\circ$ sind die Grenzfälle) liegen bei gleicher Belastung die Kurven näher an der Leerlaufcharakteristik $E_{a0} = f(i)$.

Für die Zwecke der Kapitel 50 und 51 ist besonders wichtig die Charakteristik für rein induktive Belastung ($\varphi = +90^\circ$). Zu deren Aufnahme eignet sich gut die schon bei Abb. 252 beschriebene Schaltung.

d) Äußere Charakteristik.

$E = f(J)$, $i =$ konst., $f =$ konst., $\cos\varphi =$ konst.

Allgemeines. Die Aufnahme der äußeren Charakteristik kann im Anschluß an die der Belastungscharakteristik erfolgen. Auch kann man aus einer Schar von solchen die Kurven $E = f(J)$ ableiten. Allgemeiner Kurvenverlauf bei einem Generator s. Abb. 270. Es gilt:

Kurve 1 für $\varphi = 0^\circ$ . . . . . induktionsfreie Belastung,
„ 2 „ $\varphi > 0^\circ$ . . . . . induktive Belastung,
„ 3 „ $\varphi = +90^\circ$ . . rein induktive Belastung,
„ 4 „ $\varphi < 0^\circ$ . . . . kapazitive Belastung,
„ 5 „ $\varphi = -90^\circ$ . . rein kapazitive Belastung,
„ 6 „ $\varphi = 0^\circ$ . . . . reine Wirkbelastung; Erregerstrom i aber größer als für die Kurven 1 bis 5.

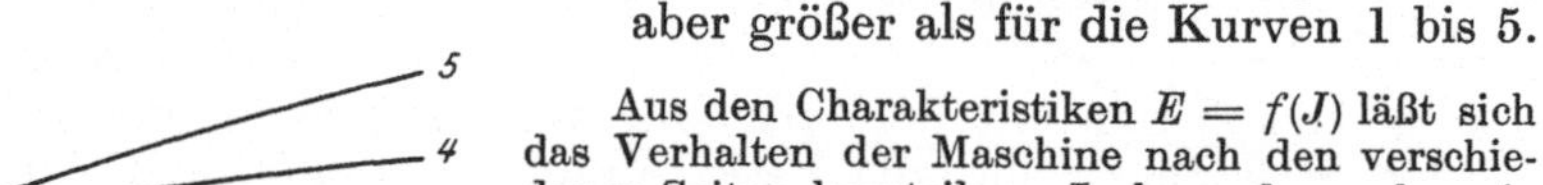

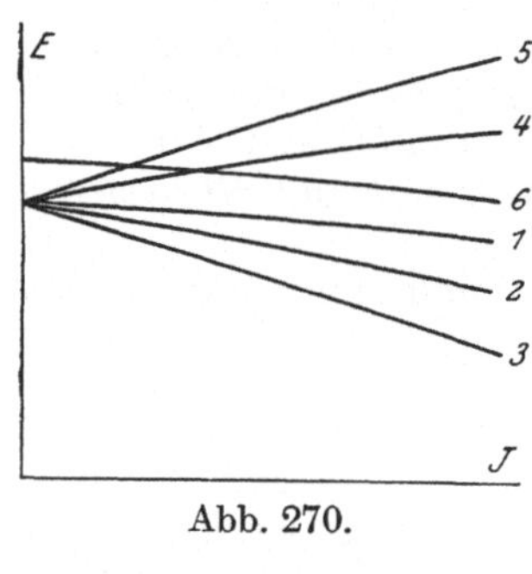

Abb. 270.

Aus den Charakteristiken $E = f(J)$ läßt sich das Verhalten der Maschine nach den verschiedenen Seiten beurteilen. Insbesondere geben sie Aufschluß über die Spannungsänderungen bzw. Spannungserhöhungen, welche beim Übergang von Belastung auf Leerlauf eintreten, wenn die Erregung nicht verändert wird.

Auch können leicht weitere Kurven abgeleitet werden, wenn Kurvenscharen $E = f(J)$ für verschiedene Erregerströme i und verschiedene $\cos\varphi$ aufgenommen sind (i und $\cos\varphi$ sind natürlich während der Aufnahme selbst konstant zu halten!) z. B.:

1. Kurve $E = f(\cos\varphi)$. J, i und $f =$ konst.

Diese stellt die Abhängigkeit der Klemmenspannung E von einer mehr oder wenigen induktiven oder kapazitiven Belastung dar, wenn J, i und f konstant gehalten werden.

2. Kurve $N_a = E \cdot J \cdot \cos\varphi = f(\cos\varphi)$, J, i und $f =$ konst.

Diese gibt die Größe der abgegebenen Leistung N_a in Abhängigkeit von der Phasenverschiebung wieder. Sie geht aus der Kurve $E = f(\cos\varphi)$ hervor, wenn die Ordinaten E mit $J\cos\varphi$ multipliziert werden.

3. Kurven für die Spannungsänderungen (s. unten):

α) $\varepsilon_1 = f(\cos\varphi)$, J, i und $f =$ konst. oder
β) $\varepsilon_2 = f(\cos\varphi)$, J, i und $f =$ konst.

Schaltungen. Ohne weiteres können die Schaltungen, welche zur Aufnahme der Belastungscharakteristik Verwendung finden, auch hier benutzt werden.

e) Regulierungskurve.

$i = f(J)$, **$E =$ konst.**, **$f =$ konst.**, **$\cos\varphi =$ konst.**

Zu bemerken ist nur, daß diese Kurve, welche ebenfalls aus $E = f(J)$ abzuleiten ist, gleichfalls mit den bei der Belastungscharakteristik angegebenen Schaltungen aufgenommen werden kann. In Abb. 271 gilt:

Kurve 1 für $\varphi = 0^\circ$,
„ 2 „ $\varphi = + 90^\circ$,
„ 3 „ $\varphi = - 90^\circ$.

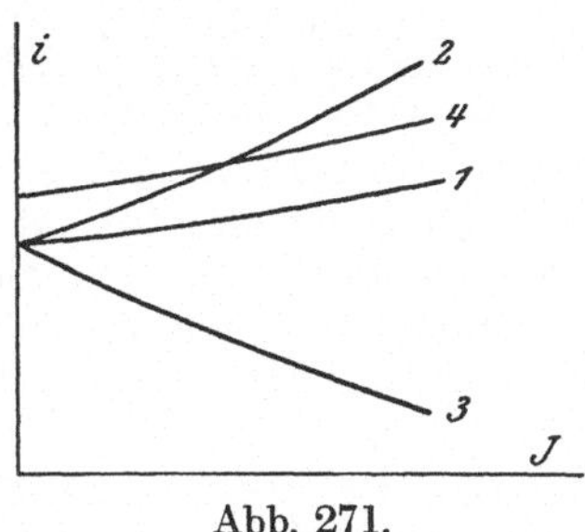

Abb. 271.

Die Klemmenspannung beträgt für alle drei Kurven E Volt. Für eine Klemmenspannung $E' > E$ und $\varphi = 0^\circ$ zeigt Kurve 4 den Verlauf. Sie liegt natürlich höher als Kurve 1.

f) V-Kurven.

$J = f(i)$, **$E =$ konst.**, **$f =$ konst.**, **$N_a = E \cdot J \cos\varphi =$ konst.**

Die Bezeichnung V-Kurven rührt von dem V-förmigen Verlauf dieser Charakteristiken her. Außer E und f ist noch die vom Generator abgegebene Leistung $N_a = E \cdot J \cdot \cos\varphi$ konstant zu halten, was natürlich mit Wattmetern zu kontrollieren ist. In der Abb. 272 sind außerdem die Werte $\cos\varphi = N_a/E \cdot J$ eingetragen. Es ist:

Kurve 1 .... die V-Kurve für Leerlauf,
„ 2 .... $\cos\varphi = f(i)$ für Leerlauf,
„ 3 .... die V-Kurve für $^1/_2$ Last,
„ 4 .... $\cos\varphi = f(i)$ für $^1/_2$ Last,
„ 5 .... die V-Kurve für Vollast,
„ 6 .... $\cos\varphi = f(i)$ für Vollast.

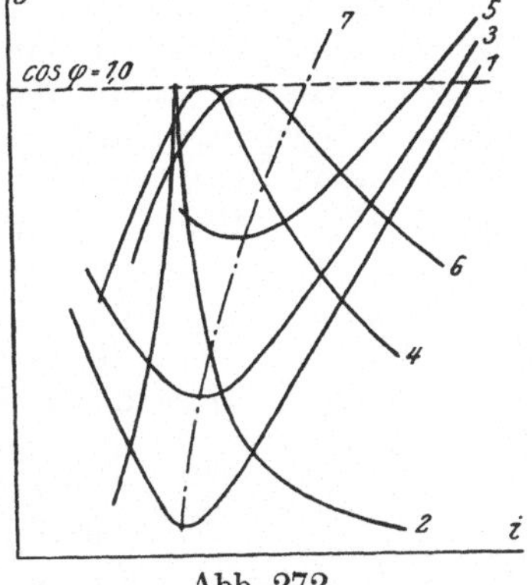

Abb. 272.

Zu bemerken ist noch:

α) Die günstigste Erregung ist die, bei der der Strom J ein Minimum wird; bei derselben ist einerseits der Stromwärmeverlust im Anker der Maschine am kleinsten, andererseits beträgt der Leistungsfaktor $\cos\varphi = 1{,}0$.

Für kleinere und größere Werte von i steigt der Strom J an, der Leistungsfaktor nimmt ab. Im ersten Falle ist der Generator untererregt, der Strom hat voreilenden Charakter. In letzterem Falle ist das Umgekehrte eingetreten; der Generator ist übererregt; der Strom eilt der Klemmenspannung nach.

β) Man erkennt, daß sich das Stromminimum bei günstigster Erregung nur wenig mit der Belastung verschiebt. Verbindet man in Abb. 272 die entsprechenden Punkte, so erhält man die Kurve 7, welche eine Regulierungskurve $i = f(J)$, $E =$ konst., $f =$ konst., $\cos\varphi =$ konst. darstellt. Dabei sind allerdings Abszissen- und

Ordinatenwerte vertauscht. In gleicher Weise könnten für andere $\cos\varphi =$ konst. solche Kurven ermittelt werden.

Ebenso können auch für den Motorzustand V-Kurven aufgenommen werden. Die dem Motor zugeführte Leistung $N_z = E \cdot J \cdot \cos\varphi$ ($N_z = \mathfrak{p} \cdot E \cdot J \cdot \cos\varphi$ bei $\mathfrak{p}$ Phasen) ist konstant zu halten. Die Kurvenäste der V-und der $\cos\varphi$-Charakteristiken in Abb. 273 vertauschen nun ihre Rolle: Ist die Erregung kleiner als die für J_{min}, so eilt der Strom J der Klemmenspannung E nach; bei Übererregung dagegen vor.

Schaltungen. Am einfachsten gestaltet sich die Aufnahme, wenn der Synchrongenerator auf ein Wechselstromnetz konstanter Spannung arbeiten kann. Werden die Messungen an einem Synchronmotor vorgenommen, so belastet man diesen mit einem Gleichstromgenerator, der auf ein Gleichstromnetz oder auf Widerstände geschaltet wird.

50. Das Vektordiagramm und die Bestimmung der Konstanten.

a) Allgemeines.

Im folgenden bedeuten (bei Mehrphasenmaschinen gelten alle Werte pro Phase):

i, w_e, AW_e, Φ_e ..... den Strom, die Windungs- und Amperewindungszahl, sowie den Kraftfluß des Hauptfeldes;
$J, w_a, AW'_a = J \cdot w_a$.. den Strom, die Windungs- und Amperewindungszahl des Ankers;
Φ_τ, Φ'_a........... die von J bzw. AW'_a erzeugten Kraftflüsse;
$J_l = J \cdot \sin\psi$.... die längsmagnetisierende Komponente von J;
$\Phi_l = \Phi'_a \cdot \sin\psi$... die längsmagnetisierende Komponente von Φ'_a;
$AW_l = c_l AW'_a \cdot \sin\psi$. die längsmagnetisierende Komponente von AW'_a;
$J_q = J \cdot \cos\psi$.... die quermagnetisierende Komponente von J;
$\Phi_q = \Phi'_a \cdot \cos\psi$... die quermagnetisierende Komponente von Φ'_a;
$AW_q = c_q AW'_a \cdot \cos\psi$. die quermagnetisierende Komponente von AW'_a;
$AW_a = AW_e + AW_l$. die Differenz der Amperewindungen AW_e und AW_l;
Φ_a............. das von den AW_a erzeugte Feld;
E_{a0}, E_a.......... die von Φ_e, bzw. Φ_a induzierten EMKe;
E_l.............. die von Φ_l induzierte EMK;
$E_q = k_q \cdot J \cdot \cos\psi$.. die von Φ_q induzierte EMK (Querspannung);
$E_\tau = k_\tau \cdot J$....... die von Φ_τ induzierte EMK (Streuspannung);
$E_r = -J \cdot r_a$..... der Ohmsche Spannungsabfall (r_a = Phasenwiderstand);
E.............. die Resultierende aus allen EMKen;
k_τ, k_q............ die Streu- und Querfeldreaktanz;
φ, ψ, ψ'.......... die Phasenwinkel zwischen $\dot{E}$ und $\dot{J}$, $\dot{E}_a$ und $\dot{J}$, $\dot{E}_a$ und $\dot{E}$. Sie werden als positiv oder negativ bezeichnet, je nachdem die jeweils letztgenannte Größe der ersten nach- oder voreilt.

Bemerkt werde für die weiteren Ausführungen:

1. Wie früher wird durch Punkte über den Buchstaben $\dot{J}$, $\dot{E}$ usw. deren Vektoreigenschaft zum Ausdruck gebracht. Die Multiplikation eines Vektors mit dem Faktor $j = \sqrt{-1}$ ergibt einen neuen Vektor, der dem ersten um 90° nacheilt.

2. Die in den Wicklungen induzierten EMKe eilen um 90° ihren erzeugenden Ursachen, also den zugehörigen Feldern bzw. den diese erregenden Amperewindungen und Strömen, nach. In vektorieller Form werden z. B. E_τ und E_q folgendermaßen dargestellt:

$$\dot{E}_\tau = j \cdot k_\tau \cdot \dot{J} \quad \text{und} \quad \dot{E}_q = j \cdot k_q \cdot \dot{J} \cdot \cos\psi.$$

3. Der Ohmsche Spannungsabfall E_r kann ebenfalls als eine EMK aufgefaßt werden. Er wirkt dem Strom J entgegen, ist also gegen ihn um 180° in der Phase verschoben. In Vektorschreibweise drückt man das durch Multiplikation des Produktes $\dot{J} \cdot r_a$ mit dem Faktor $j^2 = -1$ aus: $\dot{E}_r = -\dot{J} \cdot r_a$.

b) Das Vektordiagramm.

Generatorzustand. In Abb. 273 ist der Strom $\dot{J}$ um den Winkel ψ gegen $\dot{E}_{a0}$ nacheilend angenommen. Dann ist zu sagen:

1. $\dot{J}$ bzw. die Amperewindungen $AW_a' = \dot{J} \cdot w_a$ erzeugen ein phasengleiches Ankerfeld. Dieses kann man sich in die Kraftflüsse $\dot{\Phi}_\tau$ und $\dot{\Phi}_a'$ zerlegt denken. $\dot{\Phi}_\tau$ stellt das Streufeld dar, das nur mit den Ankerleitern verkettet ist; es schließt sich also lediglich über das Ankereisen, oder über Ankereisen und Luft, wirkt also nicht auf das Hauptfeld $\dot{\Phi}_e$ zurück.

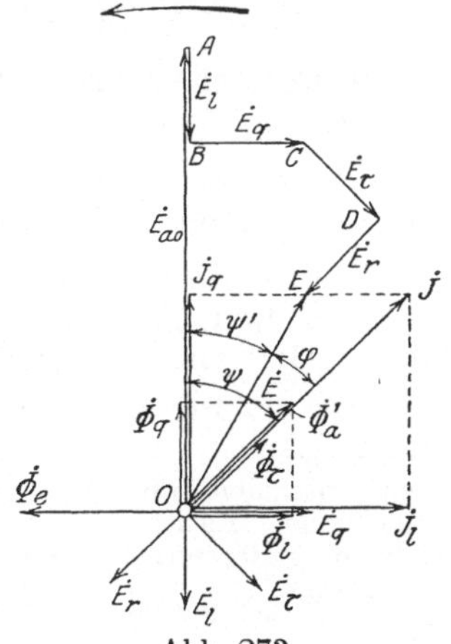

Abb. 273.

Beeinflußt wird letzteres jedoch vom Kraftfluß $\dot{\Phi}_a'$, der sich über Joch und Pole schließt. Für die weitere Betrachtung werden $\dot{J}$, AW_a' und $\dot{\Phi}_a'$ in je zwei aufeinander senkrecht stehende Komponenten zerlegt:

α) $J_l = J \cdot \sin\psi$, $AW_l = c_l \cdot AW_a' \cdot \sin\psi$, $\Phi_l = \Phi_a' \cdot \sin\psi$. Diese Komponenten liegen in Richtung des Hauptfeldes Φ_e und verstärken oder schwächen dieses je nach der Phasenlage zwischen $\dot{E}_{a0}$ bzw. $\dot{E}_a$ und $\dot{J}$. In Abb. 273 findet eine Schwächung von Φ_e statt, da Φ_l entgegengesetzt gerichtet ist. (Näheres über diesen Punkt s. später.)

β) $J_q = J \cdot \cos\psi$, $AW_q = c_q \cdot AW_a' \cdot \cos\psi$, $\Phi_q = \Phi_a' \cdot \cos\psi$. Diese Komponenten stehen senkrecht zum Hauptfelde $\dot{\Phi}_e$ und haben eine quermagnetisierende Wirkung zur Folge, die sich darin äußert, daß der Kraftfluß auf der einen Polseite verstärkt, auf der anderen geschwächt wird.

2. Im Anker induzierte EMKe. Die Kraftflüsse $\dot{\Phi}_e$, $\dot{\Phi}_\tau$, $\dot{\Phi}_l$, $\dot{\Phi}_q$ induzieren in der Ankerwicklung die um 90° nacheilenden EMKe E_{a0}, $\dot{E}_\tau$, $\dot{E}_l$, $\dot{E}_q$, deren vektorielle Summe einschließlich des Ohmschen Spannungsabfalles $\dot{E}_r$ die Resultierende $\dot{E}$ als Klemmenspannung des Generators ergibt:

$$\dot{E} = \dot{E}_{a0} + \dot{E}_l + \dot{E}_q + \dot{E}_\tau + \dot{E}_r \quad \dots\dots \quad (97)$$

In Abb. 273 sind im Pol O zunächst alle EMKe nach Größe und Richtung angetragen und dann zu dem Linienzug $OABCDE$ zusammengefügt. Dessen Schlußlinie OE ergibt die Resultierende $\dot{E}$ nach Größe und Richtung.

Mit $\dot{E}_a = \dot{E}_{a0} + \dot{E}_l$ geht Gl. (97) über in:

$$\dot{E} = \dot{E}_a + \dot{E}_q + \dot{E}_\tau + \dot{E}_r \qquad (97a)$$

Diese Darstellung wird fernerhin stets benutzt. $\dot{E}_a$ wird dabei von dem Felde $\dot{\Phi}_a$ induziert, das von den Amperewindungen $AW_a = AW_e - AW_l$ erregt wird.

Motorzustand. Beim Motor fällt der Klemmenspannung die Aufgabe zu, das Gleichgewicht mit allen in der Ankerwicklung induzierten EMKen herzustellen. Sie muß daher der Resultierenden $\dot{E}$ aus der Summe derselben gleich, aber entgegengesetzt gerichtet sein. Bezeichnen wir die Motorklemmenspannung mit E_m, so ist:

$$\dot{E}_m = -\dot{E} = -(\dot{E}_a + \dot{E}_q + \dot{E}_\tau + \dot{E}_r) \qquad (98)$$

Kennzeichen für Generator- und Motorzustand. Zeichnet man sich Diagramme für verschiedene Phasenlagen des Stromes $\dot{J}$ gegen $\dot{E}_a$ bzw. $\dot{E}$, so ergeben sich die folgenden wichtigen Merkmale — vgl. hierzu auch die Abb. 274 bis 281.

Generatorzustand. Kennzeichen desselben sind:

1. ψ und φ können positiv oder negativ sein. Ihre Größe kann aber $\pm 90^\circ$ nicht überschreiten.

Für die Grenzwerte $+90^\circ$ und -90° fallen, wie man leicht an Hand des Diagrammes Abb. 273 ersehen kann, die Vektoren $\dot{E}_a$ und $\dot{E}$ zusammen, wenn man den Ohmschen Spannungsabfall $\dot{E}_r$ und die Querspannung $\dot{E}_q$ vernachlässigt. Es ist dann $\psi = \varphi$. Die Leistung N der Maschine ist dann natürlich bei $\mathfrak{p}$ Phasen: $N = \mathfrak{p} \cdot E \cdot J \cdot \cos(\pm 90^\circ) = 0$.

2. $\dot{E}$ ist gegen $\dot{E}_a$ stets nacheilend, der Winkel $\psi' = (\psi - \varphi)$ mithin immer positiv. Für die Grenzwerte $\varphi = \psi = \pm 90^\circ$ wird $\psi' = 0$, wenn wieder $\dot{E}_q = 0$ und $\dot{E}_r = 0$ gesetzt wird.

3. Wie aus den bereits erwähnten Beziehungen

$$AW_l = c_l \cdot AW_a' \cdot \sin\psi \quad \text{und} \quad AW_q = c_q \cdot AW_a' \cdot \cos\psi$$

hervorgeht, wirken die vom Ankerstrom J erzeugten Amperewindungen $AW_a' = J \cdot w_a$ für $\psi = 0^\circ$ nur quer-, für $\psi = \pm 90^\circ$ nur längs-, für $\psi \gtreqless 90^\circ$ quer- und längsmagnetisierend. Für die Erzeugung der EMK $\dot{E}_a$ kommt das Feld $\dot{\Phi}_a$ bzw. die Amperewindungszahl

$$AW_a = AW_e - AW_l = AW_e - c_l \cdot AW_a' \cdot \sin\psi$$

in Betracht. Aus dieser Gleichung ist ersichtlich:

α) Die AW_l sind gleichgerichtet mit den Erregeramperewindungen AW_e und wirken also feldverstärkend für alle Winkel ψ zwischen 0° und -90°, d. h. wenn $\dot{J}$ gegen $\dot{E}_a$ in der Phase voreilt.

β) Die AW_l sind den AW_e entgegengerichtet und wirken demnach feldschwächend für alle Winkel ψ zwischen 0° und $+90^\circ$, d. h. wenn $\dot{J}$ gegen $\dot{E}_a$ in der Phase nacheilt.

Bezieht man sich auf den Winkel φ zwischen $\dot{E}$ und $\dot{J}$, so gilt ebenfalls: Phasenvoreilender Strom wirkt feldverstärkend, phasennacheilender feldschwächend.

Um das zuletzt Gesagte zu beweisen, bedenke man, daß für $\varphi = 0°$, also bei Phasengleichheit zwischen der Spannung $\dot{E}$ und dem Strom $\dot{J}$, der letztere noch um einen kleinen Winkel ψ gegen $\dot{E}_a$ nacheilt. Er besitzt mithin gemäß β) eine feldschwächende Komponente. Diese wird kleiner für alle negativen, größer für alle positiven Winkel φ.

Motorzustand. Ohne auf Einzelheiten einzugehen, sei zusammenfassend gesagt — vgl. die Abb. 278 bis 281:

1. ψ und $\varphi' = (180° - \varphi)$ können in bezug auf $\dot{E}_a$ bzw. $\dot{E}$ positiv oder negativ, müssen aber stets größer als $\pm 90°$ sein.

2. Der Winkel ψ', den $\dot{E}_a$ mit der Resultierenden $\dot{E} = -\dot{E}_m$ einschließt, ist negativ; $\dot{E}$ ist stets phasenvoreilend gegen $\dot{E}_a$.

3. Der Strom $\dot{J}$ wirkt: α) Feldverstärkend, wenn er gegen $-\dot{E}_a$ nacheilt; β) feldschwächend, wenn er gegen $-\dot{E}_a$ voreilt. Die gleiche Regel gilt, wenn man sich auf $\dot{E}_m$ statt auf $-\dot{E}_a$ bezieht. (Die Ableitung ist dabei analog der beim Generator gegebenen.)

Verschiedene Diagramme. Den folgenden Generator- und Motordiagrammen liegen gleichbleibende Werte von E und J (E_m und J beim Motor), aber verschiedene Phasenwinkel φ und ψ zugrunde. Die Aneinanderreihung der einzelnen Vektoren geschah immer in der Folge $\dot{E}_r = OB$, $\dot{E}_\tau = BC$, $\dot{E}_q = CD$, $\dot{E}_a = \dot{E}_{a0} + \dot{E}_l = DA$, $\dot{E} = OA$.

Abb. 274 bis 276: Generatordiagramme. $\dot{J}$ ist in Abb. 274 phasenvoreilend, in Abb. 275 phasengleich, in Abb. 276 phasennacheilend in bezug auf $\dot{E}$ gezeichnet (φ also negativ, Null, positiv); der Generator ist somit kapazitiv, induktionsfrei und induktiv belastet. Der Winkel ψ' ist stets positiv ($\dot{E}$ eilt gegen $\dot{E}_a$ nach); die Winkel φ und ψ sind positiv oder negativ, aber absolut genommen kleiner als 90°.

Abb. 278 bis 280: Motordiagramme. $\dot{J}$ ist in Abb. 278 phasenvoreilend, in Abb. 279 phasengleich, in Abb. 280 phasennacheilend in bezug auf die Motorklemmenspannung $\dot{E}_m$ gezeichnet (φ also negativ, Null, positiv). Der Motor ist demgemäß kapazitiv, induktionsfrei bzw. induktiv belastet. Der Winkel ψ' zwischen der Resultierenden $\dot{E}$ aus den inneren EMKen und $\dot{E}_a$ ist stets negativ ($\dot{E}$ eilt gegen $\dot{E}_a$ voraus). Die Winkel ψ und $\varphi' = (180° - \varphi)$ sind absolut genommen größer als 90°.

Abb. 277 und 281: Diese stellen Grenzfälle dar, indem hier der Strom senkrecht zur Klemmenspannung steht und demnach weder von Motor-, noch von Generatorwirkung gesprochen werden kann. Beide Diagramme können sowohl als Generator-, wie auch als Motorvektordiagramme aufgefaßt werden. In Abb. 277 eilt der Strom $\dot{J}$ der Spannung $\dot{E}$ um 90° nach, der Spannung $\dot{E}_m = -\dot{E}$ aber um 90° voraus, d. h. die Maschine ist als Generator rein induktiv belastet, während sie als Motor das Netz rein kapazitiv belastet. Genau die umgekehrten Verhältnisse liegen bei Abb. 281 vor: $\dot{J}$ eilt $\dot{E}$ um 90° vor, gegen $\dot{E}_m = -\dot{E}$ um 90° nach; der Generator ist rein kapazitiv belastet, während die Maschine als Motor das Netz rein induktiv belastet. — Vernachlässigt man in diesen Diagrammen den geringen Ohmschen Spannungsabfall $\dot{E}_r$,

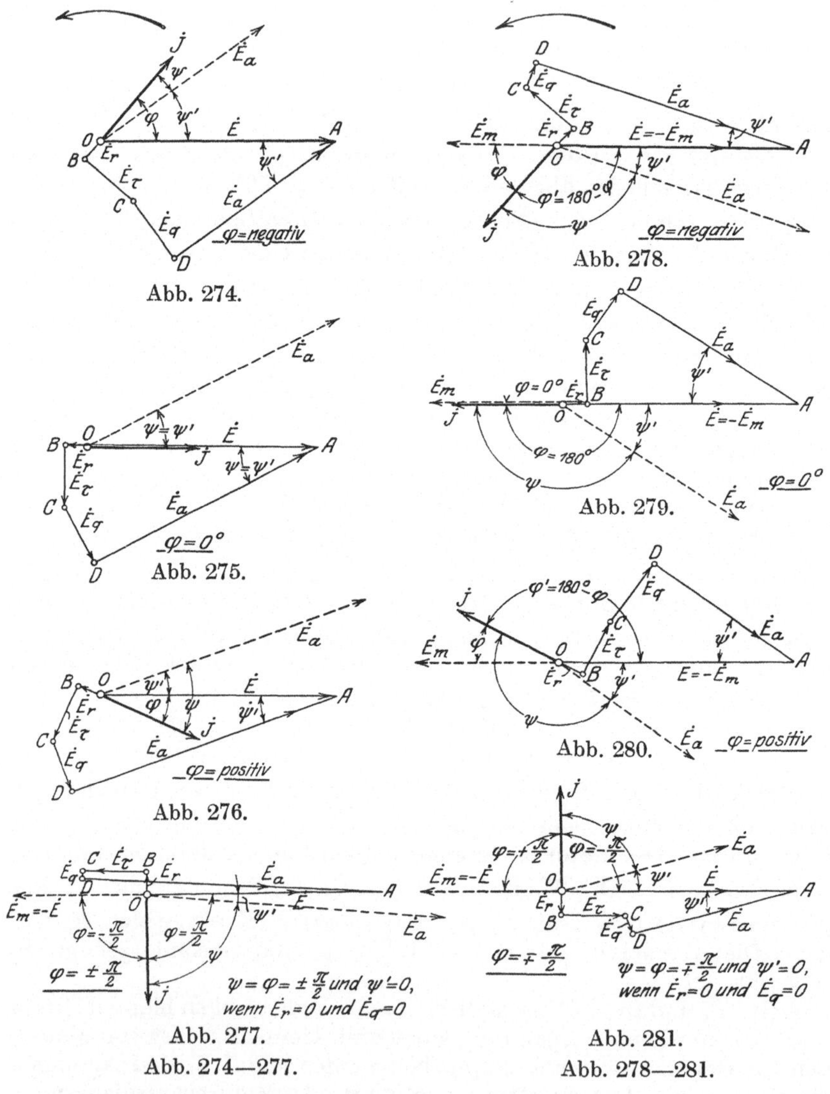

Abb. 274.

Abb. 275.

Abb. 276.

Abb. 277.

Abb. 274—277.

Abb. 278.

Abb. 279.

Abb. 280.

Abb. 281.

Abb. 278—281.

sowie die sehr kleine Querspannung $\dot{E}_q$ ($\dot{E}_r$ und $\dot{E}_q$ sind in den Abb. 277 und 281 der Deutlichkeit halber viel zu groß dargestellt), so wird der Winkel $\psi' = 0$ und $\dot{E}_\tau$, $\dot{E}_a$, $\dot{E}_m$ bzw. $\dot{E}$ fallen in eine Richtung. Es gelten jetzt die Vektorgleichungen:

$$\dot{E} = \dot{E}_a + \dot{E}_\tau \text{ für den Generatorzustand} \quad \ldots \quad (99\,\text{a})$$

$$\dot{E}_m = -(\dot{E}_a + \dot{E}_\tau) \text{ für den Motorzustand} \quad \ldots \quad (99\,\text{b})$$

Der Strom wirkt dann rein längsmagnetisierend, und zwar wären die von ihm erzeugten AW_l bei Abb. 277 den AW_e entgegen-, bei Abb. 281 dagegen gleichgerichtet.

Die erforderlichen Amperewindungen des Hauptfeldes sind in den behandelten Fällen recht verschieden. Bei Leerlauf wird $E_{a0} = E_a$. Um diese Spannung zu induzieren, sind bei Leerlauf nur $AW_e = AW_a$ Amperewindungen erforderlich. Bei Belastung sind für E_a die aus Haupt- und Längsfeld resultierenden Amperewindungen $AW_a = (AW_e - AW_l)$ nötig. Daraus findet man dann die $AW_e = AW_a + AW_l = AW_a + c_l \cdot AW_a' \cdot \sin\psi$, die, je nach dem Vorzeichen des Winkels ψ bzw. der Phase des Stromes $\dot{J}$ in bezug auf $\dot{E}_a$, größer oder kleiner als die im Leerlauf erforderlichen sind.

Konstruktion des Vektordiagrammes. Diese Konstruktion ist meist in einfacher Weise lösbar; dazu müssen aber die Konstanten r_a, k_τ, k_q und die AW_l bekannt sein. Deren experimentelle Ermittlung soll jetzt gezeigt werden.

Bezüglich des Widerstandes r_a kann auf das auf S. 258 Gesagte verwiesen werden. Meist wird es genügen, für r_a das Zwei- bis Dreifache des mit Gleichstrom gemessenen Wertes in die Rechnung einzusetzen.

c) Bestimmung von k_τ und AW_l.

Mit Hilfe der Kurzschluß- und der äußeren Charakteristik für rein induktive Last. Das Diagramm für rein induktive Last ($\varphi = 90^\circ$, $\psi = 90^\circ$) wurde bereits bei Abb. 277 bzw. 281 besprochen. Aus ihm erhält man sofort das für den Kurzschlußzustand gültige Vektorbild, wenn man, da jetzt die Klemmenspannung $E = 0$ ist, die Strecke $OA = 0$ setzt. Macht man ferner die Vernachlässigungen $E_r = 0$, $E_q = 0$, so gewinnt man mit $E = 0$ aus Gl. (99 a) die Vektorgleichung des kurzgeschlossenen Generators:

$$\dot{E}_a + \dot{E}_\tau = 0 \quad \ldots \quad (100)$$

Die von den resultierenden Amperewindungen $AW_a = (AW_e - AW_l)$ induzierte EMK $\dot{E}_a$ hat nur die Streuspannung $\dot{E}_\tau$ unter den gemachten Voraussetzungen zu überwinden. Der Kurzschlußstrom eilt $\dot{E}$ wie bei rein induktiver Last um 90° nach, wirkt folglich nur längs- und zwar entmagnetisierend. Bei gleichen Strömen $J = J_k$ hat man im Kurzschlußzustand wie bei rein induktiver Belastung:

α) Dieselbe Streuspannung $E_\tau = k_\tau \cdot J$;

β) dieselben Amperewindungen AW_l.

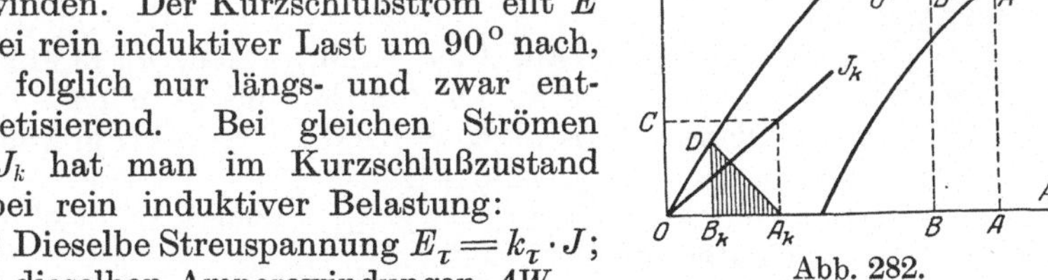

Abb. 282.

1. In Abb. 282 sind gezeichnet die Charakteristiken:

$E_{a0} = f(AW_e)$, $J_k = f(AW_e)$, $E = f(AW_e)$ für $J =$ konst. und $\varphi = 90^\circ$.

Aus der Kurzschlußcharakteristik entnimmt man zu einem Strom $J = J_k = OC$ die Hauptfeldamperewindungen $AW_e = AW_{ek} = OA_k$. Zieht man von diesen die zunächst als bekannt vorausgesetzten Amperewindungen $AW_l = A_k B_k$ ab, so verbleiben für die im Anker induzierte EMK $E_\tau = -E_a = B_k D$ noch $AW_a = OB_k$ Amperewindungen.

2. Bei rein induktiver Last ($\varphi = 90°$; $J =$ konst.) gehören zu der Klemmenspannung $E = AA'$ die Hauptfelderamperewindungen $AW_e = OA$. Nach den gegebenen Erläuterungen muß aber sein $AB = A'B' = A_k B_k$ und $B'D' = B_k D$. Die Dreiecke $A'B'D'$ und $A_k B_k D$ sind somit kongruent. OB sind jetzt die resultierenden Amperewindungen $AW_a = AW_e - AW_l$ für die im Anker induzierte EMK $\dot{E}_a = \dot{E} + \dot{E}_\tau$.

Diese Erläuterungen führen auf folgende einfache Konstruktion: Man verschiebt das Koordinatensystem einschließlich der Charakteristik $E_{ao} = f(AW_e)$ parallel zu sich selbst, bis der Punkt A_k mit dem induktiven Lastpunkt A' zusammenfällt. Die verschobene und die nicht verschobene Leerlaufcharakteristik schneiden sich im Punkte D'. Zieht man durch letztere die Senkrechte BD', so werden dargestellt durch:

α) $B'D' = B_k D$ die Streuspannung $E_\tau = k_\tau \cdot J$;

β) $A'B' = AB = A_k B_k$ die längsmagnetisierenden Amperewindungen AW_l.

Aus der Streureaktanz k_τ, welche nichts weiter als der induktive Widerstand der Ankerwicklung und somit nach Gl. (47a) bei einer

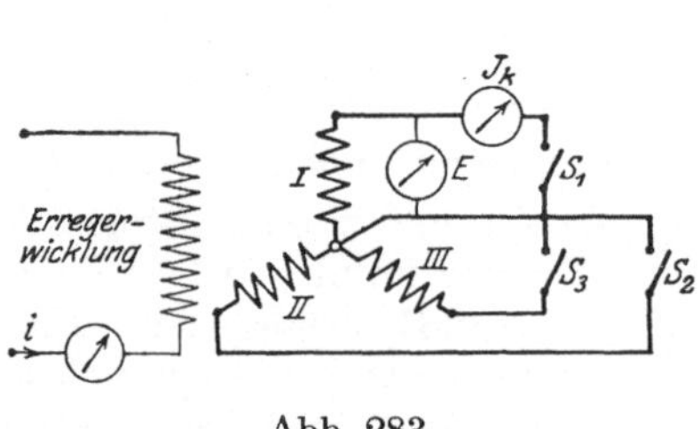

Abb. 283.

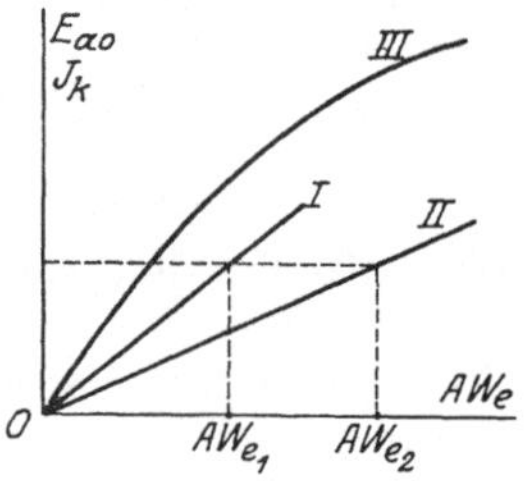

Abb. 284.

Periodenzahl f durch den Ausdruck $k_\tau = 2\pi f \cdot L_\tau$ dargestellt wird, erhält man den Selbstinduktionskoeffizienten L_τ des Ankers zu:

$$L_\tau = \frac{k_\tau}{2\pi f} \quad \ldots \ldots \ldots \ldots \quad (101)$$

Nach der Methode von Kapp (bei Dreiphasenmaschinen). Diese Methode wird verhältnismäßig selten angewendet. Voraussetzung ist bei ihr, daß die Maschine einen zugänglichen Nullpunkt besitzt. Abb. 283 zeigt die Schaltung. Für Phase I werden folgende Charakteristiken aufgenommen:

1. Die Kurzschlußcharakteristik $J_{k1} = f(AW_e)$ — Kurve I in Abb. 284. Dabei ist Schalter S_1 geschlossen, Schalter S_2 und S_3 offen.

2. Die Kurzschlußcharakteristik $J_{k2} = f(AW_e)$ — Kurve II in Abb. 284. Die Schalter S_1, S_2, S_3 sind geschlossen.

3. Die Leerlaufcharakteristik $E_{a0} = f(AW_e)$ — Kurve III in Abb. 284. Dabei sind alle Schalter offen.

Die Kurve II liegt tiefer als I, da durch das Kurzschließen aller drei Phasen die entmagnetisierenden Amperewindungen AW_l auf den dreifachen Betrag vergrößert werden. Jedem bestimmten Strome J_k in Phase I entsprechen also, je nachdem ob nur diese oder ob alle drei Phasen kurzgeschlossen sind, verschiedene Amperewindungszahlen AW_{e1} und AW_{e2}. Die Amperewindungen AW_a, sowie die von diesen induzierte Streuspannung $E_\tau = E_a$ der Phase I sind aber in beiden Fällen angenähert dieselben. Es ergeben sich die Beziehungen:

$$AW_{e1} = AW_a + AW_l \quad \text{und} \quad AW_{e2} = AW_a + 3\,AW_l.$$

Daraus erhält man sofort:

$$AW_a = \frac{3\,AW_{e1} - AW_{e2}}{2} \quad \text{und} \quad AW_l = \frac{AW_{e2} - AW_{e1}}{2}.$$

Zu AW_a entnimmt man aus der Leerlaufcharakteristik $E_a = E_\tau$ und berechnet daraus für $J = J_k$ die Streureaktanz k_τ.

Diese Methode ist weniger genau, da bei Aufnahme der Kurve I in der Maschine kein Dreh-, sondern nur ein Wechselfeld vorhanden ist, weil ja bloß die Phase I kurzgeschlossen ist. Dieses Wechselfeld kann man sich in zwei Drehfelder zerlegt denken, welche die Periodenzahl f besitzen, einander entgegengesetzt rotieren und deren Höchstwert die Hälfte desjenigen vom Wechselfelde beträgt. Das eine rotiert synchron mit dem Hauptfelde Φ_e, es ruft dieselben Wirkungen hervor wie das Drehfeld einer Dreiphasenmaschine. Das andere, das sogenannte inverse Feld, kommt weniger zur Geltung: Es besitzt gegenüber dem Magnetsystem die doppelte Ankergeschwindigkeit und induziert in ihm infolgedessen Ströme von der doppelten Periodenzahl $2f$, durch welche es sehr stark gedämpft wird.

Rechnerische Ermittlung der AW_l. Diese kann angenähert nach den Angaben Gl. (107a) erfolgen.

d) Bestimmung von k_q, E_q, AW_q.

Experimentelle Methode. 1. Allgemeines. Die Bestimmung dieser Größen ist nicht so einfach durchführbar wie die von k_τ, E_τ und AW_l. Der Vollständigkeit halber soll jedoch hier ein Verfahren angegeben werden. Dieses erfordert allerdings eine besondere Meßanordnung. Es wird dabei der Winkel ψ' ermittelt, den der Vektor der EMK $\dot{E}_a$ mit dem Vektor der Klemmenspannung $\dot{E}$ bei Belastung einschließt. Aus diesem Winkel und den bereits ermittelten Spannungsabfällen (Ohmschem Spannungsabfall $E_r = J \cdot r_a$ und Streuspannung $E_\tau = k_\tau \cdot J$) läßt sich die Querspannung $E_q = k_q \cdot J \cdot \cos\psi$ bzw. die Querreaktanz k_q für den betreffenden Belastungsfall zeichnerisch bestimmen. Mit diesen Spannungsabfällen und der Klemmenspannung $E = OA$ zeichnet man

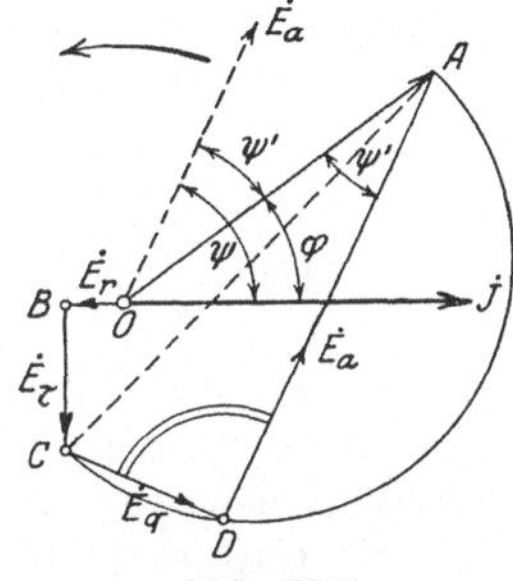

Abb. 285.

den Linienzug $AOBC$ der Abb. 285. Da $\dot{E}_q$ auf $\dot{E}_a$ senkrecht steht, so ergibt sich der Punkt D als Schnitt des über der Verbindungslinie der Punkte A und C gezeichneten Kreises mit dem freien Schenkel des an OA bei A angetragenen Winkels ψ'. DC ist die Querspannung $\dot{E}_q$.

2. Meßanordnung und Schaltung. Zur Messung des Winkels ψ' wird ein Hilfsgenerator benutzt, der, mit der Welle der zu untersuchenden Maschine direkt gekuppelt, dieselbe Polpaarzahl wie diese besitzt und dessen Ständer verdrehbar sein muß. Die Größe der Verdrehung kann an einer Kreisteilung abgelesen werden. Durch die

Verdrehung des Ständers wird eine Verschiebung in der Phase der in der Hilfsmaschine induzierten EMK bewirkt, so daß man dem Vektor dieser EMK eine beliebige Phasenlage gegenüber den Vektoren von Spannung und Strom der Hauptmaschine erteilen kann.

Die Hilfsmaschine arbeitet, wie Abb. 286 zeigt, auf den induktionsfreien Widerstand R. Ihr Strom J_h ist mit ihrer Spannung E_h in Phase. Die Stromspule des Wattmeters W wird von J_h durchflossen, während seine Spannungsspule an der Phasenspannung E der Hauptmaschine liegt.

3. Messungen. α) Die Hauptmaschine läuft leer. Dann beträgt, da die Klemmenspannung E gleich der Leerlaufspannung E_{a0} ist, die von W angezeigte Leistung: $N = E_{a0} \cdot J_h \cdot \cos \beta$, wenn $\dot{E}_{a0}$ und $\dot{J}_h$ den Winkel β miteinander einschließen. Durch Verdrehen des Ständers der Hilfsmaschine wird N und damit der Ausschlag des Wattmeters zu Null. Der Winkel β beträgt jetzt 90°, und der Stromvektor $\dot{J}_h$ steht senkrecht auf dem Vektor $\dot{E}_{a0}$. Der Ständer der Hilfsmaschine habe jetzt die Stellung α_1.

β) Die Hauptmaschine wird nun belastet. Das Wattmeter W zeigt wieder einen Ausschlag, der einer Leistung $N = E \cdot J \cdot \cos \beta'$ entspricht. Auch diese Wattmeterangabe kann auf Null gebracht werden, wenn der Ständer der Hilfsmaschine um den Winkel ψ' weiter verdreht wird, der der Phasenvor- bzw. Phasennacheilung entspricht, welche jetzt $\dot{E}$ gegen $\dot{E}_{a0}$ besitzt. Dann steht wieder $\dot{J}_h$ senkrecht auf $\dot{E}$. Die Stellung der Hilfsmaschine sei nun α_2 (s. Abb. 287).

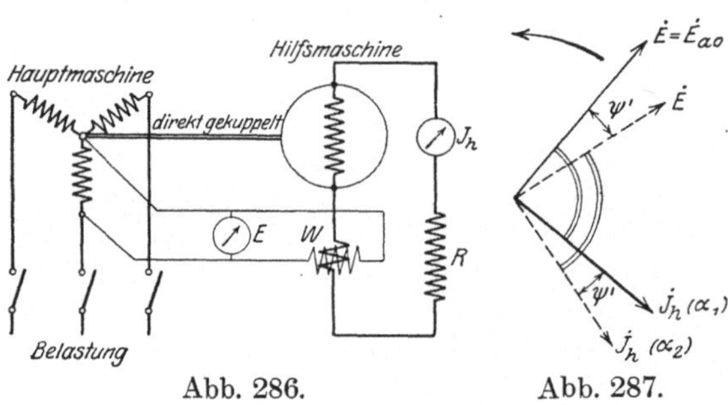

Abb. 286. Abb. 287.

Die Differenz $(\alpha_2 - \alpha_1)$ in elektrischen Graden ist der gesuchte Winkel ψ'. Wird der Winkel α in räumlichen Graden bestimmt, so ist bei p Polpaaren: $\psi' = p \cdot (\alpha_2 - \alpha_1)$.

Den so ermittelten Winkel ψ' benutzt man in der bereits geschilderten Weise zur Zeichnung des Diagrammes. Aus letzterem findet man E_q und den Winkel ψ. Dann berechnet man:

$$k_q = \frac{E_q}{J \cdot \cos \psi} \qquad (102)$$

Rechnerische Ermittlung von AW_q. Diese kann angenähert nach Gl. (109) erfolgen.

51. Die Ermittlung der Spannungsänderung von Synchronmaschinen.

a) Allgemeines.

Der § 72 der R.E.M. schreibt:

„Spannungsänderung eines Synchrongenerators mit Eigen- oder Fremderregung ist die Spannungserhöhung, die bei Übergang von Nennbetrieb auf Leerlauf eintritt, wenn

1. die Drehzahl gleich der Nenndrehzahl bleibt,
2. der Erregerstrom ungeändert bleibt.

Die Spannungsänderung soll 50% bei $\cos\varphi = 0{,}8$ nicht überschreiten."

In Prozenten beträgt die Spannungsänderung demnach, wenn E die Nennspannung, E_{a0} die zugehörige Leerlaufspannung ist, unter den angegebenen Bedingungen:

$$\varepsilon = \frac{E_{a0} - E}{E} \cdot 100 \quad \dots \dots \dots \quad (103)$$

Die vorkommenden Spannungsänderungen sind aus der nachstehenden Tabelle ersichtlich.

Drehstrom-generatoren	ε % $\cos\varphi = 1{,}0$	ε % $\cos\varphi = 0{,}8$	Wechselstrom-generatoren	ε % $\cos\varphi = 1{,}0$
Kleinere schnelllaufende Masch.	8÷10 %	18÷22 %	Kleinere schnelllaufende Masch.	10÷12 %
Große direkt gekuppelte Maschinen	7÷ 9 %	15÷20 %	Große direkt gekuppelte Maschinen	9÷11 %
Turbogeneratoren	13÷17 %	25÷30 %	Turbogeneratoren	16÷20 %

b) Methoden zur Bestimmung der Spannungsänderung.

In einfachster Weise kann die Spannungsänderung gefunden werden, wenn äußere Charakteristiken: $E = f(J)$, $i =$ konst., $\cos\varphi =$ konst. aufgenommen sind. Ist deren Aufnahme nicht möglich, so kann die Bestimmung der Spannungsänderung auch nach indirekten Verfahren erfolgen. Dieselben setzen stets die Kenntnis der Leerlauf- und Kurzschlußcharakteristik und eventuell die Ermittlung eines Punktes bei rein induktiver Last ($\varphi \sim 90^\circ$, $\cos\varphi \sim 0$) voraus.

Die Konstruktion des Vektordiagrammes führt ebenfalls zum Ziel. Gegeben sind dabei E, J, φ; die Konstanten der Maschine r_a, k_τ, k_q, sowie die AW_l müssen ermittelt werden. Dann kann man die Spannungsabfälle: $\dot{E}_r$, $\dot{E}_\tau$, $\dot{E}_q$ berechnen und dieselben mit $\dot{E}$ vektoriell zu dem Linienzug $AOBCD$ in Abb. 285 zusammenschließen. Die Schlußseite DA des letzteren ergibt die Spannung $\dot{E}_a$, welche im Anker bei Belastung von den Amperewindungen AW_a induziert wird. Die AW_a sind für E_a aus der Leerlaufcharakteristik zu entnehmen. Nach früherem ist aber: $AW_a = (AW_e - AW_l)$. Da nun nach Voraussetzung die AW_l ermittelt wurden, so findet man aus der eben genannten Beziehung die AW_e. Zu diesen liefert die Leerlaufcharakteristik die bei Leerlauf induzierte EMK E_{a0}. — Die Diagramme sind in dem vorhergehenden Kapitel eingehend behandelt worden, so daß sich hier eine nochmalige Wiederholung der Konstruktion erübrigt. Man achte darauf, ob es sich um nach- oder voreilenden Strom, um Generator- oder Motorzustand handelt.

Gleichungen zur Bestimmung der Erregerstromstärke bzw. der Erregeramperewindungen bei Belastung. Um schnell einen Überblick über den bei Last erforderlichen Erregerstrom zu gewinnen, kann man mit Vorteil folgende Gleichungen anwenden. Dieselben beziehen sich auf induktive bzw. rein Ohmsche Belastung.

$$\left.\begin{aligned} &\alpha)\ \text{Für } \cos\varphi = 0{,}8 \quad \text{ist } i = 1{,}25 \cdot i_k + i_0 \\ &\beta)\ \quad ,, \quad \cos\varphi = 0{,}9 \quad ,, \ i = i_k + i_0 \\ &\gamma)\ \quad ,, \quad \cos\varphi = 1{,}0 \quad ,, \ i = \sqrt{(1{,}25\, i_k)^2 + i_0^2} \end{aligned}\right\} \quad \dots \dots \dots \quad (104)$$

i_k ist darin die einem Kurzschlußstrom $J_k = J$, i_0 die einer Klemmenspannung $E_{a0} = E$ entsprechende Erregerstromstärke. Die den Erregerströmen äquivalenten Erregeramperewindungen erhält man durch Multiplikation der Ströme mit der Windungszahl w_e des Feldes. Die Gl. (104) gelten für den Generatorzustand.

Graphisches Verfahren zur Bestimmung der Spannungsänderung (nach den schwedischen Maschinennormalien). Auf die Ableitung dieser Methode, die sich in der Prüffeldpraxis mehr und mehr einbürgert, soll hier nicht näher eingegangen werden.

In Abb. 288 wird aufgetragen:

α) Die Erregerstromstärke $i_0 = \overline{01}$ für die Klemmenspannung $E = E_{a0}$ im Leerlauf;

β) die Erregerstromstärke $1{,}25 \cdot i_k = \overline{12}$ für den Kurzschlußstrom $J = J_k$;

γ) die Erregerstromstärke $i' = \overline{03}$ für induktive Belastung bei $\cos\varphi \sim 0$ mit der Spannung E und dem Strome J.

Ferner zeichnet man sich den sog. „Arbeitskreis" durch die Punkte 2 und 3. Sein Mittelpunkt M ist der Schnitt des Mittellotes über $\overline{23}$ mit der Abszissenachse. Dann werden für $E =$ konst., $J =$ konst. dargestellt:

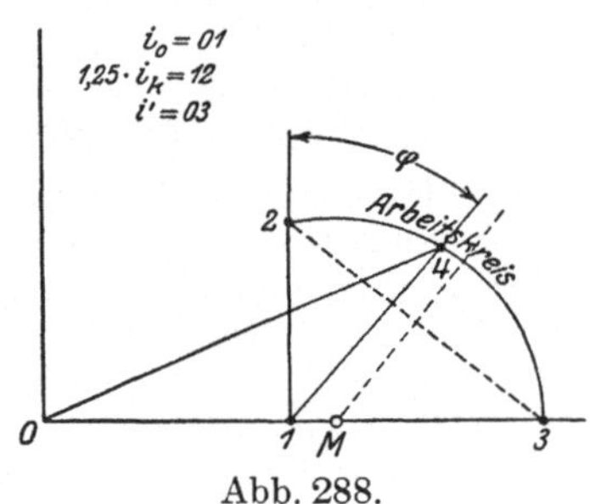

Abb. 288.

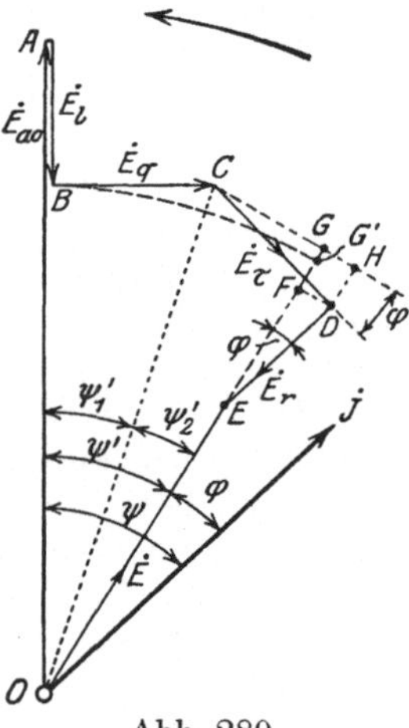

Abb. 289.

1. Durch die von dem Pol 0 nach den einzelnen Punkten des Arbeitskreises gezogenen Strahlen die für verschiedene Phasenverschiebungen φ erforderlichen Erregerstromstärken (bzw. die den letzteren proportionalen AW_e-Zahlen).

2. Die zugehörigen Phasenwinkel φ als die Winkel zwischen der Ordinate $\overline{12}$ und den Strahlen, welche von 1 nach den entsprechenden Punkten des Arbeitskreises zu ziehen sind.

Zu Punkt 4 der Abb. 288 gehört beispielsweise die Erregerstromstärke 04, der Phasenwinkel φ zwischen den Strecken 12 und $\overline{14}$, die Phasenleistung $N = E \cdot J \cdot \cos\varphi$.

Für andere Spannungen $E =$ konst. und Ströme $J =$ konst. entwirft man in gleicher Weise das Diagramm.

Beispiel. Ein Beispiel zu dieser Methode befindet sich auf S. 259.

c) Rechnerische Methode zur Bestimmung der Spannungsänderung.

Dieses von Arnold angegebene Verfahren setzt nur die Kenntnis der Leerlauf- und Kurzschlußcharakteristik voraus. Es werden dabei allerdings einige Annahmen gemacht, die unter Umständen die Genauigkeit beeinträchtigen können.

Das Diagramm Abb. 273 ist in Abb. 289 nochmals dargestellt, wobei folgende Konstruktionen ausgeführt sind:

α) Der Kreisbogen mit dem Radius OB um O bis zum Schnitt G' auf der Verlängerung von OE.

β) DF und CH senkrecht, DH parallel zu OE. Punkt G fällt in Wirklichkeit meist mit G' zusammen, so daß man angenähert setzen kann:

$$OG' = OG = OE + EG = OB.$$

γ) Aus der Abbildung ist ferner ersichtlich:

$$EG = EF + FG = EF + DH = J \cdot r_a \cdot \cos\varphi + E_\tau \cdot \sin\varphi.$$

Nun wird, wenn man bedenkt, daß $OB = OA - AB = E_{a0} - E_l = E_a$ ist:

$$OE = OB - EG = E_a - J \cdot r_a \cdot \cos\varphi - E_\tau \cdot \sin\varphi = E.$$

Daraus:

$$E_a = OE + J \cdot r_a \cdot \cos\varphi + E_\tau \cdot \sin\varphi = E + J \cdot r_a \cdot \cos\varphi + E_\tau \cdot \sin\varphi \quad . \; . \; (105)$$

Für die prozentuale Spannungserhöhung ε erhält man mit den Gl. (103) und (105) nunmehr:

$$\varepsilon = \frac{OA - OE}{OE} \cdot 100 = \frac{E_{a0} - E_a + J \cdot r_a \cdot \cos\varphi + E_\tau \cdot \sin\varphi}{E_a - J \cdot r_a \cdot \cos\varphi - E_\tau \cdot \sin\varphi} \cdot 100 \quad . \; . \; . \; (106)$$

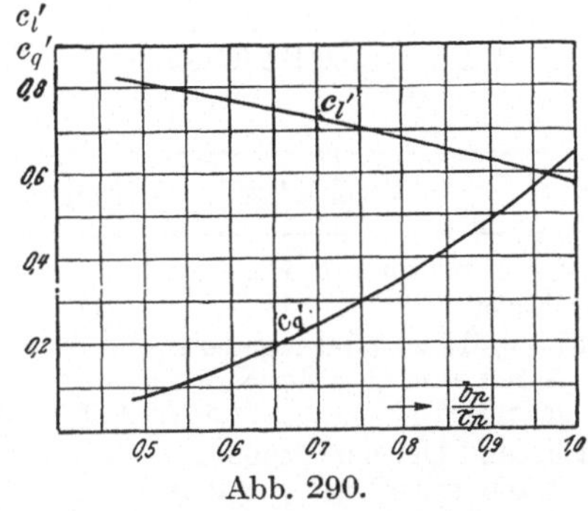

Abb. 290.

Die Methode verlangt: 1. Die Bestimmung von E_a nach Gl. (105) und der dazu erforderlichen $AW_a = (AW_e - AW_l)$ aus der Leerlaufcharakteristik; 2. die Berechnung der AW_l bzw. der $AW_e = (AW_a + AW_l)$ und Feststellung der zu den AW_e gehörigen Leerlaufspannung E_{a0}.

1. Bestimmung von E_a und AW_a. α) Berechnung von $J \cdot r_a \cdot \cos\varphi$. Dabei ist das auf S. 258 hinsichtlich r_a Erwähnte zu beachten.

β) Ermittlung von E_τ. Von den zu dem Strome $J = J_k$ aus der Kurzschlußcharakteristik entnommenen Amperewindungen $AW_e = AW_{ek}$ zieht man die durch Rechnung ermittelten längsmagnetisierenden (im Kurzschluß, wie früher ausgeführt, entmagnetisierenden) Amperewindungen $AW_l = AW_{lk}$ ab und bestimmt zu den verbleibenden $AW_a = AW_{a\tau} = (AW_{ek} - AW_{lk})$ aus der Leerlaufcharakteristik die Streuspannung $E_{a0} = E_\tau$ (s. auch die Erläuterungen zu Abb. 282).

Will man den Ohmschen Spannungsabfall $J_k \cdot r_a$ nicht vernachlässigen, so wird natürlich:

$$E_\tau = \sqrt{E_{a0}^2 - (J_k \cdot r_a)^2}$$

Um, wie eben angedeutet, vorgehen zu können, müssen die AW_l bekannt sein. Für diese gilt allgemein die Formel:

$$AW_l = c_l \cdot AW'_a \cdot \sin\psi \quad \ldots \ldots \ldots \quad (107)$$

Mit $AW'_a = J \cdot w_a$ und $c_l = c_l' \cdot f_w \cdot \mathfrak{p}$ geht diese über in

$$\boldsymbol{AW_l = c'_l \cdot f_w \cdot \mathfrak{p} \cdot J \cdot w_a \cdot \sin\psi} \quad \ldots \ldots \quad \mathbf{(107\,a)}$$

Für die Berechnung der entmagnetisierenden Amperewindungen $AW_l = AW_{lk}$ im Kurzschlußzustande ist gemäß den früheren Erläuterungen (s. Kap. 50) der Winkel $\psi \sim 90°$ zu setzen; demgemäß ist hier $\sin\psi = \sin\psi_k \sim 0{,}96$ bis 1,0, im Mittel also 0,98. Ferner bedeutet in der Gl. (107a):

$\mathfrak{p}$ die Phasenzahl,

f_w den Wicklungsfaktor,

c_l' einen aus Abb. 290 zu entnehmenden Faktor, der von dem Verhältnis Polbreite/Polteilung $= b_p/\tau_p$ abhängig ist.

Berechnung von f_w. Es wird bezeichnet mit:

Q die Zahl der Nuten pro Pol,

q die Zahl der bewickelten Nuten pro Pol und Phase; bei Mehrphasenmaschinen mit Q bewickelten Nuten pro Pol und $\mathfrak{p}$ Phasen ist $q = Q/\mathfrak{p}$,

S die Spulenbreite bei verteilten (Gleichstrom-)Wicklungen,

τ_p die Polteilung.

Es ergibt sich:

α) Für Wechselstromwicklungen .... $f_w = \dfrac{\sin\left(\frac{\pi}{2}\cdot\frac{q}{Q}\right)}{q\sin\left(\frac{\pi}{2}\cdot\frac{1}{Q}\right)}$.

β) Für verteilte (Gleichstrom-)Wicklungen $f_w = \dfrac{\sin\left(\frac{\pi}{2}\cdot\frac{S}{\tau_p}\right)}{\frac{\pi}{2}\cdot\frac{S}{\tau_p}}$.

	Wechselstromwicklungen			Verteilte Wicklungen			
Anzahl Nuten pro Pol und Phase . . . . . $q =$	2	3	4	$\frac{S}{\tau_p} = \frac{1}{3}$	$\frac{1}{2}$	$\frac{2}{3}$	1
Ein- und Zweiphasengeneratoren mit $Q = 2q$ Nuten pro Pol . . . . $f_w =$	0,923	0,91	0,906	—	0,901	—	0,636
Ein- und Dreiphasengeneratoren mit $Q = 3q$ Nuten pro Pol . . . . $f_w =$	0,966	0,96	0,958	0,956	—	0,830	0,636

2. Bestimmung der AW_l bzw. der $AW_e = AW_l + AW_a$ bei Belastung, sowie der AW_q. α) Für die Berechnung der AW_l bei Belastung ist die Gl. (107a) maßgebend. Unbekannt ist hier der Winkel $\psi = \varphi + \psi'$. Es ist nach Abb. 289:

$$\psi' = \psi_1' + \psi_2' = \sphericalangle BOC + \sphericalangle COG.$$

Die sehr kleinen Winkel ψ_1' und ψ_2' werden durch die Länge des zwischen ihren Schenkeln liegenden Kreisbogens, Radius OB, bestimmt. Der Bogen kann dabei mit hinlänglicher Genauigkeit durch die Tangenten BC und $CG = CG'$ ersetzt werden. Beachtet man, daß dem Halbkreis $OB \cdot \pi$ ein Winkel von 180° entspricht, und daß $OB = OG' = OG$ gesetzt worden ist, so erhält man:

$$\psi' = \psi_1' + \psi_2' = \frac{180^\circ}{\pi} \cdot \frac{BC + CG}{OG} = 57{,}3 \cdot \frac{BC + CG}{OG}.$$

Nach Abb. 289 ist:

$$BC = E_q,$$
$$CG = CH - HG = CH - DF = E_\tau \cdot \cos\varphi - J \cdot r_a \cdot \sin\varphi,$$
$$OG = OE + EG = E + E_\tau \cdot \sin\varphi + J \cdot r_a \cdot \cos\varphi.$$

Diese Werte in $\psi' = \psi_1' + \psi_2'$ eingesetzt, ergeben für die Berechnung von ψ' die Formel:

$$\psi' = 57{,}3 \cdot \frac{E_q + E_\tau \cdot \cos\varphi - J \cdot r_a \cdot \sin\varphi}{E + E_\tau \cdot \sin\varphi + J \cdot r_a \cdot \cos\varphi} \quad . \; . \; . \; . \; . \quad (108)$$

β) In Gl. (108) ist noch E_q unbekannt. Zur Berechnung ermittelt man die äquivalenten Amperewindungen AW_q:

$$AW_q = c_q \cdot AW_a' \cdot \cos\psi.$$

Mit $c_q = c_q' \cdot f_w \cdot \mathfrak{p}$ und $AW_a' = J \cdot w_a$ erhält man die Beziehung:

$$\boldsymbol{AW_q = c_q' \cdot f_w \cdot \mathfrak{p} \cdot J \cdot w_a \cdot \cos\psi} \quad . \; . \; . \; . \; . \; . \quad \mathbf{(109)}$$

Man macht nun die Annahme, daß φ und ψ nur wenig verschieden sind und setzt an die Stelle des noch unbekannten Winkels ψ den gegebenen Winkel φ in Rechnung. Somit:

$$AW_q = c_q' \cdot f_w \cdot \mathfrak{p} \cdot J \cdot w_a \cdot \cos\varphi \quad . \; . \; . \; . \; . \; . \quad (109\,\text{a})$$

Der Faktor c_q' ist eine Funktion des Verhältnisses b_p/τ_p; er kann aus Abb. 290 entnommen werden. — Zu der so berechneten Amperewindungszahl AW_q entnimmt man E_q aus der Leerlaufcharakteristik $E_{a0} = f(AW_e)$. Die AW_q sind dabei vom Nullpunkte aus aufzutragen. Mit E_q kann nun ψ' nach Gl. (108) bzw. $\psi = \psi' + \varphi$ berechnet werden. (Rechnet man die AW_q jetzt nochmals nach mit dem Werte ψ, so hat man eine Kontrolle für den Fehler bei der Annahme $\varphi = \psi$.)

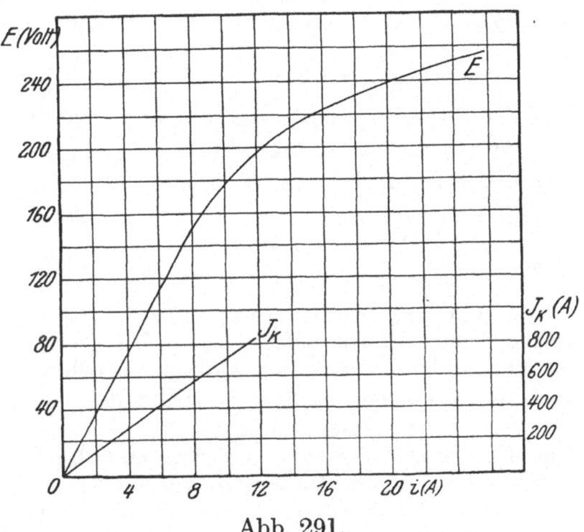

Abb. 291.

Beispiel. Bei einem Drehstromgenerator für 225 kVA, 225 V (Sternschaltung verkettet), 580 A, $f = 50$ per, soll die Spannungserhöhung für $^1/_1$ und $^1/_2$ Last und zwar für $\cos\varphi = 1{,}0$ und $0{,}8$ berechnet werden.

Allgemeine Daten:

w_a = Ankerwindungen pro Phase = 15, w_e = Erregerwindungen = 2500,

$\frac{b_p}{\tau_p} = \frac{\text{Polbreite}}{\text{Polteilung}} = 0{,}7$, dazu aus Abb. 290: $c_l' = 0{,}73$ und $c_q' = 0{,}24$,

$\mathfrak{p} = 3$, $\quad r_a$ pro Phase $= 0{,}003\ \Omega$,

$q = 3$, dazu der Wicklungsfaktor aus der oben angeführten Tabelle $f_w = 0{,}96$.

Als Aufnahmen liegen vor die Leerlauf- und Kurzschlußcharakteristik, welch beide als Funktion des Erregerstromes i in Abb. 291 aufgetragen sind. Dementsprechend sind in den folgenden Rechnungen die Amperewindungen durch die äquivalenten Erregerströme ersetzt.

1. Berechnung der Spannungserhöhung.

$\cos\varphi$	1,0	1,0	0,8	0,8
Last	$^1/_1$	$^1/_2$	$^1/_1$	$^1/_2$
J	580 A	290 A	580 A	290 A
a) $J \cdot r_a \cdot \sqrt{3} = J \cdot 0{,}003 \cdot \sqrt{3}$	3 V	1,5 V	3 V	1,5 V
b) i_k für $J = J_k$	8,1 A	4,05 A	8,1 A	4,05 A
$AW_{lk} = 31{,}5 \cdot J_k \cdot 0{,}98$	17950	8975	17950	8975
$i_{lk} = \frac{AW_{lk}}{2500}$	7,18 A	3,59 A	7,18 A	3,59 A
$i_\tau = i_k - i_{lk}$	0,92 A	0,46 A	0,92 A	0,46 A
E_τ aus Leerlaufcharakteristik	18 V	9 V	18 V	9 V
c) 1. $AW_q = 10{,}35 \cdot J \cdot \cos\varphi$	6000 V	3000 V	4800 V	2400 V
$i_q = \frac{AW_q}{2500}$	2,4 A	1,2 A	1,9 A	0,95 A
E_q aus Leerlaufcharakteristik	46 V	23 V	37 V	18,5 V
2. ψ'	16°	8,1°	14,1°	7,25°
φ (entspr. dem $\cos\varphi$)	0°	0°	37°	37°
$\psi = \varphi + \psi'$	16°	8,1°	51,1°	44,25°
3. $AW_l = 31{,}5 \cdot J \cdot \sin\psi$	5000	2250	14200	6550
$i_l = \frac{AW_l}{2500}$	2 A	1,02 A	5,7 A	231,6 A
d) $E_a = E + J \cdot r_a \cdot \cos\varphi + E_\tau \sin\varphi$	228 V	226,5 V	238,2 V	231,6 V
i_a aus Leerlaufcharakteristik	17,2 A	16,9 A	19,6 A	18,0 A
$i = i_l + i_a$ für $E = 225$ V	19,2 A	17,92 A	25,3 A	20,63 A
E_{a0}	236 V	231 V	255 V	242 V
$\varepsilon = \frac{E_{a0} - E}{E}$	4,95 %	2,7 %	11,8 %	7,55 %

2. Bemerkungen: Zu a). Alle Charakteristiken sind in gleicher Schaltung aufgenommen (Stern). Man kann dabei gleich mit den verketteten Spannungen rechnen und diese aus den Kurven entnehmen. Als Spannungsabfall ist dann auch das $\sqrt{3}$-fache des Spannungsabfalles pro Phase zu nehmen.

Zu b). Der Rechnungsgang für E_τ schließt sich an die Ausführungen an. Die AW_{lk} (k = Index für den Kurzschlußzustand) wurden nach Gl. (107a) bestimmt. Für die konstanten Glieder wurde $c_l' \cdot f_w \cdot \mathfrak{p} \cdot w_a = 0{,}73 \cdot 0{,}96 \cdot 3 \cdot 15 = 31{,}5$ eingesetzt. Man bildet $i_k - i_{lk} = i_\tau$ und findet hierzu E_τ.

Setzt man dagegen den zu i_τ bestimmten Wert gleich E'_{ak}, so bestimmt sich E_τ aus $E_\tau = \sqrt{E'^2_{ak} - (J \cdot r_a \cdot \sqrt{3})^2}$. Berechnet man daraus E_τ, so sieht man, daß der nun gefundene Wert nur wenig abweicht von dem vorher bestimmten.

Zu c). 1. Für die Bestimmung der AW_q nach Gl. (109a) ist

$$c_q' \cdot f_w \cdot \mathfrak{p} \cdot w_a = 0{,}24 \cdot 0{,}96 \cdot 3 \cdot 15 = 10{,}35\,.$$

2. ψ' folgt aus Gl. (108) unter Verwendung der gefundenen Werte. Damit ist der Winkel $\psi = \varphi + \psi'$ auch bekannt. Man berechnet nach Gl. (107a) die AW_l und den äquivalenten Erregerstrom i_l.

Zu d). Man berechnet zunächst E_a; dazu ergibt sich der zu dieser Spannung gehörige Erregerstrom i_a. Man muß nun, um den für die betreffende Belastung und für die Klemmenspannung $E = 225$ V gehörigen Erregerstrom i zu erhalten, die Summe bilden $i_a + i_l = i$ und zu letzterem aus der Leerlaufcharakteristik E_{a0} ablesen.

e) Zum Vergleich seien die aus Gl. (104) für i folgenden Werte angeführt (für $^1/_1$ Last).

$$\alpha)\ \cos\varphi = 1{,}0 \qquad i = \sqrt{(1{,}25\cdot 8{,}1)^2 + 16{,}6^2} = 19{,}45 \text{ A}.$$

$$\beta)\ \cos\varphi = 0{,}8 \qquad i = 1{,}25\cdot 8{,}1 + 16{,}6 = 26{,}7 \text{ A}.$$

Die Werte stimmen also angenähert mit den oben erhaltenen überein.

52. Die Bestimmung des Wirkungsgrades von Synchronmaschinen.

a) Allgemeines.

Von den verschiedenen in den R.E.M. angegebenen Verfahren (s. Kap. 38) kommen die direkten Verfahren für Synchronmaschinen verhältnismäßig wenig in Betracht. Bei Motorgeneratoren kann in einfacher Weise das Leistungsmeßverfahren zur Ermittlung des Gesamtwirkungsgrades dienen. Für die Berechnung des Wirkungsgrades vom Synchrongenerator allein muß natürlich derjenige des Antriebsmotors bekannt sein.

Von den beiden indirekten Methoden hat das Rückarbeitsverfahren ebenfalls nur eine geringe Bedeutung. Im nachstehenden ist die dafür in Frage kommende Schaltung beschrieben. Am wichtigsten (fast ausschließlich angewendet) ist für Synchronmaschinen die Bestimmung des Wirkungsgrades nach dem Einzelverlustverfahren.

b) Das Rückarbeitsverfahren.

Schaltung. Die Methode setzt voraus: Zwei Maschinen I und II gleicher Größe, Bauart und Spannung; sie sind miteinander direkt zu kuppeln und mit einem Hilfsmotor anzutreiben — s. Abb. 292.

Die Kupplungshälften der Maschinen I und II müssen gegeneinander verstellbar sein. Je nach der Größe der Verdrehung der Anker gegeneinander wird ein bestimmter Wirkstrom zwischen den Maschinen fließen. Dabei arbeitet jene Maschine als Generator, deren Anker im Sinne der Drehrichtung durch die Verstellung eine Voreilung erteilt worden ist. Die Größe der Verdrehung beträgt für Vollast etwa 30 bis 60 elektrische Grade, wobei die kleineren Winkel für langsamlaufende, die größeren für raschlaufende Maschinen gelten. Für eine bestimmte Last muß der genaue Winkel ausprobiert werden.

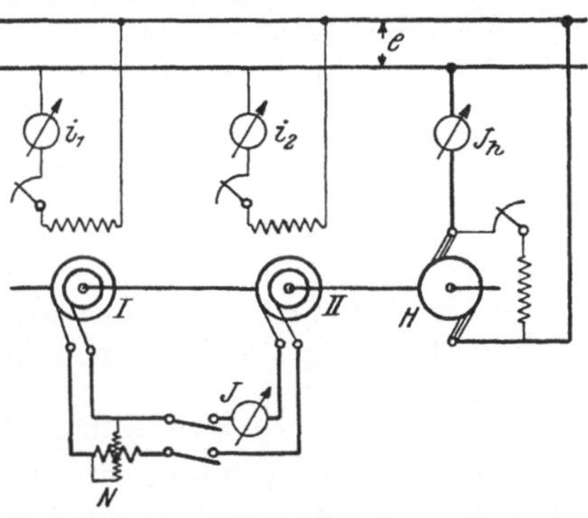

Abb. 292.

Das Vektordiagramm der so parallelgeschalteten Maschinen ist in Abb. 293 dargestellt (für $\cos\varphi = 1$). Es schließt sich hinsichtlich der Bezeichnungen an die Abb. 274 usw. an. Motor und Generator werden durch die Indizes „m" und „g" unterschieden. Man erkennt: Der Vektor der im Anker des Generators induzierten EMK $\dot{E}_{ag}$ eilt gegen die Klemmenspannung $\dot{E}$ um den Winkel ψ_g' voraus; der Vektor der im Motor induzierten EMK $\dot{E}_{am}$ eilt gegen die negativ genommene Klemmenspannung dieser Maschine $-\dot{E}_m = \dot{E}$ um den Winkel ψ_m' nach. Somit hat $\dot{E}_{ag}$ gegenüber $\dot{E}_{am}$ die Phasenvoreilung $\psi_m' + \psi_g'$. Um diesen Winkel ist also der Anker der Maschine I vorzudrehen, wenn sie als Generator wirken soll. — Aus dem Diagramm ergeben sich auch die für eine bestimmte Klemmenspannung und den betreffenden Leistungsfaktor bei Belastung erforderlichen Erregungen des Generators und des Motors $i = i_g$ bzw. $i = i_m$. Man entnimmt zu den induzierten EMKen E_{ag} bzw. E_{am} aus den Leerlaufcharakteristiken die zugehörigen Erregerströme i_{ag} bzw. i_{am}, berechnet nach den in Kap. 50 und 51 angegebenen Methoden die längsmagnetisierenden Amperewindungen und die denselben entsprechenden Erregerströme von i_{lg} bzw. i_{lm}. Man findet dann (unter Berücksichtigung des Vorzeichens von i_{lg} und i_{lm}): $i_g = i_{ag} \pm i_{lg}$ und $i_m = i_{am} \pm i_{lm}$.

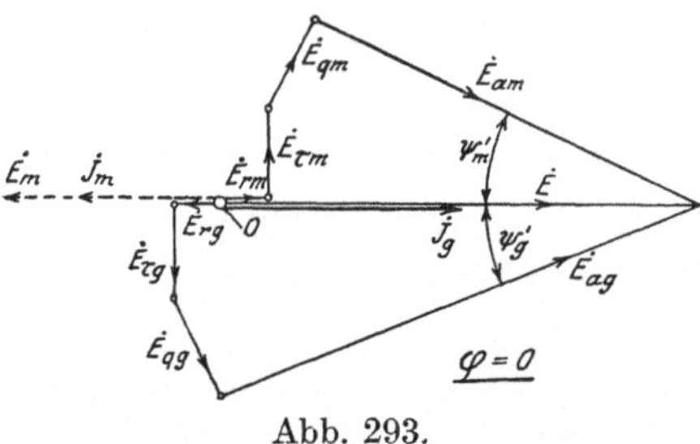

Abb. 293.

Berechnung des Wirkungsgrades. Es wird angenommen, daß die vom Hilfsmotor abgegebene Leistung $N_v = \eta_h \cdot J_h \cdot e$ gleichmäßig zur Deckung der Verluste beider Maschinen verwendet wird. η_h, J_h, e sind dabei Wirkungsgrad, Strom und Klemmenspannung des Antriebsmotors. Gemessen wird außerdem noch die Leistung N, welche die als Generator laufende Maschine an den Motor abgibt, und die Erregerverluste $e \cdot (i_1 + i_2)$ der Synchronmaschinen.

Dann ist:

Die Nutzleistung des Motors . . . . $N_a = N - 0{,}5\, N_v$,
die dem Generator zugeführte Leistung . . . . . . $N_z = N + 0{,}5\, N_v$,
die dem Aggregat zugeführte Erregerleistung . . $N_e = e \cdot (i_1 + i_2)$,
der Gesamtwirkungsgrad:

$$\eta = \eta_I \cdot \eta_{II} = \frac{N_a}{N_z + N_e} = \frac{N - 0{,}5\, N_v}{N + 0{,}5\, N_v + e \cdot (i_1 + i_2)}.$$

Somit:

$$\eta_I = \eta_{II} = \sqrt{\eta} = \sqrt{\frac{N - 0{,}5\, N_v}{N + 0{,}5\, N_v + e \cdot (i_1 + i_2)}}.$$

Natürlich kann auch hier wieder mit Hilfe der Erregung jeder beliebige Leistungsfaktor eingestellt werden.

c) Das Einzelverlustverfahren.

Sinngemäße Anwendung finden alle Ausführungen des Kap. 41. Es soll daher hier nur Unterschiedliches angegeben werden.

Leerverluste (Reibungs- + Eisenverluste) $N_0 = V_R + V_{Fe}$.
1. Generatorverfahren. Bezüglich desselben gelten die in dem eben erwähnten Kapitel gegebenen Erläuterungen. Der Leerverlust wird als Funktion der Ankerklemmenspannung E aufgetragen: $N_0 = f(E)$ — s. Abb. 208. Bei Belastung ist für die V_{Fe} das im Anker wirklich vorhandene Feld Φ_a maßgebend, dem die induzierte EMK E_a proportional ist. Man muß demnach erst E_a für den betreffenden Belastungsfall

ermitteln und für die Spannung $E = E_a$ aus der Kurve $N_0 = f(E)$ die Leer- bzw. die Eisenverluste ablesen.

Für praktische Wirkungsgradberechnungen genügt es jedoch, wenn man den Leerverlust bzw. die Eisenverluste für die Klemmenspannung E aus der Kurve bestimmt.

2. Motorverfahren. Bei demselben läuft die Synchronmaschine als Motor leer. Die Erregung wird dabei so eingestellt, daß die Stromaufnahme ein Minimum wird; dann sind Strom und Klemmenspannung in Phase. Die aufgenommene Leistung ist nur Wirkleistung. Zieht man von derselben die Stromwärmeverluste im Anker und die Erregerverluste (bei eigenerregten Maschinen) ab, so erhält man die Leerverluste. Auch hier ist es zweckmäßig, den Versuch mit variabler Klemmenspannung durchzuführen, um die Kurve $N_0 = f(E)$ zu erhalten.

Erregerverluste V_e. Die Berechnung derselben erfolgt nach Gl. (83). Da e die Gesamtspannung am Erregerkreise ist, so berücksichtigt die Formel auch die Übergangsverluste an den Erregerschleifringen (bei rotierendem Magnetsystem). Will man diese Verluste allein berechnen, so verfährt man nach den Angaben auf S. 190.

In die Gl. (83) ist natürlich stets der dem jeweiligen Lastzustande entsprechende Erregerstrom i einzusetzen. Liegen keine Lastaufnahmen vor, so ist i nach den Methoden des Kap. 51 zu ermitteln.

Es möge hier noch auf eigenerregte Synchronmaschinen hingewiesen werden — s. § 55 der R.E.M., S. 173. In die Wirkungsgradberechnung derselben müssen die Verluste der Erregermaschine mit einbezogen werden. Ist η_{er} der Wirkungsgrad der letzteren, e ihre Klemmenspannung, i der von ihr gelieferte Erregerstrom, so beträgt der Erregerverlust der Synchronmaschine:

$$V_e = \frac{e \cdot i}{\eta_{er}} \qquad (110)$$

Übergangsverluste $V_ü$. Bei einer Synchronmaschine mit rotierendem Anker betragen die Übergangsverluste, wenn k Schleifringe vorhanden sind:

$$V_ü = k \cdot J_s \cdot E_ü \qquad (111)$$

J_s ist der Strom pro Schleifring. Für $E_ü$ gelten die auf S. 190 angegebenen Werte.

Laststromwärme- und Zusatzverluste V_a bzw. V_{zus}. α) Die reinen Laststromwärmeverluste einer $\mathfrak{p}$-phasigen Synchronmaschine im Ankerwiderstand allein berechnen sich zu:

$$V_a = \mathfrak{p} \cdot J^2 \cdot r_a \qquad (112)$$

Für r_a ist der mit Gleichstrom gemessene Phasenwiderstand der warmen Maschine oder der auf 75° C umgerechnete Wert der kalten Wicklung einzusetzen.

β) Zusatzverluste. Nutenstreufelder, Stirnstreufelder, Zahn- oder Oberfelder im Luftspalt können in den Metallmassen (Kupfer- und Eisenteilen), die sie durchsetzen, starke Wirbelströme erzeugen, welche zusätzliche Kupfer- und Eisenverluste verursachen.

Das Nutenstreufeld, welches von den Strömen in den einzelnen Nuten hervorgerufen wird, durchschneidet die Leiter in den Nuten und induziert in diesen Wirbelströme. Letztere addieren oder subtrahieren sich dem Normalstrom und verursachen so eine ungleichmäßige Strombelastung in allen einzelnen Nutenleitern derart, daß die Stromdichte nach dem Rande der Nuten zu größer wird. Die Kupferverluste in jeder Raumeinheit der Leiter wachsen aber quadratisch mit der Stromdichte und werden also durch die Wirkung der Stromverdrängung vergrößert. Mit anderen Worten: Das Nutenquerfeld erzeugt zusätzliche Verluste, die mit dem Quadrate der Nutenstromstärke wachsen. Der wirksame Widerstand der Wicklung ist bei Belastung daher größer als der mit Gleichstrom gemessene Widerstand (bei Berechnung des Ohmschen Spannungsabfalles ist dies zu beachten; je nach dem Querschnitt und der Konstruktion der Nutenleiter kann der wirksame Widerstand etwa das 1,5 bis 3fache des Gleichstromwiderstandes betragen). Durch entsprechende Unterteilung der Nutenleiter können jedoch die Stromverdrängungsverluste gering gehalten werden, da dann kein ausreichender Querschnitt mehr für Wirbelströme vorhanden ist.

Das Stirnstreufeld durchsetzt wie das Nutenstreufeld die Stromleiter, ferner aber auch die metallischen Konstruktions- und Versteifungsteile der Wicklung, die eisernen Preßplatten und die Abschlußschilde der Gehäuse. Es erzeugt in allen diesen Teilen Wirbelströme.

Die von der Nutung herrührenden Zahn- und Oberfelder geben häufig zu starker Verlustbildung Anlaß, da sie im Eisen und in den Nutenkeilen hochfrequente Wirbelströme hervorrufen können. Bei nicht geschlossenen Nuten überlagern sich den Zahnfeldern noch magnetische Schwankungen, welche von dem dann vorhandenen ungleichförmigen magnetischem Widerstande herrühren. Das ist eine weitere Ursache von Verlusten, welche im wesentlichen bereits bei Leerlauf auftreten.

Nach § 62 der R.E.M. werden die Zusatz- bzw. die Zusatz- und Stromwärmeverluste nach einem der folgenden Verfahren bestimmt:

1. Kurzschlußverfahren. Die Maschine wird bei kurzgeschlossener Ankerwicklung mit Nenndrehzahl durch einen geeichten Hilfsmotor angetrieben und so erregt, daß der Kurzschlußstrom gleich dem Nennstrom ist. Die Leistungsaufnahme ausschließlich der Reibungs- und Erregerverluste gilt als Summe aus Stromwärme- und Zusatzverlust (Kurzschlußverlust).

2. Übererregungsverfahren. Die Maschine wird leerlaufend als Motor mit Nennspannung bei Nennfrequenz betrieben und derart übererregt, daß sie den Nennstrom führt. Die Leistungsaufnahme ausschließlich Leer- und Erregerverluste gilt als Stromwärme- und Zusatzverlust.

Das erstgenannte Verfahren wurde bereits auf S. 189 eingehend behandelt, die letztgenannte Methode ist durch die Angaben der R.E.M. so deutlich beschrieben, daß sich weitere Erläuterungen erübrigen[1]).

Berechnung des Wirkungsgrades. Für die Berechnung des Wirkungsgrades aus den Einzelverlusten gelten die Gl. (84a) und (84b).

d) Beispiel.

Für einen Dreiphasengenerator mit $E = 318$ V, $J = 1200$ A bei Vollast, $r_a = 0{,}00212\ \Omega$ warm (alle Werte gelten pro Phase) sind zu bestimmen, und zwar zu den Leistungsfaktoren $\cos\varphi = 1{,}0$ und $\cos\varphi = 0{,}8$:

α) Die Erregerströme und die Spannungsänderungen für $^5/_4$-, $^1/_1$- und $^1/_2$-Last;

β) der Wirkungsgrad für Vollast.

Der Generator hat rotierendes Magnetsystem, das von einer angekuppelten Erregermaschine gespeist wird. An Aufnahmen liegen die Kurven der Abb. 294 vor:

1. Die Leerlaufcharakteristik $E = E_{a0} = f(i)$ — Kurve I;
2. die Kurzschlußcharakteristik $J = J_k = f(i)$ — Kurve II;
3. die Reguliercharakteristik für rein induktive Last $J = f(i)$ bei $E = 318$ V und $\cos\varphi = 0$ — Kurve III;
4. die Leerverluste $N_0 = V_R + V_{Fe} = f(E)$ — Kurve IV;
5. die Kurzschlußverluste $V_a + V_{zus} = f(J)$ — Kurve V.

---

[1]) S. auch ETZ 1924, S. 37 und S. 59.

Bemerkung. Bei der Kurve III und den in der Folge berechneten Kurven VI und VII sind die Funktionen der Abszissen- und Ordinatenachse vertauscht. Achtung erheischt auch das Ablesen der Kurzschlußverluste aus Kurve V, da für diese Kurve die Kurve II als Bezugssystem gewählt ist. (In Abb. 294 für den Punkt $J = J_k = 1200$ A angedeutet.)

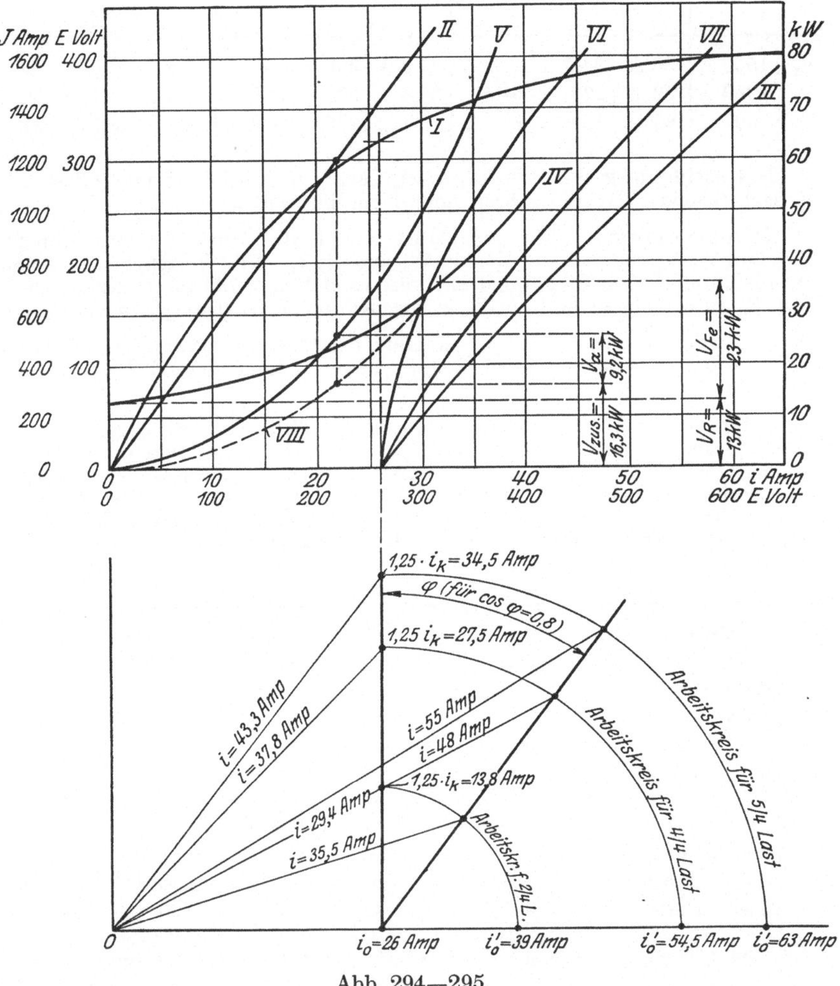

Abb. 294—295.

α) **Bestimmung der Erregerströme und der Spannungsänderungen.** Nach der durch Abb. 288 erläuterten Methode wird das Diagramm Abb. 295 entworfen. Die dazu benötigten Werte i_0, $1,25 \cdot i_k$ und i_0' entnimmt man den Kurven I, II, III der Abb. 294. Abb. 295 gibt dann sofort die bei den betreffenden Lasten erforderlichen Erregerströme i für $\cos\varphi = 1,0$ und $\cos\varphi = 0,8$. Zu diesen Strömen liefert die Leerlaufcharakteristik (Kurve I) $E = E_{a0} = f(i)$ die Klemmenspannung $E = E_{a0}$, die beim Übergang von Last auf Leerlauf bei sonst ungeänderten Verhältnissen auftreten würde. Die Spannungsänderung ε % wird endlich mit Gl. (103) berechnet, worin $E = 318$ V = konst. zu setzen ist.

Alle in Frage kommenden Werte sind in der folgenden Tabelle zusammengestellt. Die Regulierkurven $J = f(i)$ für $E = 318$ V = konst. bei $\cos\varphi = 1,0$ bzw. 0,8 sind in Abb. 294 durch die Kurven VI und VII zur Darstellung gebracht.

Last	J	i_0	$1,25 \cdot i_k$	i_0'	$\cos\varphi = 1,0$			$\cos\varphi = 0,8$		
					i	E_{a0}	ε	i	E_{a0}	ε
$^5/_4$	1500 A	26 A	34,5 A	63 A	43,3 A	380 V	18,5 %	55 A	395 V	24 %
$^4/_4$	1200 „	26 „	27,5 „	54,5 „	37,8 „	365 „	14,7 „	48 „	385 „	21 „
$^2/_4$	600 „	26 „	13,8 „	39,0 „	29,4 „	335 „	5,4 „	35,5 „	357 „	12,3 „

β) **Bestimmung des Wirkungsgrades.** Die Rechnung für Vollast zeigt die nachstehende Tabelle. Dazu möge bemerkt werden:

1. Leerverluste. Für $E = 318$ V ergibt die Kurve IV der Abb. 294 $N_0 = 36$ kW, wovon auf die V_R 13 kW, auf die V_{Fe} 23 kW treffen. — Gemäß den Ausführungen auf S. 256 und 257 wäre es richtiger, die im Anker induzierte EMK E_a zu berechnen und zu dieser aus Kurve IV N_0 bzw. V_{Fe} zu entnehmen.

2. Erregerverluste. Die Spannung der Erregermaschine beträgt 110 V, ihre Wirkungsgrade η_{er} sind bei den in Frage kommenden Erregerleistungen 81 % bzw. 79 %.

3. Laststromwärmeverluste. Um ein Bild über die Größe der bei Belastung auftretenden Zusatzverluste V_{zus} zu erhalten, sind bereits in Abb. 294 von der Kurve V die reinen Ankerstromwärmeverluste $V_a = 3 \cdot J^2 \cdot r_a$ abgezogen. Die so erhaltene Kurve VIII der Abb. 294 stellt die V_{zus} dar. Diese Trennung ist auch in der Wirkungsgradberechnung beibehalten. Aus Kurve VIII ist ersichtlich, daß für $J = 1200$ A die $V_a + V_{zus} = 26,5$ kW betragen, von welchen 9,2 kW auf die V_a entfallen.

Klemmenspannung	E	318 V	318 V
Laststrom	J	1200 A	1200 A
Leistungsfaktor	$\cos\varphi$	1,0	0,8
Erregerstrom	i	37,8 A	48 A
Abgegeb. Leistung in kVA	$N_a = 3 \cdot E \cdot J$	1145 kVA	1145 kVA
„ „ „ kW	$N_a = 3 \cdot E \cdot J \cdot \cos\varphi$	1145 kW	918 kW
1. Leerverluste:			
Reibungsverluste	V_R	13 kW	13 kW
Eisenverluste	V_{Fe}	23 „	23 „
2. Erregerverluste	$V_e = \frac{e \cdot i}{\eta_{er}}$	5,2 „	6,8 „
3. Laststromwärmeverluste:			
reine Ankerkupferverluste	$V_a = 3 \cdot J^2 \cdot r_a$	9,2 „	9,2 „
Zusatzverluste	V_{zus}	16,3 „	16,3 „
Summe der Verluste	$N_v = V_R + V_{Fe} + V_e + V_a + V_{zus}$	66,7 kW	68,3 kW
Zugeführte Leistung	$N_z = N_a + N_v$	1211,7 „	986,3 „
Wirkungsgrad in %	$\eta = \frac{N_a}{N_z} \cdot 100$	94,5 %	93,1 %

53. Messungen an Hochfrequenzsynchronmaschinen.

a) Allgemeines.

Von den verschiedenen Maschinentypen, welche zur Erzeugung hochfrequenter Wechselströme gebaut werden, haben eine besondere Bedeutung Einphasensynchrongeneratoren gewonnen, deren Ausführung die Gleichpolinduktortype zugrunde gelegt ist. Es soll daher kurz auf dieselben eingegangen werden, wenigstens so weit, wie sich die an solchen Maschinen vorzunehmenden Messungen von jenen an gewöhnlichen Synchrongeneratoren unterscheiden.

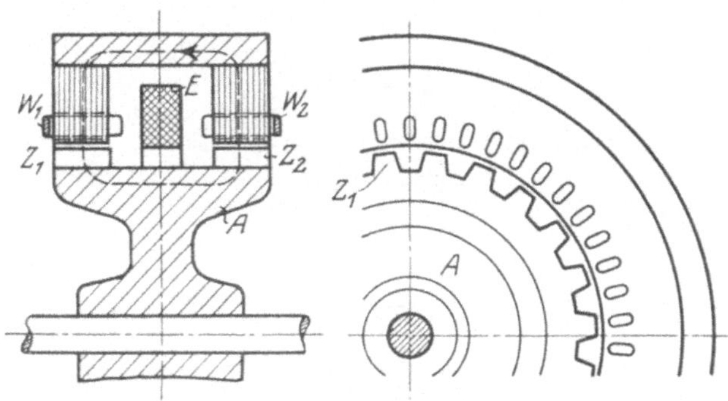

Abb. 296.

Die prinzipielle Konstruktion zeigt Abb. 296. Es ist keinerlei rotierende Wicklung vorhanden. Der Anker A besteht aus einem Stahlgußrotationskörper, der die Zähne Z_1 und Z_2 trägt. Diesen gegenüber stehen die Statorblechpakete, in deren Nuten je eine besondere Wechselstromwicklung W_1 bzw. W_2 eingebettet ist. Bei größeren Maschinen haben diese Wicklungen mehrere Abteilungen, welche entweder in Reihe oder parallel geschaltet werden können. Die Erregerspule E sitzt im Stator zwischen den Blechpaketen. Sie umfaßt als Ring den Läufer A und erzeugt einen Kraftfluß, der sich, wie in Abb. 296 angedeutet, schließt. — Derartige Generatoren werden bis zu 500 kVA bei 1500 minutlichen Umdrehungen gebaut. Die Periodenzahl beträgt dabei maximal etwa 8000 bis 10000. Vereinzelt sind Ausführungen von noch höherer Periodenzahl (bis zu 30000 Perioden pro Sekunde).

b) Messungen.

Zu den Aufnahmen sind ausschließlich Hitzdrahtinstrumente zu benützen. Strommessungen erfordern Spezialinstrumente (Hitzbandamperemeter oder solche mit Spezialstromwandlern — s. hierüber Kap. 6 und 12).

Leerlauf- und Kurzschlußcharakteristik. Die Schaltungen für die Versuche sind dieselben wie bei gewöhnlichen Synchronmaschinen. Die Kurzschlußcharakteristik kann jedoch hier meist bis zur vollen Erregung aufgenommen werden, da infolge des hohen induktiven Widerstandes der Wechselstromwicklung der Kurzschlußstrom verhältnismäßig klein bleibt. Die Charakteristiken eines Generators für 150 kVA, 7500 per/sec bei 1500 Umdr./min. zeigt die Abb. 297. Die Kurzschlußkurve $J_k = f(i) = f(AW_e)$ verläuft ähnlich wie die Leerlaufcharakteristik $E_{a0} = f(i) = f(AW_e)$ und biegt wie diese bei höheren Erregungen gegen die Abszissenachse um.

Aus dem Gesagten geht hervor, daß Hochfrequenzgeneratoren gegen Kurzschlüsse in der Anlage wenig empfindlich sind. Bei der durch die Kurven der Abb. 297 charakterisierten Maschine beträgt für volle Erregung $i = 4$ A der Kurzschlußstrom $J_k = 390$ A, der Normalstrom J dagegen für die gleiche Erregung 250 A. Das Verhältnis beider ist also nur 1,6.

Berechnung des induktiven Widerstandes k und des Selbstinduktionskoeffizienten L. Abb. 298 stellt ein vereinfachtes Diagramm einer Synchronmaschine dar. Vergleicht man es mit dem Diagramm der Abb. 273, so sieht man:

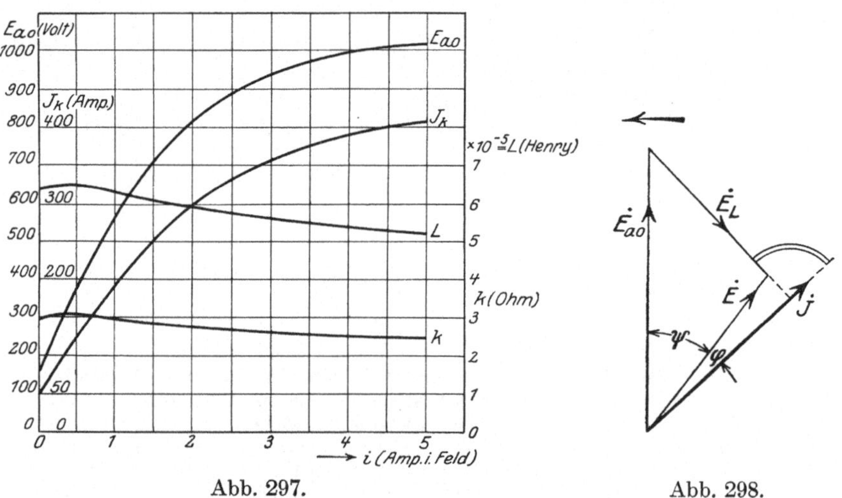

Abb. 297. Abb. 298.

1. Der Ohmsche Spannungsabfall in der Wechselstromwicklung ist vernachlässigt;

2. die Ankerrückwirkung, welche durch die Vektoren $\dot{E}_l$ und $\dot{E}_q$ in Abb. 273 gekennzeichnet ist, wird in einfacher, wenn auch nur in angenähert richtiger Weise dadurch berücksichtigt, daß die genannten Vektoren mit der Streuspannung $\dot{E}_\tau$ zu dem Vektor $\dot{E}_L = \dot{E}_l + \dot{E}_q + \dot{E}_\tau$ zusammengefaßt werden. Für $\dot{E}_L$ kann mit $k = L \cdot \omega$, wenn mit k nach Gl. (47a) der gesamte induktive Widerstand (die Reaktanz), mit L der Selbstinduktionskoeffizient der Wechselstromwicklung bezeichnet wird, geschrieben werden:

$$\dot{E}_L = j \cdot k \cdot \dot{J}.$$

$\dot{E}_L$ steht senkrecht auf $\dot{J}$ und eilt $\dot{J}$ um $90°$ nach. Mit der Klemmenspannung $\dot{E}$ ergibt sich unter Berücksichtigung der angegebenen Vereinfachungen aus Gl. (97) die Vektorgleichung:

$$\dot{E}_{a0} + \dot{E}_L = \dot{E}.$$

L bzw. k wird aus Leerlauf- und Kurzschlußcharakteristik auf die folgende einfache Art bestimmt. Bei Kurzschluß ist $E = 0$. Dafür nimmt die angeschriebene Vektorgleichung die Form an: $\dot{E}_{a0} + \dot{E}_L = 0$. Daraus erhält man:

$$\dot{E}_L = j \cdot k \cdot \dot{J} = - \dot{E}_{a0}$$

und es ergibt sich der absoluten Größe nach:

$$k = \frac{E_{a0}}{J}, \quad \text{sowie} \quad L = \frac{k}{\omega} = \frac{k}{2\pi f}.$$

Man entnimmt für einen bestimmten Erregerstrom i aus der Kurzschlußcharakteristik den Strom $J = J_k$, aus der Leerlaufcharakteristik die induzierte EMK E_{a0} und berechnet k, sowie L nach den angegebenen Gleichungen. Die so errechneten Kurven $k = f(i)$ und $L = f(i)$ sind in Abb. 297 dargestellt (k in Ohm, L in Henry).

Belastungsaufnahmen. Die Maschinen müssen durch Wasserwiderstände belastet werden. Legt man letztere jedoch direkt an die Maschinenklemmen, so würde man nur eine kleine Klemmenspannung E erhalten, da der durch den Strom J in den Wicklungen W — Abb. 296 — verursachte induktive Spannungsabfall $\dot{E}_L = j \cdot k \cdot \dot{J}$ recht beträchtliche Werte annimmt. Die im Wasserwiderstand umgesetzte Wirkleistung $N = E \cdot J$ wäre also nur gering. Der induktive Spannungsabfall muß daher durch Einschaltung von Kondensatoren kompensiert werden. Je nach der Kapazität der letzteren wird die Klemmenspannung ganz verschiedene Werte annehmen und der Belastungsstrom J ihr gegenüber in der Phase vor- oder nacheilen. Es ist gebräuchlich, die Kapazität so zu bemessen, daß die Klemmenspannung E der Maschine gleich der in ihr induzierten EMK E_{a0} wird.

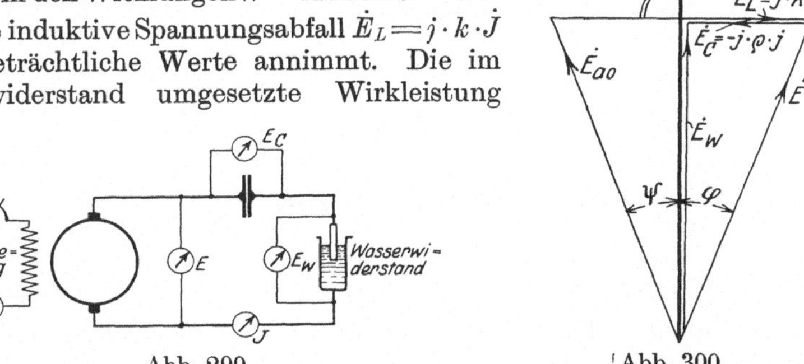

Abb. 299.

Abb. 300.

Die Schaltung ist in Abb. 299, das Diagramm in Abb. 300 gezeichnet. Da man nach dem Gesagten $E = E_{a0}$ einstellt, so bildet das Diagramm ein gleichschenkliges Dreieck, auf dessen Basis $E_L = k \cdot J$ der Strom J und die mit ihm phasengleiche Spannung E_w am Wasserwiderstand senkrecht stehen. J ist phasenvoreilend in bezug auf E, dagegen phasennacheilend in bezug auf E_{a0}. Bedeutet:

C die Kapazität der eingeschalteten Kondensatoren (in Farad),

ϱ den kapazitiven Widerstand (s. Gl. 47b),

E_C die Spannung an den Kondensatoren, welche dem Strom J um 90° voreilt ($\dot{E}_C = - j \cdot \varrho \cdot \dot{J}$), so gilt die Vektorgleichung:

$$\dot{E}_{a0} + \dot{E}_L + \dot{E}_C = \dot{E}_w, \qquad \dot{E}_{a0} + j \cdot (k - \varrho) \cdot \dot{J} = \dot{E}_w.$$

Wie ohne weiteres an Hand der Abb. 300 einzusehen ist, ergibt sich für den vorhin erwähnten Fall der Abstimmung die Bedingung:

$$k = 2 \cdot \varrho \quad \text{oder} \quad L \cdot \omega = \frac{2}{C \cdot \omega}.$$

Daraus:

$$C = \frac{2}{L \cdot \omega^2} = \frac{2}{L \cdot (2\pi f)^2}.$$

L ist in Henry einzusetzen; man erhält C dann in Farad.

Beispiel. Aus den Charakteristiken Abb. 297 wird für $i = 4$ A entnommen: $E_{a0} = 990$ V, $J_k = 390$ A, $k = 2{,}5\ \Omega$ und $L = 5{,}4 \cdot 10^{-5}$ Henry. Für die Abstimmung $E = E_{a0} = 990$ V ergibt sich zunächst für $f = 7500$ per:

Der kapazitive Widerstand der nötigen Kondensatoren . . . . $\varrho = 1{,}25\ \Omega$;
die Kapazität der letzteren . . . . . $C = 1{,}7 \cdot 10^{-5}$ Farad.

Beträgt der Belastungsstrom $J = 250$ A, so wird:

Der induktive Spannungsabfall in der Wechselstromwicklung . . . . . $E_L = k \cdot J = 625$ V;
die Spannung an den Kondensatoren . $E_C = \varrho \cdot J = 312$ V;
die Spannung am Wasserwiderstand . $E_w = \sqrt{E^2 - E_C^2} = 945$ V;
die abgegebene Scheinleistung des Generators in kVA . . . . $N_s = E \cdot J = 248$ kVA;
die Blindleistung der Kondensatoren in kVA . . . . $N_C = E_C \cdot J = 78$ kVA;
die Wirkleistung im Wasserwiderstand $N = E_w \cdot J = 235$ kW;
der Leistungsfaktor . . . . $\cos\varphi = N : N_s = 0{,}95$.

Bestimmung des Wirkungsgrades. Am einfachsten ermittelt man denselben, indem man den Antriebsmotor als Hilfsmotor benützt. Aus seiner Eichkurve bestimmt man dann die dem Generator zugeführte Leistung N_z. Die vom Generator abgegebene Leistung N_a hat die im Wasserwiderstand vernichtete Wirkleistung $N = E_w \cdot J$ und außerdem die Verluste V_C in den Kondensatoren zu decken (die letzteren müssen also ebenfalls durch eine Messung bestimmt werden). Es ist folglich:

$$N_a = E_w \cdot J + V_C$$

und somit erhält man:

$$\eta = \frac{N_a}{N_z} = \frac{E_w \cdot J + V_C}{N_z}.$$

c) Parallelschalten.

Parallelschalten einzelner Zweige. Es wurde bereits erwähnt, daß bei größeren Maschinen die Wicklungen W (Abb. 296) aus mehreren Abteilungen bestehen. Nimmt man die Leerlaufcharakteristiken $E_{a0} = f(i)$ einzeln auf, so findet man, daß dieselben oft recht beträchtlich voneinander abweichen, was durch die stets vorhandenen Unsymmetrien der magnetischen Verhältnisse (Unsymmetrien in der Wicklung, im Luftspalt usw.) hervorgerufen wird. Schaltet man die Zweige dann parallel, so sind diese Abweichungen die Ursache von Ausgleichströmen, welche sich über die Wicklungen schließen und welche zusätzliche Verluste verursachen. Man kann die Ausgleichströme leicht messen, wenn man in die Verbindungsleitungen der parallel geschalteten Abteilungen Amperemeter einbaut; der Generator selbst muß dabei natürlich unbelastet, der äußere Kreis folglich offen sein. Die erzeugten zusätzlichen Verluste erhält man als die Differenz der einmal mit parallel geschalteten und einmal mit geöffneten Zweigen aufgenommenen Leerverluste.

Die Wicklungen W_1 und W_2 des Generators, dessen Charakteristiken in Abb. 297 dargestellt sind, besitzen je 4 Abteilungen. Die Abweichungen der einzelnen Leerlaufkurven betragen bis zu 10%. Bei $i = 4$ A ergeben sich folgende Ausgleichströme:

α) Alle 8 Abteilungen parallel geschaltet . . . . . . 70 bis 90 A;

β) je 2 Abteilungen in Serie und 4 solcher Gruppen parallel geschaltet . . . . 15 bis 18 A;

γ) je 4 Abteilungen in Serie und 2 solcher Gruppen parallel geschaltet . . . . 5 bis 7 A.

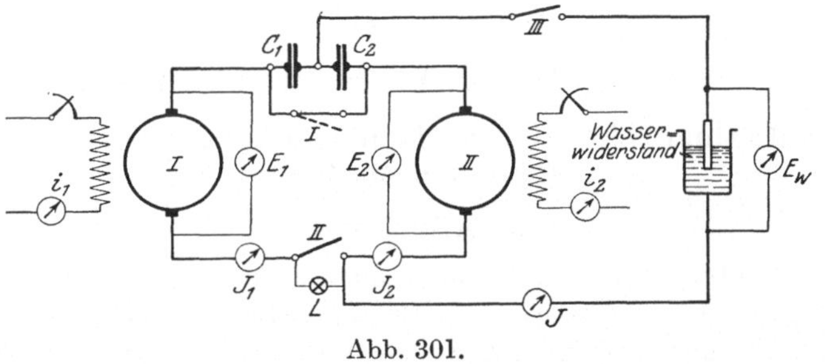

Abb. 301.

Je mehr Abteilungen in Serie liegen, um so höher wird der induktive Widerstand des Stromkreises und um so niedriger werden daher die Ausgleichströme. Der normale Belastungsstrom beträgt pro Abteilung 125 A. Man erkennt, daß schon die Schaltung β) verhältnismäßig kleine Ausgleichströme bedingt. Eine Messung der durch dieselben verursachten zusätzlichen Verluste ergab, daß diese sich in Grenzen bewegten, welche für den Betrieb durchaus zulässig waren. — Erwähnt möge noch werden, daß die Aufnahme der Charakteristiken Abb. 297 mit der Schaltung β) erfolgte.

Werden Abteilungen der Wicklung W_1 mit solchen der Wicklung W_2 in Serie oder parallel geschaltet, so muß darauf geachtet werden, daß die induzierten EMKe phasengleich sind. Zur Einstellung der Phasengleichheit kann die Lage von W_1 und W_2 gegeneinander verändert werden. Zu diesem Zwecke ist der eine Statorblechring durch eine im Joch befindliche Exzenterschraube verstellbar. Man schaltet nun eine Abteilung von W_1 mit einer von W_2 in Serie, erregt das Feld beliebig und verdreht bei konstanter Tourenzahl den beweglichen Ring so lange, bis ein an diese Reihenschaltung angelegtes Voltmeter den maximalen Ausschlag bzw. die Summe der an den einzelnen Wicklungen gemessenen Spannungen zeigt.

Parallelschalten mehrerer Generatoren. Die Generatoren I und II in Abb. 301 werden zunächst bei geschlossenem Schalter I und geöffneten Schaltern II und III genau nach den Regeln des Parallelschaltens gewöhnlicher Synchronmaschinen miteinander verbunden.

Man stellt also die Drehzahlen der Antriebsmotoren $n_1 = n_2$, sowie die Klemmenspannungen der Generatoren $E_1 = E_2$ ein und schließt den Schalter II, wenn die Phasenlampe L erlischt.

Das Erglühen und Erlöschen von der Lampe L geht natürlich rascher vor sich als bei 50-periodigen Synchrongeneratoren. Immerhin ist der richtige Zeitpunkt für das Einlegen des Schalters II bei einiger Geschicklichkeit und Übung verhältnismäßig leicht zu treffen. Überdies hat auch ein Schalten im unrichtigen Moment keine schlimmen Folgen, da die dann auftretenden Ströme infolge des hohen induktiven Widerstandes der Wicklungen in ungefährlichen Grenzen bleiben.

Sind die Generatoren I und II parallel geschaltet, so wird der Schalter III geschlossen, Schalter I dagegen geöffnet. Die Kondensatoren C_1 und C_2 liegen jetzt in Reihe mit den Wicklungen von I und II. Sie sind so zu bemessen, daß durch C_1 die Selbstinduktion L_1 des Generators I, durch C_2 die Selbstinduktion L_2 des Generators II aufgehoben wird. Es wird so auch dann ein gutes Parallelarbeiten ermöglicht, wenn L_1 und L_2 stark voneinander abweichen.

Achter Abschnitt.

Messungen an Asynchronmotoren.

54. Aufnahme charakteristischer Kurven an Drehstromasynchronmotoren.

a) Allgemeines.

Bezeichnungen. Im folgenden kennzeichnen die Indizes:

„1" und „2" Werte des Stators bzw. Rotors,

„12" und „21" Werte, welche vom Stator auf den Rotor bzw. umgekehrt übertragen werden.

Es bedeuten E, J, r Spannung, Strom und Widerstand pro Phase, die Leistung N bezieht sich dagegen stets auf die Aufnahme bzw. Abgabe aller (drei) Phasen. Abweichungen von dieser Festlegung werden ausdrücklich hervorgehoben.

Belastung und Anlassen. Hinsichtlich der Belastung s. Kap. 34. Auf die im Prüffeld gebräuchlichen Anlaßmethoden (mit Anlaßwiderständen, mit dem Synchrongenerator zusammen usw.) soll hier nicht näher eingegangen werden.

Schon beim Anlauf können sich manche Schwierigkeiten ergeben. Vielfach will ein Motor überhaupt nicht anlaufen. Das kann der Fall sein, wenn der Rotor im Stator schleift, wenn mehrere Statorwindungen Schluß miteinander haben, wenn die Wicklung eines Schleifringankers vollkommen verschaltet ist, oder wenn das Verhältnis der Nutenzahl eines Kurzschlußankers zu jener des Ständers ungünstig ist.

Ist der Motor auf Touren, so können einige weitere Feststellungen in bezug auf die Wicklung und deren Schaltung erfolgen. 1. Prüfung auf Schlußfreiheit der Wicklung. Unterbricht man beim leerlaufenden Motor der Reihe nach je eine Zuleitung, wobei die Maschine dann einphasig weiterläuft, so wird, symmetrische Wicklung und gleiche Spannung vorausgesetzt, in allen Fällen nur dann dieselbe Stromaufnahme vorhanden sein, wenn die Phasen schlußfrei sind. Andernfalls ergibt eine einfache Überlegung, wo der Fehler zu suchen ist. Außer Strom und Spannung der arbeitenden Wicklungszweige kann man auch die an der jeweils abgeschalteten Phase induzierte EMK messen. Diese ist dort kleiner, wo ein Windungsschluß vorhanden ist. 2. Falsche Schaltung des Stators. Sind Anfang und Ende einer Phase vertauscht, so läuft der Motor schwer an und verursacht ein ganz charakteristisches Geräusch. Zwei Phasen nehmen dabei Strom auf, während die dritte Phase Strom ins Netz zurückwirft. Der Motor wäre in diesem Falle für einen Dreiphasenstrom geschaltet, dessen Phasen Winkel von 60° statt 120° miteinander einschließen. 3. Falsche Schaltung eines Schleifringankers. Ist zwar der Stator richtig, der Rotor dagegen wie im vorhergehenden Fall falsch geschaltet, so würde der Motor nur geringe Zugkraft bei großer Schlüpfung ausüben, da der Läufer ein äußerst ungünstiges, pulsierendes Feld erzeugt. Werden z. B. an den Schleifringen des stillstehenden Rotors, der Sternschaltung besitzen möge, statt der unter sich gleichen Spannungen $1-2$, $2-3$, $3-1$ die Spannungen $1-2'$, $2'-3$, $3-1$ gemessen, von denen die letzte das $\sqrt{3}$-fache der beiden ersten beträgt, so ist Phase II verkehrt angeschlossen. Man erkennt dies sofort an Hand des Diagrammes Abb. 302. — Bei Dreieckschaltung des Läufers führt dieser, auch wenn die Schleifringe nicht kurzgeschlossen sind, in einem solchen Falle Strom. Selbst bei ausgeschaltetem Anlasser kann daher ein Anlauf des Motors stattfinden. Allerdings tritt dabei, wie bereits hervorgehoben, nur eine geringe Zugkraft auf.

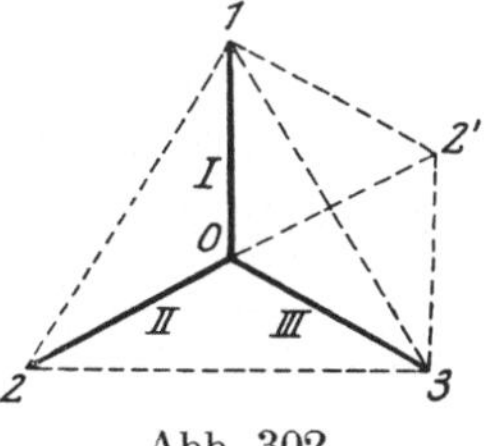

Abb. 302.

Zur Kontrolle der Wicklungen dient natürlich auch die Messung der Ohmschen Widerstände, des Leerlauf- und Kurzschlußstromes und der Vergleich der gemessenen mit den berechneten Werten.

Umkehr der Drehrichtung. Eine solche erfolgt in einfacher Weise durch Vertauschen zweier Zuleitungen.

b) Leerlaufcharakteristiken.

$$J_{10} = f(E_1), \quad N_{10} = f(E_1), \quad \cos\varphi_{10} = f(E_1), \quad f_1 = \text{konst.}$$

Der Stator wird bei konstanter Periodenzahl f_1 mit der variablen Klemmenspannung E_1 erregt, der Rotor kurzgeschlossen. An der leerlaufenden, sich fast in Synchronismus befindenden Maschine werden die angegebenen Werte aufgenommen. Bei dem Versuch wird mit der 1,25- bis 1,5-fachen Nennspannung begonnen und diese allmählich vermindert. Dabei gehe man jedoch nicht bis zu so niedrigen Werten E_1, bei welchen der Motor außer Tritt fällt und stehen bleibt. Da er dann den Kurzschlußstrom aufnehmen würde, so könnte leicht eine Überlastung der Meßinstrumente eintreten. — Die Kurven sind in Abb. 303 gezeichnet.

Wirk- und Blindstrom. Zerlegt man gemäß dem Diagramm Abb. 304 den Strom J_{10} in die Komponenten $J_{1m} = J_{10} \cdot \sin \varphi_{10}$ und $J_{1w} = J_{10} \cdot \cos \varphi_{10}$, so kann J_{1m} mit für die Praxis ausreichender Genauigkeit als der für die Magnetisierung erforderliche Blindstrom bezeichnet werden. Die andere mit E_1 phasengleiche Komponente J_{1w}, der Wirkstrom, dient zur Deckung der Leerverluste (Reibungs- und Eisenverluste). Bestimmt man so für alle Spannungen E_1 die Blindkomponente J_{1m}, so erhält man die Magnetisierungscharakteristik $J_{1m} = f(E_1)$.

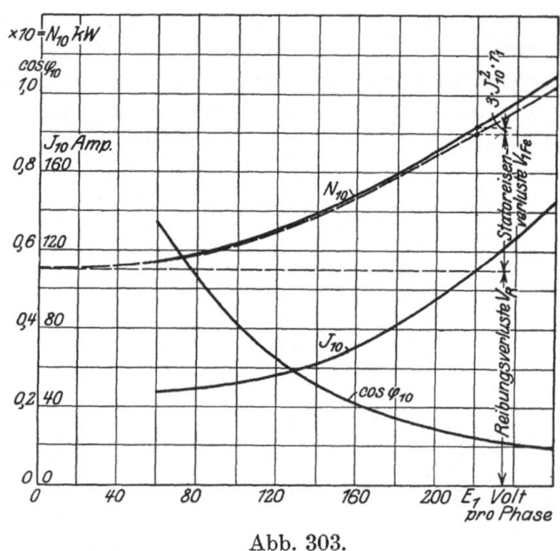

Abb. 303.

Die auf diese Art erfolgte Ermittlung von J_{1m} ist nicht vollständig exakt. In Wirklichkeit steht ja die Komponente J_{1m} nicht auf der Spannung E_1, sondern auf der im Stator induzierten EMK E_{1g} senkrecht. Eine genaue Feststellung von J_{1m} kann nach den Angaben des Kap. 57 ausgeführt werden.

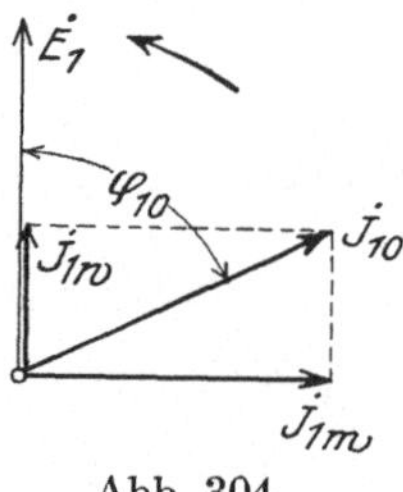

Abb. 304.

Verlauf des $\cos \varphi_{10}$. Der $\cos \varphi_{10}$ wird entweder aus den Gleichungen $N_{10} = 3 \cdot E_1 \cdot J_{10} \cdot \cos \varphi_{10} = \sqrt{3} \cdot E_1' \cdot J_{10}' \cdot \cos \varphi_{10}$ (in der letztgenannten sind E_1' und J_{10}' verkettete Werte) berechnet oder auch bei Verwendung der meist üblichen Zweiwattmetermethode aus dem Verhältnis α_2/α_1 der Wattmeterausschläge ermittelt (s. Kap. 19). Bei kleinen Spannungen ist das Eisen ungesättigt, der erforderliche Magnetisierungsstrom J_{1m} ist daher gering. Andererseits nimmt der Wirkstrom nur wenig ab, da die Reibungsverluste infolge der fast synchronen Umlaufszahl angenähert konstant bleiben, wenn man von solch kleinen Spannungen absieht, bei denen ein stärkeres Abnehmen der Drehzahl eintritt. Daraus folgt, daß der $\cos \varphi_{10}$ mit abnehmender Spannung E_1 ansteigen muß.

Leerlaufverluste. Auf dieselben und auf deren Trennung ist in Kap. 56 näher eingegangen.

c) Kurzschlußcharakteristiken.

$$J_{1k} = f(E_1), \quad N_{1k} = f(E_1), \quad \cos \varphi_{1k} = f(E_1), \quad f_1 = \text{konst.}$$

In Prüffeldern wird der Versuch allgemein folgendermaßen durchgeführt (s. auch die Erläuterungen in Kap. 57): Der Rotor wird kurzgeschlossen und festgebremst. Die angegebenen Werte sind in Abhängigkeit von der angelegten, variablen Statorspannung E_1 zu messen bzw. zu berechnen und aufzutragen. Den Verlauf der Kurven zeigt Abb. 305: Der Kurzschlußstrom J_{1k} ist vielfach fast eine Gerade durch den Koordinatenanfangspunkt, die zugeführte Leistung N_{1k}, welche zur Deckung der im Kurzschluß auftretenden Stromwärme- und Eisenverluste im Stator und im Rotor dient, hat praktisch die Form einer Parabel von der Gleichung $y = C \cdot x^2$, der $\cos \varphi_{1k}$ ist angenähert konstant.

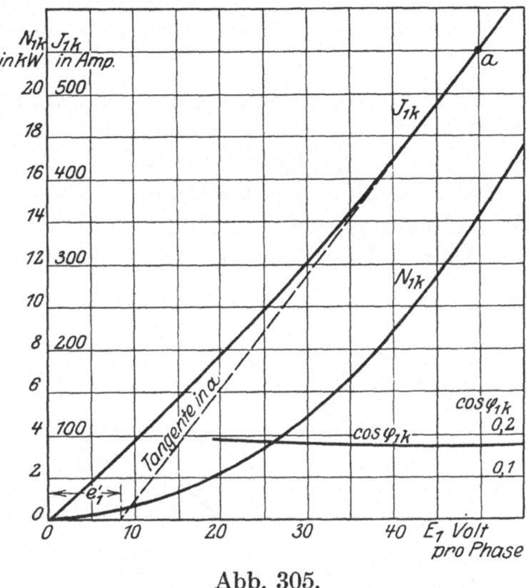

Abb. 305.

Bei diesem Versuch wird man nur bei kleinen Motoren die Spannung E_1 bis zum Normalwerte steigern können. Bei großen und auch schon bei mittleren Maschinen kann man die Aufnahmen meist nur bis zu $E_1 = (0{,}3 \div 0{,}5)\, E_{1\,norm}$ ausführen. Höhere Spannungen würden zu große Stator- und Rotorströme und somit zu beträchtliche Stromwärmeverluste bedingen, welche eine Beschädigung der Wicklungen verursachen könnten. Um in diesem Falle den Kurzschlußstrom J_{1k} für die Spannung $E_1 = E_{1\,norm}$ zu bestimmen, nimmt man vom höchsten gemessenen Punkte a — s. Abb. 305 — einen geradlinigen Verlauf der Charakteristik $J_{1k} = f(E_1)$ an. Man legt hier die Tangente an die Kurve, ermittelt deren Abschnitt e_1' auf der Abszissenachse und berechnet, wenn die zu Punkt a gehörigen Werte $E_1 = E_1'$ und $J_{1k} = J_{1k}'$ sind:

$$J_{1k} = J_{1k}' \cdot \frac{E_1 - e_1'}{E_1' - e_1'} \quad \text{. . . . . (112)}$$

Messung des Anzugsmomentes. Die Aufnahme desselben kann im Anschluß an diejenige der Kurzschlußcharakteristik erfolgen. Hinsichtlich der Ausführung der Messung s. Kap. 37. Man beachte auch hier, daß sich das Anlaufdrehmoment etwas mit der Stellung des Rotors gegenüber dem Stator ändert. Es ist daher der Rotor in verschiedene Stellungen zu bringen und der Mittelwert des Drehmomentes aus den einzelnen Aufnahmen zu berechnen. — Die Messung kann ausgeführt werden: 1. Bei variabler Spannung E_1 und konstantem Widerstand r_2 im Läuferkreis, wobei man erhält: $M_a = f(E_1)$, oder 2. bei konstanter Spannung E_1 in Abhängigkeit von dem in den Läuferkreis eingeschalteten variablen Widerstand r_2; es ergibt sich dann $M_a = f(r_2)$.

Anlaßstrom. Bei Schleifringmotoren bis 100 kW Nennleistung gilt die Tabelle, welche für Gleichstrommotoren auf S. 171 angegeben wurde. Bei

Kurzschlußmotoren von 1,5 bis 15 kW Nennleistung soll gemäß den normalen Bedingungen für den Anschluß von Motoren an öffentliche Elektrizitätswerke das Verhältnis $v = \frac{\text{Anlaß-Spitzenstrom}}{\text{Nennstrom}}$ die nachstehenden Werte nicht überschreiten:

n Umdr./min. . . .	3000	1500	1000	750	600	500
v	2,4	2,4	2,1	2,1	1,7	1,7

d) Belastungscharakteristiken.

$$J_1 = f(N_1), \quad s = f(N_1), \quad \cos\varphi_1 = f(N_1), \quad N_2 = f(N_1),$$
$$n = f(N_1), \quad \eta = f(N_1), \quad E_1 = \text{konst.}, \quad f_1 = \text{konst.}$$

Bei variabler Belastung, konstanter Statorspannung E_1 und konstanter Periodenzahl f_1 werden der Statorstrom J_1 und die Schlüpfung s, sowie die zugeführte Leistung $N_1 = 3 \cdot E_1 \cdot J_1 \cdot \cos\varphi_1$ gemessen. Berechnet werden die Drehzahl n, die Nutzleistung N_2, der $\cos\varphi_1$ und der Wirkungsgrad η. Die Werte sind in Abhängigkeit von N_1 aufzutragen. Den Kurvenverlauf zeigt Abb. 306.

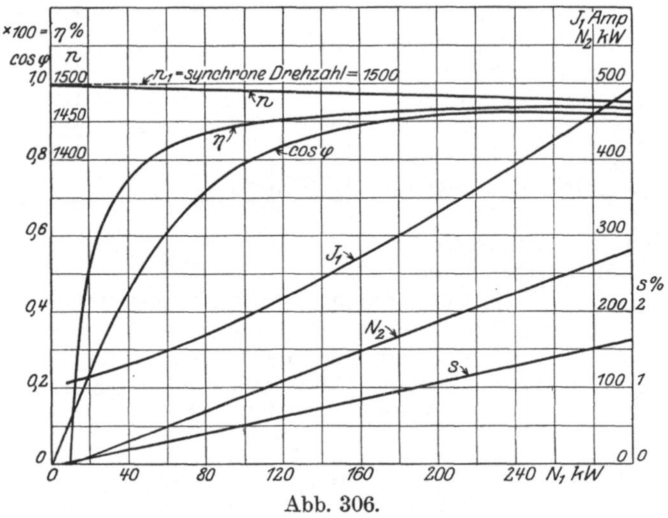

Abb. 306.

55. Die Messung der Schlüpfung.

Allgemeines. Es entspricht bei einer Polpaarzahl p:

Einer gedachten (in Wirklichkeit nicht vorhandenen) Periodenzahl f die minutliche Rotordrehzahl n eines beliebigen Belastungszustandes . . . . $n = \frac{60 \cdot f}{p}$,

der Periodenzahl f_1 des Statorstromes eine synchrone Drehzahl n_1 . . . . $n_1 = n_s = \frac{60 \cdot f_1}{p}$,

der Periodenzahl f_2 des Rotorstromes ein Drehzahlunterschied n_2 . . . . $n_2 = n_1 - n = \frac{60 \cdot f_2}{p}$.

Als Schlüpfung s bzw. als prozentuale Schlüpfung $s\%$ bezeichnet man die Ausdrücke:

$$s = \frac{n_2}{n_1} = \frac{f_2}{f_1}, \qquad s^0/_0 = \frac{n_2}{n_1} \cdot 100 = \frac{f_2}{f_1} \cdot 100 \quad . \quad . \quad . \quad . \quad (113)$$

Bestimmung der Schlüpfung durch Messung von f_1 und n. Die Statorperiodenzahl f_1 wird mit Zungenfrequenzmesser, die Rotordrehzahl n mit Tachometer gemessen. Aus den eingangs angegebenen Beziehungen findet man zunächst $f = p \cdot n/60$ und $f_2 = f_1 - f$; hierauf aus Gl. (113) die Schlüpfung s.

Die Genauigkeit dieses Verfahrens ist nicht groß. Fehler bei der Feststellung von f_1 und n können sich im ungünstigsten Falle addieren. Betragen z. B. die wahren Werte $f_1 = 50$ per und $f = 49$ per, so wäre $s = 2\%$. Hätte dagegen eine Messung $f_1 = 50{,}1$ per und $f = 48{,}9$ per ergeben, also Werte, welche um 0,2% zu hoch bzw. zu tief liegen, so errechnet sich s zu 2,4%. Gegenüber dem richtigen Betrage (2%) ergibt somit die Messung einen Fehler von 20%.

Die Methode wird um so ungenauer, je kleiner an und für sich die Schlüpfung ist. Dies ist besonders der Fall bei großen Motoren und schwachen Belastungen. Aus den genannten Gründen verwendet man für die Ermittlung von s daher besser eines der folgenden Verfahren.

Schlupfmessung durch direkte Bestimmung der Periodenzahl f_2. a) Mittels einer Magnetnadel. Diese hält man in die Nähe einer der zu den Läuferschleifringen führenden Leitungen oder bei Kurzschlußankern in die Nähe des Wellenendes, da das immer vorhandene, über die Welle gehende Streufeld genügt, um die Nadel in Schwingungen zu versetzen. Es werden die in t Sekunden erfolgten vollen Nadelschwingungen z gezählt (t mit Stoppuhr messen!). Dann ist:

$$f_2 = \frac{z}{t} \quad \text{und} \quad s = \frac{f_2}{f_1} = \frac{z}{t \cdot f_1}.$$

Die Methode ist wie die folgenden Verfahren b) und c) zur Messung von Schlüpfungen bis etwa 5% bei $f_1 = 50$ per geeignet. Darüber hinaus erfolgen die Ausschläge der Nadel so rasch, daß ihre Zählung schwierig wird.

b) Mit aperiodischem, polarisiertem Galvanometer. 1. Ein Drehspulinstrument mit beiderseitigem Ausschlag (Nullpunkt in der Skalenmitte) wird als Voltmeter an die Schleifringe gelegt. Der Meßbereich ist der auftretenden Schleifringspannung anzupassen. Wie bei a) zählt man die Ausschläge z nach einer Seite während der Zeit t.

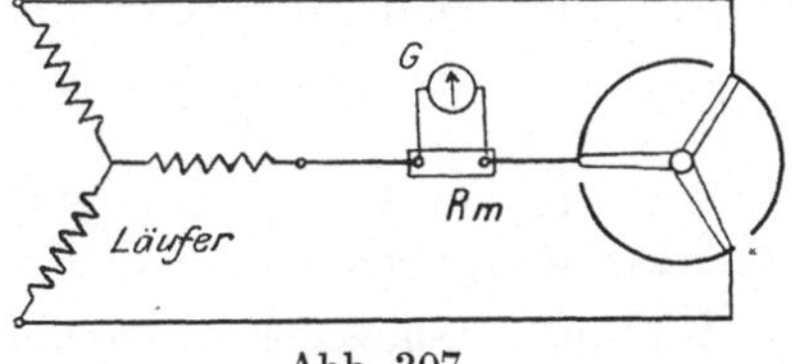

Abb. 307.

2. Man kann das Instrument auch nach Abb. 307 in den Läuferkreis einschalten. Es liegt dann als Amperemeter parallel zu einem passenden Nebenwiderstande R_m.

3. Oder man schließt es an eine Induktionsspule an, die man so aufstellt, daß Spulen- und Wellenachse zusammenfallen. Das über die

Welle verlaufende schwache Streufeld induziert in der Spule eine EMK von der Rotorperiodenzahl f_2. Dieses Verfahren ist sowohl bei Kurzschluß- als auch bei Schleifringankern anwendbar.

Beispiel. In 20 Sekunden wurden 40 Ausschläge nach einer Seite gezählt; f_1 betrug 50 per. Es ergibt sich $f_2 = 40/20 = 2$ und $s = 4\%$.

c) Mit Induktionsspule und Telephon[1]). Nach Abb. 308 wird eine der drei Leitungen L, welche vom Läufer zum Anlasser führen, in einer Schleife um die Induktionsspule S gewunden. Man hört in dem an S angeschlossenen Telephon die Zahl z' der Strommaxima bzw. der Stromwechsel während einer Zeit t. Es ist dann $f_2 = z'/2t$ und $s = z'/2tf_1$.

Noch einfacher läßt sich die eben beschriebene Methode mit dem Anleger nach Dietze, ausgeführt von Hartmann & Braun, bewerkstelligen. Ein nach Abb. 309 aus Blech hergestellter, bei B mit Gelenk versehener Eisenblechkörper E läßt sich durch Druck auf die Griffe bei A aufklappen und kann dann über stromführende Leitung geschoben werden. Die Feder F schließt den Eisenkörper wieder, und das Wechselfeld der stromdurchflossenen Leitung induziert die beiden Spulen S, deren Stromstöße mit dem Telephon gehört werden können.

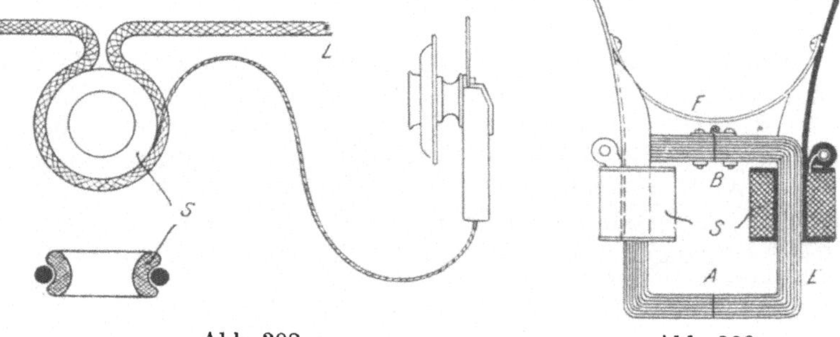

Abb. 308. Abb. 309.

Stroboskopische Schlupfmessung. Man befestigt auf der Welle des zu untersuchenden $2p$-poligen Motors eine weiße Scheibe, auf der ein schwarzer radialer Strich gezeichnet ist, und beleuchtet diese mit einer von der Stromquelle des Motors gespeisten Bogenlampe (vgl. Abb. 158). Bei synchroner Drehzahl erblickt man einen $2p$-strahligen, stillstehenden Stern, bei Belastung dreht sich dieser scheinbar rückwärts. Zählt man in t Sekunden z'' Umläufe des Sterns, so ist:

$$f_2 = \frac{z'' \cdot p}{t} \quad \text{und} \quad s = \frac{z'' \cdot p}{t \cdot f_1}.$$

Ein stroboskopischer Schlüpfungsmesser wurde von Benischke angegeben[2]).

Schlüpfungsmesser (Asynchronometer) von Horschitz. Mit diesem Apparat — Abb. 310 — können auch große Schlüpfungen festgestellt werden. Prinzip: Der Kommutator K und die beiden Schleifringe S_1

[1]) Zeitschr. f. Instrumentenk. 1899, S. 211. Zeitschr. f. Elektrotechn. (Wien) 1899.
[2]) ETZ 1899, S. 142; ETZ 1904, S. 392.

und S_2 sitzen auf einer gemeinsamen Achse, welche von der Welle des zu untersuchenden Asynchronmotors angetrieben wird. Die Schleifringe sind einerseits abwechselnd mit den Lamellen von K verbunden, andererseits über Bürsten am Anker A angeschlossen, der zwischen den Polen eines Magneten M hin- und herschwingt. Sowohl diese Schwingungen als auch die Umdrehungen des Asynchronmotors werden von je einem Zählwerk gemessen. Auf benachbarten Segmenten des Stromwenders K schleifen Bürsten, welche unter Zwischenschaltung eines kleinen Transformators T von 10 V Sekundärspannung an der Netzfrequenz f_1 liegen.

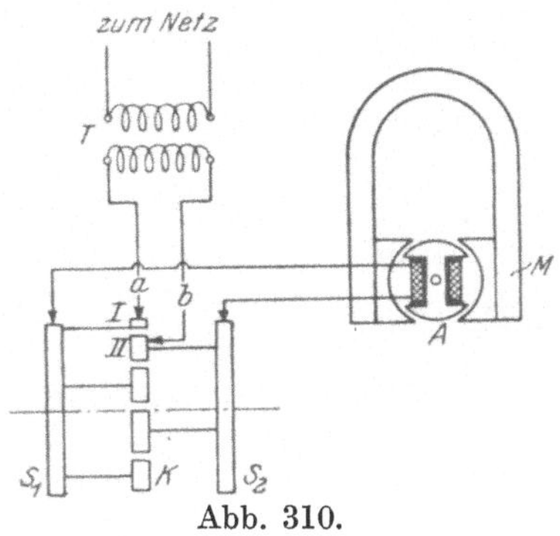

Abb. 310.

Da die Segmentzahl des Kommutators K gleich der Polzahl des Motors ist, so wird bei synchronem Lauf des letzteren, also bei einer Schlüpfung $s = 0$, der K zugeführte Wechselstrom stets an demselben Punkte einer Halbperiode kommutiert. Gleichzeitig dreht sich während der Dauer einer Halbwelle der Stromwender um eine Lamellenteilung. Von Bedeutung ist nun aber der Augenblick, in dem die Kommutierung eintritt.

In Abb. 311 ist angenommen, daß die Bürste a gerade in dem Augenblick von Segment I auf Segment II tritt, in welchem der zugeführte Wechselstrom durch Null geht — Punkt 2 in Abb. 311. Da aber Segment II an S_2 angeschlossen ist, so ist die Richtung der Augenblicksströme in der Halbperiode 2÷3 für den Anker A dieselbe wie in der vorhergehenden Halbperiode 1÷2. Für die Größe des Ankerausschlages ist nun der Mittelwert J_g der Augenblicksströme maßgebend.

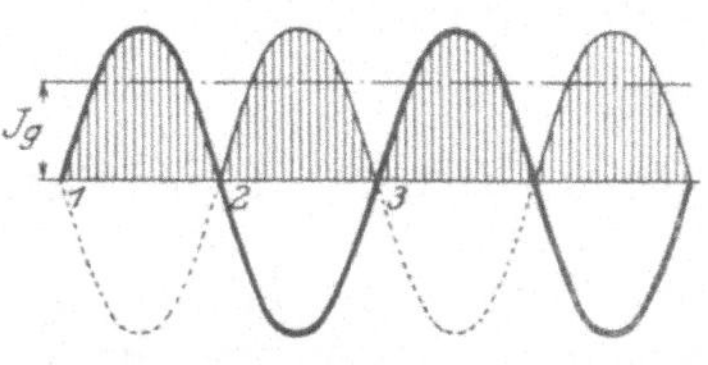

Abb. 311.

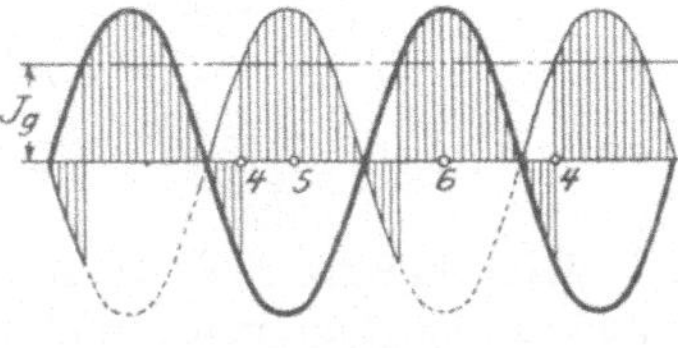

Abb. 312.

Bei Abb. 312 tritt die Bürste a in einem Moment von I auf II, in welchem der Wechselstrom bereits einen negativen Wert besitzt — Punkt 4. In jeder Halbperiode haben die durch A fließenden Ströme sowohl positive als auch negative Augenblickswerte. Der Mittelwert J_g, der den Ausschlag des Ankers A bedingt, wird kleiner als in Abb. 311.

J_g wird Null, wenn die Stromwendung im Punkt 5 Abb. 312 und negativ, wenn sie zwischen 5 und 6 eintritt. Man erkennt: Verschiebt sich der Kommutierungsbeginn dauernd im gleichen Sinne, so verändert J_g periodisch seine Größe zwischen einem positiven und negativen Maximum. Das ist immer der Fall, wenn der zu messende Drehstrommotor asynchron läuft. J_g hat alsdann, wie leicht einzusehen ist, die Schlupfperiodenzahl f_2 und der Anker A führt auf f_1 Perioden der Netzfrequenz f_2 volle Schwingungen aus.

Es besteht nun ein einfacher Zusammenhang zwischen den in t Sekunden gemessenen vollen Ankerschwingungen z, der in der gleichen Zeit festgestellten Rotorumlaufszahl U und der Schlüpfung s; es ist:

$$n = n_1 - n_2 = n_1 \cdot (1 - s) = \frac{60 \cdot f_1}{p} \cdot (1 - s),$$

$$U = \frac{n \cdot t}{60} = \frac{t \cdot f_1}{p} \cdot (1 - s) \cdot$$

Daraus: $$p \cdot U = t \cdot f_1 - t \cdot f_1 \cdot s \qquad \text{(I)}$$

Nach den gegebenen Erläuterungen ist aber auch:

$$s = \frac{z}{t \cdot f_1} \cdot$$

Daraus: $$z = t \cdot f_1 \cdot s \qquad \text{(II)}$$

und: $$\frac{z}{s} = t \cdot f_1 \qquad \text{(III)}$$

Gl. III erhält man auch, wenn man die Ausdrücke (I) und (II) addiert. Folglich ist:

$$p \cdot U + z = \frac{z}{s} \cdot$$

Daraus: $$s = \frac{z}{p \cdot U + z} \cdot$$

Unabhängig von der Versuchsdauer t kann somit nach dieser Formel aus den von den beiden Zählwerken für z und U angegebenen Werten bei bekanntem p die Schlüpfung berechnet werden.

Weitere Methoden der Schlupfmessung. Siehe die in Frage kommende Literatur[1]).

56. Ermittlung der Verluste und des Wirkungsgrades von Drehstromasynchronmotoren.

a) Verluste.

Leerverluste. 1. Reibungsverluste V_R: Lager-, Luft- und Bürstenreibung.

2. Eisenverluste: Hysteresis- und Wirbelstromverluste, hervorgerufen durch das Hauptfeld (Leerlauffeld) im Stator und im Rotor. Außerdem entstehen beim laufenden Motor durch die Bewegung der Rotorzähne gegenüber den Statorzähnen Pulsationen des Hauptfeldes, welche ihrerseits wieder Wirbelströme höherer Frequenz im Stator- und Rotoreisen zur Folge haben. Die dadurch erzeugten und bereits bei Leerlauf vorhandenen zusätzlichen Eisenverluste werden mit $V_{Fe\,zus}$ bezeichnet. Im nachstehenden werden dieselben immer den Statoreisenverlusten zugezählt. Somit ergibt sich:

Gesamter Statoreisenverlust $$V_{1Fe} = V_{1h} + V_{1w} + V_{Fe\,zus} \qquad \text{(114a)}$$

Gesamter Rotoreisenverlust $$V_{2Fe} = V_{2h} + V_{2w} \qquad \text{(114b)}$$

---

[1]) Schlüpfungszähler von Schwarzkopf-Ziehl ETZ 1901, S. 1026; Schlüpfungszähler von Schneckenberg ETZ 1911, S. 1162.

Laststromwärmeverluste. 1. Reine Laststromwärmeverluste. Diese betragen:

In der Statorwicklung $V_{1a} = 3 \cdot J_1^2 \cdot r_1$ . . . . (115a)

In der Rotorwicklung $V_{2a} = 3 \cdot J_2^2 \cdot r_2$ . . . . (115b)

Darin sind r_1 und r_2 die mit Gleichstrom gemessenen Widerstände einer Stator- bzw. Rotorphase im warmen Zustande.

2. Übergangsverluste $V_{2ü}$ nur bei Schleifringankern — s. Gl. (111).

3. Zusatzverluste. Die bei Belastung auftretenden zusätzlichen Verluste V_{zus} im Eisen und im Kupfer rühren von den auf S. 257 genannten Ursachen her.

b) Trennung der Leerverluste.

Leerlaufversuch mit veränderlicher Spannung. Die Ausführung dieses Versuches wurde bereits in Kap. 54 geschildert. Die verlängerte Kurve $N_{10} = f(E_1)$ in Abb. 303 schneidet auf der Ordinatenachse die Reibungsverluste V_R ab. Vermindert man die Differenz $(N_{10} - V_R)$ um die Leerlaufstromwärmeverluste $3 \cdot J_{10}^2 \cdot r_1$, so ergeben sich die Statoreisenverluste:

$$V_{1Fe} = V_{1h} + V_{1w} + V_{Fe\,zus} = N_{10} - V_R - 3 J_{10}^2 \cdot r_1 \quad . \; . \; . \quad (115c)$$

Die so ermittelten V_{1Fe} enthalten noch, da der Rotor ja nicht vollkommen synchron läuft, sondern infolge der Belastung durch die Reibung etwas schlüpft, geringe Rotorverluste (Stromwärme- und Eisenverluste). Mißt man während des Versuches die Schlüpfung s, so können diese Verluste nach Gl. (116c) berechnet werden, in welcher in diesem Falle die auf den Rotor übertragene Leistung N_{12} mit vollkommen genügender Genauigkeit gleich den Reibungsverlusten V_R zu setzen ist. Im allgemeinen braucht man aber die erwähnten Verluste nicht zu berücksichtigen, da man bei dem Versuche die Klemmenspannung E_1 höchstens so weit vermindert, daß die Schlüpfung 1÷2 % beträgt. Die auftretenden Rotorverluste betragen dann selbst bei der kleinsten Klemmenspannung nur 1÷2 % von den Reibungsverlusten.

Trennung der V_{1Fe} in $V_{Fe\,zus}$ und $V_{1h} + V_{1w}$. Dieselbe stützt sich darauf, daß die $V_{Fe\,zus}$ vom Statorstrom aus nicht direkt gedeckt werden können, da die sie erzeugenden Feldpulsationen ganz andere Periodenzahlen besitzen. Ebenso wie die Reibungsverluste müssen sie auf mechanischem Wege gedeckt werden. Dazu ist die Übertragung einer mechanischen Leistung N_{12} vom Stator auf den Rotor erforderlich. Solange dieser geschlossen bleibt, beteiligen sich an der Erzeugung der Leistung N_{12} bzw. des derselben entsprechenden Drehmomentes drei Faktoren: 1. Der Rotorstrom J_2, 2. die Rotorwirbelströme, 3. die Rotorhysteresis. Wiederholt man den Versuch mit offenem Läufer, so wird $J_2 = 0$ und für N_{12} kommen nur noch die Rotorwirbelströme und die Rotorhysteresis in Betracht. Dabei ist der Anteil der letzteren zur Erzeugung von N_{12} unabhängig von der Drehzahl bzw. der Schlüpfung s und stets gleich den Rotorhysteresisverlusten V_{2h}' bei Stillstand ($s = 1$). Der Anteil der Wirbelströme ist dagegen proportional s und verschwindet für $s = 0$, also für synchronen Lauf. (Näheres s. im folgenden „Leerlaufversuch mit veränderlicher Rotordrehzahl".)

Wird nun der Leerlaufversuch bei veränderlicher Statorspannung, offenem Rotor und Synchronismus ausgeführt, wobei der Rotor durch einen Hilfsmotor anzutreiben ist, so besteht die dem Stator jetzt zugeführte Leistung N'_{10}:

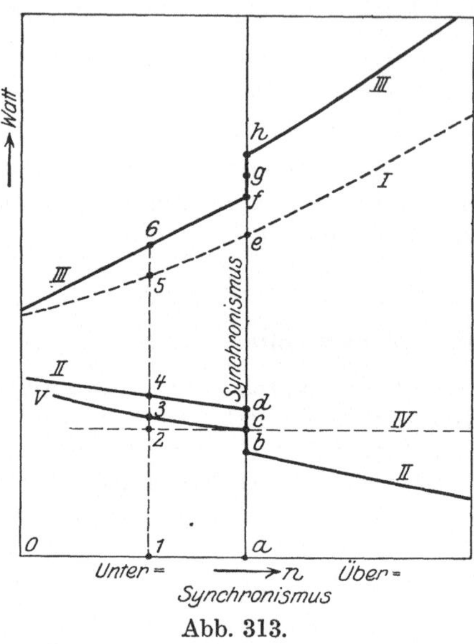

Abb. 313.

1. Aus den Statorstromwärmeverlusten $3 J_{10}^2 \cdot r_1$;

2. aus den Statorhysterese- und -wirbelstromverlusten $V_{1h} + V_{1w}$;

3. aus einer auf den Rotor übertragenen Leistung N_{12}, welche gemäß den gemachten Ausführungen gleich den Rotorhysteresisverlusten V'_{2h} bei Stillstand ist, und welche zur Deckung eines Teiles der zusätzlichen Eisenverluste $V_{Fe\,zus}$ und der Reibungsverluste V_R dient. Der andere Teil dieser Verluste wird vom Hilfsmotor aus mechanisch zugeführt.

Somit ist:

$$N'_{10} = 3 J_{10}^2 \cdot r_1 + V_{1h} + V_{1w} + V'_{2h}$$

und

$$V_{1h} + V_{1w} = N'_{10} - 3 J_{10}^2 \cdot r_1 - V'_{2h} \quad \ldots\ldots \quad (115\text{d})$$

V'_{2h} ist durch einen Leerlaufversuch mit veränderlicher Rotordrehzahl zu ermitteln, Aus den Gl. (115c) und (115d) erhält man nun die zusätzlichen Eisenverluste $V_{Fe\,zus}$.

Statt einen Hilfsmotor zum Antrieb zu verwenden, kann man auch so vorgehen, daß man bei Leerlauf die Rotorwicklung plötzlich öffnet und die Instrumente sofort abliest. Die V_R und $V_{Fe\,zus}$ werden dann aus der kinetischen Energie des Läufers gedeckt.

Leerlaufversuch mit veränderlicher Rotordrehzahl. Der Rotor wird mit einem geeichten Hilfsmotor (Gleichstromnebenschlußmotor) gekuppelt. Für Drehzahlen unter- und oberhalb des Synchronismus werden folgende Aufnahmen durchgeführt und in Abhängigkeit von der Drehzahl n dargestellt:

1. Die Stator- und Rotorwicklung ist offen. Die vom Hilfsmotor abgegebenen Leistungen N_{am} sind die Reibungsverluste des Asynchronmotors $V_R = f(n)$ — Kurve I in Abb. 313.

2. Der Stator wird jetzt mit konstanter Klemmenspannung und Periodenzahl erregt. Die von ihm dabei aufgenommene Leistung nach Abzug der Statorstromwärmeverluste sei N'_1 — Kurve II. Vom Hilfsmotor wird nunmehr an den Drehstrommotor abgegeben $N'_{am} = f(n)$ — Kurve III. (Der Läufer des letzteren bleibt geöffnet.)

Die Kurven II und III zeigen im Synchronismus einen Sprung gleicher Größe, aber entgegengesetzter Richtung. Dieser entspricht dem doppelten Rotorhysteresisverlust $2\,V'_{2h}$ für Stillstand (Beweis s. unten). Auf der Synchronismusordinate erhält man:

1. Die Reibungsverluste . . . . . . $V_R = ae$;
2. die Statoreisenverluste (ohne $V_{Fe\,zus}$) . $V_{1h} + V_{1w} = ac$;
3. die zusätzlichen Eisenverluste . . . $V_{Fe\,zus} = eg$;
4. die Rotorhystereseverluste für $s = 1$. $V'_{2h} = bc = \frac{bd}{2} = \frac{fh}{2} = gh$.

Ist der Rotor offen, so setzen sich seine Verluste lediglich aus Hysterese- und Wirbelstromverlusten zusammen. Es ist:

$$V_2 = V_{2Fe} = V_{2h} + V_{2w}.$$

Die Eisenverluste sind jedoch allgemein eine Funktion der Drehzahl n bzw. im Rotor eine Funktion der Schlüpfung s. Sind V'_{2h} und V'_{2w} die Hysterese- und Wirbelstromverluste für $s = 1$ (Stillstand), so gilt bei einer beliebigen Schlüpfung:

$$V_2 = s \cdot V'_{2h} + s^2 \cdot V'_{2w}.$$

Andererseits besteht nach Gl. (116c) die Beziehung:

$$N_{12} = \frac{V_2}{s} = V'_{2h} + s \cdot V'_{2w}.$$

Es wird also auch bei offenem Rotor eine Leistung N_{12} vom Stator aus übertragen, deren einer Teil unabhängig von s ist und das Hysteresisdrehmoment erzeugt, während der andere Teil der Schlüpfung s proportional ist und das Moment der Wirbelströme hervorruft. Nach Abzug der Verluste $V_2 = s \cdot N_{12}$ von N_{12} ist der verbleibende Rest $(1 - s) \cdot N_{12}$ eine mechanische Leistung, welche im Untersynchronismus motorisch wirkt und daher zur Deckung der Reibungs- und zusätzlichen Eisenverluste $V_R + V_{Fe\,zus}$ mit beiträgt. — Im Übersynchronismus wirkt das von Hysteresis- und Wirbelströmen erzeugte Moment generatorisch, somit bremsend (gegen die Drehrichtung des Rotors). Die Leistung N_{12} muß vom Hilfsmotor aus mechanisch auf den Läufer übertragen werden. Der Teil $s \cdot N_{12} = s \cdot V'_{2h} + s^2 \cdot V'_{2w}$ bleibt als Verlust im Rotor, der Rest $(1 - s) \cdot N_{12}$ wird auf den Stator übertragen und dient dort zur teilweisen Aufbringung der Eisenverluste.

Man erkennt leicht, daß die Leistung N'_1 im Synchronismus zwei verschiedene Werte zeigt. Geht man vom Untersynchronismus aus, so wird für $s = 0$: $N'_1 = V_{1h} + V_{1w} + N_{12} = V_{1h} + V_{1w} + V'_{2h}$. Wiederholt man den Versuch vom übersynchronen Betrieb aus, so erhält man dagegen für $s = 0$: $N'_1 = V_{1h} + V_{1w} - N_{12} = V_{1h} + V_{1w} - V'_{2h}$. Somit ergibt sich im Synchronismus der erwähnte Sprung $2\,V'_{2h}$ in den Leistungen N'_1 und N'_{am}.

Die Statoreisenverluste $V_{1h} + V_{1w}$ selbst sind bei diesem Versuch konstant — Parallele IV in Abb. 313. Addiert man zu ihnen die Rotoreisenverluste $V_2 = (1 - s) \cdot N_{12}$, wobei für N_{12} (z. B. für die Abszisse 01) die Differenz der Ordinaten 1÷4 und 1÷2 einzusetzen ist, so erhält man die Kurve V (in Abb. 313 nur für Untersynchronismus gezeichnet). Für beliebige Drehzahlen ergeben sich dann die $V_{Fe\,zus}$ als die Summe der Ordinatenabschnitte (3÷4) + (5÷6).

Leerlaufversuch mit veränderlicher Statorperiodenzahl. Dieser Versuch wird ausgeführt bei stillstehendem Rotor und geöffneter Rotorwicklung. Die Statorspannung E_1 bleibt konstant, ihre Periodenzahl wird verändert.

Da der Rotor stillsteht, so sind weder Reibungs-, noch zusätzliche Eisenverluste vorhanden. Dagegen treten im Läufer Hysterese- und

Wirbelstromverluste in voller Größe auf. Die dem Ständer jetzt zugeführte Leistung N''_{10} wird also zur Deckung der geringen Statorstromwärmeverluste $3 \cdot J_{10}^2 \cdot r_1$, der gesamten Hystereseverluste V_h in Stator und Rotor und der gesamten Wirbelstromverluste V_w in Stator und Rotor verbraucht. Damit gilt:

$$N''_{10} - 3 J_{10}^2 \cdot r_1 = V_h + V_w .$$

Ändert man die Periodenzahl f_1 und trägt man den Wert $(V_h + V_w)/f_1$ in Abhängigkeit von f_1 auf, so erhält man eine Gerade, die für $f_1 = 0$ eine Ordinate V_h/f_1 abschneidet. Die weitere Betrachtung deckt sich mit der zu Abb. 217 gegebenen Erläuterung.

Kennt man die Eisenvolumen, sowie die Induktionen der einzelnen Teile (Stator- und Rotorkern, Stator- und Rotorzähne), so ist die rechnerische Ermittlung der auf dieselben entfallenden Hysterese- und Wirbelstromverluste nicht schwierig. Einerseits sind die genannten Verluste ja dem Eiseninhalt proportional, andererseits stehen sie mit den Induktionen in dem in Kap. 41 genannten Zusammenhange.

c) Bestimmung des Wirkungsgrades.

In den weitaus meisten Fällen (insbesondere im Prüffeld) wird bei Asynchronmotoren der Wirkungsgrad nach dem Einzelverlustverfahren berechnet. Bei kleineren Motoren wird auch die Bremsmethode zur Anwendung gebracht.

Einzelverlustverfahren. Die Ermittlung der Verluste wird im nachstehenden gemäß den Gepflogenheiten der Praxis erläutert.

1. Statorverluste: $V_1 = V_{1a} + V_{1Fe}$.

Die Statorstromwärmeverluste V_{1a} werden nach Gl. (115a) berechnet, die Statoreisenverluste V_{1Fe} (s. Gl. 114a) durch einen Leerlaufversuch bei veränderlicher Spannung E_1 bestimmt (s. Abb. 303).

Die Eisenverluste nehmen bei konstanter Spannung mit zunehmender Belastung etwas ab; dies wird jedoch vernachlässigt. Ebenfalls unberücksichtigt bleibt, daß für die Größe der V_{1Fe} nicht die Klemmenspannung E_1, sondern die im Stator induzierte EMK E_{1g} maßgebend ist.

2. Rotorverluste: $V_2 = V_{2a} + V_{2Fe} + V_{ü}$.

Sie bestehen in der Hauptsache aus den Rotorstromwärmeverlusten V_{2a} (s. Gl. 115b). Daneben treten noch auf Rotoreisenverluste V_{2Fe} (Gl. 114b) und bei Motoren mit Schleifringankern Bürstenübergangsverluste $V_{ü}$ (s. Gl. 111). Die V_{2Fe} sind verhältnismäßig sehr gering, da die Schlüpfung s für die normalen Belastungsfälle klein ist. Sie nehmen mit s zu.

Man berechnet die gesamten Rotorverluste V_2 am einfachsten aus der vom Stator aus auf den Rotor übertragenen Leistung N_{12} und der Schlüpfung s nach Gl. (116c).

3. Zusatzverluste: V_{zus}. Gemäß § 63 der R.E.M. sind für diese Verluste in die Rechnung 0,5% der dem Stator zugeführten Leistung N_1 einzusetzen.

4. Reibungsverluste: V_R. Diese sind zu bestimmen, wie auf S. 275 erläutert wurde.

Für die Berechnung des Wirkungsgrades ergibt sich folgende Übersicht:

Zugeführte Leistung . .	$N_1 = 3 \cdot E_1 \cdot J_1 \cdot \cos \varphi_1$ . . .	(116)
Statorverluste	$V_1 = V_{1a} + V_{1Fe}$	(116a)
Auf den Rotor übertragene Leistung	$N_{12} = N_1 - V_1$	(116b)
Rotorverluste	$V_2 = V_{2a} + V_{2Fe} + V_{ü} = s \cdot N_{12}$	(116c)
Zusatzverluste	$V_{zus} = 0{,}005 \cdot N_1$	(116d)
Reibungsverluste	V_R	
Nutzleistung	$N_2 = N_{12} - V_2 - V_{zus} - V_R$.	(116d)
Wirkungsgrad	$\eta = \frac{N_2}{N_1}$.	

57. Das Vektordiagramm und die Bestimmung der Konstanten des Drehstromasynchronmotors.

a) Allgemeines.

Hinsichtlich der Bezeichnung der Vektoren s. S. 240.

Ströme und Felder. Stator: Der Statorstrom $\dot{J}_1$ bzw. die Statoramperewindungen $\dot{J}_1 \cdot w_1$ erzeugen den Kraftfluß $\dot{\Phi}_1 = \dot{\Phi}_{11} + \dot{\Phi}_{1\tau}$. Von seinen beiden Komponenten ist der Streufluß $\dot{\Phi}_{1\tau}$ nur mit den Statoramperewindungen verkettet; er schließt sich hauptsächlich durch Luft. Eisenverluste werden durch ihn nur in geringem Maße verursacht. Im Gegensatz dazu durchsetzt der Fluß $\dot{\Phi}_{11}$ sowohl Stator wie Rotor. Sein Weg verläuft zum größten Teil im Eisen, und es sind mit ihm die Eisenverluste $V_{1Fe} + V_{2Fe}$ (s. Gl. 114) verknüpft. Erinnert man sich daran, daß Kraftflüsse, welche Eisenverluste hervorrufen, eine Phasennacheilung gegen den erregenden Strom besitzen, so erkennt man: Der Fluß $\dot{\Phi}_{11}$ eilt zeitlich um einen Winkel φ_h dem Strome $\dot{J}_1$ nach, $\dot{\Phi}_{1\tau}$ kann man dagegen als phasengleich mit $\dot{J}_1$ annehmen. φ_h wird als hysteretischer Phasenwinkel bezeichnet.

Rotor. Eine ähnliche Betrachtung gilt für den geschlossenen Rotor. Der Läuferstrom $\dot{J}_2$ bzw. die Läuferamperewindungen $\dot{J}_2 \cdot w_2$ rufen den Fluß $\dot{\Phi}_2 = \dot{\Phi}_{22} + \dot{\Phi}_{2\tau}$ hervor. Dieser ist die vektorielle Summe des nur mit $\dot{J}_2 \cdot w_2$ verketteten Streuflusses $\dot{\Phi}_{2\tau}$ und des dem Ständer und Läufer gemeinsamen Flusses $\dot{\Phi}_{22}$. Letzterer eilt $\dot{J}_2$ bzw. $\dot{J}_2 \cdot w_2$ um den Winkel φ_h nach.

$\dot{\Phi}_{11}$ und $\dot{\Phi}_{22}$ bestehen nun nicht für sich, sondern addieren sich vektoriell zu dem Flusse $\dot{\Phi}_g = \dot{\Phi}_{11} + \dot{\Phi}_{22}$, der Stator und Rotor durchsetzt.

Vektorielle Darstellung. In Abb. 314 sind die den Amperewindungen $\dot{J}_1 \cdot w_1$ und $\dot{J}_2 \cdot w_2$ entsprechenden Ströme $\dot{J}_1$ und $\dot{J}_2 \cdot w_2/w_1$ nach Größe und Richtung angenommen, wobei $\dot{J}_2 \cdot w_2/w_1$ einfach der auf die Statorwindungszahl w_1 umgerechnete Läuferstrom ist. Gemäß dem Gesagten wären die Streuflüsse $\dot{\Phi}_{1\tau}$ und $\dot{\Phi}_{2\tau}$ phasengleich mit ihren Strömen einzuzeichnen, die Flüsse $\dot{\Phi}_{11}$ und $\dot{\Phi}_{22}$ würden dagegen um den Winkel φ_h nacheilen (in der Abb. 314 sind die Flüsse selbst, um die Deutlichkeit nicht zu beeinträchtigen, fortgelassen). Um denselben Winkel ist auch $\dot{\Phi}_g = \dot{\Phi}_{11} + \dot{\Phi}_{22}$ gegen den bei konstanter Klemmenspannung gleichbleibenden Magnetisierungsstrom

$$\dot{J}_{10}' = \dot{J}_1 + \dot{J}_2 \cdot \frac{w_2}{w_1} = \dot{J}_{1m} + \dot{J}_{1w} \quad \ldots \ldots \quad (117)$$

phasenverschoben. J_{10}' wird in die Komponenten zerlegt:

$$J_{1m} = J_{10}' \cdot \cos \varphi_h$$
$$\text{und } J_{1w} = J_{10}' \cdot \sin \varphi_h \quad . \; . \quad (117\text{a})$$

Der Blindstrom $\dot{J}_{1m}$ wirkt rein magnetisierend, ist phasengleich mit $\dot{\Phi}_g$ und stellt die dieses Feld erzeugende Komponente des Statorstromes dar. Der Wirkstrom $\dot{J}_{1w}$ eilt $\dot{J}_{1m}$ um 90° vor. Er hat die Aufgabe, die bei dem Magnetisierungsvorgang auftretenden Eisenverluste zu decken.

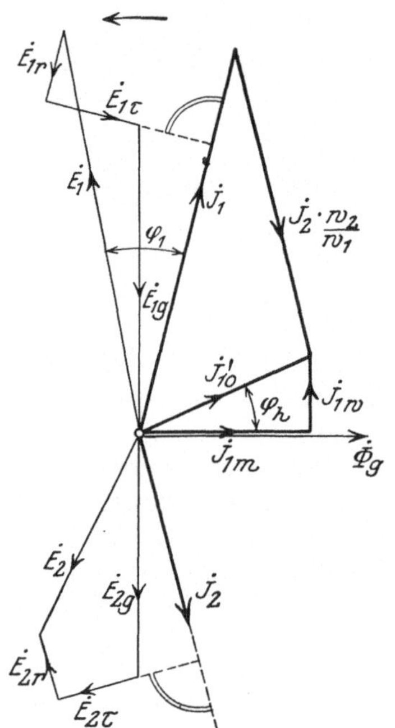

Abb. 314.

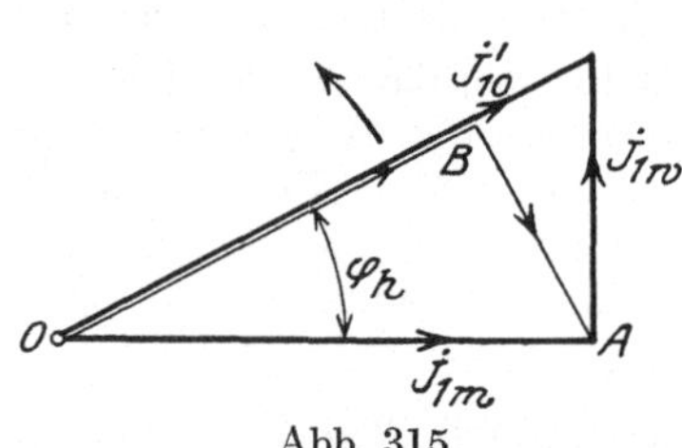

Abb. 315.

Für die späteren Rechnungen ist noch eine Vektorgleichung zwischen $\dot{J}_{10}'$ und $\dot{J}_{1m}$ von Wichtigkeit:

$$\dot{J}_{1m} = \dot{J}_{10}' \cdot \cos \varphi_h \cdot (\cos \varphi_h + j \sin \varphi_h) \quad \ldots \ldots \quad (117\text{b})$$

Diese Gleichung stellt $\dot{J}_{1m}$ als die vektorielle Summe aus der mit J_{10}' phasengleichen Komponente OB — s. Abb. 315 — und der um 90° nacheilenden Komponente BA dar. Die erstere berechnet sich zu:

$$OB = J_{10}' \cdot \cos \varphi_h \cdot \cos \varphi_h .$$

Für BA erhält man (die Multiplikation mit $+j$ deutet in der Vektorgleichung 117b die 90° Nacheilung dieses Vektors an):

$$BA = J_{10}' \cdot \cos \varphi_h \cdot \sin \varphi_h .$$

Induzierte elektromotorische Kräfte. Im folgenden bedeuten: k_{11}, k_{22} die Reaktanz (in Ohm) einer Phase der primären bzw. sekundären Wicklung (Ständer- bzw. Läuferwicklung) bei f_1 Perioden;

k_{12}, k_{21} die Wechselreaktanz (in Ohm) einer Phase der primären bzw. sekundären Wicklung bei f_1 Perioden;

$k_{1\tau}$, $k_{2\tau}$ die Streureaktanz (in Ohm) einer Phase der primären bzw. sekundären Wicklung bei f_1 Perioden;

τ_1, τ_2 die Streukoeffizienten einer Phase der primären bzw. sekundären Wicklung.

Den genannten Reaktanzen kommt die Bedeutung von induktiven Widerständen zu [s. Gl. (47a)]. Es gilt also die allgemeine Formel: $\dot{E} = j \cdot k \cdot \dot{J}$, wobei die Multiplikation mit j wieder andeutet, daß die induzierte EMK $\dot{E}$ dem Strome $\dot{J}$ um 90^0 nacheilt. Für alle Betriebszustände bei einer bestimmten Klemmenspannung sind die Reaktanzen fast konstante Größen, welche, wie eine einfache Überlegung ergibt, proportional dem Quadrate, bzw., falls es sich um Wechselreaktanzen handelt, proportional dem Produkte zweier Windungszahlen sind. Es gelten, wenn c und c' konstante Werte bezeichnen, die Beziehungen:

$$k_{11} = c \cdot w_1^2 \qquad k_{22} = c \cdot w_2^2 \qquad k_{12} = k_{21} = c \cdot w_1 \cdot w_2 \quad \ldots \quad (118)$$

$$k_{1\tau} = c' \cdot w_1^2 \qquad k_{2\tau} = c' \cdot w_2^2 \quad \ldots \quad (118\text{a})$$

$$\frac{k_{11}}{k_{22}} = \left(\frac{w_1}{w_2}\right)^2 \qquad \frac{k_{1\tau}}{k_{2\tau}} = \left(\frac{w_1}{w_2}\right)^2 \quad \ldots \quad (118\text{b})$$

$$\tau_1 = \tau_2 = \frac{k_{1\tau}}{k_{11}} = \frac{k_{2\tau}}{k_{22}} \quad \ldots \quad (118\text{c})$$

1. Stator. In diesem werden pro Phase induziert:

Vom gemeinsamen Felde Φ_g die EMK . . $\dot{E}_{1g} = j \cdot k_{11} \cdot \dot{J}_{1m}$;
vom Streufelde $\Phi_{1\tau}$ die Streuspannung . . $\dot{E}_{1\tau} = j \cdot k_{1\tau} \cdot \dot{J}_1$;
außerdem ist noch der Ohmsche Spannungsabfall im Phasenwiderstand r_1 wirksam . $\dot{E}_{1r} = -\dot{J}_1 \cdot r_1$.

Bedeutet E_1 die Klemmenspannung pro Phase, so ergibt sich die Vektorgleichung — s. auch Abb. 314:

$$\dot{E}_1 + \dot{E}_{1g} + \dot{E}_{1\tau} + \dot{E}_{1r} = 0 \quad \ldots \quad (119)$$

$$\dot{E}_1 + j \cdot (k_{11} \cdot \dot{J}_{1m} + k_{1\tau} \cdot \dot{J}_1) + (-\dot{J}_1 \cdot r_1) = 0 \quad \ldots \quad (119\text{a})$$

Statt $\dot{E}_{1g}$ kann man auch schreiben:

$$\dot{E}_{1g} = \dot{E}_{11} + \dot{E}_{21}.$$

$\dot{E}_{1g}$ erscheint hier als die vektorielle Summe der von den Feldern $\dot{\Phi}_{11}$ und $\dot{\Phi}_{22}$ im Stator induzierten EMKe $\dot{E}_{11}$ und $\dot{E}_{21}$. Beide kann man in Beziehung zu den Strömen $\dot{J}_1$ und $\dot{J}_2$ setzen, muß aber dabei beachten, daß für die Erzeugung der genannten Felder nur die um den hysteretischen Phasenwinkel φ_h nacheilende Komponente von $\dot{J}_1$ bzw. $\dot{J}_2$ in Betracht kommt. Für diese Komponente gilt die Gl. (117b), wenn man in derselben J_1 bzw. J_2 an die Stelle von J_{10}' einsetzt. E_{11} ist ferner der Reaktanz k_{11}, E_{21} der Wechselreaktanz k_{21} proportional:

$$\dot{E}_{11} = j \cdot k_{11} \cdot \dot{J}_1 \cdot \cos\varphi_h \cdot (\cos\varphi_h + j \sin\varphi_h),$$

$$\dot{E}_{21} = j \cdot k_{21} \cdot \dot{J}_2 \cdot \cos\varphi_h \cdot (\cos\varphi_h + j \sin\varphi_h),$$

$$\dot{E}_{1g} = j \cdot k_{11} \cdot (\dot{J}_1 + \frac{k_{21}}{k_{11}} \dot{J}_2) \cdot \cos\varphi_h \cdot (\cos\varphi_h + j \sin\varphi_h).$$

Beachtet man die durch die Gl. (117) und (118) gegebenen Beziehungen, so erhält man aus dem zuletzt angeschriebenen Ausdruck wieder: $\dot{E}_{1g} = j \cdot k_{11} \cdot \dot{J}_{1m}$.

2. Rotor. α) Der Rotor stehe zunächst still. In den Läuferkreis sei noch ein beliebiger Verbraucher eingeschaltet. Die Maschine verhält sich dann wie ein Transformator, und es werden in ihr pro Phase die folgenden EMKe induziert, welche natürlich, da der Läufer stillsteht, die Periodenzahl f_1 besitzen:

Vom gemeinsamen Felde Φ_g die EMK . . . $\dot{E}_{2g} = j \cdot k_{12} \cdot \dot{J}_{1m}$;

vom Streufelde $\Phi_{2\tau}$ die Streuspannung . . . $\dot{E}_{2\tau} = j \cdot k_{2\tau} \cdot \dot{J}_2$;

außerdem ist noch der Ohmsche Spannungsabfall im Phasenwiderstande r_2 wirksam . . . $\dot{E}_{2r} = -\dot{J}_2 \cdot r_2$.

Bedeutet hier E_2 die Phasenklemmenspannung des Läufers, so gilt die Vektorgleichung — s. auch Abb. 314:

$$\dot{E}_2 = \dot{E}_{2g} + \dot{E}_{2\tau} + \dot{E}_{2r} \quad \text{(120)}$$

$$\dot{E}_2 = j \cdot (k_{12} \cdot \dot{J}_{1m} + k_{2\tau} \cdot \dot{J}_2) + (-\dot{J}_2 \cdot r_2) \quad \text{120a)}$$

$\dot{E}_{2g}$ kann auch als die vektorielle Summe der von den Feldern Φ_{11} und Φ_{22} herrührenden EMKe $\dot{E}_{12}$ und $\dot{E}_{22}$ betrachtet werden. Die Rechnung entspricht der beim Stator durchgeführten analogen Betrachtung. Man erhält zunächst:

$$\dot{E}_{12} = j \cdot k_{12} \cdot \dot{J}_1 \cdot \cos\varphi_h \cdot (\cos\varphi_h + j \cdot \sin\varphi_h),$$

$$\dot{E}_{22} = j \cdot k_{22} \cdot \dot{J}_2 \cdot \cos\varphi_h \cdot (\cos\varphi_h + j \cdot \sin\varphi_h).$$

Addition beider Gleichungen und ähnliche Rechnungen, wie sie bereits beim Stator vorgenommen wurden, führen zu dem Ergebnis:

$$\dot{E}_{2g} = \dot{E}_{12} + \dot{E}_{22} = j \cdot k_{12} \cdot \dot{J}_{1m}.$$

β) Der Rotor laufe. Die induzierten EMKe und der Rotorstrom J_2 besitzen jetzt nur noch eine der Schlüpfung s proportionale Periodenzahl $f_2 = s \cdot f_1$. Die Gleichungen (120) und (120a) bleiben bestehen, nur ist, da die EMKe der Periodenzahl f_2, mithin also s direkt proportional sind, einzusetzen für E_{2g} der Wert $s \cdot E_{2g}$ und für $E_{2\tau}$ der Wert $s \cdot E_{2\tau}$.

γ) Der Rotor laufe und sei kurz geschlossen. Die Vektorbeziehungen dieses meist vorliegenden Falles erhält man, wenn in den Gl. (120) und (120a) $E_2 = 0$ gesetzt und das unter β) Gesagte beachtet wird. Die Gleichungen lauten dann:

$$s \cdot \dot{E}_{2g} + s \cdot \dot{E}_{2\tau} + \dot{E}_{2r} = 0 \quad \text{(120b)}$$

$$j \cdot s \cdot (k_{12} \cdot \dot{J}_{1m} + k_{2\tau} \cdot \dot{J}_2) + (-\dot{J}_2 \cdot r_2) = 0 \quad \text{(120c)}$$

Beziehung zwischen J_1 und J_2. Es gilt die wichtige Formel:

$$\dot{J}_1 = -\dot{J}_2 \cdot \frac{w_2}{w_1} \cdot \left[1 + \frac{k_{2\tau}}{k_{22}} + \frac{r_2}{s \cdot k_{22}} \cdot \operatorname{tg}\varphi_h + j \cdot \left(\frac{r_2}{s \cdot k_{22}} - \frac{k_{2\tau}}{k_{22}} \cdot \operatorname{tg}\varphi_h\right)\right] \quad \text{(121)}$$

Die Bedeutung des Ausdruckes übersieht man sofort, wenn man ihn in der allgemeinen Form anschreibt:

$$\dot{J}_1 = -\dot{J}_2 \cdot \frac{w_2}{w_1} \cdot (a + j \cdot b),$$

d. h. $\dot{J}_1$ besitzt zwei Komponenten: Die den Faktor a enthaltende fällt mit $\dot{J}_2$ zusammen, hat aber entgegengesetzte Richtung, die andere, welche den Faktor $j \cdot b$ besitzt, eilt der erstgenannten um 90° nach.

Ableitung der Gl. (121). Man setzt in Gl. (120c) für J_{1m} den Wert aus den Gl. (117) und (117b) ein und findet zunächst durch eine einfache Umrechnung unter Berücksichtigung der Gl. (118):

$$\dot{J}_1 = -\dot{J}_2 \cdot \frac{w_2}{w_1} \cdot \left[-\frac{r_2}{j \cdot s \cdot k_{22}} \cdot \frac{1}{\cos\varphi_h \cdot (\cos\varphi_h + j \cdot \sin\varphi_h)} + \frac{k_{2\tau}}{k_{22}} \cdot \frac{1}{\cos\varphi_h \cdot (\cos\varphi_h + j \cdot \sin\varphi_h)} + 1 \right].$$

Die beiden in der Klammer stehenden Quotienten multipliziert man im Zähler und Nenner mit $(\cos\varphi_h - j \cdot \sin\varphi_h)$. Die Nenner werden dann, da nach den Regeln des Rechnens mit komplexen Zahlen $(\cos\varphi_h + j \cdot \sin\varphi_h) \cdot (\cos\varphi_h - j \cdot \sin\varphi_h) = 1$ ist, ganz einfach, und einige weitere leichtere Umformungen ergeben Gl. (121).

Beziehung zwischen $\dot{E}_1$ und $\dot{J}_1$. Es ist:

$$\dot{E}_1 = \dot{J}_1 \cdot \left[r_1 - j \cdot k_{1\tau} + \left(\frac{w_1}{w_2}\right)^2 \cdot \frac{\frac{r_2}{s} - j \cdot k_{2\tau}}{1 + \frac{k_{2\tau}}{k_{22}} + \frac{r_2}{s \cdot k_{22}} \operatorname{tg}\varphi_h + j \cdot \left(\frac{r_2}{s \cdot k_{22}} - \frac{k_{2\tau}}{k_{22}} \cdot \operatorname{tg}\varphi_h\right)} \right] \tag{122}$$

Die allgemeine Form dieses Ausdrucks ist $\dot{E}_1 = \dot{J}_1 \cdot (a + j \cdot b)$, d. h. $\dot{E}_1$ besitzt eine mit $\dot{J}_1$ phasengleiche und eine um 90° nacheilende Komponente.

Ableitung. Man berechnet J_{1m} aus Gl. (120c) und setzt den erhaltenen Wert in Gl. (119a) ein. Man erhält dann:

$$\dot{E}_1 = \dot{J}_1 \cdot (r_1 - j \cdot k_{1\tau}) - \frac{k_{11}}{s \cdot k_{12}} \cdot \dot{J}_2 \cdot (r_2 - j \cdot s \cdot k_{2\tau}).$$

Ersetzt man in diesem Ausdruck $\dot{J}_2$ durch seinen sich aus Gl. (121) errechnenden Betrag, so führen einige Umwandlungen, bei denen auch die Beziehung $k_{11}/k_{12} = w_1/w_2$ zu beachten ist (s. Gl. 118), auf die Gl. (122).

b) Die Bestimmung der Konstanten.

Die experimentelle Bestimmung von $k_{1\tau}$, $k_{2\tau}$ und des Wertes $r_2 \cdot k_{11}/k_{22}$ erfolgt mittels eines Kurzschluß-, die von φ_h, k_{11}, k_{22} und $k_{12} = k_{21}$ mittels eines Magnetisierungsversuches.

Kurzschlußversuch. 1. Gleichungen (Bezeichnungen s. S. 281; es ist bei Kurzschluß ferner $J_1 = J_{1k}$ und $\varphi_1 = \varphi_{1k}$):

$$k_{1\tau} = k_{2\tau} \cdot \left(\frac{w_1}{w_2}\right)^2 = \frac{E_1 \cdot \sin\varphi_{1k}}{J_{1k} \cdot (2 - \tau_1)} \tag{123}$$

$$r_2 \cdot \left(\frac{w_1}{w_2}\right)^2 = r_2 \cdot \frac{k_{11}}{k_{22}} = s \cdot \left[\frac{E_1}{J_{1k}} \cdot \cos\varphi_{1k} - r_1\right] \cdot (1 + \tau_1) \tag{123a}$$

Es genügt, für τ_1 einen geschätzten Wert in Höhe von einigen Prozenten (2÷4%, je nach der Größe des Motors) einzuführen. Durch diese Annahme werden nur geringe Fehler bedingt, da, wie aus den Gleichungen ersichtlich ist, weder $k_{1\tau}$ noch $r_2 \cdot (w_1/w_2)^2$ stark von τ_1 abhängen. Will man jedoch die gesuchten Größen genau ermitteln, so bestimmt man mittels eines Magnetisierungsversuches, den man bei der gleichen Klemmenspannung wie den Kurzschlußversuch vornimmt, k_{11} nach Gl. (124a), führt dann in die Gl. (123) die Beziehung $\tau_1 = k_{1\tau}/k_{11}$ ein und berechnet aus dem so erhaltenen Ausdruck $k_{1\tau}$.

Ableitung der Gleichungen. In Gl. (122) sind die Quotienten $r_2/s k_{22}$ und $r_2 \operatorname{tg}\varphi_h/s k_{22}$ sehr kleine Werte, solange s groß ist, was beim Kurzschlußversuch der Fall ist. Man kann sie daher und ferner wegen der Kleinheit von φ_h auch $\operatorname{tg}\varphi_h \cdot k_{2\tau}/k_{22}$ vernachlässigen und erhält so zunächst:

$$\dot{E}_1 = \dot{J}_1 \cdot \left[r_1 - j \cdot k_{1\tau} + \left(\frac{w_1}{w_2}\right)^2 \cdot \frac{\frac{r_2}{s} - j \cdot k_{2\tau}}{1 + \frac{k_{2\tau}}{k_{22}}} \right]$$

Unter Berücksichtigung der Gl. (118b) und (118c) ergibt sich:

$$\dot{E}_1 = \dot{J}_1 \cdot \left[r_1 + \left(\frac{w_1}{w_2}\right)^2 \cdot \frac{r_2}{s} \cdot \frac{1}{1+\tau_1} - j \cdot k_{1\tau} \cdot \left(1 + \frac{1}{1+\tau_1}\right)\right].$$

Der Ausdruck hat die allgemeine Form: $\dot{E}_1 = \dot{J}_1 \cdot (a - j \cdot b) = \dot{OB} + \dot{BA}$, ist also die vektorielle Summe aus der mit $\dot{J}_1$ phasengleichen Komponente $\dot{J}_1 \cdot a = \dot{OB}$ und der um 90° voreilenden Komponente $\dot{J}_1 \cdot (-j \cdot b) = \dot{BA}$ — Abb. 316. Der Größe nach findet man diese Komponenten zu:

$$OB = E_1 \cdot \cos\varphi_1 = J_1 \cdot \left[r_1 + \left(\frac{w_1}{w_2}\right)^2 \cdot \frac{r_2}{s} \cdot \frac{1}{1+\tau_1}\right]$$

$$BA = E_1 \cdot \sin\varphi_1 = J_1 \cdot k_{1\tau} \cdot \frac{2+\tau_1}{1+\tau_1} \sim J_1 \cdot (2 - \tau_1).$$

Diese Beziehungen führen sofort, wenn man J_1 durch J_{1k} und φ_1 durch φ_{1k} ersetzt, auf die gesuchten Gleichungen.

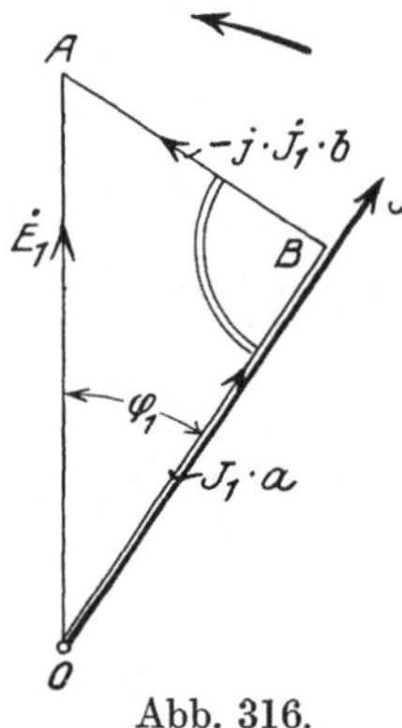

Abb. 316.

2. Ausführung des Kurzschlußversuches. Als Kurzschlußversuch kann im allgemeinen jeder Versuch mit kurzgeschlossenem Läufer und genügend großer Schlüpfung bezeichnet werden. Die letztere soll jedoch nicht kleiner als 0,5 sein, da sonst die bei der Ableitung der Gl. (123) aus Gl. (122) gemachten Vernachlässigungen nicht mehr angängig sind. Am besten treibt man den Läufer mit geringer Drehzahl an, s beträgt dann angenähert 1. Ungünstig ist die Vornahme des Versuches im Stillstand, da die Werte $k_{1\tau}$ und $k_{2\tau}$ von der Läuferstellung etwas abhängig sind und da r_2 wegen des Bürstenübergangswiderstandes einen anderen Wert annimmt als im Lauf.

Kann der Rotor nicht angetrieben werden, so muß der Versuch für 2 oder 3 Läuferstellungen durchgeführt und aus den Resultaten der Mittelwert gebildet werden.

In bezug auf den sich aus Gl. (123a) ergebenden Wert von $r_2 \cdot (w_1/w_2)^2$ ist noch zu beachten: Bei Motoren mit größeren Kupferquerschnitten im Läufer ist r_2 stark von der Periodenzahl f_2 des Rotorstromes abhängig. Da f_2 beim Kurzschlußversuch vielmals höher ist als im Betriebszustande, so kann der nach Gl. (123a) bestimmte Wert wesentlich größer ausfallen als bei normalem Lastlauf. — Eine andere Fehlerquelle besteht darin, daß man gewöhnlich gezwungen ist, bei der Auswertung der Gl. (123a) für r_1 den Gleichstromwiderstand einzuführen, weil der Wechselstromwiderstand der Messung nur schwer zugänglich ist.

Magnetisierungsversuch. 1. Gleichungen (es ist bei diesem Versuch $J_1 = J'_{10}$ und $\varphi_1 = \varphi'_{10}$):

$$\operatorname{tg}\varphi_h = \frac{E_1 \cdot \cos\varphi'_{10} - r_1 \cdot J'_{10}}{E_1 \cdot \sin\varphi'_{10} - k_{1\tau} \cdot J'_{10}} = \operatorname{cotg}\varphi'_{10} \quad \dots \quad (124)$$

$$k_{11} = \left(\frac{E_1}{J'_{10}} \cdot \sin\varphi'_{10} - k_{1\tau}\right) \cdot (1 + \operatorname{tg}^2\varphi_h) \quad \dots \quad (124\,a)$$

Ableitung der Gleichungen. Da bei diesem Versuche der Rotorstrom $J_2 = 0$, die Rotorklemmenspannung $E_2 = s \cdot E_{2g}$ und der Statorstrom $J_1 = J'_{10}$ ist, so nehmen die Vektorgleichungen (119a) und (120c) die folgende Form an, für welche in Abb. 317 das Diagramm gezeichnet ist:

$$\dot{E}_1 = \dot{J}'_{10} \cdot r_1 - j \cdot k_{1\tau} \cdot \dot{J}'_{10} - j \cdot k_{11} \cdot \dot{J}_{1m},$$

$$\dot{E}_1 = \dot{J}'_{10} \cdot r_1 - j \cdot k_{1\tau} \cdot \dot{J}'_{10} - j \cdot k_{11} \cdot \dot{J}'_{10} \cdot \cos\varphi_h \cdot (\cos\varphi_h + j \cdot \sin\varphi_h),$$

$$\dot{E}_1 = \dot{J}'_{10} \cdot (r_1 + k_{11} \cdot \cos\varphi_h \cdot \sin\varphi_h - j \cdot k_{1\tau} - j \cdot k_{11} \cdot \cos\varphi_h \cdot \cos\varphi_h) \quad . \quad . \quad . \quad (125)$$

$$\dot{E}_2 = s \cdot \dot{E}_{2g} = j \cdot s \cdot k_{12} \cdot \dot{J}_{1m} = j \cdot s \cdot k_{12} \cdot \dot{J}'_{10} \cdot \cos\varphi_h \cdot (\cos\varphi_h + j \cdot \sin\varphi_h) \quad . \quad (125\,\text{a})$$

E_1 setzt sich genau so wie bei Abb. 316 aus zwei um 90° gegeneinander verschobenen Komponenten zusammen. Deren absolute Werte betragen (an die Stelle des Winkels φ_1 der Abb. 316 tritt jetzt φ'_{10}):

$$E_1 \cdot \cos\varphi'_{10} = J'_{10} \cdot (r_1 + k_{11} \cdot \cos\varphi_h \cdot \sin\varphi_h)$$

$$E_1 \cdot \sin\varphi'_{10} = J'_{10} \cdot (k_{1\tau} + k_{11} \cdot \cos\varphi_h \cdot \cos\varphi_h).$$

Aus diesen Beziehungen findet man die Gl. (124). — Letztere gelten auch, wenn der Versuch bei geschlossener Rotorwicklung durchgeführt wird, die Schlüpfung muß dann aber sehr klein sein.

2. Ausführung des Versuches. Der Rotor wird mit beliebiger Drehzahl angetrieben. Wie bereits erwähnt wurde, muß bei diesem Versuche $J_2 = 0$ sein. Die Läuferwicklung ist daher entweder zu öffnen, oder, wenn dies nicht möglich ist (Kurzschlußanker), so muß die Schlüpfung $s = 0$ gemacht werden. In diesem Falle muß synchroner Antrieb benützt werden. Aber auch wenn der Rotor geöffnet werden kann, sollte s kleine Werte haben, um beim Versuch angenähert die gleichen Wirbelströme im Sekundärteil und demnach auch die gleiche Rückwirkung auf den Primärteil wie im Betrieb zu erhalten.

Unter Umständen wird es nicht möglich sein, den Motor während des Magnetisierungsversuches anzutreiben. In diesem Falle läßt man ihn leer laufen, öffnet dann plötzlich den Läuferstromkreis und macht sofort, also noch ehe die Drehzahl wesentlich abgenommen hat, die Wattmeterablesungen. Ständerstrom und Ständerspannung brauchen nicht gleichzeitig mit abgelesen zu werden, da sie praktisch die gleichen Werte wie beim Leerlaufversuch besitzen.

Ist auch der Leerlaufversuch des Motors nicht möglich, so muß man sich mit Messungen bei offenem Läufer im Stillstand begnügen. Man wiederhole dann aber die Aufnahmen für verschiedene Rotorstellungen, um Mittelwerte zu erhalten.

Bestimmung von k_{12}. α) Ist k_{11} ermittelt, so kann $k_{12} = k_{21}$ bei bekannten Windungszahlen w_1 bzw. w_2 aus den durch Gl. (118) gegebenen Beziehungen erhalten werden:

$$k_{12} = k_{21} = k_{11} \cdot \frac{w_2}{w_1}.$$

β) Man führt einen Magnetisierungsversuch mit offenem Rotor durch, mißt dabei s, J'_{10}, E_1 und E_2. Der Versuch wird zweckmäßig, um E_2 genau messen zu können, bei einer großen Schlüpfung vorgenommen. Man findet dann k_{12} aus Gl. (125a) angenähert zu:

$$k_{12} = \frac{E_2}{s \cdot J_{1m}} = \frac{E_2}{s \cdot J'_{10} \cdot \cos\varphi_h} \quad . \quad . \quad . \quad . \quad . \quad . \quad . \quad (126)$$

oder aus:

$$k_{12} = \frac{E_2}{E_1} \cdot \frac{k_{11} + k_{1\tau} + r_1 \cdot \operatorname{tg} \varphi_h}{s} \sim \frac{E_2}{E_1} \cdot \frac{k_{11} + k_{1\tau}}{s} \quad . \; . \; . \; (126\,a)$$

Ableitung. Wie an Hand der Abb. 317 ersichtlich ist, ist beim Magnetisierungsversuch die Klemmenspannung E_1 ungefähr gleich der algebraischen Summe jener Komponenten der einzelnen EMKe, welche in die Richtung von E_{1g} fallen. Somit ist, wenn man bedenkt, daß $E_{1\tau}$ und E_{1r} mit E_{1g} die Winkel φ_h und $(90^\circ - \varphi_h)$ einschließen:

$$E_1 = Oa + ab + bc = E_{1g} + E_{1\tau} \cdot \cos\varphi_h + E_{1r} \cdot \sin\varphi_h,$$

$$E_1 = k_{11} \cdot J_{1m} + k_{1\tau} \cdot J'_{10} \cdot \cos\varphi_h + r_1 \cdot J'_{10} \cdot \cos\varphi_h \cdot \frac{\sin\varphi_h}{\cos\varphi_h},$$

und da $J_{1m} = J'_{10} \cdot \cos\varphi_h$ ist, so wird weiter:

$$E_1 = J_{1m} \cdot (k_{11} + k_{1\tau} + r_1 \cdot \operatorname{tg}\varphi_h).$$

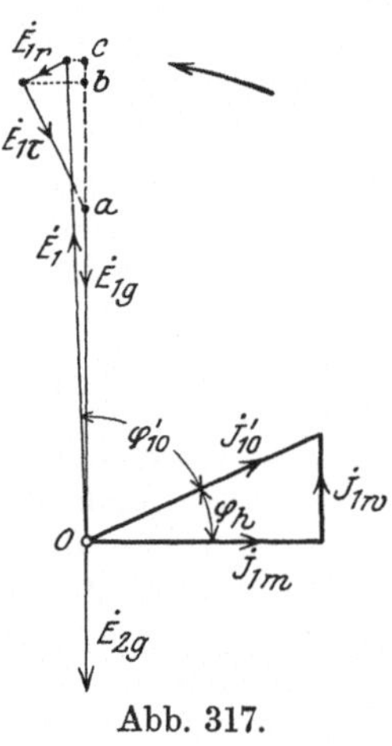

Abb. 317.

Dividiert man durch diese Gleichung die für den offenen Rotorkreis gültige Beziehung $E_2 = s \cdot k_{12} \cdot J_{1m}$ (Gl. 125a), so erhält man den oben angeschriebenen Ausdruck für k_{12}.

Bestimmung der Streukoeffizienten τ_1 und τ_2. α) Bei bekannten Konstanten k_{11}, $k_{1\tau}$, k_{22}, $k_{2\tau}$ dienen zur Berechnung von τ_1 und τ_2 die Gl. (118c).

β) Zur Ermittlung kann auch ein nach Gl. (126a) vorgenommener Magnetisierungsversuch benützt werden. Dividiert man beide Seiten der eben genannten Gleichung durch k_{11}, so ergibt sich, da $k_{12}/k_{11} = w_2/w_1$ ist, unter Beachtung der Formel (118c):

$$\frac{w_2}{w_1} = \frac{E_2}{E_1} \cdot \frac{1 + \tau_1}{s}.$$

Daraus:

$$\tau_1 = \frac{E_1 \cdot s}{E_2} \cdot \frac{w_2}{w_1} - 1.$$

Meist wird dieser Versuch bei Stillstand des Motors ($s = 1$) vorgenommen. Eine ähnliche Messung führt auch unmittelbar auf τ_2: Dabei wird an den Rotor die Spannung E_2 gelegt und die im Stator pro Phase induzierte Spannung E_1 gemessen. Es ist dann (bei $s = 1$):

$$\tau_2 = \frac{E_2}{E_1} \cdot \frac{w_1}{w_2} - 1.$$

γ) Der Gesamtstreukoeffizient kann aus τ_1 und τ_2 nach Gl. (129) berechnet werden.

Ist J'_{10} der Magnetisierungsstrom und J_{1k} der Kurzschlußstrom für die Spannung E_1, so können zur Berechnung von τ auch die Beziehungen benützt werden:

$$\tau = \frac{J'_{10}}{J_{1k} - J'_{10}} \sim \frac{J'_{10}}{J_{1k}}.$$

Ossanna, Heyland, Blondel und Hopkinson definieren den Streukoeffizienten in verschiedener Weise, wie aus der folgenden Übersicht hervorgeht.

	Stator-streukoeffizient	Rotor-streukoeffizient	Gesamt-streukoeffizient
Ossanna	$\tau_1 = \frac{k_{1\tau}}{k_{11}} = \frac{\Phi_{1\tau}}{\Phi_{11}}$	$\tau_2 = \frac{k_{2\tau}}{k_{22}} = \frac{\Phi_{2\tau}}{\Phi_{22}}$	$\tau = \frac{\tau_1 + \tau_2 + \tau_1 \cdot \tau_2}{1 + \tau_1 + \tau_2 + \tau_1 \cdot \tau_2}$
Heyland	$\tau_1 = \frac{\Phi_{1\tau}}{\Phi_{11}}$	$\tau_2 = \frac{\Phi_{2\tau}}{\Phi_{22}}$	$\tau = \tau_1 + \tau_2 + \tau_1 \cdot \tau_2$
Blondel	$\tau_1 = \frac{\Phi_{11}}{\Phi_{11} + \Phi_{1\tau}}$	$\tau_2 = \frac{\Phi_{22}}{\Phi_{22} + \Phi_{2\tau}}$	$\tau = \frac{1 - \tau_1 \cdot \tau_2}{\tau_1 \cdot \tau_2}$
Hopkinson	$\tau_1 = \frac{\Phi_{11} + \Phi_{1\tau}}{\Phi_{11}}$	$\tau_2 = \frac{\Phi_{22} + \Phi_{2\tau}}{\Phi_{2\tau}}$	$\tau = \tau_1 \cdot \tau_2$

Ossanna und Heyland stimmen hinsichtlich τ_1 und τ_2 überein, weichen unbedeutend hinsichtlich τ voneinander ab. In bezug auf den Gesamtstreukoeffizienten unterscheiden sich dagegen nicht Heyland, Blondel und Hopkinson, was durch leichte Umrechnungen bewiesen werden kann.

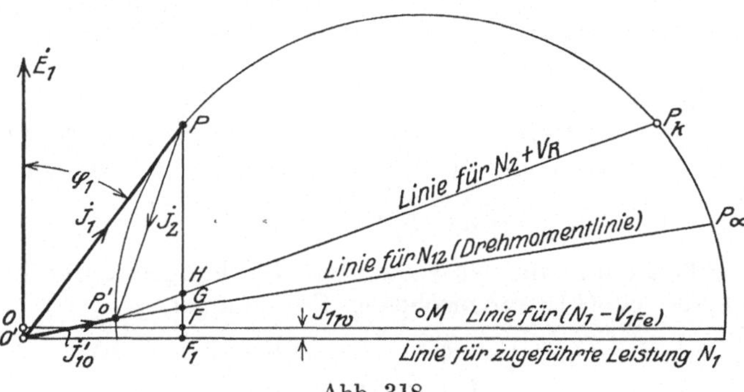

Abb. 318.

58. Das Kreisdiagramm des Mehrphasenasynchronmotors.

a) Allgemeines.

Das Verhalten des Mehrphasenasynchronmotors läßt sich am besten durch das Kreisdiagramm zur Darstellung bringen. Es gilt der Satz[1]):

Bei konstanter Statorklemmenspannung E_1 und verschiedenen Belastungen liegen die Vektorendpunkte der von einem Pol 0′ aus unter dem Winkel φ_1 gegen $\dot{E}_1$ aufgetragenen Statorströme $\dot{J}_1$, welche den jeweiligen Lastverhältnissen entsprechen, auf einem Kreis — s. Abb. 318.

Unter der gemachten Voraussetzung (E_1 = konst.) sind ferner der Magnetisierungsstrom $\dot{J}_{10}'$ und seine Komponenten $\dot{J}_{1m}$ und $\dot{J}_{1w}$ als konstant anzusehen. Gemäß der Beziehung: $\dot{J}_1 + \dot{J}_2 = \dot{J}_{10}'$ findet man sofort

[1]) Es braucht hier wohl nicht betont zu werden, daß die Ableitung dieses Satzes die Grenzen des Buches überschreiten würden. Siehe die einschlägigen Lehrbücher (Arnold, Kittler, Heubach, Thomälen usw.).

$\dot{J}_2$ als Verbindungslinie des festliegenden Vektorendpunktes $\dot{J}'_{10}$ mit dem veränderlichen (auf dem Kreise liegenden) Endpunkt P von $\dot{J}_1$. Aus dem Diagramm können des weiteren in einfacher Weise alle für das Verhalten des Motors wichtigen Größen, wie Schlüpfung, Wirkungsgrad usw. entnommen werden.

Von der Besprechung des von Heyland[1]) angegebenen Diagrammes wird hier Abstand genommen; die nachstehenden Ausführungen beschränken sich auf das Ossannadiagramm[2]). Es wird zunächst die Konstruktion des Kreises nach einer rein rechnerischen Methode mit Hilfe der nach den Angaben des vorigen Kapitels ermittelten Konstanten festgelegt werden. Anschließend soll ein vereinfachtes graphisches Verfahren betrachtet werden.

b) Rechnerische Bestimmung des Kreises.

Allgemeines. Den Ausgangspunkt bildet die auf Grund des Vektordiagrammes abgeleitete Gl. (122). Diese erfährt eine wesentliche Vereinfachung, wenn man die zur Deckung der Eisenverluste erforderliche Wirkkomponente J_{1w} des Magnetisierungsstromes J'_{10} vernachlässigt ($\varphi_h = 0$ — s. Abb. 314), was wegen der Kleinheit von J_{1w} gegen J'_{10} angängig ist. Eine nachträgliche Korrektion behebt wieder die erwähnte Vernachlässigung. — Unter diesen Bedingungen braucht für $\dot{J}_{1m}$ in den Gl. (119a) und (120c) nur eingesetzt zu werden:

$$\dot{J}_{1m} = \dot{J}'_{10} = \dot{J}_1 + \dot{J}_2 \cdot \frac{w_2}{w_1}.$$

Man erhält dann aus den genannten Gleichungen unter Beachtung der durch die Gl. (118) angegebenen Beziehungen:

$$\dot{E}_1 + j \cdot (k_{11} + k_{1\tau}) \cdot \dot{J}_1 + j \cdot k_{21} \cdot \dot{J}_2 + (-\dot{J}_1 \cdot r_1) = 0 \quad . \; . \; . \quad (127)$$

$$j \cdot s \cdot (k_{22} + k_{2\tau}) \cdot \dot{J}_2 + j \cdot s \cdot k_{12} \cdot \dot{J}_1 + (-\dot{J}_2 \cdot r_2) = 0 \quad . \; . \; . \quad (127a)$$

In diesen Formeln kann man noch setzen:

$$k_1 = k_{11} + k_{1\tau} = k_{11} \cdot \left(1 + \frac{k_{1\tau}}{k_{11}}\right) = k_{11} \cdot (1 + \tau_1) \quad . \; . \; . \; . \; . \quad (128)$$

$$k_2 = k_{22} + k_{2\tau} = k_{22} \cdot \left(1 + \frac{k_{2\tau}}{k_{22}}\right) = k_{22} \cdot (1 + \tau_2) \quad . \; . \; . \; . \; . \quad (128\text{a})$$

k_1 und k_2 entsprechen den gesamten im Stator, bzw. Rotor erzeugten Kraftflüssen $\dot{\Phi}_1 = \dot{\Phi}_{11} + \dot{\Phi}_{1\tau}$ bzw. $\dot{\Phi}_2 = \dot{\Phi}_{22} + \dot{\Phi}_{2\tau}$, deren einzelne Komponenten, da der hysteretische Phasenwinkel $\varphi_h = 0$ gesetzt wurde, in eine Richtung fallen ($\dot{\Phi}_{11}$ und $\dot{\Phi}_{1\tau}$ einerseits, $\dot{\Phi}_{22}$ und $\dot{\Phi}_{2\tau}$ andererseits). Als totaler Streukoeffizient wird nun nach Ossanna der Ausdruck bezeichnet (beachte auch hier wieder für Umrechnungen die Gl. (118)):

$$\tau = 1 - \frac{k_{12} \cdot k_{21}}{k_1 \cdot k_2} = 1 - \frac{1}{(1 + \tau_1) \cdot (1 + \tau_2)} = \frac{\tau_1 + \tau_2 + \tau_1 \tau_2}{1 + \tau_1 + \tau_2 + \tau_1 \cdot \tau_2} \quad . \; . \quad (129)$$

---

[1]) ETZ 1894, S. 561: 1895, S. 649; 1896, S. 138 u. 632.

[2]) Zeitschr. f. Elektrotechnik und Maschinenbau 1899, S. 223; ETZ 1900, S. 712.

Unter Benützung der Gleichungen (118, 127, 128, 129) führen verschiedene Zwischenrechnungen, auf deren Wiedergabe hier verzichtet werden muß, die Gl. (122) über in:

$$\dot{E}_1 = \dot{J}_1 \cdot \left\{ r_1 + \frac{r_2}{s} \cdot \frac{k_{12} \cdot k_{21}}{\left(\frac{r_2}{s}\right)^2 + k_2^2} - j \cdot \left[k_1 - k_2 \cdot \frac{k_{12} \cdot k_{21}}{\left(\frac{r_2}{s}\right)^2 + k_2^2} \right] \right\} \quad . \quad . \quad (130)$$

oder:

$$\dot{E}_1 = \dot{J}_1 \cdot \left[r_1 + \frac{r_2}{s} \cdot \frac{k_1}{k_2} \cdot \frac{1 - \tau}{1 + \left(\frac{r_2}{s \cdot k_2}\right)^2} - j \cdot k_1 \cdot \frac{\tau + \left(\frac{r_2}{s \cdot k_2}\right)^2}{1 + \left(\frac{r_2}{s \cdot k_2}\right)^2} \right] \quad . \quad . \quad (130\,a)$$

Hinsichtlich der allgemeinen Form dieser Ausdrücke gilt das bereits bei Abb. 316 Gesagte. Aus den Komponenten von E_1 kann man in ganz einfacher Weise E_1, φ_1, sowie ferner die in Richtung von E_1 und die senkrecht dazustehende Komponente J_{1y} bzw. J_{1x} des Stromes J_1 finden (s. auch Abb. 319). Es gelten die Beziehungen:

$$\dot{E}_1 = \dot{J}_1 \cdot (a - j \cdot b) \quad \text{oder} \quad E_1 = J_1 \cdot \sqrt{a^2 + b^2} \quad . \quad . \quad . \quad . \quad (131)$$

$$\cos \varphi_1 = \frac{a}{\sqrt{a^2 + b^2}} \quad \text{und} \quad \sin \varphi_1 = \frac{b}{\sqrt{a^2 + b^2}} \quad . \quad . \quad . \quad . \quad (131\,a)$$

$$J_{1x} = J_1 \cdot \sin \varphi_1 = E_1 \cdot \frac{b}{a^2 + b^2} \quad \text{und} \quad J_{1y} = J_1 \cdot \cos \varphi_1 = E_1 \cdot \frac{a}{a^2 + b^2}. \quad (131\,b)$$

Bei konstanter Klemmenspannung E_1 ist in den Gl. (130) die Schlüpfung s die einzige Veränderliche. Die Komponenten des Stromes J_1, nämlich J_{1x} und J_{1y}, sind also nur von s abhängig. Diese Abhängigkeit wird aber, wie eingangs erwähnt wurde, durch einen Kreis dargestellt.

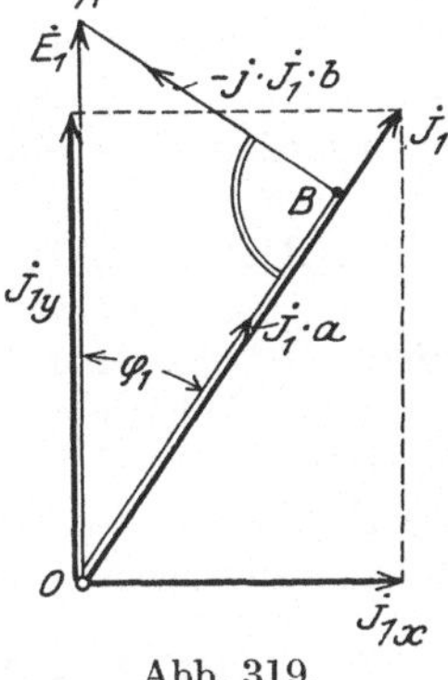

Abb. 319.

Konstruktion des Kreises: Bei gegebener Klemmenspannung und gegebenen Konstanten lassen sich die Koordinaten ausgezeichneter Punkte, d. h. solcher Punkte, bei denen die Schlüpfung von vornherein bekannt ist, aus den Gl. (130) unter Anwendung der Beziehungen (131) sofort berechnen. Derartige Punkte sind:

1. Der synchrone Punkt P_0' (J_{10}', x_{10}', y_{10}') . . . . $s = 0$.
2. Der Kurzschlußpunkt P_k (J_{1k}, x_{1k}, y_{1k}) . . . . $s = 1$.
3. Der Punkt mit unendlicher Schlüpfung P_∞ ($J_{1\infty}$, $x_{1\infty}$, $y_{1\infty}$) . . . . $s = \infty$.

Da durch diese drei Punkte der Kreis bereits bestimmt ist, so können auch die Koordinaten x_m und y_m des Mittelpunktes M berechnet werden. Am einfachsten gestaltet sich die Konstruktion, wenn man den Synchronismuspunkt P_0' und den Mittelpunkt M aufsucht. P_k und P_∞ sind dann die Schnittpunkte des aus P_0' und M konstruierten Kreises mit den Strahlen OP_k und OP_∞, welche unter den Winkeln $(90^\circ - \varphi_{1k})$ bzw. $(90^\circ - \varphi_{1\infty})$ gegen die Abszissenachse durch den Pol O gezogen werden. Die Koordinaten für P_0' und M, welche in Abb. 318 vom Pole O aus aufzutragen sind, ergeben sich aus folgenden Gleichungen:

$$\left.\begin{aligned} x'_{10} &= \frac{E_1}{k_1}\cdot\frac{1}{1+\left(\frac{r_1}{k_1}\right)^2} \sim \frac{E_1}{k_1} \\ y'_{10} &= \frac{E_1}{k_1}\cdot\frac{\frac{r_1}{k_1}}{1+\frac{r_1}{k_1}} \sim \frac{E_1}{k_1}\cdot\frac{r_1}{k_1} \end{aligned}\right\} \quad \ldots\ldots \text{ Punkt } P'_0.$$

$$\left.\begin{aligned} x_m &= \frac{E_1}{k_1}\cdot\frac{1+\tau}{2}\cdot\frac{1}{1+\left(\frac{r_1}{k_1}\right)^2} \\ y_m &= \frac{E_1}{k_1}\cdot\frac{r_1}{k_1}\cdot\frac{1}{\tau+\left(\frac{r_1}{k_1}\right)^2} \end{aligned}\right\} \quad \ldots\ldots \text{ Punkt } M.$$

Ferner ist:

$$\operatorname{tg}(90^\circ - \varphi_{1k}) = \frac{r_1\cdot\left[1+\left(\frac{r_2}{k_2}\right)^2\right] + k_1\cdot\frac{r_2}{k_2}\cdot(1-\tau)}{k_1\cdot\left[\tau+\left(\frac{r_2}{k_2}\right)^2\right]},$$

$$\operatorname{tg}(90^\circ - \varphi_{1\infty}) = \frac{r_1}{\tau\cdot k_1}.$$

Verwertung des Kreisdiagrammes. Diese geschieht genau nach den im folgenden Kapitel gemachten Angaben. Insbesondere gilt auch hier die dort angegebene Konstruktion der Schlupflinie. Zu berücksichtigen ist jedoch, daß die Eisenverluste vernachlässigt wurden. Die erforderliche Korrektur erfolgt dadurch, daß man in Abb. 318 unterhalb und parallel der Abszissenachse im Abstand J_{1w} die Gerade $O'F_1$ zieht. Die z. B. im Punkte P zugeführte Statorleistung wird jetzt nicht durch die Strecke PF, sondern durch PF_1 dargestellt, der Statorstrom ist nicht OP, sondern OP_1. Die Strecke PH ist proportional der abgegebenen Leistung N_2 einschließlich der Reibungsverluste V_R, also $c_3 \cdot PH = N_2 + V_R$. Um die Linie für N_2 zu erhalten, wäre der Leerlaufpunkt P_0 zu bestimmen und P_0 mit P_k zu verbinden (vgl. zu diesen Ausführungen Abb. 318 und Abb. 320).

59. Das Kreisdiagramm: Praktische Form.

a) Konstruktion des Kreises.

Allgemeines. Der Kreis wird hier auf rein graphischem Wege[1]) ermittelt. Die aus dem so erhaltenen Diagramm gewonnenen Werte genügen vollkommen den Anforderungen der Praxis und weichen nicht oder nur wenig von jenen ab, welche durch Belastungsaufnahmen festgestellt werden.

Für die Konstruktion des Kreises sind zwei Punkte desselben und sein Mittelpunkt erforderlich. Als erstere verwendet man den syn-

[1]) Methoden zur Bestimmung des Kreismittelpunktes und -halbmessers auf graphischem Wege sind u. a. angegeben worden von: Thomälen, ETZ 1903, S. 972; 1911, S. 131; Grob, ETZ 1904, S. 447 u. 474; 1918, S. 123; Sumec, ETZ 1910, S. 110, 230; Moser, ETZ 1905, S. 2; 1911, S. 427; Bloch, ETZ 1918, S. 34, 42.

chronen Punkt P_0' ($s = 0$) und den Kurzschlußpunkt P_k ($s = 1$); der letztere und auch der noch außerdem benötigte Punkt mit unendlicher Schlüpfung P_∞ werden mit einer einfachen Hilfskonstruktion gewonnen.

Maßstäbe.

Für den Statorstrom J_1 . . . . 1 mm $= c_1$ Amp.;
für den Rotorstrom J_2 . . . . 1 mm $= c_2$ Amp.;
für die Leistungen N_1, N_2 usw. . . . 1 mm $= 3 \cdot E_1 \cdot c_1 = c_3$ Watt.

Wie aus den folgenden Erläuterungen hervorgeht, werden die Leistungen auf den Ordinaten abgegriffen.

$\cos\varphi$-Kreis. Um den Leistungsfaktor leicht bestimmen zu können, empfiehlt es sich, den $\cos\varphi$-Kreis zu zeichnen — s. Abb. 320. Der Mittelpunkt liegt auf dem Vektor der Klemmenspannung. Wird der Durchmesser gleich 1 genommen, so ist die von dem Statorstromvektor $\dot{J}_1$ herausgeschnittene Sehne ihrem Zahlenwerte nach gleich dem Leistungsfaktor.

1. Bestimmung des synchronen Punktes. Der Leerlaufversuch nach Abb. 303 gibt für die in Frage kommende Klemmenspannung E_1 den Leerlaufstrom J_{10} und den $\cos\varphi_{10}$. Der Strahl OP_0 wird gemäß Abb. 320 so gezeichnet, daß er mit der Ordinatenachse, in die der Vektor $\dot{E}_1$ gelegt wird, den Winkel φ_{10} einschließt. Auf ihm wird J_{10} in dem gewählten Maßstabe abgetragen. Die Ordinate P_0F_0 stellt die bei Leerlauf aufgenommene Leistung (Reibungs- + Eisen- + geringe Stromwärmeverluste) dar. P_0 ist noch nicht der synchrone Punkt, da ja die Reibungsverluste bereits eine Belastung des Motors bilden und da folglich ein geringer Schlupf vorhanden ist. Den synchronen Punkt P_0' und damit den Magnetisierungsstrom $J_{10}' = OP_0'$, sowie den $\cos\varphi_{10}'$ findet man durch Abzug der Reibungsverluste $V_R = P_0P_0'$ auf der Senkrechten P_0F_0 von P_0 aus. $P_0'F_0$ ist, im Leistungsmaßstab gemessen, die Summe der Eisenverluste und der hier vorhandenen geringen Stromwärmeverluste im Stator.

P_0' bzw. J_{10}' und $\cos\varphi_{10}'$ können natürlich auch durch einen Magnetisierungsversuch ermittelt werden. — Praktisch fällt P_0' mit P_0 fast zusammen, so daß man keinen großen Fehler begeht, wenn man für die weitere Konstruktion den Punkt P_0 verwendet.

2. Bestimmung des Kurzschlußpunktes. Für die normale Klemmenspannung E_1 wird der Kurzschlußstrom J_{1k} aus der Kurzschlußcharakteristik Abb. 305 nach Gl. (112) ermittelt und unter dem Winkel φ_{1k} gegen den $\dot{E}_1$-Vektor in dem gewählten Maßstabe abgetragen: Punkt P_k.

3. Bestimmung des Kreismittelpunktes. Ein geometrischer Ort für denselben ist das Mittellot zur Sehne $P_0'P_k$ oder P_0P_k. Von P_0 geht man dann senkrecht zur Abszissenachse bis zum Punkte a auf OP_k und zieht vom Mittelpunkt b der Strecke P_0a eine Parallele zur Abszissenachse. Ihr Schnittpunkt mit dem Mittellot ist der Kreismittelpunkt M in Abb. 320.

4. Bestimmung des Punktes P_∞. $s = \pm\infty$. Für diesen ideellen Punkt müßte der Rotor mit unendlicher Drehzahl im Sinne des Untersynchronismus, also gegen das Drehfeld, bzw. im Sinne des Übersynchronismus, also in Richtung des Drehfeldes angetrieben werden. Zwecks einfacher Konstruktion nimmt man an, daß die im Punkte P_k zugeführte Leistung $N_{1k} = 3 \cdot E_1 \cdot J_{1k} \cdot \cos\varphi_{1k}$, welche durch $P_k F_k$ dargestellt wird, zu gleichen Teilen für die Deckung der Stator- und Rotorverluste V_1 bzw. V_2 verwendet wird. Da der Rotor hier stillsteht, so sind diese Verluste nur Stromwärme- und zum kleineren Teile Eisenverluste. Man halbiert die genannte Ordinate (Punkt c) und zieht Oc bis zum Schnittpunkte P_∞ mit dem Kreise.

b) Verwertung des Diagrammes.

Folgende Größen können aus dem Diagramm entnommen werden (die Werte gelten beispielsweise für Punkt P):

1. Der Statorstrom J_1, der $\cos\varphi_1$ und der Rotorstrom J_2. α) Die Größe des Statorstromes J_1 ist bestimmt durch die Länge des Strahles OP; es ist:

$$J_1 = c_1 \cdot OP \quad \text{. . . . .} \quad (132)$$

β) φ_1 und damit $\cos\varphi_1$ sind gegeben durch die Lage des Vektors J_1 zum Vektor E_1. Verlängert man OP bis zum Schnitt mit dem $\cos\varphi$-Kreis, so gibt diese Sehne in mm gemessen den $\cos\varphi_1$ in % an, wenn der Durchmesser des letztgenannten Kreises 100 mm beträgt.

γ) Der Rotorstrom J_2 ist proportional der Strecke PP_0'. Es ist also:

$$J_2 = c_2 \cdot PP_0' \quad \text{. . . . .} \quad (133)$$

Für c_2 ergibt die genaue Theorie den Wert:

$$c_2 = c_1 \cdot \frac{k_1}{k_{12}} \sqrt{1 + \left(\frac{r_1}{k_1}\right)^2}.$$

Darin ist r_1/k_1 ein kleiner Wert (etwa 0,02÷0,01); $(r_1/k_1)^2$ kann also vernachlässigt werden. Man erhält somit:

$$c_2 = c_1 \cdot \frac{k_1}{k_{12}} = c_1 \cdot \frac{k_1}{k_{12}} \cdot \frac{w_1}{w_1}.$$

Stator	Rotor	c_2
dreiphasig	dreiphasig	$c_2 = (1 + \tau_1) \cdot \frac{w_1}{w_2} \cdot c_1$
zweiphasig	dreiphasig	$c_2 = (1 + \tau_1) \cdot \frac{w_1}{w_2} \cdot \frac{\sqrt{2}}{2} \cdot c_1$
dreiphasig	zweiphasig	$c_2 = (1 + \tau_1) \cdot \frac{w_1}{w_2} \cdot \frac{2}{\sqrt{2}} \cdot c_1$
zweiphasig	Kurzschlußanker w_2 = Zahl aller Kurzschlußstäbe	$c_2 = (1 + \tau_1) \cdot \frac{w_1}{w_2} \cdot \frac{\pi}{\sqrt{2}} \cdot c_1$
dreiphasig	wie vorher	$c_2 = (1 + \tau_1) \cdot \frac{w_1}{w_2} \cdot \pi \cdot c_1$

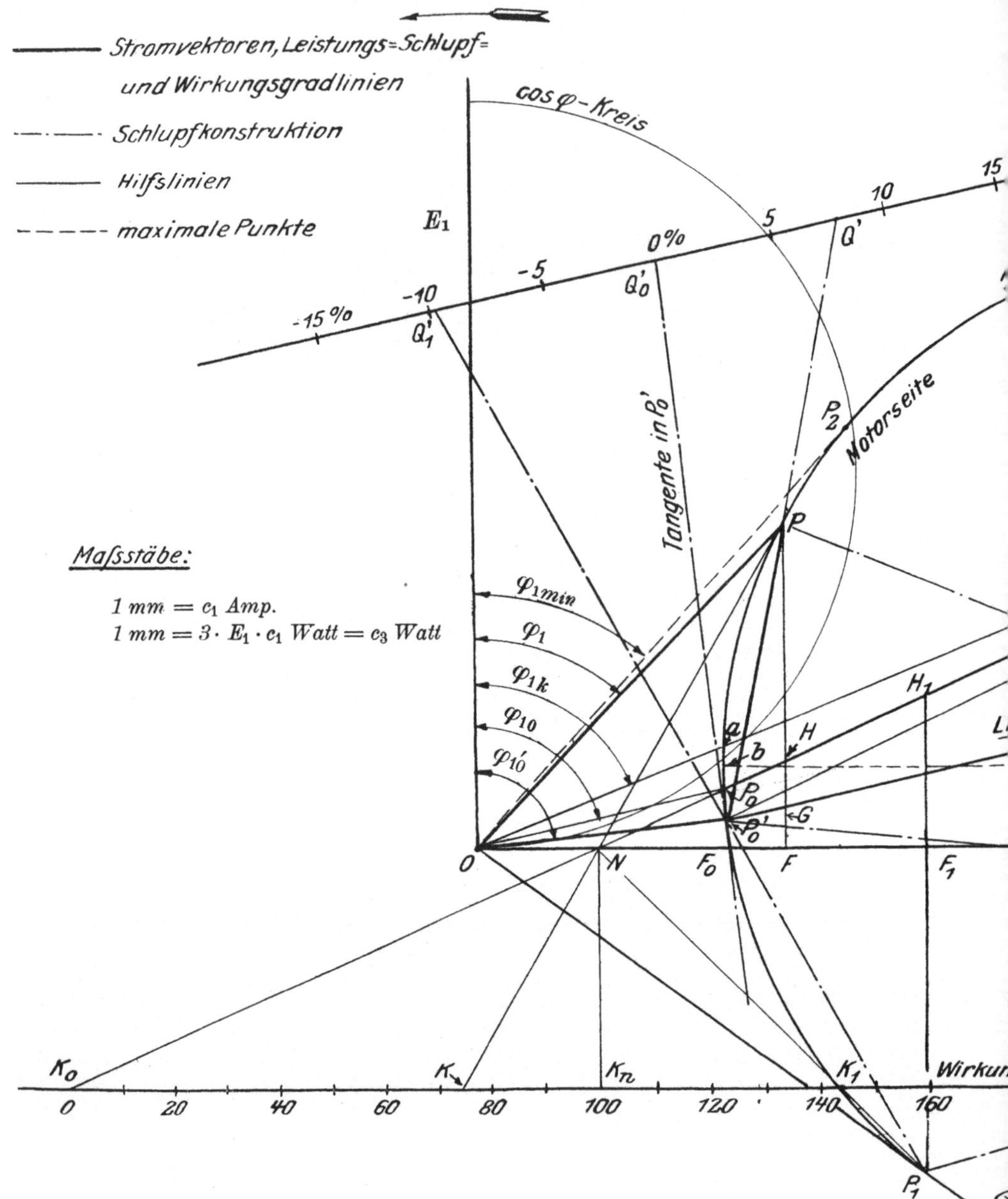
Stromvektoren, Leistungs-Schlupf- und Wirkungsgradlinien
Schlupfkonstruktion
Hilfslinien
maximale Punkte
cos φ-Kreis
Maßstäbe:
1 mm = c₁ Amp.
1 mm = 3 · E₁ · c₁ Watt = c₃ Watt
Motorseite
Tangente in P₀'

Schlupflinie I
(1mm = 1%)
Q∞
Schlupflinie II (3mm = 1%)
20%
Q''k
100%
Qk
90
80
70
60
50
40
30
20
10
0%
-10
-20
P4
P5
Motorseite
Pk
Q'k
Linie für N2
P∞
c
d
(Drehmomentlinie)
ie Oc P∞
Linie für N12
M
Linie für N1 =
zugeführte Leistung
Q
Fk
Q0
S
Q1
sgradlinie
Generatorseite
neratorseite
P6
P7
P8

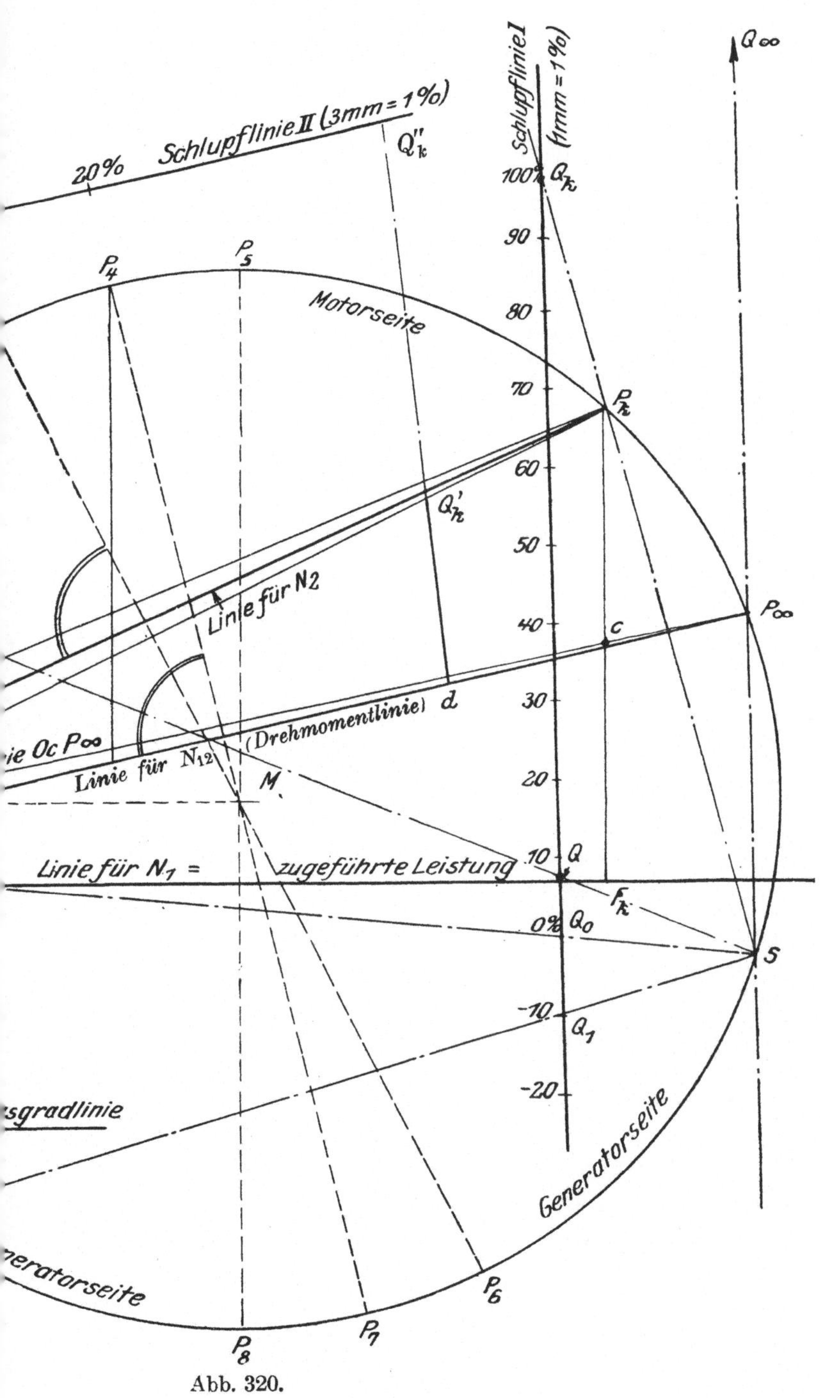

Abb. 320.

Nach den Gleichungen (118) ist $k_{12} = c \cdot w_1 \cdot w_2$ und $k_{11} = c \cdot w_1^2$. Folglich findet man $k_{12} \cdot w_1 = c \cdot w_1^2 \cdot w_2 = k_{11} \cdot w_2$ und unter Beachtung der Gl. (128) wird schließlich:

$$c_2 = \frac{k_1}{k_{11}} \cdot \frac{w_1}{w_2} \cdot c_1 = (1 + \tau_1) \cdot \frac{w_1}{w_2} \cdot c_1 .$$

Diese Formel gilt, wenn Stator und Rotor gleiche Phasenzahl besitzen. Ist dies nicht der Fall, so sind die Werte von c_2 der Tabelle auf S. 292 zu entnehmen.

2. Die dem Stator zugeführte Leistung N_1. Es ist:

$$N_1 = 3 \cdot E_1 \cdot J_1 \cos\varphi_1 = 3 \cdot E_1 \cdot c_1 \cdot OP \cdot \cos\varphi_1 ,$$
$$N_1 = c_3 \cdot OP \cdot \cos\varphi_1 .$$

Da aber $OP \cdot \cos\varphi_1 = PF$ ist, so erhält man:

$$\boldsymbol{N_1 = c_3 \cdot PF.}$$

Die zugeführte Leistung N_1 ist also stets proportional den von den betreffenden Belastungspunkten bis zur Abszissenachse gefällten Senkrechten. Die Abszissenachse ist somit die Linie der zugeführten Leistung.

3. Die Schlüpfung s. α) Leistungsverteilung. Läßt man die auf S. 279 willkürlich eingesetzten Zusatzverluste außer Betracht, so erhält man folgendes Bild:

Dem Stator wird elektrisch zugeführt die Leistung . . . . N_1;
zur Deckung der Statorverluste wird verbraucht . . . . V_1;
vom Stator wird also auf den Rotor übertragen . . . . $N_{12} = N_1 - V_1 = \frac{V_2}{s}$;
zur Deckung der Rotorverluste wird verwendet . . . . $V_2 = N_{12} \cdot s$;
zur Überwindung mechanischer Widerstände (Reibung V_R + Nutzleistung N_2), also zur Erzeugung des Drehmomentes steht zur Verfügung . . . . . . $N_2' = N_{12} \cdot (1 - s)$;
die Nutzleistung, der das Nutzdrehmoment entspricht, ist . . . . $N_2 = N_2' - V_R$.
Gebildet wird noch . . . . $\frac{N_2'}{V_2} = \frac{1 - s}{s}$.

Diese Gleichungen lehren:

1. Für $s = 0$ (Synchronismus). Es wird auf den Rotor keine Leistung übertragen: $N_{12} = 0$. Die zugeführte Leistung N_1 wird lediglich zur Deckung der Statorverluste verbraucht: $N_1 = V_1$. Da V_2, N_{12} und N_2' gleich Null sind, so ergibt sich $N_2 = -V_R$, d. h. es muß dem Rotor eine mechanische Leistung zugeführt werden, um die Reibungsverluste V_R zu kompensieren.

2. Für $s = 1$ (Kurzschluß). Da der Rotor stillsteht, so ist V_R, N_2' und N_2 gleich Null. Die auf den Rotor übertragene Leistung N_{12} wird nur zur Deckung der Rotorverluste V_2 verbraucht:

$$V_2 = N_{12} \cdot s = N_{12} .$$

3. Für $s > 1$. Solche Punkte erhält man durch Antrieb des Läufers gegen seine Drehrichtung. Für $N_2' = N_{12} \cdot (1 - s)$ ergibt sich mit $s > 1$ ein negativer Wert, d. h. auch durch mechanischen Antrieb muß dem Rotor Leistung zugeführt werden. — Ähnliches gilt, wenn s negativ wird ($s < 0$), wenn also der Rotor übersynchron im Sinne des Statordrehfeldes angetrieben wird.

4. Für $s = \pm \infty$. Mit beiden Werten erhält man:

$$\frac{N_2'}{V_2} = \frac{1-s}{s} = -1.$$

$V_2 = -N_2'$ muß also durch mechanisch dem Rotor zugeführte Leistung aufgebracht werden.

Ermittlung von s aus dem Diagramm. α) Konstruktion I. Man wählt auf dem Kreise beliebig einen Pol S, zieht die Strahlen SP_0', SP, SP_k und SP_∞. Zum Strahle SP_∞ wird in beliebigem Abstande eine Parallele gezogen, die Schlupflinie I in Abb. 320. Dann wird s dargestellt durch das Verhältnis der Strecken Q_0Q und Q_0Q_k, wenn Q_0, Q, Q_k die Schnittpunkte der gezogenen Strahlen mit dieser Schlupflinie bezeichnen:

$$s = \frac{Q_0 Q}{Q_0 Q_k} \qquad (134)$$

Zweckmäßig ist es, die Schlupflinie in einem solchen Abstande von SP_∞ zu ziehen, daß Q_0Q_k 100 mm beträgt. Die Abschnitte Q_0Q, in Millimetern gemessen, geben s sofort in Prozenten an.

β) Konstruktion II. Es ist üblich, den Pol S mit dem Punkt P_0' zusammenfallen zu lassen; die von P_0' gezogenen Strahlen $P_0'P$, $P_0'P_k$, $P_0'P_\infty$ entsprechen den Strahlen vom Pol S aus: SP, SP_k, SP_∞. Dem 4. Strahl SP_0' entspricht die Tangente in P_0'.

Geometrischer Beweis mit Hilfe von Peripheriewinkeln über gleichen Sehnen.

Auf $P_0'P_\infty$ trägt man $P_0'd = 100$ mm ab und zieht durch d eine Parallele zur Tangente in P_0'. Der Schnittpunkt dieser Parallelen mit dem Strahle $P_0'P_k$ ist der Punkt Q_k'. Legt man nun $Q_0'Q_k''$ (Schlupflinie II in Abb. 320) parallel zu $P_0'd$ in einem Abstande, der das n-fache der Strecke dQ_k' beträgt, so ist der Abschnitt $Q_0'Q'$, welchen die Tangente in P_0' und der Strahl $P_0'P$ auf $Q_0'Q_k''$ erzeugen, proportional der Schlüpfung im Punkte P und zwar stellen n mm dieses Abschnittes je 1 % Schlupf dar. In Abb. 320 ist $dQ_k'' = 3 \cdot dQ_k'$; folglich entsprechen je 3 mm der Schlupflinie II einem Schlupfe von 1 %.

Mit den Werten E_1, J_1 und den aus dem Diagramm zu J_1 bestimmten Werten $\cos\varphi_1$ und s können N_1, N_{12}, N_2 und η berechnet werden, da aus der Leerlaufaufnahme noch die Eisen- und Reibungsverluste bekannt sind. Die erwähnten Werte N_{12}, N_2 und η kann man aber auch aus dem Diagramm direkt entnehmen.

4. Die auf den Rotor übertragene Leistung N_{12} ist Null für $s = 0$ und für $s = \infty$, also für die Kreispunkte P_0' und P_∞. Die auf den Ordinaten gemessenen Abstände der Linie $P_0'P_\infty$ von den Kreispunkten sind den in diesen Punkten übertragenen Leistungen bzw. den Drehmomenten proportional. Die Linie $P_0'P_\infty$ heißt daher die Drehmomentlinie. Für Punkt P ergibt sich:

$$N_{12} = c_3 \cdot PG.$$

5. Die an der Welle abgegebene Nutzleistung N_2 wird zu Null im Punkte P_0 und im Punkte P_k. Die Gerade P_0P_k heißt die Leistungslinie. Die Ordinatenabschnitte von den Kreispunkten bis zur Leistungslinie entsprechen der abgegebenen Leistung N_2. Für Punkt P gilt:

$$N_2 = c_3 \cdot PH \quad \text{. . . . .} \quad (135)$$

6. Der Wirkungsgrad η. In beliebigem Abstand parallel zur Abszissenachse wird die η-Linie gezogen. Die verlängerte Gerade P_0P_k schneidet die Abszissenachse in N, die Wirkungsgradlinie in K_0; letztere wird in K_n noch von der durch N gezogenen Senkrechten zur Abszissenachse und in K von der Geraden PN geschnitten. Es ergibt sich mit Hilfe ähnlicher Dreiecke:

$$\eta = \frac{N_2}{N_1} = \frac{PH}{PF} = \frac{PF - HF}{PF} = 1 - \frac{HF}{PF},$$

$$\eta = 1 - \frac{HF/NF}{PF/NF} = 1 - \frac{NK_n/K_0K_n}{NK_n/KK_n},$$

$$\eta = 1 - \frac{KK_n}{K_0K_n} = \frac{K_0K_n - KK_n}{K_0K_n},$$

$$\eta = \frac{K_0K}{K_0K_n} \quad \text{. . . . .} \quad (136)$$

Macht man $K_0K_n = 100$ mm, so gibt die Strecke K_0K, in Millimetern gemessen, den Wirkungsgrad direkt in Prozenten an.

Der Asynchronmotor als Generator. Treibt man den Rotor übersynchron an, so wird s negativ (vgl. Abb. 320 „Generatorseite"). Ohne auf die Verhältnisse näher einzugehen, kann zusammenfassend gesagt werden:

α) Von einer gewissen Umlaufszahl an, die ganz unwesentlich über der synchronen liegt, bis zu einer anderen, wesentlich höheren, sind die Abstände der Kreispunkte von der Abszissenachse negativ, d. h. die Maschine gibt elektrische Leistung an das Netz ab und wirkt als Generator. Für den Kreispunkt P_1 ist OP_1 der zugehörige Primärstrom, P_1F_1 die der abgegebenen Leistung proportionale Strecke. Auf den Schlupflinien I und II werden von den Strahlen SP_1 und $P_0'P_1$ die Punkte Q_1 bzw. Q_0' ausgeschnitten, welche, dem Übersynchronismus entsprechend, auf den negativen Seiten der Linien liegen.

β) Die mechanisch zugeführte Leistung ist jetzt P_1H_1. Der Wirkungsgrad η ist also gegeben durch:

$$\eta = \frac{P_1F_1}{P_1H_1}.$$

Die Linien für N_1 und N_2 in Abb. 320 vertauschen ihre Bedeutung. Die N_1-Linie des Motors ist die N_2-Linie des Generators, die N_2-Linie des Motors ist die N_1-Linie des Generators.

Auf der Wirkungsgradlinie erhält man, wie beim Motor, das Verhältnis $K_0 K_1 / K_0 K_n$. Dieses stellt aber jetzt den reziproken Wert $1/\eta$ dar, da, wie eben ausgeführt wurde, die Linien der zugeführten und abgegebenen Leistung ihre Rollen vertauscht haben. Somit:

$$\eta = \frac{K_0 K_n}{K_0 K_1}.$$

Maximale Werte im Diagramm. 1. Für den Motorzustand. α) Den max. $\cos \varphi_1$ (für diesen ist der Winkel φ_1 ein Minimum) erhält man, wenn man den Stromvektor J_1 so groß wählt, daß er den Kreis tangiert: Punkt P_2.

β) Die mechanisch abgegebene Leistung N_2 wird im Punkte P_3, die auf den Rotor übertragene Leistung im Punkte P_4, die elektrisch zugeführte Leistung N_1 in P_5 am größten. Diese Punkte findet man, wenn man durch M Senkrechte auf die ihnen entsprechenden Linien fällt.

γ) Für η_{max} muß die Gerade KN den Kreis tangieren.

δ) Bemerkt sei noch, daß der Motor nur stabil läuft für Kreispunkte, die zwischen P_0' und P_4 liegen.

2. Für den Generatorzustand. α) $\cos \varphi_{1max}$ und η_{max} sind dadurch bestimmt, daß die zugehörigen Strahlen den Kreis tangieren.

β) Die Punkte der max. zugeführten Leistung, des max. Drehmomentes und der max. abgegebenen elektrischen Leistung liegen diametral zu den entsprechenden Motorpunkten, wobei wieder zu beachten ist, daß die Linien für N_1 und N_2 ihre Bedeutung wechseln. Punkte P_6, P_7, P_8.

γ) Stabilität des Generatorbetriebes besteht nur für Kreispunkte zwischen F_0 und P_7.

d) Beispiel.

Von einem Asynchronmotor für 300 kW Nennleistung, 380 V Nennspannung (Stator in Sternschaltung, Widerstand pro Statorphase warm $r_1 = 0{,}006\ \Omega$) $n_1 = 1500$ Umdr./min, liegen folgende Messungen vor:

1. **Kurzschlußcharakteristiken.** Abb. 305 (Achtung: Die einzelnen Kurven der Abb. 303 und 305 sind in Abhängigkeit von der Statorphasenspannung aufgetragen). Aus derselben wird entnommen für die weiter unten angegebene Konstruktion des Kreisdiagrammes:

$$\cos \varphi_{1k} = 0{,}17\,, \qquad e_1' = 8{,}5\ \text{V}\,,$$
$$J_{1k}' = 550\ \text{A} \quad \text{für} \quad E_1' = 50\ \text{V}.$$

Nach Gl. (112) erhält man dann für die volle Phasenspannung

$$E_1 = 380/\sqrt{3} = 220\ \text{V}$$

einen Kurzschlußstrom:

$$J_{1k} = 550 \cdot \frac{220 - 8{,}5}{50 - 8{,}5} = 2800\ \text{A}.$$

2. **Leerlaufcharakteristiken.** Abb. 303 ergibt für $E_1 = 220$ V:

$$J_{10} = 110\ \text{A}\,, \qquad \cos \varphi_{10} = 0{,}13\,,$$
$$V_R = 5{,}5\ \text{kW}\,, \qquad V_{1Fe} = 3{,}5\ \text{kW}.$$

3. **Belastungscharakteristiken.** Abb. 306 gilt für $E_1 = 220$ V (bzw. für 380 V verkettete Spannung). Die gemessenen Werte J_1 und s, sowie die nach der folgenden Tabelle errechneten Größen $\cos \varphi_1$, η und N_2 sind in Abhängigkeit von N_1 aufgetragen.

Maßstäbe:
1 mm = c1 Amp = 160 Amp
1 mm = c3 kW = 10,55 kW
1 mm = 0,1% Schlupf
Schlupflinie
10 mm = 1% Schlupf
Q''k
Q'0
s = 0,5%
s = 1,65%
cos φ1 = 0,925
cos φ1 = 0,79
cos φ = Kreis
P3
Kipplast
d Q''k = 10 × d Q'k
Tangente in P0
E1
P1 J1 = 493 A
J1 = 193 A
P0 (P0')
P0 d = 100 mm
d
M
Q'k
Pk
P∞
Linie für N2
Linie für N12
Linie für N1

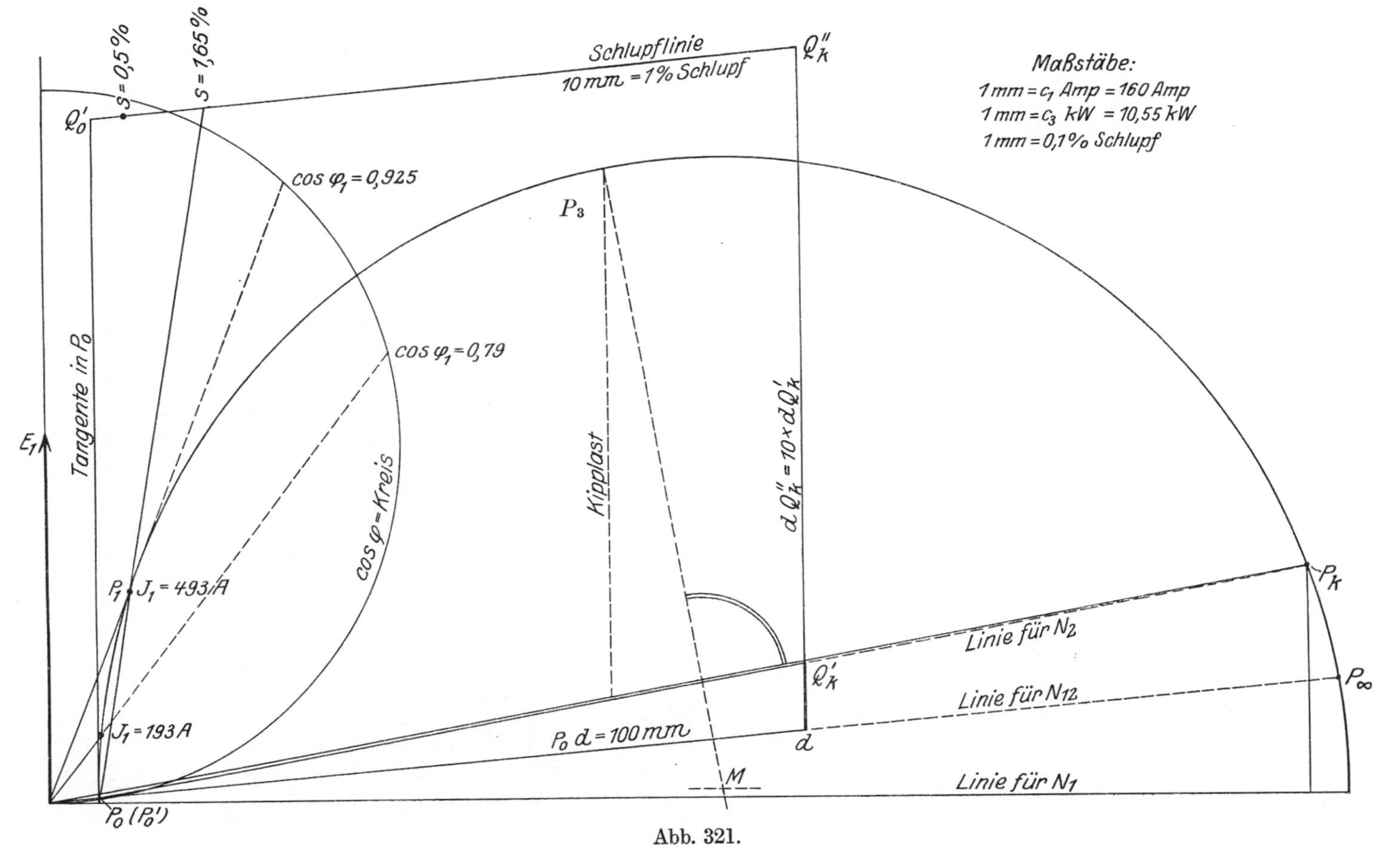

Abb. 321.

Berechnung des Wirkungsgrades nach dem Einzelverlustverfahren.

Statorstrom	. . . . J_1	193 A	330 A	493 A
Zugeführte Leistung .	. . $N_1 = 3 \cdot E_1 \cdot J_1 \cdot \cos\varphi_1$	100 kW	200 kW	300 kW
Leistungsfaktor . .	. $\cos\varphi_1 = \frac{N_1}{3 \cdot E_1 \cdot J_1}$ . . .	0,79	0,917	0,92
Schlüpfung	. . . . $s\,\%$	0,5	1,05	1,65
Statorstromwärmeverlust	. . $V_{1a} = 3 \cdot J_1^2 \cdot r_1$ . . .	0,67 kW	1,96 kW	4,4 kW
Statoreisenverlust .	. . . . V_{1Fe}	3,5 „	3,5 „	3,5 „
Statorverluste . . .	. . $V_1 = V_{1a} + V_{1Fe}$ . .	4,17 „	5,46 „	7,9 „
Auf Rotor übertragen	. . $N_{12} = N_1 - V_1$ . . .	95,83 „	194,54 „	292,1 „
Rotorverluste . . .	. . $V_2 = N_{12} \cdot s$ . . .	0,48 kW	2,05 kW	4,8 kW
Zusätzliche Verluste .	. . $V_{zus} = 0{,}005 \cdot N_1$ . .	0,5 „	1,0 „	1,5 „
Reibungsverluste . .	. . . . V_R	5,5 „	5,5 „	5,5 „
Gesamtverluste . .	. $V = V_1 + V_2 + V_{zus} + V_R$	10,65 kW	14,01 kW	19,7 kW
Nutzleistung . . .	$N_2 = N_1 - V$	89,35 „	186 „	280,3 „
Wirkungsgrad . . .	$\eta = N_2 : N_1$	89,35 %	93 %	93,7 %

Kreisdiagramm. Abb. 321.

α) Maßstäbe: $1\,\text{mm} = c_1\,\text{A} = 160\,\text{A}$.

$$1\,\text{mm} = c_3\,\text{kW} = \frac{3 \cdot 220 \cdot 160}{1000} = 10{,}55\,\text{kW}.$$

β) Konstruktion des Diagrammes. Mit den aus den Kurzschluß- und Leerlaufcharakteristiken für $E_1 = 220$ V entnommenen Werten: $J_{1k} = 2800$ A, $\cos\varphi_{1k} = 0{,}17$, $J_{10} = 110$ A, $\cos\varphi_{10} = 0{,}13$ wird das Kreisdiagramm genau nach den zu Abb. 320 gegebenen Erläuterungen entworfen. P_0' findet man durch Abzug der Eisenverluste $V_{1Fe} = 3{,}5$ kW auf der Senkrechten durch P_0 von diesem Punkte aus. Da die Strecke $P_0 P_0'$ gemäß dem gewählten Maßstabe nur $3{,}5 : 10{,}55 = {}^1/_3$ mm beträgt, so genügt es mit dem Punkte P_0 zu arbeiten. Die Schlupflinie ist so wie die Schlupflinie II in Abb. 320 konstruiert: Auf $P_0 P_\infty$ wird $P_0 d = 100$ mm abgetragen und $d Q_k'' = 10 \cdot d Q_k'$ parallel zur Tangente in P_0 gezeichnet. Die Parallele zu $P_0 d$ durch Q_k'' ergibt die gesuchte Schlupflinie. Je 1 cm derselben, von Q_0' aus gemessen, stellt eine Schlüpfung $s = 1\,\%$ dar.

γ) Verwertung des Diagrammes. Für die beiden Ströme $J_1 = 493$ A und $J_1 = 193$ A ergibt das Diagramm:

$$\cos\varphi_1 = 0{,}925 \text{ bzw. } \cos\varphi_1 = 0{,}79,$$
$$s = 1{,}65\,\% \text{ bzw. } s = 0{,}5\,\%.$$

Man erkennt, daß diese Werte fast durchweg mit jenen übereinstimmen, welche die direkte Belastungsaufnahme lieferte (Abb. 306).

Die Überlastbarkeit des Motors folgt als das Verhältnis der senkrechten Abstände der Punkte P_3 und P_1 (Normallast $J_1 = 493$ A) von der Linie für N_2. Sie beträgt etwa das 2,75fache.

60. Einphasenasynchronmotoren.

Allgemeines. Es sei daran erinnert, daß beim Einphasenasynchronmotor nur ein pulsierendes Wechselfeld vorhanden ist. Dieses läßt sich in zwei Drehfelder zerlegen, welche mit gleicher Winkelgeschwindigkeit, jedoch in entgegengesetzter Richtung umlaufen. Ihre Amplituden betragen die Hälfte der Amplitude des Wechselfeldes. Solange der Motor stillsteht, ist die Wirkung der beiden Drehfelder auf den Rotor gleich und entgegengesetzt, d. h. die Maschine läuft nicht von selbst an. Erst wenn durch irgendein Hilfsmittel der Anlauf in einer beliebigen Richtung erreicht wird, überwiegt das eine Drehfeld, und der Motor läuft in dessen Sinne weiter (es genügt z. B. schon ein Zug am Riemen, um einen Einphasenmotor auf Touren zu bringen).

Damit der Motor von selbst anläuft, schlägt man eines der folgenden Verfahren ein. Während der Anlaßperiode wird ein, wenn auch unvollkommenes, Drehfeld erzeugt. Dazu bringt man auf dem Stator außer der Haupt- noch eine Hilfswicklung unter, die nur während des Anlassens eingeschaltet ist und deren Feld senkrecht auf jenem der Hauptwicklung steht. Soll ein Drehfeld erzeugt werden, so müssen die Ströme in der Haupt- und Hilfsphase gegeneinander phasenverschoben sein. Vielfach schaltet man, wie Abb. 322 zeigt, in Reihe mit der Hauptwicklung W_1 einen induktionsfreien Widerstand R und in Reihe mit der Hilfswicklung W_2, um die Induktivität derselben noch zu erhöhen, eine Drosselspule D. Während des Anlassens sind beide Stromkreise parallel geschaltet; der Hauptzweig führt dann mehr Wirk-, der Hilfszweig mehr Blindstrom. Das durch diese, gegeneinander phasenverschobenen Ströme erzeugte elliptische Drehfeld genügt für den Anlauf. Ist der Motor auf Touren, so wird Hilfswicklung, Drosselspule und Widerstand abgeschaltet. Die Drosselspule wird mit veränderlichem Luftspalt ausgeführt, dessen Größe im Prüffelde so einzustellen ist, daß ein guter Anlauf erzielt wird.

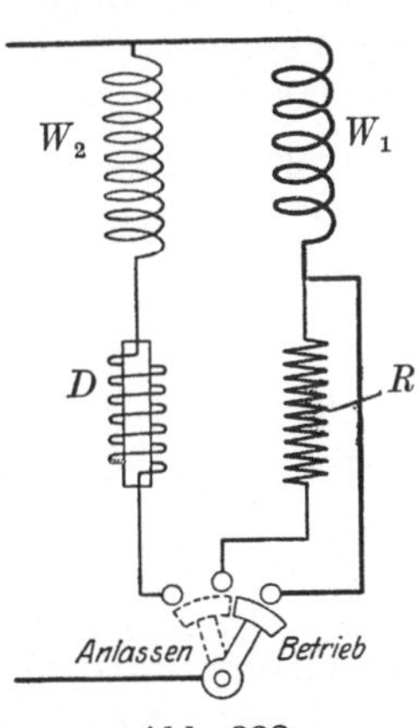

Abb. 322.

In vielen Fällen läßt sich die in Abb. 322 dargestellte Anlaßvorrichtung noch dadurch vereinfachen, daß man den Widerstand R wegläßt.

Manchmal findet man auch eine Schaltung, bei der Haupt- und Hilfswicklung in Reihe liegen und parallel zur letzteren ein Widerstand geschaltet ist.

Bestimmung des Wirkungsgrades. Verwendet man dazu das Einzelverlustverfahren, so ist ganz nach den Angaben des Kap. 56 vorzugehen. Es muß jedoch besonders darauf hingewiesen werden, daß für die Berechnung der Rotorverluste V_2 nach Gl. (116c) in diese der doppelte Wert der gemessenen Schlüpfung, also $2 \cdot s$, einzusetzen ist. Somit wird:

$$V_2 = 2 \cdot s \cdot N_{12}.$$

Beweis[1]). Die Theorie ergibt, daß für die Rotorverluste des Einphasenasynchronmotors die Gleichung gilt (Bezeichnungen wie in Kap. 58):

[1]) ETZ 1903, S. 271.

$$V_2 = \frac{f_1^2 - f^2}{f_1^2} \cdot N_{12} = \frac{f_1 + f}{f_1} \cdot \frac{f_1 - f}{f_1} \cdot N_{12}.$$

Die Schlüpfungen bis zur Nennleistung und bis zu den betriebsmäßig zulässigen Überlastungen sind aber relativ klein. Die der Rotorumlaufzahl n entsprechende Periodenzahl f kann daher angenähert gleich der Statorperiodenzahl f_1 gesetzt werden. Damit beträgt der erste Faktor in der genannten Gleichung $(f_1 + f)/f_1 \sim 2$, während der andere Faktor $(f_1 - f)/f_1$ die wirklich vorhandene Schlüpfung s darstellt. — Nimmt man z. B. $s = 10\%$, also verhältnismäßig groß an, so ist $f = 0{,}9 \cdot f_1$. Die Rotorverluste betragen somit: $V = N_{12} \cdot 1{,}9 \cdot 0{,}1 = 0{,}19 \cdot N_{12}$, während die angegebene Formel den Wert ergibt: $V = N_{12} \cdot 2 \cdot 0{,}1 = 0{,}2 \cdot N_{12}$. Der Fehler beträgt folglich nur 5%. Die dadurch bei der Berechnung des Wirkungsgrades entstehende Ungenauigkeit ist also sehr gering.

Kreisdiagramm. Im wesentlichen sind für dessen Konstruktion und Verwertung die Ausführungen von Kap. 58 gültig. Auf zwei besonders wichtige Punkte sei hier aufmerksam gemacht.

1. Die Ermittlung der Schlüpfung s. Diese findet man aus dem Diagramm zu (s. Abb. 320 — Schlupflinie I):

$$s = 1 - \sqrt{\frac{Q\,Q_k}{Q_0 Q_k}} = \sim \frac{1}{2} \cdot \frac{Q_0 Q}{Q_0 Q_k}.$$

Der zuletzt genannte angenäherte Wert für s gilt für kleine Schlüpfungen, wie solche etwa bis zur betriebsmäßig zulässigen Überlast vorhanden sind.

2. Der Rotorstrom wird beim Einphasenmotor nicht durch die Strecke PP_0' im Diagramm Abb. 320 dargestellt, sondern er besitzt eine Komponente in Richtung des Magnetisierungsstromes $J_{10}' = OP_0'$. Die Größe dieser Komponente beträgt etwa $0{,}5 \cdot J_{10}'$. Angenähert findet man also den Läuferstrom folgendermaßen: Man halbiert OP_0' und verbindet diesen Punkt mit dem jeweiligen Belastungspunkt P. Die Verbindungslinie stellt den gesuchten Rotorstrom nach Größe und Richtung dar.

Neunter Abschnitt.

Messungen an Wechselstromkommutatormotoren und Einankerumformern.

61. Einphasenkommutatormotoren.

a) Der Reihenschlußmotor.

Schaltung. In seiner Schaltung und in seinem elektrischen Verhalten hinsichtlich Drehmoment und Drehzahl ähnelt dieser Motor dem Gleichstromserienmotor. Dasselbe gilt von seinem konstruktiven Aufbau, nur sind auch die Pole lamelliert, um die Wirbelstromverluste, welche in ihnen infolge der Wechselstromerregung entstehen, nach Möglichkeit niedrig zu halten.

Das allgemeine Schaltbild zeigt Abb. 323, in welcher auch die Richtungen der Ströme und Felder eingetragen sind. Die Erregerwicklung I, die Ankerwicklung II, die Kompensationswicklung III und die Wendepolwicklung IV sind in Reihe geschaltet. Aufgabe von IV ist es, das für eine möglichst funkenfreie Kommutierung erforderliche Wendefeld zu erzeugen (von dem zur Wicklung IV parallel liegenden Widerstand r_n wird später die Rede sein), die Wicklung III soll IV unterstützen; sie hat aber ferner den Zweck, das vom Anker erzeugte Querfeld aufzuheben, da dieses nicht zur Bildung des Drehmomentes beiträgt, jedoch einen großen induktiven Spannungsabfall im Anker und damit eine beträchtliche Phasenverschiebung zwischen Strom und Spannung zur Folge hätte. Daraus geht hervor: Die Schaltung und die räumliche Anordnung der Wicklungen III und IV muß so sein, daß ihre Felder dem Ankerquerfeld entgegenwirken. III und IV liegen deshalb in der Bürstenachse.

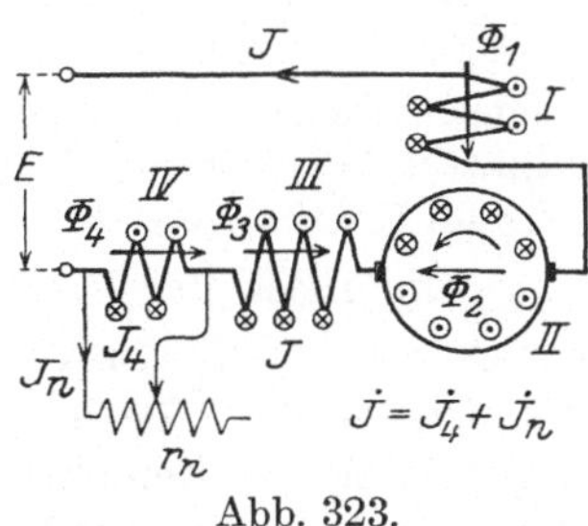

Abb. 323.

Die Kompensationswicklung kann auch in sich kurzgeschlossen sein. Sie stellt dann die Sekundärseite eines Transformators dar, dessen Primärwicklung die Ankerwicklung ist.

Einstellung der neutralen Zone. Dieselbe kann nach dem induktiven Verfahren (s. Seite 152) ermittelt werden. Dabei wird natürlich nur Wicklung I erregt und an II das Voltmeter gelegt; III und IV werden abgeschaltet. — Man kann auch den folgenden Weg einschlagen. Der Anker wird über die Bürsten kurzgeschlossen und die Kompensationswicklung allmählich erregt (die Erregerwicklung bleibt offen). Die Bürsten stehen dann in der neutralen Zone, wenn der Motor, der so als Repulsionsmotor geschaltet ist, nicht anläuft.

Anlassen, Regelung der Drehzahl, Änderung der Drehrichtung. 1. Das Anlassen kann, wie bei einem Gleichstrommotor, mittels eines Anlassers erfolgen, dessen Widerstand mit zunehmender Drehzahl allmählich ausgeschaltet wird. Gebräuchlicher ist es jedoch, den Transformator, der die Netz- auf die Motorspannung herabtransformiert, gleichzeitig zum Anlassen und zum Regeln der Drehzahl zu benützen. Die Sekundärseite erhält zu diesem Zwecke eine Reihe von Anzapfungen. Beim Anlauf wird natürlich der Motor an die Anzapfung gelegt, welche die niedrigste Spannung liefert.

2. Die Änderung der Drehrichtung geschieht ebenfalls nach denselben Regeln wie bei einem Gleichstrommotor, also durch Umkehr des Stromes in der Erregerwicklung oder in der Ankerwicklung. Das erste Verfahren ist am meisten gebräuchlich; wird die andere Methode verwendet, so darf nicht vergessen werden, auch die Kompensations- und Wendepolwicklung gleichzeitig mit umzuschalten.

Das Vektordiagramm. 1. Spannungsdiagramm. An Spannungen bzw. EMKen sind in den Wicklungen I—IV (Abb. 323) wirksam:

α) Der Ohmsche Spannungsabfall: $\dot{E}_r = -\dot{J} \cdot r$, welcher dem Strome $\dot{J}$ entgegengesetzt gerichtet ist. Der Widerstand r ist die Summe der Widerstände aller in Reihe geschalteten Wicklungen:

$$r = r_1 + r_2 + r_3 + r_4.$$

β) Die EMK der Selbstinduktion (der induktive Spannungsabfall): $\dot{E}_L = j \cdot k \cdot \dot{J}$, welche dem Strom $\dot{J}$ bzw. den von diesem erzeugten Wechselfeldern um 90° nacheilt. Die Gesamtreaktanz (der gesamte induktive Widerstand) k ist die Summe der Eigen-, Streu- und gegenseitigen Reaktanzen der Wicklungen I÷IV.

γ) Die EMK der Drehung $\dot{E}_d$ in der Wicklung II, welche dadurch erzeugt wird, daß der Anker im Felde der Wicklung I rotiert. $\dot{E}_d$ ist proportional der Drehzahl n (Proportionalitätskonstante c_d). Die Richtung von $\dot{E}_d$ ist dem Strome $\dot{J}$ entgegengesetzt (vgl. damit die EMK eines Gleichstrommotors). Folglich gilt:

$$\dot{E}_d = -c_d \cdot n \cdot \dot{J}.$$

Die vektorielle Summe aus den angeführten EMKen und der Klemmenspannung $\dot{E}$ muß Null ergeben. Somit erhält man die Vektorgleichung:

$$\dot{E} + \dot{E}_r + \dot{E}_L + \dot{E}_d = 0$$

$$\dot{E} = \dot{J} \cdot [(r + c_d \cdot n) - j \cdot k].$$

Dargestellt ist die letzte Vektorgleichung in Abb. 324. In Richtung mit dem Strome $\dot{J}$ liegen die Komponenten der Klemmenspannung, welche den Ohmschen Spannungsabfall $\dot{E}_r$ und die EMK der Drehung $\dot{E}_d$ decken. Diese Komponenten sind: $OA = \dot{J} \cdot r$ und $AB = A'B' = c_d \cdot n \cdot \dot{J}$. Um 90° eilt dem Strome die Komponente $AA' = -j \cdot k \cdot \dot{J}$ voraus, welche den induktiven Spannungsabfall $\dot{E}_L$ überwindet. Die Schlußlinie OB' des Linienzuges $OAA'B'$ stellt die Klemmenspannung $\dot{E}$ nach Größe und Richtung dar. Gleichzeitig erhält man den Phasenwinkel φ.

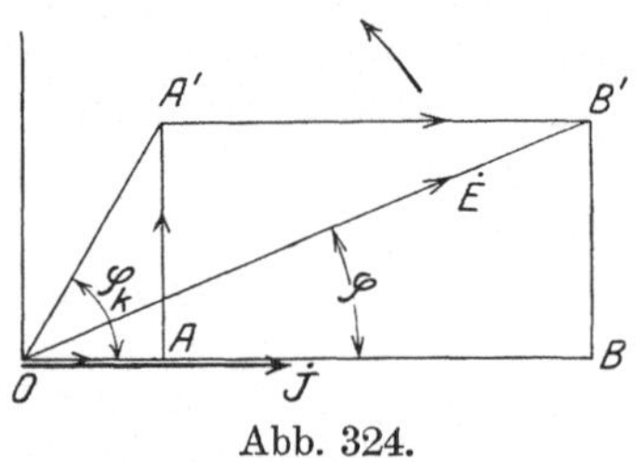

Abb. 324.

Verändert man nun die Klemmenspannung bei konstantem Strome J, so bewegt sich ihr Vektorendpunkt auf der Geraden $A'B'$. Da bei gleichbleibendem Strome OA und AA' ihre Größe beibehalten, so ändert sich nur $A'B'$. Diese Strecke nimmt mit E zu oder ab. Das bedeutet aber, da die Beziehung gilt: $A'B' = c_d \cdot n \cdot J$, daß mit wachsender Klemmenspannung die Drehzahl zunimmt; gleichzeitig wird dabei der Phasenwinkel φ kleiner, der Leistungsfaktor also besser.

2. Bestimmung der Konstanten r, k und c_d. Es muß darauf hingewiesen werden, daß beim Reihenschlußmotor die Sättigung mit dem Strome J veränderlich ist. Demgemäß sind auch k und c_d eine Funktion des Stromes. Zur Ermittlung der Konstanten wird vorgenommen:

α) Ein Versuch bei der Drehzahl $n = 0$. Dabei wird eine solche Spannung E_k an den Motor gelegt, daß der Strom $J = J_k'$ fließt. Gemessen wird außer E_k und J_k' noch die zugeführte Leistung $N_{zk} = E_k \cdot J_k' \cdot \cos\varphi_k$. Daraus berechnet man $\cos\varphi_k$. Da, wie erwähnt, $n = 0$ ist, so ist auch die durch die Strecke $A'B'$ dargestellte EMK der Drehung E_d gleich Null (s. Abb. 324). Die Punkte A' und B' fallen zusammen und es ist $E_k = OA'$. Mit E_k und φ_k kann das Dreieck OAA' in Abb. 324 gezeichnet werden. Man findet dann:

$$r = \frac{OA}{J_k'} = \frac{E_k}{J_k'} \cdot \cos\varphi_k \qquad \text{und} \qquad k = \frac{AA'}{J_k'} = \frac{E_k}{J_k'} \cdot \sin\varphi_k .$$

Bemerkung. Meist wird man diesen Versuch, bei dem der Läufer festzubremsen ist und der vielfach als Kurzschlußversuch bezeichnet wird, nur bei Strömen, die kleiner als der Nennstrom sind, ausführen können, da sonst die Gefahr eines starken Bürstenfeuers besteht. Dieses rührt von der EMK e_t her, welche von den Wechselfeldern in den durch die Bürsten kurzgeschlossenen Spulen induziert wird und welche, da der Motor stillsteht, nicht durch eine EMK der Drehung aufgehoben werden kann (s. später unter Kommutierung).

β) Ein Belastungsversuch. Die Spannung E und die Belastung werden so gewählt, daß derselbe Strom wie beim Versuch α) fließt ($J = J_k'$). Außer E, J und n wird noch die zugeführte Leistung $N_z = E \cdot J \cdot \cos\varphi$ gemessen. Mit E und φ zeichnet man das Dreieck $OB'B$; verbindet man B' mit A', so soll $B'A'$ parallel zu OB sein. Es ist nun:

$$c_d = \frac{A'B'}{J \cdot n} = \frac{E \cdot \cos\varphi - E_k \cdot \cos\varphi_k}{J \cdot n} .$$

Das Kreisdiagramm. 1. Bei konstanter Klemmenspannung E und konstanter Periodenzahl f liegen für verschiedene Belastungen, ähnlich wie beim Asynchronmotor, die Endpunkte der Stromvektoren auf einem Kreis. Zur Zeichnung dieses Diagrammes, welches jedoch nur angenähert gilt, bedarf man eines Versuches bei der Drehzahl $n = 0$ und eines Belastungslaufes bei Synchronismus ($n = n_s = 60 \cdot f/p$).

α) Der erstgenannte Versuch wird durchgeführt bei einer Spannung $E_k < E$. Außer E_k wird der Strom J_k' und die zugeführte Leistung $N_{zk} = E_k \cdot J_k' \cdot \cos\varphi_k$ gemessen. Berechnet wird $\cos\varphi_k$ und der Strom J_k, der auftreten würde, wenn man den Versuch bei der normalen Spannung E ausführte. Es ist:

$$J_k = J_k' \cdot \frac{E}{E_k} \quad . \; . \; . \quad (137)$$

β) Bei synchronem Lauf wird außer E noch der Strom J_s und die zugeführte Leistung $N_{zs} = E \cdot J_s \cdot \cos\varphi_s$ ermittelt und $\cos\varphi_s$ berechnet.

2. Zeichnung des Diagrammes — Abb. 325. Maßstäbe: Es sei

1 mm $= c_1$ Amp.,
1 mm $= E \cdot c_1 = c_2$ Watt.

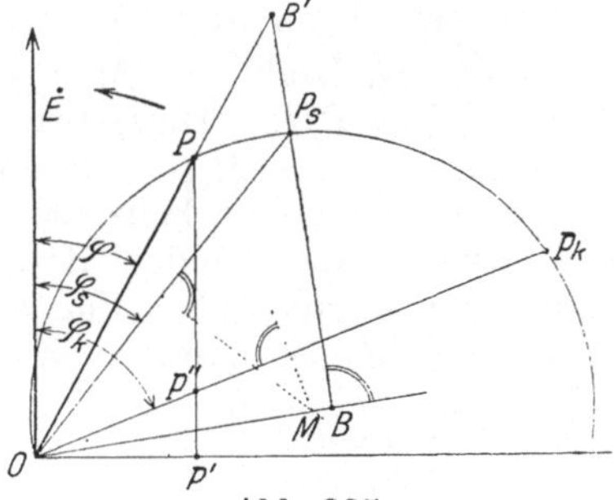

Abb. 325.

Man legt den Vektor $\dot{E}$ in die Ordinatenachse und zeichnet den Strahl $OP_s = J_s/c_1$ (mm) unter dem Winkel φ_s, den Strahl $OP_k = J_k/c_1$ unter dem Winkel φ_k gegen $\dot{E}$. Der Schnittpunkt der Mittellote zu diesen Strahlen ist der Kreismittelpunkt M.

3. Verwendung des Diagrammes. Für einen beliebigen Belastungspunkt, z. B. Punkt P in Abb. 325, kann aus dem Diagramm entnommen werden:

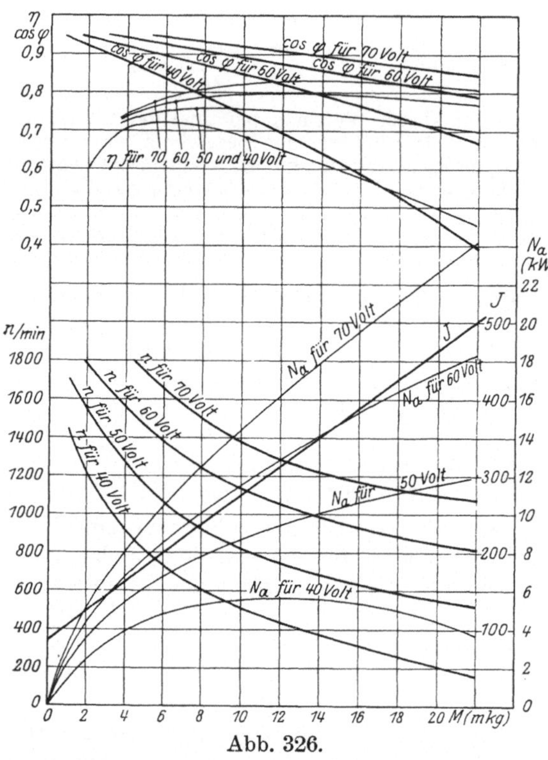

Abb. 326.

α) Die Stromstärke $J = c_1 \cdot OP$ Amp.

β) Der Leistungsfaktor $\cos\varphi$. Zur bequemen Ablesung zeichnet man sich, wie bei den Abb. 320 und 321, einen $\cos\varphi$-Kreis und verfährt wie dort angegeben wurde.

γ) Die zugeführte Leistung N_z. Es ist:

$$N_z = E \cdot J \cdot \cos\varphi = \\ = E \cdot c_1 \cdot O\dot{P} \cdot \cos\varphi = \\ = E \cdot c_1 \cdot PP' = \\ = c_2 \cdot PP' \text{ Watt}.$$

δ) Die abgegebene Leistung N_a. Sie ist proportional den Ordinatenabschnitten, welche zwischen dem Strahle OP_k und dem Kreise liegen. Für den Punkt P ist somit:

$$N_a = c_2 \cdot PP'' \text{ Watt}.$$

N_a enthält noch die Reibungsverluste. Um diese ist also N_a zu vermindern, wenn die reine Nutzleistung bestimmt werden soll.

ε) Die Drehzahl n. Man verbindet M mit O und errichtet auf MO das Lot P_sB. Diese Strecke ist der synchronen Drehzahl proportional: $n_s = c_3 \cdot P_sB$. Daraus berechnet man c_3. Zur Bestimmung der Drehzahl n eines beliebigen Betriebszustandes verlängert man den von dem entsprechenden Kreispunkte nach O gezogenen Strahl bis zum Schnitt mit P_sB. Für Punkt P ergibt diese Verlängerung den Punkt B'. Es ist dann: $n = c_3 \cdot BB'$.

Ein dem vorstehend beschriebenen ähnliches Diagramm ist von Breslauer[1]) abgeleitet worden.

[1]) ETZ 1906, S. 406.

Charakteristiken. Die Kurven eines Reihenschlußmotors für $N = 15$ kW, $n_s = 1000$, $f = 50$ sind in Abb. 326 als Funktion des Drehmomentes M aufgetragen. Dazu möge noch bemerkt werden:

1. Der Verlauf der Kurven $n = f(M)$ ist derselbe wie bei einem Gleichstrom-Hauptschlußmotor. 2. Der Wirkungsgrad $\eta = f(M)$ ist gegenüber jenem von gleichgroßen Gleichstrom- und Asynchronmotoren schlechter, weil die Bürsten- und Eisenverluste wesentlich größer sind. 3. Für den Leistungsfaktor gilt das bereits früher Gesagte: Er nähert sich bei hohen Drehzahlen fast dem Werte 1.

Ändert man die Periodenzahl f im Betriebe, so entspricht einer Erhöhung von f eine Drehzahlabnahme und Verschlechterung des Leistungsfaktors, wenn Drehmoment und Klemmenspannung unverändert bleiben. Erniedrigt man f, so tritt das Umgekehrte ein.

Kommutierung. Induzierte elektromotorische Kräfte. In den durch die Bürsten kurzgeschlossenen Spulen treten während der Kommutierungszeit T_k drei EMKe auf (wenn man vom Ohmschen Spannungsabfall absieht).

1. Eine EMK der Selbstinduktion e'. Für diese gelten die Betrachtungen des Kap. 44. Setzt man lineare Kommutierung voraus, so besteht nach Gl. (89b) die Beziehung (da hier der Ankerstrom stets nur mit J bezeichnet wurde, so ist in der genannten Gleichung $J_a' = J' = 0{,}5 \cdot J$ zu setzen; J_a' ist gemäß Kap. 44 der Strom in einem Spulenzweig):

$$e' = J' \cdot \frac{2L'}{T_k} = J \cdot \frac{L'}{T_k}.$$

e' ist in Phase mit J bzw. J' und diesem, sowie der Drehzahl n direkt, der Kommutierungszeit T_k umgekehrt proportional. Für $n = 0$ ist $T_k = \infty$, d. h. e' verschwindet für $n = 0$.

Die Kommutierung selbst kann in einem beliebigen Punkt der Wechselstromkurve $J_t' = f(t)$ beginnen (J_t' = Augenblickswert des Stromes vom Effektivwert J'). Im Punkte $1'$ der Abb. 327, bei der vorausgesetzt ist, daß die Lamellenbreite gleich der Bürstenbreite ist, beträgt z. B. $J_t' = 01'$. Nach T_k, während welcher Zeit der Strom in der kurzgeschlossenen Spule allmählich linear abnimmt bis der Wert $J_t'' = 01''$ der spiegelbildlich gelegenen Kurve II erreicht ist, beginnt die Kommutierung des Stromes in der nächsten Spule und zwar hat dieser einen Anfangswert $J_t' = 02'$ im Punkte $2'$, nach T_k einen Endwert $J_t'' = 02''$ usw. Die EMK e' verläuft, da die Anfangs- und Endwerte der Ströme in den während einer Periode kommutierenden

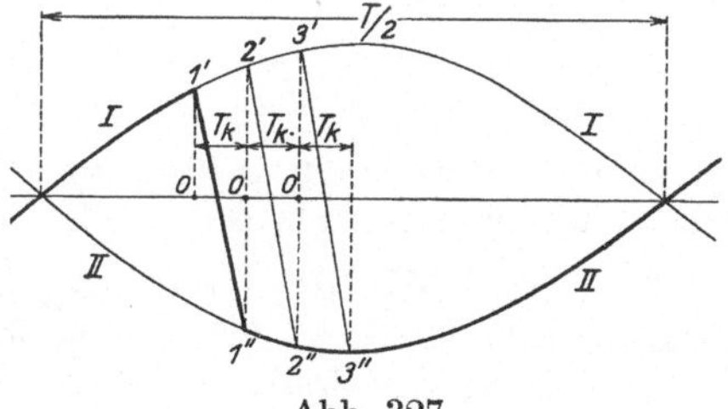

Abb. 327.

Spulen nach einem Sinusgesetz sich verändern, ebenfalls nach diesem Gesetz. Ihre Augenblickswerte berechnen sich zu $(J_t' + J_t'') \cdot L'/T_k$. Man kann e' stets durch eine entgegengesetzt gerichtete EMK der Drehung aufheben, welche, wie bei Gleichstrom, dadurch induziert wird, daß der Anker das Feld eines Wendepoles schneidet, der vom Wechselstrome J erregt wird.

2. Eine EMK der Transformation e_t. Die von den Bürsten kurzgeschlossene Spule steht in der neutralen Zone. Sie wird also von dem Wechselfelde Φ_1 der Erregerwicklung I — s. Abb. 323 — in voller Stärke durchsetzt. Dieses induziert daher in der Spule eine EMK

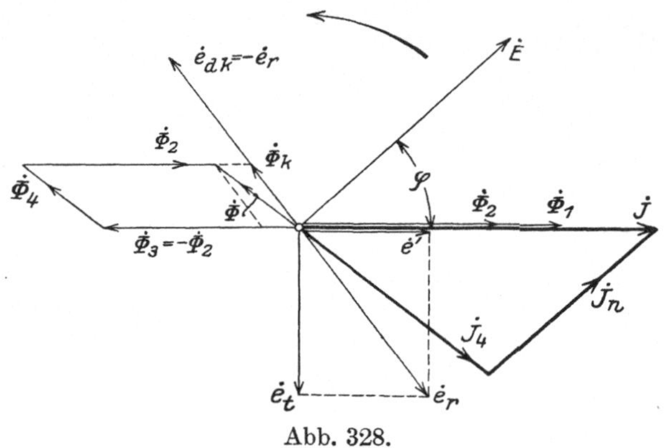

Abb. 328.

der Transformation $\dot{e}_t$, die dem Felde $\dot{\Phi}_1$ und damit auch dem Strome $\dot{J}$ um 90° nacheilt. e_t besteht unabhängig davon, ob der Motor läuft oder nicht und es hängt von dieser EMK insbesondere die Funkenbildung beim Anlaufe ab.

Die beiden EMKe $\dot{e}'$ und $\dot{e}_t$ sind nach diesen Ausführungen um 90° phasenverschoben. Ihre geometrische Summe ergibt die resultierende EMK e_r:

$$\dot{e}_r = \dot{e}' + \dot{e}_t.$$

In Abb. 328 ist $\dot{e}'$ in Phase mit $\dot{J}$ bzw. mit den mit $\dot{J}$ phasengleichen Feldern $\dot{\Phi}_1$ und $\dot{\Phi}_2$ gezeichnet, $\dot{e}_t$ eilt $\dot{J}$ um 90° nach. Also eilt $\dot{e}_r$ um weniger als 90° nach.

3. Eine EMK der Drehung e_{dk}. Im Lauf ist es möglich, die resultierende EMK e_r durch eine EMK der Drehung e_{dk}, die durch die Bewegung der Spule in einem kommutierenden Felde Φ_k induziert wird, aufzuheben. Zur vollständigen Aufhebung muß $\dot{e}_{dk} = -\dot{e}_r$ sein. Zwischen $\dot{e}_{dk}$ und $\dot{\Phi}_k$ besteht Phasengleichheit. $\dot{\Phi}_k$ muß daher um mehr als 90° gegen $\dot{J}$ bzw. $\dot{\Phi}_1$ voreilen.

Schaltungen. Der Weg zur Erzeugung eines solchen kommutierenden Feldes kann sehr verschieden sein und hierin liegt der wesentliche Unterschied in den Schaltungen der Reihenschlußmotoren. Die gebräuchlichste und wichtigste Schaltung wurde bereits in Abb. 323 angedeutet: Zur Wendepolwicklung IV ist ein Ohmscher Widerstand r_n parallel geschaltet. Es ist nun $\dot{J} = \dot{J}_4 + \dot{J}_n$. Der Strom $\dot{J}$ zerfällt folglich in eine Komponente $\dot{J}_n$ durch den Widerstand r_n und in eine Komponente $\dot{J}_4$ durch die Wendepolwicklung IV. $\dot{J}_n$ ist Wirkstrom und phasengleich mit der Spannung $\dot{E}_4$ an IV, welche Spannung fast in die Richtung der Klemmenspannung $\dot{E}$ fällt. $\dot{J}_4$ ist beinahe ausschließlich Magnetisierungs-, also Blindstrom und eilt demzufolge $\dot{J}_n$ fast um 90° nach — s. Abb. 328.

Das in der Kommutierungszone bestehende Feld Φ wird nun von der geometrischen Summe aller hier vorhandenen Amperewindungen erzeugt. Statt der letzteren sind in Abb. 328 direkt die entsprechenden Felder eingeführt. Im Vektordiagramm sind $\dot{\Phi}_1$ und $\dot{\Phi}_2$ phasengleich mit dem Strome $\dot{J}$, $\dot{\Phi}_3$ und $\dot{\Phi}_4$ dagegen in Phasenopposition mit $\dot{J}$ bzw. $\dot{J}_4$ auf Grund der Schaltanordnung zu zeichnen. Weiter ist die Annahme gemacht, daß das Ankerfeld $\dot{\Phi}_2$ vollständig von dem Feld $\dot{\Phi}_3$ der Kompensationswicklung aufgehoben wird. Somit ist $\dot{\Phi}_3 + \dot{\Phi}_2 = 0$ und

$$\dot{\Phi} = \dot{\Phi}_2 + \dot{\Phi}_3 + \dot{\Phi}_4 = \dot{\Phi}_4.$$

$\dot{\Phi}_4$ bzw. $\dot{\Phi}$ zerfällt in zwei Komponenten, von welchen für den in Abb. 328 dargestellten Fall, die in Richtung des Feldes $\dot{\Phi}_3$ als Überkompensationsfeld anzusprechen ist, während die andere, in Phasenopposition mit $\dot{e}_r$ liegende, das Kommutierungsfeld $\dot{\Phi}_k$ für die Erzeugung von $\dot{e}_{dk}$ ergibt.

Durch entsprechende Einstellung von r_n läßt sich Größe und Phase von $\dot{J}_4$ und damit von $\dot{\Phi}$ so ändern, daß $\dot{\Phi}$ in die Richtung von $\dot{e}_{dk}$ fällt.

Ist die EMK der Transformation e_t sehr klein, so kann von einer besonderen Wendepolwicklung abgesehen werden. Zur Unterdrückung der EMK e' genügt der mittelste Zahn der Kompensationswicklung, da hier die Kraftliniendichte auch dann am größten ist, wenn er keine besondere Wicklung hat. Sein Feld ersetzt also das einer Wicklung IV.

Ein gebräuchliches Mittel zur Unterdrückung der Funkenbildung besteht auch darin, daß man den Widerstand der kurzgeschlossenen Spule künstlich vergrößert, indem man Widerstandselemente aus Messing oder Nickelin zwischen die Ankerspulen und Kommutatorlamellen einschaltet[1]).

Weitere Schaltungen. Anordnungen, bei denen die Wendepolwicklung (eventuell unter Vorschaltung eines Widerstandes) nicht in Reihe mit den Wicklungen I—III, sondern parallel zu diesen liegt, leiden an der Beschränkung, daß der einmal eingestellte Strom $\dot{J}_4$ in der Wendepolwicklung und das von diesem erzeugte Feld $\dot{\Phi}_4$ ihre Größen und Phasen, unabhängig von der Belastung, unverändert beibehalten. — Zur Erzeugung eines phasenverschobenen Feldes in der Kommutierungszone kann man auch den Widerstand r_n parallel zur Kompensations- und Wendefeldwicklung schalten. Für die Wendezone selbst ändert

[1]) ETZ 1906, S. 538; 1907, S. 827.

sich hierdurch wenig. Es fließt jetzt aber ein gegen den Ankerstrom $\dot{J}$ phasenverschobener Strom in der Wicklung III + IV. Dadurch wird dem Kompensationsfeld $\dot{\Phi}_3$ auch auf dem außerhalb der Wendezone liegenden Teile des Umfanges eine unnötige Phasenverschiebung erteilt. Für die Kompensation ist jedoch nur die in Richtung des Feldes $\dot{\Phi}_2$ fallende Komponente von $\dot{\Phi}_3$ wirksam. Daraus folgt ein größerer Aufwand von Amperewindungen zur Erzeugung von $\dot{\Phi}_3$ bei dieser Schaltung.

Bei der Schaltung nach Abb. 329 wird die Nacheilung des Wendestromes $\dot{J}_4$ gegenüber dem Strom $\dot{J}$ dadurch erzielt, daß eine Teilspannung $\dot{E}_4$ der Transformatorsekundärspannung $\dot{E}$ an die Wendepolwicklung gelegt ist. Die Wicklungen I, II, III liegen in Reihe an der Spannung $\dot{E} - \dot{E}_4$. Es ist $\dot{J} = \dot{J}_4 + \dot{J}_m$. Der Strom $\dot{J}_m$ im Mittelleiter ist fast phasengleich mit E, während J_4 nacheilt. Das Diagramm ist also ebenso wie Abb. 328; an die Stelle von J_n tritt jetzt J_m. Zur besseren Phaseneinstellung liegt im Mittelleiter noch die Drosselspule D. — Eine weitere Schaltung ist die, bei welcher I, II, III in Serie an die gesamte Spannung E und die Wendepolwicklung IV mit einer Vorschaltdrossel an eine Teilspannung gelegt sind.

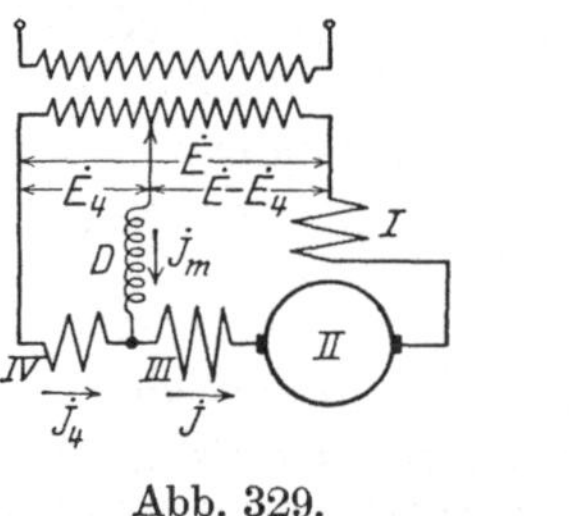

Abb. 329.

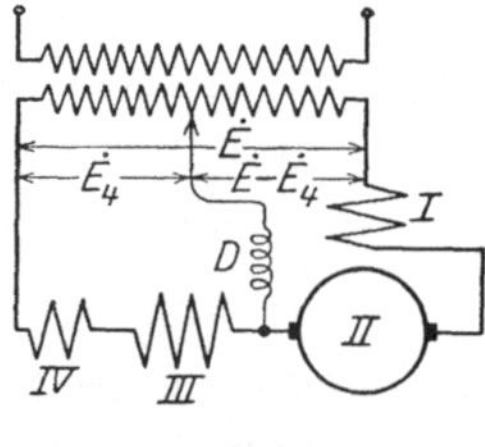

Abb. 330.

Der doppeltgespeiste Reihenschlußmotor. Die Schaltung Abb. 329 stellt bereits den Übergang zu den doppeltgespeisten Motoren dar, bei denen die Energie dem Läufer sowohl direkt durch Leitung, als auch indirekt durch Transformation vom Ständer aus zugeführt wird. Um einen solchen Motor zu erhalten, braucht man in Abb. 330 nur Kompensations- und Wendepolwicklung an die Teilspannung E_4 anzuschließen. Es ist dann das von diesen Wicklungen erzeugte Feld gegenüber dem Ankerquerfeld phasenverschoben; man kann es somit zerlegen in eine Komponente, welche das kommutierende Feld Φ_k ergibt (s. auch Abb. 328) und in eine Komponente, die in Richtung des Ankerfeldes fällt. Die letztere induziert im Rotor transformatorisch eine EMK, die sich mit der durch Leitung direkt zugeführten Klemmenspannung zusammensetzt und der EMK der Drehung das Gleichgewicht hält.

Einer der wichtigsten Vertreter dieser Motoren ist der von der AEG gebaute doppeltgespeiste Motor, der die eben beschriebene Schaltung aufweist — Abb. 330. Zur Einstellung der besten Kommutierungsverhältnisse ist hier ebenfalls eine Drosselspule D vorgesehen.

Hierher gehören ferner die von Alexanderson[1]) und Latour[2]) angegebenen doppeltgespeisten Motoren.

---

[1]) ETZ 1908, S. 809. [2]) ETZ 1906, S. 89, 354, 267.

b) Der Repulsionsmotor.

Schaltung. In seiner einfachsten und gebräuchlichsten Gestalt (Thomson) besitzt der Repulsionsmotor — Abb. 331 — eine Ständerwicklung I, welche in gleichmäßig verteilten Nuten untergebracht ist und eine über die Bürsten *aa* kurzgeschlossene Ankerwicklung II, deren Achse (in Richtung der Bürsten) mit der Wicklung I einen Winkel β einschließt. Die Bürstenstellung und damit β kann verändert werden.

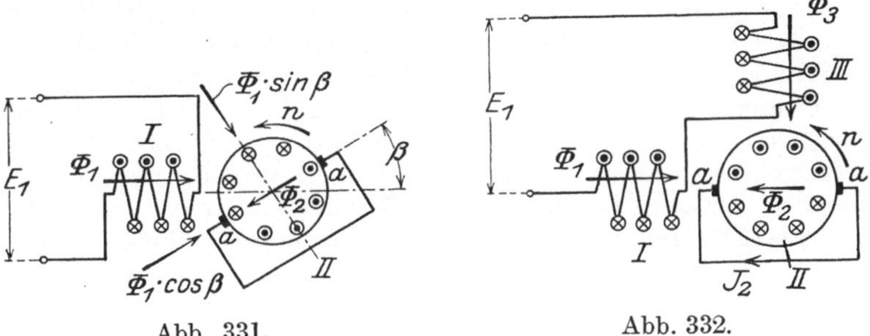

Abb. 331. Abb. 332.

Eine andere, weniger benützte Form (Atkinson) ist diejenige, bei welcher der Ständer zwei mit den Achsen räumlich um eine halbe Polteilung versetzte Wicklungen trägt — Abb. 332. Die Wicklung III entspricht der Erregerwicklung I, die Wicklung I dagegen der Kompensationswicklung III eines Reihenschlußmotors in Abb. 323. II stellt in bezug auf I die durch die Bürsten *aa* kurzgeschlossene Sekundärseite eines Transformators dar. Da nun der Arbeitsstrom J_2, welcher mit dem Flusse Φ_3 der Wicklung III das Drehmoment bildet, durch Transformation von I aus in II erzeugt wird, so kann I als Arbeitswicklung bezeichnet werden. In Abb. 332 sind die Richtungen sämtlicher Ströme und Felder eingezeichnet.

Die Schaltung der Abb. 331 kann sofort auf die in Abb. 332 zurückgeführt werden. Man zerlegt den dort vorhandenen Fluß Φ_1 der Ständerwicklung I in die Komponenten $\Phi_1 \cdot \cos\beta$ und $\Phi_1 \cdot \sin\beta$. Die erstgenannte liegt in Richtung der Bürstenachse und entspricht dem Flusse Φ_1 in Abb. 332, die letztgenannte steht senkrecht zu jener und entspricht dem Flusse Φ_3 in Abb. 332.

Anlassen, Regelung der Drehzahl, Änderung der Drehrichtung. 1. Das Anlassen muß aus einer Stellung erfolgen, in der die magnetischen Achsen des Ständers und des Läufers aufeinander senkrecht stehen. Der Winkel β in Abb. 331 muß also 90° betragen. In dieser, der sogenannten „Leerstellung" ist die induzierende Wirkung des Ständers auf den Läufer gleich Null und die Ständerwicklung wirkt als reine Drosselspule. Der von ihr aufgenommene Strom ist dann am kleinsten. Beim Anlassen werden die Bürsten langsam in die Betriebsstellung verschoben, in der die magnetischen Achsen Winkel von etwa 20 elektrischen Graden (bei voller Leistung und voller Drehzahl) miteinander einschließen. Die Drehrichtung ist entgegengesetzt der Richtung, in welcher die Bürsten verstellt wurden, oder anders gesprochen: Sie fällt zusammen mit der Richtung, in der die magnetische Achse des Ankers gegen jene des Ständers verschoben ist.

Ist $\beta = 0^\circ$, so fallen die Achsen der Wicklungen I und II zusammen und es bildet sich ein starker Strom aus. Bringt man während des Laufes die Bürsten in diese „Kurzschlußstellung", so geht der Motor durch, da das vorhandene, dem Stator und Rotor gemeinsame Feld, nur schwach ist.

2. Die Regelung der Drehzahl kann ebenfalls durch Bürstenverstellung erfolgen. Die Drehzahl n steigt, je mehr die Bürsten aus der Leerstellung verschoben werden, nimmt also mit kleiner werdendem Winkel β zu. Es ist so eine Erhöhung um etwa 10 % und eine Verminderung um etwa 50 % gegenüber der synchronen Umlaufszahl n_s bei gleichbleibendem Drehmomente zu erreichen. Bei einem mit steigender Drehzahl n abnehmenden Momente, also bei gleichbleibender Leistung, bewegt sich der Regelbereich zwischen 10 % über und etwa 75 % unter der synchronen Drehzahl. Genügen diese Grenzen nicht, so muß die Klemmenspannung geändert werden.

3. Für die Umkehr der Drehrichtung sind die Bürsten in die Leerstellung zurückzubringen und über diese hinaus nach der anderen Seite zu verschieben. Bei der Schaltung nach Abb. 332 kann das gleiche Ziel auch erreicht werden, wenn entweder das Feld der Wicklung III oder das der Wicklung I umgekehrt wird, was durch entsprechendes Vertauschen von Zuleitungen zu erreichen ist. Bei der Schaltung nach Abb. 331 ist eine Vertauschung der Zuführungen von Wicklung I zwecklos, da dann beide Komponenten des Feldes Φ_1 ihre Richtungen gleichzeitig umkehren würden. Will man bei Abb. 331 eine Änderung der Drehrichtung durch Umschaltung herbeiführen, so darf nur ein Teil der Ständerwicklung umgeschaltet werden.

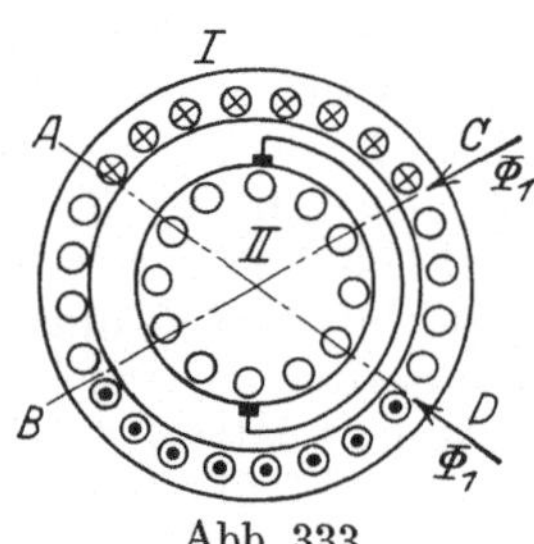

Abb. 333.

In Abb. 333 ist der Teil $AB - CD$ umschaltbar. Die Richtung des Ständerfeldes Φ_1 ist vor der Umschaltung von D nach A, nach der Umschaltung von C nach B. Die Komponente in Richtung der Bürsten $\Phi_1 \cos\beta$ kehrt sich um, die andere Komponente $\Phi_1 \sin\beta$ behält ihre Richtung bei.

Vektordiagramm, Kreisdiagramm. 1. Auf das Vektordiagramm kann hier nicht näher eingegangen werden; es sei jedoch auf die Untersuchungen von Osnos[1]), Latour[2]), Rusch[3]) und Moser[4]) verwiesen.

Die Flüsse Φ_1 und Φ_3 (Abb. 332) sind räumlich um 90° gegeneinander verschoben. An Hand des Vektordiagrammes kann leicht gezeigt werden, daß auch die zeitliche Verschiebung dieser Felder 90° beträgt. Die Theorie zeigt aber, daß zwei zeitlich und räumlich um 90° verschobene Wechselfelder ein elliptisches, im Synchronismus jedoch ein reines, also ein kreisförmiges Drehfeld ergeben. Im Synchronismus ist die Umlaufszahl des Ankers und die des

---

[1]) ETZ 1903, S. 903; ETZ 1908, S. 2, 31, 52.
[2]) ETZ 1903, S. 453. [3]) ETZ 1911, S. 157.
[4]) ETZ 1916, S. 53; El. u. Maschinenb. 32, S. 669, 752.

Drehfeldes die gleiche und da auch ihre Umlaufsrichtung übereinstimmt, so heißt das: Anker und Drehfeld stehen relativ zueinander still, und in den von den Bürsten kurzgeschlossenen Spulen werden keine EMKe induziert. Die genaue Theorie zeigt, daß die für die Kommutierung günstigste Drehzahl bei etwa 80÷90 % der synchronen liegt. Beim Arbeiten oberhalb des Synchronismus verschlechtern sich die Kommutierungsverhältnisse immer mehr. Das ist einer der Hauptgründe, weshalb eine Regulierung der Drehzahl nur bis etwa 10% über den Synchronismus ausführbar ist. Gerade hier ist der einfache Reihenschlußmotor dem Repulsionsmotor bedeutend überlegen.

2. Kreisdiagramm. R. Moser[1]) hat gezeigt, daß der Synchronismuspunkt bei Verschiebung der Bürsten auf einem Halbkreise, dem Synchronismuskreise, wandert. Für das Diagramm, in welchem der Läuferwiderstand vernachlässigt wird, müssen bei Stillstand aufgenommen werden:

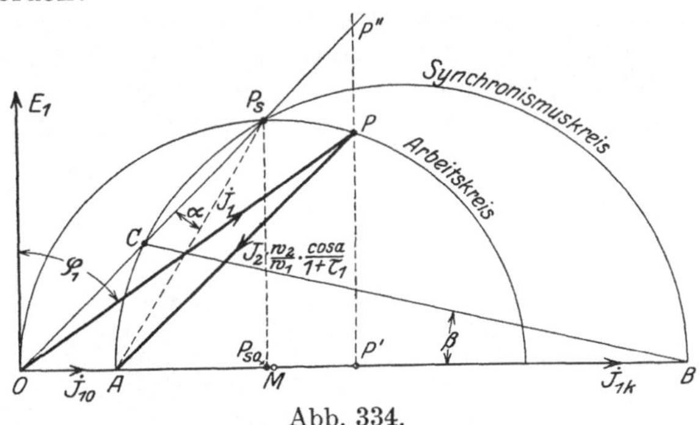

Abb. 334.

α) Bei normaler Ständerspannung E_1 und offenem Anker der Ständerstrom J_{10} und die zugeführte Leistung $N_{10} = E_1 \cdot J_{10} \cdot \cos\varphi_{10}$. Da J_{10} fast reiner Magnetisierungsstrom ist, so beträgt $\varphi_{10} \sim 90^\circ$.

β) Bei einer Spannung $E_{1k} < E_1$, kurzgeschlossenem Anker und Bürsten in Kurzschlußstellung (Winkel $\beta = 0^\circ$) der Kurzschlußstrom J'_{1k} und die zugeführte Leistung $N'_{1k} = E_{1k} \cdot J'_{1k} \cdot \cos\varphi_{1k}$. Für die normale Klemmenspannung E_1 wird der Kurzschlußstrom J_{1k} nach der Gl. (137) berechnet. φ_{1k} beträgt etwa 90°.

Nach Wahl der Maßstäbe für Strom und Leistung zeichnet man senkrecht zum Vektor der Klemmenspannung ($\varphi_{10} \sim 90^\circ$, $\varphi_{1k} \sim 90^\circ$) den Strahl $\dot{J}_{10} = OA$ und $\dot{J}_{1k} = OB$. Der über AB gezeichnete Halbkreis ist der sogenannte Synchronismuskreis. Um den Arbeitskreis für einen beliebigen Bürstenwinkel β zu erhalten, wird in B dieser Winkel an BO angetragen und der Schnittpunkt C zwischen seinem freien Schenkel und dem Synchronismuskreis mit O verbunden. Strahl OC wird bis P_s, dem Synchronismuspunkte, verlängert und über $P_s O$ das Mittellot gezeichnet, dessen Schnitt mit der Abszissenachse den Mittelpunkt M des Arbeitskreises liefert. Für einen beliebigen Lastpunkt P gilt:

Die Strecke OP ist proportional dem Ständerstrom J_1;

" " PP' " " der zugeführten Leistung $E_1 \cdot J_1 \cdot \cos\varphi_1$;

[1]) ETZ 1916, S. 53; El. u. Maschinenb. 32, S. 669, 752.

Die Strecke AP ist proportional dem Betrage $J_2 \cdot \frac{w_2}{w_1} \cdot \frac{\cos\alpha}{1+\tau_1}$. Darin hat α den aus Abb. 334 zu entnehmenden Wert; τ_1 ist der Streukoeffizient der Wicklung I; w_1 und w_2 bezeichnen die Windungszahlen der Wicklungen I und II (Abb. 331).

Für synchronen Lauf können die entsprechenden Werte mit Hilfe des Punktes P_s ermittelt werden. Die bekannte synchrone Drehzahl n_s möge dabei durch die Senkrechte $P_s P_{s0}$ dargestellt werden. Dann ist die Drehzahl n des Punktes P proportional dem Abschnitt $P''P'$. Es berechnet sich n also zu:

$$n = n_s \cdot \frac{P''P'}{P_s P_{s0}}.$$

Charakteristiken. Hinsichtlich des Verlaufes seiner Drehzahlcharakteristik gleicht der Repulsionsmotor dem Reihenschlußmotor, unveränderte Bürstenstellung vorausgesetzt. Der Leistungsfaktor wird unter der gleichen Voraussetzung mit steigender Belastung besser.

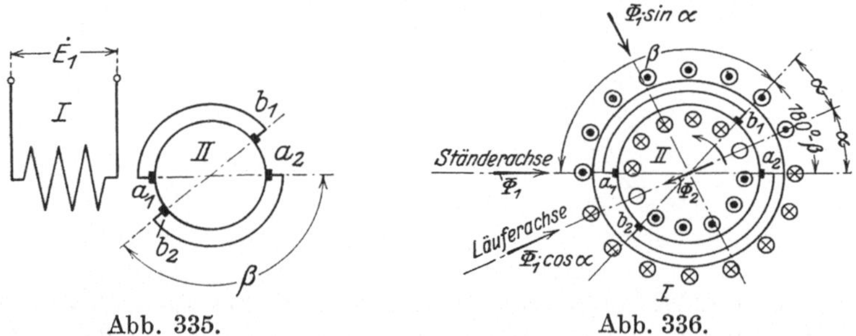

Abb. 335. Abb. 336.

Repulsionsmotor nach Déri. Derselbe besitzt einen festen und einen beweglichen Bürstensatz — $a_1 a_2$ und $b_1 b_2$ in Abb. 335 u. 336. Je eine feste und eine bewegliche Bürste sind miteinander verbunden. Nur die zwischen den zusammengehörigen Bürsten $a_1 b_1$ und $a_2 b_2$ liegenden Ankerwindungen sind stromdurchflossen. Daraus folgt: Steht b_1 bei a_1 und b_2 bei a_2, beträgt also der Winkel $\beta = 0°$ in Abb. 335 und Abb. 336, so kann kein Strom im Läufer fließen und der Motor entwickelt kein Drehmoment. Wird β vergrößert, so erfolgt der Anlauf. Die Drehrichtung ist entgegengesetzt der Bürstenverschiebung aus der genannten Anlaßstellung. Das Drehmoment wächst mit der Bürstenverschiebung erst langsam, dann schneller und erreicht seinen normalen Wert etwa für $\beta = 135°$. Wird $\beta = 180°$, so bildet die gesamte Ankerwicklung die Sekundärseite eines kurzgeschlossenen Transformators, dessen Primärwicklung die Ständerwicklung ist — Kurzschlußstellung.

Das von der Wicklung I erzeugte Feld Φ_1 kann man in die Komponenten $\Phi_1 \cdot \cos\alpha$ und $\Phi_1 \cdot \sin\alpha$ zerlegen, wobei $\alpha = (180° - \beta)/2$ ist. Die erstgenannte Komponente liegt in Richtung der Ankerachse, die letztgenannte steht senkrecht dazu und bildet das Erregerfeld (s. Abb. 336).

Eine wichtige Eigenschaft des Motors mit doppeltem Bürstensatze ist, daß man ihn mit Hilfe der Bürstenverschiebung bei jeder Belastung bis auf sehr kleine Drehzahlen herabregeln kann.

c) Der Reihenschlußmotor (Repulsionsmotor) mit Ankererregung.

Hierher gehören die von Winter-Eichberg[1]) und Latour[2]) angegebenen Motoren. Sie besitzen ebenfalls Hauptschlußcharakter; die Drehzahl nimmt also ab bei zunehmender Belastung, konstante Klemmenspannung vorausgesetzt. Hinsichtlich ihrer Arbeitsweise muß auf die Literatur verwiesen werden [Eichberg[1]), Latour[2]), Osnos[3]), Danielson[4])]. Diese Motoren sind von dem einfacheren Reihenschlußmotor mehr und mehr verdrängt worden und werden heute nicht mehr gebaut. Es möge daher hier nur von dem Winter-Eichberg-Motor einiges über seine Schaltung gesagt werden.

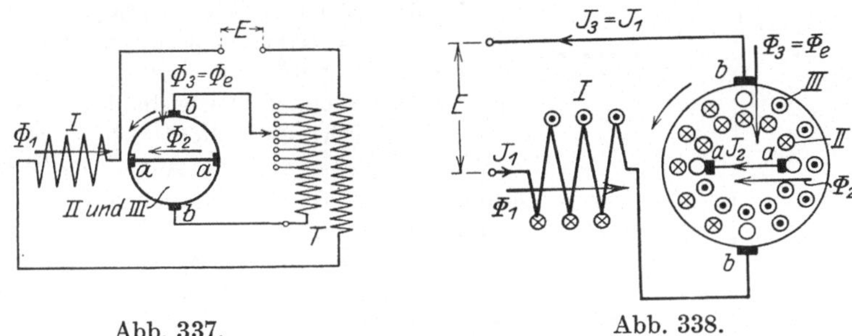

Abb. 337. Abb. 338.

Motor von Winter-Eichberg. Gemäß Abb. 337 besitzt derselbe eine durch die Bürsten *aa* kurzgeschlossene Ankerwicklung II und eine mit dieser gleichachsig und gleichmäßig verteilt angeordnete Ständerwicklung I. Es fehlt eine eigentliche Erregerwicklung. Als solche wird die Ankerwicklung II selbst benützt und dieser der Erregerstrom über die Bürsten *bb* zugeleitet, welche auf den Kurzschlußbürsten *aa* senkrecht stehen. Es ist gewissermaßen so, als ob auf dem Anker eine zweite Wicklung III vorhanden wäre, die von Wicklung II getrennt ist und deren Achse senkrecht zu jener von II steht — s. auch Abb. 338. Bei der praktischen Ausführung liegt III nicht direkt in Serie mit der Ständerwicklung I, sondern an der Sekundärseite eines Reihentransformators, des sogenannten Erregertransformators T in Abb. 337. Dadurch wird die Abhängigkeit des Ständers von der Ankerwicklung beseitigt und der Motor kann für höhere Spannungen ausgeführt werden. Die Anwendung des Transformators gestattet ferner eine Regelung der Drehzahl in weiten Grenzen (die Sekundärseite von T besitzt dazu eine Reihe von Anzapfungen), die Einstellung des Leistungsfaktors und der Kommutierung.

Abb. 338 zeigt die erwähnte Trennung der Läuferwicklung in die Wicklungen II und III (der Erregertransformator wurde der Einfachheit halber fortgelassen). Die Richtung der Felder $\dot{\Phi}_1$, $\dot{\Phi}_2$, $\dot{\Phi}_3 = \dot{\Phi}_e$ ist eingezeichnet. II bildet in bezug auf I die durch die Bürsten *aa* kurzgeschlossene Sekundärwicklung

---

[1]) ETZ 1904, S. 75, 918; 1905, S. 767; 1907, S. 769.
[2]) ETZ 1904, S. 952; 1903, S. 877.
[3]) ETZ 1903, S. 934; 1904, S. 209; 1908, S. 33.
[4]) ETZ 1906, S. 89, 354.

eines Transformators. Der Ankerstrom $\dot{J}_2$ ist daher dem Ständerstrome $\dot{J}_1$ fast entgegengerichtet und dasselbe gilt auch von den mit diesen Strömen bei Vernachlässigung der Hysteresisverluste phasengleichen Feldern $\dot{\Phi}_1$ und $\dot{\Phi}_2$. Diese bestehen nicht für sich, sondern setzen sich geometrisch zu dem I und II gemeinsamen Felde $\dot{\Phi}_g$ zusammen — Abb. 339. Räumlich und auch zeitlich ist $\dot{\Phi}_g$ um 90° gegen das vom Erregerstrome $\dot{J}_3 = \dot{J}_1$ in III (Abb. 338) erzeugte Feld $\dot{\Phi}_3 = \dot{\Phi}_e$ verschoben. Der Motor besitzt also ähnlich wie der Repulsionsmotor ein Drehfeld. — Die Ströme $\dot{J}_3 = \dot{J}_1$ und $\dot{J}_2$ bestehen natürlich ebenfalls nicht für sich, sondern überlagern sich in der gemeinsamen Ankerwicklung.

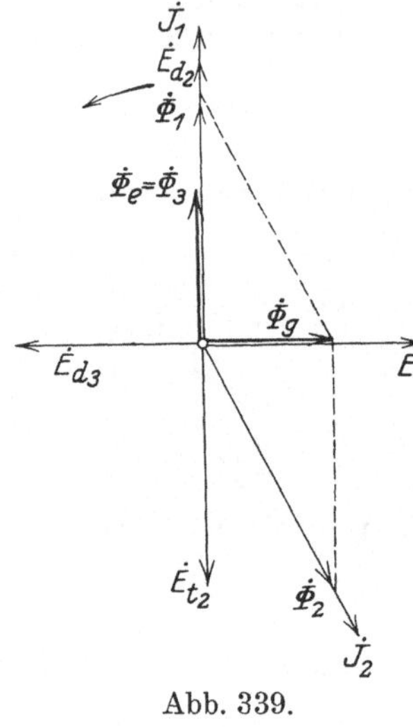

Abb. 339.

In der Wicklung III werden nun (abgesehen vom Ohmschen Spannungsabfall) induziert: α) Eine EMK der Transformation $\dot{E}_{t3}$, die dem erzeugenden Wechselfelde $\dot{\Phi}_e$ um 90° nacheilt. β) Eine EMK der Drehung $\dot{E}_{d3}$, die dadurch entsteht, daß der Anker das Feld $\dot{\Phi}_g$ schneidet. $\dot{E}_{d3}$ ist proportional der Drehzahl n und in Phasenopposition mit $\dot{E}_{t3}$. Man erkennt daher, daß die Phasenverschiebung, die der Strom $\dot{J}_1$ gegen die Klemmenspannung durch die Selbstinduktion der Wicklungen I und III erleidet, durch diese EMK $\dot{E}_{d3}$ kompensiert werden kann. Die Kompensation ist vollständig für Drehzahlen, welche etwas höher als die synchrone Drehzahl sind.

In der Wicklung II wird eine EMK der Transformation $\dot{E}_{t2}$ erzeugt, welche um 90° dem Felde $\dot{\Phi}_g$ nacheilt und eine EMK der Drehung $\dot{E}_{d2}$, welche in Phase mit dem Felde $\Phi_3 = \Phi_e$ ist. Die beiden EMKe $\dot{E}_{t2}$ und $\dot{E}_{d2}$ sind also ebenfalls in Phasenopposition.

62. Mehrphasenkommutatormotoren.

a) Der Reihenschlußmotor.

Schaltung. 1. Motor mit einfachem Bürstensatz. Der Strom wird der Läuferwicklung II, die mit der Ständerwicklung I in Reihe geschaltet ist, über drei verschiebbare, um je 120° gegeneinander versetzte Bürsten zugeleitet — Abb. 340. Die Spannung, für die der Motor ausgeführt wird, hängt insbesondere von den für die Kommutierung günstigsten Verhältnissen ab. In den allermeisten Fällen wird die Netzspannung transformiert. Dabei kann die Schaltung so gewählt werden, daß entweder der ganze Motor, also Ständer und Läufer, an die Sekundärseite eines Transformators (Vordertransformator T in Abb. 340) gelegt wird, oder es wird meist nur dem Läufer eine erniedrigte Spannung mit einem Transformator (Zwischentransformator) zugeführt, dessen Primärwicklung mit der Ständerwicklung in Serie geschaltet ist.

2. Motor mit doppeltem Bürstensatz. Bei demselben sind drei feste und drei bewegliche Bürstenreihen angeordnet — a_1, a_2, a_3 bzw. b_1, b_2, b_3 in Abb. 341. Jene stehen stets in der Achse der Ständerwicklung. Natürlich sind nur die zwischen je einer festen und einer be-

weglichen Bürste liegenden Ankerwindungen vom Strome durchflossen. Hinsichtlich der Verwendung eines Vorder- oder Zwischentransformators gilt das beim Motor mit einfachem Bürstensatz Gesagte.

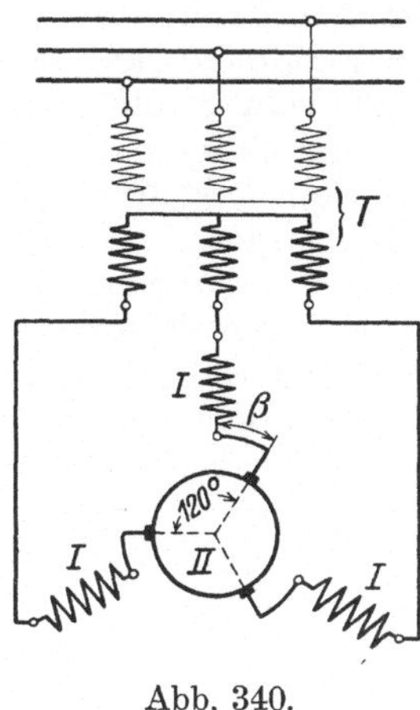

Abb. 340.

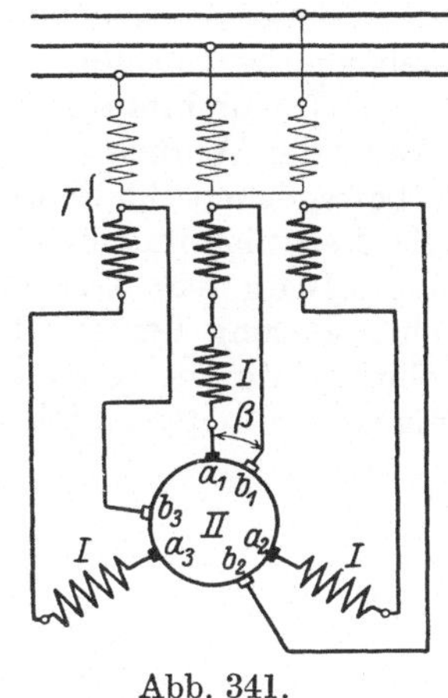

Abb. 341.

Anlassen, Regelung der Drehzahl, Änderung der Drehrichtung.

1. Anlassen. Dasselbe erfolgt beim Motor mit einfachem Bürstensatz durch Änderung der zugeführten Spannung oder durch Bürstenverschiebung. Bezüglich dieser Anlaßmethode möge erwähnt werden: Stehen die Bürsten so, daß die magnetischen Achsen der Wicklungen I und II gleichgerichtet sind (Winkel $\beta = 0$ in Abb. 341 und 342), so läuft der Motor nicht an. Die beiden Wicklungen I und II wirken in dieser Null- oder Leerstellung wie Drosselspulen und der Motor nimmt nur den Magnetisierungsstrom auf. Werden die Bürsten entgegen der Richtung des Ständer- und Läuferdrehfeldes verschoben, so läuft bei genügend großer Verstellung der Motor an. Seine Drehrichtung ist dabei der Bürstenverschiebung entgegengesetzt, stimmt also mit dem Sinn des Drehfeldes überein. Für volle Leistung und synchrone Drehzahl beträgt der Verschiebungswinkel β etwa 150 elektrische Grade. Wird $\beta = 180°$, so wirken sich die Felder Φ_1 und Φ_2 direkt entgegen, das resultierende Drehfeld Φ_g und die von diesem in den Wicklungen induzierten EMKe sind sehr schwach. Der Motor stellt einen Kurzschluß für das Netz dar und nimmt einen hohen Strom auf (Kurzschlußstellung).

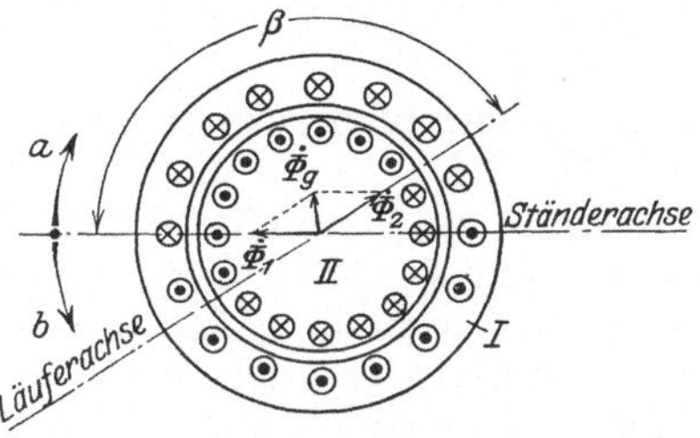

Abb. 342.

Experimentell sind die beiden Hauptstellungen leicht zu ermitteln. Man legt eine niedrige Spannung an den Motor und bestimmt durch Bürstenverschiebung die Bürstenstellungen, bei welchen die Stromaufnahme am kleinsten und am größten wird.

Zum Anlassen des Motors mit doppeltem Bürstensatz werden die gleichen Verfahren verwendet. Benützt man dazu die Methode der Bürstenverschiebung, so müssen vor dem Einschalten die zusammengehörigen festen und beweglichen Bürsten auf denselben Lamellen des Kommutators stehen, so daß kein Strom durch den Anker fließt; der Winkel β in Abb. 341 muß also Null sein. Dann werden die beweglichen Bürsten langsam in die Betriebsstellung gebracht. Für volle Leistung und synchrone Drehzahl beträgt β etwa 120°.

2. Regelung der Drehzahl. Diese kann vorgenommen werden: α) Durch Änderung der zugeführten Spannung oder β) durch Bürstenverschiebung. Zu dieser Methode möge bemerkt werden: Beim Motor mit einfachem Bürstensatz ist dabei der Regelbereich beschränkt. Bei

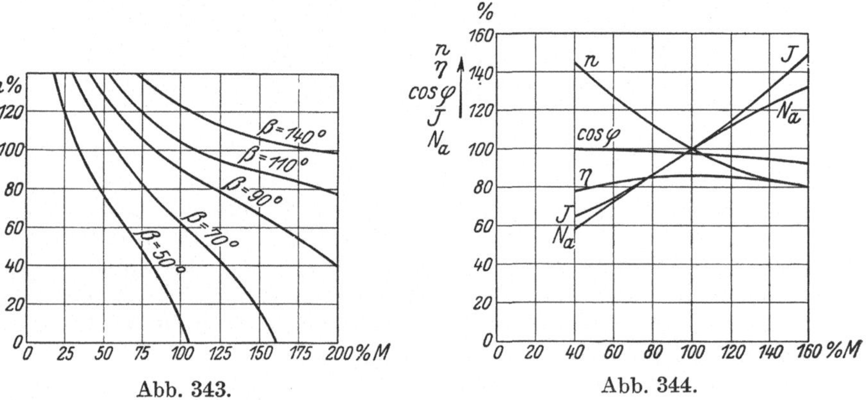

Abb. 343. Abb. 344.

tiefen Drehzahlen besteht die Gefahr, daß der Motor abfällt und stehenbleibt. Beim Motor mit doppeltem Bürstensatz ist dies nicht zu befürchten. Es kann eine Regelung durch Bürstenverschiebung zwischen $n = 0$ und $n = 1{,}3 \cdot n_s$ (n_s = synchrone Drehzahl) vorgenommen werden. Jeder Bürstenstellung entspricht eine bestimmte Drehzahlcharakteristik. Solche Charakteristiken sind in Abhängigkeit vom Drehmoment M für verschiedene Winkel β in Abb. 343 wiedergegeben.

3. Die Änderung der Drehrichtung geschieht durch Vertauschen zweier Netzzuleitungen, wodurch die Drehfelder Φ_1, Φ_2 und Φ_g ihre Richtung umkehren. Gleichzeitig muß die Bürstenverstellung in entgegengesetztem Sinne erfolgen.

Diagramme, Charakteristiken. Die Diagramme und die Arbeitsweise des Motors sind in zahlreichen Arbeiten [Osnos[1]), Jonas[2]), Dreyfuß und Hillebrand[3]), Binder[4]), Moser, Rüdenberg[5]), Schenkel[6])] ausführlich behandelt worden. Auch hier läßt sich bei

[1]) ETZ 1902, S. 1077. [2]) ETZ 1910, S. 390.
[3]) El. u. Maschinenb. 1910, S. 367.
[4]) ETZ 1913, S. 410. [5]) ETZ 1910, S. 1181; ETZ 1911, S. 233.
[6]) ETZ 1912, S. 473.

konstanter Klemmenspannung ein Kreisdiagramm entwerfen. Eine Konstruktion dafür ist u. a. von Moser angegeben worden. Sie stimmt im wesentlichen mit dem Diagramm Abb. 325 überein.

Die Betriebseigenschaften decken sich mit denen eines Gleichstrom-Hauptschlußmotors. Die Drehzahl steigt also mit abnehmender Last, bis der Motor bei Entlastung durchgeht. Abb. 344 stellt die Charakteristiken eines Motors mit doppeltem Bürstensatze als Funktion des Drehmomentes M bei konstanter Spannung und Bürstenstellung dar. Die bei Synchronismus ($n = n_s$) vorhandenen Werte der Drehzahl, des Drehmomentes, des aufgenommenen Stromes und der abgegebenen Leistung wurden dabei gleich 100% gesetzt.

b) Der Nebenschlußmotor.

Schaltung. Das allgemeine Schaltbild zeigt Abb. 345. Der Ständer I liegt direkt am Netz, dem Rotor II wird die Leistung über einen Transformator T zugeführt, der als Regeltransformator ausgebildet sein kann. Dabei kann Drei- oder Sechsbürstenschaltung verwendet werden. Erstere ist in Abb. 345 dargestellt. Der Motor gleicht in seiner Schaltung und in seinem Betriebsverhalten einem Gleichstrom-Nebenschlußmotor. Hinsichtlich der Arbeitsweise siehe die Aufsätze von Bragstadt[1]), Eichberg[2]), Dreyfuß und Hillebrand[3]), Hillebrand[4]).

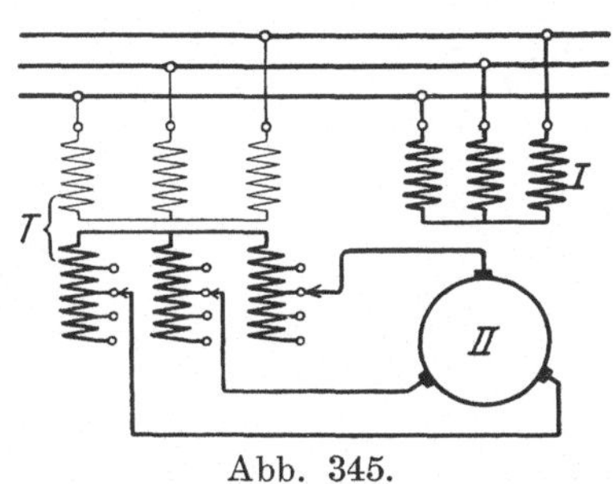

Abb. 345.

Die Änderung der Drehrichtung erfolgt durch Vertauschung je zweier Zuleitungen am Stator und am Rotor. Die Regelung der Umlaufszahl kann erreicht werden entweder durch Bürstenverschiebung (z. B. beim Schragemotor) oder durch Änderung der dem Stator oder Rotor zugeführten Spannung.

Zu dem letzten Verfahren möge bemerkt werden: Das dem Stator und Rotor gemeinsame Drehfeld Φ_g induziert in jenem eine EMK E_{1g}, in diesem eine EMK E_{2g} und es bewegt sich im Raume, unabhängig von der jeweiligen Umlaufszahl n des Rotors, stets mit der synchronen Drehzahl n_s. Es schneidet demnach die Ankerleiter mit einer Geschwindigkeit, welche dem Unterschied $(n_s - n)$ bzw. der Schlüpfung $s = (n_s - n)/n_s$ proportional ist. Somit ist auch die induzierte EMK E_{2g} der Schlüpfung s proportional. Bedeutet also E'_{2g} die bei Stillstand ($n = 0$, $s = 1$) induzierte EMK, so gilt:

$$E_{2g} = s \cdot E'_{2g}.$$

Vernachlässigt man den Ohmschen Spannungsabfall, dann muß, wenn E_2 die Rotorklemmenspannung bedeutet, stets die Vektorgleichung bestehen:

$$\dot{E}_2 + \dot{E}_{2g} = 0 \quad \text{oder} \quad \dot{E}_2 + s \cdot \dot{E}'_{2g} = 0.$$

[1]) ETZ 1903, S. 368. [2]) ETZ 1910, S. 749.
[3]) El. u. Maschinenb. 1910, S. 881.
[4]) Arch. f. Elektrotechnik 1919, S. 179, 258; ETZ 1913, S. 1210.

Daraus folgt aber: Verändert man die dem Rotor aufgedrückte Spannung E_2, so muß sich auch die Schlüpfung s bzw. die Drehzahl n ändern. Wie ohne weiteres einzusehen ist, beträgt: $E_2 = -E'_{2g}$ für Stillstand ($n = 0$, $s = 1$), $E_2 = -s \cdot E'_{2g}$ für untersynchronen Lauf ($n < n_s$, s = positiv), $E_2 = 0$ für Synchronismus ($n = n_s$, $s = 0$), $E_2 = s \cdot E'_{2g}$ für übersynchronen Lauf ($n > n_s$, s = negativ). Bei übersynchronem Lauf muß also die Richtung von E_2 geändert werden.

Eichberg-Motor (AEG)[1]. Um einen Regeltransformator zu ersparen, wird die Ständerwicklung als solcher benützt. Sie wird dabei direkt als Spartransformator verwendet und erhält mehrere Anzapfungen. An den Punkten *UVW* erfolgt der Netzanschluß — Abb. 346. Die Phasen sind nicht zu einem Sternpunkt verbunden, sondern es ist jeweils das Ende einer Phase an einem mittleren Punkte der nächsten Phase angeschlossen, wodurch sich eine Sterndreieckschaltung ergibt (Punkte *u'v'w'*). Der Rotor kann an die Anzapfungen 1, 2 oder 3 gelegt werden. Erfolgt sein Anschluß bei 1, so liegt am Rotor die größte Spannung, er läuft also am langsamsten. Synchronismus wird erreicht, wenn *uvw* mit *u'v'w'* verbunden werden. Um auch Übersynchronismus einstellen zu können, ist jede Phase der Statorwicklung über den Verkettungspunkt hinaus bis zu den Punkten 4 verlängert. Schaltet man *uvw* auf diese Punkte, so liegt am Rotor eine Phasenspannung, die um 180° gegenüber jener gedreht ist, welche man erhält, wenn *uvw* an 1, 2 oder 3 angeschlossen werden. Die Drehzahlregelung kann bei diesem Motor etwa zwischen den Grenzen ±50% vom Synchronismus aus gerechnet, erfolgen. — Die eigenartige Dreiecksverkettung der Ständerwicklung in den Punkten *u'v'w'* dient dazu, dem Läufer eine gegenüber der Ständerspannung phasenverschobene Spannung zuzuführen. Dadurch kann bei einer bestimmten Drehzahl $\cos\varphi = 1$ erreicht werden. Bei anderen Drehzahlen tritt Phasenverschiebung ein.

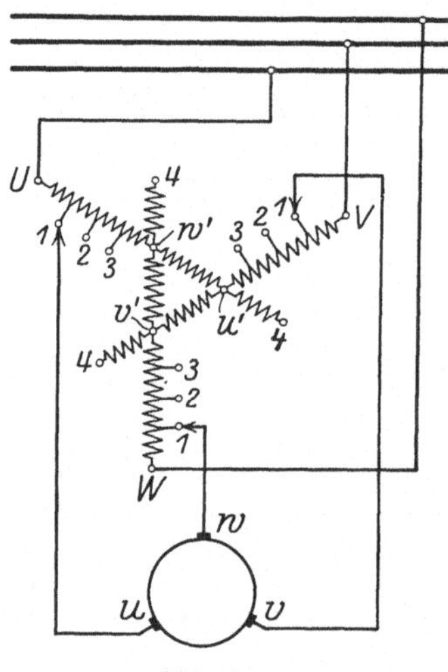

Abb. 346.

Zwecks Umkehr der Drehrichtung werden zwei Gehäusezuleitungen miteinander vertauscht. Auch die Kompensationswicklung (Punkte *u'v'w'*) erfordert dann eine Umschaltung. — Für 6-Bürstenschaltung werden diese Motoren gleichfalls gebaut.

Schragemotor[2]. Dieser Motor zählt ebenfalls zu den Nebenschlußmotoren. Vorhanden sind folgende Wicklungen — Abb. 347: Die Primärwicklung *P* und die sogenannte Regelungswicklung *R* liegen auf dem Rotor, die Sekundärwicklung *S* befindet sich auf dem Stator. *P* wird

[1]) ETZ 1910, S. 749. [2]) ETZ 1914, S. 89.

über Schleifringe vom Netz aus gespeist. R ist als geschlossene Gleichstromwicklung mit Kommutator ausgebildet. S ist eine normale Drehstromwicklung mit nicht verketteten Phasen, die für sich mit je einem Bürstenpaar an einem Teil von R angeschlossen sind. Die Bürsten a_1, a_2, a_3 und b_1, b_2, b_3 werden von je einer verstellbaren Bürstenbrücke getragen. (Meistens erhält der Anker statt der beiden Wicklungen P und R nur eine einzige Wicklung, die einerseits an die Schleifringe, andererseits am Kommutator angeschlossen ist).

Stellt man die Bürsten so ein, daß die zusammengehörigen Bürsten jeder Phase auf derselben Lamelle stehen, so wird der Wicklung S von R aus keine Spannung aufgedrückt. Die drei Phasen von S sind kurzgeschlossen und der Motor läuft als gewöhnlicher Asynchronmotor. Verschiebt man die Bürstenbrücken gleichmäßig, also so, daß die magnetischen Achsen der Wicklungsabteilungen zwischen a_1 und b_1, a_2 und b_2, a_3 und b_3 ihre Lagen beibehalten, so wird S eine Spannung aufgedrückt, die der effektiven Windungszahl w_2 der Wicklung R zwischen den Bürsten a und b proportional ist. Man bekommt dann einen über- oder untersynchronen Lauf des Motors je nach dem Sinne, in welchem die Bürsten von der erwähnten Ausgangslage aus (a- und b-Bürsten jeweils auf einer Lamelle) verstellt wurden. Bedeuten w_2 und w_3 die effektiven Windungszahlen der R- und S-Wicklung, so berechnet sich die erhaltene Drehzahl n aus der synchronen Drehzahl n_s zu:

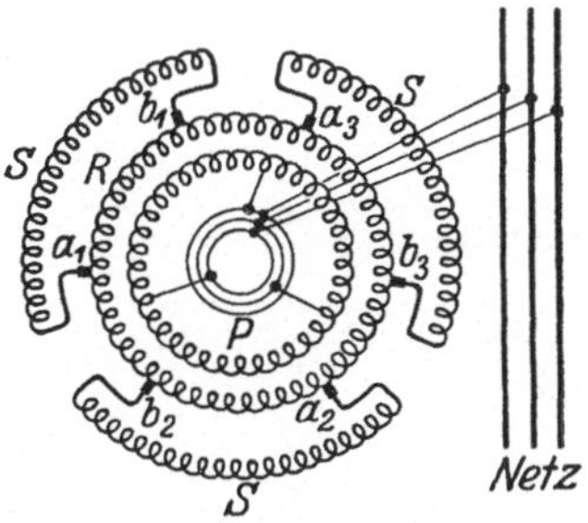

Abb. 347.

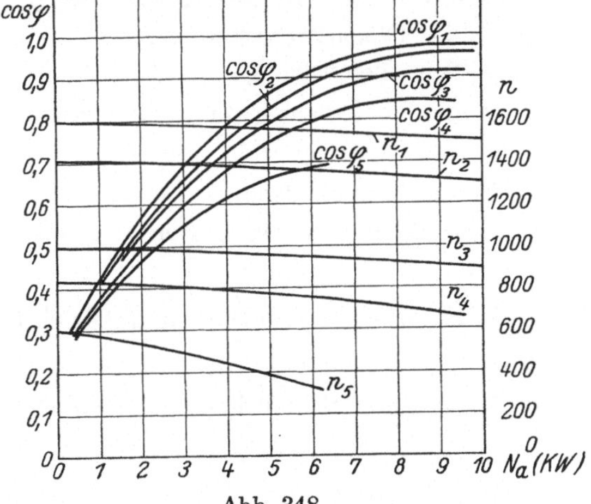

Abb. 348.

$$n = n_s \cdot \frac{w_3 \pm w_2}{w_3}.$$

Charakteristiken. Abb. 348 zeigt für 5 verschiedene Bürstenstellungen den Drehzahl- und $\cos\varphi$-Verlauf in Abhängigkeit von der abgegebenen Leistung. Im übersynchronen Regelungsgebiet ist der Leistungsfaktor sehr hoch, untersynchron wird er immer niedriger. Es gibt jedoch ein einfaches Mittel, um auch bei untersynchronen Drehzahlen gute Leistungsfaktoren zu erhalten. Man verschiebt die beiden

Bürstenbrücken nicht mehr symmetrisch gegeneinander, wie eben vorausgesetzt wurde, sondern so, daß die Achsen der Regelungswicklung bei der höchsten Drehzahl mit jenen der Sekundärwicklung zusammenfallen, bei der niedrigsten dagegen um einen kleinen Winkel abweichen.

Bei den unsymmetrischen Bürstenverschiebungen wird für die untersynchronen Geschwindigkeiten gleichzeitig eine Erhöhung der Überlastbarkeit erreicht.

63. Messungen an Einankerumformern.

a) Übersetzungsverhältnis.

Bezeichnungen. Es bedeute:

$\mathfrak{p}$ die Phasenzahl des Umformers (bei Einphasenstrom $\mathfrak{p} = 2$!),

$\bar{E}$ die Gleichstromspannung,

$\bar{J}$ den Gleichstrom,

$\tilde{E}$ die Schleifringspannung (= Phasenklemmenspannung),

$\tilde{J}$ den Leitungs- oder Schleifringstrom,

$\tilde{J}_\varphi$ den Phasenstrom.

Beziehungen. Es gelten folgende Beziehungen:

1. Zwischen Schleifring- und Gleichstromspannung $\dfrac{\tilde{E}}{\bar{E}} = \dfrac{\sin\frac{\pi}{\mathfrak{p}}}{\sqrt{2}}$,

2. zwischen Schleifringstrom und Gleichstrom $\dfrac{\tilde{J}}{\bar{J}} = \dfrac{2\cdot\sqrt{2}}{\mathfrak{p}}$,

3. zwischen Schleifringstrom und Phasenstrom $\dfrac{\tilde{J}}{\tilde{J}_\varphi} = 2\sin\dfrac{\pi}{\mathfrak{p}}$,

Unter der Annahme sinusförmigen Stromverlaufes, ferner unter Vernachlässigung der Verluste und etwaiger Phasenverschiebung können die Werte dieser Verhältnisse aus der Tabelle entnommen werden.

Phasenzahl $\mathfrak{p}$	$\dfrac{\tilde{E}}{\bar{E}}$	$\dfrac{\tilde{J}}{\bar{J}}$	$\dfrac{\tilde{J}}{\tilde{J}_\varphi}$
2	0,707	1,414	2,0
3	0,613	0,943	1,732
4	0,500	0,707	1,414
6	0,354	0,472	1,0
12	0,183	0,236	0,513

Dazu ist zu bemerken:

α) Besteht eine Phasenverschiebung zwischen Wechselstrom und Wechselspannung, so stellt der nach der Tabelle aus $\bar{J}$ berechnete Wert $\tilde{J}$ natürlich nur die Wirkkomponente des zugeführten Wechselstromes dar. Um die Größe des letzteren zu erhalten, ist folglich zu seiner Wirk- noch die Blindkomponente geometrisch zu addieren. Ferner ist noch zu addieren der Strom, der zur Deckung der Eisen- und Reibungsverluste im Umformer aufgewendet wird.

β) Das Übersetzungsverhältnis $\tilde{E}/\overline{E}$ ändert sich unbedeutend mit der jeweiligen Erregung. Es möge hier angenommen werden, daß der Umformer als Synchronmotor mit einer konstanten Wechselspannung $\tilde{E}$ betrieben wird. Streng genommen ist für die Größe der auf der Kommutatorseite erhaltenen Gleichspannung $\overline{E}$ nicht die Wechselspannung $\tilde{E}$, sondern die im Anker induzierte EMK $\tilde{E}_a$ maßgebend. Bei einer Änderung der Erregung wird $\tilde{E}_a$, konstante Klemmenspannung $\tilde{E}$ vorausgesetzt, insofern beeinflußt, als sich die Phasenlage und die Größe des Stromes $\tilde{J}$ und damit auch diejenige des von ihm erzeugten Ohmschen und induktiven Spannungsabfalles ändert. Wie früher gezeigt wurde, bewirkt bei einem Synchronmotor eine Schwächung der Erregung eine Phasennach-, eine Verstärkung eine Phasenvoreilung des Stromes. Zeichnet man sich die Spannungsdiagramme für verschiedene Phasenlagen des Stromes $\tilde{J}$ gegenüber der konstanten Klemmenspannung $\tilde{E}$ auf, so sieht man, daß mit steigender Nacheilung die induzierte EMK $\tilde{E}_a$ kleiner, mit steigender Voreilung dagegen größer wird. Im gleichen Sinne ändert sich damit die Gleichspannung $\overline{E}$.

γ) Ferner ist das Übersetzungsverhältnis $\tilde{E}/\overline{E}$ von der Belastung abhängig, jedoch nur in geringem Maße, da der Spannungsabfall des Umformers zwischen Leerlauf und Vollast viel kleiner als bei gewöhnlichen Gleichstromnebenschlußmaschinen ist. Beispielsweise beträgt er bei Umformern bis 300 kW etwa 3%, bei solchen bis 1000 kW etwa 2%.

δ) Bei ausgeführten Umformern rechnet man mit folgenden Verhältnissen:

$$\frac{\tilde{E}}{\overline{E}} = 0{,}63 \div 0{,}66 \text{ bei Dreiphasenumformern,}$$

$$\frac{\tilde{E}}{\overline{E}} = 0{,}71 \div 0{,}74 \text{ bei Sechsphasenumformern, wenn bei diesen}$$

$\tilde{E}$ als Diametralspannung (zwischen diametral gegenüberliegenden Punkten der Wicklung) bezeichnet wird.

b) Anlassen[1].

Man kann die Umformer sowohl gleichstromseitig als auch wechselstromseitig anlassen (Methoden 1 bzw. 2 und 3).

1. Gleichstromseitiges Anlassen. Der Umformer wird als Gleichstrommotor angelassen, drehstromseitig synchronisiert und aufs Netz

[1]) Es sei hier besonders auf die Abhandlung aufmerksam gemacht: Linke, Das Anlassen von Einankerumformern, ETZ 1915, S. 133 u. 149.

geschaltet. Bei stark schwankender Gleichspannung macht das Synchronisieren manchmal Schwierigkeiten. Ein einfaches Mittel, sich von diesen Netzschwankungen unabhängig zu machen, besteht darin, daß man während des Synchronisierens den Anlasser nicht vollständig kurzschließt, sondern einige Stufen eingeschaltet läßt, die dann als Beruhigungswiderstand wirken. Die Spannungsschwankungen haben so weit geringere Stromschwankungen zur Folge.

2. Anlassen mittels Anwurfmotors. α) Gewöhnlich gibt man dem Anwurfmotor (Drehstrommotor) des Umformers eine Polzahl, die um zwei geringer ist als die des Umformers. Die synchrone Drehzahl des Anwurfmotors ist folglich höher als jene des Umformers. Durch entsprechende Einstellung des Rotoranlassers vom Anwurfmotor wird der Umformer auf Synchronismus gebracht, als eigenerregte Maschine auf normale Spannung erregt und aufs Netz geschaltet.

Um das Synchronisieren zu erleichtern, sind noch eine Reihe abgeänderter Methoden ausgearbeitet worden, so beispielsweise

β) das Anlassen mittels gleichpoligen Anwurfmotors und Synchronisieren durch Anlegen der Schleifringe über Schutzwiderstände oder Drosselspulen ans Netz. Mittels des Motors wird der Einankerumformer in Betrieb gesetzt. Er hat dann eine entsprechend der Schlüpfung des Asynchronmotors kleinere Drehzahl als die synchrone. Die Schleifringe des Umformers werden nun über einen Schutzwiderstand direkt ans Netz gelegt. Der Widerstand ist praktisch so zu bemessen, daß er mit dem Leerlaufstrom des bei $^1/_3$ der vollen Spannung unerregt laufenden Umformers etwa $^2/_3$ der Netzspannung aufnimmt, d. h. der Widerstand pro Phase muß etwa doppelt so groß gewählt werden wie die Ankerreaktanz des Umformers. Der über den Widerstand zustande kommende Strom ist dann etwa $^1/_3$ bis $^2/_3$ des Normalstromes. Durch denselben kommt der Umformer automatisch in Tritt. Der Umformer wird bereits für die Anlaßperiode auf Selbsterregung geschaltet. Den Vorschaltwiderstand des Erregerkreises nimmt man dabei zweckmäßig etwas höher als im normalen Betriebe. Nach dem Intrittfallen verstärkt man die Selbsterregung so, daß die Stromaufnahme ein Minimum wird.

3. Asynchrones Anlassen. Dabei wird den Schleifringen eine Spannung zugeführt, welche zwischen 20÷40% der normalen Betriebsspannung liegt. Liegt der Umformer an der Sekundärseite eines Transformators, so gibt man diesem eine entsprechende Anzapfung. Das Feldsystem erhält für den asynchronen Anlauf noch eine kräftige Dämpferwicklung, welche wie der Kurzschlußanker eines Asynchronmotors wirkt.

Das Ankerdrehfeld rotiert relativ zum Anker stets mit der vollen synchronen Drehzahl n_s; die Ankerleiter werden also unabhängig von der tatsächlichen Umlaufszahl n stets mit einer Geschwindigkeit geschnitten, welche der Drehzahl n_s entspricht. Anders ist es dagegen bei der Feld- und Dämpferwicklung. Beide werden mit einer Geschwindigkeit geschnitten, die der absoluten Drehzahl $(n_s - n)$ des

Ankerfeldes gegenüber diesen Wicklungen proportional ist. Bei Stillstand ($n = 0$) ist ($n_s - n$) $= n_s$; Feld- und Dämpferwicklung werden dann mit der vollen synchronen Drehzahl vom Ankerfeld geschnitten. Bei voller Tourenzahl ($n = n_s$) ist ($n_s - n$) $= 0$; das Drehfeld steht gegenüber den genannten Wicklungen still. Nur während des Anlaufens werden daher in der Dämpferwicklung Ströme, welche mit dem Ankerdrehfeld das Anlaufmoment hervorrufen, und in der Feldwicklung Spannungen induziert. Letztere sind oft recht erheblich, da diese Wicklung eine große Windungszahl besitzt. Ferner schneidet das Ankerfeld während des Anlassens auch die von den Bürsten kurzgeschlossenen Spulen und induziert in diesen Ströme, welche Funkenbildung am Kommutator verursachen.

Funkenbildung. Das Bürstenfeuer während des Anlaufs ist bei Wendepolumformern im allgemeinen etwas stärker als bei solchen ohne Wendepole. Man sucht es dadurch in unschädlichen Grenzen zu halten, daß man den Umformer an eine so niedrige Spannung legt, welche ihn eben noch mit Sicherheit anlaufen läßt. Der Transformator erhält darum meist mehrere Anzapfungen, deren günstigste bei der Prüfung bzw. Inbetriebsetzung ausprobiert wird.

Ein Mittel zur Milderung des Bürstenfeuers bei Wendepolumformern besteht darin, daß man beim Anlauf die Bürsten etwas verschiebt und zwar ist es gleichgültig, ob dies vor- oder rückwärts geschieht. Man stellt sie so, daß die kurzgeschlossenen Wicklungselemente etwa in der Mitte zwischen Haupt- und Wendepolen liegen. Nach dem Anlassen bringt man die Bürsten wieder in die richtige Lage.

Ein weiteres Mittel zur Verringerung des Bürstenfeuers besteht in der Anbringung einer starken Dämpferwicklung. Auch ein Kurzschließen der Wendepolwicklung während des Anlassens wirkt günstig. Die Wendepolwicklung bildet dann eine zusätzliche Dämpferwicklung.

Die Höhe der während der Anlaufperiode in der Feldwicklung induzierten Spannungen hängt außer von der Windungszahl noch von der Konstruktion des Umformers, vor allem von dem Material der Pole (ob diese massiv oder lamelliert sind), ferner von der vorhandenen stärkeren oder schwächeren Dämpferwicklung ab. Sie kann bis zu mehreren 1000 V betragen. Früher schützte man die Wicklungen gegen diese hohen Spannungen durch Feldtrennschalter: Während des Anlaufes wurde das Feld an mehreren Stellen unterbrochen. In neuerer Zeit ist es üblich geworden, das Feld entweder in sich kurzzuschließen, oder man schließt es beim Anlaufen über den Anker, schaltet also während dieser Periode den Umformer bereits auf Selbsterregung.

Hinsichtlich der Widerstandsverhältnisse im Erregerkreise sei auf das unter der Methode 2 β) Gesagte verwiesen.

Anlaufstrom. Die zum Anlauf des Umformers erforderliche Stromstärke beträgt etwa 200÷300% des Vollaststromes. Da jedoch der Transformator im Mittel schon bei etwa 30% seiner normalen Spannung angezapft ist, so beträgt der Anlaufstrom im Primärnetz nur 60÷120% des Vollaststromes. Die kleineren Werte gelten für Umformer mit größeren Leistungen.

Mittel zur Erzielung der richtigen Polarität. Der asynchron anlaufende Umformer fällt im allgemeinen bei einer beliebigen Polarität in Tritt. Zur Erzielung der richtigen Polarität sind folgende Verfahren üblich:

α) Man legt in die Gleichstromseite einen doppelpoligen Umschalter. Dieser wird so eingeschaltet, daß der Umformer mit richtiger Polarität ans Netz angeschlossen wird. Dieses Verfahren ist das einfachste, da ein Umpolarisieren wie bei *β*) und *γ*) nicht erforderlich ist. Es ist jedoch nur anwendbar bei kleineren Umformern, da der Umschalter für größere Stromstärken verhältnismäßig hohe Kosten verursacht.

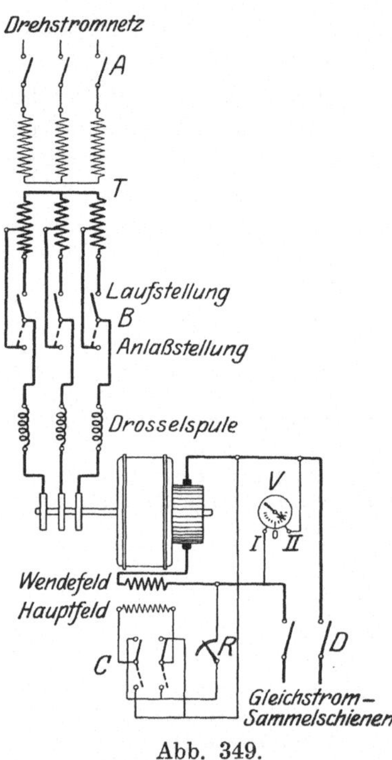

Abb. 349.

β) Man schaltet den Umformer drehstromseitig kurzzeitig (2÷3 Sekunden) vom Netz ab und dann wieder ein. Durch wiederholtes Versuchen, richtiges Abpassen der Ausschaltzeit, wird man leicht die gewünschte Polarität erzielen. Nicht anwendbar ist dieses Verfahren bei großen Umformern (mit hohen Stromstärken).

γ) Die Umpolarisierung kann auch so erfolgen, daß man den Umformer drehstromseitig eingeschaltet läßt und das Feld kurzzeitig durch einen Umschalter im Feldkreis umpolarisiert. Vor dem Umlegen des Feldes muß dieses natürlich erst langsam ausgeschaltet werden. Der Umformer fällt dann von selbst, allerdings unter einigem Bürstenfeuer, um eine Polteilung zurück. Sobald die richtige Polarität erzielt ist, ist der Feldumschalter (jedoch nur bei Selbsterregung) wieder in die alte Stellung zu bringen. Würde man das nicht tun, so würde eine dauernde Änderung der Polarität auftreten, der Umformer überhaupt nicht in Tritt kommen und dauernd um je eine Polteilung zurückfallen. — Das Feld ist dann wieder normal zu erregen.

Schaltbild. Die Schaltung für das asynchrone Anlassen zeigt Abb. 349.

Auf der Primärseite des Transformators T ist zunächst der Schalter A zu schließen. Hierauf wird Schalter B in Anlaßstellung gebracht. Die Schalter C und D auf der Gleichstromseite müssen während des Anlassens geöffnet sein. Die Hauptfeldwicklung ist hier mehrfach unterteilt und Schalter C als Feldtrennschalter ausgeführt (s. auch S. 323). Ist Synchronismus erreicht, so wird C nach oben (Betriebsstellung) gelegt. Vor Erreichen des Synchronismus ist eine Berührung des Feldkreises wegen der induzierten hohen Spannungen gefährlich. Als Indikatorinstrument für richtige Polarität wird ein polarisiertes

Gleichstromvoltmeter V benützt. Schlägt dieses nach der falschen Seite (I) aus, so ist der Feldschalter C bei fast voll vorgeschaltetem Nebenschlußregulator R kurzzeitig nach unten zu legen, bis das Voltmeter durch Null hindurch nach der anderen Seite (II) hinübergeht. Dann ist C wieder nach oben zu schalten. Nun wird B auf Laufstellung umgelegt. Die Erregung des Umformers wird jetzt mit R noch richtig einreguliert (die Stromaufnahme $\tilde{J}$ muß ein Minimum werden) und Schalter D dann geschlossen.

c) Spannungsregulierung.

Aus dem festen Übersetzungsverhältnis $\tilde{E}/\overline{E}$ folgt:

α) Bei einer bestimmten Spannung des zugeführten Drehstromes kann auch nur Gleichstrom von einer bestimmten Spannung entnommen werden und umgekehrt. Eine Änderung der Erregung hat nur sehr geringen Einfluß — s. Seite 321. Hat die erzeugte Spannung $\overline{E}$ nicht den gewünschten Wert, so muß $\tilde{E}$ durch einen Transformator geändert werden — vgl. die folgenden Schaltbilder.

β) Spannungsschwankungen des Drehstromnetzes (es wird hier angenommen, daß Drehstrom in Gleichstrom umgeformt wird; dieser Fall liegt praktisch fast ausschließlich vor) übertragen sich in voller Größe auf die Spannung der Gleichstromseite.

Zur Konstanthaltung bzw. Regulierung der Spannung dienen die folgenden Verfahren.

1. Spannungsregulierung durch Zusatzmaschinen. a) Die Gleichstromzusatzmaschine spielt wegen ihrer teueren Bauart (verhältnismäßig niedrige Spannungen bei großem Strom) praktisch nur eine geringe Rolle.

b) Von der Wechselstromzusatzmaschine gilt das Gleiche. Sie kann entweder direkt mit dem Umformer gekuppelt oder getrennt von diesem aufgestellt werden. Ist letzteres der Fall, so muß ihr Antrieb durch einen Synchronmotor erfolgen, da sie ja synchron mit dem Umformer laufen muß. Bei direkter Kupplung besitzen beide Maschinen dieselben Polzahlen; vielfach erhalten sie eine gemeinsame Welle, auf der die Anker so aufgekeilt werden müssen, daß die induzierten EMKe in Phase sind. Die Erregung der Zusatzmaschine kann durch einen Umschalter in beiden Richtungen erfolgen, so daß die den Schleifringen zugeführte Spannung in den Grenzen sekundäre Transformatorspannung $\pm$ Zusatzmaschinenspannung geändert werden kann.

Je nach der Erregung arbeitet die direkt gekuppelte Wechselstromzusatzmaschine als Generator oder als Motor, d. h. sie entnimmt mechanische Leistung von der Welle oder überträgt solche auf die Welle. Auch der Umformer verliert damit seine charakteristische Eigenschaft als mechanisch unbelastete Maschine. Je nach der Erregung der Zusatzmaschine wirkt er als Motor oder als Generator. Beim reinen Umformer kompensieren sich im Anker nahezu Gleich- und Drehstrom, bei gleichzeitigem Motor- oder Generatorbetrieb ist dies nicht mehr der Fall. Es stimmt dann auch nicht mehr die Wendepolerregung. Die Erregung der Wendepole muß entsprechend der Erregung der Zusatzmaschine geändert werden, was mit einer Hilfswicklung auf den Wendepolen, die von einer Hilfserregermaschine gespeist wird, geschehen kann. Deren Erregung erfolgt vom Hauptstrom aus. Ein Regulator im Kreise der Hilfserregerwicklung wird entsprechend dem Feld der Zusatzmaschine eingestellt. —

2. Spannungsregulierung durch Drehtransformator. Ein Drehtransformator ist nichts anderes als ein Transformator, bei dem die magnetischen Achsen der Wicklungen gegeneinander verdreht werden können. Der Aufbau ist der gleiche wie bei einem Drehstrommotor, nur trägt der Stator meist die Sekundär-, der Rotor die Primärwicklung.

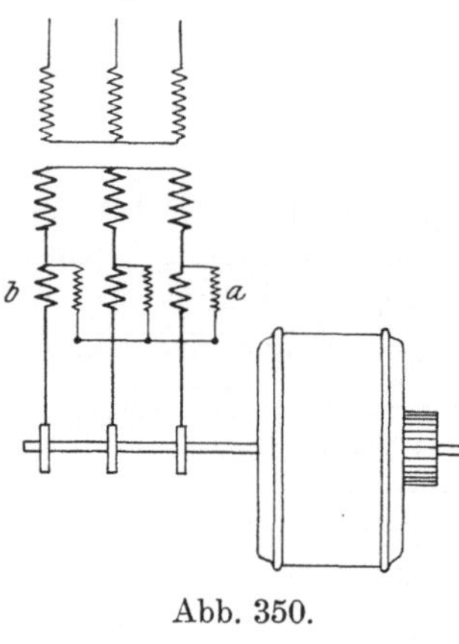

Abb. 350.

Die Sekundärwicklung b des Drehtransformators (Abb. 350) ist in Serie zwischen die Sekundärklemmen des Netztransformators und die Schleifringe des Umformers geschaltet. Die Primärwicklung a liegt einerseits an der Transformatorsekundärspannung und ist andererseits verkettet. Das Primärfeld des Drehtransformators induziert in der Sekundärwicklung eine Zusatzspannung $\tilde{e}_d$, deren Richtung je nach der Stellung des Rotors beliebig verändert werden kann. Die Schleifringspannung $\tilde{E}$ ist die vektorielle Summe aus der Sekundärspannung $\tilde{E}_n$ des Transformators und der Zusatzspannung $\tilde{e}_d$ des Drehtransformators:

$$\dot{\tilde{E}} = \dot{\tilde{E}}_n + \dot{\tilde{e}}_d.$$

$\tilde{E}$ kann also durch Drehung des Rotors um 180° (elektrische Grade) um $\pm \tilde{e}_d$ geändert werden — vgl. die Stellungen 1 und 2 des Vektors $\tilde{e}_d$ in Abb. 351.

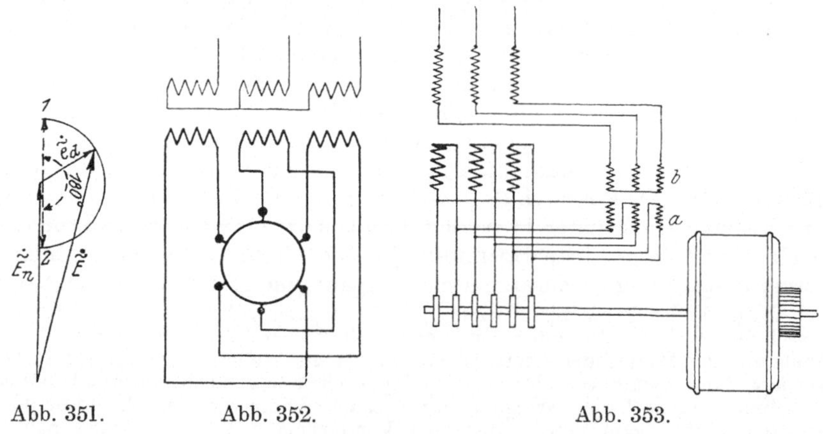

Abb. 351. Abb. 352. Abb. 353.

Abb. 352 zeigt das Schaltbild des Sechsphasenumformers ohne, Abb. 353 die Anordnung eines solchen mit Drehtransformator, dessen Primärwicklung a an die sekundäre Transformatorseite angeschlossen ist, und dessen Sekundärwicklung b in Serie mit der primären Transformatorwicklung liegt, um große Kupferquerschnitte zu vermeiden.

Durch die beiden Mittel, Drehtransformator und Zusatzmaschine, lassen sich unschwer Spannungsänderungen von $\pm$ 25 % herbeiführen. Für kleinere Regulierbereiche, meist nur bis zu $\pm$10 %, benutzt man die

3. Spannungsregulierung durch Drosselspulen. Drehstromseitig werden diese vor die Schleifringe geschaltet. Der Vektor $\dot{e}_s$ des induktiven Spannungsabfalles in der Drosselspule bleibt stets um 90° hinter dem Stromvektor $\dot{\tilde{J}}$ zurück. Somit gilt:

$$\dot{\tilde{E}} = \dot{\tilde{E}}_n + \dot{e}_s .$$

In Abb. 354 liegt der Stromvektor $\dot{\tilde{J}}$ in der Abszissenachse. $\dot{\tilde{E}}_n$ ist wieder die konstante Sekundärspannung des Netztransformators. Bei Einschaltung der Drosselspule ergeben sich die Fälle:

1. Der Umformer ist übererregt. $\dot{\tilde{J}}$ ist phasenvoreilend. $\dot{\tilde{E}}$ wird größer.
2. Der Umformer ist untererregt. $\dot{\tilde{J}}$ ist phasennacheilend. $\dot{\tilde{E}}$ wird kleiner.

Mit der Spannung $\tilde{E}$ ändert sich aber gemäß dem Übersetzungsverhältnis des Umformers auch die Gleichspannung $\overline{E}$. Man hat es also in der Hand, durch Unter- oder Übererregung die Spannung $\overline{E}$ zu erniedrigen oder zu erhöhen und Spannungsschwankungen auszugleichen. Eine solche Spannungsregulierung ist stets mit einer mehr oder weniger großen Phasenverschiebung verknüpft; phasenverschobener Strom bedingt aber höhere Kupferverluste im Anker (vgl. Abschnitt Wirkungsgrad des Umformers und Abb. 355).

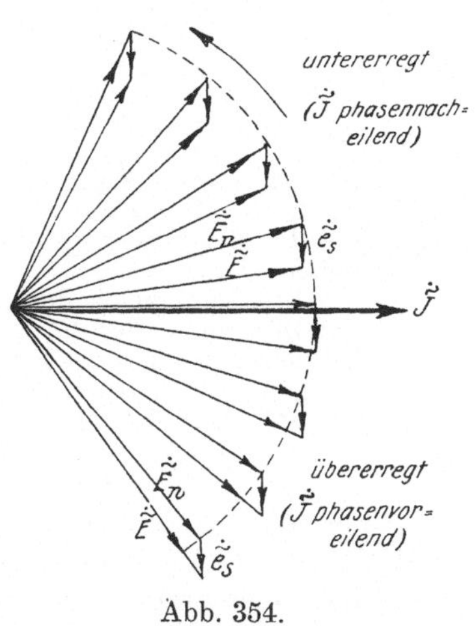

Abb. 354.

Daraus ergibt sich noch das Folgende: Steht nur eine kleine Drosselspule zur Verfügung, so wird man für eine bestimmte Regulierung mit einer größeren Über- oder Untererregung, also mit einer größeren Phasenverschiebung im Umformer arbeiten müssen, als wenn man eine reichlicher dimensionierte Drosselspule verwendet. Kleinere Drosselspulen bedingen somit eine reichlichere Dimensionierung sowohl der Anker-, als auch der Feldwicklung.

Gibt man einem Umformer eine entsprechende Kompoundwicklung und eine Drosselspule, so kann je nach der Schaltung der Kompoundwicklung der Spannungsabfall des Umformers ausgeglichen oder vergrößert werden. Letzteres ist nötig, wenn der Umformer mit Gleichstromnebenschlußgeneratoren parallel arbeiten soll. Diese würden bei starken Belastungsänderungen nicht in dem Maße wie der Umformer zur Stromabgabe gezwungen werden, da dessen Spannungsabfall viel geringer ist. Der Umformer muß also eine Gegenkompoundwicklung erhalten zwecks Vergrößerung des Spannungsabfalles.

d) Messungen.

Die experimentelle Untersuchung erstreckt sich auf die gleichen Punkte, die bei den Untersuchungen anderer Maschinen in Betracht gezogen wurden. Hinzu kommt noch: Messung des Übersetzungsverhältnisses bei Leerlauf und Belastung, Prüfung des Anlaufes, Bestimmung der kleinsten Anlaufspannung, Prüfung des Zusammenarbeitens mit Drosselspulen, Drehtransformatoren oder Zusatzmaschinen.

Für die einzelnen Kurvenaufnahmen möge noch folgendes bemerkt werden:

1. Leerlaufcharakteristik. $\overline{E} = f(i)$ bzw. $\tilde{E} = f(i)$, $\overline{J}$ und $\tilde{J} = 0$, $n =$ konst. Eine exakte Messung kann nur erfolgen, wenn man den Umformer mechanisch antreibt und Fremderregung verwendet. Man mißt sowohl $\overline{E}$, als auch $\tilde{E}$, und zwar $\tilde{E}$ zwischen allen Schleifringen, um die Richtigkeit der Wicklungsanschlüsse zu prüfen.

Ist es nicht möglich, den Umformer mechanisch anzutreiben, so kann man ihn mit verschiedenen Spannungen $\overline{E}$, aber mit $n =$ konst. (Regulierung des Feldes!), als Gleichstrommotor laufen lassen. $\tilde{E}$ wird gemessen. Die Kurve $\tilde{E} = f(i)$ wird jedoch mit Annäherung die Leerlaufcharakteristik nur für den Bereich ergeben, in welchem die Ankerrückwirkung und der durch den aufgenommenen Strom verursachte Spannungsabfall vernachlässigt werden können.

2. Äußere Charakteristik $\overline{E} = f(\overline{J})$, $\tilde{E} =$ konst., $n =$ konst. Die Wechselspannung $\tilde{E}$ ist konstant zu halten. Es kann Fremd- oder Selbsterregung verwendet werden. Die Reglerstellung im Feldkreise darf nicht geändert werden. Aus der Kurve ist sofort die Spannungsänderung zu entnehmen.

Spannungsänderung eines Einankerumformers ist die Gleichspannungserhöhung, die bei Übergang von Nennbetrieb auf Leerlauf auftritt, wenn
α) die der Maschine zugeführte Wechselspannung gleich der Nennspannung bleibt,
β) die Frequenz gleich der Nennfrequenz bleibt,
γ) die Bürsten in der für Nennbetrieb vorgeschriebenen Stellung bleiben,
δ) bei Selbsterregung der Erregerwiderstand, bei Eigenerregung und Fremderregung der Erregerstrom ungeändert bleibt.
Die Spannungsänderung wird in Prozenten der Nenngleichspannung angegeben.

e) Bestimmung des Wirkungsgrades.

Einer der Hauptvorzüge des Umformers ist sein hoher Wirkungsgrad. Bei 1000 kW-Umformern beträgt er etwa 96%, aber auch bei wesentlich kleineren Umformern liegt er über 92%. Begründet ist diese Höhe durch die geringen Stromwärmeverluste des Ankers.

Nimmt man an, daß der Einankerumformer als Synchronmotor und als Gleichstromgenerator läuft, so ist der hineingeschickte Wechselstrom im wesentlichen der induzierten EMK entgegengerichtet, während der gelieferte Gleichstrom mit dieser hinsichtlich der Richtung übereinstimmt. Daraus folgt, daß Gleich- und Wechselstrom sich im Anker zum großen Teil aufheben, so daß der Stromwärmeverlust gering ist. Aus der Gleichung[1] ($r_a =$ Widerstand der Ankerwicklung allein) für die Stromwärmeverluste im Anker eines Umformers

[1] Ableitung s. Kittler-Petersen, Allgemeine Elektrotechnik 3, S. 365.

$$V_a = \left(\bar{J}^2 + \frac{\tilde{J}^2}{\sin^2 \frac{\pi}{\mathfrak{p}}} - \frac{4\sqrt{2}\cdot\mathfrak{p}}{\pi^2}\cdot\bar{J}\cdot\tilde{J}\cos\varphi\right)\cdot r_a \quad . \quad . \quad . \quad . \quad (138)$$

folgt:

α) Der Verlust V_a ist um so kleiner, je größer die Phasenzahl $\mathfrak{p}$ ist.

β) Bei einem bestimmten Umformer ist V_a am kleinsten, wenn $\cos\varphi = 1$, die Phasenverschiebung also gleich Null wird.

1. Berechnung des Wirkungsgrades nach dem Einzelverlustverfahren. Bezüglich der einzelnen Verluste ist zu sagen:

α) Ankerkupferverluste. Anstatt diese nach Gl. (138) zu berechnen, bildet man den Ausdruck $\bar{J}^2 r_a$ und multipliziert diesen mit einem Faktor k. Es ist also:

$$V_a = k \cdot \bar{J}^2 r_a \quad . \quad . \quad . \quad . \quad . \quad . \quad . \quad . \quad . \quad (139)$$

Für $\cos\varphi = 1$ kann k aus folgender Tabelle entnommen werden:

Phasenzahl $\mathfrak{p}$	1	2	3	6	12
Zahl der Schleifringe . .	2	4	3	6	12
Faktor k	1,45	0,39	0,58	0,27	0,20

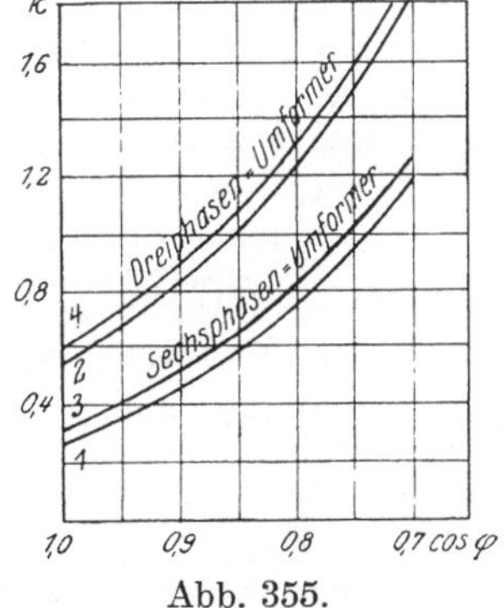

Abb. 355.

Arbeitet der Umformer mit Phasenverschiebung, so steigen die Verluste rasch an, k wächst. In Abb. 355 geben die Kurven 1 und 2 den Faktor k abhängig von der Phasenverschiebung an und zwar für verlustlosen Umformer und sinusförmigen Strom bei Sechs- und Dreiphasenschaltung. 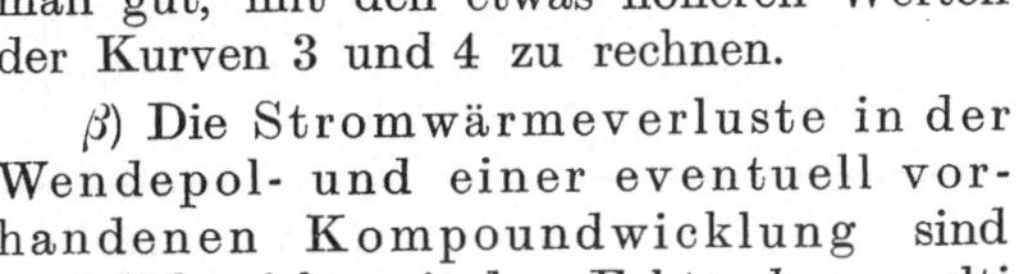Wegen des nicht rein sinusförmigen Stromes und der Verluste im Umformer tut man gut, mit den etwas höheren Werten der Kurven 3 und 4 zu rechnen.

β) Die Stromwärmeverluste in der Wendepol- und einer eventuell vorhandenen Kompoundwicklung sind natürlich nicht mit dem Faktor k zu multiplizieren. Die Stromwärmeverluste in Anker-, Wendepol- und Kompoundwicklung (r_h = Widerstand der beiden letzten Wicklungen zusammen) betragen demnach:

$$V_a' = k \cdot \bar{J}^2 \cdot r_a + J^2 \cdot r_h.$$

γ) Die Erregerverluste sind wie früher nach der Formel $V_e = e \cdot i$ — s. Gl. (83) — zu bestimmen. Für die Bürstenverluste $V_{\ddot{u}}$ gelten die bei Gl. (83b) gemachten Angaben; man rechnet demnach bei Anwendung von Bronzebürsten auf den Schleifringen mit 0,3 V Spannungsverlust pro Bürste, bei den Kohlebürsten auf der Gleichstromseite mit 1,0 V (bzw. 2,0 V für je eine +- und eine —-Bürste).

δ) Zur Bestimmung der Reibungs- und Eisenverluste $V_R + V_{Fe}$ wird am besten gleichstromseitig bei voller Spannung und Drehzahl die aufgenommene Leistung bestimmt. Der Umformer läuft leer als

Motor. Die Kupferverluste im Anker sind dabei so klein, daß sie vernachlässigt werden können.

ε) Die **zusätzlichen Verluste** V_{zus} sind gering. Sie betragen etwa 0,5 % der Gleichstromleistung.

Der **Wirkungsgrad** bestimmt sich, wenn der Umformer gleichstromseitig als Generator arbeitet, zu:

$$\eta = \frac{\bar{E} \cdot \bar{J}}{\bar{E} \cdot \bar{J} + V_R + V_{Fe} + V_a' + V_e + V_{ü} + V_{zus}}.$$

2. Direkte Messung des Wirkungsgrades. Diese sollte nur angewendet werden, wenn der Gesamtwirkungsgrad des Umformers und des zugehörigen Transformators ermittelt werden soll. Die vom Umformer gleichstromseitig abgegebene Leistung wird mit Volt- und Amperemeter, die dem Transformator zugeführte Leistung mit Wattmetern (Zweiwattmetermethode) gemessen.

Die direkte Messung von η empfiehlt sich hier noch weniger als bei anderen elektrischen Maschinen, da die zugeführte und die abgegebene Leistung N_a und N_z noch weniger voneinander abweichen. Ablesungs- und Instrumentfehler beeinflussen das Ergebnis, so daß auch bei Verwendung bester Instrumente und bei guter Ablesung mit allerhöchstens $\pm 0{,}5 \div 1$ % Genauigkeit gerechnet werden kann.

Beispiel zur Wirkungsgradberechnung nach dem Einzelverlustverfahren. An einem Dreiphasenumformer für $\bar{E} = 220$ V, $\bar{J} = 320$ A, $N_a = 70{,}4$ kW wurde aufgenommen:

Eisenverluste bei 220 V	0,85 kW	bei Leerlauf als Gleichstrommotor gemessen
Reibungsverlust	2,5 „	
Erregerstrom i bei $e = 220$ V . .	1,82 A	
r_a Anker (warm)	0,00204 Ω	
r_h Wendepole (warm)	0,001 Ω.	

Für die Berechnung der Bürstenverluste $V_{ü} = E_{ü} \cdot J$ auf der Kollektorseite wird ein Spannungsabfall von 2 V zugrunde gelegt. Die Bürstenverluste der Schleifringseite werden vernachlässigt. Ferner soll drehstromseitig keine Phasenverschiebung vorhanden sein. Der Faktor k beträgt also 0,58.

Spannung	$\bar{E}$	220 V	220 V	220 V
Strom	$\bar{J}$	320 A	240 A	160 A
Nutzleistung	$N_a = \bar{E} \cdot \bar{J}$	70,4 kW	52,8 kW	35,2 kW
Eisen- + Reibungsverluste	$V_R + V_{Fe}$	3,35 kW	3,35 kW	3,35 kW
Stromwärmeverluste im Anker und in den Wendepolen . . .	$V_a' = 0{,}58 \cdot \bar{J}^2 \cdot r_a + \bar{J}^2 \cdot r_h$	1,30 „	0,73 „	0,33 „
Bürstenverluste . .	$V_{ü} = E_{ü} \cdot \bar{J}$	0,64 „	0,48 „	0,32 „
Erregerverlust . . .	$V_e = e \cdot i = 220 \cdot 1{,}82$.	0,40 „	0,40 „	0,40 „
Zusätzliche Verluste .	$V_{zus} = 0{,}05 \cdot N_a$ . . .	0,37 „	0,26 „	0,18 „
Gesamtverluste . . .	V	6,06 kW	5,22 kW	4,58 kW
Wirkungsgrad . . .	$\eta = \frac{N_a}{N_a + V} \cdot 100$ . . .	92,1 %	91,1 %	88,5 %

Zehnter Abschnitt.

Messungen an Transformatoren.

64. Das Vektordiagramm und die Bestimmung der Konstanten.

a) Das Vektordiagramm.

Die Bezeichnungen sind dieselben wie in Kap. 57. Da Reibungsverluste beim Transformator nicht vorhanden sind, so ist der Leerlaufstrom J_{10} gleich dem Magnetisierungsstrome J'_{10}.

Zeichnung des Diagrammes. Dasselbe stimmt mit jenem eines Asynchronmotors, dessen Läufer stillsteht (Schlüpfung $s = 1$) und an dessen Rotorklemmen ein beliebiger Verbraucher liegt, vollkommen überein. Es kann somit auf das in Kap. 57 Gesagte verwiesen werden. Insbesondere gelten die Gl. (119) und (119a) für den Primär-, die Gl. (120) und (120a) für den Sekundärkreis. Diese seien hier nochmals angeschrieben:

$$\dot{E}_1 + \dot{E}_{1g} + \dot{E}_{1\tau} + \dot{E}_{1r} = 0 \quad \ldots \quad (119)$$

$$\dot{E}_1 + j \cdot (k_{11} \cdot \dot{J}_{1m} + k_{1\tau} \cdot \dot{J}_1) + (-\dot{J}_1 \cdot r_1) = 0 \quad \ldots \quad (119\text{a})$$

$$\dot{E}_2 = \dot{E}_{2g} + \dot{E}_{2\tau} + \dot{E}_{2r} \quad \ldots \quad (120)$$

$$\dot{E}_2 = j \cdot (k_{12} \cdot \dot{J}_{1m} + k_{2\tau} \cdot \dot{J}_2) + (-\dot{J}_2 \cdot r_2) \quad \ldots \quad (120\text{a})$$

Sind die Konstanten des Transformators, also die Reaktanzen k_{11}, k_{22}, k_{12}, $k_{1\tau}$ und $k_{2\tau}$, die Ohmschen Widerstände r_1 und r_2, der hysteretische Phasenwinkel φ_h (Winkel *GOH* in Abb. 356) und das Übersetzungsverhältnis (bzw. die Windungszahlen w_1 und w_2) gegeben, so kann das Vektorbild gezeichnet werden. In Abb. 356 ist dies für einen induktiv belasteten Transformator durchgeführt, von dem die sekundären Größen, nämlich die Klemmenspannung $\dot{E}_2$, der Strom J_2 und der Phasenwinkel φ_2, bekannt sind.

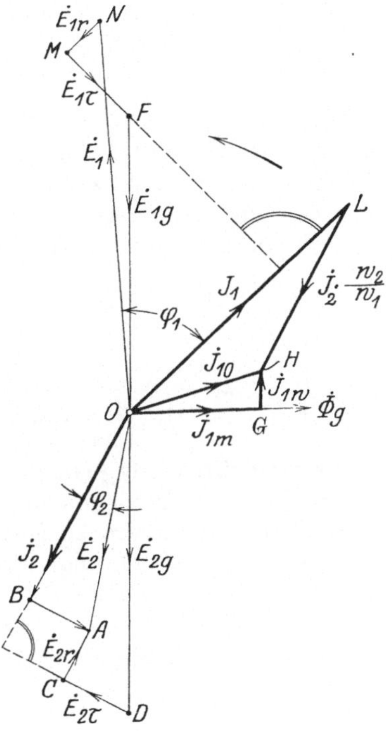

Abb. 356.

Man trägt $\dot{J}_2$ unter dem Winkel φ_2 (im Sinne der Nacheilung) gegen $OA = \dot{E}_2$ an, zeichnet den sekundären Ohmschen Spannungsabfall $CA = \dot{E}_{2r} = -\dot{J}_2 \cdot r_2$ um 180° und die sekundäre Streuspannung $DC = \dot{E}_{2\tau} = j \cdot k_{2\tau} \cdot \dot{J}_2$ um 90° gegen $\dot{J}_2$ nacheilend. Die Schlußlinie des Linienzuges *OACD* stellt die vom gemeinsamen Feld Φ_g, welches phasengleich mit der Blindkomponente $\dot{J}_{1m}$ des Magnetisierungsstromes $\dot{J}_{10} = \dot{J}'_{10}$ ist (s. Kap. 57), in der Sekundärwicklung induzierte EMK $\dot{E}_{2g} = OD = j \cdot k_{12} \cdot \dot{J}_{1m}$ dar.

Da k_{12} als bekannt vorausgesetzt wird, so ergibt sich aus der eben genannten Beziehung sofort $\dot{J}_{1m} = OG$, welcher Strom um 90° der $\dot{E}_{2g}$ vorauseilt. Senkrecht zu OG liegt im Sinne der Voreilung die Wirkkomponente $GH = \dot{J}_{1w}$ des Magnetisierungsstrom $\dot{J}_{10} = OH$. Größe und Richtung des primären Stromes $\dot{J}_1$ sind bestimmt durch die Seite OL des Dreieckes OLH, in welchem die Strecke $LH = \dot{J}_2 \cdot w_2/w_1$ der auf die primäre Windungszahl w_1 umgerechnete Sekundärstrom ist.

Mit $\dot{J}_1$ und den Konstanten des Primärkreises kann das Spannungsdiagramm des letzteren gezeichnet werden. Man zieht die primär induzierte EMK $\dot{E}_{1g} = FO = \dot{E}_{2g} \cdot w_1/w_2$ in Richtung von $\dot{E}_{2g}$, die primäre Streuspannung $MF = \dot{E}_{1\tau} = j \cdot k_{1\tau} \cdot \dot{J}_1$ um 90° und den primären Ohmschen Spannungsabfall $NM = \dot{E}_{1r} = -\dot{J}_1 \cdot r_1$ um 180° gegen $\dot{J}_1$ nacheilend. Die Schlußlinie ON des Linienzuges $OFMN$ ist die gesuchte Primärklemmenspannung $\dot{E}_1$. Ferner ergibt sich der Phasenwinkel φ_1.

Beziehungen zwischen J_1 und J_2, J_1 und E_1. Bedeutet R den Wirk-, K den Blindwiderstand (Reaktanz, induktiven Widerstand) des sekundären Schließungskreises (Verbraucherkreises), so gilt die folgende vektorielle Beziehung zwischen $\dot{E}_2$ und $\dot{J}_2$:

$$\dot{E}_2 = \dot{J}_2 \cdot (R - j \cdot K) \quad \ldots\ldots\ldots \quad (140)$$

$\dot{E}_2$ ist demnach die vektorielle Summe des mit $\dot{J}_2$ phasengleichen Vektors $OB = \dot{J}_2 \cdot R$ und des $\dot{J}_2$ um 90° voreilenden Vektors $BA = -j \cdot K \cdot \dot{J}_2$ in Abb. 356. Aus dieser Abbildung, wie auch aus der Gl. (140) ergibt sich:

$$E_2 = J_2 \cdot \sqrt{R^2 + K^2}, \qquad R = \frac{E_2 \cdot \cos\varphi_2}{J_2}, \qquad K = \frac{E_2 \cdot \sin\varphi_2}{J_2}.$$

Die Ableitung der nachstehenden Formeln erfolgt genau so, wie die der Gl. (121) und (122), nur hat man dabei von den Gl. (120) und (120a) auszugehen, also zu beachten, daß $s = 1$ und daß an den Klemmen der Sekundärseite die Spannung $\dot{E}_2$ wirksam ist. Für $\dot{E}_2$ ist noch die Gl. (140) in die Rechnung einzuführen. Man erhält so:

$$\dot{J}_1 = -\dot{J}_2 \cdot \frac{w_2}{w_1} \cdot \left[1 + \frac{k_{2\tau}+K}{k_{22}} + \frac{r_2+R}{k_{22}} \cdot \operatorname{tg}\varphi_h + j \cdot \left(\frac{r_2+R}{k_{22}} - \frac{k_{2\tau}+K}{k_{22}} \cdot \operatorname{tg}\varphi_h\right)\right] \quad . \; . \; (141)$$

$$\dot{E}_1 = \dot{J}_1 \cdot \left\{ r_1 - j \cdot k_{1\tau} + \frac{\left(\frac{w_1}{w_2}\right)^2 \cdot [r_2 + R - j(k_{2\tau}+K)]}{1 + \frac{k_{2\tau}+K}{k_{22}} + \frac{r_2+R}{k_{22}} \cdot \operatorname{tg}\varphi_h + j \cdot \left(\frac{r_2+R}{k_{22}} - \frac{k_{2\tau}+K}{k_{22}} \cdot \operatorname{tg}\varphi_h\right)} \right\} \quad (141a)$$

Vereinfachtes Diagramm. Sind die Magnetisierungsamperewindungen $J_{10} \cdot w_1$ klein gegen $J_1 \cdot w_1$ und gegen $J_2 \cdot w_2$, was bei Vollast mit Annäherung zutrifft, so ist auch $(k_{2\tau} + K)/k_{22}$ und $(r_2 + R)k_{22}$ klein gegenüber 1. Beachtet man dies, so geht die Gl. (141) über in:

$$\dot{J}_1 = -\dot{J}_2 \cdot \frac{w_2}{w_1} \quad \ldots\ldots\ldots \quad (142)$$

und da aus dem gleichen Grunde auch der Nenner des Bruches in Gl. (141a) gleich 1 gesetzt werden kann, so erhält diese die Form:

$$\dot{E}_1 = \dot{J}_1 \cdot \left\{ r_1 + r_2 \cdot \left(\frac{w_1}{w_2}\right)^2 - j \cdot \left[k_{1\tau} + k_{2\tau} \cdot \left(\frac{w_1}{w_2}\right)^2\right] + \left(\frac{w_1}{w_2}\right)^2 \cdot (R - j \cdot K) \right\} \quad . \; . \; (142a)$$

Eine einfache Umrechnung unter Verwendung der Gl. (140) und (142) ergibt:

$$\dot{E}_1 + \dot{E}_2 \cdot \frac{w_1}{w_2} = \dot{J}_1 \cdot \left\{ r_1 + r_2 \cdot \left(\frac{w_1}{w_2}\right)^2 - j \cdot \left[k_{1\tau} + k_{2\tau} \cdot \left(\frac{w_1}{w_2}\right)^2 \right] \right\} \quad \ldots \ldots (143)$$

$$\dot{E}_1 + \dot{E}_2 \cdot \frac{w_1}{w_2} = -\dot{J}_2 \cdot \left\{ r_2 + r_1 \cdot \left(\frac{w_2}{w_1}\right)^2 - j \cdot \left[k_{2\tau} + k_{1\tau} \cdot \left(\frac{w_2}{w_1}\right)^2 \right] \right\} \cdot \frac{w_1}{w_2} \quad \ldots (143\,a)$$

In Gl. (143) und (143 a) sind sämtliche Spannungen auf die Primärseite bezogen. Die Gl. (143) ist in Abb. 357 zur Darstellung gebracht. Es ist darin:

$$OA = \dot{J}_1 \cdot \left[r_1 + r_2 \cdot \left(\frac{w_1}{w_2}\right)^2 \right], \qquad AB = -j \cdot \left[k_{1\tau} + k_{2\tau} \cdot \left(\frac{w_1}{w_2}\right)^2 \right],$$

$$CB = \dot{E}_1, \qquad OC = \dot{E}_2 \cdot \frac{w_1}{w_2}.$$

Man kann natürlich auch alle Spannungen auf die Sekundärseite umrechnen. Die entsprechenden Vektorgleichungen erhält man, wenn man beide Seiten der Gl. (143) und (143 a) mit dem Faktor w_2/w_1 multipliziert.

Bezeichnet man mit

$$\left.\begin{aligned} R_1 &= r_1 + r_2 \cdot \left(\frac{w_1}{w_2}\right)^2 \\ K_{1\tau} &= k_{1\tau} + k_{2\tau} \cdot \left(\frac{w_1}{w_2}\right)^2 \\ Z_1 &= \sqrt{R_1^2 + K_{1\tau}^2} \end{aligned}\right\} \quad \ldots \ldots (144)$$

die auf die Primärseite bezogene Gesamtresistanz, Gesamtstreureaktanz und Gesamtimpedanz des Transformators, bzw. mit

$$\left.\begin{aligned} R_2 &= r_2 + r_1 \cdot \left(\frac{w_2}{w_1}\right)^2 \\ K_{2\tau} &= k_{2\tau} + k_{1\tau} \cdot \left(\frac{w_2}{w_1}\right)^2 \\ Z_2 &= \sqrt{R_2^2 + K_{2\tau}^2} \end{aligned}\right\} \quad \ldots \ldots (145)$$

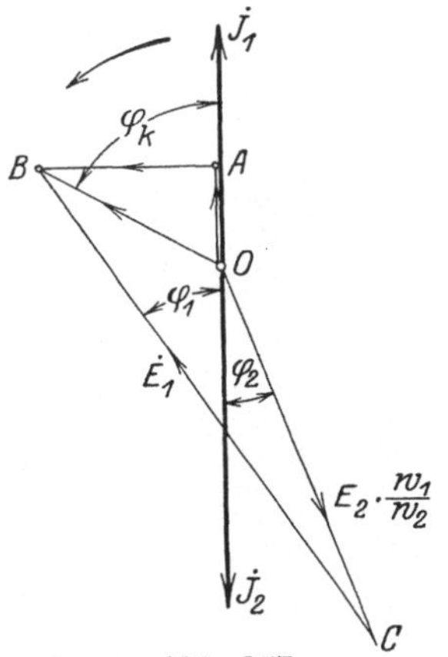

Abb. 357.

die auf die Sekundärseite bezogene Gesamtresistanz, Gesamtstreureaktanz und Gesamtimpedanz, so lassen sich die Gl. (143) und (143 a) noch in einfacher Form schreiben:

$$\dot{E}_1 + \dot{E}_2 \cdot \frac{w_1}{w_2} = \dot{J}_1 \cdot (R_1 - j \cdot K_{1\tau}) = \dot{E}_{1k} \quad \ldots \ldots (146)$$

$$\dot{E}_1 + \dot{E}_2 \cdot \frac{w_1}{w_2} = -\dot{J}_2 (R_2 - j \cdot K_{2\tau}) \cdot \frac{w_1}{w_2} = \dot{E}_{1k} \quad \ldots \ldots (146\,a)$$

oder, wenn man beide Gleichungsseiten mit w_2/w_1 multipliziert:

$$\dot{E}_1 \cdot \frac{w_2}{w_1} + \dot{E}_2 = \dot{J}_1 (R_1 - j \cdot K_{1\tau}) \cdot \frac{w_2}{w_1} = \dot{E}_{2k} \quad \ldots \ldots (146\,b)$$

$$\dot{E}_1 \cdot \frac{w_2}{w_1} + \dot{E}_2 = -\dot{J}_2 (R_2 - j \cdot K_{2\tau}) = \dot{E}_{2k} \quad \ldots \ldots (146\,c)$$

Die Gl. (146) und (146 a) stellen den gesamten, auf die Primärseite bezogenen Spannungsabfall E_{1k} im Transformator dar. In Abb. 357 wird E_{1k} durch die Strecke OB dargestellt. Dieser Spannungsabfall kann nach Gl. (146b) und (146c) auf die Sekundärseite umgerechnet werden. Das jetzt gültige Diagramm erhält man aus Abb. 357, wenn man die Strecken OB, OC, OA, AB und CB mit dem Faktor w_2/w_1 multipliziert.

Man kann auch Abb. 357 beibehalten, wenn deren Maßstab entsprechend geändert wird. Es ist dann:

$$OC = E_2 \cdot \frac{w_1}{w_2} \cdot \frac{w_2}{w_1} = E_2, \qquad CB = E_1 \cdot \frac{w_2}{w_1}, \qquad OB = E_{1k} \cdot \frac{w_2}{w_1} = E_{2k}.$$

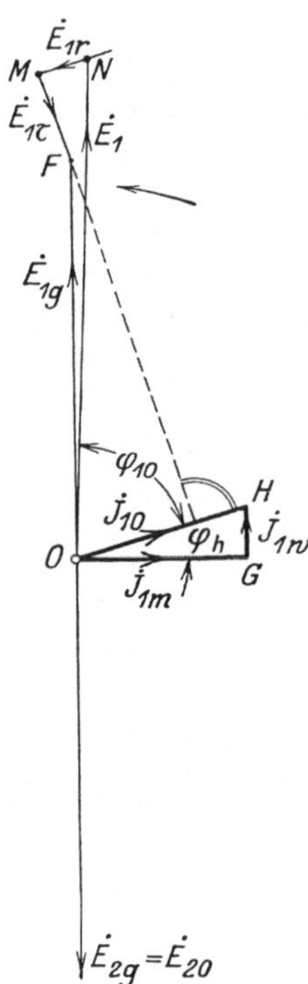

Abb. 358.

b) Die Bestimmung der Konstanten.

Wie die Konstanten des Asynchronmotors, so lassen sich auch diejenigen des Transformators durch einen Leerlauf- und Kurzschlußversuch ermitteln (s. auch Kap. 57).

Kurzschlußversuch. Dem primären Stromkreise wird bei kurzgeschlossenem sekundärem eine mäßige Spannung E_{1k} (etwa 3÷5 % der Nennspannung) zugeführt, und es wird außer dieser noch die aufgenommene Leistung N_{1k}, sowie der Strom J_{1k} gemessen (alle Werte gelten pro Phase). Damit kann der Leistungsfaktor $\cos \varphi_{1k}$ berechnet werden. Da beim Kurzschluß die Klemmenspannung $E_2 = 0$ ist, so fällt im Diagramm Abb. 357 der Punkt C mit O zusammen. $\dot{E}_1 = \dot{E}_{1k}$ wird nach Größe und Richtung dargestellt durch die Strecke OB, d. h. die aufgedrückte Klemmenspannung E_{1k} dient zur Deckung des gesamten Ohmschen und induktiven Spannungsabfalles im Transformator. Der Winkel φ_{1k} wird durch AOB in Abb. 357 dargestellt. Gl. (146) nimmt für den Kurzschlußzustand die Form an:

$$\dot{E}_{1k} = \dot{J}_{1k} \cdot (R_1 - j \cdot K_{1\tau}).$$

Die mit $\dot{J}_{1k}$ phasengleiche Komponente, welche zur Überwindung des gesamten Ohmschen Spannungsabfalles dient, ist:

$$OA = E_{1k} \cdot \cos \varphi_{1k} = J_{1k} \cdot R_1 = J_{1k} \cdot \left[r_1 + r_2 \cdot \left(\frac{w_1}{w_2} \right)^2 \right].$$

Die $\dot{J}_{1k}$ um 90° voreilende Komponente deckt den gesamten induktiven Spannungsabfall und beträgt:

$$AB = E_{1k} \cdot \sin \varphi_{1k} = J_{1k} \cdot K_{1\tau} = J_{1k} \cdot \left[k_{1\tau} + k_{2\tau} \cdot \left(\frac{w_1}{w_2} \right)^2 \right].$$

Aus diesen Beziehungen ergibt sich:

$$r_1 + r_2 \cdot \left(\frac{w_1}{w_2} \right)^2 = \frac{E_{1k} \cdot \cos \varphi_{1k}}{J_{1k}},$$

$$k_{1\tau} + k_{2\tau} \cdot \left(\frac{w_1}{w_2} \right)^2 = \frac{E_{1k} \cdot \sin \varphi_{1k}}{J_{1k}}.$$

Eine einfache Trennung von $k_{1\tau}$ und $k_{2\tau} \cdot \left(\frac{w_1}{w_2}\right)^2$ ist nicht möglich. Es ist aber hinlänglich genau, wenn schätzungsweise gesetzt wird:

$$k_{1\tau} = k_{2\tau} \cdot \left(\frac{w_1}{w_2}\right)^2.$$

Bemerkung. Die Spannung E_{1k}, welche primärseitig angelegt wird, wird nach § 15 der RET als Kurzschlußspannung bezeichnet, wenn sie so groß gewählt wird, daß der Transformator bei kurzgeschlossener Sekundärwicklung den Nennprimärstrom aufnimmt. Sie wird in Prozenten der Nennprimärspannung ausgedrückt (in Kap. 65 ist diese prozentuale Kurzschlußspannung mit e_k bezeichnet).

Leerlaufversuch. Das für den Leerlauf gültige Diagramm erhält man aus Abb. 356, wenn man, da $J_2 = 0$ ist, die Strecke $HL = 0$ setzt. Punkt L fällt mit Punkt H zusammen und es ist also $J_1 = J_{10}$. Sekundärseitig wird $E_{2r} = 0$ und $E_{2\tau} = 0$. Damit ergibt sich aus Gl. (120): $\dot{E}_2 = \dot{E}_{2g}$, d. h. die bei Leerlauf gemessene sekundäre Klemmenspannung E_2, welche hier mit E_{20} bezeichnet werden möge, ist gleich der in der Sekundärwicklung induzierten EMK E_{2g} und mit dieser in Phase. Abb. 358 zeigt das Leerlaufdiagramm.

Bei offenem sekundärem Stromkreise (es ist $R = \infty$, $K = \infty$, folglich $J_2 = 0$) wird nun dem Transformator die Spannung $E_1 = E_{10}$ zugeführt. Aus den primär gemessenen Größen: Leistungsaufnahme N_{10}, Strom J_{10}, Spannung E_{10} berechnet man den Leistungsfaktor $\cos\varphi_{10}$, ferner die mit $\dot{J}_{10}$ phasengleiche Komponente $E_{10} \cdot \cos\varphi_{10}$ und die $\dot{J}_{10}$ um 90° voreilende Komponente $E_{10} \cdot \sin\varphi_{10}$.

Andererseits geht mit $R = \infty$ und $K = \infty$ die Gl. (141a) über in (auf die Ableitung sei hier verzichtet):

$$\dot{E}_{10} = \dot{J}_{10} \cdot \left[r_1 + k_{11} \cdot \frac{\operatorname{tg}\varphi_h}{1 + \operatorname{tg}^2\varphi_h} - j \cdot \left(k_{1\tau} + \frac{k_{11}}{1 + \operatorname{tg}^2\varphi_h}\right)\right].$$

Nach dieser Beziehung ist:

Die mit $\dot{J}_{10}$ phasengleiche Komponente $E_{10} \cdot \cos\varphi_{10} = J_{10} \cdot \left(r_1 + \frac{k_{11} \cdot \operatorname{tg}\varphi_h}{1 + \operatorname{tg}^2\varphi_h}\right)$,

die $\dot{J}_{10}$ um 90° voreilende Komponente $E_{10} \cdot \sin\varphi_{10} = J_{10} \cdot \left(k_{1\tau} + \frac{k_{11}}{1 + \operatorname{tg}^2\varphi_h}\right)$.

Aus den genannten Formeln ergibt sich nach kurzer Umrechnung:

$$\operatorname{tg}\varphi_h = \frac{E_{10} \cdot \cos\varphi_{10} - J_{10} \cdot r_1}{E_{10} \cdot \sin\varphi_{10} - J_{10} \cdot k_{1\tau}}$$

und

$$k_{11} = \left(\frac{E_{10}}{J_{10}} \cdot \sin\varphi_{10} - k_{1\tau}\right) \cdot (1 + \operatorname{tg}^2\varphi_h).$$

Wie oben ausgeführt, besteht bei Leerlauf die Beziehung: $E_{20} = E_{2g}$. Nun ist aber (s. auch Kap. 57):

$$E_{2g} = k_{12} \cdot J_{1m} = k_{12} \cdot J_{10} \cdot \cos\varphi_h.$$

Folglich ist:

$$k_{12} = k_{21} = \frac{E_{2g}}{J_{10} \cdot \cos\varphi_h} = \frac{E_{20}}{J_{10} \cdot \cos\varphi_h}.$$

Schließlich sei noch an die in den Gl. (118) angeführten Umrechnungen erinnert.

65. Die Bestimmung der Übersetzung und der Spannungsänderung.

a) Übersetzung.

Allgemeines. Die Übersetzung ist das Verhältnis von Ober- zu Unterspannung bei Leerlauf (§ 11 der RET). Sie ist unter Berücksichtigung der Schaltart gleich dem Verhältnis der Windungszahlen. Somit gilt, wenn E_{20} und E_{10} die genannten Spannungen, w_2 und w_1 die Windungszahlen bezeichnen:

$$\frac{E_{20}}{E_{10}} = \frac{w_2}{w_1} \quad \text{und} \quad E_{20} = E_{10} \cdot \frac{w_2}{w_1} \quad \ldots\ldots \quad (146\,\mathrm{d})$$

Das Verhältnis der Spannungen stimmt nur dann mit dem Verhältnis der Windungszahlen genau überein, wenn der durch den Leerlaufstrom bedingte Spannungsabfall vernachlässigbar ist. In den praktisch vorkommenden Fällen trifft dies im allgemeinen zu. (Auch bei der Aufstellung des vereinfachten Diagrammes Abb. 357 wurde dies vorausgesetzt.)

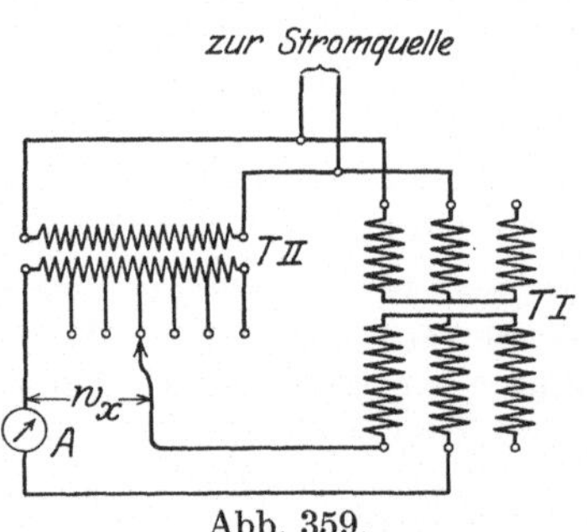

Abb. 359.

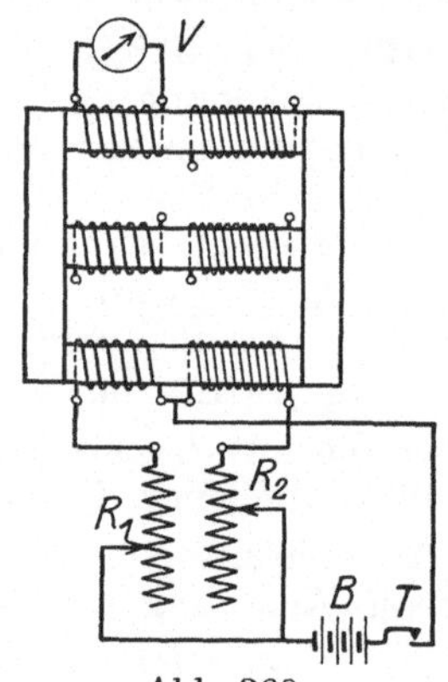

Abb. 360.

Bei Dreiphasentransformatoren (E_{10} und E_{20} bezeichnen hier die verketteten Spannungen, w_1 und w_2 jedoch die Windungszahlen pro Phase) hat die Gl. (146d) nur dann Gültigkeit, wenn Ober- und Unterspannungsseite gleiche Schaltungen aufweisen. Das ist der Fall bei den Transformatoren A_1, A_2, B_1 und B_2 (s. die Tabelle der Schaltgruppen in Kap. 67). Für die übrigen Schaltarten sind die nachstehenden Beziehungen an Hand ihrer Vektorbilder leicht abzuleiten.

Schaltung A_3 und B_3 ..... $\frac{w_2}{w_1} = \frac{2 \cdot E_{20}}{3 \cdot E_{10}}$,

„ C_1 „ D_1 ..... $\frac{w_2}{w_1} = \frac{E_{20}}{\sqrt{3} \cdot E_{10}}$,

„ C_2 „ D_2 ..... $\frac{w_2}{w_1} = \frac{\sqrt{3} \cdot E_{20}}{E_{10}}$,

„ C_3 „ D_3 ..... $\frac{w_2}{w_1} = \frac{2}{\sqrt{3}} \cdot \frac{E_{20}}{E_{10}}$.

Messung der Übersetzung. In einfachster Weise erfolgt diese durch Messung der Spannungen E_{20} und E_{10}. — Man kann auch das folgende Verfahren anwenden: Der Transformator T II in Abb. 359 besitzt primärseitig w Windungen und sekundärseitig zahlreiche Anzapfungen. Er wird mit dem zu prüfenden Transformator TI parallel geschaltet. Die sekundäre Windungszahl w_x von TII wird so lange verändert, bis das Amperemeter A keinen Strom mehr anzeigt. Dann ist das bekannte Verhältnis w_x/w die gesuchte Übersetzung w_2/w_1 des zu prüfenden Transformators TI. Hat dieser mehrere Anzapfungen, so sind alle Spannungsverhältnisse durchzuprüfen.

Eine andere Methode hat Goldschmidt angegeben. Man legt nach Abb. 360 die Primär- und Sekundärwicklung (Windungszahlen w_1 und w_2, Widerstände r_1 und r_2) eines Schenkels über die Widerstände R_1 und R_2 an die Batterie B von der Spannung E, und zwar so, daß die von den Strömen $J_1 = E/(R_1 + r_1)$ und $J_2 = E/(R_2 + r_2)$ erzeugten Felder entgegengesetzt gerichtet sind. An eine beliebige Spule eines anderen Schenkels schließt man das Millivoltmeter V an. Gleicht man R_1 und R_2 so ab, daß beim Öffnen des Tasters T das Instrument V nicht ausschlägt, so muß sein:

$$J_1 \cdot w_1 = J_2 \cdot w_2 \quad \text{oder} \quad \frac{E}{(R_1 + r_1)} \cdot w_1 = \frac{E}{(R_2 + r_2)} \cdot w_2 .$$

Daraus findet man:

$$\frac{w_2}{w_1} = \frac{R_2 + r_2}{R_1 + r_1} .$$

b) Spannungsänderung.

Allgemeines. Entlastet man einen Transformator, so geht seine sekundäre Klemmenspannung E_2 in die Nennsekundärspannung $E_{20} = E_1 \cdot w_2/w_1$ über, also in jene Spannung, welche aus der primären Nennspannung E_1 und der Übersetzung w_2/w_1 berechnet werden kann. Beim Übergang von Belastung auf Leerlauf darf natürlich weder die Frequenz, noch die Spannung E_1 geändert werden [in der Gl. (146d) ist demnach $E_{10} = E_1$ zu setzen]. Als Spannungsänderung bezeichnet man dann den Ausdruck:

$$E_{20} - E_2 = E_1 \cdot \frac{w_2}{w_1} - E_2 \quad . \quad (146\text{e})$$

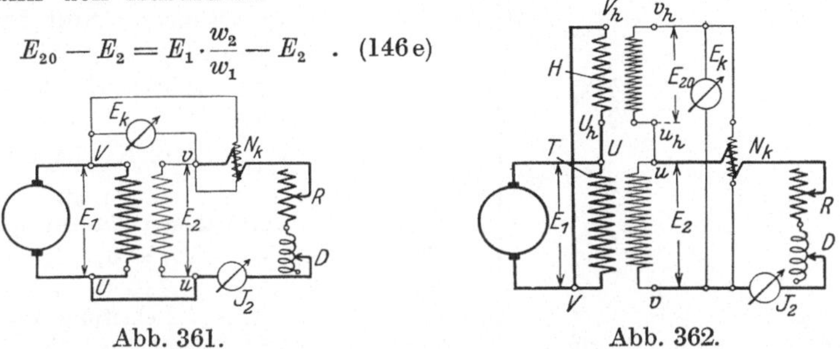

Abb. 361. Abb. 362.

In einfachster Weise kann natürlich die Spannungsänderung durch direkte Messung der Spannungen E_{20} und E_2 bei Leerlauf und Belastung ermittelt werden. In Abb. 361 ermöglichen der Belastungswiderstand R und die Drosselspule D die Einstellung eines beliebigen Stromes J_2 bei einem beliebigen Leistungsfaktor $\cos\varphi_2$. Um die abgegebene Leistung zu ermitteln, muß die Spannungsspule des Wattmeters N_k an die Spannung E_2 gelegt werden.

Direkte Messung des gesamten Spannungsabfalles. α) Transformator mit $w_2/w_1 = 1$. Die Schaltung nach Abb. 361 kann auch dazu benützt werden, um den gesamten Spannungsabfall bei Belastung direkt zu messen.

Man verbindet U mit u und V mit v über das Voltmeter E_k. Die angezeigte Spannung ist die vektorielle Summe der primären und sekundären Klemmenspannungen. Beachtet man die Gl. (146b) und (146c) und ferner, daß nach Voraussetzung $w_2/w_1 = 1$ ist, so erkennt man, daß das Voltmeter E_k den gesamten Spannungsabfall $\dot{E}_{2k} = \dot{E}_1 + \dot{E}_2$ anzeigt. Schaltet man an diese Spannung noch die Spannungsspule des Wattmeters N_k, dessen Stromspule von J_2 durchflossen wird, so erhält man die Leistung $N_k = E_{2k} \cdot J_2 \cdot \cos \varphi_k$, welche nichts anderes als der gesamte Wicklungsverlust ist. Mit $E_{2k} = OB$ und φ_k kann das Dreieck AOB in Abb. 357 gezeichnet werden. Es ergibt sich aus diesem $OA = J_2 \cdot R_2$ und $AB = J_2 \cdot K_{2\tau}$. — β) Transformator mit $w_2/w_1 > 1$ — Abb. 362. Man schaltet den kleinen Hilfstransformator H, der dasselbe Übersetzungsverhältnis wie der Haupttransformator T besitzt, diesem parallel. Da H nicht belastet wird, so steht an den Klemmen $u_h v_h$ unabhängig von der Belastung des Transformators T stets die Spannung $E_{20} = E_1 \cdot w_2/w_1$ zur Verfügung. Ein an die Klemmen v und v_h angelegtes Voltmeter E_k mißt die vektorielle Summe der Spannungen $\dot{E}_2$ und $\dot{E}_{20}$, folglich:

$$\dot{E}_2 + \dot{E}_{20} = \dot{E}_2 + \dot{E}_1 \cdot \frac{w_2}{w_1}$$

und damit nach Gl. (146b) und (146c) den gesamten Spannungsabfall E_{2k}.

Praktisch wendet man die bis jetzt beschriebenen Verfahren zur Bestimmung des Spannungsabfalles fast nie an. Ihr Nachteil besteht darin, daß sie eine Belastung des Transformators erfordern. Belastungsproben von Transformatoren werden aber nur sehr selten ausgeführt. Viel wichtiger ist die Bestimmung der Spannungsänderung.

Bestimmung der Spannungsänderung aus dem Diagramm. Abb. 363 ist wieder das bereits in Abb. 357 erläuterte vereinfachte Transformatordiagramm. $BC = E_1 \cdot w_2/w_1$ stellt die aus der Primärspannung und der Übersetzung berechnete Nennsekundärspannung E_{20} dar. Ebenso sind der gesamte Ohmsche und induktive Spannungsverlust $OA = J_2 \cdot R_2$ bzw. $AB = J_2 \cdot K_{2\tau}$ [s. die Gl. (145) und (146)] auf die Sekundärseite bezogen.

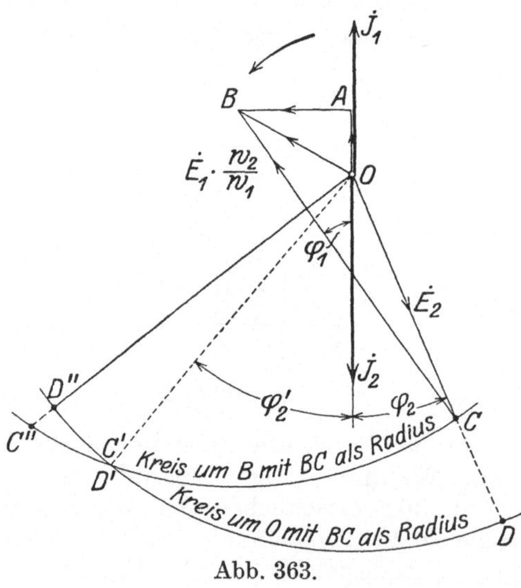

Abb. 363.

Bei einem streuungs- und verlustlosen Transformator

$$(K_{2\tau} = 0, \quad R_2 = 0)$$

wären $AB = 0$ und $OA = 0$. Für jede Belastung und Phasenverschiebung würde bei konstanter Primärspannung auch die Sekundärspannung

$$E_2 = E_1 \cdot w_2/w_1 = E_{20}$$

konstant sein, d. h. eine Spannungsänderung würde zwischen Belastung und Leerlauf nicht auftreten.

Ist das Dreieck OAB gegeben, so kann man in einfacher Weise die Spannungsänderung zwischen Leerlauf und Belastung graphisch ermitteln: Mit $E_{20} = E_1 \cdot w_2/w_1$ schlägt man Kreise um O und um B. Zieht man unter einem beliebigen Winkel φ_2 den Strahl OCD, so ist

$$CD = OD - OC = BC - OC \doteq E_1 \cdot \frac{w_2}{w_1} - E_2$$

die Spannungsänderung für den Strom J_2 und den Winkel φ_2.

Für größere oder kleinere Ströme J_2 ist das Dreieck OAB, da dessen Seiten den Strömen direkt proportional sind, entsprechend zu vergrößern oder zu verkleinern.

Die Spannungsänderung wird gleich Null, wenn E_2 die Richtung OD' besitzt. J_2 eilt dann der Klemmenspannung um den Winkel φ_2' voraus. — Bei noch größerer Voreilung wird die Klemmenspannung bei Last E_2 größer als die Nennsekundärspannung $E_1 \cdot w_2/w_1$. Dieser Fall tritt ein für alle Strahlen links vom Strahle OD' — vgl. Strahl OD'': Die Strecke $D''C''$ stellt hier einen Spannungsabfall dar, der beim Übergang von Last auf Leerlauf eintritt.

Bestimmung der Spannungsänderung nach den RET. Gemäß § 16 wird die Spannungsänderung bei einem anzugebenden Leistungsfaktor auf den Nennbetrieb bezogen und in Prozenten der Nennsekundärspannung E_{20} ausgedrückt. Diese prozentuale Spannungsänderung e_φ wird nach folgender Formel berechnet:

$$e_\varphi = e_\varphi' + 100 - \sqrt{10\,000 - e_\varphi''^2} \quad \ldots \ldots \quad (147)$$

Darin ist:

$$e_\varphi' = e_r \cdot \cos\varphi_2 + e_x \cdot \sin\varphi_2 \quad \ldots \ldots \quad (147\,\mathrm{a})$$

$$e_\varphi'' = e_x \cdot \cos\varphi_2 - e_r \cdot \sin\varphi_2 \quad \ldots \ldots \quad (147\,\mathrm{b})$$

$$e_x = \sqrt{e_k^2 - e_r^2} \quad \ldots \ldots \quad (147\,\mathrm{c})$$

Zur Berechnung von e_φ genügt also die Kenntnis der prozentualen Kurzschlußspannung e_k und des gesamten prozentualen Ohmschen Spannungsabfalles e_r. Mit e_k und e_r ist dann auch der gesamte induktive Spannungsabfall e_x nach Gl. (147c) bestimmt. Beträgt der letztere nur etwa bis zu 4%, so ist die Annäherung $e_\varphi \sim e_\varphi'$ ausreichend. e_k, e_r und e_x beziehen sich auf den Nennbetrieb und sind in Prozenten der Nennsekundärspannung in die Formeln einzusetzen.

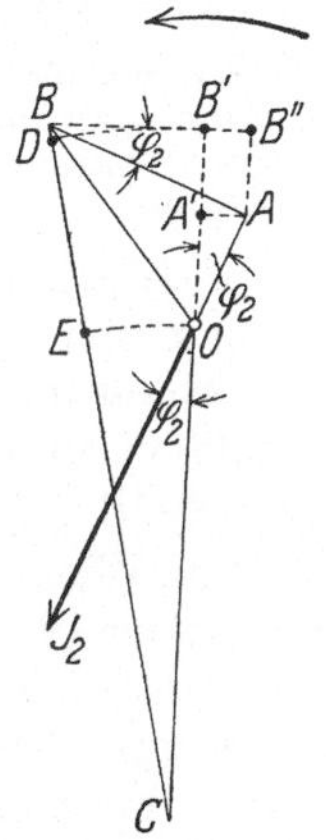

Beweis. In Abb. 364 ist nochmals der Linienzug $OABC$ des Diagrammes Abb. 357 dargestellt. AA' und BB' sind dabei senkrecht, AB'' parallel zur Geraden COB' gezogen. Weiter ist, wie aus der Abb. 364 hervorgeht:

$$CD = CB' \qquad CO = CE \qquad OB' = ED.$$

BC ist die aus der primären Nennspannung E_1 berechnete Nennsekundärspannung $E_{20} = E_1 \cdot w_2/w_1$; $OC = EC = E_2$ die Sekundärspannung bei Belastung. Die prozentuale Spannungsänderung beim Übergang von Nennbetrieb auf Leerlauf beträgt somit:

$$e_\varphi = \frac{BC - OC}{BC} \cdot 100 = \frac{BC - DC + DE}{BC} \cdot 100$$

$$e_\varphi = \frac{BC - \sqrt{(BC)^2 - (BB')^2} + DE}{BC} \cdot 100 \quad \ldots \quad (147\,\mathrm{d})$$

Abb. 364.

Wie an Hand der Abb. 364 leicht nachgewiesen werden kann, ist $DE = B'O = e_\varphi'$ und $BB' = e_\varphi$. Setzt man e_φ' und e_φ'', welche mit den Gl. (147a) und (147b) in % der Nennsekundärspannung $BC = E_{20}$ berechnet werden, und $E_{20} = 100\%$ in Gl. (147d) ein, so erhält man Gl. (147).

66. Die Bestimmung des Wirkungsgrades.

Die in Kap. 38 gemachten Ausführungen über die Nachteile der direkten Bestimmung des Wirkungsgrades durch Messung der zu- und abgeführten Leistung (N_z und N_a) gelten in erhöhtem Maße für Transformatoren, da deren Wirkungsgrad ein hoher ist, und da sich deshalb die beiden gemessenen Leistungen nur wenig voneinander unterscheiden. Deshalb kommen für diesen Zweck fast nur die indirekten Methoden zur Anwendung.

a) Das Einzelverlustverfahren.

Verluste. An Verlusten sind zu berücksichtigen (s. § 52÷55 der RET): 1. Leerlaufverluste, 2. Wicklungsverluste.

1. Leerlaufverluste. Ihre Größe ist gleich der Leistungsaufnahme des Transformators bei Leerlauf, also bei Nennprimärspannung, Nennfrequenz und offener Sekundärwicklung. Sie bestehen aus Eisenverlusten, Verlusten im Dielektrikum und dem Stromwärmeverlust des Leerlaufstromes. Bei Transformatoren mit Anzapfungen ist die der benutzten Nennprimärspannung entsprechende Stufe zu wählen.

Die Messung wird im allgemeinen von der Unterspannungsseite aus vorgenommen.

Bezeichnet V_0 den so gemessenen Leerlaufverlust, V_{Fe} den Eisenverlust einschließlich des Verlustes im Dielektrikum, V_{a0} den Stromwärmeverlust (bei $\mathfrak{p}$ Phasen ist $V_{a0} = \mathfrak{p} \cdot J_{10}^2 \cdot r_1$ bzw. $V_{a0} = \mathfrak{p} \cdot J_{20}^2 \cdot r_2$, je nachdem der Versuch von der Primär- oder von der Sekundärseite aus vorgenommen wird), so ist:

$$V_0 = V_{Fe} + V_{a0} = \sim V_{Fe},$$

da die Stromwärmeverluste V_{a0} vernachlässigt werden können.

Zu beachten ist, daß die Eisenverluste von der Kurvenform der bei der Prüfung verwendeten Spannung abhängig sind: Sie werden bei flacher bzw. spitzer Spannungskurve größer bzw. kleiner als bei sinusförmig verlaufender Spannung.

2. Wicklungsverluste. Diese sind die gesamten Stromwärmeverluste bei Nennstrom und Nennfrequenz, die in allen Wicklungen und Ableitungen (also zwischen den Klemmen) in betriebswarmem Zustande verbraucht werden. Wenn der betriebswarme Zustand nicht festgestellt ist, ist auf die gewährleistete Temperatur umzurechnen.

Der Wicklungsverlust wird ermittelt, indem bei kurzgeschlossenen Sekundärwicklungen an den Transformator die Kurzschlußspannung angelegt wird, also eine solche Spannung, bei welcher der Transformator den Nennstrom aufnimmt. Dann wird die primärseitig zugeführte Leistung N_{1k} gemessen. Etwaige zusätzliche Verluste durch Wirbelströme sind hierbei im Wicklungsverluste enthalten.

Wenn das Verhältnis Sekundärspannung zu Sekundärstrom sehr klein ist, z. B. bei Transformatoren für hohe Stromstärken, kann der gemessene Verlust durch den Kurzschlußbügel wesentlich vergrößert werden. In solchen Fällen ist eine entsprechende Korrektur vorzunehmen, um den wirklichen Wicklungsverlust zu ermitteln.

N_{1k} enthält außer den Stromwärmeverlusten V_a noch Eisenverluste. Diese sind aber sehr klein, da das beim Kurzschlußversuch vorhandene Feld sehr schwach ist. Somit können sie vernachlässigt werden, und es ergibt sich als Wicklungsverlust:

$$V_a = N_{1k} = \mathfrak{p} \cdot J_{1k}^2 \cdot R_1 = \mathfrak{p} \cdot J_{2k}^2 \cdot R_2 .$$

R_1 und R_2 sind die auf die Primär- bzw. Sekundärseite bezogenen Gesamtresistanzen pro Phase [s. Gl. (144) und (145)]. Für andere Belastungsströme J_1 bzw. J_2 wird der Versuch in gleicher Weise wiederholt d. h. es ist eine solche Spannung an den kurzgeschlossenen Transformator zu legen, daß die auftretenden Kurzschlußströme gleich den verlangten Laströmen werden.

Berechnung des Wirkungsgrades. Der Gesamtverlust beträgt: $N_v = V_{Fe} + V_a$. Zur Berechnung des Wirkungsgrades dient die Gl. (77a).

b) Das Rückarbeitsverfahren.

Schaltung. Abb. 365 zeigt eine Schaltung für Einphasentransformatoren. Die Oberspannungswicklungen der beiden gleichen Transformatoren T I und T II werden parallel geschaltet. Um sich von der Richtigkeit der Schaltung zu überzeugen, legt man an Stelle des Amperemeters J_2 ein Voltmeter, schließt die Schalter S_1 und S_3, während S_2 offen bleibt, und erregt mit einer kleinen Spannung E_1. Zeigt das Voltmeter keine Spannung an, so ist die Schaltung richtig, anderenfalls sind die Anschlüsse einer der Wicklungen 1, 2, 3 oder 4 zu vertauschen.

In Reihe mit 4 liegt die Sekundärseite (Wicklung 5) eines kleinen Hilfstransformators H, dessen Primärwicklung (Wicklung 6) mit dem vorgeschalteten Widerstand R ebenfalls von der Spannung E_1 gespeist wird. Bei geöffnetem Schalter S_3 und geschlossenen Schaltern S_1 und S_2 wird nun R so eingestellt, daß der gewünschte Strom J_2 bzw. J_1 fließt, wenn an Wicklung 1 die normale Spannung E_1 liegt. Die Spannung E_4 an der Wicklung 4 ist dabei um den gesamten Spannungsabfall in beiden Transformatoren kleiner als E_1 an der Wicklung 1, wenn T I auf T II arbeitet, was daran zu erkennen ist, daß $J_4 < J_1$ ist. E_4 ergibt jedoch mit der in Reihe liegenden Spannung E_5 von Wicklung 5 den erforderlichen Wert E_1. Das heißt, der Hilfstransformator und damit das Netz deckt den erwähnten Spannungsabfall und somit die Stromwärmeverluste $2\,V_a$ in T I und T II. Ferner werden vom Netz aus gedeckt die Eisenverluste $2\,V_{Fe}$ dieser Transformatoren, die Verluste V_h im Hilfstransformator H und im Widerstand R. Angenommen wird, daß sowohl

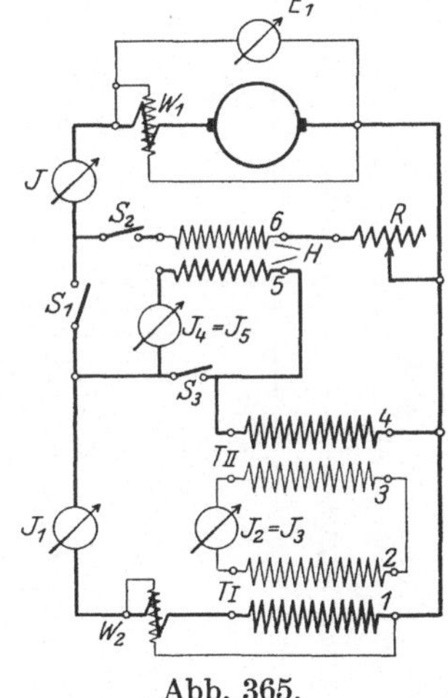

Abb. 365.

die Eisen- als auch die Stromwärmeverluste in T I und T II gleiche Größe haben.

Messungen. Schalter S_1 und S_2 geschlossen, S_3 geöffnet; R wird so eingestellt, daß der Strom J_2 fließt. Dann zeigt an:

1. Das Wattmeter W_1 die Leistung N_v, welche, wie erwähnt, zur Deckung der Gesamtverluste $2V = 2V_a + 2V_{Fe}$ in T I und T II, sowie der Verluste V_h in H und R dient. Der Hilfstransformator ist zu eichen, so daß für einen beliebigen Strom J_4, der sekundärseitig seine Wicklung durchfließt, V_h angegeben werden kann. Es ist folglich:

$$N_v = 2V + V_h$$

und

$$2V = N_v - V_h.$$

2. Das Wattmeter W_2 die der Wicklung 1 des Transformators T I zugeführte Leistung N_z.

Die Wicklung 4 des Transformators T II gibt ab:

$$N_a = N_z - 2V.$$

Somit erhält man die Wirkungsgrade η_1 und η_2 zu:

$$\eta_1 = \eta_2 = \sqrt{\eta} = \sqrt{\frac{N_z - 2V}{N_z}}.$$

Das Wattmeter W_2 ist nicht unbedingt erforderlich. Da die Transformatoren nur auf ihre eigene Gesamtreaktanz arbeiten und da deshalb die Phasenverschiebung klein ist, so wird angenähert $\cos\varphi = 1$ und $N_z \sim E_1 \cdot J_1$.

Mit der Schaltung lassen sich ohne weiteres die Eisenverluste von T I und T II ermitteln. Man öffnet S_2, schließt S_1 und S_3 und legt die in Frage kommende Spannung E_1 an. Die von W_1 angezeigte Leistung N'_v stellt, wenn man von den geringen Leerlaufstromwärmeverlusten absieht, den Verlust $2V_{Fe}$ in T I und T II dar. Somit ist: $V_{Fe} = 0{,}5\,N'_v$.

Die Laststromwärmeverluste ergeben sich aus dieser und der bereits ausgeführten Messung zu: $V_a = V - V_{Fe}$.

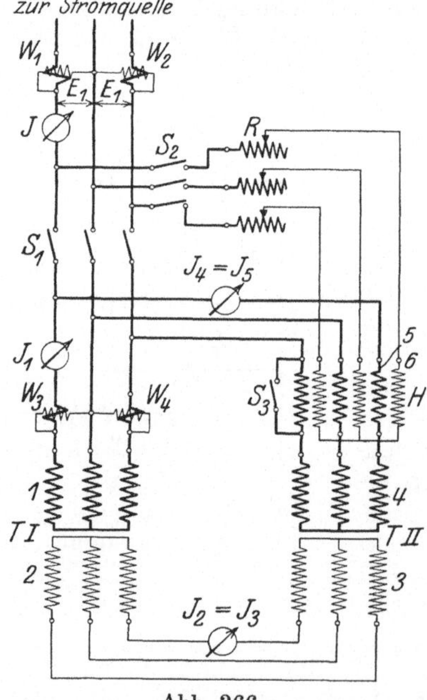

Abb. 366.

Dreiphasentransformatoren. Abb. 366 veranschaulicht die Schaltung für in Stern geschaltete Transformatoren. Für die Bestimmung der Leistungen benützt man zweckmäßig die Zweiwattmetermethode (Wattmeter W_1, W_2 und W_3, W_4). Die Instrumente W_3 und W_4 sind auch hier allenfalls entbehrlich, wenn man setzt:

$$N_z = \sqrt{3} \cdot E_1 \cdot J_1.$$

Der Schalter S_3, welcher zum Kurzschließen der Wicklung 5 von H dient, ist in der Zeichnung nur für eine Phase angedeutet.

67. Parallelschalten.

a) Allgemeines.

Bedingungen. Für parallel zu schaltende Transformatoren müssen die folgenden vier Bedingungen erfüllt werden:

1. Gleiche Nennspannungen primär und sekundär, also gleiches Übersetzungsverhältnis;
2. gleiche Nennkurzschlußspannungen;
3. gleiche Verhältnisse zwischen Gesamtreaktanz und Gesamtresistanz;
4. gleiche Phasenverschiebung zwischen dem primären und sekundären Spannungssystem.

Für einen einwandfreien Parallelbetrieb schreibt der § 61 der RET noch vor: Die Nennkurzschlußspannungen sollen nicht mehr als $\pm 10\%$ von ihrem Mittel abweichen (bei Einheitstransformatoren ist eine Abweichung von den für sie festgesetzten Nennkurzschlußspannungen um $+10$ und -20% zulässig). Das Verhältnis der Nennleistungen soll, wenigstens bei Dauerparallelbetrieb, nicht größer als 3 : 1 sein.

Gleiche Nennkurzschlußspannungen. Aus dieser Bedingung folgt: Die in Frage kommenden Transformatoren sollen gleiche Gesamtimpedanzen Z [s. die Gl. (144) und (145)] bei gleichen Leistungen besitzen. Sind letztere jedoch verschieden, so müssen die Gesamtimpedanzen ihnen umgekehrt proportional sein.

Zwei Transformatoren haben die Nennspannungen $E' = E'' = E$, die Nennströme J' und J'', die Nennleistungen $N' = E \cdot J'$ und $N'' = E \cdot J''$, die Nennkurzschlußspannungen $E_k' = E_k'' = E_k$. Ihre Gesamtimpedanzen berechnen sich zu:

$$Z' = \frac{E_k}{J'} \quad \text{und} \quad Z'' = \frac{E_k}{J''}.$$

Daraus folgt:

$$\frac{Z'}{Z''} = \frac{J''}{J'} = \frac{N''}{N'}.$$

Bei Erfüllung aller Bedingungen werden die Belastungsströme der parallel geschalteten Transformatoren proportional den Einzelleistungen. Sind jedoch keine gleichen Nennkurzschlußspannungen vorhanden, so lassen sich die Transformatoren wohl parallel schalten, die Lastverteilung hängt jedoch von ihren Kurzschlußspannungen ab. Bei den Transformatoren $T\,\mathrm{I}$ und $T\,\mathrm{II}$ mit den Nennleistungen N' und N'', den Nennkurzschlußspannungen E_k' und E_k'' beträgt, wenn $T\,\mathrm{I}$ voll belastet ist, die Belastung N von $T\,\mathrm{II}$:

$$N = N'' \cdot \frac{E_k'}{E_k''}.$$

Die Belastung stellt sich so ein, daß die gesamten Spannungsabfälle in den Transformatoren zahlenmäßig einander gleich werden.

Gleiche Verhältnisse zwischen Gesamtreaktanz und Gesamtresistanz. Es ist nicht unbedingt erforderlich, aber doch von Vorteil, wenn bei allen parallel zu schaltenden Transformatoren das Verhältnis Gesamtreaktanz/Gesamtresistanz gleich ist. Dann sind die Ströme der einzelnen Transformatoren untereinander und mit dem Gesamtbelastungsstrom in Phase.

Tabelle der Schaltgruppen.

	Vektorbild Ober- | Unter-spannung	Schaltbild Ober- | Unter-spannung
I. Einphasentransformatoren: Schaltgruppe A	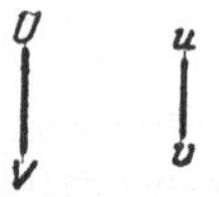	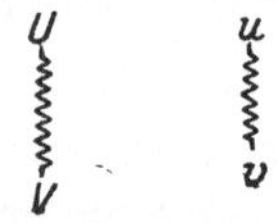
	Die Schaltung ist so, daß der Wickelsinn von gleichbezeichneten Klemmen ausgegangen, gleichsinnig ist	
II. Dreiphasentransformatoren: Schaltgruppe A A_1	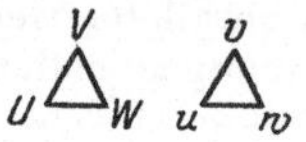	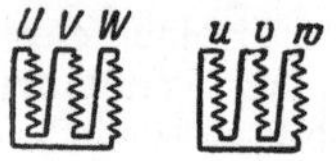
Schaltgruppe A A_2	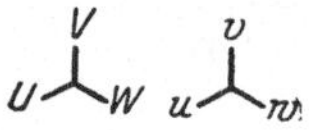	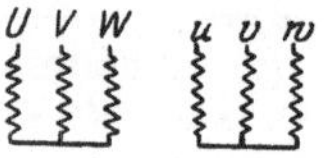
Schaltgruppe A A_3	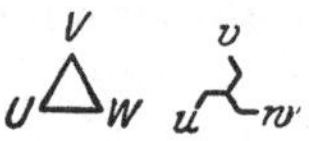	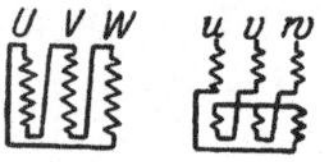
Schaltgruppe B B_1	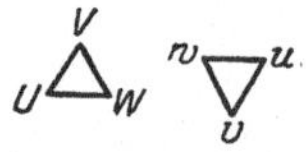	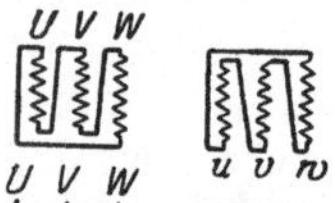
Schaltgruppe B B_2	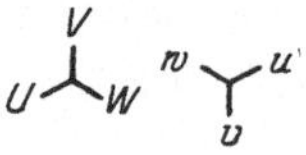	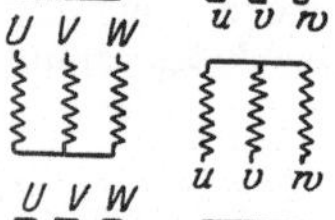
Schaltgruppe B B_3	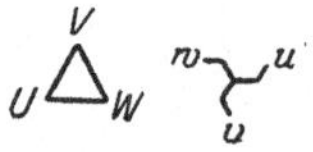	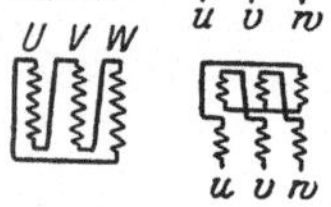
Schaltgruppe C C_1	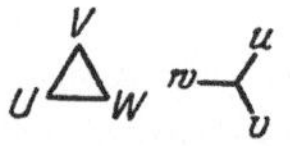	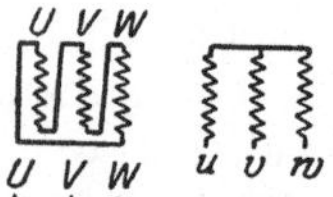
Schaltgruppe C C_2	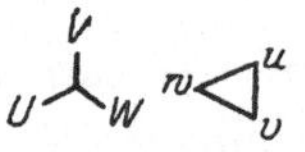	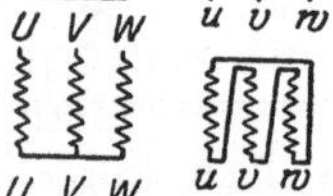
Schaltgruppe C C_3	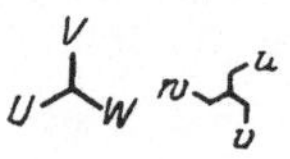	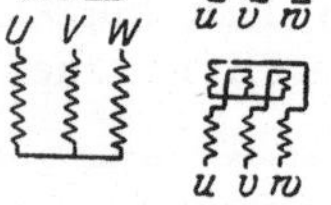
Schaltgruppe D D_1	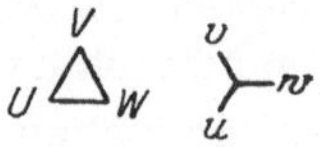	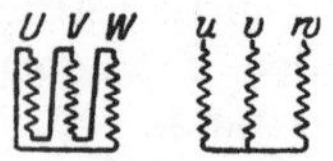
Schaltgruppe D D_2	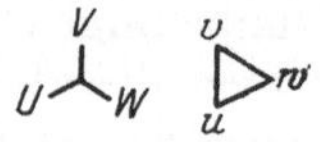	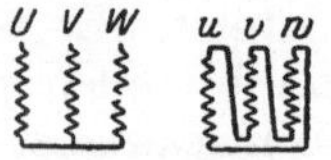
Schaltgruppe D D_3	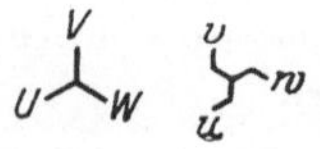	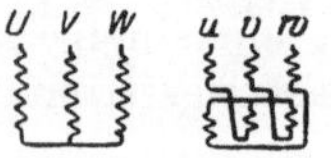

In Abb. 367 besitzen zwei Transformatoren mit gleichen Leistungen und Übersetzungsverhältnissen verschiedene Gesamtimpedanzen, -reaktanzen und -resistanzen. Die Ströme J_2' und J_2'' sind proportional der Strecke OB und verkehrt proportional den Gesamtimpedanzen. Sie sind in Phase mit den Ohmschen Spannungsabfällen OA' und OA'', haben also gegeneinander und gegen die gemeinsame Klemmenspannung E_2 verschiedene Phasenlagen.

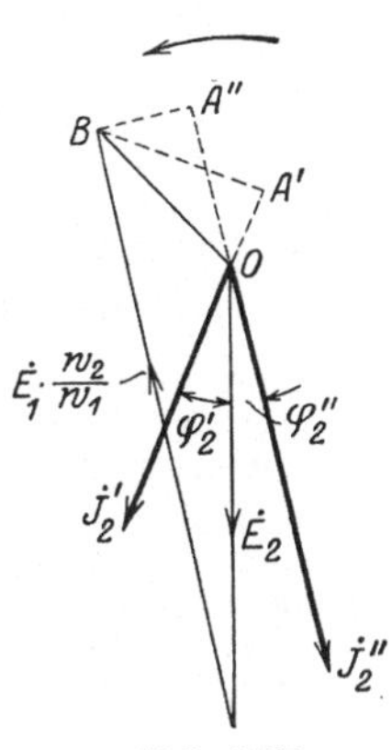

Abb. 367.

Wenn gleiche Gesamtimpedanzen, jedoch voneinander abweichende Gesamtreaktanzen und -resistanzen vorhanden sind, so wird zwar $J_2' = J_2''$; die Transformatoren sind aber trotzdem verschieden belastet, da auch hier die Ströme nicht phasengleich sind. Phasengleichheit besteht nur dann, und zwar unabhängig von den Nennleistungen der Transformatoren, wenn dieselben gleiche Verhältnisse zwischen Gesamtreaktanz und -resistanz besitzen. In diesem Falle decken sich die Dreiecke $OA'B$ und $OA''B$.

Gleiche Phasenverschiebung. In bezug auf die Phasenverschiebung zwischen den verketteten Spannungen der Ober- und Unterspannungsseite (Spannungen UV, VW, WU und uv, vw, wu) sind bei Dreiphasentransformatoren vier Fälle zu unterscheiden — s. die nebenstehende Tabelle und § 8 der RET.

1. Die primären und sekundären Spannungen sind phasengleich — Gruppe A (A_1, A_2, A_3);

2. die primären und sekundären Spannungen sind gegeneinander um 180° verschoben — Gruppe B (B_1, B_2, B_3);

3. die primären und sekundären Spannungen sind gegeneinander um 210° verschoben — Gruppe C (C_1, C_2, C_3);

4. die primären und die sekundären Spannungen sind gegeneinander um 30° verschoben — Gruppe D (D_1, D_2, D_3).

In der Tabelle ist zu jedem Schalt- auch das zugehörige Vektorbild gezeichnet. Bei den Schaltungen der Gruppe A liegen die sekundären Spannungsvektoren uv, vw, wu parallel, bei jenen der übrigen Gruppen unter den eben genannten Winkeln zu den primären Vektoren UV, VW, WU.

Parallelschaltbar sind:

1. Die Transformatoren jeder Gruppe unter sich durch bloßes Verbinden gleichnamiger Klemmen.

2. Die Transformatoren der Gruppen A und B untereinander durch entsprechende Änderung der inneren Schaltung der Primär- oder der Sekundärwicklung (d. h. durch Vertauschen von Anfang und Ende jeder Phase).

3. Die Transformatoren der Gruppe C mit jenen der Gruppe D und zwar:

α) Durch Änderung der inneren Schaltung oder

β) durch Verbinden der Transformatorenklemmen mit den Sammelschienen nach dem folgenden Schema:

Sammelschienen	R	S	T	r	s	t
Anschluß der	Oberspannung			Unterspannung		
Schaltgruppe $C_1\ C_2\ C_3$	U	V	W	u	v	w
$D_1\ D_2\ D_3$	U	W	V	w	v	u
oder	W	V	U	v	u	w
oder	V	U	W	u	w	v

4. Überhaupt nicht parallel schaltbar sind die Transformatoren der Gruppen C und D mit jenen von A und B.

Zum besseren Verständnis des Parallelschaltens sollen die nachstehenden Erläuterungen dienen. An einer Wicklung können folgende Schaltungen vorgenommen werden:

1. Vertauschung von Anfang und Ende jeder Phase (dazu müssen natürlich sowohl die Anfänge als auch die Enden frei zugänglich, mithin zu Klemmen geführt sein). Das Vektorbild der Wicklung dreht sich dann um 180°. Durch diese Maßnahme werden die Transformatoren A in Transformatoren B, die Transformatoren C in Transformatoren D umgeschaltet und umgekehrt.

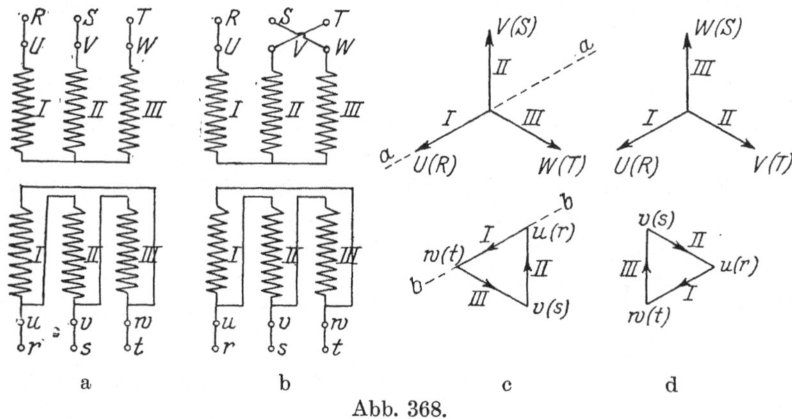

Abb. 368.

Es ist dabei gleichgültig, ob man die Umschaltung primär- oder sekundärseitig vornimmt. Führt man sie primärseitig durch, so kann das ursprüngliche Vektorbild der Spannungen dieser Wicklung beibehalten werden; die Ströme der Primärseite fließen aber dann nach der Umschaltung in umgekehrter Richtung und die erzeugten Felder durchsetzen beide Wicklungen im entgegengesetzten Sinne. Das Vektorbild der Sekundärseite dreht sich jetzt somit um 180° gegenüber jenem vor der Umschaltung.

2. Vertauschung von zwei Phasen. Vertauscht man in den Abb. 368a und 369a V mit W, so daß man die Schaltungen 368b und 369b erhält, so drehen sich die ursprünglichen Vektorbilder 368c und 369c um eine Achse *aa*. Diese fällt bei Sternschaltung mit jenem Vektor zusammen, der durch den festgehaltenen Anschlußpunkt U geht — Abb. 368c. Bei Dreieckschaltung ist die erwähnte Achse die von U aus auf den Vektor VW gezogene Senkrechte — Abb. 369c. Die Abb. 368d und 369d stellen die Vektorbilder nach der Vertauschung dar.

Führt man eine solche Vertauschung auf der Primärseite eines Transformators aus, so dreht sich auch das sekundäre Vektorbild um eine Achse (*bb* in Abb. 368c und 369c), und zwar derart, daß seine relative Lage zum primären Vektorbild unverändert bleibt.

3. Zyklische Vertauschung der Phasen (also von U mit V, V mit W, W mit U). Dieselbe ergibt eine Drehung des Vektorbildes um 120°. Bei Vornahme dieser Vertauschung auf der Primärseite eines Transformators dreht sich das sekundäre Diagramm ebenfalls um 120°.

Die vorstehenden Ausführungen ergeben ferner:

α) Da durch die Vertauschung zweier primären Phasen die relative Lage der Spannungsbilder beider Wicklungen ungeändert bleibt, so können durch

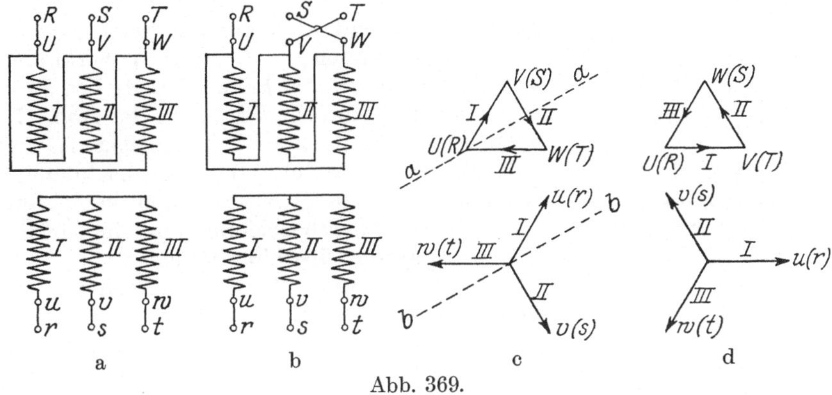

Abb. 369.

diese Maßnahme weder die Transformatoren der Gruppen A und B untereinander, noch Transformatoren dieser Gruppen mit C oder D parallel geschaltet werden.

β) Dagegen ist es möglich, Transformatoren der Gruppen C und D durch Vertauschung der Anschlüsse nach der bereits oben angegebenen Tabelle miteinander parallel zu schalten.

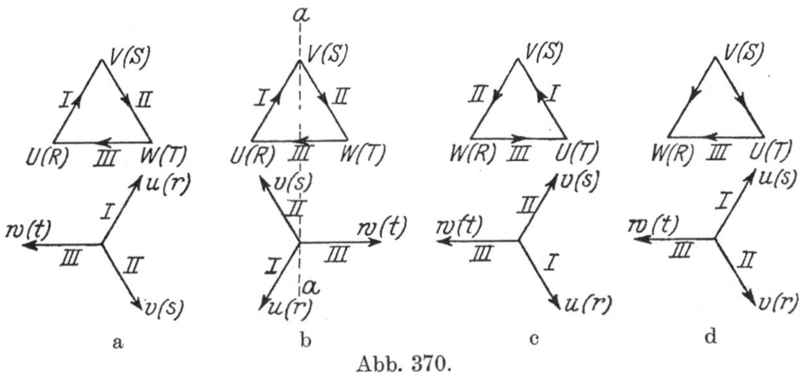

Abb. 370.

Beispiel. Es ist ein Transformator, der die Schaltung C_1 besitzt, mit einem Transformator der Schaltung D_1 parallel zu schalten. In Abb. 370a und 370b sind nochmals die entsprechenden Vektorbilder gezeichnet (dabei stehen neben den Klemmenbezeichnungen der Transformatoren noch die Sammelschienenanschlüsse). Beim Transformator D_1 wird nun W mit U vertauscht, so daß also U nun an der Sammelschiene T, W an der Sammelschiene R liegt. Das primäre Diagramm von D (Abb. 370b) dreht sich um die Achse aa und geht über in das Diagramm Abb. 370c. Auch das sekundäre Diagramm von D_1 erfährt eine Drehung und nimmt die in der letztgenannten Abbildung wiedergegebene

Lage ein. Vertauscht man bei D_1 jetzt sekundär noch v mit u, so erhält man Abb. 370d, in welcher das sekundäre Vektorbild genau die gleiche Lage besitzt, wie jenes von Transformator C_1 in Abb. 370a. Der Anschluß von D_1 an die Sammelschienen geht aus der Abb. 370d hervor.

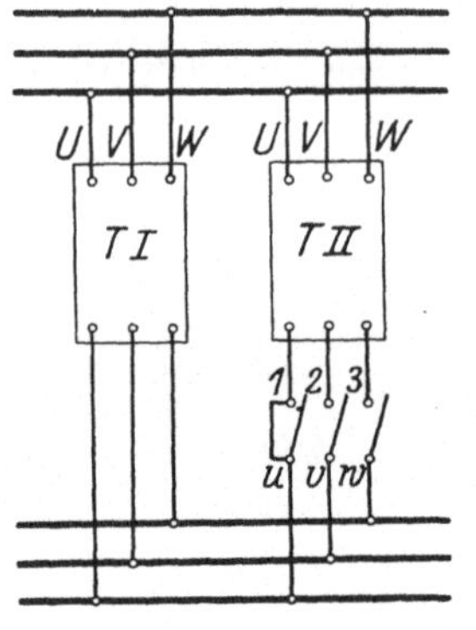

Abb. 371.

b) Prüfung auf Parallelschaltbarkeit durch Messung und Zeichnung.

Man schaltet die Transformatoren primär parallel, während man auf der Sekundärseite nur zwei Klemmen, z. B. 1 mit u, verbindet. Die Klemmen auf der Sekundärseite des zweiten Transformators sind dabei in der Abb. 371 absichtlich mit 1, 2 und 3 bezeichnet, weil es noch nicht feststeht, ob man gleichnamige Klemmen miteinander verbinden kann und ob die Klemmenbezeichnungen in beiden Transformatoren übereinstimmen.

Es werden nun die Spannungen $u\,2$, $v\,2$ und $w\,2$, ferner $u\,3$, $v\,3$ und $w\,3$ gemessen. Damit läßt sich leicht die relative Lage der sekundären Spannungsbilder zueinander feststellen. Aus der Zeichnung ist sofort die Phasenverschiebung zwischen den sekundären Spannungen ersichtlich. Es kann also auf diese Weise bestimmt werden, ob Transformatoren verschiedener Gruppen oder der gleichen Gruppe vorliegen.

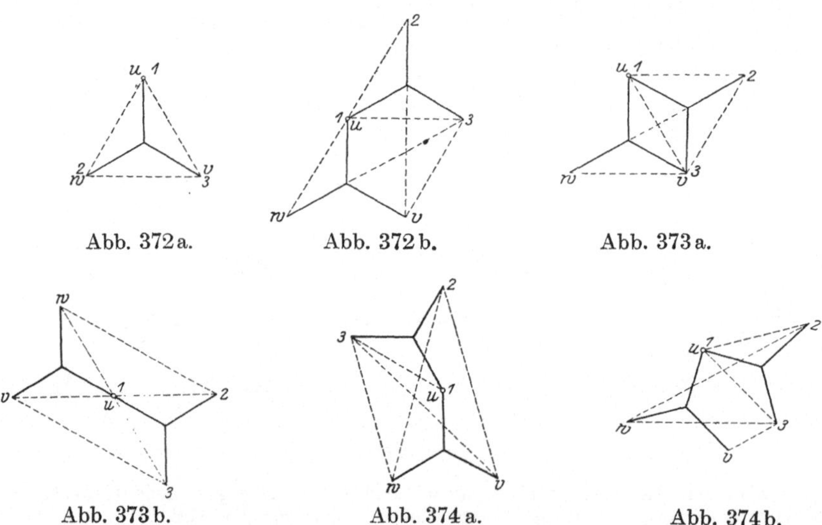

Abb. 372a. Abb. 372b. Abb. 373a.

Abb. 373b. Abb. 374a. Abb. 374b.

1. Parallelschaltung von Transformatoren der gleichen Gruppe. Die Spannungssterne sind parallel. Beispiele dieses Falles sind in den Abb. 372a und b gezeichnet. Im Falle der Abb. 372a braucht bloß 2 mit 3 vertauscht, also die Reihenfolge zweier Phasen geändert zu werden, um die Parallelschaltung zu ermöglichen. Im Falle der Abb. 372b kann man verschieden vorgehen. Entweder bringt man Klemme 3 gegenüber *v*, Klemme 2 gegenüber *u* und Klemme 1 gegenüber *w*, man führt also eine zyklische Vertauschung auf der sekundären Seite durch, oder aber man führt die zyklische Vertauschung auf der Primärseite aus. In beiden Fällen dreht sich der Spannungsstern um 120°. Sollte bei der zyklischen Vertauschung auf der primären Seite der Spannungsstern nach der falschen Seite sich gedreht haben, dann ist eine zweite zyklische Vertauschung in gleichem Sinne vorzunehmen.

2. Parallelschaltung von Transformatoren der Gruppen A und B. Die Spannungssysteme sind um 180° gegeneinander gedreht. Beispiele dieses Falles zeigen die Abb. 373a und b. Die Parallelschaltung ist nur möglich nach Vertauschung der Anfänge und Enden bei jeder der drei Phasen (also nach Änderung der inneren Schaltung) der Sekundär- oder Primärseite des einen Transformators.

3. Parallelschaltung von Transformatoren der Gruppen C und D. Die Spannungssysteme sind um 180° gegeneinander verdreht. Die Abb. 373a und b gelten auch hierfür. Die Parallelschaltung ist hier aber auf zweierlei Arten möglich, wie bereits früher erläutert wurde.

4. Parallelschaltung von Transformatoren der Gruppen C oder D mit solchen der Gruppen A oder B. Die Spannungssysteme sind um 30° gegeneinander verdreht. Beispiele dieses Falles zeigen die Abb. 374a und b. Die Transformatoren können nicht parallel geschaltet werden.

Elfter Abschnitt.

Prüfung der Erwärmung und Isolierung.

68. Erwärmung von Maschinen und Transformatoren.

a) Probelauf.

(§ 31÷32 der REM, § 33÷34 der RET.)

Allgemeines. Erwärmung eines Maschinen- oder Transformatorenteiles ist bei Dauer- und aussetzendem Betriebe der Unterschied zwischen seiner Temperatur und der des zutretenden Kühlmittels, bei kurzzeitigem Betriebe der Unterschied seiner Temperaturen bei Beginn und am Ende der Prüfung.

Die Bestimmung der Erwärmung ist außerordentlich wichtig, denn sie ist maßgebend für die Leistungsfähigkeit. Kann man eine Maschine zur Untersuchung direkt belasten, dann entwickelt sich auch ihre Temperatur in normaler Weise. Bestimmt man aber die Belastungsfähigkeit indirekt, dann muß die Erwärmung, die bei Vollast auftreten würde, unter Umständen noch besonders bestimmt werden (s. Kap. 69), denn es ist möglich, daß sich aus den indirekten Methoden (wie z. B. aus dem Kreisdiagramm für Asynchronmotoren) ergeben würde, daß sich die Maschine in der verlangten Weise belasten läßt. In Wirklichkeit kann sie aber dabei so warm werden, daß ihre Isoliermittel in kurzer Zeit schadhaft würden.

Probelauf von Maschinen. Die Erwärmungsprobe wird bei Nennbetrieb vorgenommen bzw. auf diesen bezogen. Bezüglich der Dauer gilt:

1. Maschinen für Dauerbetrieb. Der Probelauf kann bei kalter oder warmer Maschine begonnen werden. Er wird solange fortgesetzt, bis die Erwärmung nicht mehr merklich steigt, soll jedoch höchstens 10 Stunden dauern.

2. Maschinen für kurzzeitigen Betrieb. Der Probelauf wird entweder bei kalter Maschine begonnen oder wenn die Temperatur der wärmsten Wicklung um nicht mehr als 3° C höher ist als die Temperatur des Kühlmittels. Er wird bei Ablauf der vereinbarten Betriebszeit abgebrochen.

3. Maschinen für aussetzenden Betrieb. Die Maschine wird einem regelmäßig aussetzenden Betriebe von der vereinbarten relativen Einschaltdauer unterworfen. Der Probelauf kann bei kalter oder warmer Maschine begonnen werden. Er wird solange fortgesetzt, bis die Erwärmung nicht mehr merklich steigt und nach Ablauf der Hälfte der letzten Einschaltdauer abgebrochen. Die Spieldauer beträgt 10 Minuten.

Die Erwärmung wird als nicht mehr merklich steigend betrachtet, wenn sie nicht um mehr als 2° C in der Stunde zunimmt.

Probelauf von Transformatoren. Die Erwärmungsprobe wird mit Ausnahme von Betriebsart LB (s. weiter unten) bei Nennbetrieb vorgenommen, und zwar gilt:

1. Transformatoren für Dauerbetrieb: DB. Probelauf wie bei den Maschinen für Dauerbetrieb.

2. Transformatoren für Dauerbetrieb mit kurzzeitiger Belastung: DKB. Der Probelauf wird begonnen, wenn der Transformator die Beharrungstemperatur bei Leerlauf besitzt. Er wird nach Ablauf der vereinbarten Belastungszeit abgebrochen.

3. Transformatoren für kurzzeitigen Betrieb: KB. Probelauf wie bei den gleichartigen Maschinen.

4. Transformatoren für aussetzende Betriebe: DAB und AB. Probelauf wie bei den gleichartigen Maschinen.

Die Probe für die Betriebsarten DB, AB, DAB kann als beendet angesehen werden, wenn die Erwärmung um nicht mehr als 1° in der Stunde zunimmt und dabei mindestens 5° C unter der gewährleisteten Grenze liegt.

Der Abzug von 5° C von der zulässigen Grenzerwärmung t_{max} ergibt sich aus folgender Überlegung:

Die Erwärmung t eines wärmeaufnehmenden und wärmeabgebenden Körpers wird aus der Gleichung

$$t_{max} = Z\frac{dt}{dz} + t$$

berechnet, worin Z die Zeitkonstante des Körpers in Stunden ist, d. h. die Zeit, nach deren Verlauf der Körper die Temperatur t_{max} des normalen Dauerbetriebes erreichen würde, wenn er keine Wärme abgeben würde. — Wenn der Dauerbetrieb in einem Zeitpunkt abgebrochen wird, in dem nach Verlauf der letzten Stunde die Erwärmung um 1° C gestiegen ist, ist maximal

$$\frac{dt}{dz} = \frac{1^{\circ}}{1\,\mathrm{h}} = 1.$$

Die Zeitkonstante Z ist für Transformatoren ungefähr 5 Stunden. Dann ist der maximal mögliche Temperaturanstieg über die Temperatur T bei Abbrechen des Dauerbetriebes:

$$(t_{max} - t) = 5^\circ \text{ C}.$$

5. Transformatoren für landwirtschaftlichen Betrieb: LB. Die 60%-Überlast wird wie Dauerlast behandelt; die 100%-Überlast wird bei einer Öltemperatur begonnen, die einem Dauerbetriebe mit der Nennleistung entspricht, und so lange fortgesetzt, bis die Erwärmung nicht mehr steigt, aber nicht länger als 12 Stunden.

Diese Transformatoren sollen 60% Überlast dauernd abgeben können. Bei 100% Überlast, welche während 500 Stunden im Jahre bei täglich 12 Stunden Betrieb zulässig ist, darf die Erwärmung die in der Tabelle, S. 357, angegebenen Werte um 10° C überschreiten.

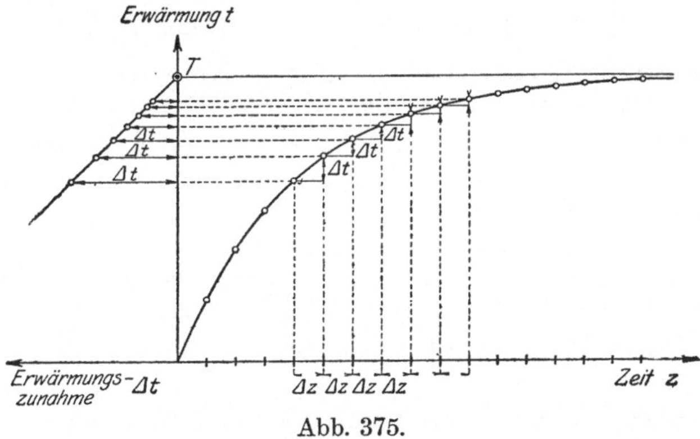

Abb. 375.

Temperaturkurve und Bestimmung der Enderwärmung. Es ist zweckmäßig, sich zu überzeugen, nach welcher Zeit der Temperaturzustand der Maschine bzw. des Transformators bereits ein konstanter ist. Bei rotierenden Maschinenteilen kann man ihn dadurch ermitteln, daß man die aus der Maschine herauskommende warme Luft mißt und feststellt, ob ihre Temperatur sich nicht mehr ändert. Bei feststehenden Maschinenteilen bringt man an vor bewegter Luft geschützten Stellen Thermometer an (bei Gleichstrommaschinen kann man zum gleichen Zweck auch von Zeit zu Zeit den Widerstand der Feldwicklung messen) und beobachtet die angezeigte Temperatur und die des Prüfraumes. Bei Asynchronmotoren eignet sich besonders das Statoreisen zur Beobachtung. Meistens enthält dasselbe eine Vertiefung zur Aufnahme des Thermometers. Wird die Maschine abgestellt, so findet noch ein Steigen des Thermometers statt, da dann die durch die Drehung bedingte Oberflächenkühlung in Wegfall kommt. Trägt man die während des Temperaturlaufes gemessenen Übertemperaturen t in Abhängigkeit von der Zeit z auf, so erhält man die sog. Temperaturkurve Abb. 375, Aus dieser ersieht man, nach welcher Zeit an der gemessenen Stelle ein konstanter Temperaturzustand eingetreten ist und kann daraus auf das Verhalten der ganzen Maschine schließen.

Bestimmung der Enderwärmung nach den REM und RET. Zweckmäßig benützt man das nachstehend beschriebene Verfahren, weil die Messung der Erwärmung gegen Ende der Probe unregelmäßigen Schwankungen unterliegt.

Die Erwärmung t wird in gleichen Zeitabständen Δz gemessen und die Erwärmungszunahme Δt in Abhängigkeit von der Erwärmung t aufgetragen — Abb. 375. Die Verlängerung der Geraden durch die so entstehende Punktschar schneidet auf der Erwärmungsachse t die Enderwärmung T ab.

Die Genauigkeit dieses Verfahrens ist mindestens so groß, wie die des fortgesetzten Erwärmungsversuches.

b) Erwärmung von Wicklungen.

(§ 33÷34 der REM, § 35÷37 der RET.)

Als Erwärmung einer Wicklung gilt bei Maschinen und Trockentransformatoren der höhere der beiden folgenden Werte:

1. Mittlere Erwärmung, errechnet aus der Widerstandszunahme.
2. Örtliche Erwärmung an der heißesten zugänglichen Stelle, gemessen mit dem Thermometer.

Wenn die Widerstandsmessung untunlich ist, so wird die Thermometermessung allein angewendet, im allgemeinen gilt das in den Tabellen S. 356 und 357 vorgeschriebene Meßverfahren.

Bei Öltransformatoren wird die Erwärmung aus der Widerstandszunahme ermittelt.

In manchen Fällen, z. B. bei Transformatoren für sehr hohe Ströme, wird es nicht immer möglich sein, aus der Widerstandszunahme einwandfrei die Temperaturzunahme zu ermitteln, weil die Messungen der sehr kleinen Widerstände zu ungenau sind. Auch wird es nicht möglich sein, wenn dieser Transformator ein Öltransformator ist, die Erwärmung mit einem Thermometer zu ermitteln. Hier muß entweder auf die einwandfreie Bestimmung der Erwärmung der Wicklung verzichtet oder es muß vorher schon eine andere Meßmethode vereinbart werden. Es empfiehlt sich in solchen Fällen, sich auf die Messung der Öltemperatur zu beschränken.

Berechnung der Erwärmung aus der Widerstandszunahme. Die Erwärmung t in $^{\circ}$C von Kupferwicklungen wird nach folgenden Formeln berechnet, in denen

T_{kalt} die Temperatur der kalten Wicklung,
R_{kalt} den Widerstand der kalten Wicklung,
R_{warm} den Widerstand der warmen Wicklung

bedeutet:

1. Bei Maschinen für Dauer- und aussetzenden Betrieb, sowie bei allen Transformatoren (ausgenommen DKB und KB)

$$t = \frac{R_{warm} - R_{kalt}}{R_{kalt}} (235 + T_{kalt}) - (T_{Kühlmittel} - T_{kalt}) \quad . \quad . \quad (148)$$

2. bei Maschinen für kurzzeitigen Betrieb, sowie bei Transformatoren für kurzzeitigen Betrieb unter einer Stunde (DKB und KB)

$$t = \frac{R_{warm} - R_{kalt}}{R_{kalt}} (235 + T_{kalt}) \quad \ldots \ldots \quad (148\,a)$$

wobei die Werte R_{kalt} und T_{kalt} für den Beginn der Prüfung gelten.

Es ist darauf zu achten, daß alle Teile der Wicklung bei der Messung von R_{kalt} dieselbe mit dem Thermometer zu messende Temperatur T_{kalt} besitzen.

Gl. (148a) erhält man aus Gl. (46b), wenn man für den Temperaturkoeffizienten von Kupferwicklungen den Wert $\alpha = 1/(235 + T_{kalt})$ einsetzt. Die Gl. (148) trägt mit dem Gliede $-(T_{Kühlmittel} - T_{kalt})$ noch dem Umstande Rechnung, daß die Kühlmitteltemperaturen bei Beginn und am Ende eines sich über längere Zeit erstreckenden Probelaufes meist verschieden sind (s. auch ETZ 1903, S. 808).

Bei Maschinen für kurzzeitigen Betrieb ist die Betriebsdauer meist so kurz und die Zeitkonstante der Maschine so groß, daß der Einfluß einer Änderung der Kühlmitteltemperatur auf die Erwärmung der Maschine während der Betriebszeit nur sehr gering ist. Ihre Berücksichtigung würde daher zu größeren Fehlern führen als ihre Nichtberücksichtigung.

Ausführung der Widerstandsmessung. Die Messung der Widerstandszunahme ist möglichst während des Probelaufs, sonst aber unmittelbar nach dem Ausschalten vorzunehmen. Der Zufluß von Kühlluft bzw. Kühlwasser ist gleichzeitig mit dem Ausschalten abzustellen. Die Auslaufzeit von Maschinen ist, wenn nötig, künstlich abzukürzen.

Ist bei Widerstandsmessungen vom Augenblick des Ausschaltens bis zu den Messungen so viel Zeit verstrichen, daß eine merkliche Abkühlung zu vermuten ist, so sollen die Meßergebnisse durch Extrapolation auf den Augenblick des Ausschaltens umgerechnet werden.

c) Thermometrische Messungen.

(§ 35÷36 der REM, § 36, 38÷39 der RET.)

Zur Temperaturmessung mittels Thermometer sollen Quecksilber- oder Alkoholthermometer verwendet werden. Zur Messung von Oberflächentemperaturen sind auch Widerstandsspulen und Thermoelemente zulässig, doch ist im Zweifelsfalle das Quecksilber- oder Alkoholthermometer maßgebend.

Es muß für gute Wärmeübertragung von der Meßstelle auf das Thermometer gesorgt werden. Bei Messung von Oberflächentemperaturen sind Meßstelle und Thermometer gemeinsam mit einem schlechten Wärmeleiter zu bedecken.

Die Thermometermessung ist nach Möglichkeit während des Probelaufs, nötigenfalls mit Maximalthermometer, jedenfalls aber unmittelbar nach dem Abstellen vorzunehmen. Wenn auf dem Thermometer nach dem Abstellen höhere Temperaturen abgelesen werden als während des Probelaufs, so sind die höheren maßgebend (s. S. 351).

Die Erwärmung des Eisenkernes ist an der heißesten zugänglichen Stelle mit dem Thermometer zu bestimmen.

Die Erwärmung des Öles von Transformatoren ist in der obersten Ölschicht des Kastens mit dem Thermometer zu bestimmen.

d) Temperatur des Kühlmittels.

(§ 37 der REM, § 40÷41 der RET.)

Als Temperatur des Kühlmittels gilt:

1. Bei Maschinen mit Selbstkühlung oder Eigenlüftung, sowie bei Transformatoren mit Selbstlüftung (TS, OS, OSA), der Durchschnittswert der während des letzten Viertels der Versuchszeit in gleichen Zeitabschnitten gemessenen Temperatur der Umgebungsluft.

Es sind zwei oder mehr Thermometer zu verwenden, die, in 1 bis 2 m Entfernung von der Maschine bzw. dem Transformator (ungefähr in Höhe der Maschinen- oder Transformatorenmitte) angebracht, die mittlere Zulufttemperatur messen sollen. Die Thermometer dürfen weder Luftströmungen noch Wärmestrahlung ausgesetzt sein.

Bei großen Maschinen für versenkten Einbau ist es zulässig, die Temperatur in der Grube künstlich auf die Außentemperatur zu bringen.

2. Bei Maschinen mit Eigen- oder Fremdlüftung, sowie bei Transformatoren mit Fremdlüftung (TF, OF, OFU, OFA), denen die Kühlluft durch besondere Leitungen zuströmt, und

3. bei Maschinen mit Wasserkühlung, sowie bei ebensolchen Transformatoren (TW, OWI, OWA) der Durchschnittswert der während des letzten Viertels der Versuchszeit in gleichen Zeitabschnitten am Eintrittsstutzen gemessenen Temperatur des Kühlmittels.

Findet bei solchen Maschinen und Transformatoren auch eine nennenswerte Wärmeabgabe an die Umgebungsluft statt, so gilt als Temperatur des Kühlmittels ein Mittelwert nach der Mischungsregel:

$$T_m = \frac{T_K W_K + T_L W_L}{W_K + W_L}.$$

Hierin bedeutet:

T_L die Temperatur der Umgebungsluft,

T_K die Temperatur des anderen Kühlmittels,

W_L die Wärmeabgabe an die Umgebungsluft in kW,

W_K die Wärmeabgabe an das andere Kühlmittel in kW.

Die an die Luft abgegebene Wärmemenge kann bestimmt werden, z. B. dadurch, daß man die an das Kühlwasser abgegebene Wärmemenge feststellt und von den Gesamtverlusten abzieht. Für den Fall, daß beim Versuch die Temperatur des zufließenden Wassers geringer als 25° C und die der Kühlluft geringer als 35° C war, ist dann durch Umrechnung festzustellen, ob die Erwärmung bei 25° C des zufließenden Wassers und 35° C Umgebungstemperatur den Vorschriften entspricht.

Große Transformatoren folgen den Temperaturschwankungen der Umgebungsluft nur langsam nach. Der dadurch bedingte etwaige Meßfehler ist durch geeignete Vorkehrungen auszugleichen, z. B. durch einen Vergleich mit einem ähnlichen, nicht angeschlossenen Transformator, der denselben Kühlungsverhältnissen ausgesetzt ist.

e) Grenzwerte.

(§ 39 der REM, § 42 der RET.)

Die höchstzulässigen Grenzwerte von Temperatur und Erwärmung sind auf S. 355 und 357 zusammengestellt. Sie gelten unter der Voraussetzung, daß die Kühlmitteltemperatur

I. bei Luftkühlung 35° C,

II. bei Wasserkühlung 25° C nicht überschreitet.

Bei der Wahl oder Anordnung des Aufstellungsraumes ist auf die von der Maschine abgegebene Wärmemenge Rücksicht zu nehmen (vgl. auch § 19e der REM).

Die Grenzwerte für die Temperatur gelten immer. Die Grenzwerte für die Erwärmung dürfen nur dann überschritten werden, wenn die Kühlmitteltemperatur stets so niedrig bleibt, daß die Grenztemperaturen nicht überschritten werden und über die Erfüllung dieser Voraussetzung eine Vereinbarung getroffen wird. Auf dem Schilde soll in diesem Fall außer den Größen, die für den Sondernennbetrieb bei der vereinbarten höchsten Kühlmitteltemperatur kennzeichnend sind, auch diese Temperatur angegeben werden. Alle Bestimmungen dieser Vorschriften müssen für diesen Sondernennbetrieb erfüllt sein.

Bei Öltransformatoren darf die Ölgrenztemperatur (95° C) nicht ohne weiteres als Maßstab für etwa zulässige Überlastung angesehen werden. Es ist also nicht ohne weiteres zulässig, bei niedrigerer Kühlmitteltemperatur, als maximal vorgesehen, die Belastung zu steigern, bis die Ölgrenztemperatur erreicht ist. Die Beachtung dieser Vorschrift ist notwendig, weil die Wicklungen gegenüber dem Öl Temperaturdifferenzen aufweisen, die mit der Überlastung ungefähr quadratisch steigen. Bei der Wahl oder Anordnung des Aufstellungsortes ist auf die vom Transformator abgegebene Wärmemenge Rücksicht zu nehmen.

Die Grenzerwärmung, Spalte IV S. 357, gilt bei neuen Transformatoren sowohl für Luft- als auch für Wasserkühlung.

Die Grenztemperatur, Spalte III S. 357, gilt für luftgekühlte Transformatoren durchweg. Bei solchen mit Wasserkühlung (OWI, OWA, TW) ist die Grenztemperatur des neuen Transformators um 10° niedriger als in Spalte III; sie darf während des Betriebes infolge der unvermeidlichen Verunreinigungen der Kühler auf die vorgenannten Grenztemperaturen anwachsen.

Wenn das Anwachsen der Grenztemperaturen von wassergekühlten Transformatoren 5° C überschreitet, empfiehlt es sich bereits, den Kühler zu reinigen.

f) Bemerkungen zu den Tabellen.

(§ 38, 40÷41 der REM, § 43÷45 der RET.)

Tabelle I. Hinsichtlich ihrer Wärmebeständigkeit werden folgende Klassen von Isolierstoffen unterschieden:

I. Faserstoff ungetränkt, d. i. ungebleichte Baumwolle, natürliche Seide, Papier.

II. Faserstoff getränkt (imprägniert), d. i. ungebleichte Baumwolle, natürliche Seide und Papier, die mit einem erstarrenden oder trocknenden Isoliermittel getränkt sind.

Tabelle I: Maschinen.

Spalte	I	II	III	IV	V
Reihe Nr.	Isolierung	Maschinenteil	Grenztemperatur	Grenzerwärmung	Meßverfahren
1	Faserstoff ungetränkt Klasse I	In Nuten gebettete Wechselstrom-Ständerwicklungen	75° C	40° C	Widerstandszunahme. Nachprüfung durch Thermometer (siehe § 33)
2		Alle anderen Wicklungen mit Ausnahme von Reihe 9 und 10	85° C	50° C	
3	Faserstoff getränkt Klasse II	In Nuten gebettete Wechselstrom-Ständerwicklungen	85° C	50° C	
4		Alle anderen Wicklungen mit Ausnahme von Reihe 9 und 10	95° C	60° C	
5	Faserstoff in Füllmasse Klasse III	Alle Wicklungen mit Ausnahme von Reihe 9 und 10	95° C	60° C	
6	Lackisolierung (Lackdraht) Klasse IV	Alle Wicklungen mit Ausnahme von Reihe 9 und 10	95° C	60° C	
7	Glimmer und Asbestpräparate Klasse V	Alle Wicklungen mit Ausnahme von Reihe 9 und 10	115° C	80° C	
8	Rohglimmer, Porzellan und feuerfeste Stoffe Klasse VI	Alle Wicklungen mit Ausnahme von Reihe 9 und 10	Nur beschränkt durch den Einfluß auf benachbarte Isolierteile		
9	Isolierung Klasse I bis VI	Einlagige blanke Feldwicklungen mit Papierzwischenlagen	100° C	65° C	
10		Dauernd kurzgeschlossene Wicklungen	5° mehr als Reihe 1 bis 7		Thermometer
11	Unisoliert	Dauernd kurzgeschlossene Wicklungen	Nur beschränkt durch den Einfluß auf benachbarte Isolierteile		
12	—	Eisenkern ohne eingebettete Wicklungen			
13	—	Eisenkern mit eingebetteten Wicklungen	Wie Reihe 1 bis 7		
14	—	Kommutator und Schleifringe	95° C	60° C	
15	—	Lager	80° C	45° C	
16	—	Alle anderen Teile	Nur beschränkt durch den Einfluß auf benachbarte Isolierteile		

Tabelle II: Transformatoren.

Spalte	I	II	III	IV	V
Reihe	Transformatorenteile		Grenztemperatur	Grenzerwärmung	Meßverfahren
1	Wicklungen, isoliert durch Faserstoffe z. B. Papiere, ungebleichte Baumwolle, natürliche Seide, Holz	ungetränkt	85° C	50° C	Errechnet aus Widerstandszunahme
2		ungetränkt, jedoch Spule getaucht	85° C	50° C	
3		getränkt	95° C	60° C	
4		imprägniert oder in Füllmasse	95° C	60° C	
5		in Öl	105° C	70° C	
6	Präparate aus Glimmer oder Asbest		115° C	80° C	
7	Rohglimmer, Porzellan oder andere feuerfeste Stoffe		5° mehr als Reihe 1 bis 6		
8	Einlagige blanke Wicklungen		5° mehr als Reihe 1 bis 6		Thermometer
9	Dauernd kurzgeschlossene Wicklungen		Wie andere Wicklungen bei Messung durch Widerstandszunahme		
10	Eisenkern	bei Trockentransformatoren	95° C	60° C	
11		bei Öltransformatoren	105° C	70° C	
12	Öl in der obersten Schicht		95° C	60° C	
13	Alle anderen Teile		Nur beschränkt durch benachbarte Isolierteile		

III. Faserstoff in Füllmasse, d. i. eine Isolierung, bei der alle Hohlräume zwischen den Leitern durch Isoliermasse derartig ausgefüllt sind, daß ein massiver Querschnitt ohne Luftzwischenräume entsteht.

IV. Lack zum wärmebeständigen Überzug für Lackdraht (sog. Emailledraht).

V. Präparate aus Glimmer und Asbest, das sind aus Glimmer und Asbestteilchen aufgebaute Präparate, deren Bindemittel und Faserstoffe Veränderungen unterliegen können, ohne die Isolierung mechanisch oder elektrisch zu beeinträchtigen.

VI. Rohglimmer, Porzellan und andere feuerfeste Stoffe.

Tabelle II. Unter einer getauchten Spule wird eine mit ungetränktem Draht gewickelte Spule verstanden, die nach der Herstellung nur in eine Isolierflüssigkeit ohne Anwendung von Druck oder Vakuum getaucht wurde.

Ein Faserstoff gilt als getränkt, wenn die Tränkmasse den Zwischenraum zwischen den Fasern ausfüllt.

Eine Faserstoff-Drahtisolierung gilt als getränkt, wenn die Tränkmasse den Zwischenraum zwischen Leiter und Isolierung und zwischen den Fasern ausfüllt.

Unter einer Spule mit Füllmasse wird eine Spule verstanden, bei der alle Luftzwischenräume durch die Masse ausgefüllt sind. Die Masse kann durch Bestreichen der einzelnen Lagen oder mittels Druck oder Vakuum eingebracht werden, so daß die Spule einen massiven Körper bildet.

Geschichtete Stoffe. Bei Isolierungen, die aus verschiedenen Isolierstoffen zusammengesetzt sind, gilt im allgemeinen die für den weniger wärmebeständigen Stoff zulässige Grenztemperatur. Wenn jedoch der weniger wärmebeständige Stoff nur in kleinen Mengen zum Aufbau verwendet wird und im Betriebe der Zerstörung unterliegen darf, ohne die Isolation zu beeinträchtigen, so gilt die für den wärmebeständigeren Stoff zulässige Grenztemperatur.

Zweierlei Isolierungen. Wenn für verschiedene räumlich getrennte Teile derselben Wicklung zwei oder mehr Isolierstoffe von verschiedener Wärmebeständigkeitsklasse verwendet werden, so gilt bei Temperaturbestimmung aus der mittleren Widerstandszunahme die für den wärmebeständigeren Stoff zulässige Grenztemperatur, sofern die Thermometermessung an den weniger wärmebeständigen Stoffen keine Überschreitung der für sie zulässigen Grenztemperaturen ergibt.

69. Weitere Methoden zur Bestimmung der Erwärmung.

a) Durch Leerlauf- und Kurzschlußversuch.

Die gesamten Verluste setzen sich zusammen aus den Leerlauf- und den Lastverlusten (s. S. 185). Letztere entstehen auch, wenn man die Maschine bzw. den Transformator kurzschließt und so erregt, daß der normale Strom im Kurzschlußkreise fließt. Da nun die Erwärmung t nahezu proportional den Verlusten ist, so kann man sie auch finden durch Addition der bei Leerlauf und Kurzschluß gemessenen Erwärmungen t_0 und t_k:

$$t = t_0 + t_k.$$

Im allgemeinen ergeben sich so etwas zu große Werte, wodurch eine gewisse Sicherheit vorhanden ist, daß die auf diese Art ermittelte Erwärmung t unter sonst gleichen Umständen im Betrieb nicht überschritten wird.

Bei Asynchronmotoren ist zu beachten, daß die Bestimmung der Kurzschlußerwärmung t_k nicht etwa bei Stillstand des Läufers (Schlupf $s = 100\,\%$) ausgeführt werden darf. Der kurzgeschlossene Rotor ist vielmehr mit voller Drehzahl gegen das Drehfeld anzutreiben, damit die gleiche ventilierende Wirkung wie bei normalem Laufe erzielt wird, d. h. der Kurzschlußversuch ist mit einer Schlüpfung von etwa 200 % vorzunehmen. Die Methode führt jedoch nur dann zu angenähert richtigen Resultaten, wenn die zusätzlichen Verluste nicht zu groß sind. Diese können mitunter beträchtliche Werte erreichen, da unter den angegebenen Versuchsbedingungen der Rotor ja die doppelte Periodenzahl des Stators besitzt.

Rechnerische Ermittelung der Erwärmung. Angenähert kann man die Erwärmung eines Ankers auf Grund der folgenden Überlegungen ermitteln. Für den Zustand konstanter Temperatur gilt:

$$\text{Entwickelte Wärme } Q_e = \text{abgegebene Wärme } Q_a.$$

Die entwickelte Wärmemenge Q_e ist proportional den Eisen- und Stromwärmeverlusten V_{Fe} bzw. V_a im Anker. Die ersteren sind nach den früher angegebenen Methoden zu bestimmen, die letzteren können jederzeit aus dem Ankerstrom J und dem Ankerwiderstande r_a berechnet werden. Sind V_{Fe} und V_a in Watt gegeben, so beträgt Q_e in Grammkalorien: $Q_e = 0{,}24 \cdot (V_{Fe} + V_a)$.

Die abgegebene Wärmemenge Q_a hängt ab von der Konstruktion (der abkühlenden Oberfläche), von der Drehzahl n (bei Maschinen) und von der Erwärmung t. Bezeichnet c eine Konstante, so gilt für konstante Temperatur:

$$Q_a = Q_e = c \cdot t.$$

Daraus:

$$c = \frac{Q_e}{t}.$$

B e s t i m m u n g v o n c. Man läßt die Maschine als Motor solange leer laufen, bis ihre Temperatur konstant ist und erregt sie so, daß sie ihre normale Drehzahl annimmt. Nach dem Stillsetzen bestimmt man die Erwärmung t_0 des Ankers auf gewöhnliche Weise. Man ermittelt außerdem die bei dieser Drehzahl vorhandenen Eisenverluste V_{Fe}. Vernachlässigt man die geringen Leerlaufstromwärmeverluste, so beträgt die entwickelte Wärmemenge $Q_e = 0{,}24 \cdot V_{Fe}$. Für c erhält man demnach den Wert:

$$c = 0{,}24 \cdot \frac{V_{Fe}}{t_0}.$$

Die bei Belastung vorhandene Erwärmung ergibt sich dann zu:

$$t = \frac{Q_e}{c} = 0{,}24 \cdot \frac{(V_{Fe} + V_a)}{c} = \frac{V_{Fe} + V_a}{V_{Fe}} \cdot t_0.$$

b) Künstliche Belastung von Wechselstrommaschinen und Transformatoren.

Den folgenden Methoden ist gemeinsam: Man gibt dem Eisen seine normale Beanspruchung, erregt also die Maschine bzw. den Transformator so, daß die normalen Eisenverluste entstehen. Die Stromwärmeverluste erzeugt man mit dem Nennstrom, den man jedoch aus einer fremden Gleich-[1]) oder Wechselstromquelle[2]) in die Wicklung schickt. Wird Gleichstrom verwendet, so ist natürlich dafür Sorge zu tragen, daß auf die Gleichstromquelle keine Wechselspannung wirken kann.

Synchronmaschinen[1]). Schaltung nach Abb. 376. Man öffnet die Ankerwicklung an den Punkten a und a' und schließt an diese die Gleichstromquelle G an. Dann erregt man den Drehstromgenerator bei normaler Drehzahl auf seine Nennspannung und die Gleichstrommaschine so, daß sie den Nennstrom des Generators durch dessen Wicklung schickt: Das Fehlen des Wechselstromes bzw. der von diesem verursachten Ankerrückwirkung hat natürlich zur Folge, daß der Erregerstrom der zu prüfenden Maschine etwas anders eingestellt werden muß, als bei Belastung, wenn die gleichen Sättigungsverhältnisse bzw. Eisenverluste auftreten sollen. Man kann ihn auf Grund einfacher Überlegungen mit Hilfe des Vektordiagrammes ermitteln.

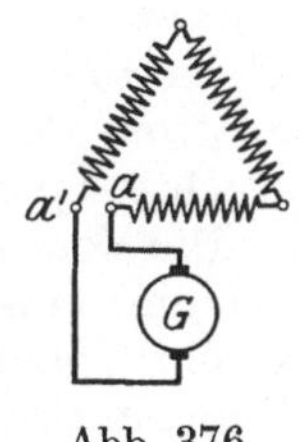

Abb. 376.

Zwischen den Punkten a und a' besteht, wenn die Drehstrommaschine erregt wird, keine Potentialdifferenz, weil die Wicklung in Dreieck geschaltet ist und die Summe der drei Phasenspannungen stets gleich Null ist. Enthält die

[1]) ETZ 1901, S. 602. [2]) ETZ 1909, S. 450.

EMK-Kurve der Drehstrommaschine dagegen die dritte oder eine $3n$-fache Oberschwingung, so addieren sich die Amplituden derselben in allen drei Phasen, da diese Spannungen gleichphasig sind. In diesem Falle kann zwischen a und a' eine ziemlich beträchtliche Spannung entstehen. Trotzdem sind bei geschlossenem Kreis die dadurch erzeugten inneren Ströme praktisch gleich Null, weil die induktiven Widerstände der drei in Serie geschalteten Phasenwicklungen ziemlich beträchtlich sind.

Die Gleichstromquelle hat nur die Stromwärmeverluste zu decken. Ihre Leistung braucht deshalb nur 2—3 % der Wechselstromnennleistung zu sein. Ist der Anker der Drehstrommaschine normal in Stern geschaltet, so ist derselbe für diesen Versuch in Dreieck umzuschalten.

Transformatoren. 1. Einphasentransformatoren. Bei solchen muß die sekundäre Wicklung aus einer geraden Anzahl von Spulen bestehen, welche man nach Abb. 377 in zwei gleichen Gruppen gegeneinander schaltet, also so, daß zwischen den Punkten u und u', an

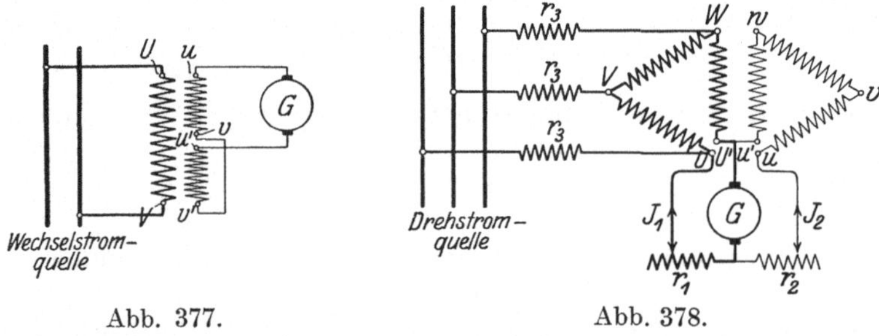

Abb. 377. Abb. 378.

welche die Gleichstromquelle G angeschlossen wird, keine Potentialdifferenz besteht. Die Primärseite liegt an der Wechselstromquelle und wird mit der Nennspannung erregt.

2. Dreiphasentransformatoren. α) Abb. 378: Primär- und Sekundärseite sind in Dreieck geschaltet. Die Widerstände r_1 und r_2 dienen zum Einregulieren des primären und sekundären Belastungsstromes J_1 bzw. J_2. Zwischen den Punkten U und U' bzw. u und u' kann aus dem schon bei Abb. 376 erwähnten Grunde keine Spannung entstehen, welche durch die Gleichstromquelle G einen Wechselstrom schicken könnte. Die Widerstände r_3 verhindern ein Eindringen des Gleichstromes in die Wechselstromquelle. Der durch den kleinen Leerlaufstrom des Transformators in diesen Widerständen andererseits verursachte Spannungsabfall der Wechselspannung ist nur gering.

Die Vorschaltwiderstände r_3 werden nicht benötigt, wenn die Primärwicklung eines jeden Schenkels aus einer geraden Anzahl von Spulen besteht. Man bildet dann nach Abb. 379 aus der Primärwicklung zwei Gruppen, von denen jede in Stern geschaltet wird. An den Sternpunkten wird die Gleichspannung angelegt. Die Sekundärseite wird, wie aus der Abbildung ersichtlich ist, in Dreieck angeschlossen. Natürlich beträgt die primär angelegte Wechselpannung hier nur die Hälfte der normalen.

β) Zwei oder mehr gleiche Transformatoren. Die primären Seiten werden immer in Stern, die Sekundärseiten entweder in Dreieck — Abb. 380 — oder in Stern geschaltet. Liegt dieser Fall vor, so schaltet man die Transformatoren sekundärseitig parallel und führt den Gleichstrom bei den Sternpunkten zu bzw. ab. Die Schaltung der Sekundärseite ist also dann dieselbe wie die der Primärseite in Abb. 380.

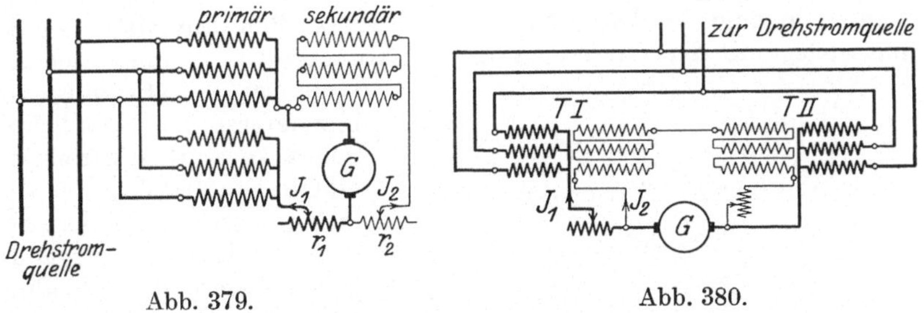

Abb. 379. Abb. 380.

3. Wechselstrom als fremde Heizquelle[1]). Der Nachteil der genannten Schaltungen besteht einerseits darin, daß die Stromstärken auf der Ober- und Unterspannungsseite getrennt einreguliert werden müssen, und daß besonders für die Unterspannungsseite sehr hohe Stromstärken (z. B.: der dreifache Phasenstrom in Abb. 379) bei kleinen Spannungen (es sind von seiten der Gleichstromquelle ja nur die Ohmschen Spannungsabfälle zu decken) erforderlich sind. Einfacher ist es, wenn man statt Gleichstrom Wechselstrom benützt.

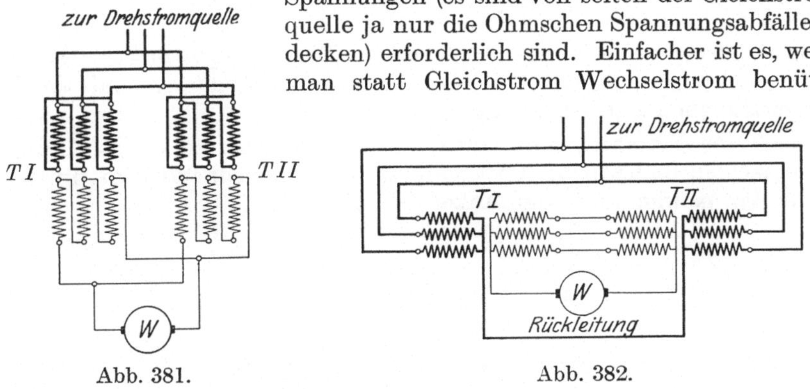

Abb. 381. Abb. 382.

Die Wechselstromquelle *W* in Abb. 381 und 382 wird zweckmäßigerweise an die Oberspannungswicklungen angeschlossen. Abb. 382 gilt für den Fall, daß Primär- und Sekundärseiten in Stern geschaltet sind. Die Verbindung der Nullpunkte der Unterspannungswicklungen bildet eine gemeinsame Rückleitung. Bei Abb. 381 sind alle Wicklungen in Dreieck geschaltet. Auf der Oberspannungsseite wurde bei beiden Transformatoren I und II die Verbindung zwischen je zwei Phasen geöffnet und an diese Punkte die Wechselstromquelle *W* angeschlossen. Bei Abb. 381 hat diese den doppelten Phasenstrom, bei Abb. 382 den dreifachen Phasenstrom und die 1,2-fache Kurzschlußspannung zu liefern.

Die besondere Wechselstromquelle kann man noch dadurch ersetzen, daß man einige Windungen einer Phase abzapft. Man erhält so eine von Gustrin[2]) angegebene Selbstbelastungsschaltung.

---

[1]) ETZ 1909, S. 450. [2]) ETZ 1907, S. 574.

70. Prüfung einzelner Maschinenteile auf Körper- und Windungsschluß.

Untersuchung auf Körperschluß. a) Mit Gleichstrom. Die Stromquelle liegt in Abb. 383 mit dem einen Pole am Eisen (an der Ankerwelle), mit dem anderen Pole am Kommutator. Ähnlich schaltet man bei der Prüfung von Magnetgestellen. Zum Schutz gegen zu starken Strom bei einem Durchschlag der Isolation wird ein Widerstand W in die Leitung gelegt. Ist die Isolation der Wicklung gegen das Eisen des Ankers gut, dann ist der von der Batterie gelieferte Strom $J = 0$ oder jedenfalls verschwindend klein, und die volle Spannung $E_1 = E$ wirkt auf die Isolierung. Wird an irgendeiner Stelle die Isolierung durchschlagen, so entsteht ein stärkerer Strom, der aber keine gefährliche Höhe erreichen kann, da E_1 auf den Wert $E_1 = E - J \cdot W$ wegen des Spannungsverlustes im Widerstand W sinkt. Die durchgeschlagene Stelle wird sichtbar durch die dort auftretende Rauchbildung und durch Schwarzbrennen der Isolierung.

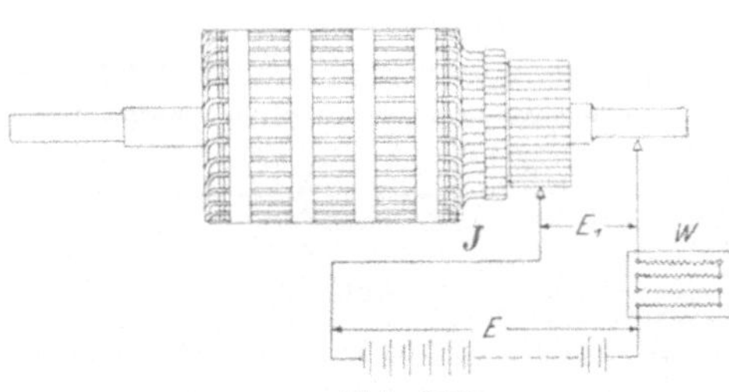

Abb. 383.

Dasselbe Verfahren kann man auch anwenden, um die Isolierung der einzelnen Spulen eines Gleichstromankers gegeneinander zu prüfen, bevor der Kommutator am Anker befestigt ist.

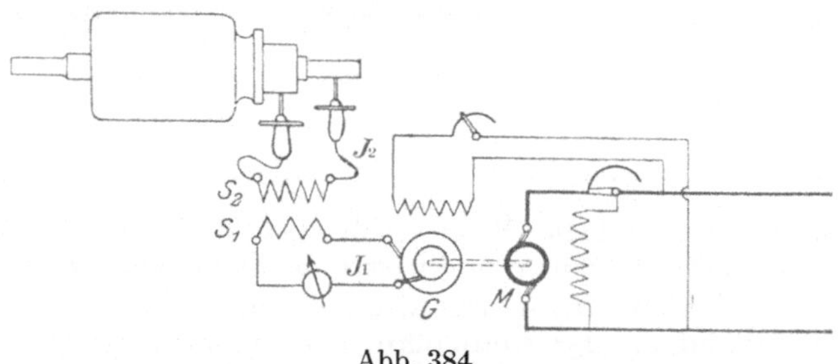

Abb. 384.

b) Mit Wechselstrom. Nach Abb. 384 läßt man die Sekundärspannung der Wicklung S_2 eines kleinen Transformators auf die Isolation wirken. Die Primärspule S_1 des Transformators liegt an einem kleinen Wechselstromgenerator G, der mit einem Gleichstrommotor M gekuppelt ist. Durch Veränderung der Umlaufszahl von M und durch Regulieren des Erregerstromes von G ist die Primärspannung in weiten Grenzen veränderlich, und die herauftransformierte Sekundärspannung kann auf beliebige Werte eingestellt werden. Ist die Isolation gut, so ist der Strom J_1 in der Primärwicklung nur gleich dem Leerlaufstrom. Die Sekundärseite S_2 ist offen, wenn man sie, wie in der Abb. 384 gezeichnet, einerseits an die Wicklung, andererseits an das Eisen des zu prüfenden Ankers anschließt. Sobald jedoch in S_2 ein Strom fließt, also Energie verbraucht wird, muß von der Primärseite aus mehr Energie geliefert werden, was ein Anwachsen des Primärstromes J_1 zur Folge hat. In S_2 kann aber nur dann ein Strom entstehen, wenn der Durchschlag der Isolation gegen Eisen erfolgte. J_2 erhitzt die schadhafte Stelle und macht sie in der gleichen Weise kenntlich, wie dies bei der vorigen Methode beschrieben wurde.

Statt das Verhalten eines Strommessers im Primärkreise des Transformators $S_1 S_2$ zu verfolgen, kann man auch die Angaben eines Spannungsmessers, der an den Sekundärklemmen liegt, beobachten. Er zeigt, wenn die Sekundärwicklung offen, mithin kein Schluß zwischen der zu prüfenden Wicklung und Eisen vorhanden ist, die volle Spannung. Diese sinkt aber, wenn ein solcher Schluß besteht, und zwar um so mehr, je kleiner der Schließungswiderstand, je höher also J_2 ist.

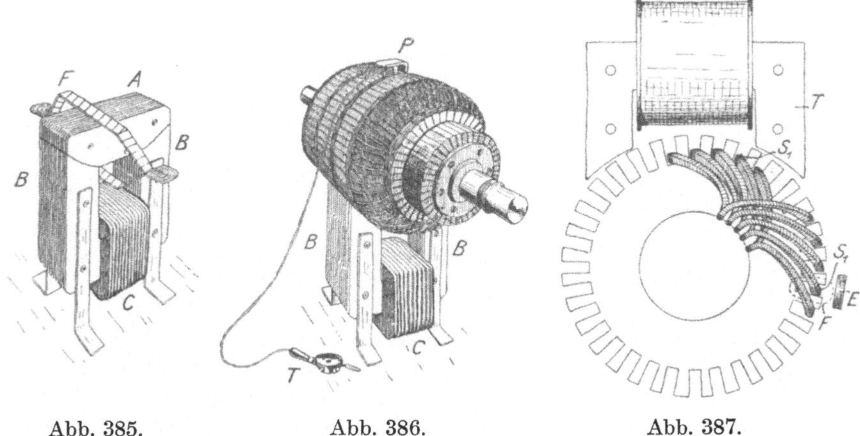

Abb. 385. Abb. 386. Abb. 387.

Untersuchung auf Windungsschluß. Verschiedene Firmen liefern hierfür besondere Transformatoren, mit deren Hilfe Magnet- und Ankerspulen leicht auf Windungsschluß geprüft werden können. Im folgenden sei die Anwendung des Prüftransformators von Siemens & Halske erläutert.

a) Untersuchung von Form- und Magnetspulen. Die Spule F wird gemäß Abb. 385 über das abnehmbare Joch A des U-förmigen Transformators B geschoben, der von der Wicklung C erregt wird. F wirkt einfach als Sekundärspule und ist fehlerfrei, mithin ohne Windungsschluß, wenn das Amperemeter im Erregerkreis (Spule C) denselben Strom anzeigt wie ohne übergeschobene Spule F. Ein Kurzschluß zwischen den Windungen der letzteren verrät sich sofort durch das Anwachsen des Erregerstromes.

b) Untersuchung von Ankerwicklungen. Gemäß Abb. 386 wird der Anker auf die Pole des Transformatorunterteiles B nach Entfernung des Jochstückes A gelegt. Die Pole sind für diesen Zweck der Ankerrundung entsprechend kreisförmig ausgebildet. Sind die Windungen unversehrt, so zeigt der Strommesser im Kreise der Erregerspule C bei allen Stellungen des Ankers den gleichen Wert, sofern der magnetische Widerstand stets derselbe ist. Hat aber der Anker kurzgeschlossene Windungen, so entsteht in ihnen ein sekundärer Strom, der am größten ist, wenn die Fläche der Kurzschlußwindungen senkrecht zum Kraftfluß des Magneten liegt: Das Kennzeichen ist wieder das Anwachsen des von der Spule C aufgenommenen Stromes. Durch langsames Drehen des Ankers bringt man nach und nach alle Windungen in den Bereich des Magneten.

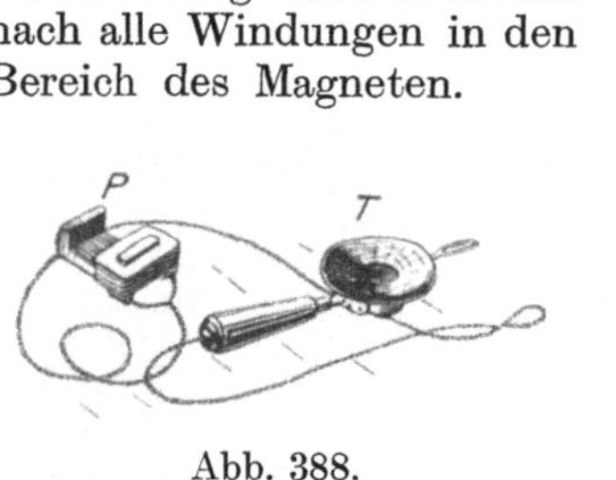

Abb. 388.

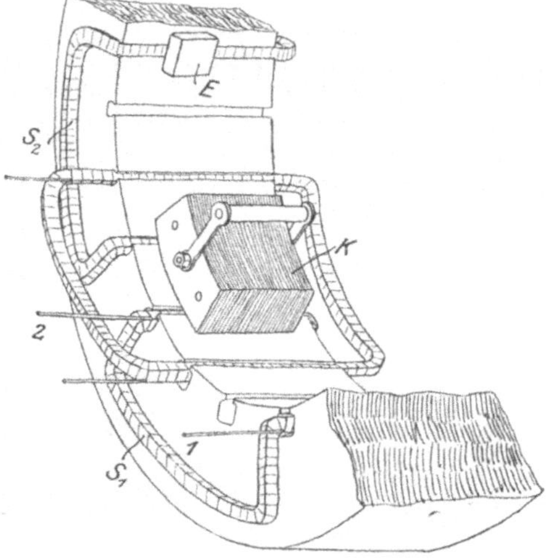

Abb. 389.

c) Bestimmung der fehlerhaften Windungen. 1. Mit einem kleinen Eisenstück. Mit einem solchen — E in Abb. 387, in welcher der Transformatorunterteil auf den Anker gesetzt ist — geht man langsam von Nute zu Nute. E wird bei jener Nute angezogen, in der die eine Seite der fehlerhaften Windung S_1 liegt, denn der in dieser fließende Sekundärstrom bildet ein Streufeld aus, welches sich um diese Nute schließt.

2. Mit Telephon und Induktionsspule. Unter Umständen ist der Widerstand der schadhaften Stelle so hoch, daß der sich ausbildende Sekundärstrom sehr gering ist. Zur Feststellung der fehlerhaften Stelle verwendet man dann am besten eine kleine, auf einen U-förmigen Eisenkörper P gewickelte Spule, an die ein Telephon T angeschlossen wird — Abb. 388. Diesen Eisenkörper setzt man nach Abb. 386 so auf den Anker, daß die einzelnen Nuten überbrückt werden. Geschieht dies bei jener, in der die fehlerhafte Windung liegt, so wird in der Induktionsspule ein Wechselstrom durch das Streufeld induziert, der das Telephon zum Ansprechen bringt; bei allen Nuten dagegen, die fehlerfreie Spulen enthalten, wird kein Strom in der Induktionsspule induziert, und das Telephon spricht nicht an.

3. Bei Wechselstromankern kann man sogar die Primärwicklung des Transformators sparen und nur einen unbewickelten Eisenblechkörper K auf den Ankerkörper nach Abb. 389 aufsetzen. Man muß dann eine der Ankerspulen, hier z. B. S_1 mit Wechselstrom speisen, der an ihre Enden *1* und *2* angeschlossen wird. Das Feld der Spule S_1 findet in K seinen Rückschluß und induziert in den umliegenden Spulen die Prüfspannung. Auch hier verwendet man zum Aufsuchen von schadhaften Spulen das Eisenstück E, welches z. B. von S_2 angezogen wird, wenn diese Spule kurzgeschlossene Windungen besitzt.

71. Isolierfestigkeit von fertigen Maschinen und Transformatoren.

a) Allgemeines.

(§ 48÷49 der REM, § 46 der RET.)

Die Isolation soll folgenden Spannungsproben unterworfen werden:

1. Wicklungsprobe.
2. Sprungwellenprobe für Wechselstromwicklungen über 2,5 kV.
3. Windungsprobe.

Die Prüfungen dürfen an der kalten Maschine bzw. an dem kalten Transformator vorgenommen werden, falls sie sich nicht im Anschluß an eine Dauerprobe ermöglichen lassen. Die Prüfungen sollen in der Reihenfolge 1, 2, 3 vorgenommen werden.

Vor und nach Vornahme der drei Spannungsproben wird empfohlen, die Widerstände der Wicklungen zu messen. Differenzen zwischen den beiden Widerstandsmessungen zeigen das Auftreten von Wicklungsschäden an.

Die Prüfungen gelten als bestanden, wenn weder Durchschlag noch Überschlag eintritt.

Betriebsmäßig nicht lösbare Verbindungen zwischen verschiedenen Wicklungen (z. B. Mehrphasenwicklungen) oder mit dem Körper brauchen nicht getrennt zu werden. Wicklungen, die betriebsmäßig nicht lösbar mit dem Körper verbunden sind, brauchen nur der Sprungwellenprobe und der Windungsprobe unterworfen zu werden.

Bei Asynchronmaschinen und Synchronmaschinen mit Walzenläufer ist die Spannungsprobe 1 bei eingebautem Läufer vorzunehmen. Bei Gleichstrommaschinen und Synchronmaschinen mit Schenkelpolläufer darf sie bei ausgebautem Läufer vorgenommen werden.

Bei dauernd mit einem Außenpol geerdeten Transformatoren soll dieser Außenpol lösbar sein.

Die Prüfung auf Isolierfestigkeit bei Transformatoren mit abgestufter Isolation gegen Eisen ist besonders zu vereinbaren.

b) Wicklungsprobe.

(§ 50 der REM, § 47 und § 51 der RET.)

Die Wicklungsprobe dient zur Feststellung der ausreichenden Isolation von betriebsmäßig nicht leitend verbundenen Wicklungen gegeneinander und gegen Körper.

Ein Pol der Stromquelle wird an die zu prüfende Wicklung, der andere an die Gesamtheit der untereinander und mit dem Körper verbundenen anderen Wicklungen gelegt.

Die Prüfspannung soll praktisch sinusförmig, ihre Frequenz soll gleich Nennfrequenz oder 50 per/s sein. Die Spannung wird auf den in den folgenden Tafeln angegebenen Wert gesteigert und dieser während einer Minute innegehalten. Gleitfunken dürfen vor Überschreitung der Nennspannung um 25% nicht auftreten.

Wird die Prüfzeit über eine Minute ausgedehnt, so soll die Prüfspannung herabgesetzt werden.

Prüfspannungen für Maschinen. Diese sind in der nachstehenden Tabelle zusammengestellt.

Spalte	I	II		III	IV
Reihe	Wicklung	Bereich		Prüfspannung in Volt (der größere der Werte)	
1	Alle Wicklungen mit Ausnahme von Reihe 4 bis 7	Nennleistung kleiner als 500 Watt		$3E$	$2E+500$
2		Nennleistung größer als 500 Watt E bis 5000 V		$3E$	$2E+1000$
3		E über 5000 V		$2E+5000$	
4	Erregerwicklungen von Einankerumformern und Synchronmotoren	mit stets geschlossenem Erregerkreise ohne oder mit Drehstromanlauf		$3E$	$2E+1000$
5		mit für den Anlauf unterteilter Erregerwicklung ohne oder mit Drehstromanlauf		$10E+1000$	2000
6		mit abschaltbarem Erregerkreise	ohne Drehstromanlauf	$10E+1000$	2000
7			mit Drehstromanlauf	$20E+1000$	2000

In der Tabelle bedeutet E:

1. die Nennspannung der Maschine, bei Feldwicklungen die Nennerregerspannung,

2. bei leitend verbundenen Wicklungen einer oder mehrerer Maschinen die höchste gegen Körper beim Erdschluß eines Poles auftretende Spannung,

3. bei Läuferwicklungen von Asynchronmotoren, die dauernd in einer Richtung umlaufen, die Läuferspannung und bei Umkehrasynchronmotoren $1{,}5 \times$ Läuferspannung,

4. bei dauernd mit einem Außenpol geerdeten Maschinen $1{,}1 \times$ Nennspannung.

Kurzschlußwicklungen brauchen nicht geprüft zu werden.

Der Erregerkreis von Einankerumformern und Synchronmotoren gilt als geschlossen, wenn der äußere Widerstand nicht mehr als das zehnfache des inneren beträgt.

Prüfspannungen für Transformatoren — s. die folgende Tabelle.

Alle Wicklungen von Transformatoren	Prüfspannung	
	kV	mindestens aber
bis 10 kV	$3{,}25E$	2,5 kV
über 10 kV	$1{,}75E + 15$	—

Bei Trockentransformatoren (TS, TF, TW) sind obige Werte um 15% zu erhöhen, wenn die Probe in kaltem Zustande vorgenommen wird.

E bedeutet bei Prüfung gegen Körper:

1. Bei einzelnen Wicklungen gegen Körper die Nennspannung der Wicklung,
2. bei Wicklungen von Stromtransformatoren bzw. Zusatztransformatoren mit getrennten Wicklungen die Nennspannung des Stromkreises, mit dem die Wicklung in Reihe liegt,
3. bei hintereinandergeschalteten Wicklungen die Summenspannung,
4. bei Regeltransformatoren, bei denen die Unterspannung durch Zu- und Abschalten von Oberspannungswindungen geändert wird, die Spannung, die bei Erreichung der maximalen Unterspannung an der Oberspannungswicklung auftritt,
5. bei dauernd mit einem Außenpol geerdeten Transformatoren (T, SpT, ZT, ST) die 1,1fache Nennspannung.

Die Durchführungsisolatoren müssen folgende Prüfspannung aushalten:

Bis 3kV Nennspannung .... $8E + 2$kV,
über 3kV „ .... $2E + 20$kV.

Die Ausführung dieser Prüfung kann aber nur entweder an den zu den Transformatoren gehörigen Isolatoren vor Zusammenbau mit dem Transformator jedoch mit zugehörigem Flansch, oder bei Verzicht auf diese Art der Prüfung an Isolatoren gleicher Type verlangt werden.

Die Prüfung gilt als bestanden, wenn weder Durchschlag noch Überschlag erfolgt und keine Gleitfunken auftreten.

c) Sprungwellenprobe.

(§ 51 der REM, § 48 der RET.)

Die Sprungwellenprobe dient dazu, festzustellen, ob die Windungsisolation gegenüber den im normalen Betriebe auftretenden Sprungwellen ausreicht. Die Prüfung soll im Fabrikprüffelde an der fertigen Maschine bzw. am fertigen Transformator (T und SpT) nach Möglichkeit in einer Schaltung, die für Synchron- und Asynchronmaschinen in Abb. 390, für Transformatoren mit Wicklungen für Nennspannungen von 2,5 kV bis 60 kV in Abb. 391 dargestellt ist, vorgenommen werden.

Die zu prüfende Wicklung der Maschine G oder M bzw. des Transformators T ist über Funkenstrecken F aus massiven Kupferkugeln von mindestens 50 mm Durchmesser auf Kabel oder Kondensatoren C geschaltet, deren Kapazität folgendermaßen zu bemessen ist:

Prüfkapazität.

Nennspannung	Kapazität in jeder Phase mindestens	Zweckmäßige Form der Kapazität
2,5 bis 6 kV	0,05 μF	Kabel oder Kondensator
6 „ 15 „	0,02 „	„ „ „
15 „ 35 „	0,01 „	„ „ „
35 „ 60 „	0,005 „	Kondensator

Beim Drehstromkabel ist die „Betriebskapazität“ (vgl. § 5 der Definition der Eigenschaften gestreckter Leiter, „ETZ“ 1909, S. 1155 und 1184. Normenbuch des VDE 1914, S. 386, in der letzten Ausgabe des Normenbuches nicht mitaufgenommen) gleich der angegebenen Kapazität zu wählen; das Kabel hat nach Abschaltung eines Leiters dann auch für die Einphasenschaltung die vorgeschriebene Kapazität.

Der Kugelabstand jeder Funkenstrecke wird für einen Überschlag bei 1,1 E eingestellt. Die Maschine bzw. der Transformator ist von der Stromquelle Q mit Gleichstrom bei normaler Drehzahl bzw. mit Drehstrom bei normaler Frequenz auf etwa das 1,3fache der Nennspannung zu erregen. Die Funkenstrecken werden auf beliebige Weise gezündet (etwa durch vorübergehende Annäherung der Kugeln oder Überbrückung des Luftzwischenraumes) und ein Funkenspiel von 10 Sekunden Dauer aufrechterhalten. Die Funkenstrecken sind dabei mit einem Luftstrom von etwa 3 m/s Geschwindigkeit anzublasen.

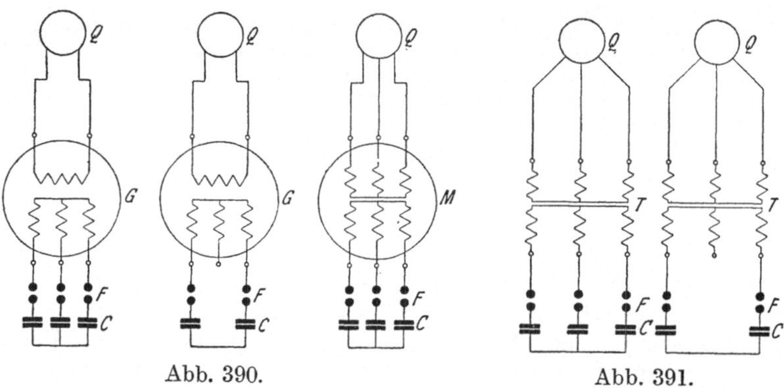

Abb. 390. Abb. 391.

Durch die Funkenüberschläge werden die Kapazitäten von der Wicklungsspannung immer wieder umgeladen, bei jeder plötzlichen Umladung zieht eine Sprungwelle in die zu prüfende Wicklung ein.

Es empfiehlt sich, alle Zwischenleitungen möglichst kurz zu halten, da bei längeren Leitungen die Beanspruchung der Wicklung nicht eindeutig bestimmt ist.

Mehrphasenmaschinen und Mehrphasentransformatoren können auch in der Einphasenschaltung geprüft werden; dabei sind die Phasenklemmen so oft zu vertauschen, daß die Wicklung jeder Phase der Sprungwellenprobe ausgesetzt wird.

d) Windungsprobe.

(§ 52 der REM, § 49 der RET.)

Die Windungsprobe dient zur Feststellung der ausreichenden Isolation benachbarter Wicklungsgruppen gegeneinander und zum Auffinden von Wicklungsdurchschlägen, die durch die Sprungwellenprobe eingeleitet sind.

Bei Maschinen. Die Windungsisolation wird im Leerlaufe durch Erhöhung der angelegten oder erzeugten Spannung (Motoren oder Generatoren) auf die in nachstehender Tafel angegebenen Werte geprüft. Die Frequenz bzw. Drehzahl kann entsprechend erhöht werden. Die Prüfdauer beträgt 3 Minuten.

Die höhere Spannung der Reihe 2 soll ein Ersatz für die nicht durchführbare Wicklungsprobe von Strang zu Strang sein.

Reihe	Wicklungsart	Prüfspannung / Nennspannung
1	Alle Wicklungen mit Ausnahme von Reihe 2 der Tabelle auf S. 366	1,3
2	Mehrphasenwicklungen mit nicht lösbaren Verbindungen zwischen verschiedenen Wicklungssträngen	1,5

Bei Transformatoren. Die Prüfung erfolgt bei Leerlauf, und zwar bei Leistungen bis 1000 kVA durch Anlegen einer Prüfspannung gleich 2×Nennspannung, bei größeren Leistungen durch Anlegen einer Prüfspannung möglichst gleich 2×Nennspannung, mindestens jedoch 1,3×Nennspannung. Die Frequenz kann entsprechend erhöht werden; Prüfdauer 5 Minuten.

Die Prüfung gilt als bestanden, wenn weder Durchschlag noch Überschlag erfolgt und keine Gleitfunken auftreten.

Bei Drosselspulen wird sich im allgemeinen die Windungsprobe nicht vornehmen lassen.

Zwölfter Abschnitt.

Untersuchung des zeitlichen Verlaufes von Wechselströmen.

72. Aufnahme von Wechselstromkurven.

a) Allgemeines über den Kurvencharakter.

Bei der Besprechung des Parallelschaltens von Synchronmaschinen wurde darauf hingewiesen, daß man bestrebt ist, die Generatoren so zu bauen, daß ihre Spannungskurven möglichst sinusförmig werden. Dazu muß die Verteilung der magnetischen Feldstärke am Ankerumfang ebenfalls sinusförmig sein. Ein Bild von der Feldverteilung erhält man, wenn man gemäß den unter b) und c) geschilderten Verfahren den zeitlichen Verlauf der Spannungskurve aufnimmt; denn es ist bei Vernachlässigung der Spannungsabfälle im Anker die Klemmenspannung E gleich der im Anker induzierten EMK E_a. Die Augenblickswerte E_t und E_{at} stehen aber mit der Kraftlinienzahl $\Phi = f(t)$ in dem Zusammenhange: $E_t = E_{at} = -c \cdot d\Phi/dt$. Da c eine Konstante ist, so kann man aus der aufgenommenen Kurve $E = f(t)$ den zeitlichen Verlauf des Kraftflusses $\Phi = f(t)$ ableiten und damit gleichzeitig ein Bild der Feldverteilung gewinnen.

Grund- und Oberschwingungen. Wenn es jedoch auch bei unbelasteter Maschine gelingt, den angestrebten sinusförmigen Verlauf der magnetischen Feldstärke und damit sinusförmige Spannungskurven zu erzielen, so treten doch bei Belastung ganz andere Verhältnisse auf. Das Leerlauffeld wird durch das sich jetzt überlagernde Ankerfeld verzerrt, und die nunmehr induzierte EMK weicht deshalb mehr oder weniger von der Sinusform ab. Ihre Zeitkurve enthält neben der Grundschwingung noch Oberschwingungen (Oberwellen, höhere Harmonische) von 3-, 5-, 7-, 9- usw. facher Frequenz der Grundschwingung. Nur besonders durchgebildete Wicklungen und Polformen ermöglichen es, dem angestrebten idealen sinusförmigen Verlauf bei Belastung nahezukommen. —

Große Feldverzerrungen entstehen auch bei Kurzschlüssen, besonders, wenn diese einphasig erfolgen und die Klemmenspannung nicht ganz auf Null herabsetzen. Anlaß zu Oberschwingungen gibt ferner die durch die Nutung bewirkte ungleichmäßige Feldverteilung am Ankerumfang. Die Frequenz der dadurch hervorgerufenen sogenannten Zahn- oder Nutenschwingungen berechnet sich aus der Nutenzahl und der Drehzahl der Maschine. Sie beträgt etwa 250 bis 3000 per pro Sekunde je nach der gröberen oder feineren Nutung. Die Amplituden dieser Oberwellen sind natürlich um so kleiner, je mehr Nuten pro Polteilung vorhanden sind. Auch lassen sie sich durch eine entsprechende Schrägstellung der Nuten erheblich vermindern.

Unsymmetrische Wicklungen von Generatoren können Unterfelder zur Folge haben. Sie induzieren Spannungen und Ströme, deren Periodenzahl etwa 5 bis 25 in der Sekunde beträgt. Diese Unterschwingungen können zu starken mechanischen Rüttelkräften Veranlassung geben. — Bei parallel geschalteten Wechselstrommaschinen kann durch ungleichmäßigen Antrieb ihrer Kraftmaschinen ein taktmäßiges Pendeln auftreten; die so hervorgerufene Schwingung, deren Periodenzahl sich in den Grenzen von 0,5 bis 3 pro Sekunde bewegt, überlagert sich natürlich der Grundschwingung.

Transformatoren und Drosselspulen können ebenfalls die Ursache von Oberschwingungen werden, und zwar dann, wenn ihr Eisen stark gesättigt ist. Dabei sind zwei Fälle zu unterscheiden:

α) Erzwingt man einen sinusförmigen Verlauf des Magnetisierungsstromes $J_{10} = f(t)$, so enthalten bei starker Sättigung die Kurven $\Phi = f(t)$ und $E = f(t)$ Oberschwingungen der 3-, 5-, 7- usw. fachen Frequenz.

β) Erzwingt man dagegen einen sinusförmigen Verlauf der Spannung $E = f(t)$ am Transformator, so hat auch die Feldkurve $\Phi = f(t)$ den gleichen Charakter. Der dem Netz entnommene Magnetisierungsstrom $J_{10} = f(t)$ besitzt jedoch nunmehr, wenn die Induktion entsprechend hoch ist, ungeradzahlige Oberschwingungen.

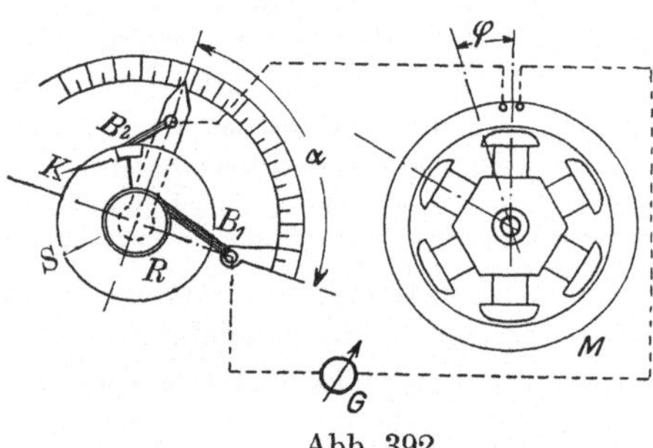

Abb. 392.

b) Die Joubertsche Scheibe.

Anordnung. Die grundlegende Erfindung, auf der sich die späteren Apparate aufbauten, war die Joubertsche Scheibe. Nach Abb. 392 trägt die drehbare Scheibe S, welche aus Isoliermaterial besteht und auf der Welle der zu untersuchenden Maschine befestigt oder von ihr aus angetrieben wird, das etwa 2 cm breite Kontaktstück K. Dieses ist mit dem Schleifring R verbunden, auf welchem die feste Bürste B_1 aufliegt. Die Bürste B_2 ist an einem drehbaren Arm befestigt und schleift auf der Scheibe S. An einer Gradteilung kann die jeweilige gegenseitige Lage der Bürsten B_1 und B_2 festgestellt werden.

Schaltungen. Die Schaltung ist für die Aufnahme von Strom- und Spannungskurven prinzipiell die gleiche — s. Abb. 393. Der Kontaktgeber liegt in Reihe mit einem Vorschaltwiderstand R' und einem als Indikator dienenden Galvanometer G oder einem Elektrometer. Falls das Instrument noch zu empfindlich ist, legt man parallel zu ihm einen entsprechenden Widerstand R, der einen dämpfenden Einfluß ausübt, so daß die Zeigerschwankungen vermindert werden. Den gleichen Zweck erfüllt auch ein Kondensator C.

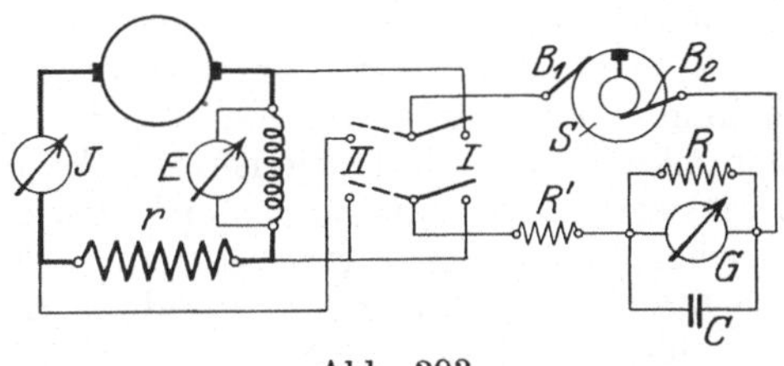

Abb. 393.

1. Aufnahme von Spannungskurven. Wird die beschriebene Anordnung an die zu untersuchende Wechselspannung E (Effektivwert) angeschlossen — Stellung I des Umschalters in Abb. 393 —, so erhält das Instrument G bei jeder Umdrehung der Scheibe S einen Stromstoß, nämlich dann, wenn die Bürste B_1 das Kontaktstück K berührt. Die Größe des Stromstoßes hängt nur ab von dem in diesem Augenblick vorhandenen Wert E_t der Spannung E. Dieser Augenblickswert ist aber bedingt durch die relative Lage der Pole gegenüber dem Anker, welche durch den Winkel φ — Abb. 392 — im Augenblick des Stromschlusses gegeben sein möge. Wird der Winkel α nicht verändert, so tritt der Stromschluß immer im gleichen Zeitpunkt auf, und das Meßinstrument wird dann von einem pulsierenden Gleichstrom durchflossen, der eine konstante Ablenkung ψ hervorbringt. Diese ist proportional der Spannung E_t. Verändert man jetzt den Bürstenwinkel α, so erfolgt die Schließung des Galvanometerkreises früher oder später als vorher. In diesem Falle ist der Winkel φ ein anderer und damit auch die Spannung E_t, sowie die Ablenkung ψ des Galvanometers. Durch die Verschiebung der Bürsten kann man so den zeitlichen Verlauf der Spannungskurve über eine Periode aufnehmen. Es ist folglich, wenn c eine Konstante bedeutet:

$$\psi = c \cdot E_t \quad \text{und} \quad E_t = \frac{\psi}{c} = f(\alpha)\,.$$

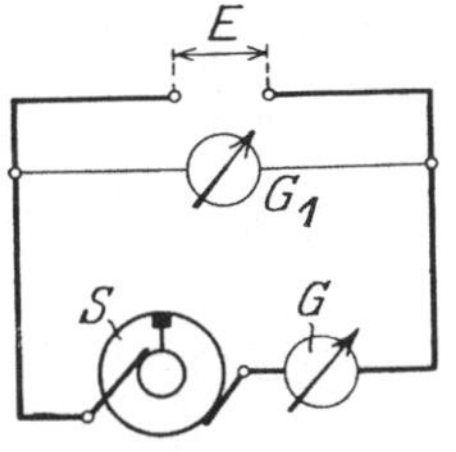

Abb. 394.

Trägt man die Galvanometerausschläge ψ in Abhängigkeit von dem Bürstenwinkel α auf, so erhält man demnach den gesuchten zeitlichen Kurvenverlauf. Die Aufnahmen ergeben jedoch nur relative Werte der Spannungskurve, da c nicht bekannt ist. Will man die absoluten Werte bestimmen, so muß das Galvanometer in der Kontaktgeberschaltung geeicht werden. Dazu verwendet man eine regulierbare Spannung E, welche durch das Instrument G_1 gemessen wird — s. Abb. 394. Man beobachtet nun bei verschiedenen Spannungen E die Ablenkungen ψ des Galvanometers G und erhält so die Eichkurve $E = f(\psi)$, aus welcher man für alle Werte ψ, welche man bei einer beliebigen Kurvenaufnahme beobachtete, die zugehörigen Werte $E = E_t$ ablesen kann.

Die Umdrehungszahl n_1 der Scheibe S wird am besten so gewählt, daß $n_1 = n \cdot p$ ist (n Umdrehungszahl der zu untersuchenden Maschine, p deren Polzahl). Zwischen den Winkeln α und φ besteht in diesem Falle die Beziehung: $\alpha = p \cdot \varphi$. Dann gibt α die Drehung des Polrades in elektrischen Graden an.

2. Aufnahme von Stromkurven. Diese führt man auf die Aufnahme von Spannungskurven zurück. Man legt nach Abb. 393 in den Stromkreis einen induktionsfreien Widerstand r. Dann ist der Augenblickswert J_t des Stromes J in Phase mit e_t, dem Spannungsabfall, welcher von J_t in r erzeugt wird. Nimmt man e_t gemäß den gemachten Ausführungen auf (Stellung II des Umschalters in Abb. 393), so erhält man: $e_t = \psi/c = f(\alpha)$, und da $e_t = J_t \cdot r$ ist, so wird:

$$J_t = \frac{\psi}{r \cdot c} = f_1(\alpha).$$

Dividiert man also die Ordinaten der Spannungskurve $e_t = f(\alpha)$ durch den Widerstand r, so erhält man die Stromkurve $J_t = f_1(\alpha)$.

3. Aufnahme von Leistungskurven. Für jede Bürstenstellung α wird sowohl E_t (Stellung I des Umschalters in Abb. 393) als auch e_t (Stellung II des Umschalters) bzw. J_t ermittelt. Man erhält so die Strom- und Spannungskurven $J_t = f_1(\alpha)$ und $E_t = f(\alpha)$ in ihrer gegenseitigen Lage. Aus derselben ist sofort auf die Phasenverschiebung zu schließen. Die Leistungskurve erhält man durch Multiplikation der zu dem gleichen Winkel α gehörigen Strom- und Spannungswerte: $N_t = J_t \cdot E_t = f_2(\alpha)$.

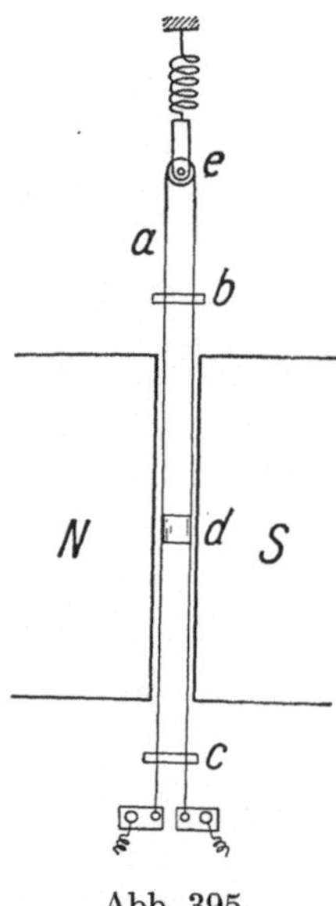

Abb. 395.

Die Joubertsche Scheibe ist ebenso wie der aus ihr hervorgegangene Apparat von R. Franke nur für die punktförmige Aufnahme von Kurven verwendbar. Heute sind beide veraltet. An ihre Stelle traten zur genauen kontinuierlichen Beobachtung raschverlaufender Vorgänge eine Reihe von Apparaten (Glimmlichtoszillograph von Gehrke, Ondograph von Hospitalier, Braunsche Röhre usw.). Eine besondere Bedeutung hat der Schleifenoszillograph gewonnen, der zuerst von Blondel angegeben wurde und der heute von verschiedenen Firmen, z. B. von Siemens & Halske gebaut wird.

c) Der Schleifenoszillograph.

Prinzip und Wirkungsweise. Zwischen den Polen NS eines permanenten oder eines Elektromagneten (s. Abb. 395) ist ein dünner, aus möglichst homogenem Material hergestellter Draht mittels einer Rolle und Feder e so gespannt, daß er eine Schleife bildet. Zur Wahrung des Abstandes dienen die Stege bei b und c. Die Drahtschleife trägt in der Mitte das etwa 1—2 qmm große Spiegelchen d.

Wird der zu untersuchende Wechselstrom nun an die Schleife gelegt, dann durchfließt er deren Seiten in entgegengesetzter Richtung. Sie erhalten demnach, da sie sich im Felde des Magneten *NS* befinden, einen Bewegungsantrieb. Die Folge ist eine Drehung der Schleife und des Spiegelchens *d*. Wenn auf letzteres aus einer bestimmten Richtung ein Lichtstrahl fällt, so wird die Ablenkung des reflektierten Strahles den Augenblickswerten des die Schleife durchfließenden Wechselstromes proportional sein. Wird diese Ablenkung auf rotierendes photographisches Papier übertragen, so kann dadurch der zeitliche Verlauf des Wechselstromes bestimmt werden.

Hauptteile. Als solche sind anzusehen: 1. Das Magnet- und Fadensystem (Meßschleifensystem), 2. die optische Anordnung einschließlich der Beobachtungs- und Photographiereinrichtung.

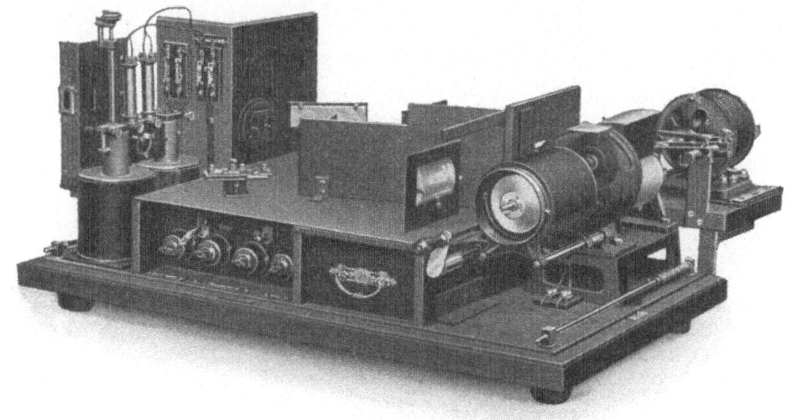

Abb. 396.

1. Das Magnet- und Fadensystem. Die Drahtschleife (s. Abb. 395), welche als Meßschleife bezeichnet wird, ist in einem besonders konstruierten Gehäuse so untergebracht, daß ihr Spiegelchen sich vor einer im Gehäuse sitzenden Plankonvexlinse befindet. Die Zuleitungen zur Schleife sind am Gehäusekopf angebracht — Abb. 396, linke Seite. Die Meßschleifen werden mit Eigenschwingungszahlen bis zu 12000 Perioden in der Sekunde hergestellt. Für solche, deren Eigenschwingungszahl mehr als 250 Perioden beträgt, werden die Gehäuse so gebaut, daß sie eine Ölfüllung erhalten können, durch welche eine hinreichende Dämpfung des Schleifensystems bewirkt wird.

Die Gehäuse mit den Meßschleifen werden in das besonders durchgebildete Joch des Elektromagneten eingesetzt — Abb. 396, linke Seite. Bei Spezialausführungen können in das Joch bis zu 6 Meßschleifengehäuse eingebaut werden. Mit derartigen Oszillographen lassen sich gleichzeitig sechs verschiedene periodisch veränderliche Vorgänge beobachten.

2. Die optische Anordnung. Die Abb. 397 zeigt schematisch die Linsensysteme, sowie den Strahlengang eines Oszillographen, der

für fortlaufendes Photographieren eingerichtet ist (der Oszillograph Abb. 396 besitzt nur eine Trommel, welche mit photographischem Papier bespannt wird). Wie aus Abb. 397 hervorgeht, beleuchten die Strahlen einer Bogen- oder Metallfadenlampe, vor der eine Sammellinse sitzt, einen schmalen Spalt. In einer Entfernung von etwa 1 m befindet sich das Spiegelchen der Meßschleife und unmittelbar vor diesem die bereits oben erwähnte kleine Plankonvexlinse. Letztere entwirft in der Nähe einer Zylinderlinse ein Bild des beleuchteten Spaltes, das von dieser Zylinderlinse auf dem photographischen Registrierpapier zu einem Punkt zusammengezogen wird. Infolge der kleinen Drehung, die der Spiegel der Meßschleife unter dem Einflusse des die Schleife durchfließenden Stromes um seine senkrechte Achse beschreibt, kommen auf dem ablaufenden Streifen die Kurvenbilder zustande. Damit man diese aber auch vor der Aufnahme auf einer Matt-

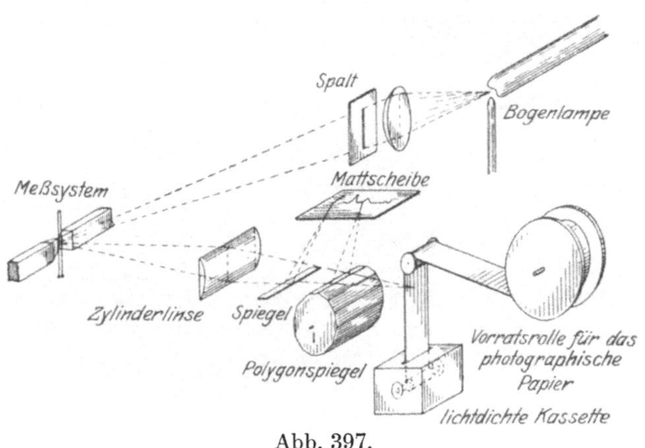

Abb. 397.

scheibe betrachten kann, läßt sich vor das photographische Papier ein rotierender Polygonspiegel rücken, der entsprechend seiner Rotationsgeschwindigkeit ein mehr oder weniger ausgezogenes Kurvenbild von den Ausschlägen der Meßschleife entwirft. Da die Einrichtung so getroffen ist, daß das Lichtbündel erst dann auf das photographische Papier fallen kann, wenn der Polygonspiegel heruntergedrückt und damit gleichzeitig die Ablaufvorrichtung des Papiers eingerückt ist, so würde man während der Aufnahme, d. h. solange das photographische Papier in die lichtdichte Kassette einläuft, die Größe der Meßschleifenausschläge nicht beobachten können. Damit auch dies geschehen kann, ist zwischen Zylinderlinse und Polygonspiegel ein schmales, totalreflektierendes Prisma angebracht, das einen Teil des Lichtbündels, bevor derselbe auf den Polygonspiegel bzw. auf das photographische Papier fällt, auffängt und auf die Mattscheibe wirft, auf welcher er an der linken Seite während der ganzen Dauer einer photographischen Aufnahme als Lichtpunkt erscheint. Die Ausschläge desselben stehen senkrecht zu der Bewegungsrichtung des photographischen Papieres und sind jenen der Meßschleife proportional.

73. Die Zerlegung einer periodischen Funktion in ihre harmonischen Komponenten.

a) Allgemeines.

Es liegt nicht im Rahmen dieses Buches, die zahlreichen Methoden, welche für die Zerlegung einer periodischen Funktion in ihre harmonischen Komponenten in Frage kommen, zu beschreiben. Dazu muß auf das Studium der Spezialliteratur verwiesen werden. Im nachstehenden soll deshalb nur das Wesentliche gesagt und einige praktische Verfahren angegeben werden.

Eine periodische, ihrem zeitlichen Verlauf nach gegebene Schwingung $y = f(t)$ ist dadurch gekennzeichnet, daß sich nach Ablauf gleicher Zeiten gleiche Ordinaten wiederholen. Dem Abstand dieser Ordinaten entspricht die Zeitdauer T einer Periode. Nach Fourier läßt sich jede periodische Funktion durch die Reihe darstellen:

$$y = A_0 + A_1 \cdot \sin \omega t + A_2 \cdot \sin 2\omega t + A_3 \cdot \sin 3\omega t \cdots + A_n \cdot \sin n\omega t$$
$$+ B_1 \cdot \cos \omega t + B_2 \cdot \cos 2\omega t + B_3 \cdot \cos 3\omega t \cdots + B_n \cdot \cos n\omega t \quad (149)$$

Die Koeffizienten $A_1, A_2 \cdots A_n, B_1, B_2 \cdots B_n$ stellen die Amplituden der einzelnen Glieder (Harmonischen, Oberschwingungen) der Reihe dar. In der Gl. (149) ist ω die Winkelgeschwindigkeit. Mit der Periodenzahl f und der Periodendauer T steht sie in dem Zusammenhange:

$$\omega = 2\pi f = \frac{2\pi}{T} \quad (149\,a)$$

Zu bemerken ist:

1. Das Glied A_0 tritt nur bei Wellenströmen auf. Diese besitzen eine Gleichstromkomponente A_0 und eine Wechselstromkomponente, deren Verlauf durch die Summe der übrigen Glieder der Gl. (149) gegeben ist. Wellenströme sind daran erkenntlich, daß die Halbwellen der Funktion $y = f(t)$, welche zwischen den zu den Abszissen 0 und $T/2$ bzw. $T/2$ und T gehörigen Ordinaten liegen, mit den letzteren und der Abszissenachse ungleiche Flächen einschließen. Bei reinen Wechselströmen sind dagegen diese Flächen gleich.

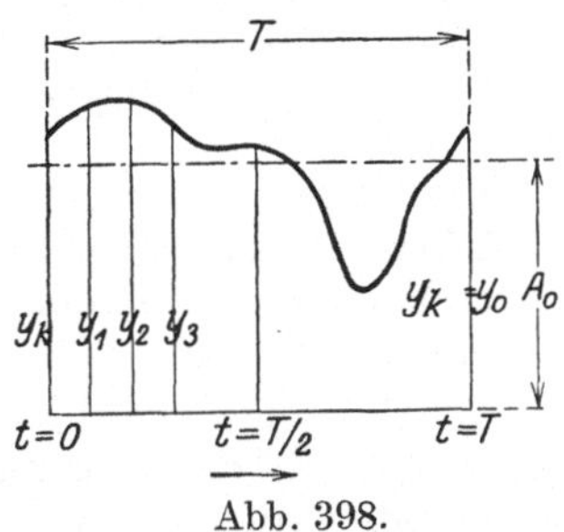

Abb. 398.

2. A_0 ist gemäß den Gleichungen

$$F = A_0 \cdot T = \int_{t=0}^{t=T} y\,dt \quad \text{und} \quad A_0 = \frac{F}{T}$$

die mittlere Ordinate der Fläche F, welche von der Kurve $y = f(t)$, der Abszissenachse und den Ordinaten in $t = 0$ und $t = T$ eingeschlossen wird. Man erhält also A_0 durch Planimetrierung der Fläche F und Teilung derselben durch T.

In einfacher Weise kann man k äquidistante Ordinaten für die Berechnung von A_0 verwenden. Dann ist:

$$A_0 = \frac{1}{k} \cdot (y_1 + y_2 + y_3 + \cdots + y_k) \quad (150)$$

3. Aus dem Charakter der Kurve ist sofort erkenntlich, ob Koeffizienten der Gl. (149) zu Null werden. Ist dies der Fall, so werden natürlich auch die mit diesen Koeffizienten verbundenen Sinus- und Kosinusglieder zu Null. Wählt man die Lage der letzten Ordinate y_k so, daß $y_k = A_0$ wird — s. die Abb. 399 und 400, so lassen sich folgende Regeln aufstellen, wenn die Kurve in bezug auf die im Abstand A_0 gezogene Parallele betrachtet wird, d. h. wenn die Differenzen $(y - A_0)$ jetzt als Ordinaten aufgefaßt werden.

α) Die Kurve enthält nur die ungeraden Sinusglieder. Sie läßt sich folglich durch die Reihe darstellen:

$$y = A_0 + A_1 \sin \omega t + A_3 \cdot \sin 3 \omega t + \dots .$$

Das ist der Fall, wenn ihr Verlauf symmetrisch ist in bezug auf eine im Abstand $t = T/4$ gezogene Ordinate, wenn also alle Ordinaten $(y - A_0)$, welche gleichen Abstand von der zur Abszisse $t = T/4$ gezogenen Ordinate besitzen, gleich groß und gleich gerichtet sind.

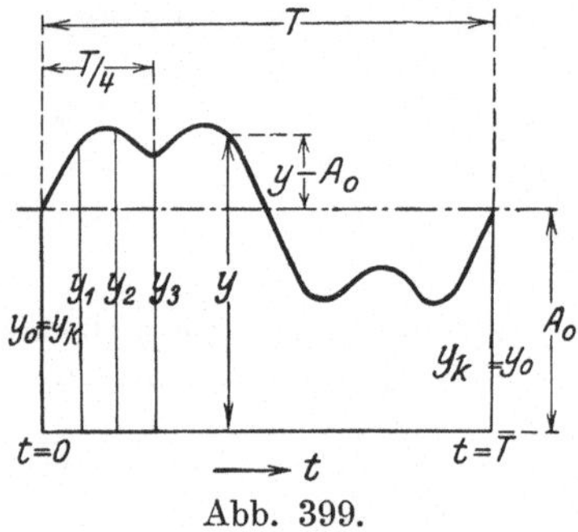

Abb. 399.

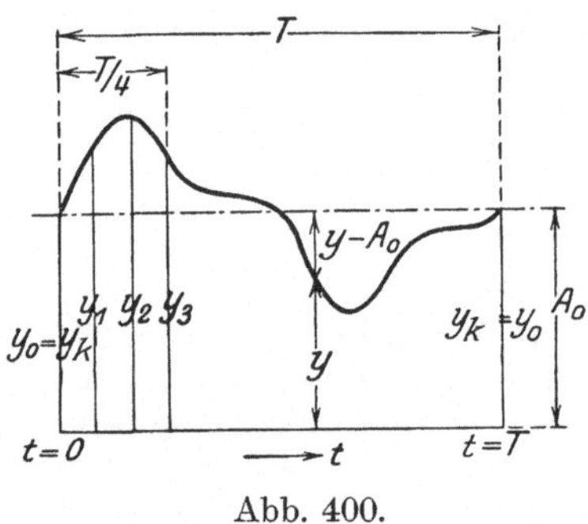

Abb. 400.

Ferner müssen noch alle Ordinaten, welche um $t = T/2$ voneinander abstehen, gleich groß, aber entgegensetzt gerichtet sein — s. Abb. 400. Diese Kurvenform findet man meist bei den periodischen Größen der Wechselstromtechnik.

β) Ungerade Sinus- und Kosinusglieder sind vorhanden, wenn die Kurve $(y - A_0)$ nicht symmetrisch in bezug auf die zur Abszisse $t = T/4$ gehörende Ordinate ist, wenn aber alle Ordinaten $(y - A_0)$, welche um $t = T/2$ voneinander abstehen, gleich groß und entgegengesetzt gerichtet sind — s. Abb. 400. Die Gl. (149) besitzt jetzt die Form:

$$y = A_0 + A_1 \cdot \sin \omega t + A_3 \cdot \sin 3 \omega t + \dots .$$
$$+ B_1 \cdot \cos \omega t + B_3 \cdot \cos 3 \omega t + \dots .$$

γ) Nur durch Zuhilfenahme sämtlicher Glieder der Gl. (149) kann eine Kurve dargestellt werden, wenn ihre Ordinaten $(y - A_0)$, welche um $t = T/2$ voneinander abstehen, nicht gleich groß und entgegengesetzt gerichtet sind.

Die Gl. (149) kann noch geschrieben werden:

$$y = A_0 + \sqrt{A_1^2 + B_1^2} \cdot \sin(\omega t + \varphi_1) + \sqrt{A_2^2 + B_2^2} \cdot \sin(2 \omega t + \varphi_2) + \dots ,$$

wenn

$$\cos\varphi_1 = \frac{A_1}{\sqrt{A_1^2 + B_1^2}}, \qquad \sin\varphi_1 = \frac{B_1}{\sqrt{A_1^2 + B_1^2}}$$

$$\cos\varphi_2 = \frac{A_2}{\sqrt{A_2^2 + B_2^2}}, \qquad \sin\varphi_2 = \frac{B_2}{\sqrt{A_2^2 + B_2^2}} \quad \text{usw.}$$

gesetzt werden.

b) Verfahren.

Rechnerisches Verfahren. Man teilt die Grundperiode, deren Dauer durch die Abszisse T dargestellt wird, in 36 gleiche Teile und bezeichnet die zugehörigen Ordinaten mit $y_0 = y_{36}, y_1, y_2, y_3 \ldots y_{36}$. A_0 bestimmt man, wie bei Gl. (150) angegeben wurde, die Koeffizienten $A_1, A_2, A_3 \ldots B_1, B_2, B_3 \ldots$ nach den Gleichungen bzw. Zahlentafeln auf S. 384.

Meist kann man sich mit einer geringeren Genauigkeit begnügen. Man zieht dann bloß 18 oder 12 Ordinaten pro Periode in Rechnung. Verwendet man allgemein k Ordinaten, so tritt vor die Klammer der Gleichungen auf S. 384 der Faktor $c = 2/k$ (bei $k = 36$ Ordinaten betrug derselbe 2/36), in der Klammer selbst fallen alle Ordinaten fort, deren Indizes durch $c' = 36/k$ nicht teilbar sind.

Beispiel. Bei $k = 18$ beträgt der Faktor $c = 2/18$. Alle Ordinaten, deren Indizes durch $c' = 2$ nicht teilbar sind, werden gleich Null gesetzt. Somit bleiben als Summanden nur $y_2, y_4, y_6 \ldots y_{36}$.

Rechnerisch-graphisches Verfahren. In Abb. 401 stellt I den Verlauf der zu analysierenden Kurve während der Dauer T einer Periode dar.

1. Bestimmung der Koeffizienten $A_1, A_2, A_3 \ldots A_n$ der Sinusglieder. Soll allgemein der Faktor A_n der n-ten Harmonischen bestimmt werden, so ist folgendermaßen vorzugehen:

α) Man zeichnet sich über T die Sinuskurve $\sin n\omega t$ mit der Amplitude „1“ — Kurve II.

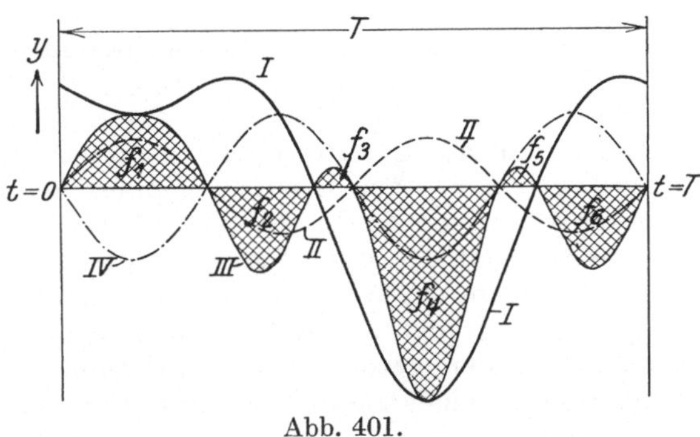

Abb. 401.

β) Man multipliziert alle zur gleichen Abszisse gehörigen Ordinaten der Kurven I und II miteinander. Man erhält so die Kurve III.

γ) Die Abszissenachse zerlegt die letzterwähnte Kurve in die positiven und negativen Flächen $f_1, f_2, f_3 \ldots f_n$. Unter Berücksichtigung des Vorzeichens bildet man:

$$F_n = f_1 + f_2 + f_3 + \ldots f_n.$$

Der Koeffizient A_n ergibt sich dann zu:

$$A_n = \frac{2 \cdot F_n}{T} \qquad (151)$$

Beweis. Die Fläche F_n ist die von der Kurve III und der Abszissenachse eingeschlossene Fläche zwischen $t = 0$ und $t = T$. Nach dem Gesagten kann sie auch durch das Integral dargestellt werden:

$$F_n = \int_{t=0}^{t=T} y \cdot \sin n\omega t \cdot dt,$$

wobei für y die Gl. (149) einzusetzen ist. Man findet zunächst:

$$F_n = \int_{t=0}^{t=T} A_0 \cdot \sin n\omega t \cdot dt + \int_{t=0}^{t=T} A_1 \cdot \sin \omega t \cdot \sin n\omega t \cdot dt + \cdots \int_{t=0}^{t=T} A_m \cdot \sin m\omega t \cdot \sin n\omega t \cdot dt +$$

$$+ \int_{t=0}^{t=T} B_1 \cdot \cos \omega t \cdot \sin n\omega t \cdot dt + \cdots \int_{t=0}^{t=T} B_m \cdot \cos m\omega t \cdot \sin n\omega t \cdot dt \quad . . \quad (151\text{a})$$

Berechnet man die einzelnen Integrale, so ergibt sich:

1. $\int_{t=0}^{t=T} \sin n\omega t \cdot dt = 0$. Damit wird auch $A_0 \cdot \int_{t=0}^{t=T} \sin n\omega t \cdot dt = 0$.

2. $\int_{t=0}^{t=T} \sin m\omega t \cdot \sin n\omega t \cdot dt$. Alle Integrale mit $m \gtrless n$ werden gleich Null, dagegen erhält man für $m = n$:

$$A_n \cdot \int_{t=0}^{t=T} \sin n\omega t \cdot \sin n\omega t \cdot dt = \frac{T}{2} \cdot A_n \quad . \; . \; . \; . \; . \; . \quad (151\text{b})$$

3. $\int_{t=0}^{t=T} \cos m\omega t \cdot \sin n\omega t \cdot dt$. Sämtliche Integrale werden mit $m \gtreqless 0$ gleich Null.

In Gl. (151) werden also alle Summanden mit Ausnahme des durch Gl. (151) dargestellten zu Null. Somit erhält man:

$$F_n = \int_{t=0}^{t=T} y \cdot \sin n\omega t \cdot dt = A_n \cdot \int_{t=0}^{t=T} \sin n\omega t \cdot \sin n\omega t \cdot dt = A_n \cdot \frac{T}{2}$$

und daraus den Wert von A_n.

2. Bestimmung der Koeffizienten B_1, B_2, B_3 .... B_n der Kosinusglieder. Zur Ermittlung eines beliebigen Koeffizienten B_n der n-ten Oberwelle zeichnet man sich als Kurve II jetzt die Kosinuslinie $\cos n\omega t$ mit der Amplitude „1" über der Periode T. Der weitere Gang ist genau so, wie bei der Bestimmung der Koeffizienten A_1, A_2 .... A_n angegeben wurde: Man multipliziert also die gegebene Kurve I mit der gezeichneten Kosinuslinie $\cos n\omega t$, erhält so eine Kurve III und bildet durch Planimetrierung $F'_n = f'_1 + f'_2 + f'_3 + \ldots$. Es ist dann:

$$B_n = \frac{2 \cdot F'_n}{T} \quad . \; . \; . \; . \; . \; . \; . \; . \; . \; . \quad (151\text{c})$$

Der Beweis läßt sich in ganz ähnlicher Weise, wie oben bei den Sinusgliedern gezeigt wurde, erbringen; es wird daher auf seine Wiedergabe verzichtet.

In Abb. 401 wurde untersucht, ob die Kurve I das Glied $A_2 \cdot \sin 2\omega t$ besitzt. Mit der Amplitude „1" wurde die Sinuslinie $\sin 2\omega t$ gezeichnet — Kurve II. Die Multiplikation zusammengehöriger Ordinaten von I und II ergibt Kurve III, welche mit der Abszissenachse die positiven Flächen f_1, f_3, f_5 und die negativen Flächen f_2, f_4, f_6 einschließt. $F = (f_1 + f_3 + f_5) - (f_2 + f_4 + f_6)$ wird negativ und damit ergibt sich auch für A_2 ein negativer Wert. Somit hat $A_2 \cdot \sin 2\omega t$ die durch Kurve IV dargestellte Lage.

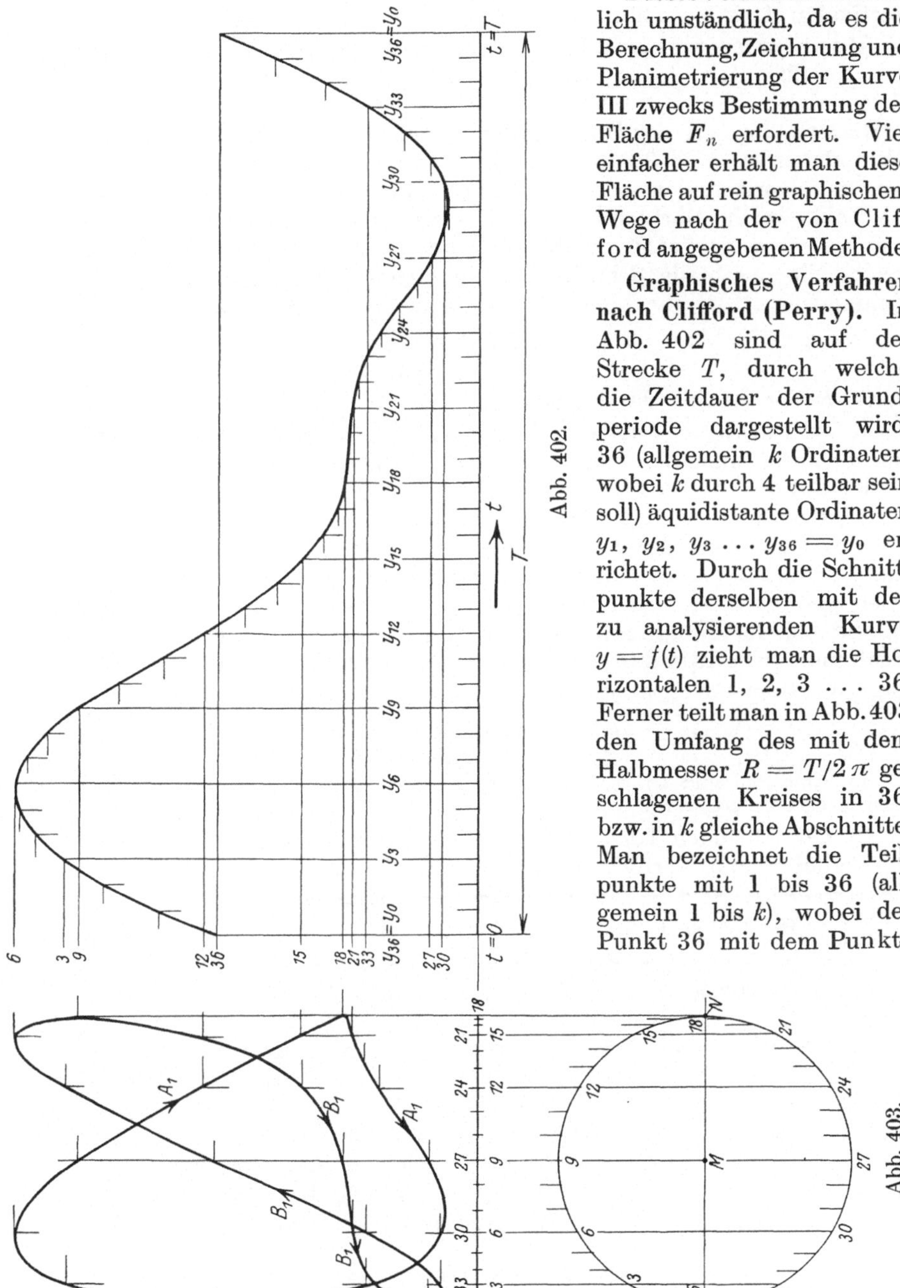
Abb. 402.

Abb. 403.

Dieses Verfahren ist ziemlich umständlich, da es die Berechnung, Zeichnung und Planimetrierung der Kurve III zwecks Bestimmung der Fläche F_n erfordert. Viel einfacher erhält man diese Fläche auf rein graphischem Wege nach der von Clifford angegebenen Methode.

Graphisches Verfahren nach Clifford (Perry). In Abb. 402 sind auf der Strecke T, durch welche die Zeitdauer der Grundperiode dargestellt wird, 36 (allgemein k Ordinaten, wobei k durch 4 teilbar sein soll) äquidistante Ordinaten $y_1, y_2, y_3 \ldots y_{36} = y_0$ errichtet. Durch die Schnittpunkte derselben mit der zu analysierenden Kurve $y = f(t)$ zieht man die Horizontalen 1, 2, 3 ... 36. Ferner teilt man in Abb. 403 den Umfang des mit dem Halbmesser $R = T/2\pi$ geschlagenen Kreises in 36, bzw. in k gleiche Abschnitte. Man bezeichnet die Teilpunkte mit 1 bis 36 (allgemein 1 bis k), wobei der Punkt 36 mit dem Punkte

N des horizontalen Durchmessers NN' zusammenfällt und zieht die Vertikalen 1, 2, 3 ... 36.

Bestimmung der Koeffizienten A_1, A_2, $A_3 \ldots A_n$. Um den Koeffizienten A_n zu ermitteln, sucht man den Schnittpunkt der Horizontalen 1 mit der Vertikalen $1n$, der Horizontalen 2 mit der Vertikalen $2n \ldots$, der Horizontalen m mit der Vertikalen $m \cdot n$ usw. Wird dabei $m \cdot n > 36$ (bzw. $> k$), so findet man die Nummer der mit der Horizontalen m zum Schnitt zu bringenden Vertikalen als die Zahl, welche übrig bleibt, wenn man 36 bzw. k so oft von $m \cdot n$ abzieht, wie es ganzzahlig in diesem Produkt enthalten ist. Die Fläche, welche die durch die Schnittpunkte gezogene Kurve umschließt, wird planimetriert. Ist ihr Inhalt F_n'', so berechnet sich A_n zu:

$$A_n = \frac{2 \cdot F_n''}{n \cdot T} = \frac{2 \cdot F_n''}{n \cdot 2\pi R}, \quad \ldots \ldots \ldots \quad (152)$$

worin R der Radius des Kreises ist.

Bestimmung der Koeffizienten B_1, $B_2 \ldots B_n$. Zur Ermittlung von B_n sucht man den Schnittpunkt der Horizontalen 1 mit der Vertikalen $(36/4 + n)$, der Horizontalen 2 mit der Vertikalen $(36/4 + 2n)$, der Horizontalen m mit der Vertikalen $(36/4 + m \cdot n)$ usw. Ist allgemein k die Zahl der Horizontalen, so tritt k an die Stelle von 36. Die Horizontale m ist dann zum Schnitt zu bringen mit der Vertikalen $(k/4 + m \cdot n)$. Falls $(k/4 + m \cdot n) > k$, so verfährt man genau so, wie bei der Bestimmung von A_n angegeben wurde. Die von den erhaltenen Schnittpunkten umgrenzte Fläche wird planimetriert. Beträgt ihr Inhalt F_n''', so wird:

$$B_n = \frac{2 \cdot F_n'''}{n \cdot T} = \frac{2 \cdot F_n'''}{n \cdot 2\pi R}. \quad \ldots \ldots \ldots \quad (152\text{a})$$

In Abb. 403 sind so die den Koeffizienten A_1 und B_1 entsprechenden Kurven konstruiert worden.

In der folgenden Tabelle ist übersichtlich zusammengestellt, welche Horizontalen und Vertikalen zum Schnitt zu bringen sind.

Koeffizient	Horizontale	1	2	3	4	m
A_1	Vertikale	1	2	3	4	m
A_2	„	2	4	6	8	$2m$
A_3	„	3	6	9	12	$3m$
A_n	„	n	$2n$	$3n$	$4n$	$m \cdot n$
B_1	Vertikale	$(k/4 + 1)$	$(k/4 + 2)$	$(k/4 + 3)$	$(k/4 + 4)$	$(k/4 + m)$
B_2	„	$(k/4 + 2)$	$(k/4 + 4)$	$(k/4 + 6)$	$(k/4 + 8)$	$(k/4 + 2m)$
B_3	„	$(k/4 + 3)$	$(k/4 + 6)$	$(k/4 + 9)$	$(k/4 + 12)$	$(k/4 + 3m)$
B_n	„	$(k/4 + n)$	$(k/4 + 2n)$	$(k/4 + 3n)$	$(k/4 + 4n)$	$(k/4 + m \cdot n)$

Beweis. Derselbe soll hier nur für die Koeffizienten der Sinusglieder gegeben werden, Ein Vergleich der Formeln (151) und (152) ergibt, daß die Beziehung besteht:

$$F_n'' = n \cdot F_n = n \cdot \int_{t=0}^{t=T} y \cdot \sin n\,\omega\,t \cdot dt.$$

Mit

$$n \cdot \sin n\,\omega\,t \cdot dt = dz \quad \text{. . . . . (153)}$$

kann man schreiben:

$$F_n'' = n \cdot F_n = \int_{t=0}^{t=T} y \cdot dz. \quad \text{. . . . . (154)}$$

Man kann somit F_n'' bzw. F_n also auch erhalten, wenn die Kurve $y = f(z)$ gegeben ist, wobei z wiederum eine Funktion von t ist. Aus Gl. (153) ergibt sich:

$$z = \int n \cdot \sin n\,\omega\,t \cdot dt = -\frac{1}{\omega} \cdot \cos n\,\omega\,t + C.$$

Zur Berechnung der Integrationskonstanten C trifft man die Annahme, daß für $t = 0$ auch $z = 0$ ist. Dann wird:

$$C = \frac{1}{\omega}$$

und

$$z = \frac{1}{\omega}(1 - \cos n\,\omega\,t) = R \cdot (1 - \cos n\,\omega\,t).$$

Man schlägt nun einen Kreis mit dem Radius [s. auch Gl. (149a)]

$$R = \frac{1}{\omega} = \frac{T}{2\pi}.$$

und trägt nach Abb. 404 an dem horizontalen Durchmesser NN' den einer beliebigen Zeit t entsprechenden Winkel $\omega t = 2\pi t/T$ für die Grundschwingung, den Winkel $n\omega t = n \cdot 2\pi t/T$ für die n-te Oberschwingung ab. Projiziert man den Schnittpunkt P des freien Schenkels mit dem Kreise auf NN', so ist

$$z = NP' = R \cdot (1 - \cos n\,\omega\,t).$$

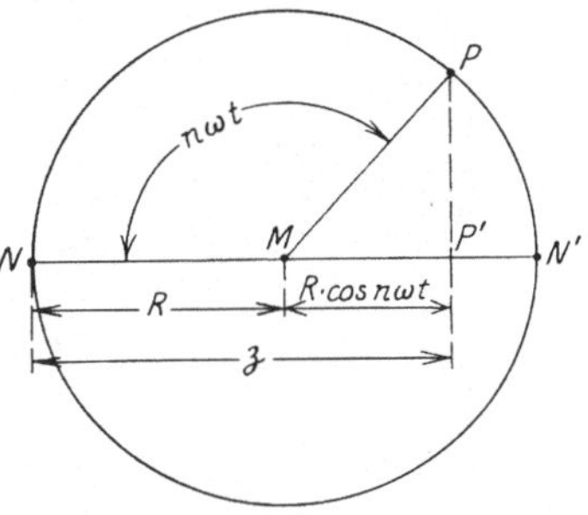

Abb. 404.

Dieser Abszisse z wird nun die Ordinate y, welche für die Zeit t aus der Kurve $y = f(t)$ (s. Abb. 402 und 403) entnommen wird, beigeordnet. Man bestimmt auf diese Art für alle Zeiten zwischen $t = 0$ und $t = T$ die zugehörigen Ordinaten y, die Winkel $n\,\omega\,t$ und die neuen Abszissen z. Dann konstruiert man die Kurve $y = f(z)$, welche in der oben geschilderten Weise für die Bestimmung der Koeffizienten $A_1, A_2 \ldots A_n$ benützt wird.

Beispiel. Die Koeffizienten A_1, A_2, B_1, B_2 der in Abb. 402 gezeichneten Kurve sollen bestimmt werden. Die diesen Koeffizienten entsprechenden Kurven sind in Abb. 405 konstruiert. Der Hilfskreis und die Funktion $y = f(t)$ sind aus Raummangel nicht gezeichnet worden, jedoch sind die Ordinaten der letzteren auf der Vertikalen MP abgetragen und die Lage der Hilfsvertikalen ist auf der Grundlinie NN' kenntlich gemacht. In Abb. 405 beträgt $NN' = 9$ cm. Demgemäß wäre der Radius des nicht gezeichneten Hilfskreises $R = 4{,}5$ cm.

Die Konstruktion der Kurvenpunkte ist für die Horizontalen 3 und 11 in der Abb. 405 angedeutet. Für A_1, A_2, B_1 und B_2 ist die Horizontale 3 mit den Vertikalen 3, 6, 12 und 15, die Horizontale 11 mit den Vertikalen 11, 22, 20 und 31 zum Schnitt zu bringen.

Beim Planimetrieren sind die von den Kurven umschlossenen Flächen im Sinne der eingetragenen Pfeile zu umfahren. Die zu A_1, A_2, B_1 und B_2 gehörenden Flächen haben die Inhalte 49,4 cm², 40,5 cm², 17,9 cm² und —7,9 cm². Mit den Gl. (152) und (152a) findet man:

$$A_1 = 3{,}5 \qquad A_2 = 1{,}43$$
$$B_1 = 1{,}27 \qquad B_2 = -0{,}28.$$

Eine Bestimmung von A_0 liefert den Wert $A_0 = 4{,}18$. Mit diesen Ergebnissen kann man die in Abb. 402 gezeichnete Kurve durch die Gleichung darstellen:

$$y = 4{,}18 + 3{,}5 \cdot \sin \omega t + 1{,}43 \cdot \sin 2\omega t + \cdots$$
$$+ 1{,}27 \cdot \cos \omega t - 0{,}28 \cdot \cos 2\omega t + \cdots$$

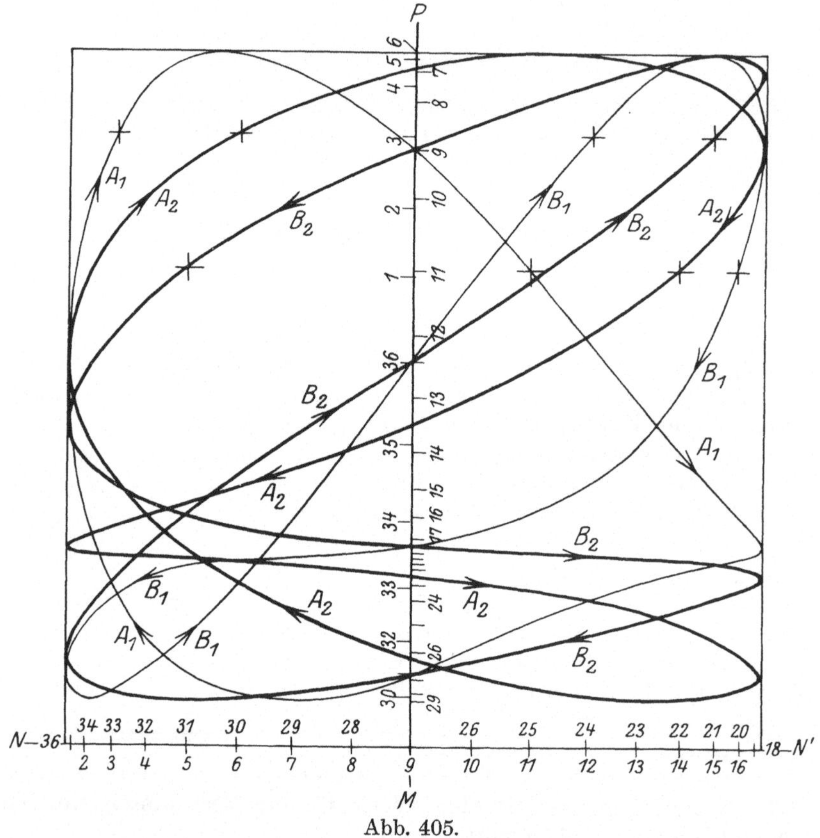

Abb. 405.

c) Berechnung des Form- und Scheitelfaktors.

Form- und Scheitelfaktor. Will man die Kurve $y = f(t) = f(\alpha)$ nicht in ihre Harmonischen zerlegen, so gibt der Formfaktor f_0 bzw. der Scheitelfaktor f_s einen Anhalt über die Abweichung der Kurve von der Sinusform.

Als Formfaktor f_0 wird das Verhältnis des quadratischen Mittel-, also des Effektivwertes y_e zum linearen Mittelwert y_m bezeichnet:

$$f_0 = \frac{y_e}{y_m}.$$

Als Scheitelfaktor f_s definiert man das Verhältnis des Maximalwertes y_{max} zum Effektivwert y_e:

$$f_e = \frac{y_{max}}{y_e}.$$

Für eine reine Sinuskurve beträgt $f_0 = 1{,}111$ und $f_e = 1{,}414$.

Bestimmung von y_m. Gemäß der Formel:

$$y_m = \frac{1}{T/2} \cdot \int\limits_{t=0}^{t=T/2} y\,dt = \frac{1}{\pi} \cdot \int\limits_{\alpha=0}^{\alpha=\pi} y\,d\alpha$$

planimetriert man die von der Kurve $y = f(t) = f(\alpha)$ (Abb. 406) und der Abszissenachse eingeschlossene Fläche zwischen $t = 0$ bzw. $\alpha = 0$ und $t = T/2$ bzw. $\alpha = \pi$ und dividiert die erhaltene Fläche durch $T/2$ bzw. durch π.

Bestimmung von y_e. Entsprechend dem Ausdruck:

$$y_e = \sqrt{\frac{1}{T/2} \cdot \int\limits_{t=0}^{t=T/2} y^2\,dt} = \sqrt{\frac{1}{\pi} \cdot \int\limits_{\alpha=0}^{\alpha=\pi} y^2\,d\alpha}$$

sind folgende Operationen vorzunehmen:

1. Quadrieren der Kurvenordinaten $y = f(\alpha)$. 2. Auftragen dieser Werte als $f(\alpha)$ und planimetrieren der so erhaltenen Kurve zwischen 0 und π. 3. Dividieren der gefundenen Größe durch π. 4. Radizieren.

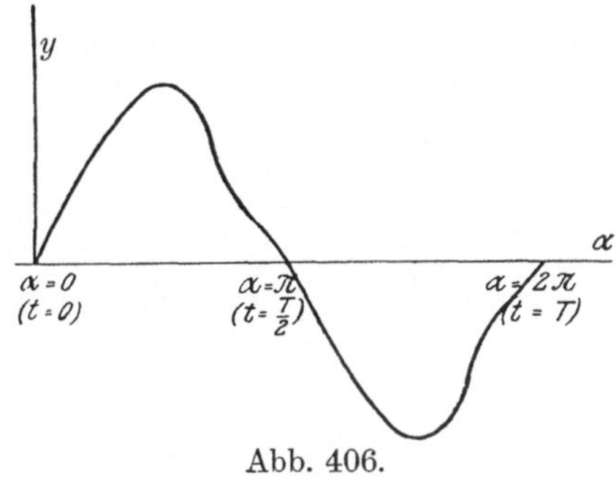

Abb. 406.

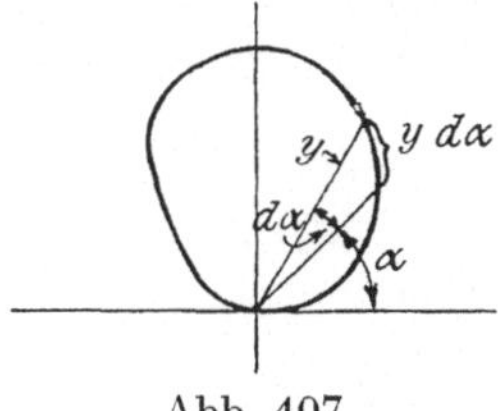

Abb. 407.

Schneller kommt man zum Ziel, wenn man aus Abb. 406 $y = f(\alpha)$ in Polarkoordinaten aufträgt. In Abb. 407 besitzt das Dreieck mit dem Öffnungswinkel $d\alpha$, da derselbe unendlich klein ist, eine Höhe gleich der Seite y und eine Grundlinie gleich $y\,d\alpha$. Somit ist der Inhalt des Dreiecks:

$$F' = \frac{1}{2}\,y^2\,d\alpha.$$

Der Inhalt F der ganzen Fläche zwischen $\alpha = 0$ und $\alpha = \pi$ beträgt also:

$$F = \frac{1}{2}\int\limits_0^\pi y^2\,d\alpha.$$

Es ist also:

$$\int\limits_{\alpha=0}^{\alpha=\pi} y^2\,d\alpha = 2F.$$

Setzt man diesen Wert in die oben angeschriebene Gleichung für y_e ein, so erhält man:

$$y_e = \sqrt{\frac{2}{\pi}} \cdot F.$$

d) Anhang: Tabellen zur Berechnung der Harmonischen.

$A_1 \sin \omega t$

$$
\begin{aligned}
A_1 = \tfrac{2}{36}\{&1{,}00\ (y_9 - y_{27})\\
&0{,}985\ (y_8 - y_{26} + y_{10} - y_{28})\\
&0{,}940\ (y_7 - y_{25} + y_{11} - y_{29})\\
&0{,}866\ (y_6 - y_{24} + y_{12} - y_{30})\\
&0{,}766\ (y_5 - y_{23} + y_{13} - y_{31})\\
&0{,}643\ (y_4 - y_{22} + y_{14} - y_{32})\\
&0{,}500\ (y_3 - y_{21} + y_{15} - y_{33})\\
&0{,}342\ (y_2 - y_{20} + y_{16} - y_{34})\\
&0{,}174\ (y_1 - y_{19} + y_{17} - y_{35})\}
\end{aligned}
$$

$B_1 \cos \omega t$

$$
\begin{aligned}
B_1 = \tfrac{2}{36}\{&1{,}00\ (\qquad\qquad - y_{18})\\
&0{,}985\ (y_1 - y_{19} - y_{17} + y_{35})\\
&0{,}940\ (y_2 - y_{20} - y_{16} + y_{34})\\
&0{,}866\ (y_3 - y_{21} - y_{15} + y_{33})\\
&0{,}766\ (y_4 - y_{22} - y_{14} + y_{32})\\
&0{,}643\ (y_5 - y_{23} - y_{13} + y_{31})\\
&0{,}500\ (y_6 - y_{24} - y_{12} + y_{30})\\
&0{,}342\ (y_7 - y_{25} - y_{11} + y_{29})\\
&0{,}174\ (y_8 - y_{26} - y_{10} + y_{28})\}
\end{aligned}
$$

$A_2 \sin 2\omega t$

$$
\begin{aligned}
A_2 = \tfrac{2}{36}\{&1{,}00\\
&0{,}985\ [+ (y_4 + y_{22} - y_{14} - y_{32})\\
&\qquad + (y_5 + y_{23} - y_{13} - y_{31})]\\
&0{,}866\ [+ (y_3 + y_{21} - y_{15} - y_{33})\\
&\qquad + (y_6 + y_{24} - y_{12} - y_{30})]\\
&0{,}643\ [+ (y_2 + y_{20} - y_{16} - y_{34})\\
&\qquad + (y_7 + y_{25} - y_{11} - y_{29})]\\
&0{,}342\ [+ (y_1 + y_{19} - y_{17} - y_{35})\\
&\qquad + (y_8 + y_{26} - y_{10} - y_{28})]\}
\end{aligned}
$$

$B_2 \cos 2\omega t$

$$
\begin{aligned}
B_2 = \tfrac{2}{36}\{&1{,}00\ \quad (y_{18} + y_{36} - y_9 - y_{27})\\
&0{,}940\ [+ (y_1 + y_{19} + y_{17} + y_{35})\\
&\qquad - (y_8 + y_{26} + y_{10} + y_{28})]\\
&0{,}766\ [+ (y_2 + y_{20} + y_{16} + y_{34})\\
&\qquad - (y_7 + y_{25} + y_{11} + y_{29})]\\
&0{,}500\ [+ (y_3 + y_{21} + y_{15} + y_{33})\\
&\qquad - (y_6 + y_{24} + y_{12} + y_{30})]\\
&0{,}174\ [+ (y_4 + y_{22} + y_{14} + y_{32})\\
&\qquad - (y_5 + y_{23} + y_{13} + y_{31})]\}
\end{aligned}
$$

$A_3 \sin 3\omega t$

$$
\begin{aligned}
A_3 = \tfrac{2}{36}\{&1{,}00\ [- (y_9 - y_{27})\\
&\qquad + (y_3 - y_{21} + y_{15} - y_{33})]\\
&0{,}866\ [- (y_8 - y_{26} + y_{10} - y_{28})\\
&\qquad + (y_4 - y_{22} + y_{14} - y_{32})\\
&\qquad + (y_2 - y_{20} + y_{16} - y_{34})]\\
&0{,}500\ [- (y_7 - y_{25} + y_{11} - y_{29})\\
&\qquad + (y_5 - y_{23} + y_{13} - y_{31})\\
&\qquad + (y_1 - y_{19} + y_{17} - y_{35})]\}
\end{aligned}
$$

$B_3 \cos 3\omega t$

$$
\begin{aligned}
B_3 = \tfrac{2}{36}\{&1{,}00\ [+ (\qquad\qquad - y_{18} + y_{36})\\
&\qquad - (y_6 - y_{24} - y_{12} + y_{30})]\\
&0{,}866\ [\ \ (y_1 - y_{19} - y_{17} + y_{35})\\
&\qquad - (y_5 - y_{23} - y_{13} + y_{31})\\
&\qquad - (y_7 - y_{25} - y_{11} + y_{29})]\\
&0{,}500\ [\ \ (y_2 - y_{20} - y_{16} + y_{34})\\
&\qquad - (y_4 - y_{22} - y_{14} + y_{32})\\
&\qquad - (y_8 - y_{26} - y_{10} + y_{28})]\}
\end{aligned}
$$

$A_4 \sin 4\omega t$

$$
\begin{aligned}
A_4 = \tfrac{2}{36}\{&0{,}985\ [+ (y_2 + y_{20} - y_{16} - y_{34})\\
&\qquad - (y_7 + y_{25} - y_{11} - y_{29})]\\
&0{,}866\ [+ (y_3 + y_{21} - y_{15} - y_{33})\\
&\qquad - (y_6 + y_{24} - y_{12} - y_{30})]\\
&0{,}643\ [+ (y_1 + y_{19} - y_{17} - y_{35})\\
&\qquad - (y_8 + y_{26} - y_{10} - y_{28})]\\
&0{,}342\ [+ (y_4 + y_{22} - y_{14} - y_{32})\\
&\qquad - (y_5 + y_{23} - y_{13} - y_{31})]\}
\end{aligned}
$$

$B_4 \cos 4\omega t$

$$
\begin{aligned}
B_4 = \tfrac{2}{36}\{&1{,}00\ [+ (y_{18} + y_{36} + y_9 + y_{27})]\\
&0{,}940\ [- (y_4 + y_{22} + y_{14} + y_{32})\\
&\qquad - (y_5 + y_{23} + y_{13} + y_{31})]\\
&0{,}766\ [+ (y_1 + y_{19} + y_{17} + y_{35})\\
&\qquad + (y_8 + y_{26} + y_{10} + y_{28})]\\
&0{,}500\ [- (y_3 + y_{21} + y_{15} + y_{33})\\
&\qquad - (y_6 + y_{24} + y_{12} + y_{30})]\\
&0{,}174\ [+ (y_2 + y_{20} + y_{16} + y_{34})\\
&\qquad + (y_7 + y_{25} + y_{11} + y_{29})]\}
\end{aligned}
$$

$A_5 \sin 5\omega t$

$$\begin{aligned} A_5 = \tfrac{2}{36}\{1{,}00 &\quad (y_9 - y_{27}) \\ 0{,}985 &\quad (y_2 - y_{20} + y_{16} - y_{34}) \\ 0{,}940 &\,[-(y_5 - y_{23} + y_{13} - y_{31})] \\ 0{,}866 &\,[-(y_6 - y_{24} + y_{12} - y_{30})] \\ 0{,}766 &\quad (y_1 - y_{19} + y_{17} - y_{35}) \\ 0{,}643 &\quad (y_8 - y_{26} + y_{10} - y_{28}) \\ 0{,}500 &\quad (y_3 - y_{21} + y_{15} - y_{33}) \\ 0{,}342 &\,[-(y_4 - y_{22} + y_{19} - y_{32})] \\ 0{,}174 &\,[-(y_7 - y_{25} + y_{11} - y_{29})]\} \end{aligned}$$

$B_5 \cos 5\omega t$

$$\begin{aligned} B_5 = \tfrac{2}{36}\{1{,}00 &\quad (\qquad\qquad - y_{18} + y_{36}) \\ 0{,}985 &\quad (y_7 - y_{25} - y_{11} + y_{29}) \\ 0{,}940 &\,[-(y_4 - y_{22} - y_{14} + y_{32})] \\ 0{,}866 &\,[-(y_3 - y_{21} - y_{15} + y_{33})] \\ 0{,}766 &\quad (y_8 - y_{26} - y_{10} + y_{28}) \\ 0{,}643 &\quad (y_1 - y_{19} - y_{17} + y_{35}) \\ 0{,}500 &\quad (y_6 - y_{24} - y_{12} + y_{30}) \\ 0{,}342 &\,[-(y_5 - y_{23} - y_{13} + y_{31})] \\ 0{,}174 &\,[-(y_2 - y_{20} - y_{16} + y_{34})]\} \end{aligned}$$

$A_6 \sin 6\omega t$

$$\begin{aligned} A_6 = \tfrac{2}{36}\{0{,}866 &\,[+(y_1 + y_{19} - y_{17} - y_{35}) \\ &\;\; +(y_8 + y_{26} - y_{10} - y_{28}) \\ &\;\; +(y_2 + y_{20} - y_{16} - y_{34}) \\ &\;\; +(y_7 + y_{25} - y_{11} - y_{29}) \\ &\;\; -(y_4 + y_{22} - y_{14} - y_{32}) \\ &\;\; -(y_5 + y_{23} - y_{13} - y_{31})]\} \end{aligned}$$

$B_6 \sin 6\omega t$

$$\begin{aligned} B_6 = \tfrac{2}{36}\{1{,}00 &\,[+(y_{18} + y_{36} - y_9 - y_{27}) \\ &\;\; -(y_3 + y_{21} + y_{15} + y_{33}) \\ &\;\; +(y_6 + y_{24} + y_{12} + y_{30})] \\ 0{,}500 &\,[+(y_1 + y_{19} + y_{17} + y_{35}) \\ &\;\; -(y_8 + y_{26} + y_{10} + y_{28}) \\ &\;\; -(y_2 + y_{20} + y_{16} + y_{34}) \\ &\;\; +(y_7 + y_{25} + y_{11} + y_{29}) \\ &\;\; -(y_4 + y_{22} + y_{14} + y_{32}) \\ &\;\; +(y_5 + y_{23} + y_{13} + y_{31})]\} \end{aligned}$$

$A_7 \sin 7\omega t$

$$\begin{aligned} A_7 = \tfrac{2}{36}\{1{,}00 &\,[-(y_9 - y_{27})] \\ 0{,}985 &\,[-(y_4 - y_{22} + y_{14} - y_{32})] \\ 0{,}940 &\quad (y_1 - y_{19} + y_{17} - y_{35}) \\ 0{,}866 &\quad (y_6 - y_{24} + y_{12} - y_{30}) \\ 0{,}766 &\quad (y_7 - y_{25} + y_{11} - y_{29}) \\ 0{,}643 &\quad (y_2 - y_{20} + y_{16} - y_{34}) \\ 0{,}500 &\,[-(y_3 - y_{21} + y_{15} - y_{33})] \\ 0{,}342 &\,[-(y_8 - y_{26} + y_{10} - y_{28})] \\ 0{,}174 &\,[-(y_5 - y_{23} + y_{13} - y_{31})]\} \end{aligned}$$

$B_7 \cos 7\omega t$

$$\begin{aligned} B_7 = \tfrac{2}{36}\{1{,}00 &\quad (\qquad\qquad + y_{18} + y_{36}) \\ 0{,}985 &\quad (y_5 - y_{23} - y_{13} + y_{31}) \\ 0{,}940 &\,[-(y_8 - y_{26} - y_{10} + y_{28})] \\ 0{,}866 &\,[-(y_3 - y_{21} - y_{15} + y_{33})] \\ 0{,}766 &\,[-(y_2 - y_{20} - y_{16} + y_{34})] \\ 0{,}643 &\,[-(y_7 - y_{25} - y_{11} + y_{29})] \\ 0{,}500 &\quad (y_6 - y_{24} - y_{12} + y_{30}) \\ 0{,}342 &\quad (y_1 - y_{19} - y_{17} + y_{35}) \\ 0{,}174 &\quad (y_4 - y_{22} - y_{14} + y_{32})]\} \end{aligned}$$

$A_8 \sin 8\omega t$

$$\begin{aligned} A_8 = \tfrac{2}{36}\{0{,}985 &\,[+(y_1 + y_{19} - y_{17} - y_{35}) \\ &\;\; -(y_8 + y_{26} - y_{10} - y_{28})] \\ 0{,}866 &\,[-(y_3 + y_{21} - y_{15} - y_{33}) \\ &\;\; +(y_6 + y_{24} - y_{12} - y_{30})] \\ 0{,}643 &\,[+(y_4 + y_{22} - y_{14} - y_{32}) \\ &\;\; +(y_5 + y_{23} - y_{13} - y_{31})] \\ 0{,}342 &\,[+(y_2 + y_{20} - y_{16} - y_{34}) \\ &\;\; -(y_7 + y_{25} - y_{11} - y_{29})]\} \end{aligned}$$

$B_8 \cos 8\omega t$

$$\begin{aligned} B_8 = \tfrac{2}{36}\{1{,}00 &\,[+(y_{18} + y_{36} + y_9 + y_{27})] \\ 0{,}940 &\,[-(y_2 + y_{20} + y_{16} + y_{34}) \\ &\;\; -(y_7 + y_{25} + y_{11} + y_{29})] \\ 0{,}766 &\,[+(y_4 + y_{22} + y_{14} + y_{32}) \\ &\;\; +(y_5 + y_{23} + y_{13} + y_{31})] \\ 0{,}500 &\,[-(y_3 + y_{21} + y_{15} + y_{33}) \\ &\;\; -(y_6 + y_{24} + y_{12} + y_{30})] \\ 0{,}174 &\,[+(y_1 + y_{19} + y_{17} + y_{35})] \\ &\;\; +(y_8 + y_{26} + y_{10} + y_{28})]\} \end{aligned}$$

$A_9 \sin 9\omega t$

$$\begin{aligned} A_9 = \tfrac{2}{36}\{1{,}00 &\,[+(y_9 - y_{27} \qquad\qquad) \\ &\;\; -(y_7 - y_{25} + y_{11} - y_{29}) \\ &\;\; +(y_5 - y_{23} + y_{13} - y_{31}) \\ &\;\; -(y_3 - y_{21} + y_{15} - y_{33}) \\ &\;\; +(y_1 - y_{19} + y_{17} - y_{35})]\} \end{aligned}$$

$B_9 \cos 9\omega t$

$$\begin{aligned} B_9 = \tfrac{2}{36}\{1{,}00 &\,[+(\qquad\qquad - y_{18} + y_{36}) \\ &\;\; +(y_8 - y_{26} - y_{10} + y_{28}) \\ &\;\; -(y_6 - y_{24} - y_{12} + y_{30}) \\ &\;\; +(y_4 - y_{22} - y_{14} + y_{32}) \\ &\;\; -(y_2 - y_{20} - y_{16} + y_{34})]\} \end{aligned}$$

Sachverzeichnis.

Druck von Breitkopf & Härtel in Leipzig.

Verlag von Julius Springer in Berlin W 9

Elektrotechnische Meßkunde. Von Dr.-Ing. **P. B. Arthur Linker.** Dritte, völlig umgearbeitete und erweiterte Auflage. Mit 408 Textfiguren. (583 S.) 1920. Unveränderter Neudruck. 1923. Gebunden 11 Goldmark

---

Elektrotechnische Meßinstrumente. Ein Leitfaden. Von **Konrad Gruhn,** Oberingenieur und Gewerbestudienrat. Zweite, vermehrte und verbesserte Auflage. Mit 321 Textabbildungen. (227 S.) 1923. Gebunden 7 Goldmark

---

Meßgeräte und Schaltungen für Wechselstrom-Leistungsmessungen. Von Oberingenieur **Werner Skirl.** Zweite, umgearbeitete und erweiterte Auflage. Mit 41 Tafeln, 31 ganzseitigen Schaltbildern und zahlreichen Textbildern. (258 S.) 1923. Gebunden 8 Goldmark

---

Meßgeräte und Schaltungen zum Parallelschalten von Wechselstrom-Maschinen. Von Oberingenieur **Werner Skirl.** Zweite, umgearbeitete und erweiterte Auflage. Mit 30 Tafeln, 30 ganzseitigen Schaltbildern und 14 Textbildern. (148 S.) 1923. Gebunden 5 Goldmark

---

Hochfrequenzmeßtechnik. Ihre wissenschaftlichen und praktischen Grundlagen. Von Dr.-Ing. **August Hund,** Beratender Ingenieur. Mit 150 Textabbildungen. (340 S.) 1922. Gebunden 11 Goldmark

---

Die Prüfung der Elektrizitäts-Zähler. Meßeinrichtungen, Meßmethoden und Schaltungen. Von Dr.-Ing. **Karl Schmiedel.** Zweite, verbesserte und vermehrte Auflage. Mit 122 Abbildungen im Text. (165 S.) 1924. Gebunden 8,40 Goldmark

---

Kurzes Lehrbuch der Elektrotechnik. Von Professor Dr. **Adolf Thomälen,** Karlsruhe. Neunte, verbesserte Auflage. Mit 555 Textbildern. (404 S.) 1922. Gebunden 9 Goldmark

---

Hilfsbuch für die Elektrotechnik. Unter Mitwirkung namhafter Fachgenossen bearbeitet und herausgegeben von Dr. **Karl Strecker.** Zehnte, umgearbeitete Auflage. **Starkstromausgabe.** Mit 560 Abbildungen. (751 S.) 1925. Gebunden 13,50 Goldmark

---

Die wissenschaftlichen Grundlagen der Elektrotechnik. Von Professor Dr. **Gustav Benischke.** Sechste, vermehrte Auflage. Mit 633 Abbildungen im Text. (698 S.) 1922. Gebunden 18 Goldmark

---

Kurzer Leitfaden der Elektrotechnik für Unterricht und Praxis in allgemeinverständlicher Darstellung. Von Ingenieur **Rudolf Krause.** Vierte, verbesserte Auflage, herausgegeben von Professor **H. Vieweger.** Mit 375 Textfiguren. (278 S.) 1920. Gebunden 6 Goldmark

Verlag von Julius Springer in Berlin W 9

Elektrische Maschinen. Von Professor **Rudolf Richter,** Karlsruhe. Erster Band: Allgemeine Berechnungselemente. Die Gleichstrommaschinen. Mit 453 Textabbildungen. (640 S.) 1924. Gebunden 27 Goldmark

---

Ankerwicklungen für Gleich- und Wechselstrommaschinen. Ein Lehrbuch von Professor **Rudolf Richter,** Karlsruhe. Mit 377 Textabbildungen. (436 S.) 1920. Berichtigter Neudruck. 1922. Gebunden 14 Goldmark

---

Theorie der Wechselströme. Von Dr.-Ing. **Alfred Fraenckel.** Zweite, erweiterte und verbesserte Auflage. Mit 237 Textfiguren. (360 S.) 1921. Gebunden 11 Goldmark

---

Die Berechnung von Gleich- und Wechselstromsystemen. Von Dr.-Ing. **Fr. Natalis.** Zweite, völlig umgearbeitete und erweiterte Auflage. Mit 111 Abbildungen. (220 S.) 1924. 10 Goldmark

---

Elektrische Starkstromanlagen. Maschinen, Apparate, Schaltungen, Betrieb. Kurzgefaßtes Hilfsbuch für Ingenieure und Techniker sowie zum Gebrauch an technischen Lehranstalten. Von Studienrat Dipl.-Ing. **Emil Kosack,** Magdeburg. Sechste, durchgesehene und ergänzte Auflage. Mit 296 Textfiguren. (342 S.) 1923. 5.50 Goldmark; gebunden 6,50 Goldmark

---

Schaltungen von Gleich- und Wechselstromanlagen. Dynamomaschinen, Motoren und Transformatoren, Lichtanlagen, Kraftwerke und Umformerstationen. Ein Lehr- und Hilfsbuch. Von Studienrat Dipl-Ing. **Emil Kosack,** Magdeburg. Mit 226 Textabbildungen. (164 S.) 1922. 5 Goldmark

---

Die Elektrotechnik und die elektromotorischen Antriebe. Ein elementares Lehrbuch für technische Lehranstalten und zum Selbstunterricht. Von Dipl.-Ing. **Wilhelm Lehmann.** Mit 520 Textabbildungen und 116 Beispielen. (458 S.) 1922. Gebunden 9 Goldmark

---

Die Elektromotoren in ihrer Wirkungsweise und Anwendung. Ein Hilfsbuch für die Auswahl und Durchbildung elektromotorischer Antriebe. Von Oberingenieur **Karl Meller.** Zweite, vermehrte und verbesserte Auflage. Mit 153 Textabbildungen. (167 S.) 1923. 4,60 Goldmark; gebunden 5,40 Goldmark

---

Der Drehstrommotor. Ein Handbuch für Studium und Praxis. Von Professor **Julius Heubach,** Direktor der Elektromotorenwerke Heidenau, G.m.b.H. Zweite, verbesserte Auflage. Mit 222 Abbildungen. (601 S.) 1923. Gebunden 20 Goldmark

---

Die asynchronen Wechselfeldmotoren. Kommutator- und Induktionsmotoren. Von Professor Dr. **Gustav Benischke.** Mit 89 Abbildungen im Text. (118 S.) 1920. 4,20 Goldmark